Die

# Gasquellen

## Süd-Italiens und Deutschlands.

Von

**Carl Ferd. v. Graefe.**

Berlin.
Druck und Verlag von G. Reimer.
1842.

# Vorrede.

Einem Werke, welches C. F. v. Gräfe am Schlufse seiner irdischen Laufbahn und da er zu einem bessern Leben hinüberging (beinahe vollendet und nur einer geringen Ergänzung im letzten Anbau bedürftig) hinterlassen hat, — ist bei seinem Eintritt in die Oeffentlichkeit keine bevorwortende Einführung für die Zeitgenossen und für die Nachwelt nöthig. Die letzte wird uns alle und unsere wissenschaftlichen Bestrebungen unpartheiisch und nach ihrem wahren Werthe richten, welchem Weltgerichte ein Heros der Wissenschaft, wie Gräfe gewesen, furchtlos entgegensehen kann: — die ersten aber waren seit langer Zeit gewohnt, jede literärische Gabe desselben aufmerksam, dankend, ja bewundernd zu empfangen und dieselbe möglichst bald in ihre Denk- und Handlungsweise aufzunehmen. Gleicher Gunst, Anerkennung und Wirkung wird sich ohne Zweifel auch der jetzt hervortretende Posthumus zu erfreuen haben. Wenn ich daher auf das geäufserte Verlangen der Hinterlassenen und der Verehrer des grofsen Todten es unternehme, dem gewichtigen Inhalte des vorliegenden Werkes einige wenige Worte beizufügen, so trete ich hiebei nicht als Vorredner, sondern vielmehr als ein Begleiter und in Gefolge desselben auf. Es war für uns beide eine langjährige und liebgewordene Gewohnheit, vereint und in Gesellschaft vor der Lesewelt zu erscheinen, und diese hat uns mehrere Decennien hindurch gern und nicht ohne Zeichen und Aeufserungen ermunternden Beifalls in solcher Vereinigung erblickt.

Ich schliefse mich aber den im vorliegenden Werke sich kundgebenden wissenschaftlichen Bestrebungen meines edlen dahingeschiedenen Freundes um so freudiger an, als ich, eben erst von einer Reise durch Italien und Sicilien zurückgekehrt, noch voll der erhebenden Eindrücke bin, welche in jenem schönen Erdstrich eine grofsartigere und mehr lebensschwangere Natur in empfänglichen Geistern hervorbringt, welche Eindrücke vor zwölf Jahren auch Gräfe empfand, und aus welchen er die fundamentalen und leitenden Ideen dieser geistvollen Abhandlung über die Gasquellen schöpfte. Auch ich habe die gewaltigen Wirkungen und die erstaunungswürdigen Producte des vulkanischen Processes in der Nähe betrachtet, welchen Procefs Gräfe als das Princip und die hervorbringende Ursache der mit Gasen geschwängerten Thermen erkannte. Höchst anziehend und naturgetreu, was ich bezeugen kann, sind seine Beschreibungen der Feuervulkane des südlichen Italiens und der ihm zugehörigen Inseln, seiner vulkanischen Luft- und Wasserquellen, — sehr geistreich seine Reflexionen über die Periodicität vulkanischer Ausscheidungen und über die verborgenen Ursachen vieler ähnlicher räthselhafter Erscheinungen, — sehr belehrend und beherzigungswürdig seine descriptiven Mittheilungen der Gasquellen des parthenopeischen Strandes, der Insel Ischia, der Liparen und Siciliens, der gröfsten Insel des Mittelländischen Meeres, — zum grofsen Theil nach eigenen Anschauungen, Messungen und Beobachtungen, zum Theil nach früheren zwar gedruckten, aber schwerer zugängigen, aufser Italien kaum aufzufindenden, und nicht leicht verständlichen Scripturen. Wenn jene bezüglich auf den Riesenvulkan und die Gasquellen des glückseligen Panormus fehlen, so ist das traurige pag. 41. in der Anmerkung erzählte Ereignifs um so mehr zu beklagen, als dasselbe nicht blofs eine wohl schwer auszufüllende Lücke in der wissenschaftlichen Behandlung eines wichtigen Gegenstandes veranlafst, sondern auch vielleicht zu dem prämaturen Tode, wodurch der Verfasser der Wissenschaft und der Welt noch in der vollen gereiften Kraft des Geistes und des Körpers entrissen wurde, wenngleich nur auf indirecte Weise beigetragen hat

Durch die vorliegende Schrift wird das Princip des Vulkanismus in so fern zum erstenmale in die Thermologie (nicht nur Italiens, sondern auch Deutschlands, in welchem die Thermen insgesamt in einem concentrischen Halbkreise mit dem italischen immer an den südlichen Abhängen ausgebrannter Vulkane liegen) eingeführt, als es früher wenigstens niemals in dieser Mächtigkeit und tieferen Begründung darin aufgenommen war. Indem aber dasselbe in der Geologie (Bildungsgeschichte der Erde) mit dem ihm widerstreitenden Principe des Neptunismus im noch unentschiedenen Kampfe liegt, so mag nun in der Thermologie derselbe Kampf aufs neue beginnen, welcher bis dahin durch den Ausspruch eines bewährten Chemikers: dafs die Mineralwasser nichts weiteres seien, als wässerige Auflösungen von Salien (mit Zugabe einiger weniger accessorischer Bestandtheile) — beschwichtiget und zur Gunst der neptunischen Schule entschieden zu sein schien. Wenn auf solche Weise der ruhige und, was man zugestehen mufs, allerdings auf oneröse Art erworbene und daher scheinbar rechtliche und wohlbegründete Besitz der Neptunisten durch einen solchen plötzlichen Einbruch einer vulkanischen Explosion gestört wird; so ist diese darum nicht sehr zu bedauern, weil unter ihrer nun mehr als zwanzigjährigen Herrschaft die Thermologie bei einem wahren Diluvium von Badebüchern sich nicht eben besonders erhoben, vielmehr verflacht, seichte und zuletzt selbst wässerig und sogar schlammig geworden ist. Den Analytikern waren die freien Gase zu flüchtig und die gebundenen zu latent, als dafs sie vieles mit ihnen anzufangen vermochten. Die kürzeste Aushilfe war, den pneumatischen Theil der Thermologie mit möglichster Kürze zu behandeln, und einem der wichtigsten Gase, dem die Animalisation vorzugsweise beherrschenden, keine Existenz mehr in den Mineralwassern zu gestatten. Indem jetzt der alte, sonst so hoch gefeierte Brunnengeist glücklich ausgetrieben war, machte sich dafür als fixer Bestandtheil, wägbar, und darum nicht wohl zù ignoriren, die unbequeme organische Substanz in demselben immer mehr geltend. Glücklicher Weise ist jedoch ihr Procentantheil überall nur gering, und da die homöopathische Rechnung nach Decilliontheilen eines Granes in die Brunnenschriften noch nicht eingeführt ist, so verursacht dieselbe im Ganzen doch eine nur geringe Unbequemlichkeit, und da man ihr in den Decimaltabellen, wo sie jedesmal gewissenhaft angeführt wird, immer einige Nullen vor der Gewichtszahl anhängen kann, sò ist hiedurch ihre Nullität selbst hinreichend bezeichnet.

Es lebt aber ein alter Volksglaube, dafs in den Mineralwassern aufser und neben ihrem Salzgehalte noch ein anderes und zwar höheres Element vorkomme, welches gerade das Wirksame sei. Wenn dasselbe auch durch kein sogenanntes chemisches Reagens (eigentlich durch ein die chemische Reaction des unbekannten hervorrufendes) entdeckt wird, — so ist doch eine Reaction des unbekannten seit unvordenklichen Zeiten bekannt: jene gegen den kranken, organischen Leib, welcher auch ein Reagens, und zwar das empfindlichste in der Natur ist, — wie aus seinen wundervollen Reactionen gegen cosmische, siderische, atmosphärische und tellurische Elementareinflüsse schon vor den entsprechenden Veränderungen im Stande des Barometers, Thermometers etc., gegen (chemisch wenig potente) Gifte und Arzneien u. s. f. klar erhellet.

Sonderbar ist es, dafs man dem Neptunismus, nachdem man ihn in der Geologie, dem grofsen, umfassenden Kaiserreiche, durch den Vulkanismus gestürzt, und von diesem vollständig besiegt erachtete, noch die unbedingte Herrschaft auf einer kleinen Insel, welche doch offenbar eine Dependenz von jenem Reiche ist, in der Thermologie, gestattete. Allein in der physischen, wie in der moralischen Welt kehren sich die Gegensätze oft unerwartet um. Auf dem Gebiete der Geologie ist der Neptunismus wieder erschienen, bisher zwar nur mit kleinem Gefolge, aber von Kerntruppen — aus alter Garde; und in der Thermologie erhebt sich jetzt der Vulkanismus wieder mit feurigen und pneumatischen Hervorbringungen.

Bei den Transactionen auf diesem weniger ausgedehnten, in engerem Kreise circumscripten Gebiete erlaube ich mir eine Virilstimme zu führen, — besonders im Gefolge eines auf demselben durch wirkliche Brunnenschriften nicht minder als in anderen sehr entlegenen Regionen der Heilkunde ruhmgekrönten Mannes. Aber im umfassenderen, ins Unendliche ausgedehnten Gebiete der Geologie? Es giebt in jedem Collegio berathende und concludirende Stimmen; indem ich die letzte mir nicht anmafse, leiste ich auf die erste nicht ganz Verzicht.

Neptunismus und Vulkanismus sind zwei Einseitigkeiten, deren wol keine der unendlichen Vielseitigkeit und Mannigfaltigkeit der hervorbringenden Natur genügend entspricht. Ein Vulkanismns, welcher nicht genetisch, productiv ist, sondern nur die Erhebung schon gebildeter Gebirgsmassen aus unbekannten Tiefen und veränderte Lagerungsverhältnisse derselben bewirkt, erinnert an den fabelhaften Gott der Terrae motus, — welcher, in unterirdischer Caverne sitzend, durch Bewegung seiner Schultern die diesen aufgebürdeten Berge erschüttert und in Bewegung setzt. Im Gegensatze dieses in solcher Auffassung rein mechanischen Princips zeigt der Neptunismus durch den in ihm waltenden Chemismus eine mehr dynamische Richtung. Dafs alles feste aus dem flüssigen entsteht, ist ein Bildungsgesetz aller irdischen Formationen. Ob aber Präcipitation und Crystallisation die einzigen diese vermittelnden Wege seien, ist eine noch zu beantwortende Frage. Im organischen Reiche entsteht festes aus dem flüssigen ohne Präcipitation und ohne Crystallisation.

Wenn die Erde ein organischer Körper, mit Leben begabt, mit Organen und organischen Systemen, welche bestimmten Functionen vorstehen, ausgerüstet ist; so müssen auf sie die Gesetze des organischen Bildungsprocesses eine wenigstens analoge Anwendung finden. Dieser aber ist seiner Natur nach weder plutonisch noch neptunisch. Die Entstehung der Gewebe ist das Werk der fortdauernden Entwickelung eines Urgewebes, der Primitivzellen, welche in sich höchst einfach, aber der verschiedensten Bildungsformen fähig sind. Wenn die Geognosie, welche die

Physiologie der Erde sein sollte, sich noch so weit im Rückstande gegen die Pflanzen- und Thierphysiologie befindet: so kommt dies daher, weil die Anatomie der Erde, die Oryctognosie, noch sehr unvollkommen ist, und die Untersuchung nur erst in die Erdrinde, ihre Epidermidalgebilde, eingedrungen, die Eingeweide und innern Organe derselben aber noch ganz unbekannt sind.

München, den 23. Juli 1842.

Dr. *v. Walther.*

Das vorliegende Werk über „Süditaliens und Deutschlands Gasquellen" gehört zu dem literärischen Nachlafs des verstorbenen Geheimrath C. v. Gräfe und ist bis auf das letzte Capitel, welches von den einzelnen Soolquellen handeln sollte, vollendet.

Die Gasquellen sind bisher nur einzeln und meistens auch nur in periodischen Schriften bearbeitet; sie sind aber noch gar nicht unter einem allgemeinen Gesichtspunkte geordnet und betrachtet. Schon in dieser Beziehung wird diese Arbeit eine allgemeine Anerkennung finden, viel mehr aber noch durch die Ausführlichkeit, mit der der Verfasser sie abzufassen im Stande war. Der berühmte Verstorbene beschäftigte sich nämlich eine Reihe von Jahren hindurch mit diesem Gegenstande, verschaffte sich auf seinen Reisen und durch längern Aufenthalt an den Gasquellen Süditaliens und Deutschlands, so wie in den Seebädern die genaueste Kenntnifs derselben durch eigene Anschauung und eigene Beobachtung und setzte sich dadurch in den Stand, das Vorhandene zu würdigen und eigene Ansichten und Erfahrungen geltend zu machen.

Dem mir gewordenen ehrenvollen Auftrage, das Manuscript zu veröffentlichen, glaube ich am besten dadurch entsprochen zu haben, dafs ich es ohne Zusätze und Veränderungen dem Druck übergab.

Berlin, den 4. August 1842.

Dr. *C. G. Mitscherlich.*

# Inhalt.

## Erster Abschnitt.

### Vulcanismus.



## Zweiter Abschnitt.

### Süd-Italiens Gasquellen.

## Dritte Ordnung. Kohlensaure Gasquellen.

## Vierte Ordnung. Muriatische Gasemanationen.

## Erster Abschnitt.

# Vulcanismus.

# *Erster Abschnitt.*

# Der Vulcanismus in seinen Beziehungen zu den Gasquellen.

---

## §. 1.

## Wesen des vulcanischen Processes.

Um das Wesen der Gasquellen näher zu erkennen, müssen wir uns bei ihrer Abhängigkeit vom Erdvulcanismus, wenigstens allgemeinhin, mit diesem vertraut machen.

Immer geltender wird die Ansicht, dafs der Heerd vulcanischer Vorgänge weder, wie man früher wähnte, in brennenden Steinkohlen- oder Schwefelkies-Lagern, noch in Flötz- und Uebergangs- ja nicht einmal in Ur-Gebirgen, sondern lediglich in den unter der lezteren Gebirgsart befindlichen Regionen anzunehmen sei, welche vermöge eines fast über alle Welttheile ausgebreiteten Netzes tief gesenkter Canäle, mit dem Aeufseren des Erdballs, und besonders mit der ihn umfliefsenden Atmosphäre in Verbindung stehen.

Als Grundursache des fraglichen Waltens betrachten mehrere ausgezeichnete Geologen und Chemiker die, durch das Eindringen der atmosphärischen Luft bedingte, und durch den hohen Temperaturgrad der Erdtiefen, so wie durch unleugbare Mitwirkung des Wassers unterstützte Oxydation der in den Tiefen vorhandenen leicht oxydirbaren Materien und namentlich der innern metallreichen Kugelfläche unseres Planeten *). Je nachdem hiebei sowohl expandirte gasige und zum Flufs gebrachte fette Substanzen in Zerklüftungen mannichfach gehäuft und bewegt werden, können sie nach Mafsgabe des Zusammenhanges der Erdrinde Emporhebungen, Versenkungen, Erschütterungen derselben hervorbringen, und wenn sie unfähig weiter zu widerstehen berstet, durch Entleerungen nach aufsen, alle jene Phänomene erzeugen, in deren Reihe wir die periodischen und permanenten Feuer-, Luft- und Wasser-Vulcane anstaunen. Was unter den Urgebirgslagen, sagt Herr von Buch, auf Hindernisse stofsend, zerschmilzt, zersprengt und Gluthstoffe über die Erde schleudert, läfst ungestört und geräuschlos wohlthätige Thermen und Säuerlinge entstehen **). In gleichem Sinne erklärt Herr von Humboldt, dafs feuerspeiende Vulcane, dafs Erderschütterungen, Laven-, Schlacken-, Schlamm- und Wasserdampf-Ausscheidungen, dafs Salsen-, Gas- und Thermal-Quellen der verschiedensten Temperatur, nur als eng zusammenhängende Wirkungen einer und derselben Kraft, als Folgen steter oder vorübergehender Verbindungen zwischen dem Innern und Aeufsern der Erdkugel angesehen werden müssen ***).

Mit besonderer Rücksicht auf die, in diesen Blättern zu lösende Aufgabe, wollen wir demnächst die mit dem vulcanischen Acte hervortretenden, theils luftförmigen theils festen Stoffe, nach der Ordnung betrachten, in welcher sie sowohl stürmisch durch die Thätigkeit feuerwerfender Berge, als auch ruhig durch jene gasiger Quellen emporgehoben werden.

*) S. Humboldt et Bonpland voyage etc. l. c. p. 565. — v. Buch Beschr. d. Can. Ins. l. c. p. 89 etc. — Steffens, Schmieder, Dolomieu, Breislack u. v. Hoff l. c. T. II. p. 19, 21, 35, 40, 53 u. 55. — Davy in Monticelli. l. c. p. 160—168. — Berzelius Jahresberichte V. p. 282. — Walther, F. A., in Graefe's u. Ph. Walther's Journ. für Chirurg. u. Augenheilk. l. c. Bd. 27. p. 82 etc.

**) S. v. Buch Beschreib. d. Can. Ins. p. 90.

***) S. Humboldt et Bonpland voyage etc. l. c. p. 565. — und v. Humboldt über den Bau und die Wirkungsart der Vulcane, vorgelesen in der Academie zu Berlin 1823. Im besondern Abdrucke p. 33.

## *Capitel I.*
# Feuer - Vulcane.

---

§. 2.

### a. Ausscheidung gasiger Stoffe.

An Feuerbergen, in welchen der unterirdische Oxydationsprocefs am freiesten und mächtigsten zu Stande kömmt, offenbart sich derselbe auch am schroffsten durch bestimmte Evolutionsgrade, die sowohl nach ihrem allgemeinen Verhalten, als nach den mannichfachen, während ihrer Dauer emporgetriebenen gasigen Stoffen von einander abweichen. Vorzugsweise wichtig erscheinen in der fraglichen Hinsicht das Wasserstoff-, Stickstoff-, Kohlensäure- und Chlor-Gas. Von den genannten Luftarten bildet immer eine, wenn gleich selten vollkommen rein dem Erdschosse entsteigend, doch jedenfalls durch ihr Vorherrschen das gasige Grundgemisch der betreffenden Entwickelungsstufe. Es lassen sich hiernach füglich vier verschiedene, in den folgenden Paragraphen gesondert zu erörternde Ausbildungsstadien vulcanischer Thätigkeit annehmen.

§. 3.

Während der höchsten, am meisten stürmischen Actuosität bilden sich die Flammengarben vorzugsweise aus emporgetriebenen unabsehbaren Massen entzündeten Hydrogens *). Sie führen bestimmte verflüchtigte feste Stoffe mit sich, steigen unter krachenden Detonationen und blitzeschleudernden, elektrischen Entladungen in Riesensäulen auf, werfen Felsstücke hoch in die Luft, lassen aus überschwebendem Gewölk in Feuer- und Wasserbildungen gelöst, Regengüsse herabträufeln, und schliefsen gewöhnlich damit, dafs den Kraterhöhlen glühende Lavabäche entströmen.

*) S. v. Buch in s. Beobachtungen auf Reisen. Bd. II. p. 146. — Monticelli l. c. p. 159—168. und v. Hoff l. c. T. II. p. 41. — Breislak T. I. p. 219.

Bei ermäfsigten zugänglicheren Eruptionsparoxysmen findet man, dafs das Farbenspiel jener feurigen Ausscheidungen mit dem übereinkommt, welches im Kleinen an jedem stärkeren Strahle brennenden vornemlich mit Kohlenstoff gemengten Hydrogens statt hat. Unmittelbar an der Auswurfsmündung zeigt sich die Säule lichtgelb fast weifs und zugleich sehr durchsichtig, höher hingegen orangenfarbig, und da wo dieselbe zur pinienartigen Ausbreitung übergeht purpurgeröthet *). In naturtreu aufgefafsten besseren Abbildungen ist dies Verhältnifs fast immer richtig angedeutet **). Wir treffen dasselbe auch völlig gleich an den mehr spitz auslaufenden, züngelnden Flammen ruhig strömender kalter Hydrogenquellen †).

Bestimmungen des während der Acme vulcanischer Vorgänge in den Kraterhöhlen obwaltenden Hitzegrades liegen aufser aller Berechnung. Nur nach gesunkener Heftigkeit des Processes, oder an kleineren, seitlich hervortretenden, feuerwerfenden Kegeln vermag man die Temperatur des aufsteigenden Strahls ungefähr anzugeben. Hier pflegt sie am Rande der Eruptions-Mündungen nach Monticelli's Messungen bald der Roth- bald der Weifsglühhitze näher zu stehen. Von den zwischen jenen Extremen liegenden Gradationen können wir uns übrigens, auch ohne Wedgewood's Thonpyrometer, schon durch den Augenschein und zwar besonders während des Nachtdunkels genau überzeugen ††). Man erblickt nemlich den feurigen heftig aufstofsenden Strahl nahe an seiner Auswurfmündung und die steinigen Umfassungen der letzteren, hauptsächlich an ihrem nach innen gekehrten Saume, so wie die träge oder rasch fliefsenden langsam oder schnell hervortretenden Laven, von anfangendem Roth bis zum blendenden Weifs erglüht, mithin zu Folge Pouillet's neuerdings

*) Vergl. hiermit die Beschreibung des Vesuv-Ausbruchs, §. 20.

**) S. in Hamiltons oft citirtem Werke die schönen Abbildungen Tab. 12. 37. 38. 55., besonders Tab. 56. und die Titelvignette der vorliegenden Schrift.

†) Vergl. §. Pietra mala und den artesischen Hydrogen-Brunnen.

††) Vergl. den von mir beobachteten Vesuv-Ausbruch §. 20.

angegebenen Temperatur-Bestimmungen, stufenweise von + 420 bis zu 1280° R. erhitzt *).

§. 4.

Mit dem Eintritte des mittleren Evolutionsgrades entweicht den Feuerbergen unter immer geringer und seltener werdenden Flammenerscheinungen vorzugsweise Stickstoffgas **), dem sich bei noch bestehender Annäherung zur Acme, mehr Hydrogen- und Schwefelaushauchungen, und bei tieferem Sinken mehr Kohlensäure und Wasserdunst hinzugesellen. So lange die acherontische Propulsionskraft weniger erschöpft ist, erheben sich jene Gemische unter donnerndem Getöse in hohe dunkle, oder vom Uebergewichte entwickelten Wasserdampfes blendendweifse, verschieden grofse Lavastücke mit sich führende, pinienförmige Säulen †), aus deren breit gezogenen gewöhnlich von schwarzen Rauchwolken umgebenen Schirme Aschenregen niederfallen, die nach Mafsgabe ihrer Mächtigkeit, weite Gegenden überziehen und ganze Städte begraben. Zuweilen wechseln jene mächtigen Naturacte mit dem plötzlichen Hervorstürzen von Wassermassen, so wie mit dem Ausflusse von schmutzigem Aschenbrei, oder von dünnem einzelne unversehrte Fische enthaltendem Schlamme ††), und bekunden so den Zusammenhang der unterirdischen vulcanischen Canäle mit beträchtlichen Wasserbehältern. In der Regel sinkt die Extensität nnd Intensität der betreffenden Auswürfe von Stufe zu Stufe, bis der hervortretende qualmende Rauch kaum den oberen Saum des Kratermantels erreicht, und nur dumpfes aus den Tie-

*) Die Reduction der Pouilletschen, s. Poggendorf l. c. T. 39. p. 567, vermöge des aus Platina construirten Luft-Pyrometers ermittelten Temperaturfeststellungen auf Reaumursche Grade, wodurch eine approximative Vergleichung der bezeichneten vulkanischen Erhitzungen mit den späterhin angeführten niederern der Gasquellen erleichtert wird, verdanke ich der collegialischen Güte des Herrn Professor Dr. Magnus.

**) Vergl. Breislack in seinem angeführten Werke T. I. p. 221. und in Monticelli l. c. p. 169, so wie Davy in Brandes l. c. p. 406.

†) Bildliche Darstellung dieser Phänomene liefert Hamilton l. c. Tab. 11. 33. 55. und 57.

††) S. v. Humboldt in Monticelli l. c. p. 167.

fen hinandröhnendes Getöse, noch das Dasein regerer unterirdischer Kräfte anzeigt. — So lange der Schwefel zur unvollkommenen Säure verbrannt dem Erdschoofse entweicht, beträgt die Hitze des hervordringenden Rauch- und Dampfstrahles nahe an den Auswurfsmündungen mehr oder weniger über + 100° R., und da blos + 80° R., wo der fragliche Stoff nicht gesäuert, wo derselbe einfach sublimirt, an abgekühlte Felswände anschiefst *).

§. 5.

Erschöpfen sich nach stürmischen Eruptionen die Vorräthe der leichteren Gase, jene des Hydrogens und Azots beträchtlich, und sinkt die Temperatur der Vulcane unter 80° R., so tritt bald darauf Kohlensäure, entweder unmittelbar aus den Kraterhöhlen, oder aus seitlichen, oft sehr entfernten Stellen hervor. Sie fliefst hiebei in manchen Fällen zu unsichtbaren Seen zusammen, welche, die Kraterwände überfluthend, an den Bergabhängen nach tiefen Ebenen herabströmen, kömmt aber auch aus klaffenden Felsspalten, aus verborgenen, vermöge poröser Erdschichten überlagerten Zerklüftungen, in Brunnen, Kellern und Höhlen jeder Art zu Tage, verpestet auf die erstere Weise mittelst giftigen Hauches, kürzere oder längere Zeit, gröfsere vorher sorglos bewohnte Landstrecken, und erzeugt in der letzteren Form vereinzelte Thieren und Menschen todtbringende Mofeten **).

§. 6.

An die beschriebenen Entwickelungsstufen schliefst sich die vierte, welche indefs mehr als Spätfolge beträchtlicher Ausbrüche, zur Zeit beinahe völliger Abkühlung der Kraterwände auftritt, und während welcher hauptsächlichst Chlor-Entwickelungen erfolgen. Zwar zeigen sich diese auch im Verlaufe der übrigen Evolutionsgrade, in dem fraglichen jedoch am entschiedensten, durch die Verbindungen, welche sie eingehen, am auffallendsten. Als die wichtigsten hieher gehörigen Combinationen haben wir die mit Wasserstoff und jene mit Natrium-Metall anzuführen. Vermöge des Hydrogens wird das Chlor zur Salzsäure um-

*) S. Monticelli l. c. p. 170 und 173.

**) Vergl. v. Buch geolog. Beobacht. auf Reisen l. c. T. II. p. 156.

gewandelt und gasförmig ganz frei, oder auch von schwefeligsauren Dämpfen begleitet, in beträchtlicher Menge aus den Kratermündungen gestoſsen. Mit dem Natrium der Vulcane verbunden, bildet dasselbe Kochsalz, welches lange nach statt gehabten Eruptionen Lavaritzen füllt und gröſsere Flächen der erkalteten Kraterwände mit weiſsen Anflügen überzieht. Als ich im Jahr 1830, um den Vesuv zu ersteigen, den Weg vom Eremiten über das groteske Lavafeld nach der Pedamentina einschlug, und zu dem Schlakkenkegel gelangte, welcher den seitlichen Krater schlieſst, in dessen Feuerhöhle sich 9 Jahre früher Coutrel hinabgestürzt hatte *), sammelte sein ehemaliger, auch von mir gewählter Begleiter, nebst dem bekannten Führer Salvadore Madonna, aus den klaffenden Spalten jenes Hügels eine Menge reinen, schaumigen, zum Kochen völlig brauchbaren Kochsalzes. Daſs dasselbe unter ähnlichen Umständen nicht blos von Efflorescenzen der Laven, sondern, ungeachtet aller hierüber erhobenen Bedenken, von wirklicher aus den Tiefen zu Stande kommender Sublimation herrührt, ist, unumstöſslicher Thatsache gemäſs, nicht mehr zu bezweifeln **). Im Jahre 1822 war plötzlich so viel Salz im Krater des Vesuvs erschienen, daſs die benachbarten Dörfer dasselbe zum Hausbedarf holten, bis die Behörde es als Regal in Besitz nahm. — Hiernach sehen wir den fraglichen, überaus wichtigen durch die Natur allverbreiteten Stoff, welcher mächtige Steinsalzflötze bildet, die Soolquellen speist, und das Weltmeer durchdringt, fast unter unseren Augen durch vulkanische Vorgänge entstehen †).

*) Der lebensmüde Engländer fand am 16ten Januar 1821 hier, ohne daſs es mehrere Anwesende schnell genug hindern konnten, den ersehnten Tod und den seltensten Grabstein. Bald nach vollendeter That erlosch, wie nach Marcus Curtius heldenmüthigem, dem Heile Roms dargebrachten Selbstopfer, der Feuerschlund, und die ihn jetzt bedeckende schwarze Schlackenpyramide führt für immer den Namen il cono di Coutrel.

**) S. v. Buch und Nöggerath in Monticelli l. c. p. 70.

†) Monticelli l. c. p. 11, 67, 70, 160, 166, 172, 173, 174, 191, 204, 209. — v. Buch in Poggendorf An. T. III. p. 79. — Berzelius Ch. T. I. p. 276 u. 605. — Breislak voy. l. c. T. I.

## §. 7.

### b. Ausscheidung fester Stoffe.

Es kann hier nur von den diesfälligen wichtigeren zu gasigen Quellen in näherer Beziehung stehenden Körpern die Rede sein, welche durch hohe Gluth bedingt, vermöge der Gewalt expandirter Gase und Wasserdämpfe aus dem Erdschoſse emporgetrieben, nach eingetretener Abkühlung erstarrt zurückbleiben *). — Unter diesen nehmen mehrere oxydirte Metalle, insofern wir denselben, nach Davy auch bestimmte Alkalien und Erden hinzuzuzählen haben, quantitativ die erste Stelle ein. Ihnen folgt der Schwefel, und nur in geringer Menge zeigt sich das Ammoniak. — Mannichfach einigen sich die fraglichen Substanzen mit den in dem vorigen Paragraph erwähnten Säuren. Am ausgedehntesten findet dies bezüglich der Chlorwasserstoffsäure, nicht in völlig gleichem Maſse hinsichts der Schwefelsäure, und am beschränktesten in Betreff der Kohlensäure statt. Die Seltenheit der lezteren Combination mag darin liegen, daſs die Kohlensäure bei der hohen Temperatur brennender Vulcane zu schnell verflüchtiget und, nach den Gesetzen chemischer Affinität, selbst aus schon vollendeten Verbindungen, durch die Salz- und Schwefel-Säure wieder verdrängt wird. Uebrigens können wir sämmtliche genannte Materien hier nur in den Formen, welche sie als Grundstoffe annehmen, betrachten, und müssen die zahlreichen, aus denselben hervorgehenden vulcanischen Mineralien **), dem Plane der vorliegenden Schrift getreu, von näheren Erwägungen ausschlieſsen.

p. 221, 223, 247—248. — Davy in Brandes l. c. p. 406 u. 407. — Bischof l. c. p. 275, 276 u. 279. — Covelli in Renzi l. c. p. 38.

*) Mehrere jener Vulcanenproducte gewann ich an ihrem Fundorte, viele schenkte mir der Akademiker Herr Monticelli aus seinem überaus reichen vesuvianischen Kabinette. Nie kann ich die zuvorkommende Güte und vielfachen Belehrungen vergessen, welche mir dieser, leider der Wissenschaft nur zu früh entrissene ausdaurendste Beobachter des Vesuvs zu Theil werden lieſs.

**) Beiläufig nenne ich aus ihrer groſsen Reihe nur die mehr oder weniger vollkommenen Krystalle der Basalt-, Glimmer-, Feldspath-, Olivin-, Zeolith-, Augit- und Leuzit-Bildungen, deren genauere Bestimmung, so wie deren Fundorte Monticelli in

§. 8.

Zunächst sei die Rede von dem flüchtigsten jener Körper, vom Ammoniak. Dasselbe besteht aus zwei den vulcanischen Emanationen keineswegs fremden Luftarten, nemlich aus Wasserstoff- und Stickstoff-Gas. Vollkommen rein ist es selbst nur in Gasgestalt darstellbar, wird aber durch Salzsäure als Salmiak gefesselt, und erscheint mit Chlornatrium und Chlorcalcium gemengt in schmutzigweifsen, oder mit Chlor-Eisen verbunden in gelblichen Anflügen *). Derartige Salze findet man an der Kraterwand des Vesuvs in merklich geringerer Menge als an jener der Salfatara, wozu bei der grofsen aber leicht mit Zersetzungen verbundenen Verflüchtigbarkeit dieser Substanz der Umstand wesentlich mitwirkt, dafs die Temperatur des ersteren Vulcans die des lezteren beträchtlich übersteigt **).

§. 9.

Schwefel kömmt in Sublimationen nur da vor, wo die Temperatur der Rauchsäulen sich von + 80° R. nicht entfernt hält. Er überzieht abgekühlte, den Ausscheidungsmündungen nahe Felswände mit nadelförmigen, für das bewaffnete Auge oktaëdrischen, hochgelben Krystallen. — Hydrothionsaure Luft bildet er am Vesuv nie, wird aber in dieser Gestalt an halberloschenen Vulcanen in Menge ausgeschieden, weil die lezteren weniger erhitzt, keine Zersetzungen beim Verbrennen der betreffenden Gasart bedingen. Zur schweflichten Säure umgewandelt trifft man den fraglichen Stoff häufig in den + 250° R. heissen Kratercmanationen der thätigen Feuerberge †) und als vollkommene Säure geht derselbe, wie wir späterhin sehen werden, mit mehreren Metallen bestimmte Verbindungen ein ††).

seinem gehaltreichen, schon oft citirten Werke, neben vielen anderen Vesuvproducten ausführlich angiebt.

*) Vergl. Monticelli l. c. p. 171 u. 472. Breislak T. I. p. 223.

**) Breislak gewann Salmiak durch besondere Vorrichtungen in bedeutender Menge aus der Dampfsäule der Salfatara. S. dessen voyage T. II. p. 79.

†) S. Covelli in Renzi l. c. p. 38.

††) Vergl. Monticelli l. c. p. 165—171. — Davy in Brandes l. c. p. 406. — Hamilton l. c. Tab. 46. No. 1 bis 3. liefert eben so treue als schöne Abbildungen vesuvischer Schwefelsublimationen.

§. 10.

Eisen wird unter allen Metallen in der gröfsten Menge durch vulcanische Processe aus den Tiefen der Erde emporgedrängt. Es kömmt bei einer Temperatur, welche der Rothglühhitze nahe steht in den Rauchsäulen des Vesuvs, aus welchen Monticelli und nach ihm Davy in Glocken auffingen, als Eisenchlorid vor. Von seiner Verbindung mit sublimirtem Salmiak war bereits die Rede. Mit dem Kochsalze der Krater geeiniget, giebt es diesen eine gelbliche Tünchung. Man findet das fragliche Metall als Eisenglanz in schönen, grofsen, oft mehrere Zoll dicken Blättern, und als Magneteisenstein bald in Oktaëdern von einem halben Zoll im Durchmesser, bald in geschmolzenen knolligen Klumpen. Dasselbe trägt gemäfs seiner verschiedenen Oxydations-Grade, zu den gelblichen, braunen und dunklen Färbungen der vulcanischen Asche und der Laven wesentlich bei *).

Das Mangan, dieser häufige Begleiter des Eisens ist vielen sublimirten Salzen, insbesondere aber den verglasten Massen beigegeben. Es färbt dieselben vermöge seiner vielfältigen Verbindungen mit Sauerstoff und Chlor in den mannichfachsten Schattirungen grau, braun, schwarz, oder auch grün, violett und röthlich. Die schwefelsauren perlmutterglänzenden, rosigen, im Krater nicht seltenen Kalkblättchen erhalten nach Monticelli ihre ausgezeichnet schöne Tünchung vom Chlormangan **).

§. 11.

Kupfer, Spiefsglanz, Kobalt, Blei und Arsenik zeigen sich verhältnifsmäfsig nur in geringer Menge. — Chlorwasserstoffsaures Kupferoxyd wird nur aus trockenen Rauchsäulen, deren Temperatur der Rothglühhitze nahe steht, abgeschieden; dasselbe färbt die sublimirten Salze der benachbarten Felswände grünlich und himmelblau, wird aber wenn wässrige Dämpfe es berühren ungemein leicht zersetzt. Schwefelsaures Kupferoxyd trifft man bisweilen in schönen dunkelblauen Krystallen an. — Spiefsglanz-Eisen,

*) Monticelli l. c. p. 48, 172, 213. — Breislak voy. T. I. p. 224 bis 231. — Davy in Brandes l. c. p. 406 u. 407.

**) S. Monticelli p. 48 und 212.

und Spiefsglanzglas fand Monticelli nur nach der im October 1822 erfolgten Eruption. — Spuren von Kobaltchlorür beobachtete Davy in den, beim Erkalten der Lava, auf dieser sich verdichtenden Dämpfen. Verglastes Blei und in rubinrothe Krystallen angeschossenes Schwefel-Arsenik entdeckte Covelli *).

§. 12.

Das Natron gehört zu dem durch vulcanische Processe vorzugsweise in grofser Menge emporgetriebenen festen Stoffen. Vielleicht trägt dasselbe als regulinisches Metall, als Natrium in den Tiefen unseres Planeten geborgen, durch seine Oxydation wesentlich mit zu den Erhitzungen und flammenden Erscheinungen der Vulcane bei **). — Am meisten wird das Natrium mit Chlor verbunden angetroffen. Von den Formen, unter welchen es vermöge dieser Combination Kochsalz erzeugend in den Kraterhöhlen und Lavaspalten sublimirt vorkommt, ist schon früher gesprochen †). Dasselbe macht einen integrirenden Bestandtheil der verschiedenen Lavabildungen aus und effloreszirt aus diesen, überschüssig vorhanden, oft noch lange nach ihrem gänzlichen Erkalten. Zum Glaubersalz verschmolzene sublimirte Sulfate des Natrons findet man im Ganzen nicht so häufig. — Auch kohlensaures Natron bildet sich zwar im Vesuv ††), jedoch aus schon genannten Gründen, hier wie in allen brennenden Vulcanen weit sparsamer†††) als in jenen von geringerer Temperatur ††††).

Kali und Magnesia mögen während ihres Uebertrittes aus dem regulinischen Zustande zu dem der Verkalkung, analog dem Natrium, die Temperatur-Erhöhung der Vulcanenheerde begünstigen und nicht unwahrscheinlich ist es, dafs unter diesen Metallen vorzugsweise das

*) S. Monticelli l. c. p. 172 u. 213. — Davy in Brandes l. c. p. 407. — Covelli in Rizzi p. 38.

**) Vergl. §. 1.

†) Vergl. §. 6.

††) Vergl. Monticelli l. c. p. 30, 50, 173—209. und Davy in Brandes l. c. p. 407.

†††) §. 7.

††††) §. Carlsbad.

erstere, insofern dasselbe während des Actes der Oxydation licht und lebhaft aufflammt, die leuchtenden Phaenomene der Feuerberge mit unterstützt. In allen übrigen Beziehungen, namentlich rücksichtlich der Sublimationsvorgänge und mannichfachen durch die Verbindung mit Chlorwasserstoff-, Schwefel- und Kohlen-Säure entstehenden Salzbildungen, verhalten sich die Bittererde sowohl als das Kali, dem Natron, mit welchem sie an den meisten Fundorten geeiniget vorkommen *), sehr ähnlich, nur dafs sie diesem allgemeinhin quantitativ nachstehen.

Kalk wird aus den Rauchsäulen an die Kraterwände abgesetzt, und mit fliefsenden Laven verschmolzen emporgedrängt **). Als sogenannte alkalische Erde theilt er mehrere Eigenschaften des Natrons wie des Kali's und kömmt daher auch denselben in seinen Beziehungen zum Vulcanismus sehr nahe. Besonders findet dies rücksichtlich der Verbindung mit Salz-, Schwefel-, und Kohlen-Säure statt. Unter den verschiedenen Kalkanflügen zeichnen sich die schwefelsauren durch ihre Beständigkeit aus; sie schiefsen in Nadeln oder verlängerten Blättchen, bald flocken-, bald blumenkohl- und perlenförmig an, erscheinen bei vollkommener Reinheit blendend weifs, mit Eisenoxyd verbunden gelblich mit Chlormangan geeinigt roth getüncht, und tragen so zu dem heiteren bunten Schmuck der finstern Kraterwände vielfältig bei. Einigungen mit Kohlensäure, welche aus schon oft genannten Gründen †) am Vesuv nur selten vorkommen, werden dagegen in halberloschenen, und besonders in Wasser-Vulcanen häufig angetroffen.

## §. 13.

Thon- und Kiesel-Erde ††), die vielleicht als brennendes Aluminium und Sicilium aus den Tiefen emporgetrieben werden, machen abgekühlt die Grundlage jener merk-

*) S. Monticelli l.c. p. 33, 48, 50, 69, 171, 208, 219 u. 221. — Breislak I. p. 275. und II. p. 156. — Davy in Brandes l. c. p. 407.

**) S. Monticelli l. c. p. 48, 156, 208, 209, 212.

†) §. 7.

††) S. Monticelli l. c. p. 48 und 209.

würdigen Steinmassen aus, welche man im weiteren Sinne des Wortes, mit dem Namen der Laven belegt *). In denselben sind durch Glutheinwirkung die übrigen bereits nachgewiesenen vulcanischen Materien mannichfach verschmolzen. Einzelne dieser Stoffe trennen sich bisweilen, jedoch immer nur nach sehr langen Zeiträumen, wiederum aus der eingegangenen Verbindung, und bilden dann isolirt, besonders an den Höhlenwandungen der Lava, schöne vollkommene Krystalle *). Es nehmen die fraglichen Verschmelzungen nach der Menge des beigemischten, die Vitrification wesentlich unterstützenden Natron's und Kali's, nach den verschiedenen Oxydations-Stufen der mit ihnen geeinigten Metalle, ferner nach den zwischen + 420 bis 1280° R. schwankenden Erhitzungsgraden, so wie nach mehreren zufälligen, während ihrer Entstehung mitwirkenden Einflüssen, mannichfache, in Betreff ihrer wichtigsten Differenzen demnächst zu würdigende Eigenschaften an.

## §. 14.

### Lavenvarietäten.

Es unterscheiden sich die in Rede stehenden Vulcanen-Erzeugnisse hauptsächlich durch ihre **Form**, durch ihre **Consistenz**, durch ihre **Verglasungsstufen** und mannichfachen **Färbungen**.

Zersprengt, zerrissen, zermalmt werden sie im Sturm heftiger Eruptionen hoch in die Luft geschleudert und fallen vom Gipfel der Feuersäulen, bald als Pulver oder grandiger Sand, bald in Gestalt kleiner Erbsen, bald in gröſseren, Rapilli genannten Brocken, bald als unförmliche Klumpen, theils noch glühend, theils abgekühlt herab. Gewöhnlich ist dann ihre Verglasung noch wenig vorgeschritten, ihre Farbe schmutzigbraun, mit kleinen schwarzen Punkten durchstreut, und ihr Gefüge um diese Zeit oft unfest und porös. Zerstäubte derartige, aus ansehnlichen Höhen niedersinkende Massen erzeugen förmliche Aschenregen, welche, während ruhiger Atmosphäre, die Feuerberge Fuſs hoch decken, und bei bewegter Luft zuweilen nach weit entlegenen Gegenden

*) Vergl. §. 9. 10. 11. 12. und Monticelli l. c. p. 48.

**) S. Breislak l. c. T. I. p. 281.

hingetragen werden. Die meisten gröfseren emporgeschleuderten Lavastücke zerstreuen sich, bogenförmige Linien beschreibend, im nächsten Umkreise; nur wenige, ganz perpendiculair aufsteigende, fallen wieder in den Krater zurück, aus dem sie, mehr oder weniger verändert, von neuem ausgestofsen werden. Beträchtliche Anhäufungen der fein zertheilten, mit dem Namen vulcanischer Asche bezeichneten Lava bilden, wenn ihre Wärme noch zureicht, durch unmittelbares Zusammenbacken, und, wo diese bereits entwichen ist, in Vermittelung späterer Wasserüberfluthungen eigenthümliche, nicht selten über meilenweite Landstrecken hingezogene, und ganze Gebirgszüge aufbauende Tufflager, Aus den geballten, auf die angegebene Weise öfter emporgetriebenen, Trümmertheilen verwandeln sich manche, unter begünstigenden Verhältnissen, durch erneuten Substanzansatz und durch wiederholte Erkühlungen in braunrothe, innerhalb ihrer Höhlung einen beweglichen Kern bergende Kugeln, in sogenannte vulcanische Bomben *).

Werden die, vermöge längerer Glutheinwirkungen inniger verschmolzenen Laven, im Decremente des Processes nicht mehr hoch emporgeschleudert, dafür aber vom Gase um so vielfältiger durchwühlt, so verwandeln sie sich in Schaumlager, welche erkaltet den bekannnten leichten auf dem Wasser schwimmenden verschiedenfarbigen Bimsstein abgeben. — Zur Zeit wo die comprimirten luftigen Substanzen durch grofse Ausscheidungen an Spannung stufenweise verlieren, und wo sie die Laven weder weit hin auswerfen, noch heftig durchströmen können, heben sie bei noch hinlänglicher Expansion den gesammten, die Trichterhöhle füllenden Gluth-See langsam höher und höher, bis derselbe über niedere Stellen des Kraterrandes, oder durch seitliche Ausmündungen *) in träger Bewegung abfliefst und feurige Bäche, Ströme, glühende Cascaden bildet, welche Feld, Fluren, Wohngebäude begraben, und nach heftigen Ausbrüchen, bis zum Meere hingesenkt, erst im Kampfe mit den Wogen untergehen ***). Schichten dieser Art glühen

*) Breislak I. p. 258.

**) S. Hamilton l. c. Tab. 5 und 12.

***) Vergl. *Πινδάρου τα σοξόμερα*, herausgegeben von Thiersch, l. c. T. I. p. 161. — Hamilton l. c. Tab. 5. 10. 12. und 38.

auch noch so weit vom Krater entfernt, unter starker Gas- Dampf- und Rauch-Entbindung noch mehrere Tage, ja selbst einige Wochon fort. Sie erstarren allmählig, nach Maſsgabe ihrer vollkommeneren Befreiung von eingeschlossenen Gassubstanzen, nach Maſsgabe ihrer constituirenden festen Bestandtheile und im Verhältniſs statt gehabter vollendeter Durchschmelzung, bald zu durchlöcherten, zackigen, öfter blos die oberflächliche Schicht ausmachenden Schlacken, bald zu festeren, nur hie und da von einzelnen Höhlen unterbrochenen, bald zu den dichtesten, härtesten, am Stahle Funken gebenden, in der Regel gleichmäſsig gemischten, basaltischen, pechsteinartigen, bisweilen gefleckten, ausnahmsweise aber auch körnigen, granitartigen *), bei hinlänglicher Mächtigkeit Hügel und Berge erzeugenden Felsmassen. Wie sich hiebei die in verschiedenen, oft in sehr langen Zwischenräumen ergossenen, durch Asche, Rapilli, und hie und da sogar durch Humus getrennte, mannichfache Lagen übereinander schieben, sieht man deutlich in den Lavabrüchen bei St. Anastasio am Somma, in jenen des Monte Olibano bei Pozzuoli **), und höchst belehrend an den, ungefähr 140 Fuſs senkrecht abfallenden Seitenwänden der kleinen, seewärts 30 Miglien von Ischia entfernten Pandataria-Insel***), auf die August seine schöne sittenlose Tochter Julia verbannt hielt.

Anlangend die mehr oder weniger vollkommene Verglasung des Kiesgemenges, so hängt dieselbe wie bei den Glasfritten hauptsächlichst von der zureichenden Beimischung des Natrons oder Kali's, und von der statt gehabten angemessenen Erhitzung ab. Wo es an der erwähnten Zuthat fehlt, da entsteht keine eigentliche Vitrification. Bei niederer Gluth werden die einzelnen Bestandtheile nicht innig verbunden, und jede 28° des Wedgwoodschen Py-

*) S. Bischoff l. c. p. 275.

**) Abbildungen dieser Steinbrüche findet man in Hamilton l. c. Tab. 15. und 23.

***) Sie hat nur 4 Miglien im Umfange. Ihr jetziger Name ist Ventotiene. Eine schöne bildliche Darstellung derselben lieferte Hamilton l. c. Tab. 34.

rometers übersteigende Gluth *) verwandelt wiederum selbst förmlich gebildetes Glas in porzellanartige Substanz, in Reaumürsches Porzellan **).

Aus dem verschiedenen Zusammenwirken jener Umstände lassen sich die mannichfachen Vitrifications-Stufen der Laven leicht erklären. Lediglich im Jahr 1779 warf der Vesuv vollkommen verglaste Massen aus †). Eine dem hellsten weifsen Glase analoge Durchsichtigkeit finden wir blos an Fäden und Blättern farblosen Bimssteins. In der Regel gebricht sie den Laven schon wegen des ihnen in zu grofser Menge beiwohnenden Antheils von Kalk, Thon und Metalloxyden. Vollendetere Lavaflüsse offenbaren sich daher mehr durch den Glanz, welchen sie auf den Aufsen- und auf den Bruch-Flächen zeigen, so wie insbesondere durch grofse Dichtigkeit und Härte des Gefüges. Unvollkommenere erscheinen glanzlos, matt, rauh, porös und leicht zerdrückbar. Die lezteren mehr zu Anfang der Eruptionen ausgeschiedenen, unzulänglich verflüfsigten zersetzen sich an der Luft bald in ihren Elemente, und werden oft schon nach wenig Jahren in fruchtbaren humusartigen Boden umgewandelt. Die ersteren der unterirdischen Hitze länger und gleichförmiger ausgesetzt gewesenen, mehr am Ende der Gluthparoxysmen hervortretenden, die Lave Litoidee können dagegen den Atmosphären-Einwirkungen unglaublich lange Trotz bieten. Hierher gehörige Beispiele geben uns die Kratertrümmer des Monte nuovo bei Puzzuoli, das Lavafeld des Arzo auf Ischia, und insbesondere die merkwürdigen, von Houel beschriebenen, dem gemeinen, halbdurchsichtigen, dunkelgrünen, Glase ähnlichen, an einigen Stellen der Insel Lipara vorkommenden Felsmassen. Alle eben angeführten Glutherzeugnisse haben noch jetzt das Ansehn vor Kurzem erstarrter, roher Glasflüsse, obgleich ihr Alter sich auf 3, auf 5 Jahrhunderte und zum Theil über die geschichtliche Zeit hinaus erstreckt ††).

*) Die ungefähr auf 4756° R. zu berechnen ist.

**) Breislak l. c. T. I. p. 286.

†) ibid. T. I. p. 259.

††) Vergl. §. 29. 30. 37. und Houel l. c. T. I. p. 125.

Hinsichts der Farben differiren die Laven mannichfach. Die meisten sind lichtgrau, schwarz, braun, viele grün, die wenigsten kreideweifs *), strohgelb, hellgrün, in Blau überspielend, oder roth. Jene durch vielfältige Schattirungen hindurchgehenden Farbentöne hängen wie bei künstlichen Glasflüssen gröfstentheils von der Zuthat der mit dem Grundgemenge zusammengeschmolzenen Metalloxyde ab. Am häufigsten tragen hiezu die verschiedenen Eisen- und Mangan-, nicht so oft die Kupfer-, Antimon- und Kobalt-Kalke bei **). — Besonders vielfarbige Laven kommen auf den Liparen vor. Lichtgraue, in der Regel weder zu spröde noch dem Atmosphäreneinflusse leicht unterliegende hat man vorzugsweise zum Wegebau verwendet; die Ueberreste der Via Appia, die antiken engen Strafsen von Pompeji, die breiten schönen Palermo's, Neapel's und vieler anderer Städte sind mit dergleichen Platten belegt. Aus olivengrünen Stücken bestehen gröfstentheils die Gartenmauern Ischia's und aus den buntesten Lavenmustern mehrere Ruinen in der Umgegend des Aetna. Zu Kunst- und Schmuckgegenständen, welche in Neapel und Catania viele Menschen beschäftigen, werden die am meisten rein gefärbten und dichtesten Arten ausgesucht. — Naturgetreu colorirte Abbildungen der meisten dieser Vulcanenprodukte giebt uns Hamilton in seinem oft erwähnten Prachtwerke †).

## §. 15.
### Gasexhalationen erkalteter Laven.

Nicht blos aus den Kratermündungen feuerwerfender Berge, sondern auch aus glühenden, von den Eruptions-Stellen getrennten Lavamassen steigen, wie wir sahen ††),

*) Die milchweifsen tief unter anderen Schichten in der Fossa grande am Vesuv vorkommende, gewöhnlich für Lava ausgegebene und zu Kunstgegenständen viel benutzte Steinmasse ist keine Verglasung, sondern eine in jener kalkhaltigen Gegend durch öftere Wasserzusammenflüsse gebildete, mit Säuren aufbrausende, im Feuer zu Kalk zerfallende Marmorart.

**) Vergl. §. 10. und 11.

†) S. l. c. Tab. 44 bis 50.

††) §. 14.

bestimmte Luftarten in Dampf, Rauch und Flammen auf. Dafs analoge, wenn gleich verhältnifsmäfsig in sehr geringer Menge und oft kaum bemerklich vor sich gehende Exhalationen, auch an ganz erkalteten, völlig isolirten Lavastücken, viele Jahre hindurch fortdauern können *), ist nicht zu bezweifeln. Wahrscheinlich mögen sie hauptsächlichst aus Chlor bestehen. Das fragliche Element begleitet allein, oder auch hie und da mit Schwefelsäure verbunden, sämmtliche Acte vulcanischer Vorgänge **), ist den völlig ausgekühlten Laven in mehr oder weniger überschüssiger Menge einverleibt, inhärirt zwar vorzugsweise den porösen, fehlt jedoch auch nicht im Gemische der dichtesten Arten, und verwandelt sich an der Atmosphäre leicht in Chlorwasserstoff-Säure. Spalanzani fand diese im Bimssteine sowohl, als in den festen Laven des Aetna, des Vesuv und Stromboli, Kennedy und Klaproth trafen dieselbe in Basalten verschiedener Gegenden und Bischof gewann aus dem letzten Mineral 00,1 der betreffenden Säure †). Mit Natron, einem integrirenden Bestandtheile aller festen Glutherzeugnisse geeiniget, schwitzt sie als Kochsalz aus und überzieht nicht selten grofse vulcanische Felsflächen mit regelmäfsigen cubischen Krystallen ††).

Es verräth sich die in Rede stehende Lavenatmosphäre insbesondere dadurch, dafs sie die meisten *Metalle* über lang oder kurz verändert, und dagegen *organische* pflanzliche sowohl als thierische Theile gegen Zersetzungen schützt.

Vom Golde gilt das eben Gesagte selbst dann, wenn es auch nur geringe Silber- oder Kupferzusätze enthält. Derartige Einfassungen von aus Lava angefertigtem Geschmeide verlieren ihren Metallglanz, sobald sie nicht durch öfteres stärkeres Abreiben sauber erhalten werden. Thomson sah, dafs Goldmünzen, die man unter dem erstarrten Lavastrom, welcher 1795 viele Gebäude zu Tore del Greco vernichtet hatte, vorfand, mit einem oberflächlichen

*) Vergl. Breislak l. c. T. I. p. 275.

**) §. 6.

†) Bischof l. c. p. 275. 278. 279.

††) Vergl. §. 6. und Bischof l. c. p. 275.

bräunlichen Ueberzüge bedeckt waren *). Silbermünzen, welche die Führer in Brocken glühenden, aus den Spalten des Kratergrundes mit eisernen Stangen hervorgehobenen Lavabreies theilweis eindrücken, sehen schon in wenigen Tagen dunkel, dann schwarz, und nach einigen Monaten unscheinbar aus, ohne dafs jedoch hiebei die Verkalkung, wie jedes Einritzen es leicht beweist, tief eindränge. Aehnlich verhalten sich in gleicher Art behandelte Kupfermünzen, nur dafs ihre Schwärzung seltener und intensiver erfolgt. Einige Exemplare alter Laven, die ich zu Berlin vorläufig in dem leeren unteren Fache eines Schrankes aufbewahrte, welcher Stahlinstrumente enthielt, überzogen diese nach 2 Wochen mit einem dünn grauschwarzen Anfluge. In Folge anhaltender Einwirkungen der Lavaatmosphäre wird Eisen durch und durch verkalkt und mit der Zeit theils in braune Klumpen, theils in unvollständig krystallisirte Eisensalze verwandelt. Obgleich unter der vulcanischen Asche, welche Pompeji im Jahr 79 verschüttete, viele bronzene kunstreiche nur oberflächlich oxydirte Geräthe aller Gattungen, und selbst chirurgische Werkzeuge **) gefunden wurden, suchte man doch bis jetzt vergeblich nach unversehrten eisernen Gegenständen, und trifft da, wo Eisen aller Wahrscheinlichkeit nach in Verbindung mit andern Materialien stand, an dessen Stelle nur klumpige ockerfarbige Aggregate. Ein bronzener in meiner Gegenwart ausgegrabener Zirkel, welchen dermalen Se. Königliche Hoheit der Kronprinz von Hannover besitzt, endete mit beiden zierlich gearbeiteten Schenkeln, da man sie auch jetzt mit stählernen Spitzen versieht, in kleine eisenhaltige rothbraune Knollen.

Organische Stoffe werden, wie wir bereits erwähnten, durch die Lavenatmosphäre, und zwar besonders, indem

*) S. Breislak T. I. p. 282.

**) Aus dem Gabinetto chirurgico Pompeji's sammelte man, gut erhalten, ausschliefslich nur broncene, jetzt im Museo Borbonico bewahrte, derartige Werkzeuge. Interessant ist es, dafs die meisten derselben, namentlich Pincetten, Sonden, Spatel, Catheter, Elevatoren und Dilatatoren genau die noch in unseren Tagen gebräuchliche Form an sich tragen.

dieselbe faulige Auflösungen in nicht geringem Grade hemmt, eher erhalten als zerstört. —

Im Geschmeidesale des Bourbonischen Museums zu Neapel sind die, unter den vesuvischen Aschenlagen zu Pompeji an zwei Jahrtausende verborgen gewesenen Feigen, Pflaumen, Oliven, Korn- und Mehlvorräthe, ausgebackene Brode, Caviar-Reste und Hühnereier, noch jetzt ihrer Gestalt und gröfstentheils auch ihrer Farbe nach deutlich zu erkennen. Holzstücke mit vollkommen erhaltenen Faserbau findet man öfter tief in primitiv vulcanischen Tuff begraben *). Die Balken der einst von glühenden Lavaströmen überflutheten Gebäude Herculanums sind zwar verkohlt, die Kohle selbst zeigt indefs die Structur der Holzart und besonders jene der innerhalb des Stammes abgehenden Aeste so deutlich, und hat dabei ein so schönes schwarz glänzendes Ansehen, als wäre sie eben erst erkaltet. — Auf dem Saale der Wandgemälde des angeführten Königlichen Museums zeigt man den zu Pompeji ausgegrabenen, in zart tuffiger Masse entstandenen, vollkommenen Abdruck einer schönen weiblichen Brust, deren weiches Gefüge sich nothwendig lange in unveränderter Gestalt erhalten haben mufs, da feste Versinterungen zerstäubter Lava, ohne welche jene noch bestehenden scharfen Umrisse unausweichlich verwischt worden wären, gewöhnlich nur nach beträchtlichen Zeiträumen zu Stande kommen.

Auf eine merkwürdige Weise hat man die Kraft der Lavenexhalationen zu Mumifizirungen benutzt. Die, nahe an der Toledostrafse Neapels gelegene, ursprünglich für Pilger, welche nach dem heiligen Lande zogen, gestiftete Kirche dei Pellegrini zeichnet sich durch würdig einfache Architectur, durch musterhafte Reinlichkeit, und durch die anstofsende zwar kleine, aber vortreffliche eingerichtete Krankenanstalt **) aus. Letztere leitet Herr Professor Del Giudice, dessen verdienstliches Werk über Baja's Ther-

*) S. Hamilton l. c. p. 98. Tab. 45.

**) Sie nimmt jetzt vorzugsweise nur schwer Verwundete auf und führt den Namen l'ospedale dei feriti ai Pellegrini.

men allgemein bekannt ist *). Vermöge seiner Stellung ward es ihm möglich, mich in das zu den Mumificirungen bestimmte Sotterrano der fraglichen Kirche zu führen, welches gewöhnlich nur von vermögenden und vornehmen Mitgliedern der geschlossenen, das oben erwähnte Hospital in bestimmter Ordnung selbstthätig beaufsichtigenden Brüderschaft betreten werden darf. Hohe Bogen zieren das grofsartige unterirdische, vom Tageslichte hell beleuchtete Gewölbe, in dessen Mitte man den, ausschliefslich der erwähnten Brüderschaft zugehörigen, in vier Abtheilungen getrennten, von einem Steingeländer eingefafsten, mehrere Fufs tief ausgemauerten, mit vulcanischer, grobkörniger, schwarzbrauner Asche gefüllten Begräbnifsplatz antrifft. Die Leichen werden auf ganz gewöhnliche Weise eingesargt, tief in jene Aschenlagen versenkt und hier der Selbstmumificirung überlassen. Nach Ablauf eines halben Jahres erfolgt die erste Untersuchung, bei welcher man in der Regel die bräunlich gefärbten Körper erhärtet findet. Wo dies der Fall ist, können sie sicher der Luft ausgesetzt bleiben. Wenn dieselben jene Eigenschaften binnen jener Frist nicht völlig erreicht haben, braucht die Eingrabung höchstens um das Doppelte der Zeit verlängert zu werden. Nur ausnahmsweise, und, wie mir versichert ward, blos bei ungewöhnlich succulenten und bereits in höhere Verwesungsgrade übergegangenen Leichen mifsglückt die betreffende Mumificirungsart dahin, dafs man bei dem Eröffnen des Sarges zwar alle Spuren der Fäulnifs verschwunden findet, dafs aber die Weichtheile wegen mangelhaften Zusammenhanges pulvrig auseinanderfallen. Den testamentarischen Bestimmungen gemäfs werden die vollständig erhaltenen Leichen entweder in ihren Särgen beigesetzt, oder in den hiezu vorhandenen 4 bis 5 Fufs hoch über dem Fufsboden angebrachten Nischen der Seitenwände des Gewölbes, bald mit rothen Umwürfen drapirt, bald in den Amtskleidern so aufgestellt, dafs das Gesicht und die Hände entblöfst bleiben. Den betreffenden Todtenreigen eröffnete Ridolfo Ducca d'Atri, der im Jahre 1755 starb, ihm folgten zwei in der

*) S. dessen aus 2 Bändchen bestehende ausführliche citirte Schrift Giudice viaggio medico etc.

Schweiz geborne Neapolitanische Generäle Tschudy und an 30 andere Mitglieder der Fraternita dei Pellegrini, welche, dem ruhigen Grabe entzogen, von ihren Fufsgestellen mit verzerrten Zügen, unheimlich auf den Begräbnifsplatz hinblicken, aus welchem sie die Vermehrung der Freundezahl an ihrer Seite gespannt zu erwarten scheinen*).

Bei den nachgewiesenen merkwürdigen Wirkungen der Lavenatmosphäre, welche den angeführten Thatsachen gemäfs wahrscheinlich von langsam vor sich gehenden Chlor-Ausscheidungen abhangen, wäre eine diesfällige, bisher noch fehlende, erschöpfende Untersuchung gewifs in vieler Hinsicht wünschenswerth.

## *Capitel II.*

## Vulcanische Luft- und Wasser-Quellen.

§. 16.

Sie sind in beharrlicher Richtung fortgesponnene Prolongationen der betreffenden einzelnen Evolutions-Grade des Vulcanismus. Bleibt dieser nemlich nach längst zurückgelegten Stürmen, während tief gesunkener Intensität, ohne dabei wesentlich-qualitative Veränderungen zu erleiden,

*) Von ähnlichen an mehreren Orten Siciliens gebräuchlichen Aufstellungen der Hingeschiedenen erzählt Smyth. l. c. p. 87. Nach ihm befindet sich die gröfste in der Palermitanischen Kapuzinerkirche, welche unfern des vormaligen maurischen Palastes Ziza liegt. Die sehr weiten gut gelüfteten Klostergewölbe sind an ihren Seitenwänden durchgehend mit etagenmäfsig eng über einander aufgeführten Nischenreihen versehen. Innerhalb jener zahllosen offenen Zellen sucht man die phantastisch bekleideten Leichen durch eine am Nacken befestigte Schnur in aufrechter Stellung zu erhalten. Sie werden übrigens hier nicht durch vorgängige Einsargung in vulkanischer Asche, sondern durch Ausdörrung vermöge erhitzter Luft, welche die erforderliche Temperatur in besonders eingerichteten Nebengemächern erhält, zu dem fraglichen Zwecke auf die ekelerregendste Weise vorbereitet. Der am äufsersten Ende des Hauptgewölbes aus lauter Menschengebein errichtete Altar, an welchem Schädel die gröfseren und mosaikartigen Kreuze, Menschenzähne die kleineren Verzierungen ausmachen, wollen wir nicht weiter erwähnen.

auf der einen oder anderen seiner Entwickelungsstufen stehen, so hinterläfst derselbe permanente Gasausscheidungen bestimmter Art *).

Hinsichts ihrer Form differiren die fraglichen nicht mehr von Feuerauswürfen begleiteten Emanationen, sowohl nach der ihnen beigegebenen verschiedenen Wassermenge, als nach der, denselben noch verbliebenen beträchtlicheren oder geringeren vulcanischen Propulsionskraft. — In Betreff der ersteren Modification durchdringen sie bald als luftige, ganz trockene oder blos mit Wassergas geeinigte Ausscheidungen, bald als gasreiche Wasserströmungen die Erdrinde. Anlangend die zweite Beziehung, so entladen sich jene wie diese entweder mit Heftigkeit, mit wildem Getöse in gewaltigen Würfen, oder sie kommen, bei tiefem Zurückgewichensein des plutonischen Waltens, so wie bei erfolgten mächtigen Ueberlagerungen der Ausmündungskanäle, in einem immer weniger auffallenden, immer ruhigeren und stilleren Oscillationen zu Tage **).

Gemäfs des verschiedenartigen Zusammentreffens der eben aufgestellten Verhältnisse pflegt man den diesfälligen Ausscheidungen besondere Namen beizulegen. So werden die mit heftiger Gewaltäufserung vor sich gehenden, wenn sie gröfstentheils wasserfrei aufstofsen, *Luft-*, und, wenn dieselben mit beträchtlichen Wassermassen geeinigt sind, *Wasser-Vulcane* genannt. Alle ruhig und gleichförmiger empordringenden bezeichnet man hingegen, ihren verschiedenen Wassergehalt mit erwägend, gewöhnlich entweder als sogenannte trockene *Gas-*, oder als gasige *Wasser-Quellen.*

## §. 17.
### Gasige Stoffe der vulcanischen Quellen.

Es ist bereits dargethan, dafs in jeder der, während heftiger Aufregungen der Feuerberge am entschiedensten vortretenden Entwickelungsstufen des Vulcanismus, unter den aufstofsenden Gasarten, zu welchen wir vornemlich das Hydrogen, Azot, die Kohlensäure und das

*) §. 2 — 6.
**) Vergl. §. 2 bis 6. und §. 19.

Chlor zählen, immer eine als Basis des Auswurfgemenges prädominirt *). Indem sich aber alle quellenförmig, ruhig und gleichmäfsig zu Tage kommenden Gasentbindungen stets aus der einen oder anderen der vier vulcanischen Hauptevolutionen herausbilden **), bleibt ihnen auch der eben angedeutete, durch ihre Entstehung bedingte, chemische Character für immer aufgedrückt. Gemäfs desselben zerfallen denn die fraglichen Quellen Hinsichts ihres gasigen Grundgemisches von selbst in folgende Gattungen:

*a*) Hydrogengasquellen. — Zwar soll die Wasserstoffluft hier und da ganz rein ausströmen ***), weit gewöhnlicher dringt sie indefs entweder mit Kohlenstoff oder mit Schwefel verschmolzen, bald unmittelbar aus dem Erdboden, bald aus Wasserflächen empor. In der ersteren dieser beiden Combinationen erzeugt dieselbe leicht entzündbare, ruhig flackernde, unter dem Namen der ewigen Feuer bekannten Luftquellen ****); und in der letzteren bildet sie hydrothionsaure, an ihrem nach faulen Eiern riechenden Hauche erkennbare, therapeutisch viel benutzte Mineralwässer †).

*b*) Azotquellen. — Rein luftig kommen dieselben in der Form sogenannter Schlammvulkane und Salsen zu Tage ††), und an beträchtliche Wasserströmungen gebunden brechen sie als natronreiche Thermen hervor †††). Stets gesellt sich das frei gewordene Azot, in Betreff specifischer Leichtigkeit nur dem einfachen Hydrogen nachstehend, ungemein schnell, und, da seine Eigenschaften wenig in die Sinne fallen, oft ganz unbemerkt zur Atmosphäre, deren stickstoffige Grundmischung dasselbe in der Nähe der Ausströmungsstellen auf eine für den Respirationsprocefs wichtige Art verstärkt ††††).

*c*) Kohlensäurequellen. — Die Kohlensäure, unter

*) Vergl. §. 2 bis 6.

**) Vergl. §. 16.

***) §. Abano, Cotepanei, Poretto.

****) §. Pietra mala.

†) §. Salfetuo bei Rom und Nenndorf und Eilsen.

††) §. Az. Schlammvulcane.

†††) §. Az. Thermen.

††††) §. Ortsatmosphäre 2te Ordn.

den betreffenden Gasarten die schwerste, sammelt sich aus den Tiefen hervorgetrieben, über Erd- sowohl als über Wasserflächen zu lastenden oft hohen, durch weinsäuerlichen Geruch und Geschmack leicht entdeckbaren, dem Thierleben gefahrbringenden Schichten *), und bildet mit Wasserströmungen innig verschmolzen, die erquicklichen und vielfältig heilsamen Säuerlinge **).

*d*) Muriatische Emanationen. — Dafs in Folge lebhafter vulkanischer Aufregungen, mehr oder weniger trokkene, zuweilen äufserst mächtige Chlorausscheidungen statt finden, dafs sie sich leicht in Salzsäure umwandeln, dafs diese mit Natron verbunden Kochsalzsublimationen bildet, welche, angrenzende Luftschichten durchwandernd, theilweis wieder zu regelmäfsigen Krystallen anschiefsen, haben wir anderweitig dargethan***). Chemisch ganz gleiche, wenn auch weniger intensive, dafür aber auch desto beständiger und gleichförmiger vor sich gehende Emanationen finden aus allen, ursprünglich vom Vulcanismus abhängigen, mit Chlornatrium durchdrungenen, beträchtlichen Wassermassen statt †). Dergleichen Speisungen ertheilen den Dämpfen muriatischer Thermen, den Sooldünsten, so wie der Gradier- und See-Luft die therapeutisch wichtigen, in mehreren Krankheitszuständen als heilsam anerkannten Eigenschaften ††).

Mit den die Grundlagen der aufgestellten Quellengattungen ausmachenden Gasarten verbinden sich in mehr oder weniger untergeordneten Verhältnissen, wie dies nicht minder während feuriger Eruptionen statt findet †††), mannichfache andere Flüssigkeiten. — Vornemlich gilt das Gesagte von der gemeinen Luft. Der Vulcanismus besteht im Kampfe der Atmosphäre mit dem oxydirbaren Kerne

*) §. Kohlensäure. Wirkung.

**) §. Säuerlinge.

***) §. 6. 12. 15.

†) §. 6. 27. Bei Azot Ordn. muriat. Quellen, ibid. Thermaldämpfe und Einleit. zu muriat. Quellen 4te Ordn.

††) Therapie in 4ter Ordn. Sool-, Gradier- Seeluft.

†††) Vergl. §. 2.

unseres Planeten *); sie wird auf allen Punkten der Erdrinde eingesogen und dringt sowohl durch schlothförmige Röhren als durch regellose Zerklüftungen in die Tiefen. Da nun sämmtliche unterirdisch entbundenen Gase schon innerhalb der Gluthheerde der gemeinen Luft begegnen, und während des Aufsteigens mit immer gröfseren Quantitäten derselben zusammentreffen, so ergiebt sich die beregte Vermischung als eine durchaus nothwendige. In diesem Vorgange liegt die Ursache, aus welcher wir die aus den höchsten vulcanischen Emanations-Graden des Vulcanismus herausgebildeten quellenförmigen Gasströmungen, auch wenn sie in den Emanations-Canälen selbst aufgefangen oder noch so sorgsam unter dem Wasserspiegel der Quellen gesammelt werden, dennoch immer mit einer gröfseren oder geringeren Menge von atmosphärischer Luft verschmolzen finden. — Anlangend die übrigen, das zur chemischen Basis dienende Gas begleitenden, in unterirdischen Heerden entbundenen luftigen Stoffe, so spielen sie, je zuweilen selbst unter merklicher Trübung jenes Prädominii, um so mehr in einander über, als der Stand der plutonischen Entwickelungsstufe weniger fest begrenzt ist, und treten dagegen um so augenscheinlicher zurück, als derselbe bestimmter abgeschlossen erscheint. Die hierdurch gegebenen vielfältigen quantitativen Mischungsvarietäten gehen aus der späteren speciellen Exposition der Gasquellen umständlicher hervor **).

## §. 18.
### Feste Stoffe gasiger Quellen.

Sämmtliche aus feuerwerfenden Bergen im Wege mächtiger Sublimationen sowohl, als mittelst der Lavenbildung hervortretenden festen Körper, namentlich Natron, Kali, Kalk, Magnesia, Eisen, Mangan, Thon- und Kieselerde †), werden ohne Ausnahme auch in gasigen Quellen angetroffen ††). Die Menge, in welcher einzelne oder mehrere je-

*) §. 1.
**) S. die 4te Gattung und Gase.
†) Vergl. §. 7—14.
††) Vergl. §. feste Körper in der 4ten Quellengattung.

ner Bestandtheile den in Rede stehenden Emanationen beigegeben sind, scheint allgemeinhin der in den Verdunstungen enthaltenen zur Quellentemperatur im gleichen, und, bezüglich der im Wasser gelösten, zu derselben im umgekehrten Verhältnisse zu stehen. Thermen tragen in ihren Exhalationen fast immer, ja oft sogar reichliche, an kühlen Mauern und Felswänden wieder abgesetzte feste Substanzen empor *), während den, zur Atmosphäre übergetretenen Ausscheidungen kalter Mineralwässer meistens nur äufserst vertheilte kochsalzige Atome, und auch diese nur da beigegeben sind, wo die betreffenden Wasservorräthe, wie an ausgedehnten Gradierwerken, oder am offenen Meere, ungewöhnlich grofse Verdunstungsflächen darbieten **). Dagegen sind in der Regel heifse gasige Wasserströmungen arm und kalte gewöhnlich reich an Metallen, Erden und Salzen ***).

Nur diese allgemeinen Beziehungen konnten hier berührt werden, indem jegliche Würdigung der mannichfach variirenden Verbindungen der fraglichen in Mineralwässern vorkommenden Substanzen, wobei das Natron durchgehends die wichtigste Stelle einnimmt, zur speciellen Erörterung der diesfälligen Quellen gehört.

Beachtet man übrigens die eben nachgewiesene Identität der festen, sowohl während feuriger Auswürfe, als auch während beschwichtigter plutonischer Thätigkeit mit gasigen Quellen dem Erdschoofse entsteigenden Stoffe, so wird auch in der fraglichen Hinsicht die Abstammung der letzteren Emanationsform vom Vulcanismus mehr und mehr offenbar.

## §. 19.
### Temperatur gasiger Quellen.

Wir können die Temperatur gasiger Quellen eben so wenig als jene der feurigen Ausscheidungen nach ihrem

*) Vergl. §. S. Germano. §. Stufa d'Atri in Anmerk. zur Einleitung Ischias. §. Azot-Dämpfe.

**) Vergl. §. 4te Ordnung Wasserdämpfe.

***) §. Verhalten der Azotquellen. Parallele mit Soolquellen daselbst.

tiefen unzugänglichen Wärmestande, sondern lediglich nach jenem bestimmen, welchen die emporgehobenen Stoffe da an sich tragen, wo sie aus Erdspalten hervordringen. Die betreffende Scala ist grofs. Nachweislich erscheinen brennende Auswürfe, so weit die bisherigen Messungen reichen, bis + 1280° R. erhitzt, und gelangen zu verschiedenen Temperaturstufen niedersinkend bis in die Nähe von + 80° R. Hier, wo die flammenden Erscheinungen aufhören, beginnt die höchste Wärme der gasigen Quellen, von welcher sie, ebenfalls mannichfache Gradationen hindurchgehend, bis ungefähr + 6° R. abfallen, ohne je den Gefrierpunkt selbst während noch so strenger Winter zu erreichen *).

Zwar sollen einzelne gasige Wasserquellen den Siedepunkt weit übersteigen; ihre Messungen wurden indefs, unter noch nicht festgestellten Bedingungen, mehrere Klaftern tief im Quellenkessel versucht **). Der Grund, aus welchem zu Tage gekommene Emanationen höchstens den achtzigsten Grad und auch diesen, wie ich mich mehrmals überzeugte, selbst da nur selten behalten, wo sie unmittelbar aus dem Abhange brennender Vulcane aufsteigen, ist in ihrer Aggregations-Eigenschaft zu suchen. Mögen immerhin gasige, luftförmige oder mit grofsen Wassermengen geeinigte Quellen, was nicht im mindesten zu bezweifeln ist, in den Tiefen, den Gluthheerden näher, bei hinlänglichem Abgeschlossensein, eine weit stärkere Hitze als jene des Siedepunktes annehmen, so verliert ihr luftiger Theil dennoch an den Ausmündungsstellen aller Fesseln entledigt durch plötzliche Expansion zu viel Wärme, um noch volle 80 Grad anzugeben, und eben so wenig kann sich das befreite Wasser genau auf dem Siedepunkte erhalten, da dasselbe bei ihm unter gewöhnlichem Atmosphärendrucke rasch in Dampf verwandelt wird.

Die mannichfachen uns hier besonders angehenden

*) Vgl. Temperatur. Azot. Hydr. Kohlens.

**) Vergl. die Temperaturmessungen des Strocks auf Island. §. Azot, und Brongniart (in Breislak geolog. II. p. 208.), welcher mehrere aus Urgebirgen vortretende Quellen bis zu 150 Grad des hunderttheiligen Thermometers erhitzt fand.

Temperaturen der fraglichen Quellen werden, aufser der ursprünglichen, von der Intensität, mit welcher der Vulcanismus auf der einen oder anderen seiner Entwickelungsstufen stehen bleibt, abhängigen Erhitzung *) zugleich, bei übereinstimmender wärmeleitender Beschaffenheit der berührten Medien vornemlich durch den bald längeren, bald kürzeren zwischen Erdschichten fortlaufenden Weg bedingt **). — Ueber diese räumlichen Verhältnisse dürfen wir jedoch keinesweges nach der durch das Augenmafs zu bestimmenden oberflächlichen Entfernung der Quellenmündungen von noch unverschütteten oder bereits überlagerten Gluthheerden urtheilen. Offenbar nähern sich nicht alle Kanäle geradlinig der Erdoberfläche. Manche beschreiben in vielgewundenen, durch tiefe Zerklüftungen erzeugten, seitlichen Ablenkungen ungemein lange Strecken, bevor sie zur Austrittstelle gelangen. Es dringen daher, wenn auch allerdings die Temperatur der Gasquellen in der Regel ebenmäfsig geringer ist, als dieselben entfernter von zu Tage stehenden vulcanischen Lagerungen aufstofsen, dennoch einzelne, auf grofsen Umwegen des Wärmestoffes beraubt, selbst unmittelbar an rauchenden Feuerbergen kalt hervor, während andere nachweislich aus demselben Kessel entspringend, durch scheinbar längere, der Wirklichkeit nach aber kürzere, directer zum Ziele führende Gänge dem Boden noch heifs entsteigen †). In jenem Verhalten liegt die Ursache, dafs abgesehen von Quellen ganz verschiedenen Ursprungs an einer und derselben Bergwand heifse Fumarolen neben kühlen Luftquellen, dafs in einem und demselben Thaleinrisse dampfende Thermen neben kaltem Mineralwasser ausströmen ††), dafs eben so sämmtliche, nach den Evolutionsstadien des Vulcanismus rücksichtlich ihres Gemisches qualitativ von einander abweichende, uranfänglich mehr oder weniger an bestimmte Wärmegrade gebundene Gasemanationen, sowohl heifs als kühl, und dafs

*) Vergl. §. 3 — 5.

**) Vergl. Carlsbad Temperatur der einzelen Quellen.

†) §. S. Germano, Carlsbad und Pyrmont besond. Anmerkungen.

††) §. 23. 29. 40. 42. und §. Carlsbad, Sprudel und Theresienwiese.

namentlich Hydrogen-, Azot-, Kohlensäure- und Chlor-Ausscheidungen, wie dies ihre specielle Erörterung nachweisen wird *), in verschiedenen zwischen den angegebenen Temperaturextremen vertheilten Gradationen den Erdschoofs verlassen.

Noch haben wir Hinsichts der vom Vulcanismus bedingten Temperatur der diesfälligen Emanationen allgemeinhin zu bemerken, dafs dieselbe ebenmäfsig schwankender vorkömmt, als derartige Quellen von näheren in ungebundener wechselnder Thätigkeit begriffenen Feuerbergen ausgehen, und dafs der betreffende Wärmestand dagegen mit um so gröfserer Beharrlichkeit auftritt, als die eben berührten Anlässe ihren Einflufs weniger direct ausüben. Offenbar sind deshalb Süd-Italiens Gasströmungen, bei übrigens analogen Umständen, weit öfter als jene des altvulcanischen Deutschlands einem auffallenderen Temperaturwogen unterworfen **).

## *Capitel III.*

## Periodicität vulcanischer Ausscheidungen.

### §. 20.

### Typisches Verhalten der Feuerberge.

An feuerwerfenden Bergen kömmt das plutonische Walten unter scharfer Bezeichnung der Eruptionsparoxysmen im Bilde fast reiner Intermittenz zu Stande †).

Die Aufeinanderfolge der gewaltigsten durch sehr lange Zeiträume, ja durch Jahrhunderte von einander geschobenen und mit stürmischen, weithin verbreiteten Erderschütterungen vereinten Ausbrüche, welche gleich entscheidenden Krisen lang anhaltende Ruhe bedingen ††), liegen dem

*) Vergl. §. Ordnung 1 bis 4.

**) Vergl. §. 22. und §. Deutschlands G. Q. die Einleitungen.

†) Vergl. §. 2 bis 4.

††) Instructive Tabellen von den wichtigsten in der alten und neuen Welt beobachteten Erdbeben uud vulcanischen Ausbrüchen liefert v. Hoff l. c. T. II. p. 263, 382 u. 543.

Objecte dieser Schrift zu fern. Näher stehen ihm jene Erscheinungen, welche zu Folge ermäfsigter Intensität dadurch mit mehr geordneter Haltung auftreten, dafs bei denselben zwischen dem Eindringen der oxydirenden atmosphärischen Luft und dem Entladen gasiger, in den Gluthheerden expandirter Stoffe, eine, die gleichförmigere Fortdauer des Processes begründende, schon längst von Strabo beachtete *), geregeltere Periodicität statt findet.

Belehrend ist Hinsichts des fraglichen Verhaltens vorzugsweise die Thätigkeitsäufserung des Vesuvs, dessen frühester bekannte Feuerauswurf, bei welchem Plinius das Leben einbüfste **), in das Jahr 79 nach Christi Geburt fällt. Man kann den hier abzuhandelnden Phaenomenen-Wechsel an dem betreffenden Berge wegen verhältnifsmäfsig leichter, sogar noch bei mittleren Aufregungen möglicher Zugänglichkeit des Kraterrandes besonders genau auffassen.

Während des Frühjahrs 1830 hatte ich das Glück, die Eruption des genannten Vulcans, welche durch einen Lavaergufs innerhalb des alten Kraters am 7ten April ihre Acme erreichte, mehrere Wochen lang beobachten zu können. Von Neapel aus, mithin in einer Ferne von ungefähr 10 Miglien, sah man am Tage schwarzen, grauen oder weifsen Qualm aus dem Berge in wogender Bewegung aufsteigen. Zur Abendzeit dagegen erglühte der Gipfel von aufblitzenden, purpurgerötheten, am umgebenden Gewölk wiederscheinenden Massen um so schöner, als finsteres Nachtdunkel den Himmel überzog. Es geschah dies meistens in Intervallen von 8 bis 10 Minuten, welche jedoch zuweilen ungeregelt getrennt erschienen, wenn einzelne schwächere, aus dem neu entstandenen von den Kraterwänden um einige Hundert Fufs überragten Eruptionskegel emporgeschleuderte Feuergarben nicht hoch genug aufstiegen. Nur vom Gipfel des Vulcans war der Typus jener Gluthausscheidungen, und zwar insbesondere während einbrechender Finsternifs bestimmter abzuschätzen. Als der zuverlässige und vielerfahrene Führer Salvadore

*) Strabo edit. cit. T. II. p. 275.

**) §. K. G. Beisp. Ersticker.

Madonna angezeigt hatte, dafs der Wasserstand in den Brunnen des nahe am Vesuv liegenden, auf dem lavaübergossenen Herculanum erbauten Städtchens Resina, auffallend gesunken, und mithin der Eintritt lebhafter Ausbrüche jeden Augenblick zu erwarten sei, wurde der 7te April zu einem nächtliehen Besuch bestimmt. Vom herrlichsten Wetter begünstigt, gelangten wir über das, unfern des Eremiten beginnende, düster hingestreckte, aus schwarzen verworrenen Schlacken bestehende Lavafeld, an den Fufs des steilen Aschenkegels, dessen Höhe von der bezeichneten Stelle, von der Pedamentina aus, die an und für sich den Meeresspiegel um 2050 Fufs überragt, bis zur äufsersten Spitze Punta del Palo an 1392 Fufs beträgt*). Noch früh genug war der Gipfel erstiegen, um den Sonnenuntergang nicht zu versäumen, der gewifs nirgend mehr als hier zur Bewunderung hinrifs. Majestätisch senkte sich die immer gröfser werdende Scheibe am fernen Horizonte in die blendend vergoldeten Meereswogen und überzog bald darauf die Zinnen des schönen Neapels, jene zahllos hingestreuten Ortschaften, den Rücken der Vorgebirge von Sorento, Posilippo, Misene, und alle freundlichen Inseln des Golfes mit rosigem Hauche, bis das Zauberbild mehr und mehr erbleichend im Erzittern des letzten Lichtstrahles zerrann. Wir suchten nun, von der Oberwelt den orkischen Mächten zugewendet, die tiefste Stelle des Kraterrandes auf, an welcher die Felswand um jene Zeit fast senkrecht nach dem Gluthkessel abfiel. Offen lag hier der aus dunkeln zerrissenen Trachyt-Wänden **), die sich von 100 bis zu 450 Fufs erhoben, bestehende, unregelmäfsig trichterförmige Abgrund vor uns. In der Tiefe betrug dessen Durchmesser ungefähr 1000, und an den höchsten mehr zurückweichenden Felsspitzen 1800 Fufs ***). Den Grund des Kraterplateau bildeten dunkle, immer nur wenig gewölbte fast in horizontale Flächen erstarrte

*) S. v. Humboldt's Messungen in Monticelli l. c. p. 131.

**) Wie der fragliche, so bestehen alle Krater der alten und neuen Welt zu Folge Buch's und Humboldt's Beobachtungen aus Trachyt. S. v. Hoff l. c. T. II. p. 15.

***) S. Abich. l. c. Tab. I.

Lavamassen. Mitten aus diesen ragte der jüngst entstandene, dem Augenscheine nach an 60 Fufs hohe Eruptionskegel empor, welcher durch ausgeworfene und um dessen Mündung herum zurückgefallene Steinmassen langsam herangewachsen war. Bisweilen erfolgt seine Zunahme durch unterirdisch bedingte Erhebungen rasch und so beträchtlich, dafs derselbe die Kraterwände mehr oder weniger überragt *). Aus der Ferne scheinen dann die Conturen des felsigen Gipfels selbst verändert zu sein; eine Täuschung, die schon von Strabo am Aetna als solche erkannt wurde **). Neben jenem Hügel bemerkten wir zwei ganz geringe flammende Auswurfsstellen, ohne dafs sich anderweitige, irgend beträchtliche im Krater oder am Bergabhange gebildet hätten, welche hier, wie an anderen Vulcanen, dann vorzukommen pflegen, wenn stärker angesammelte vulcanische Materien nicht frei genug durch die centrale Oeffnung hervorbrechen können ***). An der Spitze des in Rede stehenden Kegels war derselbe aus roth- und weifsglühendem, abwärts aus dunklem Trümmergestein zusammengesetzt, und an der Basis von purpurgerötheter Lava halbmondförmig umflossen. Der feste schwarze Kraterboden war von einzelnen fufstiefen, verhältnifsmäfsig engen Spalten durchkreuzt, aus welchen leuchtende, kochende, wahrscheinlich den ganzen unteren Kesselraum erfüllende Lava hervorzudringen im Begriff stand. Wo ihr Andrang das flache Gewölbe vermöge jener Borsten stellenweise keilförmig zersprengt hatte, schien sie dasselbe mehr zu tragen, als von ihr zurückgehalten zu werden. — So fanden wir an dem genannten Abende den merkwürdigen, sich selten auf längere Zeit völlig gleichbleibenden Bau des thätigen Vulcans. Nicht minder zu bewundern war das Verhalten der einzelnen Auswürfe. Ihre

*) Hamilton l. c. p. 17. Tab. 9.

**) S. Strabo l. c. p. 273. — Hamilton liefs diesfällige am Kraterboden und dem Auswurfskegel während der Eruption des Jahres 1767 vom 8ten July bis 29sten October statt gehabte Veränderungen auf der 2ten Tafel seines oft erwähnten Werkes in 7 Figuren abbilden.

***) Vergl. Strabo edit. citat. p. 273. und Hamilton p. 9. Tab. 5. und p. 19. Tab. 10.

von unterirdischem, mächtigem Getöse begleitete Lichtpracht gewann in gleichem Maafse, als die Stille und das Dunkel der Nacht mehr und mehr zunahmen. Auf allen Punkten des Kraterumfanges hörte man aus dem Innern des Berges emporhallende, deutlich getrennte Gasdetonationen, welche abwechselnd, bald dem Peloton-, bald dem Hecken-Feuer, wie wir dasselbe aus einiger Ferne wahrnehmen, auffallend ähnelten. Sie wichen periodisch während plötzlichen heftigen Erbebens des Gipfels einem krachenden, durch massenweise Explosion der Gase erzeugten, von endlosen Tiefen heraufdröhnendem Donnershlage, mit welchem gleichzeitig aus der Mündung des Auswurfkegels eine 60 bis 80 Fufs hohe, an ihrer Wurzel hellgelbe, fast durchsichtige, nach der Mitte mehr orangenfarbene und aufwärts purpurne Feuergarbe hervorbrach. Blitzschnell und blendend erleuchtete sie die finstern Wände des weiten Kraters, und unverzüglich fielen aus ihrer oberen Ausbreitung fortgerissene, glühende, kleine Steine prasselnd auf den Auswurfskegel zurück, wogegen gröfsere, in hohen Bogenlinien ihre Wege mit hellen Lichtstreifen bezeichnend, nach allen Seiten niedersanken. Nur wenige Secunden währte das erhabne Schauspiel, es verschwand dann eben so schroff, als es entstanden war, um nach kurzer drohender Ruhe, während welcher die tiefste Finsternifs blos vom Silberglanze siedender Laven und vom Leuchten einzelner, herabgestürzter, gluthsprühender Steine unterbrochen ward, mit gleich furchtbarer Pracht wiederzukehren. Stundenlang hatten wir diesen Wechsel angestaunt, und, geringere Eruptions-Ansätze nicht gerechnet, gefunden, dafs die Intermittenz wirklich vollendeter Auswürfe durchschnittlich 8 bis 10 Minuten betrug. Odeleben beobachtete im Jahr 1817 heftigere, mit Feuersäulen von 100 Fufs verbundene Ausbrüche, welche in weniger bestimmten Zwischenräumen, bisweilen öfter in einer Minute, bisweilen nur alle 5 bis 8 Minuten eintraten *). Vielleicht lag der Abweichung unserer Beobachtungen der Umstand zum Grunde, dafs den einzelnen Pulsen bei be-

*) S. Odeleben l. c. II. p. 297.

trächtlicherer Aufregung in gleichem Maſse typische Regelmäſsigkeit abgeht, als sie geneigter sind, in einer gemeinschaftlich mächtigen Strömung zusammen zu flieſsen *). Bemerkenswerth ist noch, daſs man auf dem Kraterrande des Vesuvs stets, selbst bei noch so groſser in der Ebene herrschender Windstille, eine lebhafte, indeſs auch an anderen Feuerbergen stattfindende und bezüglich des Aetna bereits von Strabo geschilderte **) Luftbewegung antrifft; sie wurde uns nach einiger Zeit so empfindlich, daſs Jeder, dem ein Mantel zu Gebote stand, gern von demselben Gebrauch machte. Am auffallendsten erhob sich dieselbe in der Regel unmittelbar nach jedem Eruptionsparoxysmus. Kaum zu bezweifeln ist es, daſs diese zur oberflächlichen Ausgleichung des Atmosphärendruckes erforderlichen Höhenwinde hauptsächlichst durch gewaltsames Eindringen der Luft in den offnen, momentan entleerten Gluthschlund veranlaſst werden. — Erst spät verlieſs ich die Stätte, an welcher groſse Naturkräfte sich im unentschiedenen tausendjährigen Kampfe fortan begegnen. Wir legten den Weg unter Vortritt munterer Führer, welche ihre Fackeln an funkelnden Lavastücken angezündet hatten, bis über die Knie im lockeren Schutte des Aschenkegels watend, mehr gleitend als ausschreitend, weit rascher als bei dem früheren anstrengenden Emporklimmen zurück, und fanden an der Pedamentina die bereit gehaltenen Maulthiere, welche uns bequem nach Portici trugen. — Ein gelungenes treues, im Groſsen ausgeführtes Bild des oben beschriebenen Ausbruches, welcher nach wenig Tagen das ganze Kraterplateau allmählig mit flieſsender Lava überzog, verdanke ich dem talentvollen Maler Herrn Camillo de Vito zu Neapel. Die verjüngte Copie dient dem Titelblatte zur Vignette. Nicht uninteressant ist es, diese Abbildung mit der von Münter aufgefaſsten einer im Jahr 1785 statt gehabten Aetna-Eruption zu vergleichen ***). Beide kommen ungeachtet der gröſseren Verschiedenheit der Vulcane dennoch bezüglich der dargestellten Formen des Kraterman-

*) Vergl. §. 2. 3. und die Einleitung zu §. 20.

**) Strabo edit. cit. T. II. p. 274.

***) S. Münter l. c. p. 446 und 447.

tels, des Kraterbodens und des aus diesem hervorragenden einfachen, genau centralen Auswurfskegels völlig überein. Den geschilderten Bau kannte man übrigens schon im Alterthum. Namentlich erzählt Strabo, daſs sich zu seiner Zeit, er lebte ungefähr 50 Jahr nach Christi Geburt, am eingesunkenen Gipfel des Aetna, mitten aus dem, von 200 Fuſs hohen, steilen Felswänden ringförmig eingefaſsten, flachen Lavafelde, dessen Umfang 10 Stadien, ungefähr 6000 Fuſs betrug, ein einfacher, kegelförmiger, Flammen, Rauch und Steine emporschleudernder Schlackenhügel erhoben hatte *).

Nächst dem beschriebenen Verhalten des Vesuvs schien mir auch die Eruptions-Weise des Stromboli von Interesse. Dieser zum Liparischen Archipel gehörige, wegen seiner völlig runden Gestalt ursprünglich mit dem Namen Strongyle **) belegte, völlig isolirte, nur von wenigen Familien, deren ganzer Reichthum in Ziegenheerden besteht, bewohnte, schroff emporsteigende Inselberg, überragt den Meeresspiegel um 2775 Fuſs ***). Seine unterirdische Thätigkeit gab schon lange vor der christlichen Aera zu Flammenausbrüchen und weit hingedehnten zerstörenden Erderschütterungen Anlaſs †). Insofern derselbe seit mehreren Jahrhunderten ununterbrochen fortbrennt, bezeichneten ihn die Schiffer als den Leuchtthurm des Mittelmeeres. Nur ausnahmsweise sollen dessen Flammen einige Tage hindurch, und zwar nur dann erlöschen, wenn am Aetna oder Vesuv, mit welchen er fast genau auf einer Linie liegt, ungewöhnliche heftige Ausbrüche bevorstehen. Man möchte hiernach, ungeachtet aufgestellter gewichtiger Zweifel ††), dennoch einen tiefen innigeren Zusammenhang der betreffenden drei Vulcane, und zwar um so mehr vermuthen, als diese Meinung bereits von den ältesten Naturbeobachtern durch die Mythe des von Zeus niedergeschmetterten, hundertköpfigen, mit Siciliens Riesenberge be-

*) Vergl. Strabo edit. citat. T. II. p. 273.

**) Von στρογγύλος, rund.

***) S. Abich's Messungen l. c. Tab. VIII. Fig. 4.

†) S. v. Hoff l. c. T. II. p. 252 und 263.

††) S. v. Buch citirtes Werk über die Canar. Inseln etc. p. 330.

lasteten, die zuckenden Glieder unterhalb der Liparen bis nach den Ufern Campaniens hinstreckenden Typhos sinnig angedeutet ward *). — Anjetzt steigen die flammenden Auswürfe des Stromboli, wie ich mich, nahe an demselben bei finsterer Nacht vorübersegelnd, überzeugte, aus einer nicht centralen, sondern seitlich, zwischen dem obern und mittleren Drittheile des Berges gemündeten, weit klaffenden Schlucht deutlich stoſsweise auf. Am schärfsten konnte man die Intermittenz vom Borde des Schiffes wahrnehmen, als dasselbe sich merklich zu entfernen anfing und der glühende Krater selbst nicht mehr erspäht werden konnte, wobei die in getrennten Absätzen rasch emporgehobene, das Nachtdunkel durchblitzende und eher in die Breite gedehnte als säulenartige Lichtmasse, den hohen, die Auswurfsstelle überragenden Gipfel in fast regelmäſsigen Zwischenräumen von ungefähr fünf Minuten mit Gluthfarben überzog. Verhältniſsmäſsig zu der wachsenden Entfernung verkleinerte sich der Umfang der Flamme immer mehr und mehr. Zuletzt glich sie einem schönen funkelnden Sterne, der am niederen Horizonte in gemessenen Zeiträumen bald aufzutauchen, bald wieder unterzugehen schien, bis sich dessen letzte Spur, als wir Messina's Faro näher kamen, dem suchenden Blicke völlig entzog **).

Den Eruptionsparoxysmen der beiden vorerwähnten Vulcane analog zeigten sich, bei ermäſsigter Thätigkeit, auch jene des Aetna. — Nachrichten von heftigen Aufregungen des letzteren reichen bis zum 5ten Jahrhunderte vor Christi Geburt ***). Schon Pindar, der zur Zeit der Perserkriege bei Salamis focht, schildert in seinen Dichtungen mit lebendiger Farbe die acherontische Macht des

*) S. Thiersch Erläuterungen zu *Πινδάρου πα σοζόμενα.* l. c. T. I. p. 160.

**) Eine pittoreske Abbildung des Stromboli liefert Hamilton l. c. p. 69. Tab. 37. — Unterrichtend ist jene von Spalanzani. S. dessen Viagg. etc. T. II. Tab. 3. — Mehrere naturgetreue Ansichten findet man in Houel. T. I. l. c. p. 131 bis 133. Tab. 70. 71. u. 72.

***) S. v. Hoff l. c. T. II. p. 232. 236.

furchtbaren Berges †). In dem betreffenden Gluthheerde fand Empedocles, nach göttlicher Verehrung strebend, den Tod ††). Mehrmals entvölkerten allzerstörende Erderschütterungen, welche viele Städte und Dörfer in Schutthaufen verwandelten, den ganzen östlichen Theil Siciliens.

Zu Folge der jüngsten Messungen †††) erhebt sich die höchste, zwischen dicht angedrängten Gebirgen emporragende Spitze des jetzigen Monte Gibello ††††) 10210 Fuſs über den Meeresspiegel. Von der See aus erblickten wir ihn daher aus weiter Ferne, dagegen vom Lande aus, und namentlich auf der Heerstraſse, welche Calabrien's granitischen Felswänden gegenüber, am Fuſse des Pelorischen Gebirgszuges fortlaufend, Messina mit Catania verbindet, zuerst, es war am 25sten Februar 1830, bei dem thermenreichen Ali *). Den Tag hindurch umhüllten schwere, dunkle, gegen das klare Blau des Aethers scharf abgesetzte Rauchwolken in wandelbarer Gestalt das schneebedeckte, vom Sonnenlichte blendend erhellte Haupt **). Mit einbrechender Nacht verwandelten sie sich in purpurne Gluth, welche, als die ganze Landschaft von Finsterniſs umhüllt war, hoch am Horizonte, wie aus Einrissen des Himmelsgewölbes, hervorblitzten. Allgemeinhin kam dies, auch von den ältesten Schriftstellern geschilderte Phänomen ***), mit dem bereits erwähnten, unter ähnlichen Umständen am Vesuv wahrgenommenen überein, nur daſs die Lichtmassen hier merklich langsamer verschwanden und

†) Πινδάρου τὰ σωζόμενα. Edit. cit. T. I. p. 158—168.

††) Daſs man den wieder ausgeworfenen ehernen Schuh desselben gefunden habe, widerlegt Strabo durch die Formbeschaffenheit des Kraters. S. dessen angeführtes Werk T. II. p. 234 u. 275.

†††) S. Abich l. c. Tab. VIII. Fig. 2.

††††) So nach dem Arabischen Wort Gibel, der Berg, von den Sarazenen genannt.

*) Von den Führern Adali genannt.

**) Pindar l. c. T. I. p. 159. nennt den Aetna „den Ernährer des Schneewurfes. Die in den Schluchten dieses Feuerberges nie versiegenden Schneeansammlungen sollen dem Bischofe von Catania jährlich 6000 Ducati einbringen.

***) Vergl. Strabo ed. cit. T. II. p. 275. und Thiersch Anmerkung zu Pindar l. c. T. I. p. 161.

nach weit längeren Zwischenräumen wiederkehrten. Gemäfs der, über 2 Stunden fortgesetzten Beobachtung glaube ich annehmen zu dürfen, dafs die betreffenden Intervalle durchschnittlich 15 bis 20 Minuten währten *). Stellen wir die an den erwähnten drei Feuerbergen zum Theil allerdings nur flüchtig aufgefafsten Eruptions-Intermittenzen zusammen, so scheint, bis gediegnere länger fortgesetzte Beobachtungen ein Anderes lehren, die Schnelle des periodischen Wechsels während mittlerer Intensität der Auswürfe im umgekehrten Verhältnifs zur Gröfse der Vulcane zu stehen, denn offenbar folgten sich jene Pulse am Stromboli rascher als am Vesuv, und an diesem schneller als am Aetna.

## §. 21.

### Typisches Verhalten gasiger Quellen.

An denselben nähert sich die Periodicität des Vulcanismus, den intermittenten Typus feuriger Auswürfe verlassend, mehr und mehr dem remittirenden, mit welchem die einzelnen Paroxysmen ebenmäfsig unbestimmter verlaufen, als die Intensität und Temperaturhöhe des unterirdischen Processes beträchtlicher zurücktritt. In der fraglichen Beziehung wollen wir zuerst das Verhalten gasiger Thermen, dann jenes der Luftvulkane, und schliefslich die Thätigkeitsform kalter gasdurchdrungener Wasserströmungen erwägen:

*) Den Wunsch, das Treiben des mächtigsten Europäischen Vulcanes in der Nähe kennen zu lernen, versagte mir das Schicksal, indem ich vor erreichtem Ziele, durch die Unvorsichtigkeit eines dienenden Begleiters, der mit über den Rücken gehangenem Percussions-Gewehre unmittelbar neben mir vom Maulthiere sprang, eine Schufswunde erhielt, welche die rechte Schulter nebst der Brust durchdrang, und erst nach 6 Jahren völlige Zuheilung gestattete. Dankbar erkenne ich auch hier die Menschenfreundlichkeit und aufopfernde Anstrengung, mit welcher meine gütigen Reisegefährten, die Herren Grafen Grocholski, Wodzinski, und Herr von Koscielski, meinen Transport nach Messina besorgten, und meine Pflege einleiteten, zu welcher der dasige ausgezeichnete Arzt Herr Dr. Carmolo Pugliatti, und späterhin zu Neapel die vielverdienten Professoren Herr Sant Oro und Nannola mit umsichtiger Sorgfalt beitrugen.

*a*) Gasreiche Thermen zeichnen sich unter den quellenförmigen Emanationen noch am meisten durch schärfer begrenzte Ebbe und Fluth aus. — Die Springquellen Islands stehen in der betreffenden Hinsicht oben an. Fast 100 derselben brechen im südwestlichen Theile der Insel, innerhalb des Umfanges einer halben Meile, aus einem uralten höchst wahrscheinlich vom Hekla erzeugten Lavabette hervor, unter dem man allenthalben Wasser mit großer Heftigkeit rauschen hört. Die geringeren, ihre Eruptions-Stellen zuweilen verändernden, treiben ihr Wasser in einem starken Strahle 5 bis 6 Minuten lang zu nicht unbeträchtlicher Höhe, verschwinden dann und erscheinen nach einer Pause von neuem. Alle überstrahlt der große Geyser. Er entsteigt einem kreisförmigen, durch Niederschläge des Mineralwassers gebildeten Hügel, wie die Feuergarbe des Vesuvs ihrem glühenden Schlackenhügel. Mitten auf jener Anhöhe befindet sich ein trichterförmiges, 56 Fuß im Durchmesser haltendes, mit Kieselsinter glatt überzogenes Bekken, dessen 8 bis 10 Fuß weiten, senkrecht abfallenden Kanal man 78 Fuß tief verfolgen kann. Vor dem Eintritt jeder Explosion' überströmt der betreffende Behälter von siedendem, genau 80° heißem Wasser. Um diese Zeit nahet ein unterirdisches, wiederholten Kanonenschüssen ähnliches Donnern immer mehr, bis sich mit einem Male aus qualmenden Dampfmassen eine riesige, von emporgeschleuderten Steinen begleitete, 100, ja oft an 200 Fuß hohe Wassersäule majestätisch erhebt. Auch sie erscheint nur kurze Zeit und stürzt dann unter krachendem Getöse in die Tiefe zurück, um nach einem Intervalle scheinbarer vollkommener Ruhe von neuem mit furchtbar schöner Mächtigkeit wiederzukehren *). — Im Carlsbader Sprudel erblicken wir eine, wenn gleich ungemein geringere, doch bezüglich des Grundcharacters vom Geyser nicht verschiedene Springquelle. Sie treibt, abgesehen von einzelnen, ungewöhnlich heftigen Thätigkeitsäußerungen, ihren 60° heißen Wasserstrahl stoßweise bis zur Höhe von 10 bis 15 Fuß über die den Kessel bedeckende Sinterschicht, und

*) Vergl. v. Hoff l. c. T. 2. p. 379. Bischof l. c. p. 157. und Hartmann l. c. p. 275. und Tab. VIII. No. 3. u. 4.

an 3 bis 5 Fufs über die auf einem hölzernen Ständer aufgesetzte Schale. Unter lebhaften Dampfentwickelungen und brausendem Geräusch folgen einander, nach öfter von mir angestellten Beobachtungen *), in deutlich getrennten Absätzen binnen jeder Minute durchschnittlich 40 Würfe. Auch dieser kleine Wasservulcan verändert seine Ausbruchsstellen gleich den analogen Thermen Islands und den thätigsten Feuerbergen, um, wie diese, ältere, dem unterirdischen Andrange nicht mehr entsprechende Ausmündungen mit neuen angemessenen zu vertauschen. — Die noch wenig erforschte Bubu-Quelle Ischia's liegt in einer vom Ombrasco-Thale abgezweigten, Valle del tamburo genannten, engen Bergschlucht. Sie fliefst hier 52° heifs aus der schwierig zu erklimmenden Spalte einer senkrechten Felswand mit nie ausbleibendem, fast rhytmischem Geräusche, welches zu ihrem ähnlich klingenden Volksnamen Anlafs gab, in nicht beträchtlicher Ergiebigkeit hervor. Jener Felsöffnung nahe genug, hört man sehr genau die durch regelmäfsiges Bersten von Gasmassen erzeugten, einander in fest getrennten Absätzen folgenden, aus der Tiefe hervortönenden Stöfse, deren ich zu wiederholten Malen binnen jeder Minute durchschnittlich an 60 zählen konnte **). — Erwägt man das typische Verhalten des Geyser, des Sprudels und der letztbeschriebenen Therme, so scheint, wenn wir auf das Verhalten der Feuerberge zurückblicken, bei diesen wie bei Wasservulcanen, allgemeinhin die Frequenz der Pulse im umgekehrten Verhältnisse zur Mächtigkeit des unterirdischen Processes zu stehen ***).

*) Vergl. §. Carlsbad und §. 7.

**) Am 20sten April 1830 fand ich das Wasser der fraglichen Therme, bei einer Luftwärme von + 22° R., genau bis zu 52° erhitzt. Ihre Mineralisirung kam gemäfs einiger vorläufigen Versuche, mit jener Giurgitello's (§. 35.) überein. Del Giudice erwähnt ihrer in seiner oft citirten balneologischen Beschreibung Ischias nicht; Marcard hielt sie mit Unrecht für eine blofse Luftquelle, Rivaz l. c. p. 87. vergleicht dieselbe unter Hinweglassung ihres bezeichnenden Volksnamens mit der ähnlichen, jedoch um Vieles wasserreicheren Fontaine du Tambour der Auvergne.

***) Vergl. den Schlufs des 20sten Paragraphes.

*b*) *An Luft-Vulcanen* offenbart sich die Periodicität mit weit weniger scharf gezeichneten Zügen. — Die trockenen Hydrogenemanationen Baku's und Taman's steigen in hohen, flammenden, lichten, durchsichtigen Säulen auf, und sinken nach kürzerer oder längerer Dauer auf unbestimmte Zeit zu niedrigen Erdfeuern herab. Bekanntlich brennen die ihnen ähnlichen ewigen Feuer von Palagonia, Pietra mala, Poretto und Barigazzo, bald wenige Zoll, bald an 2 Fufs über dem Erdboden, und überschreiten ihr gewöhnliches Niveau zuweilen plötzlich um das Doppelte, ja Vierfache des eben bemerkten Höhenstandes *). — Unter den azotischen Luftquellen sind die bei Turbacco aufstofsenden, späterhin ausführlich erörterten **), vorzugsweise zu nennen. Ihr fast ganz reines Gas entsteigt den kraterartigen Vertiefungen mehrerer Schlammvulcane, und zwar in der Art, dafs, wie Herr von Humboldt versichert, in jeder Minute 5 deutlich getrennte Würfe erfolgen. — Kohlensaure Mofeten bekunden ihr periodisches Verhalten zwar nur durch wenig auffallende, jedoch noch immer deutlich bemerkbare Erscheinungen. — Die Gasschicht der Grotta del cane bei Neapel hat gewöhnlich eine Höhe von 6 Zoll, steigt von Zeit zu Zeit bis auf 12, und würde in noch beträchtlicherem Wechsel auftreten, wenn ihre schwere Luftart nicht über die niedere Eingangsschwelle der Höhle nach dem Thalgruude des Agnano-Sees abflösse. Mit dem Niveau derselben verändert sich nicht nur ihre zwischen + 22 bis 25 schwankende Temperatur, sondern auch ihr Mischungsverhältnifs, indem sie, in der Regel vollkommen durchsichtig, doch von Zeit zu Zeit das Aussehen eines lichten Nebels annimmt ***). In der Dunsthöhle Pyrmonts erhebt sich das kohlensaure Gasgemenge abwechselnd von 2 bis 14 Fufs, fliefst zuweilen über die noch höhere Umwallung hinweg und oscillirt bezüglich seines Temperaturstandes zwischen + 3 und 11° R., wobei dasselbe während starkem Froste eben so wenig den be-

*) Vergl. §. Baku, Pietra mala und Salsen.

**) §. Azot. Ordn. Turbac.

***) Vergl. meine Anmerkung zu Andrejewsky's Aufsatz über die Grotte del cane in meinem und v. Walthers Journal. Bd. 15. p. 105 bis 111. und §. Kohlens. Grotta del cane.

zeichneten untersten, als während heifsen Sommertagen den angeführten höchsten Wärmegrad überschreitet *).

*c*) Was endlich das typische Verhalten der kalten, gasdurchdrungenen Wasserströmungen betrifft, so erscheint zwar das periodische Fluthen derselben am wenigsten in die Sinne fallend, jedoch ist es auch diesen keinesweges ganz abzusprechen. — Derartige hydrothionsaure Quellen verbreiten, wie wir dies an den Solfataraseen Roms, an den Mineralbrunnen zu Nenndorf und Eilsen beobachten, zu manchen Tageszeiten einen leichten, zu anderen einen starken Geruch nach faulen Eiern, welcher bald nur in ihrer unmittelbaren Nähe, bald in beträchtlicher Ferne bemerkbar ist. Gewöhnlich hauchen sie völlig durchsichtige, die regulinischen Metalle bräunende Schwefelleberluft aus, zuweilen aber wird ihr Wasserspiegel mit neblichen, die eben berührte Wirkung um desto schneller herbeiführenden Gasschichten überzogen **). — Aus erfrischenden Säuerlingen sehen wir die Kohlensäure in zahllosen sehr kleinen, verworrenen, in erbsgrofsen perlenschnurförmig aneinander gereihten und in beträchtlichen eine Faust an Umfang übertreffenden Gasblasen zwar beständig aufsteigen, doch geht die Entwickelung der einen wie der andern Art von Zeit zu Zeit mit überraschend gesteigerter Heftigkeit vor sich. Ebenso wechselt hiebei die Mächtigkeit der aufgelagerten Gasschichten. In der Regel erhebt sich während des Mittelstandes das Gas-Niveau an kräftigen Säuerlingen nur bis zu 8 oder 12 Zoll, zu bestimmten Tageszeiten aber, falls die Lage des Wasserspiegels es irgend gestattet, stundenlang bis auf 2 Fufs und zuweilen, jedoch mehr ausnahmeweise, überfluthet es selbst höhere Einfassungsränder. Austretungen der letzteren Art geben dann, wie es mehrmals am Trinkbrunnen zu Pyrmont und am Kreuzbrunnen zu Marienbad geschah, dazu Anlafs, dafs Kinder, welche um Wasser zu schöpfen zur Quelle gingen, noch vor erreichtem Ziele betäubt, und Erwachsene, die sich bei Nacht auf dem nahen Erdboden hingestreckt dem Schlafe überliefsen, getödtet wurden †). Nicht unähnlich erscheint das Verhalten

*) Vergl. §. Kohlens.

**) Vergl. §. Solfatara, Nenndorf, Eilsen.

†) Pyrmont, Marienbad, Meinberg.

jenem der Feuerberge, aus deren Krater am Schlusse heftiger Auswürfe Seen von kohlensaurem Gase abfliefsen, welche ganze Landstrecken auf einige Zeit für Menschen und Thiere unzugänglich machen *). — Selbst den muriatischen Aushauchungen, jenen, welche als Spätfolgen vulcanischer Thätigkeit auftreten **), fehlen periodische Schwankungen nicht gänzlich. Unabhängig von wahrnehmbaren Meteoreinmischungen vom Barometer-, Thermometer-, Hygrometer-Stande, und von den Richtungen der Winde zeigt sich die auf dem Spiegel grofser Ansammlungen kochsalzreichen Wassers schwebende Luftschicht, zu manchen Zeiten mehr, zu anderen weniger mineralisirt. Man überzeugt sich hiervon, auch ohne das Gesammtverhalten in Anschlag zu bringen †), auf Seereisen und bei wochenlangem Verweilen am Meeresstrande schon dadurch, dafs an manchen Tagen jede Berührung der, dem Lufteinflusse Preis gegebenen, Lippen mittelst der Zunge, einen deutlichen Salzgeschmack hervorbringt, während dies zu anderen Zeiten wenig oder gar nicht der Fall ist, und dafs der besondere erfrischende Geruch der Seeluft abwechselnd in verschiedenen Intensitätsgraden hervortritt.

Vergleichen wir nun mit Hinblick auf die vorangegangene Zusammenstellung sämmtliche den Feuerbergen und den gasigen Quellen eigenthümliche Phänomene, erwägen wir namentlich, dafs die unmittelbare Herausbildung der letzteren aus den ersteren in vielen Fällen offenbar vor Augen liegt, dafs durch jene, wie durch diese, auf entsprechenden Abstufungen gleichartige luftige und feste Stoffe ausgeschieden werden, und dafs ein periodisches Walten sich, wenn gleich mehr oder weniger scharf ausgeprägt, dennoch durch alle Gliederungen fortspinnt, so scheint die Analogie der Vulcane und der quellenförmigen Gasemanationen, für welche sich überdies mehrere der gröfsten Naturforscher unserer Zeit erklärten ††), keinem einleuchtenden Zweifel mehr zu unterliegen.

*) Vergl. §. 5.
**) Vergl. §. 6.
†) Vergl. §. muriat. Ordn.
††) Vergl. §. 1.

Zweiter Abschnitt.

# Süd-Italiens Gasquellen.

## *Zweiter Abschnitt.*

# Süd-Italiens Gasquellen.

---

### §. 22.

### Allgemeine Verhältnisse derselben.

Sie liegen in der Linie des grofsen, vom Caspischen durch das Mittelländische Meer hindurch, über den Ocean, vielleicht bis zu den Azoren fortlaufenden Hauptvulkanen- und Erdbeben-Zuges *). Wir betrachten ihre merkwürdige Gruppe deshalb gesondert, weil die Beschaffenheit des Bodens, aus welchem sämmtliche hieher gehörige Strömungen hervortreten, weil die Nachrichten, welche ältere Schriftsteller über sie zurückliefsen, weil die im Munde des Volkes fortlebenden Traditionen ihrer Heilkräfte, so wie die Ruinen früherer mit denselben zu ärztlichen Zwecken verbundener Gebäude, weil alle diese Verhältnisse die Geschichte der Entstehung und therapeutischen Anwendung der Gasquellen am bündigsten offenbaren.

Landesüblich unterscheidet man die betreffenden Emanationen nach einzelnen, zufälligen, mehr oder weniger vorspringenden Eigenschaften. Allgemeinhin werden sämmtliche Orte, aus welchen unterirdische dem Thierleben gefahrbringende Luftarten aufstofsen, luoghi averni genannt **).

*) Vergl. v. **Hoff** l. c. T. II. p. 293.

**) Von ἀ privat. und ὄρνις, der Vogel; wo kein Vogel sich aufhalten kann. (Vergl. §. Pyrmont.)

Gelehrte vom Fache nehmen mit Giammaria della Torre zwei Gattungen luftförmiger acherontischer Ausscheidungen, nemlich Fummete oder Fummarole *) und Mofete, an **). Unter den ersteren begreifen sie sichtbare, mit Wasserdämpfen geeinigte, unter den letzteren dem Gesichtssinne nicht wahrnehmbare Quellen. Wo jene wie diese so warm strömen, dafs sie die Temperatur der nächsten Erdschichten, oder künstlich angelegter Gewölbe beträchtlich erhöhen, pflegt man ihnen den Namen Stufa beizulegen ***).

Mehrere Gasquellen Süd-Italiens sind, wie wir späterhin sehen werden, bereits von **Strabo**, **Plinius**, **Celsus** und zwar mit einer Genauigkeit descriptiv aufgefafst, dafs wir sie noch jetzt, an zweitausend Jahren nach jener Schilderung, auffinden können, ungeachtet sogar ihre früherhin von olympischen Gottheiten entlehnten Namen gröfstentheils denen christlicher Heiligen wichen. In späteren, über die Heilquellen der Umgegend Neapels speciell handelnden Schriften, namentlich in jenen Capaccio's, Jasolino's und Bartoli's, sind bezüglich der Gasemanationen die Grenzen zwischen dem Fabelhaften und Wahren schwer zu erkennen. Werthvolle, jedoch vereinzelte, Nachrichten findet man in den balneologischen von Andria, Lancelotti, und noch vor kurzem von Rivaz gelieferten Monographien. Als die am meisten umfassende und Hinsichts der in Rede stehenden Gasquellen vielfältig belehrende Arbeit, haben wir noch immer Del Giudice's Werk über die Thermen Pozzuoli's und Ischia's anzusehen. Abgeschlossene, den betreffenden wichtigen Naturerscheinungen vorzugsweise gewidmete Expositionen fehlen durchgehends, indem die bisherigen Schriftsteller der Gasemanationen stets nur beiläufig erwähnen.

Anlangend die hierher gehörigen physikalisch-chemischen Prüfungen, so lassen sie, auch bei voller Anerkennt-

*) Von fummea oder fumea Rauch, Dampf, Dunst.

**) Von Mephitis, dem Namen einer Göttin, welche den gefahrbringenden Erdausdünstungen vorstand, und nach Plinius und Tacitus in besonderen Tempeln verehrt ward.

***) Von Stufa, plur. fe, Ofen, Badestube, Bähung.

nifs der achtbaren Bestrebungen Italienischer Aerzte, doch viel zu wünschen übrig. Mehrere der zur Zeit angegebenen Resultate kommen nicht nur nicht unter sich, sondern eben so wenig auch mit den Ergebnissen meiner Versuche überein, welche ich im Jahre 1830 zwar nur auf qualitative Beziehungen richtete, aber dennoch so genau, als die Mittel es irgend zuliefsen, unternahm. Einerseits mag die Ursache der berührten Abweichungen in den eingeschlagenen verschiedenen Prüfungswegen, gröfstentheils aber in den regen, von nahen Gluthheerden bedingten vulkanischen Oscillationen der Ausströmungen liegen, bei welchen sich das Temperatur-, wie das Mischungs-Verhältnifs unmöglich vollkommen gleichmäfsig erhält. — Die diesfälligen Emanationen nach rein chemischen Principen zu sondern, schien zufolge jener Umstände nicht zeitgemäfs. Für jetzt glaubte ich eine Aufstellung nach ihrem geographischen Zusammenhange, abgesehen von den angeführten Gründen, auch wegen ihrer genetischen Momente vorziehen zu dürfen.

Es liegt übrigens in dem Plane dieser Schrift, aus der grofsen Zahl der Gasquellen Süd-Italiens nur die merkwürdigsten und zugleich ärztlich wenigstens nicht ganz unbeachtet gebliebenen hervorzuheben. Behufs dessen wollen wir, der leichteren Uebersicht wegen, erst die, welche am parthenopeischen Gestade ausbrechen, dann jene, welche auf Ischia's vielgehügeltem Eilande zu Tage kommen, erörtern, und zuletzt die wichtigsten Liparischen und Sicilischen näher betrachten.

---

## A. Gasquellen des Parthenopeischen Strandes.

### *Capitel I.*
### Allgemeine Betrachtungen.

§. 23.

Neapels schöner Golf wird in weiter Ausdehnung vom Festlande eingefafst und da, wo er sich südwestlich öffnet, durch reizende Inseln begrenzt. Die gröfsten dieser Eilande, Ischia und Capri, bilden die Seitenpfeiler der, ungefähr 13 Miglien weiten Pforte, welche nach dem Tyrrhenischen Meere führt. Zufolge Tenore's Forschungen*) ist der in Rede stehende stellenweise eingerissene Erdgürtel, mit Ausnahme der secundären und tertiären Kalkfelsen Campanella's und Capri's, durchgehends vulcanisch zusammengesetzt. Alle seine übrigen Berge, Thäler und Ebenen bestehen nur aus Asche, aus festen und verwitterten Laven, aus älteren und jüngeren Tuffbildungen, aus brennenden, oder halb erloschenen Auswurfskegeln, und aus noch emporragenden oder bereits in die Tiefe finsterer Landseen versunkenen Kratermänteln, zwischen welchen man auf vielfältig vereinzelte Fummarolen und Mofeten trifft.

Jede Wanderung durch die malerische Gegend, jeder Blick von den Höhepunkten des wundersam gestalteten Umkreises bestärkt die Vermuthung, dafs der jetzt seegeltragende Meerbusen in vorgeschichtlichen Zeiten durch den Einsturz gigantischer Feuerberge entstanden sei, von welchen aus der Halbmond des Strandlandes und die einzelnen, den Kranz theilweis ergänzenden vulcanischen Inseln, nur als geringe Ueberreste vormaliger peripherischer Bergabfälle erscheinen. Noch immer ist daher das grofse Wasserbecken fast allenthalben mit vesuvischer grobkörniger Asche ausgekleidet, und dessen Saum auf den meisten Punkten mit verglasten Felsblöcken besäet; noch immer überragen drohende Lavariffe hier und da den Meeresspiegel, und bis auf unsere Tage vermochten es alle seit Jahrtausenden wiederkehrenden Brandungen nicht, einzelne vom Seewasser bespülte, durch die fortdauernde Thätigkeit tiefer Feuerheerde erhitzte Uferflächen vollkommen abzukühlen **).

In dem zum Festlande gehörigen Theile jenes Kreises drängt sich die Mehrzahl der Gasquellen auf dessen westlicher Hälfte, auf den phlegräischen Feldern da zusammen, wo einst die Titanen mit dem Donnerer kämpften, wo

*) Vergl. Tenore l. c. p. 20 — 30 und dessen beigefügte geogn. Karte.

**) §. Nero. S. Restitnta. S. Angiolo.

Vulcan sein Forum aufschlug *), und Aeneas den Rath der Cumäischen, unterirdische Räume bewohnenden Sibylle einholte **).

Viele in der fraglichen Gegend ausbrechende Gasströmungen blieben bis jetzt in jeder Hinsicht unbeachtet; mehrere zum engeren Gebiete der Solfatara gehörigen, 60 bis 70° heifse, konnten, insofern sie neben Schwefel auch verflüchtigten, an den kühlen Felswänden in schönen Orangekrystallen anschiefsenden Arsenik mit sich führen †), zu ärztlichen Zwecken nicht benutzt werden, und noch andere blieben, wenn auch durch bestimmte Namen bezeichnet, wie die Fummarolen von Penata, von Finocchio am Vorgebirge von Misene, und von Monterillo bei Fusaro ††), dennoch so gering geschätzt, dafs man sie nie einer angemessenen Prüfung unterwarf. Alle diese Emanationen übergehen wir, um jene, deren Würdigung unserem Zwecke näher liegt, genauer abzuhandeln.

## *Capitel II.*

## Stufe di San Germano.

### §. 24.

Aeltere Schriftsteller nennen die diesfälligen Gasdampfbäder auch Stufe di San Giacomo. Sie liegen mit der todtbringenden Grotta del cane, und zwar kaum hundert

*) Ἡφαίστου ἀγορά nach Strabo.

**) Die tieferen Abtheilungen der betreffenden, am Averno-See gelegenen, theilweis mit Ueberbleibseln alter Mosaik bekleideten finstern Grotte, zu welcher ich im Frühjahr 1830 nicht anders als an einzelnen Stellen durch 2 Fufs tiefes Wasser hindurch watend gelangen konnte, hängen mit mehreren im Tuffgestein fortlaufenden, stollenartigen Gängen zusammen. Einer derselben soll über eine Miglie weit bis zu den Ruinen des griechischen Apollo-Tempels reichen, welche man auf der Küstenhöhe Rocca di Cuma sieht. (Vergl. §. Nero). Dieselbe Sibylle besafs auch in Sicilien nahe an der Stadt Marsala einen ähnlichen unterirdischen Bau, dessen schöne Mosaikverzierungen Houel abbildete. S. dessen angeführte Schrift. T. I. p. 19. Tab. XII.

†) Breislak voy. T. II. p. 92.

††) Vergl. Tenore l. c. p. 29.

Schritt von derselben entfernt *), ganz nahe am Kratersee Agnano, dessen meist steile und zerrissene Ufer als die Reste des vormaligen Kratermantels aus Trachyt, aus versinterter Asche und Tuffmassen bestehen **). Von Neapel führt ein bequemer, binnen einer Stunde leicht zurückgelegter Fahrweg durch Posilippo's künstlich beleuchteten Tunnel ***), und durch die fruchtbaren, auf Campanische Weise bebauten Fluren Fuori-Grotta's, nach den betreffenden Bädern.

Unerachtet jene Stufe viel besucht werden, sind dieselben dennoch, gleich den meisten analogen Anstalten Neapels, fahrläſsig eingerichtet und unsauber gehalten. Ihr massiver, roher, mehrere Gemächer enthaltender, eine hörbar brodelnde Heiſsquelle abschlieſsender Ueberbau ruht auf den Substructionsresten eines antiken, wohl nur willkührlich dem Lucull zugeschriebenen Laconicum †), und besteht stellenweis aus den bereits erwähnten natürlichen Tufflagen der Wandtheile des vormaligen Kratermantels. In einigen Cabinetten sind am Fuſsboden muldenförmige, aus dampfhauchendem porösem Gestein gehauene, hier und da durch Mauerwerk geregelte Vertiefungen angebracht. Durch vier groſse, in den Seitenwänden befindliche Ausströmungsmündungen dringen besonders concentrirte gasige Emanationen hervor. Die Mächtigkeit der überhaupt entweichenden luftigen Strömungen erhellt schon daraus, daſs sie bei kühler Witterung durch die Fensteröffnungen und selbst zwischen den einzelnen Ziegeln der lockeren Bedachung sichtbar hervorqualmen. Es zeigt sich diese Erscheinung noch immer ganz so, wie wir dieselbe in Ca-

*) Mazzochi berichtet, daſs der Agnanosee durch Einsturz eines vulcanischen Gewölbes, auf welchem eine Villa Lucullis lag, im 9ten Jahrhundert entstanden sei. Frühere Nachrichten von demselben kommen nicht vor. Seine Benennung wird von Anclanum hergeleitet. S. Breislak T. II. p. 47.

**) §. Vulcanismus und Pyrmont, und Hamilton l. c. Tab. 18. No. 4 und 5.

***) Uneigentlich Grotta genannt.

†) §. Azot. Dampfbäder.

paccio's, vor zwei Jahrhunderten besorgter Abbildung dargestellt sehen *).

Bei einer Atmosphärentemperatur von + 12° R. **), zeigte das Thermometer in der Mitte der kleineren Cabinette 19 und in dem gröfseren, welches den Namen Camera dei Cavalieri führt, 25 Grad. Nahe an den Ausströmungsmündungen stieg die Quecksilbersäule auf 50, und in dieselben einige Zoll tief versenkt auf 75 Grad. Während lebhafterer Eruptionen des Vesuvs mehrt sich die Wärme der Dämpfe, unerachtet der meilenweiten Entfernung des genannten Feuerberges, um 2 bis 3 Grade, wobei dieselben jedesmal nebliger und undurchsichtiger werden. Del Giudice schätzt ihre Temperatur, jedoch ohne die der freien Luft geprüft zu haben, und ohne die Messungsstellen genauer anzuführen, auf + 40° R. ***)

Angewendete Reagentien, namentlich Kalk- und Baryt-Wasser, Veilchensaft, Auflösungen von essigsaurem Blei, von schwefelsaurem Kupfer, so wie ausgeglühter Chlorkalk ergaben, dafs die Luft sämmtlicher Cabinette neben vielen Wasserdämpfen zugleich einen nicht ganz unbeträchtlichen, die Respirationswerkzeuge indefs nicht belästigenden Antheil von freier, mit Schwefelwasserstoff gemengter Kohlensäure enthält. Irgend andere Bestandtheile weisen uns die, freilich nur im Kleinen unternommenen Versuche nicht nach, ungeachtet dem betreffenden Luftgemische gewifs auch feste Thermalstoffe in Atomen beigegeben sein mögen. Auf das letztere Verhältnifs deuten wenigstens die nicht nur im Umfange der 4 grofsen Ausströmungsmündungen, sondern auch an mehreren höheren Stellen des kühlen Gemäuers und der Felswand, in dickeren und dünneren Schichten bemerkbaren, aus den gasigen Dämpfen abgesetzten, leicht zerreiblichen, weifsgrauen, oft mit strohgelben Punkten durchstreuten, von den Stufajuolis †) Nitro di stufa genannten Anflüge. Diese Sublimationen waren nach

*) Capaccio l. c. p. 27.

**) Am 19ten Februar 1830.

***) Giudice Viaggio med. l. c. T. 2. p. 23.

†) Dampfbäder besorgende Wärter.

meinen früheren an Ort und Stelle unternommenen, und späterhin zu Berlin von den geschickten Pharmazeuten, Herrn Jänicke und Helming, wiederholten Analysen, durchgehends aus vorwaltenden Sulfaten von Kalk und Thonerde, aus wenigen Carbonaten von Soda, aus einer auffallenden Menge Eisenoxydul, aus etwas Kieselerde, und in den meisten Exemplaren auch aus kleinen spitzen Schwefelkrystallen zusammengesetzt, welche, in Häufchen gesammelt und angezündet, mit blauer Flamme und stechendem Geruche verbrannten *). Die letzteren Ablagerungen entstehen, was wir an einem anderen Orte ausführlicher erläutern werden, nicht, wie manche Italienische Aerzte meinen, durch bloſse Abkühlung des reinen gasförmig verflüchtigten Schwefels **), sondern dadurch, daſs das zu Tage gelangte hydrothionsaure Gas, unter begünstigenden Umständen, mit dem Sauerstoffe der Atmosphärenluft Wasser erzeugend, seinen Schwefelgehalt fahren läſst †). Noch muſs ich, bezüglich der festen von den Dämpfen emporgerissenen Stoffe, der Eisentheile gedenken, welche nach Giudice, im Luftgemische der Stufa, ein besonderes Gas-idrogeno-protoferrato bilden ††). Alle von mir auf Eisen angewendeten, bei der Prüfung der Luftemanation Testaccio's namhaft gemachten Reagentien †††), verhielten sich in den Cabinetten San Germano's negativ. Hieraus folgt aber noch keinesweges, daſs mein verdienstvoller Vorgänger, dem Zeit und alle Hülfsmittel zu Gebote standen, in groſsen und concentrirten Dampfmassen nicht Eisentheilchen angetroffen haben könnte. Für seine Angabe spricht vielmehr der Umstand, daſs in

*) Das Ergebniſs jener Untersuchungen weicht in mehrerer Hinsicht von dem früherer Analysen ab. Giudice sagt l. c. p. 39. „I sali esistenti in faccia alle mura della stanza sono formati da piccola quantità di carbonato di allumina ferruginosa, e di silice, da grande quantità di solfato di ferro e di allumina, e picciolissima porzione di solfato di calce.

**) §. S. Lorenzo.

†) S. §. Marienbad.

††) Giudice l. c. T. 2. p. 31 — 33.

†††) §. Testaccio.

dem aus den Dämpfen abgesetzten Nitro di stufa unleugbar Eisen vorkommt, und dafs Sublimationen des fraglichen Metalls an den Kraterwänden des Vesuv's und Somma's in beträchtlicher Menge vorkommen *).

Bald nach dem Eintritte in die Dampfgemächer verbreitet sich über den ganzen Körper ein behagliches Wärmegefühl, welches selbst nach einem mehrstündigen Aufenthalte weder Respirationsbeschwerden noch Schwindelzufälle erzeugt, dem aber unausbleiblich copiöse Schweissausbrüche folgen. — Um allgemeine gasige Dampfbäder zu nehmen, legen sich die entkleideten, mit einem Leinentuche umhüllten Kranken in die am Fufsboden befindlichen wannenförmigen Aushöhlungen, über welche dann bis an den Hals Wolldecken ausgespannt werden, damit das sich mehr und mehr ansammelnde Gasgemisch desto intensiver auf die ganze Körperfläche einfliefse. Anfänglich badet man kürzere, späterhin längere Zeit, jedoch in der Regel nie über $\frac{1}{2}$ Stunde. An örtlichen Uebeln leidende Individuen entblöfsen den kranken Theil, und nähern denselben einer der vier Hauptausströmungsmündungen mehr oder weniger, je nachdem sie ihn einem gröfseren oder geringeren Hitzegrade zu unterwerfen haben. Bei Gehörschwächen werden die Thermaldämpfe vermöge angemessener auf die Ausströmungsmündungen gesetzter Röhren in die Ohren geleitet.

Als die wichtigsten Krankheiten, gegen welche sich San Germano's Stufa bewährte, nannten mir die Neapolitanischen Aerzte chronische Lungencatarrhe, rheumatische Zufälle, tief wurzelnde Gichtbeschwerden, veraltete syphilitische Affectionen, insbesondere dahin gehörige Hautausschläge und nächtliche Knochenschmerzen, ferner Neuralgieen, Paresen, Gliedersteifigkeit und Verstopfungen sowohl als Abstumpfungen der Gehörorgane.

*) S. Vesuv, feste Theile.

## *Capitel III.*

# Stufa di Pisiarelli.

### §. 25.

Kaum eine Miglie, in westlicher Richtung von San Germano's Dampfbädern, treffen wir auf jene Pisiarelli's *). Sie liegen am östlichen Abhange des Monte secco, eines blendend weifsen, nackten, aus den leucogaeischen Höhen hervorragenden Kreideberges, welcher mit denselben die Scheidewand zwischen dem grofsen Becken des Agnano-Sees und dem der rauchenden Solfatara bildet **). So anmuthig auch der Weg anfänglich am Ufer des klaren Wasserspiegels und durch freundliche Weingärten hinläuft, eben so beschwerlich wird derselbe später in der aufwärts führenden, von Brombeersträuchern durchwachsenen Felsschlucht.

Unter den mannichfachen Fummarolen des benannten Berges zeichnet sich die in Rede stehende, ärztlich benutzte, durch ihre Mächtigkeit besonders aus. Sie ist mit der gleichnamigen Wasserquelle durch einen massiven hüttenartigen Ueberbau, den wir in der Hamiltonschen Abbildung vermissen, gedeckt †). Der vordere gröfsere Raum enthält in einem Becken des kreidigen mergeligen Erdreichs die Mineralquelle, den zurückgelegenen kleineren, nur durch halb verfallenes Mauerwerk abgeschiedenen füllt warme aus Felsspalten hervordringende Luft. Wegen der stark brodelnden, durch ununterbrochen aufsteigende Gasblasen erzeugten oft weithin hörbaren Bewegung der Wasseransammlung, haben ältere Schriftsteller ihr auch den Namen Acqua che bolle, so wie den kürzeren la

*) Diesen Namen soll sie von dem beliebten Rothweine (Pisiarello), welcher auf der Südseite der nahen Berge gezogen wird, erhalten haben.

**) Roh, aber wahr finden wir das ehemalige Forum des Vulcans, die jetzige zum Schwefelgewinn benutzte Solfatara, in Baccio l. c. p. 101 dargestellt; treu und von künstlerischem Werthe ist die an 200 Jahre später erschienene Abbildung, welche Hamilton in seinem Prachtwerke Tab. 25 mittheilt.

†) S. Hamilton l. c. T. 21.

Bolla beigelegt *). Sie hat eine völlig milchweifse, jener des Schwefelbrunnens zu Ischl ähnliche **), jedoch saturirtere Tünchung, riecht hepatisch, schmeckt scharfsalzig, widerlich, ekelerregend, und stark aluminös. Giefst man das Wasser in ein Glas, so klärt es sich, der Ruhe überlassen, nach erfolgtem Niederschlage der unlöslicheren Sulfate und der Kieselerde, binnen kurzer Zeit auf, und wird dann fast ganz geschmacklos.

Eine wannenartige, in den festen Kreideboden gehöhlte, und zwei ähnliche, mit gebrannten Steinen bekleidete Vertiefungen, machen den zu Wasserbädern bestimmten Apparat aus. Besondere Vorrichtungen zum Gebrauche gasiger Emanationen fehlen gänzlieh; höchstens mag das kleine bereits erwähnte, rurale Kämmerchen, in welchem die ausströmenden Dämpfe schon nach wenigen Minuten allgemeine Schweifsausbrüche hervorlocken, als ein eben nicht einladendes allgemeines Sudatorium zu betrachten sein.

Bei einer Lufttemperatur von + 17° stieg das mitten im Dampfgemache emporgehaltene Thermometer auf 29, in die Ausströmungsmündungen gesenkt, auf 38, und in das Quellwasser getaucht, auf 45 Grad. Giudice giebt die Temperatur überhaupt höher, und namentlich die des Mineralwassers zu 55 Grad an ***).

Den sinnlich wahrnehmbaren Zeichen gemäfs dürfte das mit Wasserdünsten geschwängerte, viele Atmosphärenluft mit sich führende Gasgemisch der Stufa, von dem aus der Wasserquelle in Blasen aufsteigenden nicht im mindesten abweichen. Verglichen mit jenem von San Germano, schien dasselbe mehr Kohlensäure zu verrathen, und zeigte zugleich, was schon der intensivere hepatische Geruch bekundete, einen weit gröfseren Gehalt von Schwefelwasserstoff. Sublimationen fester, aus den gasigen Dämpfen abgesetzter Stoffe kommen zu Pisiarelli ganz in der Weise wie zu San Germano, jedoch augenscheinlich schwefelrei-

*) Cappaccio l. c. p. 29.

**) S. die Monographie: Ischl und seine Umgebungen. Wien 1826. p. 161 und 162.

***) l. c. T. 2. p. 61.

cher, vor *), Giudice hält beide Emanationen in physikalisch-chemischer Beziehung für identisch, und glaubt im Gasgemische der fraglichen, ganz wie in jenem der früher beschriebenen, Eisentheile, welche indeſs die von uns angewendeten Reagentien nicht nachwiesen, als Gas idrogeno-protoferrata entdeckt zu haben **).

Sowohl die beträchtliche Entfernung von bequemen Wohngebäuden, als auch die schwere Zugänglichkeit und allzu mangelhafte Einrichtung der betreffenden gewiſs sehr wirksamen Gasquelle, lassen deren baldigen, gänzlichen Verfall voraussetzen. Das ihr verwandte Wasser wird an Ort und Stelle zwar wenig, dagegen aber in gut verschlossenen Fäſschen nach den nachbarlichen Städten und Villen versendet, vielfältig gebraucht. Cirillo, ein ausgezeichneter Praktiker Neapels, lieſs es angemessen verdünnt, gegen atonischen Bluthusten und chronische Diarrhoeen, mit Nutzen trinken ***). Besonders wird dasselbe, theils zu localen, theils zu allgemeinen Bädern angewendet, bei Hautschwächen und hartnäckigen impetiginösen Uebeln, von Aerzten sowohl als vom Volke, für heilsam gehalten.

## *Capitel IV.*

## Stufe degli Astruni.

### §. 26.

Die Lage in unheimlicher, finsterer, wilder Gegend mag ihren Namen bestimmt haben †). Am leichtesten gelangt man von San Germano aus auf einem nordwestlich abgelenkten Wege zu denselben. Ihre Entfernung von den eben genannten Dampfbädern beträgt ungefähr eine Miglie. — Sie waren vordem berühmt, Capaccio besang ihre heilbringenden Eigenschaften, und Oribasius empfahl mit Eifer sowohl die fraglichen Fummarolen, als die gleich-

*) Vergl. Giudice l. c. T. 2. p. 62 und §. Germano.

**) §. Germano und S. Giudice l. c. T. 2. p. 61.

***) Vergl. in Hamilton l. c. die Beschreibung zur 21. Tafel.

†) Astruso: verwickelt, verworren.

namigen Heiſsquellen *). Vom Kloster der Camaldulenser, welches 1500 Fuſs über dem Meeresspiegel liegt, gewinnt man den umfassendsten Einblick in das trichterförmig gesenkte Astruni-Thal **). Dafür, daſs dasselbe als der Krater eines erloschenen Feuerberges zu betrachten sey, zeugt nicht nur die angedeutete Form, sondern auch die Beschaffenheit der aus lauter Laven, Bimstein und Schlacken zusammengesetzten Wände. An den tiefsten Punkten des jetzt waldbewachsenen, zu einem Gehege für Schwarzwild benutzten Grundes, trifft man vier ***) lauwarme kleine, aber sehr tiefe Seen, in deren Nähe sich aus mehreren Stellen gasige Dämpfe durch Spalten des Trümmergesteins hervordrängen. Dies die einzigen Ueberbleibsel der ehemaligen heiſsen Thermen und gepriesenen Stufe. Ihre physicalisch-chemische Beschaffenheit ähnelt allgemeinhin jener der Emanationen Pisiarelli's, welchen sie jedoch an Wärme und Stoffreichthum bei weitem nachstehen. Zur gänzlichen Verabsäumung derselben hat wahrscheinlich sowohl die mit ihrer gesunkenen Temperatur verringerte Heilkräftigkeit, als das Aufblühen neuerer Dampfbäder in gleichem Maaſse beigetragen.

## *Capitel V.*

## Stufa di Nerone.

### §. 27.

Von der alten Stadt Pozzuoli führt in westlicher Richtung ein gebahnter Weg am Serapis-Tempel vorüber, zunächst nach dem südlichen Abhange des unerwartet emporgehobenen Monte nuovo, und dann auf dem schmalen Damme, welcher den austernreichen Luciner See vom Meerbusen trennt †), bis zu einer schroffen, sich

*) Vergl. Capaccio l. c. p. 329 und Giudice l. c. T. II. p. 42.

**) Abbildungen desselben befinden sich im Hamilton Tab. 17 und 20.

***) Giudice giebt ihrer nur 3 an. Vergl. dessen Schrift T. II. p. 42

†) K. v. Hoff scheint (S. dessen vortreffl. Werk T. II. p. 206—207) nach den zusammengestellten Notizen die Meinung zu hegen, daſs

queer entgegenlehnenden, dunklen Anhöhe. Baccio hat dieselbe mit allen ihren, jetzt weniger sichtbaren Fummarolen abgebildet *). Am Fuſse jenes kleinen, aber tief in das Meer einspringenden Vorberges sind einzelne wannenförmige, den vormals berühmten Bädern von Tritoli **) angehörige, mit vielem Fleiſs in Tuff gearbeitete Vertiefungen zu bemerken. Nahe an diesen windet sich ein schmaler Felspfad, dessen Erklimmen hier und da durch eingehauene Stufen erleichtert wird, nach der ostwärts gemündeten Neronischen Grotte. Dem Eintretenden zur Rechten liegt das geräumige, in braunen Tuffstein gehöhlte, zum An- und Auskleiden bestimmte, mit lockeren Thürbrettern, trüben Fensterscheiben und gebrechlichen Holzbänken versehene Gemach. Der stollenartige, die unterirdischen Dämpfe hinanleitende, mehrfach verzweigte, finstere Hauptgang ist gröſstentheils an 7 Fuſs hoch und 3 bis 4 Fuſs breit. Zu seiner ziemlich regelmäſsigen Formung haben offenbar Menschenhände mitgewirkt. Um ihn, was indeſs nicht ohne Beschwerden und nicht ohne alle Gefahr möglich ist, in seiner ganzen Länge zu betreten, muſs man schon wegen der Möglichkeit, sich zu verirren, eines erfahrenen Führers sicher und mit mehreren Leuchten versehen sein. Kleidungsstücke, welche der eindringenden Nässe nur wenige Minuten widerstehen, werden bei der stygischen Wanderung abgelegt. Unfern des Einganges behagen die lauen Dämpfe, tiefer belästigen sie in gleichem Maſse mehr und mehr, als ihre Dichtigkeit und Wärme zunimmt. An 50 Schritt lang senkt sich der Gang kaum merklich, dann fällt er 75 Schritte immer schräger ab, so daſs die an seinem äuſsersten Ende befindliche, einige Klaftern lange und breite Quelle entweder im, oder unter dem Niveau des nahen

der Lucriner See überhaupt nicht mehr vorhanden und theils verschüttet theils mit dem Averner-See vereint worden sey. Ich fand beide 1830 und zwar durch einen nicht unansehnlichen Bergrücken noch ganz so getrennt, wie der Canonicus Don Andrea de Torio sie in seinen schönen Spezialkarten angiebt.

*) l. c. p. 204.

**) Ihr Name wird von Τριταῖος πυρετὸς abgeleitet, indem sie sich gegen Tertian-Fieber besonders heilsam bewiesen.

Meeres liegen dürfte. Das Beobachten wird hier wegen der fast unerträglichen, besonders die Augen reizenden Hitze, welche Breislak mit + 60° R. *) doch wohl zu hoch anschlägt, und nicht minder wegen der mangelhaften, durch die Intensität der Dünste beschränkten Erleuchtung, ungemein schwierig; es konnte daher der Stand des Thermometers überhaupt nicht bestimmt werden, jedoch ergab sich der Temperaturgrad des Wassers einigermafsen daraus, dafs ein frisches, in dasselbe gefenkte Ei binnen wenigen Minuten zwar nicht hart, aber doch, wie wir uns bei dessen Eröffnung am Tageslichte überzeugten, weich gar gekocht war. Der Geschmack der fraglichen krystallhellen Quelle, welche wahrscheinlich durch eindringendes, von einem fortglühenden Heerde erhitztes Meerwasser entstehen mag, ist einer concentrirten Kochsalz-Lauge ähnlich.

Man hält die aufsteigenden Dünste für einfach verflüchtigtes chemisch reines Wasser. Bis jetzt möchte ich dieser Ansicht nicht beitreten. In klaren, reinen mit destillirtem Wasser gefüllten, unfern der Heissquelle entleerten grofsen Glasflaschen gesammelte Dämpfe, gaben, zweckmäfsig abgeschlossen und hinlänglich abgekühlt, eine tropfbare Flüssigkeit, welche durch leise aber bleibende Röthung verdünnter Lakmustinktur, und durch zwar sehr leichte neblige, jedoch bemerkbare Trübung der salpetersauren Silberauflösung auf Beimischungen von muriatischer Säure hindeutete. Das unausgesetzt vor sich gehende Verdunsten der mit Chlornatrium stark gesättigten Quelle spricht für jene Vermuthung um so mehr, als wir, selbst in der auf kühleren Meeresflächen schwebenden Atmosphäre Spuren, und im Qualme der Soolendämpfe deutlich nachweisbare Gemengtheile von Salzsäure vorfinden **). Herr von Humboldt entdeckte sie in mehreren Fummarolen am Vesuv, am Pic von Teneriffa und am Vulcan Jorullo in Mexico ***). Bestimmt können die beregte Frage indefs nur im Grofsen ausgeführte und oft genug wiederholte Versuche entscheiden.

*) Breislak l. c. T. II. p. 173.

**) Vergl. §. Seeluft und §. Soolendämpfe.

***) S. Bischoff l. c. p. 275.

Die Wirkungen der betreffenden Stufa variiren nach der Intensität, in welcher dieselbe angewendet wird. Wer bis zum Quellenbecken auf die geschilderte Weise vordringt, was sich jedoch Kranke nie erlauben, kömmt keuchend, mit heftigem Schlagen aller Pulse, von Schweifs triefend, am ganzen Körper purpurroth, mit stark aufgetriebenen Blutgefäfsen der Bindehaut, lichtscheu, über schmerzhaftes Jucken der Augen klagend zurück, und erholt sich nur langsam. Dieser Eindruck wird dadurch beliebig modificirt, dafs man mehr oder weniger tief in den Hauptgang eintritt und länger oder kürzer in demselben verweilt. In dem richtig gewählten Anwendungsgrade folgt nach baldigem Verschwinden der durch die Aufregung des Gefäfssystems bedingten Erscheinungen ein angenehmes Gefühl von Leichtigkeit und Frische. — Bis auf unsere Tage werden die fraglichen Dampfbäder, unerachtet ihrer isolirten Lage in verödeter, von der Aria cattiva oft heimgesuchter Gegend, und bei allem Mangel zweckmäfsiger Einrichtungen, dennoch oft von Landleuten gegen hartnäckige Rheumatismen, gegen Gliedersteifigkeit und chronische Hautübel vertrauungsvoll gebraucht.

Dafs Nero's Stufa in früheren Jahrhunderten vielfältig benutzt wurde, bekunden nicht nur ihr Name, sondern auch mehrere über dieselbe in älteren Schriften vorkommende Nachrichten. Wie anders aber als die jetzige, mufs ihre Ausstattung zur Zeit gewesen sein, als die weltbeherrschenden Römer, nur Erhohlung und Vergnügen suchend, in dieser Gegend die schönsten Villen erbauten, als Ovid und Horaz die nachbarlichen Cumanischen von schattigen Myrtenwäldern umgebenen Bäder zu Baja's vorzüglichsten Ergötzlichkeiten zählten, und Celsus die Heilkräfte jener Dämpfe gegen zurückgehaltene scharfe Säfte und gegen mannichfache Nervenleiden rühmte *).

*) Vergl. Horatii Epistol. Lib. I. Epist. XV. ad Numonium Valam. Ovid. d. art. amandi Lib. I. lin. 255 und Corn. Celsus d. med. edit. Krause Lips. 1766. Lib. 2. Cap. XVII. p. 93.

## *Capitel VI.*

## Gasige Quellen von Torre del Greco und Torre dell' Annunziata.

§. 28.

Unter den gasigen Dampfbädern des parthenopeischen Strandes haben wir noch jener zu erwähnen, welche an der zweiten Hälfte desselben, an der südöstlichen Seite Neapels liegen. Zwar brechen in dieser Gegend sehr viele Gasquellen hervor, aus ihrer Reihe entsprechen aber verhältnifsmäfsig nur wenige dem ärztlichen Endzwecke, weil sie, gröfstentheils vom regeren Wogen des nahen Vesuvs in höherem Grade abhängig, zu häufigen Veränderungen unterliegen. Ausgenommen scheinen in dieser Hinsicht die Emanationen von Torre del Greco und dell' Annunziata. Die ersteren entstanden mit dem gewaltigen, bis in die Meerestiefen herabgesenkten Lavaergusse des Jahres 1794. Sie sollen bezüglich ihrer physicalisch chemischen Beschaffenheit, so wie rücksichtlich ihres therapeutischen Werthes mit der Stufa di Nerone übereinkommen *), angemessene Einrichtungen erhalten haben und insbesondere von den Kranken des anstofsenden Hospitals, welches die Santa casa degl' Incurabili von Neapel anlegte, benuzt werden. Ihren Besuch mufste ich genöthigt durch Umstände, welche im Frühjahr 1830 meine beschleunigte Rückkehr in die Heimath geboten, leider aufgeben. — Anlangend die in noch östlicherer Richtung gen Castellamare gelegene, bei dem Versuche einen artesischen Brunnen unter dem Vorgebirge Uncino anzulegen, in der Tiefe von 25 Palmen, am 18ten Juni 1831 entdeckte, an Kohlensäure, an Natron, Magnesia und Kalk reiche, + 25° R. warme Therme, so ist dieselbe, den aufgefundenen antiken Röhrenzügen und anderweitigen Bauüberresten gemäfs, wahrscheinlich schon in frühen Zeiten bekannt gewesen. Sie erhielt, wegen ihrer Nähe am Vesuv und am Städtchen Torre dell' Annunziata, den Na-

*) Nach ihrer Lage und den vielen ganz in ihrer Nähe aufstofsenden kohlensauren Mofeten zu urtheilen, mögen sie zugleich kohlensäurehaltig sei. Vergl. Monticelli. l. c. p. 194.

men Acqua vesuviana nunziante. Den jüngsten Nachrichten zu Folge bewährte sich das, im Wasserbehälter der Badeanstalt condensirte Kohlensäuregas, douchförmig angewendet, vorzugsweise gegen atonische, entzündliche sowohl als rein nervöse Augenkrankheiten mannichfacher Art *).

---

## B. Ischia's Gasquellen.

### *Capitel I.*

### Einleitende Betrachtungen.

§. 29.

Wenn wir den Golf Neapels für einen uralten Kratersee und dessen Uferland für den Ueberrest der peripherischen Abdachung vorgeschichtlicher, mächtiger Vulcanengruppen erklären **), so ist Ischia als ein Theil des Kranzes anzusehen, welcher vom eingedrungenen Meere in einzelne Inseln getrennt ward. Mehrere Naturforscher, insbesondere Spalanzani und Breislack zweifeln nicht, dafs das betreffende, gröfstentheils aus primitiv vulkanischem Tuffe, aus Laven und Basaltkuppen bestehende Eiland, durch die angrenzenden ähnlichen Inseln, Vivoro und Procida, ehedem mit dem gleich beschaffenen Vorgebirge des Continents, mit dem monte Procida auch über dem Meeresspiegel zusammengehangen habe. Nach von Hoff's Ansicht sind alle diese Eilande als Fortsetzung der Phlegraeischen Felder zu betrachten ***).

Den Namen Ischia will man, wegen der Aehnlichkeit der Umrisse der Insel mit denen des Hüftbeins, von Ἰσχιον, herleiten. Die Alten nannten dieselbe Arimi, Inarimi, Pithecusa, und nachdem Aeneas seine Schiffe hier zurück-

*) S. Raccolta di osservazioni sull' uso dell acqua vesuviana-nunziante fatte da varii Professori fascicul. I e II. Napoli 1833 — 1834.

**) Vergl. §. 22.

***) S. v. Hoff l. c. p. 219.

gelassen hatte, auch Aenaria *). An der Westseite des oft erwähnten Meerbusens gelegen, beträgt deren Entfernung von der Stadt Neapel 17 Miglien. Ihren Flächenraum berechnet man auf zwei Quadratmeilen.

Vormalige mächtige Feuerauswürfe machten die kleine Erdscholle zum Gegenstand der unsterblichen Dichtungen Homer's, Pindar's, Ovid's und Virgil's **). Ihre frühern furchtbaren Eruptionen vertrieben die Urbewohner, die Euböer, und nach ihnen, unter Hieron, die Syrakusaner. Auch später, als die Insel ihrer grofsen Fruchtbarkeit wegen vom nahen in der Cultur rasch vorgeschrittenen Festlande neue Colonisten an sich zog, wurde dieselbe mehrmals durch Erderschütterungen entvölkert ***). Der letzte Flammen- und Laven-Ausbruch ereignete sich im Jahre 1302 und das jüngste, wenn gleich von starken Stöfsen begleitete, jedoch ohne erheblichen Nachtheil für die Gebäude vorübergegangene Erdbeben, fand im Jahre 1828 statt.

Aus der Ferne gleicht Ischia einer geschlossenen, den Wogen entstiegenen Pyramide. Gelangt man in ihre Nähe, so trennt sie sich mehr und mehr in abgerundete, nach dem Centro immer gröfser werdende Hügel, aus deren dunkelgrünen, besonders an der Nordseite üppigen Gebüschen und weit hin gedehnten Weingärten einzelne Ortschaften und zahllose Villen hervorleuchten, welche 24000 Einwohnern zur beneidenswerthen Ansiedelung dienen. Gewöhnlich landet man unfern des kleinen, auf einem steilen Basaltfelsen erbauten, vom Strande fast ganz getrennten Forts, an der Marina des Städchens Ischia. Der Grund-Character der Insel ähnelt ungemein jenem Siciliens. Südlichere Pflanzen, Aloë vulgaris, Cactus Opuntia, Myrtus mucronata kommen hier schon um Vieles häufiger als im nahen Campanien vor, und mehrere, durch die Wärme des Erdbodens in ihrer Entwickelung bis zum Tragen reifer Früchte begünstigte, den Tropenländern zugehörige Arten, wie Piper

*) S. Plin. hist. natur. ed. c. lib. III. c. b. und Ovid. metam. lib. XIV. v. 89.

**) S. Homer. Il. lib. II. v. 781. — Pindar, in Boeckh fragm. Skolior. T. 2. p. 618. — Virgil Aen. lib. IX. v. 718.

***) S. Hoff l. c. T. II. p. 219 — 221 und Rivaz l. c. p. 31.

nigrum, Pteris longifolia und Cyperus polystachyus gedeihen an mehreren Stellen im Freien, unerachtet sie, gemäfs wiederholter vom Professor Tenore angestellter Versuche, im botanischen Garten Neapels nie ohne besonderen Schutz überwintert werden konnten.

Mitten aus dem reizenden Eilande ragt der Epomeo über alle ihn umgebenden Nachbarhöhen stolz empor. Sein Gipfel liegt 2356 Fufs höher als die Meeresfläche *). Von demselben übersieht man die ganze Insel im schönsten Rundgemälde, von ihm aus erreicht das Auge die malerischen Uferlande der Golfe von Neapel und Gaeta, die vielen hingestreuten Inseln beider Buchten, das blau schimmernde Vorgebirge der Circe und die am fernen Horizonte mit dem Himmelsgewölbe verschmelzende Azurebene der Tyrrhenischen Fluthen. Entlang des schmalen von Osten nach Westen hingedehnten Bergplateaus fehlen alle Spuren eines vormaligen Centralkraters, dagegen sind, obgleich Spalanzani behauptet nirgend auf der Insel kraterförmige Versenkungen gefunden zu haben, dennoch viele seitliche Auswurfs-Kegel und Höhlen deutlich bemerkbar. Zu diesen rechnen wir vorzugsweise den, am nördlichen Abhange 430 Fufs über dem Meere eröffneten Schlund, aus welchem die Lavaströme des Arzo hervordrangen **), ferner die an Frische der Gluthprodukte dem Kessel des im Jahr 1538 bei Pozzuoli emporgehobenen Monte nuovo ***) keineswegs nachstehenden Krater von Montagnone, von Ferraro, vom Thabor- und Rotaro-Berge, nicht minder die Mündungen der Cacavelle, welche das kleine aber schroffe Vorgebirge Zara entstehen liefsen, und in deren Nähe die zur Villa d'Atri gehörige Stufa liegt †). Aufserdem begeg-

*) Nach v. Buchs baromet. Messungen. S. dessen Beschr. d. Canar. Ins. l. c. p. 333.

**) S. §. 30. und v. Buch l. c. p. 333.

***) Der genannte 413 Fufs hohe Berg bildete sich nach Pinis Erzählung binnen des kurzen Zeitraums von 48 Stunden.

†) Nach Breislak voy. T. II. p. 218. setzen die + 30° R. warmen Dämpfe der genannten Stufa kohlensaures Natron an die Wände ab, ungeachtet das aus den Röhren, welche mit den Felsspalten in Verbindung stehn, abträufelnde Wasser nicht im geringsten nach demselben schmeckt.

net man noch an der Südhälfte der Berginsel vielen vereinzelten theils völlig abgekühlten und erstorbenen, theils wie es bei S. Angiolo und Testaccio der Fall ist *), noch von fortdauernder vulkanischer Thätigkeit zeugenden Aushöhlungen, welche indefs, nach ihrem verworrenen Ansehen und nach dem geminderten Glanze, so wie nach der abgestumpfteren Form ihrer Schlacken zu urtheilen, von einer weit früheren Zeit, als die zuerst erwähnten Mündungen abzustammen scheinen.

Die gesammte mittägige Seite des Eilandes weicht von der nördlichen bedeutend ab. Jene weit schroffere, zerrissenere, fast ganz in vulkanischen Tuff und Lavatrümmer verwandelte hat durch gewaltsame Erdprocesse offenbar weit intensivere Veränderungen erlitten und gewährt ein ödes wildes Ansehen, wogegen die leztere, an ihrem sanfter auslaufenden Abfalle gröfstentheils mit reichlichem Humus gedeckte, durch grofse Fruchtbarkeit ausgezeichnete, meistens anmuthig bebaut ist.

Einen sprechenden Beleg, wie der Vulcanismus nach zurückgelegten Stürmen das Entstehen permanenter gasiger Quellen bedingt **), giebt uns das hier im engsten Rahmen gefafste Bild, indem an vielen Stellen, an welchen, wie es die aus Verglasungen gebildeten schlothförmigen Kanäle bekunden, vordem glühende Materien mit Heftigkeit hervorbrachen, jetzt ruhig empordringende, gasreiche Luft- und Wasserströmungen die Erdrinde verlassen.

Altberühmt und viel besucht sind die gasigen Heilquellen Ischia's. An einigen wurden die festen Bestandtheile durch öfter unternommene Analysen genau bestimmt ***). Nicht in gleichem Mafse kann man dies von den Erforschungen ihrer gasigen Stoffe behaupten, indem mehrere Hinsichts der gebundenen sowohl als freien Luftarten höchst oberflächlich zerlegt wurden, und viele in der fraglichen Beziehung gänzlich ungeprüft blieben. Nur über die diesfälligen wichtigsten uns besonders angehenden Gasausscheidungen wollen wir in den folgenden Kapiteln näher berichten.

*) Vergl. §. 32 und 35.
**) Vergl. §. 16.
***) Vergl. §. 22.

## *Capitel II.*

### Stufa di Castiglione.

§. 30.

Um zu diesem Gasdampfbade zu gelangen, mufs man, vom freundlichen Städtchen Ischia scheidend, seine Schritte in nordwestlicher Richtung nach dem Arzo, nach jenem Lavafelde lenken, welches durch den Gluthstrom tiefer und seitlicher Auswurfskegel, bei der letzten Eruption des Epomeo im Jahre 1302 entstand. Es erstreckt sich dasselbe in rasch zunehmender Breite bis tief in das Meer, und besteht aus gedrängten, grotesk gestalteten, zackigen, nur in wenigen Vertiefungen mit niederem Moose überzogenen, dem Anscheine nach erst vor Kurzem erstarrten schwarzen Verglasungen *). Jenseit dieser finstern Fläche erhebt sich der schmale Pfad mehr und mehr bis zu der von hohen Erikengruppen mannichfacher Art geschmückten Umgegend des Gran Sasso Negro. Dem lezteren nahe kommen die fraglichen Luftquellen aus einem kleinen schroff emporgethürmten, die reitzendste Aussicht gewährenden Vorgebirge zu Tage, dessen poröses dunkles Gestein das volle Gepräge eines erloschenen Feuerhügels an sich trägt. Sie sind von einem zweistöckigen Häuschen geschirmt, zu dessen Fufsboden und Wänden man theilweis die grottenartig ausgehöhlte Lavamasse benutzte. Im Erdgeschosse finden wir mitten am Boden eine grofse wannenförmige Vertiefung aus deren natürlichen Spalten warme Luftströme hervordringen. Sie wird mit Tüchern ausgelegt und, wenn der Kranke Platz genommen, so bedeckt, dafs nur der Kopf frei bleibt. An den Seitenwänden sieht man in anderen Felsrissen Röhren von gebranntem Thon eingemauert, welche zur Anwendung von Partialbädern bestimmt sind. Die obere Etage enthält ein kleineres, ungefähr 10 Fufs

*) Die angegebene Beschaffenheit widerspricht der Berechnung, dafs dergleichen Laven im Allgemeinen mit jedem Jahrhunderte 1 bis 1½ Zoll tief zu fruchtbarer Erde verwittern sollen. (Münter l. c. p. 444). Eine, den Arzo jedoch nur beiläufig darstellende Abbildung giebt Hamilton l. c. Tab. 30.

langes 7 Fufs breites und eben so hohes, blos mit einer niedrigen Thüre und einer Oeffnung zum Lichteinfall versehenes Gemach, an dessen Wände im Kreise eine aus Lava gemeisselte Bank angebracht ist. Mehrern in Felsspalten eingesetzte Röhren entströmt auch hier warme Luft, deren sich die Kranken entweder zu örtlichen Bädern, oder wenn die Thür geschlossen wird, vorzugsweise zu Einathmungskuren bedienen.

Bei einer Atmosphärentemperatur von + 18° R. zeigte das in die Mündungen der unteren Kanäle gehaltene Thermometer 43, und in jene der oberen versenkt 41 Grad Wärme. Wenn Del Giudice die betreffenden Luftströmungen 48 Grad warm fand, so lag dies vielleicht daran, dafs derselbe im Julimonate bei 23 Grad Luftwärme, ich aber Mitte Aprils bei einer um 5 Grad niederen Atmosphärentemperatur experimentirte. Rivaz giebt die Gastemperatur, ohne sich jedoch darüber zu äufsern, an welchen Stellen er sie prüfte, bei 21° Lufwärme, auf 40 Grad an, und versichert, dafs dieselbe im oberen Gemache, unter gehörigem Verschlusse, binnen kurzer Zeit bis auf 45 gesteigert werden könne *).

Abweichender als Hinsichts der Temperatur sind die Meinungen in Betreff des Mischungsverhältnisses der in Rede stehenden Emanationen. Nach Andria soll der hervordringende Dunst einen urinösen Geruch verbreiten, und aus Wassertheilchen und kohlensaurem Gase bestehen. Pepe und Del Giudice sammelten die fragliche, ihrem Urtheile gemäfs wasserfreie, kalkig riechende Luft im Voltaschen Eudiometer, und glaubten, dafs dieselben zu Folge der beobachteten Wirkung auf Veilchensaft Kohlen- und Oxal-Säure, verflüchtigte Kalktheilchen mit sich führen **). Wenzel nimmt ebenfalls, jedoch wie es scheint, ohne eigene, nur auf Giudice's Erfahrungen gestützt, das Vorhandensein von Kalk an ***). Der Ansicht des Dr. Rivaz, welcher die betreffenden Aushauchungen für reines Wassergas hält, weil ihr zur tropfbarflüssigen Gestalt reducirter Theil,

*) Rivaz l. c. p. 134 und 135.

**) Giudice l. c. T. I. p. 29 bis 32.

***) S. med. Zeit. v. Erhardt. Insbruck 1830. Bd. 3. p. 350.

dem destillirten Wasser gleichkam *), können wir dermalen nicht beitreten. Ueberhaupt mochten bei dieser vorzugsweise auf den Wassergehalt gerichteten Prüfung ungewöhnliche Verhältnisse obwalten, da grade die fragliche Stufa nach allen übrigen Analysen und gemäfs dem fast ganz trockenen Ansehen der von Dünsten ununterbrochen berührten Wände, bestimmt zu den wasserärmsten gehört. Eine völlige Indifferenz der fraglichen Ausscheidungen läfst sich schon deshalb nicht vermuthen, weil dieselben mit der unmittelbar am Fufse des beschriebenen Vorberges hervorbrechenden, zu medicinischen Zwecken viel benutzten, durch Kohlensäure, durch Bicarbonate von Kalk, Soda und Magnesia, so wie durch Brom- und Jod-Verbindungen kräftig mineralisirten Therme **), in offenbar sehr naher Beziehung stehen. Als ich mit meinen gelehrten Begleitern, den Professoren Vulpes und Cassola aus Neapel, und dem Dr. Andrejewski aus Odessa, die betreffenden Luftströmungen prüfte, fanden wir sie durchaus frei von jedem urinösen und kalkigen Geruche, und konnten weder durch irgend ein Reagens, noch insbesondere durch Anwendung des Curcumapapiers, welches tief in die Ausströmungsmündungen gelegt, selbst nach einer halben Stunde keine Farbenveränderung einging, auf Spuren von verflüchtigtem Kalk treffen. Die wesentlichsten Ergebnisse der angestellten Untersuchung waren, dafs die betreffenden Ausströmungen hauptsächlichst aus atmosphärischer Luft, ferner aus einer zwar sehr geringen, jedoch augenscheinlich überschüssigen Beimischung von kohlensaurem Gase bestanden, und dafs sie nur wenig Wasser enthielten, welches sich blos durch Erweichung der in die Leitungsröhren versenkten trockenen Papierstreifchen, so wie durch leichtes momentanes Anlaufen kalter, den Ausströmungsmündungen entgegengehaltener Glasstücke verrieth. Es mag die Ausscheidung warmer Atmosphärenluft hier, in demselben Wege, wie bei den Strömungen zu Testoccio ***), und die Beimischung von mit Wassergas versetzter Kohlensäure, durch

*) Rivaz l. c. p. 135 und 136.

**) Acqua di Castiglione.

***) §. Testoccio.

den Einfluſs der erwähnten, unterliegenden Therme entstehen. Von den Modificationen welche die Verdunstungen der letzteren durch die Lavahitze des inneren Hügels erleiden, zeigt schon der Umstand, daſs die Luftströmungen in den angegebenen Felsrissen über 40 Grad warm sind, ungeachtet die Temperatur der tief unter dem Wasserspiegel geprüften Quelle nur 26 betrug. Ob aus denselben unter begünstigenden Umständen, von Zeit zu Zeit auch Kalktheile oder anderweitige alkalische Stoffe, wie wir dies an mehreren Thermen sehen *), emporgehoben werden, darüber können nur fortgesetzte Beobachtungen entscheiden, indem durch mächtige vulcanische Processe vor sich gehende Sublimationen, wovon die Anflüge am Monte Somma und an den Kraterwänden des Vesuvs Kunde geben, nicht nach jenen in unseren Laboratorien veranstalteten zu beurtheilen sind.

Was den therapeutischen Nutzen der Stufa von Castiglione anlangt, so hat sich der Gebrauch derselben besonders in Gicht- und Lähmungs-Zufällen bewährt. Zu den genannten Heilwirkungen würde verflüchtigter Kalk gewiſs nicht unwesentlich beitragen **), sie können aber auch füglich alleinige Folgen der Anwendung erwärmter, mit kohlensaurem Gase gemischter Luft sein. Uebrigens muſs schon der erheiternde Aufenthalt auf diesem reizenden Eilande, so wie das Athmen der ungemein erquicklichen und dennoch milden Höhenluft, das Gelingen derartiger Kuren unstreitig in hohem Grade begünstigen.

## *Capitel III.*

## Stufa di Cacciuto.

§. 31.

Von Castiglione den Weg am zerrissenen Meeresstrande bis Punta di Perone verfolgend, gelangt man auf einem landeinwärts abgehenden unebenen über Lavablöcke führenden Pfade zum Thabor-Hügel, aus dessen Südseite die

*) §. Azot. Thermaldämpfe Phys.

**) §. Gichtkur. Az.

in Rede stehenden Dampfausscheidungen hervordringen. Sie kommen Hinsichts ihrer physikalisch chemischen Beschaffenheit mit den im vorigen Paragraphen beschriebenen fast ganz überein. Ihre Wärme betrug bei + 17 Grad Atmosphärentemperatur, wenn man das Thermometer einige Zoll tief in die Felsspalten senkte, aus welchen sie aufstofsen, nahe an + 51 Grad. Rivaz schätzt die Wärme der fraglichen Emanationen um 6 Grad höher, ohne dabei jedoch die Lufttemperatur beobachtet zu haben *). Prüfte derselbe an einem heifsen Tage, so liefse sich jene Differenz leicht erklären, indem die vielfältige Zerklüftung der Lavamassen, welche den Schlackenberg bilden, das Eindringen der freien Luft nach allen Richtungen hin begünstiget. Die Gewalt, mit welcher sich die Dämpfe entwickeln, ist so beträchtlich, dafs man das Geräusch, als koche eine grofse Wassermenge oder als würden in der Ferne Trommeln wirbelnd gerührt, beständig verspürt. Der ärmliche mit gänzlichem Einsturze drohende Ueberbau besteht aus 4 Abtheilungen, deren zwei zum Gebrauch der Dampfbäder und die übrigen zu Auskleide-, und Ruhe-Gemächern bestimmt sind. Anlangend die ärztliche Benutzung, so wurden die beregten Luftströme, wie mich der dasige Badearzt Dr. Monti versicherte, vormals gegen dieselben Krankheiten mit Vortheil gebraucht, gegen welche sich die Gasquellen Castiglione's bewährten. Ihr jetziger Verfall wird der Einrichtung mehrerer neueren, ähnlichen, aber bequemer gelegenen Anstalten zugeschrieben.

## *Capitel IV.*

## Stufe di San Lorenzo.

§. 32.

Sie gehören unter Ischia's Thermalluftbädern noch zu den am besten unterhaltenen. Von Cacciuto aus kann man, über Casa micciola sowohl als Santinella, verschiedene Wege, deren gleich schlechte Beschaffenheit durch den Reiz der mannichfach wechselnden Landschaft bald ver-

*) Rivaz l. c. p. 137.

gessen wird, nach dem Städtchen Lacco di sopra einschlagen. Kaum ½ Stunde von hier brechen jenseits des Montano-Thales die diesfälligen Luftquellen am östlichen Abhange eines aus Bimsstein- und Lava-Trümmern zusammengehäuften Hügels hervor. Badegäste besuchen sie von Lacco so wie von den nahen Villen aus, zu Fuſs, auf Mauleseln, oder in Portantinen.

Das kleine, die fraglichen Emanationen schirmende Gebäude besteht aus 4 Stübchen, welche nach dasiger Sitte ihr Licht blos durch unregelmäſsige, nur mit Läden ausgestattete Fensteröffnungen empfangen. Der nachlässig gepflasterte Fuſsboden wird durch den Niederschlag der Dämpfe stets feucht erhalten und ist daher auch stellenweise von wucherndem Glaskraut und Frauenhaar bedeckt. In dem einen Cabinette sind mehrere dampfhauchende Felsritzen mittelst eines aus Backsteinen aufgeführten Kastens überwölbt. Durch gröſsere in demselben angebrachte mit beweglichen Deckeln versehene Ausschnitte kann man Arme, Füſse, oder Schenkel in den condensirten Thermaldunst eintauchen. Mehrere, aber weit kleinere, ebenfalls verschlieſsbare Oeffnungen werden, um Ohrdouchen auzuwenden, mit besonderen Aufsatzröhren in Verbindung gebracht. — Die beiden folgenden Cabinette dienen zu allgemeinen sowohl als zu örtlichen Bädern. Behufs jener strömt das Luftgemisch aus Felsspalten in wannenartige mit Mauerwerk ausgekleidete Vertiefungen des Fuſsbodens zusammen. Vereinzelte an den Seitenwänden dieser Gemächer befindliche, in Felsritze eingesenkte, dampfausstoſsende Thonröhren benutzen Kranke, für welche sich freie Lokalbäder vorzugsweise eignen. — Das vierte Cabinett ist zum Ruhezimmer bestimmt.

Nach Giudice *), welcher die fraglichen Ausströmungen bei einer Luftwärme von + 23° R. untersuchte, erreichen sie die Temperatur von + 47° R., und bestehen aus einem geringen Antheil von gasförmig verflüchtigtem Schwefel, aus Kohlensäure und reichlichen Wasserdämpfen. — Ihm tritt Wenzel im Ganzen sowohl als bezüglich der

*) Viaggio medico Napoli 1822. p. 80 — 81.

Annahme des Schwefelgases bei *). — Rivaz hält die in Rede stehenden Emanationen für einfaches reines Wassergas und giebt die Temperatur derselben bei einer Luftwärme von 21 auf 46 Grad an **). Meine mit Herrn Professor Cassola und Dr. Andrejewsky gemeinschaftlich unternommenen Prüfungen wiesen einen beträchtlichen Gehalt von atmosphärischer Luft und Wasserdämpfen nach, zeigten deutliche Spuren von freier Kohlensäure, und unsichere, kaum bemerkbare von Schwefelwasserstoff-Gas, ohne dafs auf irgend einem Wege Andeutungen reinen Schwefels in denselben ermittelt werden konnten, unerachtet er in den Laven der Umgegend nach Breislak nesterweise vorkömmt †). Bei einer Lufttemperatur von + 19° R. ††) stiegen unsere Thermometer in den Mündungen der Leitungskanäle nicht höher, als bis auf 32 und nur tief in den Condensations-Kästen auf 38 Grad.

Mit grofsem Vertrauen gebraucht man San Lorenzo's Gasdampfbäder gegen rheumatische Beschwerden verschiedener Form, und insbesondere gegen Harthörigkeit.

## *Capitel V.*

## Stufa di Testaccio.

### §. 33.

Die fraglichen Luftbäder waren in früheren Zeiten, nach den in ihrer Nähe ausgegrabenen alten Sculpturwerken zu urtheilen, muthmafslich prachtvoll ausgestattet. Sie liegen nicht, wie die drei bisher beschriebenen, an der nördlichen, gut bebauten, sondern an der entgegengetzten südlichen, durch nackte Lavatrümmer gröfstentheils verödeteten Seite der Insel. Zu denselben gelangt man von San Lorenzo bis Panza auf einem erträglichen Wege, dessen letzter sich über die Marina degli Maronti mehr und mehr erhebende Theil aber nur mit grofser Beschwerde zurück-

*) S. d. med. Zeitung v. Erhardt. Insbr. 1830. Bd. 3. p. 350.

**) Rivaz l. c. p. 138.

†) l. c. T. II. p. 213.

††) Am 11ten April 1830.

zulegen ist. Ein weit kürzerer und weniger ermüdender Pfad führt vom Städtchen Ischia aus südwestwärts in der Richtung gen Barano, unmittelbar zu den auf schlackigen Höhen zerstreuten Abitazioni di Testaccio. In der gleichnamigen, kümmerlich überbauten Stufa befindet sich eine, stellenweise mit Mauerwerk bekleidete, zum Sitzen und Liegen eingerichtete Vertiefung, welche aus mehreren kleinen Felsspalten warme Luft aufnimmt. Es unterscheiden sich die betreffenden Strömungen besonders dadurch, daſs sie durchaus kein Atom von Wassergas enthalten, weshalb denn auch die Wände wie der Fuſsboden des Badehäuschens nicht das mindeste feuchte, sondern eher ein staubtrockenes Ansehen haben.

Bei einer Atmosphärentemperatur von + 18° R. stieg das den Aushauchungsmündungen nahe gehaltene Thermometer auf + 30, und tief in dieselben versenkt bis auf 32 Grad. Rivaz giebt die Temperatur der Strömung, doch ohne jene der Atmosphäre gemessen zu haben, um 3 Grad höher an, und versichert daſs sie, wenn man die wannenförmige Vertiefung einige Zeit bedeckt hält, bis auf 75 gebracht werden könne *). Gegen die allgemein angenommene Meinung, daſs die fragliche Luftmasse verflüchtigtes Eisen enthalte, dem man eigenthümlich stärkende Eigenschaften zuschrieb, erklärten sich bereits mit triftigen Gründen Andria und Giudice. Ein besonderer Geruch nach jenem Metalle ist nicht wahrzunehmen **), und eben so wenig zeigten Solutionen von blausaurem Kali, und hydrothionsaures Wasser die mindeste Spur von Eisen. Insofern Kerzenflammen selbst in der condensirten Strömung glänzend fortbrennen, und insofern Veilchensaft, Kalkwasser, Silber- und Blei-Auflösungen, Ammoniak, Kali und Salzsäure, während langer und noch so inniger Verbindung mit dem Thermalgase, auch nicht die geringste Veränderung erlitten, können wir dasselbe in chemischer Beziehung nur der

*) Rivaz l. c. p. 140.

**) Kastner will schon aus dem Eisengeruche der aus den Schwalbacher Quellen entwickelten Gasarten auf ihre Eisenhaltigkeit schlieſsen. Vergl. dessen Archiv für gesammte Naturlehre. B. XIII. p. 433 — 34.

reinen Atmosphärenluft gleich stellen. Den gänzlichen Mangel von Wassertheilchen beweist die Erscheinung, dafs kalte Glasstücke, den Ausströmungsmündungen entgegen gehalten, nicht anlaufen, dafs eingelegte trockene Papierstücke fest bleiben, während befeuchtete schlaff gewordene in den Leitungskanälen ihre Starrheit bald wieder erhalten. Ueber die Entstehungsweise der betreffenden Quellen sind die Ansichten noch nicht berichtiget. Wahrscheinlich mag an tieferen Stellen der hochemporragenden unzusammenhängend gehäuften Schlackenmassen kühlere Atmosphärenluft beständig eingesogen, innerhalb unterirdischer Höhlen und Schluchten durch erhitzte Laven erwärmt, und dann in aufsteigenden Gängen nach aufsen gedrängt werden. Strömungen kalter, selbst im Sommer + 13° R. nie übersteigender, mit lebhafter Bewegung aus Lavaspalten hervordringender, reiner Atmosphärenluft findet man an zwei Stellen ganz nahe neben heifsen Fummerolen *).

Seit Jahrhunderten sollen die heifsen Luftbäder Testaccio's gegen Leucophlegmatie sowohl, als gegen verschiedene Formen der Hautwassersucht im Rufe stehen, und oft bei derartigen Kranken weit sicherer als anderweitige mit Wassergas vermischte wirken. Gewifs trägt hinzu, abgesehen von der reizenden Kraft der Wärme, auch der Umstand zu dem günstigen Erfolge bei, dafs die, aller Feuchtigkeit ermangelnde, erhitzte Luft schon nach physicalischen Gesetzen die Verdunstung der in und unter der Haut gehäuften Flüssigkeiten erheblich fördert. Es mögen in dieser Hinsicht die Wirkungen der Stufa von Testaccio mit den altindischen, von mir im Jahre 1831 bekannt gemach-

*) Eine derselben, la Ventarola della Fundera, tritt gleich über Casamicciola (S. Hamilton l. c. Tab. 32., und Breislak l. c. II. p. 184), die andere la Ventarola del Bosco bei Caccinto zu Tage. Beide ähneln den an mehreren Orten Italiens, der Schweiz und anderwärts vorkommenden Aeolus- und Wind-Grotten, unter welchen die berühmte, fortwährend eisige Atmosphärenluft geräuschvoll aushauchende, ihrer Kühle wegen zu öconomischen Zwecken viel benutzte geräumige Höhle Cesi's bei Terni vorzugsweise genannt zu werden verdient.

ten *), im Berliner Clinico zuerst versuchten, bald darauf mannichfach nachgemachten heifsen Luftbädern zusammenfallen, welche durch Weingeistflammen, ohne besondere Apparate, jeden Augenblick bereitet werden können, und deren Anwendung neuerdings insofern modificirt wurde, als man die, auf jene Weise zu erhitzende Atmosphärenluft, in De Carro schen Holzkästen abschlofs. Zwar sah ich von den betreffenden künstlichen, vorzugsweise gegen die asiatische Cholera gerühmten Bädern bei dieser verderblichen Seuche, als sie Berlin wiederholentlich heimsuchte, auch nicht den geringsten Nutzen, wohl aber kann ich dieselben bei idiopathischer durch Erkältung entstandener Hautwassersucht dringend empfehlen, und verdanke ihnen insbesondere die Herstellung mehrerer Scarlatinösen, bei welchen acute, mit plötzlichem Erbleichen der Haut eingetretene Anasarca dem Leben Gefahr drohte.

## *Capitel VI.*

## Stufe di Citara.

§. 34.

Von Furio, einem an Ischia's Westküste sich erhebenden Städtchen, führt die unregelmäfsige, oft mit Geröll bedeckte, vielgekrümmte Strada della Pignia, bald durch enge Bergpässe, bald zwischen hohen, aus olivengrüner Lava erbauten Weinbergmauern, zuletzt steil hinab nach einer kaum den Spiegel des Meeres überragenden, ebenen, mit schönen Lupinus-Arten sorgsam bebauten Fläche. Diese wird landeinwärts durch einen bergigen Halbkreis und seewärts von dem fast geradlinigen, sanft in die Wogen gesenkten Strande eingeschlossen.

Mitten in jener Niederung steht ein kleines verfallendes Kastell, welches ursprünglich zum Küstenschutze gegen die Einfälle der Türken angelegt, und später vom Könige Murat erweitert wurde, um Landungen der Engländer zurückzuweisen.

*) S. Searle über Cholera herausgegeben und bevorwortet von C. F. v. Graefe. Berlin 1834. p. 84.

Auf der erwähnten Hügelkette findet man mehrere aus Tuff- und Lava-Trümmern vorströmende Luftquellen. Sie werden als die letzten Ueberreste vormals vielgebrauchter Stufe gezeigt. Ihr verschüttetes Ansehen entspricht ihrer jetzigen geringen Thätigkeitsäufserung. Das, bei warmer Witterung unsichtbare, durch Entgegenhalten der Hand leicht zu entdeckende laue, den Felsspalten entweichende Gasgemisch ist gröfstentheils aus atmosphärischer Luft, aus wenig freier Kohlensäure und einer geringen Quantität Wasserdämpfen zusammengesetzt. Leztere sollen sich bei regeren vulkanischen Ereignissen, selbst bei leichteren Erderschütterungen des nachbarlichen Festlandes, bis zum sichtbaren dicken Qualm vermehren.

So geringes Interesse auch die betreffenden, vielleicht bald der gänzlichen Vergessenheit hingegebenen Luftströmungen gewähren, so viel besprochen wird dagegen eine, von denselben nicht entfernt liegende, in der schon beschriebenen Niederung neben mehreren kräftigen Mineralquellen, ungefähr 60 Schritt vom Meeressaume hervorbrechende Therme. Sie ist nicht bedeckt und nachlässig gefafst. Unmittelbar an dieselbe stöfst ein massives, einstöckiges Badehäuschen, dessen flüchtig zusammengenagelte Thüren mit dem architectonischen Character der blos durch Läden einigermafsen verschliefsbaren Fensteröffnungen vollkommen übereinstimmen. Die im Innern befindlichen 4 ausgemauerten, wannenartigen Vertiefungen werden durch ein unförmliches Wandloch eimerweise mit Mineralwasser gefüllt. — Antiquare wollen, dafs an der Stelle dieser ärmlichen Anstalt zur Griechenzeit ein der Venus genitrix, die man durch das Epitheton der Cytherea bezeichnete, geweihter Tempel gestanden habe, von dem der italiänische Namen Citara abzuleiten sei, welcher den diesfälligen Luft- und Wasser-Quellen bis auf unsere Tage beigelegt wird. Auch die ärztliche Welt tritt der ausgesprochenen Meinung bei, da jene Benennung das noch jetzt gepriesene Vermögen des Mineralwassers, die Fruchtbarkeit der Frauen zu befördern, treffend andeutet. Wie fest übrigens dieser Glaube wurzelt, zeigt schon die Thatsache, dafs jene Badeanstalt unerachtet ihrer höchst mangelhaften Einrichtung doch keinen

Sommer unbesucht bleibt, und dafs die Acqua Citara fortan nach allen Theilen der Insel versendet, von Einheimischen wie von Fremden in der fraglichen Absicht zu Trink- und Badekuren viel benutzt wird. Wohl mag in den letztverflossenen Decennien der Ruf der Quelle durch den Erfolg gesteigert worden sein, mit welchem dieselbe von der Königin Maria Carolina gebraucht wurde, die an zehn Jahre kinderlos blieb und nach der betreffenden Brunnenkur ihrem Gemahl Ferdinand dem IV. von Neapel in rascher Aufeinanderfolge 9 Kinder gebar. Achtbare Praktiker der Umgegend, von welchen ich nur die Professoren Nannola, Santoro, Boccaneri und Vulpes anführe, versicherten mich, dafs kein Jahr vorübergehe, in welchem nicht neue Erfahrungen gesammelt würden, welche die günstigen Wirkungen des Citara-Wassers da bestätigten, wo Atonie vorzugsweise der Sterilität zum Grunde liegt *).

Bei meinem Besuche der Quelle, im April 1830, stieg die Quecksilbersäule des tief versenkten Thermometers, während + 17° R. Lufttemperatur, bis auf volle 35 Grad. Rivaz untersuchte in den Jahren 1832, 1833 und 1834 und berichtet, dafs die Wärme des Wassers, während des Wechsels der Atmosphärentemperatur von 20 bis 22, zwischen 37 und 42 Grad geschwankt habe. — Zwei in der oft erwähnten Niederung, ungefähr 100 Schritt nördlicher als die beregte Therme gelegenen, ihr sehr ähnlichen Mineralbrunnen waren über 50 Grad warm. Dieselben sollen, wovon ich indefs keine deutlichen Spuren beobachtete, zuweilen durch Kohlensäuregas in eine stark brodelnde Bewegung versetzt werden.

Angewendete Reagentien erwiesen, dafs das salzig und etwas bitter schmeckende, wenig freie Kohlensäure enthaltende Citara-Wasser hauptsächlichst durch Sulfate, Muriate und Carbonate von Soda, Magnesia und Kalk mineralisirt wird, wobei jedoch die schwefelsauren Verbindungen, ungeachtet der Nähe des Meeres merklich vorwalteten. Die aus dem Mineralwasser aufsteigenden Dämpfe bilden nach Breislak an den Umfassungswänden Anflüge von Schwe-

*) Vergl. Giudice Viagg. ad Ischia. l. c. 112. und Rivaz l. c. p. 121.

felsaurem Kalk *). Eines Umstandes mufs ich hier in Bezug auf die Zusammensetzung des Thermalwassers noch besonders erwähnen. Es fiel mir auf, das Quellenbecken von vielen, theils umherschwimmenden, theils am Boden gehäuften Pflanzenstücken verunreiniget zu sehen. Als ich hierüber den Custode des Badehäuschens, welcher zugleich die in der fruchtbaren Ebene weidende Ziegenheerde beaufsichtiget, einigermafsen zur Rede stellte, antwortete derselbe, dafs es jedem gehörig Unterrichteten bekannt sei, wie wesentlich die Heilkräfte des Mineralwassers durch jene angesammelten Pflanzen vermehrt werden, und dafs dasselbe, von diesen befreit, unausbleiblich an Wirksamkeit verliere. — Vielleicht war die Behauptung gegründet. — Offenbar bestanden nemlich, gemäfs der näheren Prüfung, sämmtliche, in den wärmeren Nachbarquellen fehlenden Pflanzenmassen aus mehr oder weniger zerstörten Strandgewächsen, welche, wenn aufgeregte Wogen bei Nordwestwinden das niedrige Ufer überspühlen, nach der tiefer gelegenen Therme getrieben, in derselben zurückbleiben. Die bis auf undenkliche Zeiten zurückreichende Erfahrung der Küstenbewohner lehrt, dafs mehrere, an flach auslaufenden Ufern des Mittelmeeres vorkommende, durch den gemeinsamen Namen Alge maritime freilich unzureichend bestimmte Seegewächse, zerquetscht und weich gekocht, in Breigestalt, den Genitalien lau aufgelegt, zur Weckung und Erleichterung der Menstruation, und zur Zertheilung veralteter Hodengeschwülste mit ausgezeichnetem Erfolge angewendet werden. Noch neuerdings theilte Dr. Nardo über den therapeutischen Werth der, in Venedig's Lagunen vorkommenden, Algengeschlechter interessante Beobachtungen mit **). Insofern nun Jod vornemlich aus derartigen Pflanzen gewonnen wird, dies mächtige Agens aber erfahrungsgemäfs gegen torpide Zellgeweb- und Drüsen-Geschwülste überhaupt ***), und den Irritabilitätsstand der Genitalien beider Geschlechter erhöhend, gegen rein asthenische Zustände dieser Organe insbesondere vortheilhaft einwirkt,

*) Breislak l. c. T. II. p. 218.
**) S. Graefe's und Walther's Journ. Bd. 24. p. 148—150.
***) ibid. Graefe über den Jodgebrauch Bd. 2. p. 622.

wächst die Wahrscheinlichkeit mehr und mehr, daſs anhaltende Macerationen jodhaltiger Seepflanzen im heiſsen sodadurchdrungenen Citara-Wasser allerdings die specifischen Heilkräfte desselben wesentlich unterstützen dürften.

Man wendet die fragliche Therme vorzugsweise in Ganzbädern und Vaginal-Douchen, jedoch nie wärmer als höchstens 28 Grad an. Getrunken wird dieselbe nach Art anderer Mineralwässer, nüchtern zu 3 bis 5 Becher. Der innere Gebrauch bringt indeſs leicht übermäſsige Leibesöffnungen hervor, und ist daher nur da angezeigt, wo habituelle Obstructionen statt finden.

Wegen der schlechten Saumpfade, welche zum vormaligen Tempel Aphroditens führen, werden sie nur von ärmeren Badegästen eingeschlagen, von vermögenderen hingegen möglichst gemieden. Diese besuchen die Quelle entweder in bequemen Barken von der Seeseite aus, oder lassen, was von den meisten auch bei heiterem Wetter vorgezogen wird, das Mineralwasser in verschlieſsbaren, etwas plattgedrückten hölzernen Tönnchen, in welchen sich die ursprüngliche Wärme lange erhält, durch Maulesel nach den Badegemächern ihrer Villen tragen.

Als der sinkende Tag uns an die Rückkehr mahnte, beschloſs die merklich ermüdete kleine Caravane, dem Rathe der Führer gemäſs, einen näheren als den zurückgelegten Weg, jenen nemlich einzuschlagen, welcher unmittelbar längs der Hochküste nach Furio führt. Ihn schmückten an vielen Stellen Einfassungen üppig blühender Gruppen von Viola sylvestris und groſse, fast strauchähnliche Euphorbien. So schöne Blicke auch der Azur des offenen am Horizonte mit dem Himmelsgewölbe verschmolzenen Meeres einerseits, und das bunte Farbenspiel des bergigen Eilandes andrerseits dem Auge gewährten, wurde die Aufmerksamkeit dennoch durch das Geschick unserer Träger, einer Art kleiner ungemein kluger Esel, abgelenkt, welche ohne Leitung mit unausgesetzt gespannter Aufmerksamkeit ihre zierlichen Hufe dem schmalen holprigen, oft nur einige Zoll vom Rande steil in die Brandung abfallender Felswände entfernten Pfade mit einer bewunderungswerthen Umsicht aufzusetzen wuſsten. Nach kurzer Frist hatten sie sämmtliche Pilger wohlbehalten an den mit seinen blendend weifsen Kuppeln entgegenleuchtenden Bestimmungsort gebracht, und ihren Ciucciari's *) die in den Vertragsartikeln nicht mitbegriffenen aber gern zugestandenen Maccheroni-Schüsseln redlich erworben.

## *Capitel VII.*

## Gurgitello's Stufe und Arenazionen.

§. 35.

Als die ergiebigsten und berühmtesten Mineralquellen Unteritaliens sind jene Gurgitello's anzuführen. Sie brechen am westlichen Abhange des Epomeo, im malerischen, durch offenbare Zerklüftung entstandenen Ombrasco-Thale, aus mehreren Mündungen hervor, und bilden, mit den Abflüssen der Nebengründe von Tamburo und Sinigalo vereiniget, einen Bach welcher viel gewunden dem kaum 1 Miglie entlegenen Meere in rascher Strömung zueilt. Ihr Ruf liefs den nahen Flecken Cosamicciola mit allen seinen zur Aufnahme von Badegästen dienenden Villen entstehen. Wenige Schritte von den Mineralquellen erheben sich am linken Ufer des erwähnten Baches imposante, klosterartige, 1778 aufgeführte Gebäude, in welchen auf Kosten des Neapolitanischen Wohlthätigkeits-Vereins, Monte di misericordia, jeden Sommer an 400 Armenkranke unentgeltlich Aufnahme finden. Aufserdem bieten mehrere angrenzende kleinere Ansiedelungen vermögenden Individuen die Gelegenheit dar, ihren Aufenthalt ganz in der Nähe der Thermen zu wählen. — Was die Bestandtheile des Mineralwassers, von welchem wir hier nur beiläufig handeln können, anlangt, so enthält dasselbe hauptsächlichst Bicarbonate von Soda, Kalk, Magnesia, einige Jodverbindungen, Eisen, Kieselerde **), wenig gebundenes, und viel freies kohlensaures

*) Provinzial-Benennung der Maulthiertreiber u. s. w.

**) Hoeft und andere glauben, die fraglichen Thermen den von Carlsbad gleich stellen zu dürfen. Die von Giudice (l. c. p. 70) und von Lancelotti (s. Rivaz l. c. p. 70) besorgten Analysen der ersteren, so wie die bekannten Untersuchungen der letzteren

Gas. Lezteres versetzt mehrere Quellen durch aufsteigende Blasen in eine kochendwirbelnde Bewegung. Wahrscheinlich mag diese zu dem, vom Worte gurge *) leicht abzuleitenden Namen Gurgitello Anlafs gegeben haben. — Die Temperatur des Wassers soll nach Giudice + 45° R. betragen **). Gemäfs der von mir angestellten Untersuchung schwebt dieselbe, bei einer Luftwärme von 20°, an den verschiedenen Ausbruchstellen zwischen + 43 bis 55 Graden ***). Während anhaltend heifser und sehr trockener Witterung strömen nach Monti's Versicherung sämmtliche Quellen wärmer, und einige an + 60 Grad heifs hervor. — Aerztlich wird das betreffende Mineralwasser als ein alterirendes, und die Secretion nach allen Wegen hin stark vermehrendes Mittel, gegen dieselben Krankheiten verordnet, gegen welche sich kräftige Natronthermen überhaupt bewähren. Im Ganzen gebraucht man dasselbe jedoch merklich weniger zu regelmäfsigen Trinkkuren viel mehr zu Ganzbädern, zu Injectionen und Wasserdouchen mannichfacher Form.

Um mit den hiesigen grofsartigen Anstalten die Vortheile warmer Gasdampfbäder zu verbinden, errichtete man den ausschliefslich zu Wasserbädern bestimmten Gebäudengrade gegenüber, am rechten Ufer des Gurgitello-Baches, das mit dem Namen der Rotonda bezeichnete Badehaus, in welchem dié qualmenden Aushauchungen der überwölbten Quellenspiegel, mittelst Röhren, sowohl zu den Dampfapparaten

(s. Osann Darstellung Bd. II. p. 25) ergeben dies keineswegs. Gurgitello's Wasser ist an festen Stoffen allgemeinhin um Vieles ärmer als das Carlsbader. Dabei schlägt in jenem das Natron, und in diesem der Kalk beträchtlicher vor. Zugleich enthält das erstere weit weniger Kieselerde als das letztere, weshalb auch zu Carlsbad mächtigere und harte, der schönsten Politur fähige, zu Gurgitello hingegen nur geringere, poröse, eine sehr unvollkommene Politur annehmende schmutzig graue Sinterabsätze entstehen, die jedoch das alljährig wiederholte Reinigen der Leitungskanäle nothwendig machen. Vergl. §. Carlsbad.

*) i. e. Strudel, Wasserwirbel.

**) l. c. p. 41.

***) Breislak l. c. T. II. p. 202. giebt die Temperatur bei + 21° Luftwärme zu + 46° R. an, mafs sie aber in einem mit Mineralwasser gefüllten Eimer.

als zu den Arenazionen gelangen. Es sollten hiedurch, wie die angebrachte Inschrift bekundet *), die anderweitigen Stufe Ischia's überhaupt, und namentlich jene von Castiglione entbehrlich gemacht werden.

Vorrichtungen zu gewöhnlichen Thermaldampfbädern enthält theils ein gröfserer runder Saal, theils ein mit demselben in unmittelbarer Verbindung stehendes Cabinet. An den Seitenwänden sind hier 16 mit Sitzen versehene Nischen eingelassen, in welchen mehrere willkührlich verschliefsbare Leitungsröhren auf verschiedenen Höhepunkten münden, aus denen Thermaldämpfe sowohl zu freiem allgemeinen, als auch zu doucheförmigem Gebrauche hervordringen. Geschlossene Localbäder werden, fast ganz wie auf San Lorenzo **), in einem mitten in dem Hauptgemache aufgestellten Condensations-Kasten genommen, aus welchem ein absperrbares starkes Blechrohr durch die Decke des Zimmers nach Aufsen geführt ist, um durch das Oeffnen oder Schliefsen desselben die Temperatur der Dämpfe dem jedesmaligen Bedürfnisse genau anmessen zu können. Die aus den nahen und entfernten Mündungen vortretenden Emanationen schwankten nach Maafsgabe, als sie innerhalb einzelner Leitungsröhren kurze oder längere Wege zu beschreiben hatten, zwischen 32 bis 36 Grad; am heifsesten waren jene des Condensators selbst, doch erhob sich auch in denselben die Quecksilbersäule des tief eingesenkten Thermometers nicht über 45 Grad. — Man hält die fraglichen Ausströmungen für einfache Wasserdämpfe. Zu Folge der angestellten Prüfung fand ich indefs, dafs sie Atmosphärenluft, Wassergas und eine nicht unbeträchtliche Menge Kohlensäure enthalten. Diesem Umstande ist es auch mit beizumessen, dafs das Athmen, wenn mehrere Kranke gleichzeitig freie Dunstbäder in den Nischen nehmen, durch von zu vielen Orten aus vordringende Ausströmungen beschwerlich wird, und dafs hiernach bisweilen bedenk-

*) — — — Ferdinandus IV. R. etc. has aedes ad chronicos morbos curandos, quum antea ad Castillioneam mephitim peregrinandum esset, erigi — — —

**) §. Lorenzo.

liche Zufälle eintreten *). In der Regel werden die Stufe abwechselnd mit Mineralwasserbädern gebraucht. Am heilsamsten sollen sie sich bei veralteten Rheumatismen, Neuralgieen, bei Paresen, bei hartnäckiger nach heftigen Gichtanfällen zurückbleibender Gliedersteifigkeit und bei Gehörfehlern bewähren. Viel empfohlen werden sie auch bei cariösen Affectionen und bei Spätfolgen schwerer Verwundungen. Cotugno fand dieselben im Ischias besonders heilsam.

Zu den Arenazionen sind in dem Gebäude der Rotonda zwei an die eben beschriebenen Badezimmer anstofsende Gemächer besonders eingerichtet. Ihr Fufsboden, welcher die Thermaldämpfe an mehreren Punkten hindurchläfst, ist mit grobkörnigem, kiesigem Grand an 2 Fufs hoch bedeckt. Oberflächlich fühlen sich jene von Gas und Wasserdämpfen durchdrungenen Sandlagen lau an, sie nehmen aber in gleichem Verhältnisse als man tiefer eindringt an Wärme zu. In dieselben werden entweder einzelne Theile, oder auch der ganze Körper des Kranken bis an den Hals eingegraben. Bei dem, auf ein vielfältiges Gebrauchtsein hindeutenden Ansehen der schmutzig grauen Kieshaufen, welche Rivaz für Schlamm (boue) hielt **), so wie bei der dumpfigen, in den niedrigen, mit engen Fensterlöchern versehenen Kammern angesammelten Luft, möchten sich Nordländer den von den Ischioten hochgehaltenen Eingrabungen schwerlich unterziehen. Leicht könnte diese altherkömmliche, mittelst lastender Kiesmasse in ihrer Wirkung erheblich unterstützte Anwendungsform der Thermaldämpfe durch Erweiterung der Gemächer, durch gehörige Lüftung und Reinhaltung derselben, so wie durch oft genug wiederholten Wechsel des Grandes wesentlich vervollkommnet werden. Man wendet das fragliche Verfahren gegen dieselben Krankheiten an, gegen welche die Stufe gebraucht werden, und pflegt besonders dann zu demselben überzugehen, wenn jene keine hinlängliche Hülfe geben. Don Michaele Monti will von den fraglichen Arenazionen hauptsächlich gegen hartnäckige, veraltete, allen sonstigen Heilmethoden widerstehende Hautübel auffallenden Nutzen gesehen haben.

*) §. Kohlensäure-Einathmungen.

**) Rivaz l. c. p. 77.

## *Capitel VIII.*

## Arenazionen von Santa Restituta und Sant Angelo.

§. 36.

Die betreffenden Arene liegen zwar an ganz entgegengesetzten Strandseiten der Insel, sind aber bezüglich ihrer Haupteigenschaften so gleichartig, daſs es überflüssig wäre, sie getrennt zu beschreiben. Ihr wesentliches Agens bilden gasige mit Kohlensäure und salinischen Theilen getränkte, vulkanisch erhitzte, groſsen Seekieslagen inhärirende Wasserdämpfe. Es dürfen dieselben hiernach keinesweges mit trockenen, auf irgend eine Weise erwärmten Sandbädern für identisch gehalten werden.

Unmittelbar neben Lacco di sotto, einem Flecken der Nordküste, brechen warme Mineralquellen, am östlichen Abhange des kleinen Vorgebirges Vico, hervor. Aus einem verschütteten von Agaven und Opuntien verhüllten Krater entwickeln sich fortan warme, den Emanationen von Citara ähnliche Luftströmungen. Die eben erwähnte, ärmlich überbaute in einem nachlässig gefaſsten viereckigen Bassin zusammenflieſsende Therme kömmt chemisch gröſstentheils mit jener Gurgitello's überein, und verdankt ihren Namen der nahen Kapelle, in welcher der wunderthätige, von Afrikas Gestade im Jahre 257 angeschwemmte und später in der Cathedrale Neapels beigesetzte Leichnam der heiligen Restituta bewahrt wurde, deren Fest die Ischioten noch alljährig am 17ten May feierlich begehen. Eine kurze Strecke ostwärts von jenem bezeichneten Badehäuschen trifft man, dem Meersaum ganz nahe, ein massiv aufgeführtes, kellerartiges, zwei Abtheilungen enthaltendes Gewölbe. In dem vorderen Raume werden Arenazionen genommen, in dem zurückgelegeneren ist eine Grube ausgehöhlt, deren aus dem Boden aufsteigendes laues Wasser zum Abspühlen dient. Der widrige Dunst, welcher das Gewölbe erfüllt, und die in demselben durch alle Categorieen gleichmäſsig erhaltene Unsauberkeit fordern eine besondere Entschlossenheit, um sich an diesem Orte auch nur kurze Zeit aufzuhalten. Gewöhnlicher werden die Arenazionen unter freiem Himmel, entlang des ebenen, sanft abfallenden, den Meeresspiegel kaum überragenden, allenthalben lau anzufühlenden Kiesstrandes genommen, welcher sich fast bis Capitello erstreckend die Marina von Lacco bildet, und aus dem auf allen Punkten, besonders aber näher gen Monte Vico, wenn man einige Fuſs tief gräbt, heiſses mineralisirtes Wasser hervorquillt.

An der Südküste des Eilandes bietet eine flache, ungefähr 100 Schritt lange und 9 Schritt breite Erdzunge, welche das Festland mit dem vulkanischen, der Sage nach den Meereswogen entstiegenen, schroffen Hügel Sant Angelo verbindet, ganz dieselben Erscheinungen dar. Auf dem betreffenden Kiesfelde soll man sich am frühesten der bezüglich ihrer Heilkräfte viel gerühmten Arenazionen bedient haben *). Aber auch zu Jasolino's Zeiten, wo sie in der höchsten Blüthe standen, waren Behufs einer bequemeren Anwendungsform nicht die geringsten besonderen Einrichtungen getroffen. Neuerdings sind die in Rede stehenden Arene, wozu unstreitig ihre Lage auf der steinigen unbebauten und weniger besuchten mittäglichen Hälfte der Insel viel beigetragen haben mag, durch die zugänglicheren und freundlicher umgebenen von Santa Restituta verdrängt worden.

Das Aggregat der Strandflächen besteht nicht aus eckigem scharfem Seegrand, sondern aus ganz eigenthümlichen, abgerundeten, linsengroſsen, einander gleichen, durchscheinenden, farblosen Quarzkörnern, denen nur wenige gelb oder rothgetünchte eingestreut sind. Ihre oberste, der Luft ausgesetzte Schicht ist von einem ziemlich trockenen, salzigen Anfluge beschlagen. Die tieferen, von den Dämpfen feucht erhaltenen Lagen haben dagegen gröſstentheils eine Durchsichtigkeit, welche der des Bergkrystalls wenig nachgiebt. Man sieht während der Morgenkühle aus der ganzen Nordfläche leichte Nebel aufsteigen, welche sich, wenn um jene Zeit die obere Kiesschicht hinweggenommen wird, weit intensiver zeigen. Anlangend die Temperatur der

*) S. Capaccio l. c. p. 384.

fraglichen Felder, so wächst dieselbe zusehends mit der Tiefe. Sie betrug, während das Thermometer in freier Luft 17 Grad über Null angab, und unerachtet sich die oberen Lagen nur lau anfühlten, am Boden einer frisch bereiteten, 2 Fuſs tiefen Aushöhlung + 34° R. Als wir das Graben weiter fortsetzten, quoll salzig und zugleich bitter schmeckendes Wasser hervor, welches in der, bis zu 4 Fuſs ausgehöhlten Vertiefung das Thermometer auf + 45° R. steigen lieſs. — Die Mineralisation jener Ebenen wird gleichzeitig vom eindringenden Seewasser und von fortdauernder vulkanischer Thätigkeit bedingt. Sie liegen zu tief, als daſs ihre Grundschichten vom nahen Meere nicht durchtränkt werden sollten, und der Miteinfluſs unterirdischer Kräfte bekundet sich, abgesehen von der höheren Temperatur des Strandes, theils durch die, den betreffenden Emanationen beigegebenen nicht unerheblichen Spuren freier Kohlensäure, welche man an der über dem Meere schwebenden Luft vermiſst, theils dadurch, daſs das in den erwähnten Vertiefungen geschöpfte Wasser von dem der See Hinsichts mehr vorschlagender Sulfate und ebenmäſsig zurücktretender Muriate in gleichem Verhältnisse bestimmter abweicht, als zu den Prüfungen vom Meeressaume entlegenere Wasseransammlungen gewählt werden. —

Was den schon berührten Anflug der oberen Kieslagen betrifft, so ist derselbe als Erzeugniſs der festen, von den Thermaldämpfen emporgetragenen und aus diesen an der Luft wieder abgeschiedenen Stoffe zu betrachten *). Er läſst sich von trockenen Kügelchen vermöge heiſsen destillirten Wassers wieder trennen, in welchem man dann, bei hinlänglich ausgedehnten Versuchen, Sulfate und Muriate von Soda, Magnesia und Kalk so wie etwas Thon- und Kiesel erde vorfindet.

Ueber die beste Weise sich der Arenazionen zu bedienen sind die Meinungen getheilt. Manche wollen die völlig entkleideten Kranken unter freiem Himmel bis an den Hals in das warme Kieslager einscharren und dieselben hiernach Behufs der Reinigung mit lauem, leicht aus jeder

*) Vergl. §. Azot. Thermaldämpfe.

Arenengrube gewonnenem Thermalwasser übergiefsen, indem sie einen grofsen Werth darauf setzen, dafs die Haut im Bade unmittelbar von den Quarzkörnern berührt werde. Andere ziehen es vor, den Körper während der Arenazion in ein grofses einfaches Tuch eingewickelt zu erhalten, um das spätere Abspühlen zu ersparen, von welchem sie eine Verringerung des heilsamen Einflusses befürchten. — Jedenfalls mufs die Tiefe der Grube, womit die einheimischen Stufajuoli meist recht gut umzugehen verstehen, nach dem jedesmaligen Empfänglichkeitsgrade des Leidenden berechnet, und nie so eingerichtet werden, dafs am Boden Thermalwasser zusammenfliefst. Anfänglich legt sich der Kranke nur in flache, höchstens 1 Fufs tiefe Aushöhlungen, wobei man den Körper mit einer 8 bis 10 Zoll hohen, lauen Kieslage bedeckt, späterhin werden, den Umständen nach, beträchtlichere Versenkungen unternommen. Zu tiefes Eingraben erhitzt übermäfsig und kann sogar Blasenerzeugungen veranlassen. Schwächere Individuen bleiben nur $\frac{1}{4}$, kräftigere gewöhnlich $\frac{1}{2}$, höchstens $\frac{3}{4}$ Stunden in der Arena.

Bei angemessenem Gebrauche fühlen sich die, von lauen, glatt gerundeten, saubern Krystallkügelchen umhüllten und die reinste Seeluft athmenden Kranken sehr behaglich. Dafs Bäder dieser Art in richtig gewählten Füllen vortheilhaft wirken können, ist aus mehreren Gründen kaum zu bezweifeln. Vermöge der allseitigen, steinigen Umkleidung wird jedes zu frühe Entweichen der von kohlensaurem Gase und salinischen Bestandtheilen imprägnirten Dämpfe beschränkt, ihre Verdichtung wie ihr festeres Haften an den kranken Theilen begünstiget und das Eindringen der flüchtigen und festen Thermalstoffe in die Haut durch den Druck, welchen der lastende Kies auf die gesammte Körperfläche übt, wesentlich unterstützt. Auch haben übrigens Volkserfahrungen sowohl als zahlreiche ärztliche Beobachtungen die Heilkräfte der Arenazionen genügend erwiesen. Schon Celsus rühmt dieselben im Allgemeinen, und Jasolino, Baccio so wie der jetzige Badearzt Monti versichern, dafs namentlich die Arenazionen Ischia's bei Scropheln, Gichtaffectionen, localen Atrophieen, Paresen, Oedemen, bei

Gliedersteifigkeit und hartnäckigen Ausschlägen grofsen Nutzen gewähren.

Jedem Fremden mufs es auffallen, dafs für die bequemere und sicherere Benutzung jenes Naturgeschenkes nicht das Geringste unternommen wird. Ganz ungehört darf man indefs hiebei die Insulaner nicht lassen. Kleine im Vorhergegangenen beschriebenen Ueberbaue verdienen den Hinsichts derselben bereits ausgesprochenen Tadel, gröfsere will man deshalb nicht unternehmen, weil diese die Fehler der ersteren theilen, namentlich dumpfige Luftansammlungen unzulänglich abwenden, die Reinigung und Anfrischung, welche dem Kiesstrande bei günstigen Windstöfsen durch momentane Ueberschwemmungen widerfährt, behindern würden, und weil endlich die grofsen völlig freien Flächen die beliebigste Auswahl noch nicht gebrauchter Badestellen uneingeschränkt gestatten. In wie weit bei dieser Erörterung die Gewohnheit des Volkes, das offene Himmelsgewölbe als die eigentliche Wohn-, Speise- und Werk-Stube zu betrachten, mit in Anschlag gebracht werden mufs, wollen wir dahin gestellt sein lassen. Offenbar würden aber die auch im Freien genommenen, schon wegen der ungemein erquicklichen Seeluft empfehlenswerthen Arenazionen an Annehmlichkeiten und Nutzen gewinnen, wenn der Badende beim Aus- und Ankleiden, beim Reinigen und Abtrocknen den nöthigen Schutz und Schirm fände. Leicht könnte diesem von empfindlicheren Kranken gewifs lebhaft gefühlten Bedürfnisse durch einige vierrädrige, in den besseren Seebädern Englands und Deutschlands längst eingeführte, auf jeder Stelle die Bequemlichkeiten eines zierlichen Cabinets gewährende Badewagen abgeholfen werden.

# C. Gasquellen der Liparen.

## *Capitel I.*

## Einleitende Betrachtung.

§. 37.

Von den diesfälligen Gasströmungen, wie von den analogen Quellen Siciliens, vermag ich hier lediglich das wenige, ursprünglich nur Behufs der Reisevorbereitung Gesammelte niederzulegen. Meine Absicht, die in Rede stehenden merkwürdigen Emanationen an Ort und Stelle näher kennen zu lernen, wurde durch den schon erwähnten Unfall, welchen ich im Begriff den Aetna zu besteigen erlitt, leider vereitelt.

Die eilf Liparischen oder Aeolischen, gruppenförmig zusammen liegenden Inseln sind insgesammt vulkanisch beschaffen. Sie bestehen gröfstentheils aus Trachyt, aus angehäuften Laven der buntesten Färbung, aus mehr oder weniger zusammengesinterter Asche, und einige, besonders die Lisca bianca, aus durch Gluth verändertem Granit *). Ueber die frühesten Feuerausbrüche derselben hinterliefsen Aristoteles, Plinius und Strabo nähere Nachrichten. Aus den grofsen Bimssteinvorräthen dieser kleinen Inseln bezog von je her die halbe Erde den erforderlichen Bedarf. Zwei derselben zeugen noch immer von beträchtlicher unterirdischer Thätigkeit. Jene, aus deren Mitte sich der im Alterthum träge Stramboli erhebt, wirft seit mehreren Jahrhunderten ununterbrochen Feuer aus **), und die des niedrigeren Vulcano, auf welcher in grauer Vorzeit die heftigsten, mit weit hin verbreiteten Erderschütterungen verbundenen Eruptionen statt hatten, stöfst anjetzt blos dicke Rauchmassen empor, welche nur selten einen freien Einblick in die 3 verschiedenen, von Houel sorgfältig abge-

*) Vergl. v. Buch Beschr. d. canar. Inseln p. 329. v. Hoff l. c. T. II. p. 259 u. 260. Houel T. I. p. 126.

**) Vergl. §. 20.

bildeten, durch die Regelmäſsigkeit ihrer trichterförmigen Senkungen merkwürdigen Kraterhöhlen zulassen *). Fast auf allen beregten Inseln kommen warme Luft- und Wasser-Quellen zu Tage. Die wichtigsten findet man auf Lipara, der gröſsten, welche an 20 Miglien im Umfange hält und seit der historischen Zeit nicht mehr Feuer auswarf **). Nur von den betreffenden Emanationen des lezteren Eilandes kann hier die Rede sein.

## *Capitel II.*

## Die Orgel des Aeolus.

§. 38.

Sie liegt 2 Miglien südwestlich vom Hauptstädtchen Lipara in einer Ebene, auf welche sich die Ueberreste der griechischen Bewohner zurückgezogen hatten, mitten unter gehäuften Trümmern ehemaliger groſser Bauwerke. Der noch theilweis erhaltene, aus platten Steinen bestehende Fuſsboden ruht auf einer beträchtlichen Zahl kurzer, dicker Säulen, zwischen welchen der Luftzug bisweilen besondere Töne hervorbringt, welche vielleicht zu der obigen Benennung Anlaſs gegeben haben. Unterirdisch empordringende Dämpfe konnte man in der neueren Zeit nirgend auffinden. Die Spuren der noch vorhandenen, mit thönernen Röhren durchzogenen Umwölbung, wie die Construction des hohl aufliegenden Fuſsbodens lassen es nicht bezweifeln, daſs das fragliche Gebäude zu Dampfbädern bestimmt war. Ob hier vordem unterirdische, natürlich heiſse, jetzt verschwundene Dünste benutzt, oder aus der Ferne zugeleitete Wassermassen durch künstliche Erwärmung verflüchtiget wurden, läſst sich nicht mit Gewiſsheit bestimmen, ungeachtet Vergleichungen mit ähnlichen, besser erhaltenen Bauten mehr für das letztere, als für das erstere Verhältniſs sprechen †).

*) S. Houel l. c. T. I. p. 115—123. und Tab. 61—66.

**) Instructive Ansichten derselben liefert Houel l. c. T. I. Tab. 62. und 65.

†) Vergl. die noch völlig erhaltenen Einrichtungen der Dampfbäder zu Pompeji.

Eine interessante Beschreibung der betreffenden Ruine liefert Houel *).

## Capitel III.

## Thermal-Dampfbäder des heiligen Calogero.

§. 39.

Diese trifft man am westlichen Abhange des ansehnlichen, aus zusammengesinterter vulkanischer Asche und mächtigen Lavaschichten bestehenden, längst erloschenen Feuerberges Monte S. Angelo. Seine Höhepunkte beherrschen die ganze Insel und gewähren eine der schönsten Fernsichten über diese, so wie nach dem Meere und dem nahen Vulcano. An der Emanations-Stelle ist die Therme massiv und zum Theil offenbar antik überwölbt. Vom Aufsenbau giebt uns Houel eine genaue Abbildung **). Der innere Raum ist in zwei Säle getrennt, in dem gröfseren, viereckigen dringt das alkalische, nur wenig hepatisch riechende, + 34° R. warme Mineralwasser aus dem natürlichen Fufsboden, zwischen einzelnen Lavablöcken hervor. Die Kranken setzen sich auf diese, um den Körper mehr den Einwirkungen der Dämpfe Preis zu geben, oder legen sich in die Zwischenräume der vorragenden Felsstücke, wenn der Gebrauch ganzer Wasserbäder den Vorzug verdient. Nahe der Hauptausströmungsstelle ist die Temperatur beträchtlicher als in einiger Ferne. Man kann sich hiernach verschiedene, dem Krankheitszustande am meisten angemessene Temperaturgrade wählen. Aus diesem natürlichen Bassin fliefst das Quellwasser durch eine beträchtliche Seitenöffnung in den anstofsenden runden Saal, dessen viereckiges sorgfältig ausgemauertes Becken mit einer erhöhten Gallerie umgeben ist, auf welcher Leidende Platz nehmen, denen die Anwendung gasiger Dämpfe vorzugsweise entspricht, während andere in dem fraglichen Wasserbecken Ganzbäder gebrauchen. Die Temperatur des Wassers und

*) Vergl. T. I. p. 109 und Tab. 60.
**) l. c. T. I. Tab. 67.

der Thermaldünste ist hier merklich geringer als in der ersteren, eben erwähnten Abtheilung. — Paralysirten, rheumatischen, von chronischen Hautausschlägen behafteten Kranken soll das fragliche Bad in der einen, wie in der anderen Form besonders zusagen. In der Nähe der Anstalt sind mehrere, von den Badewärtern beständig bewohnte, zur Aufnahme von Badegästen bestimmte, jedoch selbst mäfsigen Anforderungen nur wenig genügende Gebäude aufgeführt *).

## *Capitel IV.*

## Stufa des S. Calogero.

### §. 40.

Die fragliche Stufa liegt an demselben Bergabhange, aus welchem die eben beschriebene Therme entspringt, von dieser indefs in nördlicher Richtung ungefähr 2000 Schritt entfernt. Man legt derselben auch den Namen des trockenen Bades, Bagno secco, jenes Heiligen bei. — Eine Reihe kleiner Hütten bedeckt an dieser Stelle mehrere Felsspalten, aus welchen warme Dünste aufsteigen. Die luftförmige + 44° R. warme Emanation soll an den Wänden Schwefeltheile absetzen und einen hepatischen Geruch verbreiten **). Je nachdem die einzelnen Cabinette entfernter von der Hauptausstömung liegen, ist die Temperatur der Dünste ermäfsigter. Auch dieser Anstalt fehlt es keinesweges an hinlänglichen, zur Aufnahme von Badegästen dienenden Wohnungen, doch stehen sie sogar dem dürftigen Asyl der im vorigen Paragraph erwähnten nach. Wahrscheinlich werden die fraglichen Gasaushauchungen vom Thermalwasser eines im Innern des Berges befindlichen Kessels abgeschieden, welches ½ Miglie tiefer als dieselben, einen heissen Bach bildet, der Kraft genug hat, um nach

*) Vergl. Houel l. c. T. I. p. 125. und Borch l. c. p. 255—256.

**) Dunkel bleibt es, dafs Borch hiebei von den Wänden einer Grotte spricht, deren Houel drei Jahr später nirgend erwähnt. Fänden jene Schwefelablagerungen statt, so kämen diese Stufe ziemlich mit den heifsen von S. Germano überein.

einander 4 Mahlmühlen in Bewegung zu setzen *). Merkwürdig ist es, dafs ganz in der Nähe jener heifsen Strömungen reichliche, das wohlschmeckendste und erfrischendste Trinkwasser darbietende kalte Quellen zu Tage kommen. — Vom Volke wie von einheimischen Aerzten werden die angedeuteten luftförmigen Emanationen gegen mehrerlei, durch starke Diaphorese zu heilende Krankheiten vertrauungsvoll angewendet **).

## D. Gasquellen Siciliens.

### *Capitel I.*

### Einleitende Betrachtung.

§. 41.

Sicilien gewährt durch weit zurückgehende historische Erinnerungen, durch die Gröfse und Mannigfaltigkeit der Naturwunder, durch den schönsten Himmel, durch die überraschendsten Gestaltungen der Erdoberfläche, wie durch üppige Fruchtbarkeit des Bodens †) ein so hohes Interesse, wie vielleicht kein Land der Welt. Nur wenige Tage beherbergte mich der siculische gastfreundliche Heerd; sie gehören zu den frohesten und genufsreichsten meines Lebens.

*) §. Abano.

**) Vergl. Houel T. I. p. 124—226. und Borch l. c. p. 255—256.

†) Den Saamen von Neunzehn auf dem Continent nicht bekannten Getreidevarietäten brachte ich von Sicilien mit. Sie wurden dem Berliner Verein für Gartenbau, und durch diesen der Märkisch-ökonomischen Gesellschaft übergeben. Im Garten des Herrn Staats-Ministers von Lottum ausgesäet, gediehen sie vortrefflich. Die Waizenkörner übertrafen die unsrigen um das Doppelte an Umfang und waren durchsichtig wie Bernstein; ihr Mehl giebt dem sehr wohl schmeckenden Gebäcke eine so vollkommene Weifse, wie man sie nicht im Norden kennt. Die Hirse zeichnete sich durch die Gröfse der Pflanzen und durch eine in Erstaunen setzende Tragbarkeit aus.

Trinacriens eigentlich vulkanische Gegend nimmt vorzugsweise den Theil der Provinz Val-Demona ein, welche der nahen Küste Calabriens gegenüber liegt. Das Uebrige dieser gröfsten Insel des Mittelmeeres besteht aus mehreren deutlich von der mächtigen Apenninenkette abstammenden Gebirgszügen mannigfacher Formation. Aber auch hier offenbart sich eine tiefe Verbindung mit dem Hauptsitze des vulkanischen Processes auf mehrerlei Weise. Steinsalzflötze, und unter ganzen Landstrecken sich hinziehende mächtige Lager reinen Schwefels kommen häufig vor *). Luftvulkane verschiedener Art, auf die wir bei der Erörterung der einzelnen Gasquellen-Gattungen zurückkommen werden, Aushauchungen gasiger Wasserdämpfe, laue und heifse Thermen sind häufig. Viele Mineralquellen enthalten Bergöl und Schwefelwasserstoffgas, einige Azot, fast alle mehr oder weniger Kohlensäure, Kochsalz, Eisen und andere mineralische Bestandtheile **).

Die Vorliebe der früheren Bewohner Siciliens für Bäder geht daraus hervor, dafs ungeachtet des unendlichen Reichthums an warmen Quellen, dennoch zahllose Ueberreste von Bauanlagen angetroffen werden, welche vormals zur Anfertigung künstlich erwärmter Luft-, Dampf- und Wasserbäder dienten. Im Wesentlichen kömmt die Construction jener Gebäude, welche vom hohl liegenden Fufsboden wie von ihren Doppelwänden aus, leicht erwärmt werden konnten, mit den zur Zeit wohl erhaltenen Pompeji's überein †). Einige bildeten überwölbte viereckige Säle, andere regelmäfsige aus Quadersteinen errichtete Kuppeln. Genaue Abbildungen mehrerer, rücksichtlich ihrer Bestimmung noch irgend kenntlicher diesfälliger Ruinen besorgte Houel mit vielem Fleifse. Als besonders sehenswerth sind die 3 Miglien von Catanea nahe am Dorfe Mister Bianco, ferner die bei Aderno und Caucana liegenden, so wie jene zu S. Lucia bei Palazzolo in Stein gehauenen zu nennen ††).

*) v. Hoff II. p. 244 und 250.

**) v. Hoff II. p. 244 und 245.

†) S. Azot, Anmerkung.

††) S. Houel l. c. T. II. p. 124. 136. Tab. 131 und 138. T. II.

Aus der grofsen Reihe der in allen Gegenden ausbrechenden, zu Trink- und Bade-Kuren benutzten, mehr oder weniger gasdurchdrungenen Mineralquellen hat Borch in seiner, wenn gleich mangelhaften, doch bis jetzt noch am meisten ausführlichen Minerohydrologie Siciliens an 31 ihm bekannt gewordene aufgestellt, welche bei Messina, Noto, Palermo, Corleone, Castro Giovanni, Campiglieri, bei Livari, Petralia, Mazzara, Milicia, bei La piana dé Greci, S. Giuliano, Nicosia, Girgenti, Polizzi, Capo d'Arso, bei Ali, Cefalu und Sclafani zu Tage kommen. Unter diesen befinden sich nach der Eintheilung des genannten Schriftstellers: 5 seifenartige, leicht hepatische und Bolarerden enthaltende, deren man sich als sanft eröffnender und lithontriptischer Mittel bedient, ferner 1 vorzugsweise kochsalzhaltige, 3 vitriolisch martiale, 2 besonders eisenreiche, 1 kupferhaltige, grünen Kalk absetzende, von Arsenik nicht freie, giftig wirkende, 1 stark selenitische, 1 alkalische mit Säuren aufbrausende, 3 cathartische von Luftblasen durchströmte, wahrscheinlich Kohlensäure enthaltende, glaubersalzige, die Leibesöffnung kräftig fördernde, 7 bituminöse, Bergöl und Erdpech führende, zum Theil leicht entzündbare, bestimmt Hydrogen aushauchende, 5 sulfurische, meistens heifse Schwefelblumen und Schwefleber absetzende, mehr zu Bädern als zum Trinken verwendete, und 1 sulfurisch martiale heifse, besonders gegen Krankheiten der Schwäche angezeigte *). Insofern nun der therapeutische Werth, wie die chemische Beschaffenheit derselben, aus der älteren Litteratur noch zu unbestimmt hervorgeht, und die neuere, wie selbst Paganini versichert, so wenig Ausbeute giebt, dafs derselbe in seiner Exposition sämmtlicher Italischen Mineralbäder die Sicilischen auf einer halben Octavseite abhandelt, können wir jene Emanationen hier nur andeuten. Was übrigens die für unsern Zweck besonders wichtigen, mehr in Gasgestalt gegen verschiedene Krankheiten schon längere Zeit mit Erfolg in Gebrauch gezogenen betrifft, so verdienen in dieser Beziehung hauptsächlichst die Stufe von Thermini und jene von Sciacca genannt zu werden.

p. 5. 8. 20. 24. 34. 118. Tab. 147. 148. 153. 155. 162. und 199. und T. IV. p. 12. Tab. 212.

*) S. Borch. l. c. p. 231—256.

## *Capitel II.*

# Thermini's Dampf- und Wasserbäder.

§. 42.

Es gehören die fraglichen Bäder zu der gleichnamigen, am Nordseestrande Siciliens durch Schiffart, Handel und Thunfischerei blühenden Stadt, welche gegenwärtig ungefähr 12,000 Einwohner zählt. Sie soll fast ganz an der Stelle liegen, welche das im Alterthum so mächtige, 400 Jahr vor Christi Geburt durch die Eifersucht der Carthager zerstörte, jedoch wegen der Heilsamkeit seiner Quellen bald wieder erbaute Himera einnahm. Aus den, im Rücken der Stadt amphitheatralisch aufsteigenden Bergen ragt der des S. Calogerus, der höchste nach dem Aetna, stolz empor. Ihn bewohnen einige für Nachfolger jenes Heiligen angesehene Mönche, welcher sich um die Erhaltung und Ausstattung der betreffenden, vom Volke gewöhnlich nach ihm benannten Bäder grofse Verdienste erwarb.

Tief am Abhange der himmelanreichenden Höhe, auf welcher Calogerus längere Zeit als Einsiedler lebte, entspringt die berühmte Therme. Ihre Wasserströmung fliefst in ein grofses wohlbedecktes Reservoir zusammen, und wird aus diesem, nach zwei Seiten hin, durch willkührlich verschliefsbare Kanäle in die Bäder, so wie durch eine grofse Wandöffnung in den anstofsenden unteren Raum des Dampfgemaches geleitet. Ehedem bildete das Badegebäude, nach den sichtbaren Fundament-Ueberresten zu urtheilen, eine vollständige Rotunde, deren theilweis erhaltene, aus ungewöhnlich platten, grofsen und festen Backsteinen aufgeführte Wölbungen für offenbar römischen Ursprung zeugen. Durch den oft erwähnten frommen Eremiten wurde der Rundbau zur Hälfte, und zwar so wie wir ihn jetzt sehen, wieder hergestellt. Die vordere Hauptwand verläuft gradlinig, die hintere halbkreisförmig. Im Untergeschofs befinden sich, aufser den Bädern, zwei Ankleide-Cabinette und das gemeinschaftliche Versammlungszimmer, im oberen mehrere Wohnungen für öffentlich besoldete Wärter. Concentrisch mit der Bogenwand sind grofsartige, schön und hoch gewölbte Gallerien angebracht, an deren Boden bequeme Stufen zu den tieferen mit Thermalwasser gefüllten Abtheilungen hinabführen. Diese füllen sich aus dem bereits angeführten Hauptreservoir in der Art, dafs die vermöge besonderer Leitungskanäle abfliefsende Wassermenge durch frisch hinzukommendes ununterbrochen ersetzt wird. — Da wo die beiden Seitenhälften dieser Gallerie nach der Mitte zusammen kommen würden, sind sie durch das zwischenliegende Dampfgemach getrennt, in welches die Aushauchungen des Thermalwassers, vermöge hinlänglich grofser, im steinernen, ungefähr 90 Quadratfufs haltenden Fufsboden angebrachter Oeffnungen empordringen. Es condensiren sich hier die betreffenden Dünste um so mehr, als sie nicht nur unmittelbar aus dem unter dem durchbohrten Fufsboden angesammelten heifsen Wasser, sondern auch aus dem an 288 Quadratfufs betragenden Wasserspiegel des mit jenem Behälter durch eine weite Seitenöffnung verbundenen Hauptreservoirs in das Dampfzimmer zusammentreten.

Hinsichts der chemischen Beschaffenheit der Therme erfahren wir Folgendes: Borch und Paganini erklären dieselbe, jedoch ohne alle Beweisführung, für schweflich, Smyth hält sie, indem er eben so wenig einen Grund angiebt, für schweflich martialisch. Dr. Luciano sagt, dafs das fragliche an + 37° R. warme, klare, überaus durchsichtige Wasser leicht salinisch-alkalisch schmeckt, und abgedampft aus 2½ Pfund, einen salzigen Rückstand von 1½ Unze gewinnen läfst. Nach dem, was Dr. Pugliati zu Messina mündlich mir mitzutheilen die Güte hatte, scheint die in Rede stehende Quelle jener von Teplitz sehr nahe zu kommen, und würde dann wie diese azothaltig sein *).

Im Dunstbade läfst sich die Hitze durch Abschliefsung der Doppelthüren ungemein steigern. Houel konnte in demselben nur äufserst kurze Zeit verweilen. Sowohl die Wasser- als die Dampfbäder werden unentgeltlich dargereicht. — Sie stehen gegen Lähmungszufälle, Gliederreifsen und chro-

*) Vergl. §. Teplitz.

nische Hautkrankheiten in hohem Rufe. Ihren Gebrauch leiten die Ortsärzte mit Sorgfalt *).

Bemerkenswerth ist schliefslich, dafs sich ganz in der Nähe der Fundamente des nicht wieder aufgebauten Theils der Rotunde ein altgefafster ergiebiger Brunnen von klarem kalten Wasser befindet, welcher früherhin wahrscheinlich in der jetzt abgetragenen Hälfte der Anlage zu kalten Bädern angewendet wurde **).

## *Capitel III.*

## Sciacca's Stufe.

§. 43.

Am südwestlichen Strande Siciliens, 3 Miglien von der belebten ungefähr 11000 Einwohner zählenden Stadt Sciacca, welche sich jetzt wie im Alterthume durch viele geschickte Töpfer auszeichnet, zu deren Urahnen die Eltern des Agathocles, des Tyrannen von Syracus, gehören mochten, treffen wir ostwärts den zweiten, in diesem Lande dem heiligen Calogerus geweihten, an 1100 Fufs über die Meeresfläche emporragenden Berg. Unmittelbar am Fufse desselben brechen die vielbesuchten, mit Anlagen zu Bädern ausgestatteten, sehr wirksamen, hepatischen, einen gelblichen, schwefligen Bodensatz bildenden Quellen (Aquae Selinuntinae, Aquae labrodes der Alten) mit grofser Ergiebigkeit hervor. Hoch über diesen befinden sich mehrere Höhlen, von welchen vorzugsweise eine ununterbrochen heifse Dämpfe ausstöfst. In ihren dunklen Räumen fand nach Diodor Minos, der König von Creta, den Erstickungstod †). Der genannte Historiker schreibt die Einrichtung der diesfälligen Dampfbäder dem kunstsinnigen Dädalus zu, indem er von ihm erzählt, dafs derselbe, auf der Flucht nach Sicilien vom Könige Cocalus freundlich aufgenommen, an der

*) Vergl. Houel l. c. T. I. p. 85—88. Tab. 46. 47. u. 48. — Borch l. c. p. 253. — Paganini l. c. p. 53. — Smyth l. c. p. 93. Appendix L. IX.

**) Hamilton l. c. T. I. p. 85.

†) Diodor IV, 79.

Grenze der Selinuntiner in einem Berge durch unterirdische Feuer emporgetriebene, warme Dämpfe gesammelt habe, welche sich vermöge ihrer schweifserregenden Kraft vielfältig heilsam bewiesen.

Das geordnete regelmäfsige Ansehen des vorderen Theiles der Höhle, welcher die eigentliche Badegrotte bildet, verräth deutliche Spuren des Meissels. Im Hintergrunde derselben strömen jetzt wie früher warme, fast heifse Dämpfe aus einer Felsöffnung hervor. Nur sehr gebückt, mehr kriechend als aufrecht, kann man durch diese nach den zurückgelegenen, rohen, gegen das Tageslicht ganz abgeschlossenen, von 4 ausgezackten natürlichen Pfeilern gestützten Nebenhöhlen gelangen, welche in einem wilden, 15 Fufs lang abschüssigen, nicht ohne Gefahr zu betretenden Gang auslaufen, an dessen Ende sich eine brunnenartige, mit erhitztem Wasser erfüllte Vertiefung 50 Fufs tief hinab senkt. Viel ähnliches hat der betreffende, selten besuchte und von Houel am genauesten erforschte Naturbau mit jenem der Neronischen Stufa zu Bajä *). Mitten am weiten Eingange der vorderen, wie schon erwähnt, zum Baden ausschliefslich dienenden Grotte, ist im Boden eine wannenförmige Aushöhlung aus lebendem Felsen gehauen, vielleicht war sie für schwächere Kranke, um im Liegen Dampfbäder zu nehmen, vielleicht zum Abspülen nach dem Bade bestimmt. Die Seitenwände scheinen sehr breit cannellirt gewesen zu sein. An denselben ziehen sich bankartige, ebenfalls aus lebendem Stein geformte Erhöhungen hin, die in 33 Sitze roh abgetheilt sind. Von diesen hat jeder eine buchstabenähnliche Bezeichnung, die nach Fazelli Schriftzüge einer erloschenen Sprache darstellen und jene Krankheit angedeutet haben sollen, welche an den betreffenden Plätzen am sichersten geheilt wurde, wobei indefs nicht unbemerkt gelassen werden darf, dafs verschiedene Einwirkung der Dämpfe nur von dem mannigfachen Hitzegrade abhängen konnte, welcher in gleichem Mafse zunimmt, als man sich der grofsen Ausströmungsmündung näher aufhält. Aufserdem dringt noch durch eine geringe Felsspalte der Seitenwand ein warmer Hauch mit grofser Lebhaftigkeit hervor,

*) §. Nero.

dessen sich die Kranken zu mehr örtlichen Einwirkungen bedienen.

Auf dem Berggipfel liegt das mit Wohnungen für Badegäste ausgestattete Kloster des heiligen Calogerus. Ein Prior nebst mehreren Brüdern beaufsichtigen die betreffenden Einrichtungen. Die gesammte Geistlichkeit lebt in grofser Verehrung für den Schutzpatron, der unmittelbar vom Apostel Petrus zur Tilgung der Dämonen Siciliens abgesendet wurde, und dessen in dem Berge ruhende Gebeine die Wunderkräfte der Stufa begründen. Wahrscheinlich mag sein eigentlicher Name, auf den man bei mehreren ähnlichen Anstalten stöfst, für welche der menschenfreundliche Eremit mit frommen Sinne sorgte, verloren gegangen sein, indem die Benennung Calogerus, oder wie sie das Volk corrumpirt, Caloiro, von ὁ καλος und γερων abstammend, früherhin den Mönchen, Priestern und Eremiten der griechischen Kirche allgemeinhin beigelegt ward.

Zur Sommerzeit werden Sciacca's Stufe von fern und nahe häufig besucht und gegen verschiedene Krankheiten, besonders aber gegen Gicht, Rheumatismen, Hautausschläge, so wie gegen paralitische Affectionen und Schwerhörigkeit mit Nutzen angewendet. Um das leztere Gebrechen zu heilen, bedient man sich besonders des schon erwähnten, aus einer seitlichen Felsspalte vordringenden, lebhaft bewegten Dampfstrahles.

Die Wärme der betreffenden Aushauchungen wird zu + 47° R. angegeben. Nach Borch sollen sie schweflich (schwefelwasserstoffhaltig) sein; Smyth schreibt denselben einen besondern Geruch bei *). Wahrscheinlich stehen sie mit den tiefer am Berge zu Tage kommenden heifsen hepatischen Wasserquellen in naher Verbindung **). Jedenfalls sind Sciacca's Stufe zu den ältesten derartigen Einrichtungen zu zählen und verdienen schon wegen ihrer lang bewährten Heilkräfte auf das genaueste beachtet zu werden.

*) Vergl. Houel l. c. T. I. p. 23—34. und Tab. 23. und 24. — Münter l. c. p. 255—299. — Smyth l. c. p. 216—218. und Apend. L. IX. — v. Hoff l. c. T. II. p. 245. — Borch l. c. p. 254.

**) Vergl. §. 24.

Dritter Abschnitt.

# Deutschlands Gasquellen.

*Dritter Abschnitt.*

# Deutschlands Gasquellen.

---

§. 44.

## Einleitung.

Um die schon früher bezeichnete *), vom Caspischen mitten durch das Mittelländische Meer hindurch bis in den Ocean fortlaufende Hauptvulkanen- und Erdbeben-Linie bilden im Norden alt-vulkanische Gebirge einen Bogen, der sich vom schwarzen Meere, den Karpaten und Sudeten folgend über das Erzgebirge, den Thüringer Wald, das Hessenland und die höhere Rheingegend südwestlich nach der Auvergne und den Cevennen, bis in die Pyrenäen hinzieht **). Entlang jener Höhen, und ausschliefslich in der südlichen Seitengegend derselben, treffen wir allenthalben, besonders aber auch in dem zu Deutschland gehörigem Theile, auf Trachyt-, Basalt-Berge, auf erkaltete Kraterhöhlen, auf Lavenreste und zahlreiche Gasquellen mannigfacher Art ***). Augenscheinlich erhellt hieraus, dafs der fragliche Bezirk vordem den Wirkungen mächtiger unterirdischer Gluthprocesse ausgesetzt war. Für seinen, auch anjetzt in der Tiefe noch fortbestehenden Zusammenhang mit der erwähnten, das mittelländische Meer durchschneidenden

*) §. Süditalien. Einleitung.

**) Vergl. v. Hoff. l. c. T. II, p. 293 bis 295.

***) S. Nees v. Esenbeck und J. Nöggerath, in v. Hoff. l. c. T. II, p. 315.

Vulkanenlinie, sprechen die Erschütterungen, welche er bis auf unsere Tage so oft erlitt, als sich in jener irgend stürmische Vorgänge entspannen. Von offenbaren, unterirdisch bedingten Flammenausbrüchen blieb Deutschland seit der geschichtlichen Zeit frei. Tacitus allein berichtet über zerstörende, in der Civitas Juhonum aus der Erde hervorgedrungene Feuer, jedoch auf eine Weise, welche jede Vermuthung eines echt vulkanischen Ereignisses unzulässig macht *).

Sowohl die innerhalb des angedeuteten Bereichs obwaltende Beschwichtigung acherontischer Processe, als auch deren bedeutendere Entfernung von noch feuerwerfenden Bergen, ertheilen den diesfälligen Gasemanationen das Gepräge gröfserer Stabilität **), mit welcher sich ihre Temperatur- und Mischungs- Beziehungen weniger wandelbar, ja an einzelnen Emanationen von so grofser Beharrlichkeit zeigen, dafs an denselben in den fraglichen Beziehungen seit Jahrhunderten nicht die geringste Abweichung eintrat ***). Unter jenen Verhältnissen darf es wohl versucht werden, die in Rede stehenden Gasströmungen, nicht wie es bei den bereits geschilderten süditalienischen geschah, nach der localen Verkettung, sondern wissenschaftlicher nach ihrer wesentlich chemischen Beschaffenheit zu ordnen. — Am naturgemäfsesten lassen sich dieselben analog den vier, mit der Ausscheidung bestimmter Gase, mit Hydrogen, Azot, Kohlen- und Salz-Säure verbundenen Evolutionsgraden des Vulcanismus †), in eben so viele, durch das Vorherrschen der einen oder andern jener elastischen Flüssigkeiten charakterisirte Gattungen trennen ††).

Keinesweges sollen alle bisher entdeckten, der bezeichneten Categorie angehörigen, vaterländischen Gasemanationen hier beschrieben, sondern aus ihrer Reihe nur jene, von welchen bereits wenigstens vorläufige chemische Un-

*) S. Nees, v. Esenbeck und J. Nöggerath, in v. Hoff. l. c. T. II, p. 315.

**) Vergl. §. 21.

***) §. Carlsbad.

†) Vergl. §. 2—6.

††) §. 17.

tersuchungen und einleitende therapeutische Resultate bekannt sind, erwogen werden, wobei wir es uns jedoch vorbehalten, ausnahmeweise sowohl den fraglichen Bedingungen nicht entsprechende, als auch in noch so entfernten Erdstrichen befindliche Gasströmungen da anzuziehen, wo irgend wichtige, an denselben beobachtete Phänomene zur bestimmteren allgemeinen Erkenntnifs der beregten Quellengattung beitragen.

Den ausgesprochenen Prinzipen zu Folge werde ich nun zuerst die wasserstoffigen, dann die stickstoffigen, hierauf die kohlensauren, und zulezt die salzsauren Gasemanationen Deutschlands, so genau erörtern, als die bisherigen Nachforschungen es gestatten.

# Erste Ordnung.

## Hydrogen-Gasquellen.

### *Capitel I.*

### Vorkommen derselben.

§. 45.

Aus der allgemeinen Betrachtung des Vulcanismus erhellt, wie dessen stürmische, erderschütternde, vom Brande plötzlich entfesselten Hydrogens begleitete, höchste Evolutionsgrade, nach eingetretener ermäfsigter, jedoch qualitativ unveränderter Thätigkeit, in permanente ruhig und gleichförmig fortströmende Wasserstoff-Ausscheidungen übergehen *).

Selten, vielleicht nie kömmt das Hydrogengas der diesfälligen Emanationen an sich vollkommen rein, weit öfter entweder mit Kohlenstoff, oder mit Schwefel verbunden zu Tage. Hierdurch zerfallen die betreffenden Quellen, mögen sie den Erdschofs luftförmig oder an Wasserströmungen gebunden verlassen, in zwei gesondert abzuhandelnde Arten, von welchen sich die eine, aus vorherrschendem Kohlenwasserstoffgas bestehende, durch leichte Entzündbarkeit verräth, und die andere hauptsächlich aus Schwefelwasserstoffgas gebildete, durch ihren Geruch nach faulen Eiern bemerkbar wird.

§. 46.

### Kohlenwasserstoffige Emanationen.

Von Zeit zu Zeit bemerkbare, weit verbreitete, ohne alle gewaltsame Thätigkeitsäufserung vor sich gehende Aushauchungen von Kohlenwasserstoffgas sollen das sanfte Leuchten erzeugen, welches Humboldt an Cotopaxi, und ältere Naturforscher, nächtlicher Weile, am Albaner und anderen erloschenen Feuerbergen beobachteten. In Höhlen

*) Vergl. §. 16 und 17.

der Steinkohlen- und Steinsalzlager abgeschlossenes, durch Grubenbetrieb befreites Kohlenwasserstoffgas giebt als brennendes schlagendes Wetter, als feuriger Schwaden oft zu grofsen Zerstörungen, zu den furchtbarsten Explosionen Anlafs. Nicht jene vorübergehenden, sondern die permanenten Emanationen, bei welchen durch vulkanische Processe stete Forterzeugung der Kohlenwasserstoffluft, und durch gleichmäfsigen Druck eine eben so gleichmäfsige Ausscheidung derselben ununterbrochen statt findet, sind hier zu erörtern. Gasquellen der lezteren Art brennen, einmal entzündet, und von keinen äufseren Einflüssen gewaltsam gestört, unabläfsig in lichten Flammen fort und bilden die, durch verschiedene Weltgegenden zerstreuten, sogenannnten ewigen Feuer. Hinsichts ihres ursprünglichen Hervortretens weichen sie insofern von einander ab, als manche derselben durch Menschenhände eröffnet wurden, während andere seit undenklichen Zeiten dem Erdschofse spontan entströmen.

## §. 47.
### Durch Erdarbeiten eröffnete Kohlenwasserstoff-Gasquellen.

Unter den fraglichen bekannteren, durch Grubenarbeiten überhaupt, besonders aber durch Bohrversuche frei gewordenen Quellen verdienen hauptsächlichst die folgenden erwähnt zu werden:

In China's unwandelbarem Reiche, und namentlich in dessen Districten Yung-Hian, Wei-Yuan-Hian so wie in der an Tübet gränzenden Provinz Tzu-Tchuan, und nach Klaproth östlicher an der mit ewigem Schnee bedeckten Bergkette, welche das leztere Gebiet von Norden nach Süden durchschneidet, steigen unfern von Salzwerken, in deren Nähe ergiebige Steinkohlenlager vorkommen, seit Menschengedenken vielfältige Gasausströmungen empor, welche abgesperrt und durch Röhren geleitet, sowohl zum Versieden der Soole als zur Erleuchtung der Salinengebäude in Gebrauch gezogen werden. Manche derselben sollen so mächtig sein, dafs sie nahe an ihrem Ursprungsorte angezündet, Feuersäulen von 30 Fufs Höhe bilden *).

*) Vergl. Poggendorf l. c. B. 18 p. 604.

Nordamerika bietet zahlreiche ähnliche Erscheinungen dar: Im Staate New-York, an der Süd-Seite des Erie-Kanals so wie zu Rocky Hill am Ohio und in der Gegend von Marietta stöfst man bei Bohrversuchen nach Steinsalz fast in der Regel theils auf periodische, theils auf permanente Ströme brennbaren Gases *). Nahe am Dorfe Fredonia **) entquillt aus angebrochenem Stincksteine eine beträchtliche Menge Kohlenwasserstoffgases, welches durch Röhrenzüge zur Beleuchtung sämmtlicher Wohngebäude benutzt wird ***).

Bei Bedlay in Schottland, 7 Meilen nordöstlich von Glasgow, entwickelt sich entlang des Ufers eines kleinen Baches, so wie aus mehreren Kalkgruben, in deren Nachbarschaft Steinkohlenlager eingestreut sind, eine beträchtliche ununterbrochen fortströmende Menge entzündbarer, mit gelber Farbe brennender Luft. Nach Thomson's Versuchen besteht sie aus 87,5 Volum. Kohlenwasserstoffgas und 12,5 atmosphärischer Luft. Er empfiehlt dies Gemisch, insofern dessen specifische Schwere nur 0,6109 beträgt, zur Füllung von Luftballons und nicht minder zur Strafsenbeleuchtung, bemerkt indefs, dafs es nicht ganz so hell wie ölbildendes Gas brennt, indem des lezteren Lichtglanz durch den ihn beiwohnenden Antheil von Naphthadunst erheblich verstärkt würde †).

In Ungarn kommen an mehreren Orten, besonders aus tieferen auf Steinsalz getriebenen Gruben derartige Ausscheidungen vor. Bremer hält die auf dem Zago bei Klein-Soras in Siebenbürgen beobachtete für reines Wasserstoffgas ††). Auf Ludovici, einer Szlatiner Steinsalzgrube, entleert sich in einer Tiefe von 45 Klaftern, aus Spalten des in Steinsalz eingelagerten Thonmergels, ununterbrochen Koh-

*) ibid. p. 603.

**) ibid. B. 7. p. 133.

***) Gewifs gehört sie zu den wohlfeilsten Gasbeleuchtungen, da jeder Hauseigenthümer für die Unterhaltung der Leitungsröhren und andere Kosten jährlich Alles in Allem nur $1\frac{1}{2}$ Dollars (etwas über 2 Thaler) zu entrichten hat.

†) S. Edinburg. Journ. Sc. of July 1829.

††) Poggendorf l. c. B. 7. p. 133.

lenwasserstoffgas, welches durch 5 Klafter lange Holzröhren geleitet zur Beleuchtung der Vorhaue vortreffliche Dienste leistet *). Es brennt, ähnlich wie der Dunst des bekannten Gemisches aus rectificirtem Terpentinöl und Alkohol, mit einer ziemlich weifsen, unterhalb bläulichen, 6 Zoll langen Flamme aus drei blechernen Mündungen von 6 Linien im Durchmesser. Da wo die Flamme an kalte harte Körper schlägt, setzt sie Rufstheile ab, welches schliefsen läfst, dafs das Gas aus Kohlenwasserstoff im Maximo von Kohle und aus Kohlenoxyd besteht.

Auf der Saline Gottesgabe zu Rheine in Westphalen kömmt aus einem 40 Fufs gesenkten, unter der Sohle mit einem 130 Fufs tiefen Bohrloche versehenen und seit 60 Jahren nicht mehr betriebenen Schachte, der von Alters her den Namen Geistbrunnen führt, brennbares Gas zu Tage. Der Salinen-Inspector Hr. Raters leitete dasselbe im Winter 1824 bis 1825 vermöge hölzerner, in metallene Mündungen ausgehender Röhren nach seiner Wohnung, und benutzt es daselbst nicht nur zur Beleuchtung der Zimmer, sondern auch mit grofsem Vortheile in der Küche, aus welcher gegenwärtig alle Brennmaterialien verbannt sind. Wird das Gas 24 Stunden abgesperrt und am Schachte bei stillem Wetter frei gelassen, so braust es mit Gewalt hervor, und erhebt sich angezündet zu einer Feuersäule von 10 bis 15 Fufs Höhe und 1½ Fufs Stärke, deren Flamme wegen der Heftigkeit, mit welcher das Gas hervortritt, erst neun Zoll oberhalb der Rohrmündung beginnt, und zunächst auf einer Strecke von 12 Zoll prachtvoll himmelblau, in der Mitte hellweifs und oberhalb röthlich brennt. Die Lichtverbreitung soll hierbei so intensiv sein, dafs man noch 60 bis 70 Schritt weit eine Zeitung lesen kann. Das specifische Gewicht der fraglichen Luft bestimmt Herr Raters zu 0,66. Nähere Prüfungen ergaben, dafs sie hauptsächlich aus Kohlenwasserstoffgas mit geringer Zuthat von Schwefelwasserstoff und Kohlensäure besteht **). In der Umgegend der Gasquellen ist die Verbreitung von Jurakalk besonders ansehnlich, welcher indefs, der Saline näher,

*) Poggendorf l. c. B. 7. p. 131 — 132.

**) Poggendorf l. c. B. 7. p. 134 und 135.

oft, von bituminösem Mergel der Gryphiten-Formation ersetzt wird *).

## §. 48.

### Spontane Kohlenwasserstoff-Gasquellen.

Die fraglichen Quellen scheinen, so weit ich dieselben zu beobachten Gelegenheit hatte, mit jenen durch die Kunst des Bergmanns eröffneten, auch dahin völlig übereinzukommen, dafs sie ebenfalls nur an Stellen vordringen, wo die Erdrinde tiefer verletzt wurde, mochte dies nun durch vulkanische Zerklüftungen oder durch reissende Bergströme geschehen sein. Zu den berühmtesten, aber wissenschaftlich noch am wenigsten untersuchten, aus ihrer Reihe gehören die heilig gehaltenen ewigen Flammen bei Baku am Caspischen Meere, nach welchen fromme Feueranbeter fortan wallfahren. — In unserem Welttheile treffen wir die meisten derartigen Luftausscheidungen auf Siciliens und Italiens vulkanischen Boden. Unter denselben verdienen jene von Palagonia, Poretta und Pietra mala besonders hervorgehoben zu werden.

Das Dörfchen Palagonia, welches unfern von Cattagirone im Sicilianischen Val di Noto liegt, ist durch seinen, im Sommer bisweilen austrocknenden See **) höchst merkwürdig. Nach starkem Regen hat dieser ungefähr 450 Fufs im Umfange und gegen die Mitte hin eine Tiefe von 5 Klaftern. Aus seinem Becken steigen unter lebhaftem Geräusch fortwährend zwei starke, uud neben diesen sehr viele schwächere Luftströme empor, welche dem überstehenden, stets kühl bleibenden Wasser ein kochendes Ansehen geben. Der Geruch des Gases ist leicht bituminös, naphthaartig, weshalb auch manche Naturforscher dasselbe für gewaltsam verflüchtigtes, im dasigen Erdreich häufig abgelagertes Asphalt erklären. Nähert man dem Wasserspiegel eine Flamme, so scheint derselbe unverzüglich im lichten Feuer aufzulodern. Wenn der See ausgetrocknet ist, entspinnt sich das-

*) Vergl. Hoffmann in Karstens Archiv für Bergbau etc. B. 12. pag. 269.

**) Demselben wird auch der Name Lago di Naftia beigelegt. Einige Schriftsteller nennen ihn nach dem alten Palica, Lago di Palici.

selbe Phänomen an seinem mergeligen Boden. Die Entzündung geht jedesmal mit einer bald geringeren, bald stärkeren, bei der freien Ausdehnung des Gases jedoch nie heftigen, und eben so wenig gefahrbringenden Explosion vor sich. Unfern des Sees befinden sich an mehreren Stellen ähnliche, jedoch wahrscheinlich mit vorherrschendem kohlensauren Gase gemischte Ausströmungen, denn treten Thiere denselben beim Weiden sehr nahe, so stürzen sie nicht selten asphyktisch zusammen. Die ganze Umgegend ist, nach dem Schalle, welchen die Fufstritte erregen, zu urtheilen, unterminirt. Ferrara's Meinung, dafs die gasigen Ausströmungen des Sees aus lauter kohlensaurer Luft bestehen, wird durch die leichte Brennbarkeit der Emanation widerlegt, Carlo Frisani hält sie mit Recht für, aus bedeutender Tiefe hervortretendes Kohlenwasserstoffgas, welches in ganz ähnlicher Art auch die Luftvulkane bei Velleja und Macalubba bildet *).

Poretta's salinische Mineralquellen, welche südwestlich von Bologna, an der Strafse von Modena nach Pistoia liegen, entspringen aus einem Bergabhange des Apennins. Sie haben eine Temperatur von + 24° R., stofsen Wasserstoffgas in grofser Menge aus, und gewähren daher allgemeinhin dieselben Erscheinungen, welche man am Lago Palagonia wahrnimmt, nur dafs sie bei der Gleichförmigkeit der Wasserausscheidung, mit constanterer Form als bei diesem vorkommen. Da wo das Mineralwasser in einzelnen zolldicken Strahlen frei herabfällt, werden diese, wenn man eine angezündete Kerze in die Nähe bringt, ununterbrochen von einem Lichtscheine rund umgeben. In dem Hofe des Badehauses soll das Gas nach Aussage der Führer oft ½ und wechselnd auch mehrere Fufs hoch steigen und ein Mal entzündet in lichten durchsichtigen Flammen fortbrennen, bis diese durch starkes Wehen ausgelöscht werden. Die Farbe des Feuers spielt in das Gelbliche über, und macht es wahrscheinlich, dafs auch hier das Wasserstoffgas nicht rein, sondern mit Kohlenstoff verbunden zu Tage kömmt. Professor Orioli zu Bologna versicherte mich, dafs diese

*) Vergl. Frisani, im Giornale d. fisica. Pavia 1824. T. VII. p. 334.

Vermuthung sich nach den von ihm angestellten vorläufigen Analysen bestätige. Ein bituminöser Geruch wird hier, wo das Gas sich in beträchtlichen Tiefen durch seine Verbindung mit dem Wasserstrome reiniget, nicht in der Art, wie an jenen Hydrogen-Ausströmungen wahrgenommen, welche ohne vorher lange genug durch starke Wassersäulen zu streichen, dem Erdboden unmittelbar entweichen. Obgleich die diesfälligen Mineralbäder von vielen Kranken benutzt werden, so hat man doch den gesonderten Gebrauch jener Gasart, meines Wissens, noch nicht versucht.

Pietra mala wird mit seinen Erdfeuern gewifs von keinem Reisenden unbemerkt gelassen, welcher die, von Bologna nach Florenz führende, wegen ihrer höchst überraschenden Durchblicke nach dem Adriatischen Meere berühmte Bergstrafse einschlägt. Die Meisten besuchen indefs nur das eine *) dem fraglichen Flecken am nächsten gelegene jener Feuer, weshalb dasselbe auch vorzugsweise bekannt ist. An einem schönen heiteren Maitage frühzeitig zu Pietra mala angelangt, beschlofs ich in dem kleinen zwar nicht durch seine Bauart, wohl aber durch die Zuvorkommenheit seiner Bewohner einladenden Orte zu übernachten, um wenigstens einige Zeit zum Beobachten anwenden zu können. — Der Monte-Fo, an welchen sich die unregelmäfsig neben einander aufgeführten Hütten Pietra mala's lehnen, ist einer der umfangsreichsten und höchsten Berge der Apenninenkette. Derselbe verdankt seinen Namen einem bleichen Lichte, welches ihn, nach Versicherung der ältesten Bewohner, bisweilen zur Nachtzeit, und zwar besonders während bevorstehender Gewitter, von mehreren Stellen aus weithin überziehen soll.

Er besteht wie der gröfste Theil des angrenzenden Apennins meistens aus sehr dichtem grauen, hie und da mergelichen Kalksteine. Je höher man steigt, desto mehr tritt die Vegetation zurück, desto öder und düsterer wird die Landschaft. Bald hört der Schmuck rankender Reben gänzlich auf, und nur vereinzelt gedeihen Weizenfelder und

*) Auch Odeleben in seinen Beiträgen zur mineralogischen Kenntnifs Italiens B. I. Freiburg 1819 p. 130 — 133 spricht nur von jenem Fuoco di legno.

Kastanienhaine. An den Abhängen des Monte-Fo befinden sich vier beständige und mehrere nur zu manchen Zeiten, hier oder dort emporlodernde Erdfeuer. Die ersteren widerstehen zwar dem Schnee und Regen, erlöschen aber leicht durch heftige Windstöfse und entzünden sich bei der Annäherung eines brennenden Körpers sogleich von Neuem. Ueberall wo sie vorkommen fand ich den Boden durch Bergwässer tief ausgespühlt, seiner Dammerde beraubt, und nur aus locker zerstreuten Kalksteinstücken und Mergelschichten zusammengesetzt. Es scheint, als könne das Gas aus loser Breccia nur da zu Tage kommen, wo die Erdkruste tiefer eingerissen ward. Fuochetto ist der gemeinschaftliche Name, welchen das Volk jenen Feuern giebt. Unter ihnen nimmt der Vulkano maggiore den ersten Platz ein. Derselbe wird auch Fuoco di legno genannt, weil seine Flammen Hinsichts der Form denen durch Holzspäne erzeugten ähneln. Man erblickt ihn schon von einem an der Ortskirche befindlichen Hügel, in der Entfernung von ungefähr 4 bis 5000 Schritt. Der hinleitende unbequeme Fufssteig führt nach einem tiefen breit gedehnten, von beträchtlichen Höhen begrenzten, thalförmigen, nur selten mit etwas Gras bewachsenen, nackten, steinigen Bergabhange. In gleichem Verhältnisse als man tiefer herabkömmt, tönt der Boden beim festen Aufstampfen immer heller, und erinnert hierdurch an die ähnliche Erscheinung der Solfataren Rom's, Neapel's und des Marktplatzes von Carlsbad, welcher leztere indefs jenen unterirdischen dumpfen Wiederhall nur in stiller ruhiger Nacht deutlich wahrnehmen läfst. Mitten in der Trümmergegend flackern die züngelnden luftigen Flammen emsig empor. Bei meinem Besuche am 5ten May 1830 hatte die Fläche, aus welcher das Feuer hervortrat eine unregelmäfsig ovale ausgezackte Form, deren gröfster Durchmesser 20 Fufs betrug. Es soll, ohne irgend bemerkbare Veränderungen, stets dieselbe Stelle einnehmen. Die Flammen brannten in einem hellen, nach unten himmelblauen, nach oben gelben, und an den äufsersten Spitzen röthlichen Lichte; sie waren ungleichförmig saturirt, streifenweise sehr durchsichtig, und erreichten die Höhe von 2 bis 3 Fufs, welche sie aber der Behauptung, der Führer gemäfs, oft um das Doppelte überschreiten. In der Nähe dieses Heerdes empfand man, an dem kühl gewordenen Abend, eine wohlthuende angenehme Wärme. Nur an der, von einem sanften Luftzuge abgekehrten Seite, schien sich ein ganz leichter bituminöser Geruch zu verbreiten. Wir konnten durch das Feuer rasch hindurchschreiten ohne die Kleider zu versengen. Ein theilweises Auslöschen blieb vergeblich, denn kaum war eine Feuergruppe mittelst der Hüte weggeweht, so entzündete sich der Gasstrom unverzüglich wieder an den nächstangrenzenden Flammen. Nur durch schnelles Umhergehen mehrerer Personen auf der fraglichen Stelle und gleichzeitiges Wehen mit Hüten und Mänteln gelang die gänzliche Unterdrückung des Brandes. Unmittelbar an den einzelnen Stellen aus welchen das unangezündete, völlig durchsichtige Gas am lebhaftesten hervordrang, verrieth sich dasselbe der entgegengehaltenen Handfläche, durch eine nur leise fühlbare sanfte Luftbewegung wobei es auf die Geschmacks- oder Geruchsorgane nicht den mindesten Einfluſs zu haben schien. Auch bei ganz tiefem Niederbücken konnte ich dasselbe ohne Beschwerden, ohne die geringste unangenehme Empfindung in die Lungen ziehen. Nirgend in der Nähe der Gasquelle waren todte Thiere, Vögel, Frösche, Insekten u. s. w. zu finden. Bezüglich der unmittelbaren Einwirkung auf den lebenden Organismus unterschied sich demnach die fragliche Gasströmung auffallend von den kohlensauren das Leben leicht zerstörenden Mofeten *).

Sämmtliche Steine, zwischen welchen das Feuer hervorgedrungen war, glühten zwar nicht, hatten aber einen solchen Hitzegrad angenommen, daſs man sie mit bloſser Hand nicht gut berühren konnte. Dieselben bestanden aus dicken scharfkantigen, unregelmäſsig gebrochenen Tafeln, zeigten nicht die mindeste Zersetzung, waren durch die erlittene Hitze nnr ausgedörrt, glichen allgemeinhin den übrigen des Thalgrundes, nur daſs sie ein dünner schwarzgrauer Anflug da überzog, wo ihre Flächen, der Atmosphäre ausgesetzt, mit den Flammen in Berührung gestanden hatten. Dieser Anflug war, wie nähere Untersuchungen einiger, nach der Heimath mitgenommener Stücken mich überzeugten, reiner,

*) Vergl. den späteren Abschnitt.

in den porösen Flächen fest haftender, während des Verbrennungsprocesses aus dem Gase abgeschiedener Kohlenstoff. Tiefer hervorgegrabene Steintrümmer hatten keinen schwärzlichen Ueberzug, und fühlten sich, da ihre Erwärmung nur von den auf der Erdoberfläche flackernden Flammen abhängt, kühler an. Dem Boden der ausgegrabenen Höhlungen schien das Gas, wenn man die Hand entgegen hielt, fühlbarer zu entströmen. Unsere Führer erzählten, dafs bei früheren, mehrere Ellen tief fortgesetzten Nachgrabungen das Gestein stets in ganz gleicher Art vorgekommen sei, und dafs die Feuer dabei unverändert geblieben wären. Ein brennender Span, welchen wir der ausgelöschten Gasquelle nahe brachten, entzündete dieselbe unter einem hörbaren dumpfen Aufpuffen, wie mit einem Male, und die Flammen loderten von diesem Augenblicke an eben so emsig bewegt, wie vor der Störung, in zahllosen lichten Spitzen empor, wobei an den, durch das Hervorheben der Steine bewirkten Vertiefungen, auch nicht die geringste, in die Augen fallende Differenz bemerkt werden konnte.

Als die Sonne sich tiefer senkte, als ihr lezter Strahl nur noch die Gipfel der Hochgebirge mit Scharlachgluth überzog und Riesenschatten den Thalgrund in Dunkel hüllten, erglänzte die kalkige Ebene vom Wiederschein des hell leuchtenden Erdfeuers welches nun erst in vollster Schönheit prangte.

Nächst dem Vulcano maggiore haben wir am Monte Fo die Acqua-buja zu beachten. Diese an Umfang der ersteren weit nachstehende Gasemanation verdankt ihren, von Acqua che bolle corrumpirten Namen dem Umstande, dafs die Ausströmungsfläche oft von scheinbar kochendem, mit Flammen überzogenen Wasser gedeckt wird. Die fragliche Luftquelle liegt kaum eine kleine Miglie von Pietra mala entfernt in einer, dem Vulcano maggiore fast grade entgegengesetzten Richtung. Um dieselbe zu besuchen, mufsten wir daher nach dem ebengenannten Flecken zurückkehren und gelangten auf ungebahnten Wegen durch Gestripp, Obstgärten und Wiesen an einen, gröfstentheils mit Gras bewachsenen flachen muldenförmigen Bergausschnitt. Mitten in diesem zeigte sich eine kahle, jeder Vegetationsspur beraubte, aus zertrümmertem Kalkstein bestehende Fläche, welche in einem Umkreise, dessen Durchmesser kaum 3 Klafter betrug, von lichten einen Fuſs hohen Flammen bedeckt war, die sich in aller und jeder Hinsicht den schon beschriebenen ähnlich verhielten. Der Erdboden, aus welchem sie hervorbrachen, erschien gegen den angrenzenden um ½ Fuſs gesenkt, war zur Zeit des Besuches nicht mit Wasser gefüllt, fühlte sich aber, als wir die Flammen ausgelöscht hatten naſs an, und bestand aus schlammigen, mit vielen Kalksteinbröckeln durchmischten Mergel, welcher eine beträchtliche Wärme, aber genau nur im Bereich der ausgestoſsenen Flammen angenommen hatte. Wiederholt angestellte Einathmungsversuche gaben keine andere als die bei dem Vulcano maggiore schon beschriebenen Resultate. Von einem bituminösen Geruche war nicht das mindeste zu entdecken. Das Wiederanzünden gelang ganz so wie an dem gröſseren Luftvulkane. Als wir die flache Höhlung mit einigen Eimern Wasser übergossen hatten, zeigten sich nur in dem ersten Momente aufsteigende Luftbläschen, die bald darauf verschwanden. Das Wasser zog beträchtlich in den Boden ein, und angebrachtes Feuer blieb ohne Wirkung. Wohl mochte hierzu der Umstand beitragen, daſs das Wasser die ersten Gasbläschen verschluckte, indem es an 7 Prozent Raumtheile der fraglichen Luftart aufzunehmen vermag*). Hauptsächlich lag aber der Grund darin, daſs die Ausströmungskanälchen zwischen den Steintrümmern vermöge des übergegossenen Wassers durch den aufgelösten Mergel verschlammt wurden, und unter denselben noch keine zureichende Gasmenge angesammelt war, welche mit hinlänglich gesteigerter Expansionskraft die verstopften Gänge wieder frei machen konnte. Dasselbe Verhalten soll während plötzlich eintretenden Regens, durch rasches Zusammenlaufen des Wassers nach der vertieften Stelle hin stattfinden. Die Hirten der Umgegend erkennen den Zeitpunkt, mit welchem die Brennbarkeit dieses

*) Berzelius l. c. B. I. Abthl. I., nimmt an, daſs zwar 14 Kubikzoll Wasser 1 Kubikzoll Kohlenwasserstoffgas enthalten, das lezteres aber im ersteren schwer löslich sei.

Vulcanetto wiederkehrt, sehr richtig, indem sie ihn nicht eher wieder anzuzünden versuchen, als bis das überstehende Wasser, ihrer Meinung nach, wieder zu kochen (Gas auszustoſsen) anfängt. Noch bevor wir, im nächtlichen Dunkel, bei Fackelschein das Ziel der kleinen Wanderuug verlieſsen, überrasschte uns der melodiereiche Schlag der Nachtigallen, welcher am vielstimmigsten aus dem, unfern des Erdfeuers befindlichen Laubgehölze ertönte. Daſs diese Frühlingssänger überhaupt dem reizenden Italien keinesweges abgehen, wie dies einige Reisende irrig behaupten, davon hatte ich mich schon früher in den Orangenpflanzungen von Molo di Gaëta, besonders aber in den wahrhaft königlichen Gärten Caserta's überzeugt, wo sie so gern den Schatten buschiger, im Freien üppig gedeihender Camelien *) aufsuchen.

Die übrigen zwei permanenten Erdfeuer des Monte Fo liegen entfernter von Pietra mala, sind ohne Mithülfe ortskundiger Führer schwer aufzufinden, und stehen den beiden beschriebenen in jeder Hinsicht nach. Das eine, an zwei Miglien entlegene wird mit dem Namen Le calvane bezeichnet, weil dessen Flammen an nackten, aus Kalksteintrümmern bestehenden Hügeln hervorbrechen. Das andere kleinste, fast drei Miglien von Pietra mala entfernte, als Fuoco del peglio (anstatt fuoco della paglia) bekannte, führt diesen Namen, wegen der Aehnlichkeit, welche dessen Flammen mit rasch auflodernden Stroh haben. Besondere Erörterungen beider wären überflüssig, da sie Hinsichts ihrer wesentlichen Eigenschaften ganz mit jenen des Vulcano maggiore übereinstimmen. Die divergenten Richtungen sämmtlicher erwähnten, weit von einander geschobenen und dennoch in den tieferen Erdräumen wahrscheinlich zu-

*) Alljährig erreichen hier die birnenförmigen Früchte der Camelia Japonica volle Reife. Herr Gräffert, der Garteninspector Caserta's ein durch seine Kenntnisse, wie durch seine Gefälligkeit gleich ausgezeichneter Mann, beschenkte mich mit Saamenkörnern, welche von dem ältesten, durch seine ungemeine Gröſse bekannten Busche gesammelt waren, sie gingen in Berlin vortrefflich auf, und versorgten mich so mit unmittelbaren Abkömmlingen der Mutterpflanze, von welcher, früherhin, die Verbreitung dieses so beliebt gewordenen Ziergewächses vorzugsweise ausgieng.

sammenhängenden Gasquellen deuten darauf hin, dafs das Gasreservoir des Monte Fo einen grofsen Umfang haben müsse. Auch steht dasselbe wahrscheinlich hier, wie an anderen Orten, wo ähnliche Luftquellen aus Kalk- oder Steinsalz-Massen hervorbrechen, mit gesenkteren Steinkohlenlagen in Verbindung. Professor Orioli zu Bologna entdeckte Spuren derselben am Fufse des Monte Fo, und versicherte mich, dafs sie nach Rimini hin mit erheblicher Mächtigkeit zu Tage kämen. Benutzt werden die fraglichen Gasströmungen, aufser dafs Hirten sich und ihr Essen an denselben wärmen, bis jetzt nicht weiter, ohnerachtet die Einwohner Pietra mala's mittelst einer Röhrenleitung vom ergiebigen und nahen Vulcano maggiore für ihren Haushalt grofsen Vortheil ziehen könnten. Industriöser sind die Bewohner Barigazzo's eines Dorfes der Provinz Garfagnana, woselbst nach Valentini *) die Gluth eines ganz analogen Erdfeuers seit langer Zeit zum Kalk- und Ziegelbrennen sehr geschickt verwendet wird.

## §. 49.
## Uebersicht der physicalisch-chemischen Beziehungen.

Nur die wichtigeren diesfälligeren Verhältnisse sind hier zu berühren. Sie stützen sich hauptsächlich darauf, dafs das Kohlenwasserstoffgas der Luftvulkane nicht in jener Reinheit und Intensität ausgestofsen wird, in welcher die Chemie es künstlich darzustellen vermag, und dafs dasselbe innerhalb gewisser Grenzen, sowohl nach seinen Verdünnungsgraden, als nach den Beimischungen anderer mit ihm verbundener Stoffe in mannichfachen Modificationen zu Tage kömmt.

Insofern das fragliche dem Erdschofse entströmende, keine Eigenschaft einer Säure verrathende Gas **), bezüglich der Menge seines Kohlenstoffgehaltes bald dem Hydrogene protocarboné, bald dem percarboné näher gestellt ist ***) brennt dasselbe an manchen Quellen bläulicher mat-

*) Valentini's Voyage en Italie (1826.) p. 344.

**) S. Berzelius l. c. B. I. Abthl. 1. p. 283.

***) Das erstere, gewöhnlich Kohlenwasserstoffgas genannt, besteht

ter, an anderen gelber glänzender, und läfst in der Nähe der Ausströmungsmündungen, hier einen sehr geringen, dort einen beträchtlichen Anflug ausgeschiedener Kohle zurück. Wahrscheinlich mag diese Differenz gröfstentheils durch die verschiedenartigen Zusammensetzungen der Steinkohlenflötze bedingt werden, mit denen die Erdfeuer überhaupt in naher Verbindung stehen, und welche man da, wo diese aus Kalkstein- oder Steinsalz-Zerklüftungen hervorlodern, in tieferen Lagen zwar beständig, keinesweges aber von immer gleicher Baschaffenheit antrifft *).

Manche derartige Gasquellen verbreiten einen leichten, nicht unangenehmen bituminösen Geruch. Es ist wahrscheinlich, dafs dieser, da man an mehreren derselben in den tiefern Erdschichten Asphalt antrifft, durch Verdunstung des lezteren mit bedingt werde. — Vollkommen geruch- geschmack- und farblos kömmt das Gas nur dann zu Tage wenn es vor seinem völligen Austritte durch überstehende grofse permanente Wassermassen streicht. — In manchen Gegenden entwickelt sich dasselbe mit geringen Wasserdünsten, in anderen ohne eine bemerkbare Spur derselben. — Je nachdem die Lager, aus welchen die Emanation hervortritt, dichter oder lockerer geschichtet sind, vermengt sich dasselbe bald weniger bald mehr mit Atmosphärenluft. — Die Temperatur des Gases kömmt, sobald es trocken hervordringt, schon in geringer Entfernung von den Ausströmungsstellen mit dem jedesmaligen Wärmestande der Atmosphäre, und, wenn dasselbe aus Wasserbehältern aufstöfst, unmittelbar über diesen mit dem Wärmegrade der lezteren fast ganz überein.

aus 1 Volumen gasförmigen Kohlenstoffes und 4 Volumina Wasserstoffgas zu $\frac{2}{5}$ vom ganzen Volumen des Gases condensirt und hat, die Atmosphäreuluft als 1 angenommen, ein specifisches Gewicht von 0,6009. Das leztere, unter dem Namen des ölbildenden Gases bekannt, ist aus 1 Volumen gasförmigen Kohlenstoffes und 2 Volumina Wasserstoffgases, von drei Volumina zu einem Volumen condensirt und schwerer indem sein eigenthümliches Gewicht sich nach Saussure zu dem der atmosphärischen Luft wie 0,9852 : 1,000 verhält. Siehe Berzelius l. c. B. 1. Abthl. 1. p. 283 und 285.

*) Es können daher auch keinesweges alle Steinkohlen mit gleichem Nutzen zu Gasbeleuchtungen verwendet werden.

Auf eine oder die andere Weise verdünnt, treten an der narürlichen Kohlenwasserstoffluft einzelne Eigenschaften, welche dem künstlichen chemisch vollkommen reinen angehören, nothwendig in den Hintergrund. Es entzündet sich namentlich die bewegte Quellenluft nur durch leichtes Aufpuffen und nicht durch lebhafte Detonation, auch brennt sie in mehr entkörperten durchsichtigeren Flammen, und bringt eingeathmet keine Erstickungszufälle, ja nicht einmal geringe unangenehme Empfindung in der Brust hervor.

Das in Rede stehende vulkanisch erzeugte Gas darf übrigens unerachtet seiner allerdings grofsen Variabilität dennoch keineswegs mit der in Morästen, aus faulenden Pflanzen und verwesenden animalischen Stoffen entstehenden, ebenfalls brennbaren Kohlenwasserstoffluft verwechselt werden, indem sich die überaus grofse Unreinheit der lezteren schon durch den ihr eigenen, modrigen höchst widrigen, bei manchen Personen auf der Stelle Eckel, ja Brechen erregenden Geruch und Geschmack hinlänglich offenbart.

## §. 50.
## Schwefelwasserstoffgasquellen.

Das Schwefelwasserstoffgas kömmt nur aus mit demselben überschwängerten Wassermassen zu Tage. Es verräth sich zunächst durch einen sehr unangenehmen, den faulen Eiern ähnlichen Geruch, und dadurch, dafs dasselbe polirte Metalle jeglicher Art, im Wege der Zersetzung mit einem mannichfach nüancirten, braunschwarzen Anflug überzieht. Spärliche Entwickelungen hepatischer Luft erzeugen keine sichtbare Bewegung des Wasserspiegels, beträchtlichere geben denselben hingegen vornehmlich, wenn sie mit gleichzeitiger Ausscheidung Kohlensauren Gases von sich gehen, durch aufstofsende kleinere und gröfsere Blasen ein wallendes Ansehen.

Unter den viel verbreiteten, namentlich auch in Italien und Deutschland häufig vorkommenden diesfälligen Quellen zeichnen sich die der Solfatara-Seen bei Rom durch Mächtigkeit und Gasreichthum ganz besonders aus. Ihre Schilderung macht jene der zahlreichen analogen, weil geringeren Emanationen hier entbehrlich, wo das äufsere Verhalten derselben nur im Allgemeinen nachgewiesen werden soll.

An der Strafse, welche von Rom aus dem San Lorenzo Thore nach Tivoli führt, trifft man zwischen der zwölften und dreizehnten Miglie, in südöstlicher Richtung, die Gruppe der Solfataraseen. Sie liegen in einer platten, mehre Fufs dicken, weit ausgedehnten, mit langem Grase, Moos, Scirpusbüschen und kleinem Gesträuch überwachsenen, von rasch fliefsendem Wasser unterminirten Kalksinterdecke, aus deren wiesenartiger Oberfläche einzelne nackte, kreideweifse Stellen hervorleuchten. So weit jenes Gewölbe reicht, vernimmt man bei festem Auftreten dumpfhallende Töne, und bei raschem Fahren ein deutliches Erbeben des ganzen Bodens *).

Von jenen Seen ist der sogenannte Lago dei tartari am wenigsten wasserreich. Als ich ihn am 25ten April 1830 besuchte, enthielt er nur in kleineren getrennten Tümpeln angesammeltes Wasser. Sein Becken gewährte, da es gröfstentheils aus überaus verworrenen, mit weifsem Kalksinter überzogenen Wurzeln, Sträuchern, abgebrochenen Zweigen und Schilfhalmen zusammengesetzt schien, den Anblick, als sei hier die Pflanzenwelt durch einen Zauberschlag in Stein umgewandelt worden. Das in den vertiefteren, durch die Unebenheit des Bodens schwer zugänglichen Stellen noch vorhandene, hier und da von Schwefelleberluftblasen, welche aus einzelnen Spalten hervordrangen, durchströmte Wasser war kühl, klar, und hatte einen streng salzigen, widrig bitterlichen Geschmack. In dieser Beziehung sowohl als Hinsichts der Hauptmischungs-Verhältnisse, kam dasselbe nicht nur mit dem der übrigen Nachbarseen, sondern auch mit jenem der Salza, eines klei-

*) Ein ähnliches noch auffallenderes Erdröhnen vernimmt man beim Betreten des Solfataragewölbes von Puzzuoli, und nach Humboldt der Terra hueca, welche sich, von heifsen Quellen unterminirt, in der Ebne gegen Casnay, zwei Meilen östlich von der Stadt Cariaco erstreckt. Die Sprudeldecke Carlsbad's und der Boden Pietra mala's (S. §. 48.) gewähren analoge Erscheinungen.

nen Flusses überein, welcher vor dem Südthore Pestums, in dem Bette einer über die ganze Gegend ausgebreiteten, stellenweise mit Humus bedeckten Sinterdecke zum nahen Meere hineilend, die Gewächse ebenfalls, vorzugsweise aber sämmtliche am Ufer wachsenden, in steinigen Kalkhüllen erstarren läfst. Die Analysen der bereggten Mineralwässer, welche ich in Neapel und Rom, (dort unter Beistand des Herrn Professor Cassola) qualitativ anstellte, ergaben fast ganz übereinstimmend eine ungewöhnlich grofse Menge Sulfate, Carbonate und Hydrochlorate von Kalk, Soda nnd Magnesia. Nicht minder erschienen die aus jenen Wässern abgeschiedenen Tuffe einander sehr ähnlich; indem sie, nach den an mitgenommenen Exemplaren zu Berlin durch Herrn Professor Mitscherlich und Herrn Apotheker Helming unternommenen Zerlegungen, durchgehends als beinah völlig reiner, nur mit geringen Atomen Gips und Eisenoxyd gemischter kohlensaurer Kalk reagirten. Auch kamen die betreffenden Ablagerungen darin überein, dafs die einzelnen Stücke nach Mafsgabe ihres, durch höheres Alter zugenommenen Verlustes an Krystallisationswasser, an Festigkeit immer mehr und mehr gewonnen hatten. Die Härte der ältesten an den Solfataraseen, wie an der Salza aufgefundenen diesfälligen Niederschläge erschien so beträchtlich, dafs ich nur schwierig Theile derselben mit dem Fäustel zu trennen vermochte *).

Der Grund aus welchem übrigens Versteinerungen im Lago dei tartari, der diesen Namen (Tuffstein-Seen) sehr bezeichnend führt, vorzugsweise schnell und umfangreich zu Stande kommen, liegt darin, dafs sein flach hingedehntes, selten gefülltes Becken die in wärmeren Klimaten ohnehin rascher vor sich gehende Verdunstung noch mehr beschleuniget, und dafs die Ruhe seines Wassers die

*) Unstreitig mag diese ihre Eigenschaft, an der Luft immer mehr zu erhärten, die Erhaltung der drei merkwürdigen Tempel Pestum's wesentlich begünstiget haben, welche zu den vorzüglichsten Denkmählern altgriechischer Baukunst gehörig, aus dem fraglichen, dem Salzaflüfschen ganz nahe liegendem Sinter errichtet, unerachtet seiner grofsen Porosität, dennoch nun schon weit über 2000 Jahr dem allzerstörenden Zahne der Zeit fest widerstanden.

Ausscheidung der unlöslicheren Bestandtheile aus dem Menstruum eben so wie das Anschiefsen derselben an feste Gegenstände beträchtlich erleichtert. In den anderen Solfataraseen so wie im Salzaflusse wird der fragliche Process, unerachtet fast ganz gleicher chemischer Beziehungen, durch die Anhäufung weit gröfserer, tieferer Wassermassen, und besonders durch die ununterbrochenen raschen Strömungen in nicht geringem Grade gestört.

Die übrigen drei Solfataraseen sind kaum eine kleine halbe Stunde von dem eben beschriebenen entfernt. Zunächst trifft man auf den Inselsee, Laghetto delle isole natante.

Er führt diesen Namen, weil einige, ungefähr 10 Fufs im Durchmesser haltende und an 3 Fufs dicke, aus zusammengesinterten Blättern und Wurzelstücken gebildete, mit etwas Humus, Gras und kleinem Strauchwerke bedeckte Inseln auf demselben schwimmen. Während bewegter Luft werden sie auf dem Wasserspiegel umhergetrieben, sonst lehnen sich dieselben an das Ufer, sind aber leicht von demselben abzustofsen. Mein Führer versicherte, dafs ein Engländer noch vor wenigen Jahren den Versuch eine derselben zu betreten schwer büfste, indem er durch ihr Schwanken herabfiel, und vom Strome unter die hohlen Ufer fortgerissen, spurlos verschwand. Das fragliche Becken hat bei einer Tiefe, welche zu 175 Fufs angenommen wird, kaum 400 bis 500 Schritte im Umfang. Schöpft man Wasser, was vorsichtig geschehen mufs, denn leicht bricht der stellenweise blos aus incrustirten Wurzeln bestehende Uferrand ein, so erscheint es klar. Im See hingegen hat dasselbe eine bläulich weifse, wie durch Milch getrübte, etwas opalisirende Farbe. Nach der ganzen Ausdehnung des Wasserspiegels steigen theils viele kleine, theils einzelne sehr beträchtliche Luftblasen empor. Wirft man einen gröfseren der zerstreut umherliegenden Tuffsteine in die Wellen, so entsteht da wo er niedersinkt, nach Ablauf von anderthalb Minuten, ein in immer gröfserem Kreise bewegtes Aufbrausen, als siede die Flüssigkeit lebhaft. Gewöhnlich dauert diese Erscheinung fast ½ Stunde und zu Ende derselben werden stets grofse, von vielen weifsen Flocken begleitete Luftblasen emporgestofsen. In geringer Entfernung vom nördlichem Ufer erhebt sich die sehr verfallene Ruine der ehemaligen Bäder Marc-Agrippa's, welche sein Kaiserlicher Gönner August benutzt haben soll. Aufgefundene Marmorsäulen und starke Bleiröhren bekunden die ehemalige Pracht und Bestimmung der jetzt verworrenen Trümmer. Vermöge eines unregelmäfsig gewundenen, an 50 Schritt langen, rasch abfliefsenden Baches, steht der beschriebene See mit dem kleineren und weniger tiefen Lago delle collonelle in Verbindung. Auf ähnliche Weise hängt der leztere wieder mit dem ebenfalls geringeren Lago S. Giovanni zusammen. Da wo das Wasser in den Verbindungsbächen flacher fliefst, bemerkt man in demselben eine Menge lockerer, leicht zu Boden sinkender, oder an Steinspitzen und Grashalmen sich hängender, weifser Körperchen, welche bezüglich ihrer Gestalt den Schneeflocken ähneln. Frisch gesammelt sind sie zwischen den Fingern leicht zu zerreiben, schmecken, vom Wasser noch durchdrungen, widerlich, salzig bitter. Getrocknet brennen sie mit bläulichen Flammen, und verhalten sich in ein Glasröhrchen gebracht, mit dem Löthrohre behandelt, dem stechenden Geruche, wie dem sublimirten strohgelben Anfluge nach, als reiner, nur einen geringen erdigen Rückstand zurücklassender Schwefel. Am meisten kommen sie mit der Schwefelmilch überein, enthalten wie diese etwas Schwefelwasserstoffgas, und nehmen wenn dasselbe beim Schmelzen entweicht, eine hochgelbe Farbe an. Durchaus ähnliche kreideweifse Flocken beobachtete ich an der kalten, krystallhellen, so heilsamen Acqua media von Castellamare, wo man denselben den Namen Fiori d'acqua beilegt, und sie zum ärztlichen Gebrauche für Kranke sammelt, bei welchen das Mineralwasser unzulänglich auf Leibesöffnung wirkt.

Sämmtliche Solfataraseen, welche Strabo und Pausanias mit dem gemeinsamen Namen der Albola bezeichnen, waren sonst gröfser und wahrscheinlich in ein Becken vereiniget. Nachdem ihr Wasser bei heftigem Andrange die Sinterdecke oftmals durchbrach und hiedurch zerstörende Ueberschwemmungen veranlafste, liefs der Cardinal Hippolit von Este dasselbe durch einen Abzugscanal in den Anio leiten, mit dem es jetzt in die Tiber fällt. Ueber diesen schützenden Graben führt, wenn man die fraglichen Seen verläfst, um seine Wanderung auf der eingeschlagenen Heerstrafse weiterhin nach Tivoli fortzusetzen, eine Brücke, Ponte sulfureo, unter welcher das unverändert bläuliche Wasser schäumend dahinströmt.

In welcher Menge Schwefelwasserstoffgas sowohl aus den Solfataraseen, als aus deren Abzugsgräben entwickelt wird, zeigt der Umstand, dafs sich dasselbe in dem Umkreise einiger Miglien durch seinen Geruch nach faulen Eiern verräth. Dieser wird ebenmäfsig mit der Annäherung zu den Ausströmungsorten intensiver und fast ekelerregend. Beugt man sich an sicheren Ufer-Stellen nieder, um das Gas eben aufstofsender Blasen möglichst unmittelbar in die Lungen zu ziehen, so entsteht das Gefühl von unangenehmer Beengung in der Brust, dem bei wiederholten Versuchen bald merkliche, mit Druck in der Stirn verbundene Eigenommenheit des Kopfes folgt. Beide Wirkungen werden um so undeutlicher, je mehr das Gas, höher über dem Wasserspiegel, mit atmosphärischer Luft vermengt zu den Lungen gelangt. Für reines Schwefelwasserstoffgas kann ich die in Rede stehende Gasströmung unerachtet des starken hepatischen Geruches nicht halten; wohl herrscht dasselbe in ihr vor, doch enthält sie gewifs zugleich beträchtliche Theile kohlensauren Gases. Schon die Empfindungen, welche das Luftgemenge hervorbringt, noch mehr aber der Umstand, dafs es mit Kalkwasser geschüttelt, lezteres trübt, was bei dem Zutritt reiner Hydrothion-Säure nicht der Fall ist, bestätigen die ausgesprochene Vermuthung. Unerachtet des grofsen Ueberflusses, durch welchen jenes stark mineralisirte und überaus gasreiche Wasser, Bäche und Seen bildet, wird dasselbe, wie mehrere dasige Aerzte, namentlich Tagliabeau und de Matheis mir versicherten, zu medicinischen Zwecken nicht gebraucht. Es mögen hiezu die Malaria der Umgegend sowohl, als jetzt die gröfsere Entfernung Rom's, welches während seiner Glanzperiode weit ausgedehnter den Quellen der Albola um Vieles näher lag, gemeinsam beitragen.

Aufser den eben beschriebenen mächtigen hepatischen

Gasströmungen kommen in Italien viele ganz analoge, wenn gleich dem Umfang nach geringere vor. Schon seit langen Zeiten sind die von Borgamaro, Castellamare, Chianciano, Contursi, Pisciarelli, Spezia, Trescore, Valdieri, Valtelina, Voltaggio, Viterbo bekannt, und besonderen Ruf erwarb sich neuerdings der von Zecchinelli zuerst empfohlene und soweit mich die an Ort und Stelle unternommene Prüfung lehrte, ungemein reichhaltige Schwefel-Brunnen, welchen man nahe am Wege von Bataglia nach Arcqua, nach Petrarca's Grabstelle, antrifft. In Deutschland begegnen wir ebenfalls zahlreichen Hydrothion-Gasquellen, welche sowohl in dessen nördlichen als südlichen Gegenden die Erdrinde durchbrechen. Von denselben will ich nur die Baden's bei Wien, Boll's, Coppenbrügg's, Doberan's, Eilsen's, Grofs-Endorf's, Ischl's, Langenbrücken's, Nenndorf's und Weilbach's anführen *).

## §. 51.

### a. Uebersicht der physikalisch-chemischen Beziehungen.

Es sollen hier nur jene allgemeinen, physikalisch-chemischen Verhältnisse der Schwefelwasserstoff-Emanationen zusammengestellt werden, welche den Arzt besonders angehen.

Das reine Schwefelwasserstoffgas besteht nach Berzelius aus 2 Volumen Wasserstoffgas und 1 Volum Schwefelgas zu 2 Volum condensirt **). Der eigenthümliche, in der Nähe verschiedener Quellen mehr oder weniger starke Geruch nach faulen Eiern, und die zugleich an denselben entstehende, lichtere oder dunklere Bräunung der regulinischen Metalle, bekunden schon an sich mannichfache, rücksichtlich

*) Mehrere andere führt Osann l. c. B. I. p. 291 — 295, so wie B. II. a. m. O. und Wurzer in seine Schrift über Nenndorf, l. c. p. 95 an.

**) Vergl. Berzelius Lehrb. d. Chemie. B. I. Abthl. 2. p. 642., woselbst zugleich die Schwefelwasserstoffsäure als aus 94,176 Th. Schwefel und 5,824 Wasserstoff zusammengesetzt angenommen wird.

des medicinischen Gebrauches genau zu beachtende, nicht unbeträchtlich von einander geschobene Concentrations-Grade der fraglichen Gasart. Zu den spontan vorkommenden, wichtigeren Verbindungen derselben zählen wir vornemlich die mit Kohlensäure, mit Stickstoff, und Kohlenwasserstoffgas; vom ersteren enthält das hepatische Quellengas, dem Volum nach, oft ⅛ und noch mehr, vom zweiten seltener eine gleiche, und vom dritten gewöhnlich die geringste Menge. Unerachtet das fragliche Gas nicht nur alle übrigen Hydrogene, sondern selbst die Atmosphärenluft an Schwere übertrifft *), verbindet es sich dennoch mit der lezteren, neben fast gänzlicher Zurücklassung der noch lastenderen Kohlensäure, ungemein leicht, und verliert mit derselben mehr und mehr verschmelzend, nach Mafsgabe der Entfernung von den Ausströmungsstellen, stufenweise an Intensität. Nirgend zeigte sich die beregte Quellenluft vom Wassergase ganz frei, stets fand ich sie mit lezterem, und zwar um so reichlicher versetzt, je wärmer die Wasseransammlungen waren, aus welchen dieselbe hervortrat.

Vermöge der erwähnten mannichfachen Beimischungen verdünnt und gemildert, erscheint das natürliche Schwefelwasserstoffgas von dem einfachen, durch chemische Zubereitungen gewonnenen, sehr verschieden; es schmeckt nicht sauer wie dieses, hört ohne zufällige ungewöhnliche Concentration bald auf entzündbar zu sein, und verliert vor Allem andern die giftige Natur durch welche das künstliche, vollkommen reine, dem Thier- wie dem Pflanzenleben rasche Vernichtung bringt.

Anlangend die Temperatur, so weicht das fragliche Gas, unmittelbar über dem Wasserspiegel, von jener der Wassermassen, aus welchen es aufstöfst, wenig oder gar nicht ab, nimmt aber von denselben, auch nur um etwas entfernt, sehr bald die der Atmosphäre, oder anderer leitender Medien an.

*) Das spezifische Gewicht des Schwefelwasserstoffgases beträgt, das der Atmosphärenluft als Einheit gesetzt, nach Gay-Lussac und Thenard 1,1912. — S, Poggendorf's Annal. B. 17. p. 531.

## *Capitel II.*

# Wirkungen der Hydrogengase auf gesunde Individuen.

§. 52.

Die betreffenden Wasserstoffgase fliefsen auf das Thierleben sehr entschieden ein. Sie depotentiiren gleich den diffusiblen narkotischen Substanzen die Thätigkeit des Nervensystems, setzen den Oxydationsprocess überhaupt, besonders aber in den Lungen herab, begünstigen die faulige Zersetzung und gehören daher in die Reihe der septischen Gifte. Allgemeinhin wohnen jene Eigenschaften dem einfachen Wasserstoffgase in geringerem, dem gekohlten in etwas höherem, und dem geschwefelten im höchsten Grade bei. Völlig rein sind sämmtliche beregten Gase irrespirabel; mit atmosphärischer Luft vereinigt werden sie dagegen ohne Nachtheil, und unter bestimmten Umständen sogar als heilsame Arzneien, von den Lungen sowohl als von der Haut und dem Darmkanale aufgenommen.

§. 53.

Einfaches ungemischtes Hydrogengas scheint, nach den Erscheinungen, welche es eingeathmet zur Folge hat, den Tod mehr auf negativem Wege, mehr dadurch herbeizuführen, dafs dasselbe den Respirations-Process, welcher nur durch Vermittelung der Atmosphärenluft vor sich geht, nicht zu unterhalten vermag. Thiere, welche man in dies Gas bringt werden stufenweise immer matter, und verfallen bald in Bewufstlosigkeit, aus welcher sie indefs, zeitig genug in Sauerstoffgas gelegt, ohne zurückbleibenden Nachtheil erwachen. Nur, wenn man diesen Versuch zu lange fortsetzt, erlischt das Leben gänzlich. Menschen athmen reines Wasserstoffgas einige, jedoch nie längere Zeit ohne Mifsbehagen. Zwar wollen es Manche Stunden lang mit vollkommen ungetrübtem Befinden in die Lungen gezogen haben, doch täuschten sie sich gewifs hiebei. Vermöge seiner grofsen, die Atmosphärenluft weit übertreffenden Leichtigkeit *) entweicht nemlich das fragliche Gas nicht

*) Mit der atmosphärischen Luft verglichen, beträgt die specifische

nur schnell, sondern es dringt auch wegen des schwereren die Lungen-Zellen theilweis ausfüllenden Luftgemenges, blos unter Beobachtung des umsichtigsten Verfahrens in dieselben. Lediglich dann wenn das Wasserstoffgas bei genau verschlossenen Nasenlöchern und fest zwischen die Lippen genommenem Mundstücke, unmittelbar nach vorhergegangener starker Exspiration, aus belasteten Gasometern in die Lungen gesogen wird, kann es sich in denselben hinlänglich verbreiten. Bei diesem Verfahren verliert sich aber auch schon nach einigen Athemzügen die Frische der Gesichtsfarbe sowohl als die Muskelkraft, und in wenigen Minuten verbietet immer zunehmende Ermattung das Fortsetzen des Experiments, nach welchem jedoch die Kräfte, sobald nur reine Atmosphärenluft in die Lungen tritt, bald wiederkehren *). — Mit 1 bis 2 Theilen atmosphärischer Luft vermengt, erzeugt das Wasserstoffgas, vorausgesetzt dafs dasselbe von Kohlenstoff und Schwefel vollkommen frei ist, eine behagliche Müdigkeit. Allen und Pepys fanden, dass Meerschweinchen, welche man mit einem solchen Luftgemenge umgab, stets in tiefen Schlaf versanken. Wird das fragliche Gemisch von Menschen geathmet, so entsteht in der Brust ein Gefühl besonderer Leichtigkeit, dabei trübt sich aber das Incarnat ebenfalls bis wieder freie Luft zu den Lungen gelangt. Führt man längere Zeit fort, auf die erwähnte Weise verdünntes Hydrogengas einzuathmen, so tritt Ermüdung ein, welche stufenweise gesteigert, ohne das mindeste Zeichen von Uebelbefinden, zuletzt in sanften Schlaf übergeht **).

## §. 54.

Kohlenwasserstoffgas wirkt unverselzt weit intensiver als reines Hydrogen. Schon wenige Athemzüge reichen hin um offenbare, nicht mehr schnell vertilgbare Narkose herbeizuführen. Zwar ist das fragliche Gas weniger leicht als das wasserstoffige, jedoch steht dessen spe-

Schwere des Hydrogengases nach Berzelius nur 0,0688. Vergl. Poggendorfs Annalen etc. Bd. 17. p. 530.

*) Berzelius l. c. Bd. I. Abth. 1. S. 201 uud Günther l. c. p. 111 und 112.

**) Vergl. Berzelius B. I. Abth. 1. p. 201 und Günther p. 113.

cifische Schwere noch immer weit hinter jener der atmosphärischen Luft *); wodurch man ohne genaue Beachtung der bereits erwähnten, bei den Athmungs-Versuchen unerläfslichen Mafsregeln, auch hier mannigfach getäuscht werden kann. So hielten mehre Experimentoren mit Nysten und Orfila das Kohlenwasserstoffgas in chemischer Hinsicht für allzu indifferent, wenn sie glaubten dafs dasselbe nicht positiv sondern nur dadurch wirke, dafs es aus Mangel an Oxygen die Phänomene der Respiration hemme **). Davy empfand nemlich schon bei dem ersten Athemzuge Erstarrung in den Brustmuskeln, bei dem zweiten ein überwältigendes Spannen in den Lungen, grofse Unempfindlichkeit gegen äufsere Eindrücke, und während des dritten verlor er den nöthigen Willenseinflufs um das Mundstück der Leitungsröhre länger zwischen den Lippen zu halten. Es verflossen einige Minuten, ehe derselbe hiernach wieder zum vollkommen freien Bewufstsein gelangte, und den ganzen Tag hindurch dauerte noch grofse Schwäche, Schwindel und drückendes Kopfweh fort ***). Nach Nysten zeigten die Sectionen von Thieren, welche in dem fraglichen Gas getödtet waren, durchaus keine sichtbar zurückgelassenen Einwirkungen auf die Lungen, auch glaubt er annehmen zu dürfen, dafs das betreffende Gas in zureichender Menge den Venen eingespritzt, wegen seiner grofsen Unlöslichkeit im Wasser, gleich der atmosphärischen Luft nur mechanisch, nur durch Ausdehnung des Herzens, den Tod veranlafst.

Bei Verdünnungen des Kohlenwasserstoffgases, die ohne Beschwerde geathmet werden sollen, ist schon eine beträchtliche Zuthat atmosphärischer Luft erforderlich. Als Davy eine Mischung von 2 Theilen gemeiner Luft und 3 Theilen Kohlenwasserstoffgas in die Lungen zog, empfand er noch Schwindel, Kopfweh und vorübergehende Gliederschwäche †).

*) Dessen spezifische Schwere beträgt mit der Atmosphäre verglichen nach Berzelius 0,6009. Vergl. dessen Handbuch d. Chem. Bd. I. Abth. I. p. 282.

**) Vergl. Orfila l. c. B. 4. p. 89.

***) S. Christison l. c. p. 827.

†) Christison p. 826.

Personen, welche dasselbe mit einem 20 bis 30 Mal grösserem Volumen gewöhnlicher Luft vermengt $\frac{1}{4}$ Stunde lang einathmeten, fühlten nach Günther leichten Schwindel und eine besondere Kühle im ganzen Körper, ihre Lippen erbleichten, die Gesichtsfarbe wurde schmutzig, und der Puls kleiner, wobei sie indeſs insgesammt verringerte Empfindlichkeit in der Brust wahrnahmen *). Die Arbeiter in Steinkohlengruben und Gasbeleuchtungsanstalten halten sich beständig in der fraglichen, jedoch durch atmosphärische Luft sehr verdünnten Gasart auf, und erkranken hiedurch keinesweges **), sondern werden durch das öftere Einathmen des Kohlenwasserstoffgases, in Gegenden wo die Lungensucht häufig vorkömmt, gegen diese nach Hundt's Beobachtungen geschützt ***). Auf Pietra mala athmete ich, wie bereits erwähnt ward, gekohltes, aus Kalksteintrümmern vorströmendes, mit Atmosphärenluft verdünntes Wasserstoffgas tiefgebückt unmittelbar an den Emanationsstellen, und zwar in dem Verdünnungsgrade, bei welchem es noch lebhaft zu brennen vermag, geraume Zeit ein, ohne davon auf irgend eine Weise belästiget zu werden. Länger als eine Viertelstunde standen meine Frau und meine Kinder nebst unseren Begleitern auf dem ausgelöschten, das brennbare Gas lebhaft ausstoſsenden Vulcano maggiore, ohne die mindeste Beschwerde zu fühlen †).

§. 55.

Am heftigsten wirkt unter den wasserstoffigen Gasen die reine Schwefelwasserstoffsäure. Sie unterdrückt, in die Lungen gezogen, das Leben mit Blitzesschnelle, und vernichtet dasselbe in kurzer Zeit unwiderruflich. Nach Thenard's Berechnung soll sogar schon $\frac{1}{1500}$ Theil derselben mit atmosphärischer Luft gemischt und eingeathmet einen Vogel, $\frac{1}{800}$ Theil einen Hund, und $\frac{1}{300}$ Theil in wenigen Minuten ein Pferd tödten. Auf andere Weise in den Körper gebracht, in den Magen, den After, das Zellgewebe eingespritzt, oder auch bloſs durch die Haut eingesogen, hebt das concentrirte Gas ebenfalls den Lebensprocess rasch auf.

*) Günther p. 113.
**) Vergl. Berzelius. B. I. Abthl. 1. p. 340 und Christison S 827.
***) Revue medical. franc. et etrang. August 1826.
†) Vergl. §. 48.

Chaussier injicirte neun Quart in den After eines Pferdes, es stürzte nach einer Minute leblos zusammen, derselbe tödtete ein Kaninchen dadurch, dafs er dessen Körperoberfläche, mit Ausschlufs des Kopfes, zehn Minuten lang mit der fraglichen Luftart in Berührung brachte *). Ihre grofse Löslichkeit im Wasser ist nach Nysten Ursache, dafs dieselbe, den Venen eingespritzt, das Leben rasch vernichtet, ohne aber den Tod, wie die atmosphärische Luft oder das Kohlenwasserstoffgas, durch Ausdehnung des Herzens zu bedingen. Für ihre entmischende Kraft zeugen die Erfahrungen, dafs sie in den Leichen von Menschen und Thieren, welche in derselben umgekommen waren, eine ungemein grofse Neigung zum schnellen Verwesen begründet.

Wie feindlich diese Luft überhaupt dem Leben gegenüberstehe, folgt daraus, dafs sie auch jenes der Pflanzen auf eine der tödtlichen Narkose bei Thieren analoge Weise vernichtet. Turner schlofs eine frische gesunde Kartheusernelken-Pflanze in ein Luftgemisch, welches ungefähr nur $\frac{1}{8}$ Schwefelwasserstoffgas enthielt; bald senkten sich die Blätter welk herab und obgleich die Pflanze nach 24 Stunden der freien Luft ausgesetzt wurde, blieb dieselbe doch in dem asphyctischem Zustande bis sie ganz zusammensank und starb **).

Die fragliche Gasart ist es, welche mit Ammoniumdünsten geeiniget in dem vom Lancisi erzählten Falle durch das Eröffnen des Abzugkanales der Engelsburg, und der Cloake des Leoninischen Stadtviertels, Seuchen über Rom verbreitete, sie ist es, die noch in unseren Tagen, so oft bei dem Ausräumen der Pariser tiefen, geschlossenen Abtrittshöhlen den Arbeitern durch plötzlich eintretendes Coma (Plomb) den Tod bringt. An Leichen der auf die leztere Weise Umgekommenen findet man jedes Mal den Augenglanz binnen ungemein kurzer Zeit ganz erloschen, selbst das arterielle Blut schmierig und schwarz, die Muskel-Contractilität völlig vernichtet, die Bronchien geröthet, Hirn, Lungen, Milz und Leber ungewöhnlich dunkel, die Con-

*) Christison l. c. p. 820.
**) Christison l. c. p. 820.

sistenz aller Theile verringert, die Gefäſshäute wie das Zellgewebe leicht zerreibbar und die Eingeweide nach faulen Fischen riechend. Dabei hat die Ausdünstung jener Verunglückten in der Regel eine so verderbliche Beschaffenheit, daſs mit denselben beschäftigte, vollkommen gesunde Individuen häufig von Uebelkeit, Erbrechen und Schwindel befallen werden und zuweilen anhaltende schwere Nervenzufälle erleiden *).

Durch Verdünnungen mit Azot, mit kohlenwasserstoffiger und kohlensaurer Luft, verliert das übrigens reine Schwefelwasserstoffgas wohl um etwas seine giftige Eigenschaft. Sind diesen Gemischen indeſs nicht zugleich beträchtliche Volumina reiner Atmosphärenluft beigegeben, so lassen Inhalationen sehr leicht, entweder lang nachhaltende Verstimmungen der Respirationsorgane, oder bedenkliche asthenische Fieber zurück. Nur sehr diluirt wird daher das Schwefelwasserstoffgas ohne Nachtheil in die Lungen gezogen. — Der eigenthümliche Geruch desselben kann übrigens Hinsichts der Beurtheilnng des Concentrationsgrades allein nicht entscheiden. Schon durch einen einzigen Kubikzoll des fraglichen Gases wird die Atmosphäre eines gröſseren Wohnzimmmers auf allen Stellen nach faulen Eiern riechend, ohne deshalb bemerklich auf das Athmen einzuflieſsen. In der Entfernung einer bis zwei Miglien verrathen sich die Solfatara-Seen Rom's dem Geruchssinne, und dennoch belästiget das aus denselben entwickelte hepatische Luftgemisch, selbst in ihrer Nähe die Lungen nicht. Nur als ich mich an den Ausströmungsstellen tief niederbückte um die aufsteigende Gasblasen noch vor ihrer freien Vereinigung mit der Atmosphäre möglichst ungemischt in die Lungen zu saugen, verspürte ich nach wenigen Athemzügen Beengung in der Brust und vorübergehendes Kopfweh **).

*) Vergl. Christison p. 820 — 822, und Orfila B. IV. p. 119 — 124.

**) Vergl. §.

## *Capitel III.*

# Medicinische Anwendung der Hydrogengase im Allgemeinen.

### a. Benutzung der künstlichen Hydrogengase.

§. 56.

Bald nachdem die Chemie über die verschiedenen Hydrogengase Licht verbreitet hatte, wurden mehrere derselselben in das Gebiet der Medicin eingeführt. Oft verfehlte Auswahl der Krankheitsfälle sowohl, als überspannte Erwartungen, liessen jedoch den ersten regen Eifer zum Nachtheil der Wissenschaft vor der Zeit erkalten. — Schon die entschiedenen, im vorhergegangenen Kapitel bereits erörterten Wirkungen der betreffenden Luftarten auf den gesunden Organismus rechtfertigen den Schluss, dass dieselben in bestimmten erethischen und von gesteigerter Säuerung abhängigen Leidenszuständen heilsame Umstimmungen hervorbringen dürften, und laut sprechen für diese Vermuthung mehrere wichtige, am Krankenbette gesammelte, von Dobson, Beddoes, Watt, Alyon, Hill, Günther und mehreren Anderen überlieferte Erfahrungen.

Einfaches mit atmosphärischer Luft verdünntes Hydrogengas bewährte sich oftmals in Reizzuständen der Respirationsorgane als ein beruhigendes entzündungswidriges Mittel. — Man gebrauchte hierzu vorzugsweise das mittelst einfacher pneumatischer Apparate aus Zink, Wasser uud verdünnter Schwefelsäure bereitete, wobei indess die drei eben erwähnten Körper chemisch vollkommen rein sein müssen. — Carmichael, Ferriar, Townshend und Beddoes verordneten das fragliche Gas zu $\frac{1}{8}$ mit $\frac{7}{8}$ atmosphärischer Luft gemischt im entzündlichen Zeitraume des Catarrhs, so wie in ausgebildeten, durch Erkältungen entstandenen Brustentzündungen. Eine Viertelstunde geathmet hob es die, mit jenen Affectionen verbundenen, stechenden Schmerzen, verringerte zugleich die Zahl der Pulsschläge, minderte alle Symptome des Fiebers und brachte, 2 bis 4 Mal täglich auf die fragliche Weise gebraucht, Genesung. Maunoir und Paul, welche nach dessen Einathmung jedesmal bemerkten, dass die Stimme klangvoller wurde, gebrauchten es gegen chronische, hartnäckige Heiserkeit*). Le Febure bediente sich desselben innerlich sowohl als äusserlich mit Ruhm gegen Nervenaffection des Gesichtes**). Schwindsüchtige fanden sich bei dessen Anwendung überhaupt freier und besonders hinsichts des Athemholens um Vieles erleichtert***).

Kohlenwasserstoffgas wird im Wege der Destillation von Kampher, Alkohol und Aether, wenn man die Dämpfe durch ein glühendes Rohr leitet, gewonnen†). Auch eignet sich hiezu eine Mischung von 4 Gewichtstheilen concentrirter Schwefelsäure und einem Theile Alkohol. Gewöhnlich bereitet man dasselbe aus schwefelfreien Steinkohlen, wobei jedoch die mitübergehenden anderen Gasarten in Vorlagen auf bekannte Art sorgfältig abzuscheiden sind. Ausser mehreren Aerzten haben vornemlich Pearson, Barr, Lind, Carmichael, Alderson, Redfearn und Garnett das Kohlenwasserstoffgas gegen inflammatorische Catarrhe, gegen reine Entzündungen der Respirationsorgane, gegen Bluthusten, so wie in verschiedenen, mit grosser Reizbarkeit verbundenen, Varietäten der Phthsis, und nicht minder auch bei äusseren erethischen Geschwüren in Gebrauch genommen††). Auf die erwähnten entzündlichen Affectionen der Brust wirkte dasselbe vom ersten Augenblicke der Anwendung sehr erleichternd; die Schmerzen wichen auf der Stelle, der Husten minderte sich, das Athmen wurde freier, und nach angemessenen Wiederholungen des Mittels wich die Krankheit gänzlich. Da wo eitrige Lungensucht bereits unheilbare Grade erreicht hatte, gewährte das Kohlenwasserstoffgas noch Linderung, es beschwichtigte die Fieberbewegungen, und verringerte, indem dasselbe sanften Schlummer

*) S. Schregers Balneotechnik Th. I. p. 127.

**) Ibid. p. 128. u. Gräfes Repertor. p. 41.

***) Vergl. Beddoes l. c. p. 164—165.

†) Von Watt ist behufs der Entwicklung des Kohlenwasserstoffgases ein besonderer Apparat angegeben. S. Cavallo l. c. p. 235.

††) Vergl. Cavallo p. 60—115, Günther p. 102—118. und Schregers Balneotechnik Th. I. p. 135.

herbeiführte, die Qualen schlafloser Nächte. Man lässt es mit 10, 20, 30 Mal grösserem Volumen atmosphärischer Luft vermischt, 5 bis 10 Minuten lang, nach Massgabe der Empfindlichkeit, welche für dasselbe in verschiedenen Individuen sehr abweichend obwaltet, seltener oder öfter einathmen. Erzeugt dasselbe leichten Schwindel nebst behaglicher Müdigkeit, so hat man diese Wirkungen, besonders wenn die wesentlichen Krankheitssymptome dabei nachlassen, nicht zu scheuen, tritt gegentheils bedeutendes Missbehagen ein, so müssen unverzüglich geringere Gaben, in längeren Zwischenräumen, verordnet werden.

Dass der Anwendung des Kohlenwasserstoffgases auch ein prophylaktischer Werth beizumessen sei, und dass es mithin insbesondere bei Anlagen zur floriden Phthisis als ein wichtiges Vorbeugungsmittel gegen die förmliche Entwickelung des Uebels Nutzen gewähren dürfte, dafür zeugen die Beobachtungen, nach welchen Arbeiter in Kohlengruben und Gasbeleuchtungs-Anstalten selbst an jenen Orten frei von dem fraglichen Leiden bleiben, wo dasselbe endemisch unter den Bewohnern verbreitet ist *).

Das künstliche Schwefelwasserstoffgas entwickelt man am zweckmässigsten aus einem Gemenge von Schwefeleisen, Wasser und verdünnter Schwefelsäure. — Merkwürdig ist es, dass dasselbe als Kunstprodukt von den Aerzten bisher so gut wie gar nicht benutzt ward, denn wenn auch bei dem Gebrauche künstlicher Schwefelleberbäder, so wie bei Schwefelunctionen, hepatische Gasentbindungen statt finden, so können diese doch in ihrem ganz zufälligen Verhältniss, nicht den für sich abgeschlossenen, pneumatischen Kuren zur Seite gestellt werden. Es mag der fraglichen Verabsäumung die äusserst giftige Natur des Gases wohl mit zum Grunde liegen. Billigen können wir sie indess deshalb keinesweges, denn je giftiger auch beregte Luftart allgemeinhin erscheint, eine um desto heilsamere Arzenei muss sie in angemessenen Verdünnungsgraden, bestimmten Krankheitszuständen gegenüber, abgeben, und dass dies wirklich der Fall ist, erweist, wie wir später-

*) Vergl. §. 54.

hin sehen werden, die ausgedehnt günstige Anwendung des natürlichen Schwefelwasserstoffgases. Es bieten demgemäss Versuche mit der in Rede stehenden, künstlich so leicht zu gewinnenden Luft, dem Arzte ein weites Feld der Beobachtung dar.

### b. Benutzung der natürlichen Hydrogengase.

§. 57.

Den ärztlichen Gebrauch des natürlichen, chemisch reinen Wasserstoffgases müssen wir so lange dahin gestellt sein lassen, als derartige Luftquellen noch nicht bestimmt nachgewiesen sind, indem sämmtliche bisher bekannten, scheinbar zu der fraglichen Categorie gehörigen immer nur mit überwiegendem Kohlenwasserstoffgase verbunden, zu Tage kommen *).

Anders verhält es sich mit den natürlichen Kohlenwasserstoffgasen. Diese entströmen dem Schosse unseres Planeten in grosser Fülle. Ihre ärztliche Anwendung ist jedoch bis auf unsere Tage verabsäumt geblieben, obgleich wir an den heilsamen Eigenschaften derselben nicht zweifeln können, da sich die analogen künstlich gewonnenen Luftarten gegen mehrfache, im §. 54. nachgewiesene Krankheitsformen bewährten, da ferner den hier in Rede stehenden Gasen deutlich ein vorzugsweise milderer Character aufgeprägt ist, und da sie überdies, durch eigenthümliche Lebensprozesse der Erde hervorgerufen, dem Leben unseres Organismus selbst näher verwandt erscheinen. — Bei krankhaft erhöhter Sensibilität überhaupt, und beim Erethismus der Respirationsorgane insbesondere würden diese Emanationen gewiss um so wohlthätiger wirken, als ihr grosser Gas-Reichthum, jede, der Individualität irgend zusagende Modification der Kur möglich macht. Leicht wären an den kräftigeren Kohlenwasserstoff-Quellen, vermöge angebrachter Gasometer, die verschiedenartigsten Gasdouchen, gasigen Wannen- und Kasten-Bäder beliebig zu speisen, leicht könnte man hier auch noch so geräumige Zimmer füllen, und das denselben

*) Vergl. §. 45.

zugeführte Gas durch Atmosphärenluft willkürlich verdünnen, durch Wasserdämpfe erforderlichenfalls einhüllen, so wie durch Erwärmungs- oder Abkühlungsapparate mit dem, den Umständen zusagenden Temperaturgrade versehen. Zu Rheine in Westphalen, zu Bedlay in Schottland, zu Szlatin, Soras und mehreren anderen Orten Ungarns, zu Pietra mala, Poretto und Barigozzo in Italien, entständen dann neue, wichtige und von uns zum Theil nicht sehr entlegene Kurorte. —

Was den ärztlichen Gebrauch des natürlichen Schwefelwasserstoffgases anlangt, so ist dasselbe bereits seit längerer Zeit gegen Krankheiten, welchen überspannte Nervosität, oder übermässige Oxydationsprocesse zum Grunde lagen, mit günstigem Erfolge angewendet worden. Vielen hepatischen und selbst sehr ergiebigen Emanationen fehlen indess die zu ausgedehnten Gascuren nothwendigen Einrichtungen noch immer. Nur jene Quellen der fraglichen Categorie, welchen einigermassen befriedigende pneumatische Ausstattungen nicht abgehen, können wir näher erwägen. Ihrer gesonderten Betrachtung, so wie dem speciellen Nachweise der Krankheitsformen, gegen welche sie heilsam wirken, sind die nächstfolgenden Kapitel bestimmt.

## *Capitel IV.*

## Nenndorf's Gas-Bäder.

### §. 58.

Die Schwefelwasserstoff - Gasquellen Nenndorf's entspringen in einer der schönsten und fruchtbarsten Gegenden des nördlichen Deutschlands, im Gebiete der Grafschaft Schaumburg. Sie sind zwei Meilen von der Stadt Bückeburg, nur eine Stunde von Bodenberg entfernt, und liegen an der grossen Heerstrasse, welche von Hannover nach Preussisch Minden führt. Ihre Geschichte beginnt mit der Mitte des sechszehnten Jahrhunderts. Agricola, Luthers Zeitgenosse, erwähnt ihrer beiläufig. Späterhin sind sie in mehreren Schriften bestimmter angegeben, bis Schröter, Waitz, Neuber und Wurzer gründliche monographische Arbeiten über dieselben lieferten*). Kurfürst Wilhelm I. von Hessen besuchte sie im Jahr 1786, liess nach eigenem Plane die meisten der noch wohl erhaltenen stattlichen Gebäude aufführen, diese mit schönen Anpflanzungen umgeben, und wurde so der eigentliche Stifter des gegenwärtigen blühenden Kurortes.

§. 59.

Das waldbedeckte Deistergebirge, in dessen Thale sich Nenndorf ausbreitet, besteht aus Kalkstein, welcher tieferhin von Steinkohlenflözen mantelartig umgeben wird.

Die Quellen kommen aus einer starken Decke von Mergel, Thon, Sand- Kalk- und Stinkstein, unter welchen sich stellenweise auch reiner Asphalt vorfindet, zu Tage. Vergleicht man diese Lagerungen mit jenen der Gasströme von Palagonia, Pietra mala und den Solfataraseen, so überzeugt uns ihre Aehnlichkeit von der Analogie der Hauptumstände, welche im Süden wie im Norden das Entstehen wasserstoffiger Emanationen bedingen. —

An mehreren, von einander wenig entfernten Stellen bricht das Mineralwasser in grosser Menge mit einer zwischen + 9 und 11° R. schwankenden Temperatur hervor. Es riecht stark nach faulen Eiern, schmeckt widerlich und erscheint da, wo es vom Zutritte der Atmosphäre abgeschlossen bleibt, krystallhell. Als man während meiner letzten Anwesenheit am 1. September 1832 auf meine Bitte, die Holzbedeckungen von den Quellen hinwegnahm, fand ich das Wasser so durchsichtig, dass selbst in einer Tiefe von 11 Fuss jedes, auch das geringste auf dem Boden liegende Körperchen genau erkannt werden konnte. Auf dem ruhigen Spiegel schwammen hie und da kleine zarte, dünne, kreideweisse Häutchen in geringer Zahl umher; gleichfarbige aber etwas dichtere, waren vereinzelt, theils im Sinken begriffen, theils schon niedergefallen. Ihrer äussern Beschaffenheit nach, glichen sie ganz jenen, welche in der Acqua media zu Castellamare vorkommen**), nur dass letztere in

*) S. Wurtzer p. 77—78. u. Osann II. p. 649.

**) Vergl. §. 50.

Folge lebhafter Strömungen, ein zerrisseneres flockigeres Ansehen haben. Entlang der offenen Abzugscanäle der betreffenden Quellen zeigen sich jene Häutchen sehr reichlich, sie überziehen hier an 60 bis 80 Schritt weit die Fassungswände überhaupt, besonders aber kleine scharfkantige Steine und alle zufällig hineingeworfenen Körper. Von jener Materie umhüllte und getrocknete Reiser brennen mit deutlichem Schwefelgeruche und lichtblauen Flammen. In ein Glasröhrchen gesammelte Häutchen und Anflüge der in Rede stehenden Art sublimiren sich, mittelst des Löthrohrrs behandelt, bei ganz geringem erdigem Rückstande, zu zarten hochgelben Schwefelkrystallen. Ueberhaupt reagirten sie, wie die in den analogen Quellen Italiens beobachteten weissen Flocken als beinahe ganz reine Schwefelmilch *). Ihre Bildung aus dem von die Atmosphärenluft berührten Schwefelwasserstoffgase ist leicht anschaulich zu machen, wenn man frisch geschöpftes klares Mineralwasser in Glasgefässen offen hinstellt. Dasselbe trübt sich nämlich bald, nimmt später eine milchige Farbe an, wird deutlich opalisirend und nach einiger Zeit mit einem dünnen, schleierartigen, grösstentheils aus Schewfelmilch bestehenden Häutchen überzogen.

Nicht blos in der Nähe, sondern auch im weiten Umfange der Quellen verkündet der hepatische Geruch, ausgestossenes Schwefelwasserstoffgas. Zu Nenndorf anlangend, bemerkt man ihn allenthalben am Orte. Bei längerem Aufenthalte ist dies durch eintretende Gewohnheit weniger der Fall. Abends sowohl, als während feuchter neblicher Witterung, nach grosser Hitze, und bei bevorstehendem Gewitter soll derselbe überhand nehmen und während des Füllens der Wannen auf den Corridors der Badecabinette am intensivsten sein. Er verbreitet sich nicht nur im unteren Geschosse der Häuser, sondern steigt auch zu dem oberen empor. — Auf Metalle fliesst das den Quellen entwichene Gas ebenfalls noch fern von den Emanationsstellen ein. Als ich in dem grossen Logirhause auf dem verschlossenen Reagentienkästchen ein, in essigsaure Bleiauflösung getauchtes weisses Papierstreifchen zufällig zurückgelassen hatte, fand ich dasselbe nach wenigen Stun-

*) §. 50.

den schmutzig braun gefärbt. Derartige Wirkungen treten in der Nähe der Ausströmungsstellen schneller, und fern von denselben, in gleichem Masse als die Concentration des Gases abnimmt, langsamer ein. Sogar ganz unbenutzte goldene und silberne Geschmeide nehmen, wenn sie nicht auf das genauste abgeschlossen gehalten werden, bei einem längeren Aufenthalt zu Nenndorf eine schmutzigbraune Färbung an. — Unerachtet die Quellenluft mit dem Wasser leicht Verbindungen eingeht, ist dieselbe doch der Atmosphäre weit näher verwandt. Freistehendes Mineralwasser verliert viel von seinem Gasgehalte. Lebhafte Bewegungen und Erhitzungen beschleunigen dessen Ausscheiden ungemein. Im verspritzten uud wieder aufgefangenen, so wie in dem gekochten Mineralwasser, bleiben nicht einmal Spuren der Hydrothionsäure zurück. Ebenmässig als das fragliche Gas durch die erwähnten Verhältnisse entweicht, werden Schwefel und andere feste Theile ausgeschieden, und geben dann, als undurchsichtige Atome im Wasser umherschwimmend, demselben eine mehr oder weniger trübe, milchige Farbe. Es gründet sich hierauf sowohl das opalisirende Ansehen unbedeckter hepatischer Quellen, auf welches ich schon bei den Solfataraseen aufmerksam machte, als auch die Erscheinung, dass kaltes, krystallhell vorströmendes Mineralwasser bei Anfertigung von Bädern, in demselben Augenblicke, wo es sich mit dem heissen Strahle vermischt, eine auffallend milchige Trübung annimmt.

Nach der Analyse, welche wir Wurzers Bemühungen danken, sollen 16 Unzen des aus der grossen Badequelle geschöpften Wassers, die festen Bestandtheile ungerechnet, an Schwefelwasserstoffgas 2,07, an kohlensaurem Gase 1,40, an Stickgas 0,49, und an Sauerstoffgas 0,02 Kubikzoll enthalten *). Weniger überwiegend erschien das Schwefelwasserstoffgas in dem Trinkbrunnen, und noch geringer im Wasser des Bassins unter dem sogenannten Gewölbe. Abgesehen von diesen gewiss sehr schätzbaren Untersuchun-

*) Auch will man Spuren von Kohlenwasserstoffgas in jenem Gemisch entdeckt haben, jedoch erwähnt ihrer die angeführte Zerlegung nicht. Vergl. Wurzer (1815) l. c. p. 148., so wie dessen jüngere 1824 erschienene Schrift p. 86. und Osann I. p. 116 u. II. p. 644.

gen spricht sich der überwiegende Reichthum der Hydrothionsäure vor dem kohlensauren Gase in den fraglichen Emanationen schon durch das allgemeine äussere Verhalten der Quellen aus, an welchen wir bei ihrem starken Geruche und Geschmacke nach faulen Eiern und bei der weithin verbreiteten specifischen Wirkung ihres Gases auf Metalle, doch nirgend jene brodelnde, den kräftigen Säuerlingen eigenthümliche Bewegung bemerken *).

### Anwendungsformen der Gasemanation.

§. 60.

Die Quellenluft kann auch ohne eigene pneumatische Vorrichtungen zu therapeutischen Endzwecken benutzt werden. Bei ihrer weithin gedehnten Verbreitung in der Atmosphäre des Kurorts empfangen wir sie in verschiedenen Intensitätsgraden ununterbrochen, sowohl durch die Respirationsorgane, als durch die Einsaugungsthätigkeit der gesammten Hautoberfläche. In grossem Masse wird ferner das Schwefellebergas den innersten Gebilden durch laue Mineralbäder zugeführt, wie dies nach ihrer alleinigen Anwendung schon dadurch erhellt, dass die aus dem Magen aufstossende Luft sehr bald einen entschiedenen Geruch nach faulen Eiern annimmt, und dass nach kurzer Frist, frisch ausgeschiedener Harn von normalem Aussehen in Bleiessig getauchte Papierstreifchen schmutzig braun tüncht. Durch Trinkkuren, so wie durch Lavements von Mineralwasser, wird

*) Die beregten, aus dem allgemeinen Habitus hervorgehenden Gründe dringen mir gegen Wöhlers Analyse, nach welcher die Kohlensäure in sämmtlichen Emanationen Nenndorfs die Hydrothionssäuren bedeutend überwiegen soll, um so erheblicheren Zweifel auf, als die Menge des Schwefelwasserstoffgases nur durch Fällung mit einer Silberauflösung gesucht, und nach dem Gewichte des erhaltenen Schwefelsilbers berechnet wurde, wobei das freie, so wie das während des Prozesses aus dem Wasser entweichende Gas nothwendig einen nicht geringen Ausfall gab. Vergl. d'Oleire's und Wöhler's Schwefelwasserquellen Nenndorfs. Cassel 1836. p. 36. u. 42—45. Auch scheinen Wöhlers eigene Worte für die geäusserte Ansicht zu sprechen, wenn derselbe p. 26. sagt: Das Schwefelwasserstoffgas ist der characteristische, der Haupt-Bestandtheil des Nenndorfschen Wassers.

endlich das fragliche, mit dem innern dermatischen Ueberzuge, mit dem Darmkanale in Berührung gebrachte Gas, vermöge des Assimilationsactes, direct den Ernährungsäften einverleibt. Es stehen uns hiernach allerdings verschiedene Wege der Application offen. Wollen wir jedoch die gasigen Einwirkungen besonders hervorheben, wollen wir diese von jenen der übrigen Factoren des Mineralwassers getrennter zur Anwendung bringen, ihren Einfluss bestimmter nach einzelnen Organen hinleiten, und sie überhaupt dem Leidenszustande auf das genaueste anmessen, so dienen hiezu besondere Vorrichtungen, und namentlich zu dem Behufe eigens ausgestattete grössere und kleinere Gasgemächer, Gaskästen nnd nicht minder sowohl einfache als mit Wasserdämpfen verbundene Gasdouchen.

a. Der Gas-Salon Nenndorfs ist zum gemeinschaftlichen Aufenthalte mehrerer Personen, welche stärkerer Inhalationen vorzugsweise bedürfen, bestimmt. Er erhät sein Licht theils seitlich durch ein grosses Bogenfenster, theils von oben durch eine aus buntfarbigen Glasscheiben zusammengesetzte Kuppel*). In der Mitte des ovalen, freundlichen Gemaches befindet sich ein Bassin, aus welchem das Mineralwasser in einem, mehrere Fufs hohen Strahle, fontainenartig emporsprudelnd im Niederfallen auf einen scheibenförmigen Absatz treffend von neuem zertheilt wird, um die Ausscheidung des Gases durch lebhafte Bewegung sowohl, als durch eine immer wieder erneuete Oberfläche möglichst vollständig vor sich gehen zu lassen. Der fragliche Zweck wird hiedurch in dem Grade erreicht, dass angewendete Reagentien keine Spur von Schwefelluft in dem, am Boden des Behälters angesammelten Wasser entdecken lassen und dagegen die Gegenwart derselben an allen höheren und niederen Stellen des Zimmerraums deutlich bekunden. Ruhebänke, Sessel, mit Schach- und Da-

*) Herr Dr. d'Oleire, jetziger Brunnenarzt zu Nenndorf, hatte die Güte, mir, als diese Bogen niedergeschrieben waren, unterm 10. April 1836, den von den betreffenden Einrichtungen handelnden Theil seiner über Nenndorf herauszugebenden Monographie in Manuscript zu übersenden, wodurch ich in den Stand gesetzt ward, meine Arbeit dnrch mehrere interessante Ergänzungen zu vervollständigen.

menbrettern versehene Tischchen laden dazu ein, die hier zuzubringende Zeit auf die eine oder andere Weise angenehm zu kürzen.

b. Zu isolirtem Aufenthalte stehen drei bequem gelegene kleine Gaszimmer und zwei Schlafkabinette zu Gebote. Sie sind so eingerichtet, dass man ihre Atmosphäre dem jedesmaligen Bedürfnisse der Kranken gemäfs, durch Stellung des an dem Leitungsrohre angebrachten Hahnes, beliebig mit einer geringeren oder beträchtlicheren Menge des Gasgemisches zu schwängern vermag. — In einem dieser Zimmer wird dasselbe dadurch entwickelt, dafs hermetisch abgeschlossenes, erwärmtes Mineralwasser aus einer hohen Röhrenmündung hervorströmend auf einer steinernen Platte des Fufsbodens zerschellt. — Für die übrigen geschieht dessen Sonderung auf dem sogenannten trockenen Wege. Behufs dessen wird mittelst eines besonderen Mechanismus ununterbrochen zufliefsendes, rastlos bewegtes Mineralwasser ins Unendliche getheilt, und das hiedurch ausgeschiedene Gas in einen Behälter geleitet, aus welchem es durch Leitungsröhren zu dem Orte seiner Bestimmung gelangt.

c. Gas-Dampfkästen. Sie sind auf bekannte Weise zweckmäfsig construirt, in einzelnen Gemächern aufgestellt. Vermöge derselben können wir erwärmte, mit Schwefelgas imprägnirte Mineralwasserdämpfe von geringerem oder höherem, dem Krankheitszustande entsprechendem Temperatur- und Condensationsgrade hauptsächlichst auf das Hautsystem wirken lassen. Unstreitig gehören dieselben, in sofern die Hydrothionsäure von der Haut willig aufgenommen wird, mit zu den kräftigsten diesfälligen Anwendungsformen. In den fraglichen Kabinetten befinden sich versenkte Wannen, damit Kranke gleich nach dem Gasbade ein laues Wasserbad von einigen Minuten nehmen können, falls jenem etwa zu lange anhaltende, aus irgend einem Grunde contraindicirte Schweifse folgen. An diese Räume stofsen kleine, mit Ruhebetten ausgestattete Zimmer, in welchen man verweilt, um nach beendetem Schwitzen nicht unmittelbar in die freie Luft zu treten.

d. Gas-Dampfdouchen. — Behufs derselben wird

frisches Mineralwasser in verschlossenen Behältern erhitzt und die aus demselben entwickelte, mit Wasserdämpfen verbundene Schwefelluft in einem Gasometer aufgefangen, um sie vermöge mehrerer, durch Wandlöcher hindurch geführte bewegliche Schläuche, in einem dazu bestimmten Gemache, vorzugsweise örtlich auf leidende Theile anzuwenden. Hiebei giebt man dem durch die Last des Gasometers kräftig vordringenden Strahle, mittelst verschiedener an die Schläuche zu befestigenden Aufsätze, einen gröfseren oder geringeren Durchmesser, je nachdem der individuelle Fall dies erheischt.

### Allgemeine Wirkungen der Quellenluft.

§. 61.

Der chemischen Prüfung gemäfs besteht die Gasemanation Nenndorfs hauptsächlich aus Schwefelwasserstoff- und kohlensaurem Gase. Von der ersten, von der hepatischen Luft ist es bekannt, dafs sie die Sensibilität unter allen Umständen niederdrückt, Entsäuerungen des Thierstoffes begünstiget, die Blut-Coagulation verringert und die Sepsis mehrt*); von dem kohlensauren Gase wissen wir, dafs dasselbe hingegen die Nerventhätigkeit in kleineren Dosen steigert und in gröfseren herabstimmt, dafs es die Säuerung des Thierstoffes befördert und die Sepsis beschränkt**). So contrastirende Einwirkungen könnten sich nun allerdings in ihrem Zusammentreffen gegenseitig aufheben. Es findet dies jedoch hinsichts der in Rede stehenden Gasmischung nicht statt, weil die hepatische Luft an sich verhältnifsmäfsig intensiver als das kohlensaure Gas auf den Lebensprozefs einfliefst, und weil dieselbe noch überdies in dem fraglichen Gemenge merklich vorherrscht. Die betreffende Zuthat an Kohlensäure hat man mithin nur als ein zügelndes Corrigens zu betrachten, durch welches die Kräfte der Hydrothionsäure keinesweges vernichtet, sondern nur angemessen beschränkt werden. Hiernach ergiebt es sich von selbst, dafs die Nenndorfer Quellenluft all-

*) §. 55.
**) §. 54.

gemeinhin lediglich in Krankheiten, welchen überspannte Nervosität oder übermäfsge Oxydationsprozesse zum Grunde liegen, nie aber in jenen heilsam zu werden vermag, die aus gesunkenem Nervenleben oder verringerter Säuerung hervorgehen. Beläge hiefür geben zahlreiche am Kurorte gesammelte Thatsachen: Nach Gebhard's, Schröter's, Neubert's, Waitz's, Zägel's, d'Oleire's und meinen Erfahrungen nützte nemlich das beregte Gasgemisch augenscheinlich in Neuralgieen, in Krampfbeschwerden, in Lungenübeln von übermäfsiger Blutbereitung, in Rheumatismen, schmerzhafter Gicht und erethischen Scropheln, es brachte dagegen bei Atonieen, bei grofser Hinfälligkeit, beim Asthma der Alten, bei Colliquationen jeder Art, so wie bei vorgeschrittenem Scorbute stets Nachtheil.

Aber auch in jenen Leidenszuständen, in welchen die Nenndorfer Quellenluft entschieden indicirt erscheint, bewährt sich dieselbe lediglich dann, wenn sie sowohl der Form als dem Verdünnungsgrade nach, den individuell gegebenen Verhältnissen auf das genaueste angemessen wird, wenn der Arzt erforderlichenfalls neben ihrem Gebrauche, auch andere durch fortdauernde ursächliche Verhältnisse, oder wichtige Complicationen gebotene Mittel zu Hülfe nimmt, und wenn der Kranke die diätetischen, für seine Herstellung nothwendigen Massregeln sorgsam beachtet. Dafs übrigens die betreffende Gasemanation bei zu tief wurzelnden, organisch gewordenen, mit unübersteiglichen Hindernissen verbundenen Uebeln keine radikale Heilung, sondern nur Linderung gewinnen lasse, gilt von ihr ganz wie von jedem anderen Mittel.

Die Nachwirkungen der hepatischen Gaskuren sind oft von beträchtlicher Dauer. Fast immer bleiben noch weit hinaus über die Periode der Anwendung, materielle Inhäsionen der Schwefelluft deutlich bemerkbar. Bei den meisten Individuen, welche die Quellenluft anhaltend benutzten, reagirt lange nachher, nicht nur der Urin, sondern auch der Schweifs auf Hydrothionsäure. Auch lehrt die Erfahrung, dafs nach völlig abgeschlossenem Heilverfahren, in die Heimath Zurückgekehrte, an ihrer Leibwäsche, wenn sie kaum 24 Stunden getragen ward, selbst bei täglichem Wechsel, in der Regel noch mehrere Wochen hindurch den widrigen Geruch nach Schwefelwasserstoffgas sehr bestimmt wahrnehmen.

## Heilkräfte der Quellenluft in bestimmten Krankheitsarten.

§. 62.

Unter den Krankheitszuständen, gegen welche Nenndorf's Gasemanationen heilsam befunden wurden, haben wir hauptsächlichst folgende hervorzuheben:

a. Leiden der Respirationsorgane. — Die fraglichen Gebilde, deren ganzer Bau eigens zum freien Verkehr mit der Atmosphärenluft eingerichtet ist, können nur gasige Arzneistoffe direct aufnehmen. Bei ihrem Erkranken bedient man sich daher des in Rede stehenden Quellengases vorzugsweise in Form der Inhalationen. Indem das auf diesem Wege zugeleitete Schwefelwasserstoffgas seine reizvermindernde Kraft unmittelbar auf die gesammte innere Lungenfläche ausübt, kann es hiedurch anomale Zustände derselben offenbar auch am unmittelbarsten heben.

Günstige Erfolge sah man von den beregten Einathmungen bei hartnäckiger Heiserkeit, langwierigem Husten, beim spasmodischen Asthma, bei veraltetem Catarrh, erethischen Blennorrhöen der Kehlkopf-Luftröhren- und Bronchial-Schleimhaut, beim Bluthusten aus gesteigerter Gefäfsreizbarkeit und bei der Vomica aperta. Am meisten wurde die diesfällige Inhalationskur in der anfangenden Phthisis florida und tuberculosa angewendet. Sie bewährte sich in beiden Affectionen vornemlich dann, wenn diese von Scropheln, Gicht oder psorischen Schärfen abhingen und durchaus frei von zwischenlaufenden akut entzündlichen Reincrudescirungen erschienen. Sogar da, wo sich bereits oberflächliche Ulcerationen in den Schleimhäuten der Luftwege bekundeten, wurden einzelne Kranke noch vollkommen hergestellt. Ob hiebei die Ablagerung der Schwefelatome des in den Lungenzellen zersetzten Schwefelwasserstoffgases auf die exulcerirten Stellen und tuberculösen Anschwellungen wesentlich mitwirken, sei dahin gestellt; anerkannt sind wenigstens die Heilkräfte des Schwefels gegen äufsere bösartige Hautgeschwüre, gegen Drüsen- und Knochengeschwülste in Pulver-, Salben- und Pflasterform. Die meisten Lungenkranken verweilen gerne in der hepatischen Atmosphäre und fühlen in derselben Nachlafs ihrer Beschwerden. Gewöhnlich verringert sich dann schon in wenigen Stunden die Frequenz ihres Pulses, ihre Athemzüge folgen einander immer langsamer, der Husten wird seltener und bei gelösterem Auswurfe merklich schmerzloser. Manche derartige, zugleich aber hysterische Subjecte von ungemein grofser allgemeiner Empfindlichkeit, glauben bei den ersten Inhalationsversuchen ein Mifsbehagen in den Lungen, oder etwas Kopfweh wahrzunehmen, wovon sie aber unter vorsichtiger und nur stufenweise gesteigerten Wiederholungen nach einiger Zeit nicht das mindeste mehr fühlen. Behufs allmäliger Gewöhnung ist anfänglich blofs der längere Aufenthalt in der Nähe der Quellen oder auf den Gallerieen der Badekabinette anzuempfehlen. Vertragen Kranke jene untersten Stufen der Gasanwendung, so läfst man dieselben demnächst einige Stunden, und dann immer länger und länger im Gassalon verweilen, wobei sie sich stets ruhig verhalten, besonders aber vieles Sprechen durchaus meiden müssen, um den besänftigenden Einflufs des Gases auf keine Weise durch zwischenlaufende Aufregungen zu beeinträchtigen. Eine noch höhere Steigerung gewährt das Bewohnen der Gaszimmer, welche entweder blos bei Tage, oder, den Umständen nach, auch bei Nacht mit Schwefelluft gespeist werden. Vorsichtig ist es, in die fraglichen Gemächer anfänglich nur feuchtes, aus erwärmtem Mineralwasser entwickeltes Gas einströmen zu lassen, und das auf sogenannt trockenem Wege gewonnene, kühlere, indefs auch schärfer einwirkende erst dann zu verordnen, wenn man sich über den Empfänglichkeitsgrad des Kranken hinlänglich belehrt hat. Zeichen einer zu starken Anwendung sind vermehrte Beklommenheit, erschwertes Athmen, schnelle Verringerung des Auswurfs bei erschwerter Lösung desselben und vermehrte Pulsfrequenz unmittelbar nach den Inhalationen. Bei diesen Erscheinungen müssen wir unverzüglich zu den schwächeren Inhalations-Abstufungen zurückkehren. Wenn hingegen die Leichtigkeit des Athmens zunimmt, die Pulsschnelle sinkt, der Husten seltener und leichter wird, die Sputa einen besseren Character annehmen, ihre grünlich gelbe Farbe und ihren nauseosen Geruch verlieren, das Abendfieber gelinder und die Morgenschweifse kürzer werden, kann man sicherer, aber doch immer nur vorsichtig auf der eingeschlagenen Bahn weiter vorschreiten. Bemerkenswerth ist noch, dafs bei tuberculösem Leiden in der Regel nur die mit lauen Wasserdämpfen vermengten Gaströmungen vertragen werden. Phthisici, welche ihre Krankheit durch zufällige äufsere Schädlichkeiten erworben hatten, genasen binnen verhältnifsmäfsig kurzer Zeit. Wo dieselbe in der Disposition allgemein begründet, wo sie angeboren ist, reicht der Aufenthalt während einer Badesaison nicht hin, hier mufs das Mittel dem chronisch bedingten Zustande sanft, aber lange entgegen gestellt werden. Bei jüngeren, noch in der Entwickelung begriffenen Lungenkranken soll die pneumatische Kur nicht eher ganz ausgesetzt werden, als bis sie die gefährlichste Lebensperiode glücklich zurückgelegt haben.

Verbindungen der Nenndorfer Inhalations- mit der dasigen Trinkkur sind den meisten Lungenkranken nützlich; am günstigsten wirkt die letztere, in der fraglichen Beziehung, bei gleichzeitigem Gebrauche der Eselinnenmilch. Mineralwasserbäder werden dagegen, während erheblicher Brustbeschwerden, nie vertragen.

Wenn chronische Lungenübel bereits ausgebildete Zehrfieber oder deutliche Colliquationen zur Folge haben, sind hepatische Inhalationen schädlich. Das Asthma der Alten wird wie jede andere tief begründete Torpidität durch die betreffenden Einathmungen ohne Ausnahme verschlimmert. Idiosynkrasieen einzelner Personen, bei welchen auch das leichteste Gasgemisch auf der Stelle Beklommenheit, lebhafteres Aufhusten, Angst, Kopfweh oder Krämpfe irgend einer Art herbeiführt, verbieten dessen Anwendung ein für alle Mal.

b. Krankheiten der Stirn- Nasen- und Rachenhöhle. — Wird das Quellengas bei geschlossenem Munde durch die Nase eingezogen, oder doucheförmig mittelst kleiner elastischer Schläuche tief in die Nasenlöcher geleitet, so kömmt dasselbe mit dem gesammten schleimhäutigen Ueberzuge in Berührung, welcher, die Wandungen der vielen tief eingesenkten Zellen und Schluchten jener Höhlen auskleidend, für die meisten andern Lokalmittel fast ganz unzugänglich ist. Derartige wohlgeordnete, und mit Ausdauer fortgebrauchte Zuleitungen des Gasgemisches zeigten sich insbesondere bei der idiopathischen Ozoena der betreffenden Schleimhaut wirksam. Wenn das örtliche Leiden von scrophulösen, arthritischen, psorischen, herpetischen Dyskrasieen abhängt, läfst man neben den Gasinjectionen zugleich die Nenndorfer Trink- und Badekur in Anwendung bringen. Auf dieselbe Weise wurden auch jene Excoriationen der Nasenschleimhaut glücklich bekämpft, welchen veraltete, mit den Folgen ungeregelter und übermäfsiger Anwendung des Merkurs verbundene Syphilis zum Grunde lag.

c. Gehörkrankheiten. — Bei diesen bedient man sich der einfachen Gas- oder auch der Gas-Dampfdouche, indem der lebhaft vorströmende Strahl des Luftgemisches, vermöge eines in die Mündung des äufseren Gehörganges gesenkten elastischen Röhrchens, möglichst tief in denselben eingelassen wird. Diese Anwendungsform ist, dem Bedürfnisse gemäfs, täglich ein oder zwei Mal, $\frac{1}{4}$ bis $\frac{1}{2}$ Stunde lang in Gebrauch zu ziehen. Bevor der Kranke das Douche-Cabinet verläfst, verschliefst derselbe den Gehörgang mit etwas Baumwolle, sowohl um das eingedrungene Gas länger in demselben zu bewahren, als auch, um jedem zu raschen Temperaturwechsel auszuweichen. Es bewährte sich das fragliche Verfahren hauptsächlich bei jener Schwerhörigkeit, welche plötzlichen Erkältungen folgt und mit beständigem Sausen, Klingen und Zischen verbunden ist. Wesentlich nützte dasselbe auch bei Blennorrhöen und Ulcerationen des äufseren Gehörkanales. Wo zugleich erhärtetes Ohrenschmalz das Trommelfell in dicken, schwer zu lösenden Krusten überzieht, wirken laue Gas-Dampfdouchen vortheilhafter als einfache Gasinjectionen. Gegen Taubheit aus Verschleimung der eustachischen Röhre leitet d'Oleire das Gas in die letztere, und läfst bei hartnäckigen Fällen dieser Art gleichzeitig starke Mineralwasser-Douchen unmittelbar hinter dem Ohre anwenden. Wenn allgemeine Dyskrasieen das Gehörleiden unterhalten, sind Schwefelwasser-Bäder und angemesse Trinkkuren mit der örtlichen Behandlung zu verbinden.

d. Gegen Neuralgieen überhaupt, besonders aber gegen Gesichtsschmerzen, so wie gegen rein nervöses Gliederreifsen und schmerzhafte Steifigkeit der Gelenke, hat sich neben den Trink- und Badekuren der locale Gebrauch der Gas-Dampfdouche heilsam gezeigt.

e. Bei Drüsengeschwülsten, scrophulösen und gichtischen Gelenkauftreibungen, so wie in der Arthritis nodosa wirken anhaltend fortgesetzte Gas-Dampfdouchen in Verbindung mit den übrigen Anwendungs formen des Nenndorfer Wassers vortrefflich.

f. Impetiginöse Krankheiten, Sprödigkeit der Haut, ausgebreitete Flechten, veralteter Pruritus, hartnäckige Rückbleibsel der Krätze weichen dem Gebrauche der Hydrothionsäure am sichersten, wenn sich die Kranken ihrer intensiveren Einwirkung in Gasdampfkästen aussetzen. Die zu wählenden Temperaturgrade sind hiebei der verschiedenen Reizempfänglichkeit der Haut genau anzumessen. Insofern besondere Umstände die Anwendung der Trink- und Badekur nicht ausschliefsen, kann man sie mit denselben vereinigen. Dafs Scabiöse vermöge der geschlossenen Gas-Dampfbäder dadurch genesen, dafs die Krätzmilben, deren bestrittenes Recht neuerdings immer gültiger hervortritt, mittels gasiger, durch die Epidermis eindringender Schwefelwasserstoffsäure getödtet werden, ist nicht unwahrscheinlich, da dieselben auch anderen Narcoticis, namentlich dem Veratrin leicht unterliegen *), und da überdies Thenard's Versuche lehren, dafs schon $\frac{1}{1500}$ Hydrothionsäure, der Atmosphäre beigemischt, vollkommen ausreicht, das Leben weit gröfserer Thiere unwiderruflich zu vernichten **).

Aufser den namhaft gemachten Krankheiten leistet die fragliche Quellenluft auch in mehreren anderen wichtige Dienste. In sofern das Schwefelwasserstoffgas jedoch bei

*) Siehe Gräfe's und Walther's Journal Bd. XIV. S. 610—611.
**) Vergl. §. 55.

den übrigen Leidenszuständen und vornemlich bei Abdominalaffectionen weniger in pneumatischer Form als mit Wasser verbunden angewandt zu werden pflegt, verweise ich in dieser Hinsicht auf die diesfälligen, aus den bereits erwähnten monographischen Arbeiten genügend hervorgehenden Erörterungen *).

## *Capitel V.*

## Eilsen's Gasbäder.

§. 63.

Das durch seine schwefelwasserstoffigen Quellen berühmt gewordene, zu dem Fürstenthum Schaumburg Lippe gehörige Dörfchen Eilsen liegt in einer, von sanft abfallenden Bergen umschlossenen, mit grünen Moorwiesen geschmückten Thalebene. Es ist 5 Stunden von dem ihm nahe verwandten Nenndorf, 3 von Minden, 2 von Rinteln und 1 von Bückeburg entfernt. Im Jahre 1797 liefs die Landesregierung die Quellen fassen und im Jahr 1802 die nothwendigsten Wohngebäude aufführen. Anjetzt zeichnen sich mehrere der dasigen Einrichtungen, besonders aber die zur Benutzung des Gases bestimmten, vortheilhaft aus.

§. 64.

Wie die anderweitigen früher erwähnten Hydrogengas-Strömungen, so werden auch die fraglichen von Kalkstein- und Steinkohlen-Flötzbildungen begleitet. Bei Bearbeitungen der Eilsener Steinkohlenlager, welche den englischen an Vortrefflichkeit fast gleichkommen, sind mehrmals, in der Umgegend, mächtige, den zu Tage stehenden Quellen ähnliche Schwefelwasser angehauen worden ***).

Sämmtliche neun in chemischer Hinsicht nicht wesentlich von einander abweichende, zu ärztlichen Zwecken benutzte Mineralquellen stofsen innerhalb einer Fläche von ungefähr 40 Ruthen im Durchmesser, aus dem von bitu-

*) Vid §. 58.

**) Vergl. Zägel's Monographie S. 17.

minösem Thon, Stink- und Tuffstein zusammengesetzten Boden hervor, welcher bald mehr, bald weniger mit Grand und mergeligem, von Schwefelhydrat durchmischtem Schlamme bedeckt ist. Ihre Ergiebigkeit ist nicht unbeträchtlich, indem nach Zägel's Berechnung schon vier derselben, nämlich der Julianen-, Georgen-, Tuffstein- und Wiesenbrunnen, binnen 24 Stunden über 500 Kubikfuſs Schwefelwasser liefern. Sie erhalten sich in einer beständigen Temperatur von + 10 bis 12° R. Bedeckt bleibt ihr Wasser hell und klar, es trübt sich aber opalisirend bei freiem Zutritte der Atmosphäre. Auch hier wie zu Nenndorf und an Italiens hepatischen Wassern sah ich die Bildung weiſser Häutchen, welche bei ruhigem Wasserstande allmälig theils zu Boden sinken, theils sich an den Fassungswänden oder anderen festen Körpern anhängen. Es fielen mir indeſs zu Eilsen deutlich zweierlei dieser Flocken auf. Einige derselben waren kreideweiſs und lockerer, andere grauweiſs und beim Anfühlen von breiiger Consistenz. Die ersteren, leichteren, länger umherschwimmenden, der Schwefelmilch durchaus ähnlichen, brannten getrocknet in blauen Flämmchen, und verhielten sich, mit dem Löthrohr behandelt, einen unbedeutenden Rückstand abgerechnet, als völlig reiner Schwefel *); die letzteren hingegen schienen schwerer zu sein, senkten sich früher zu Boden, gaben, noch so trocken, keine Flamme, verloren geglüht wenig an Gewicht und reagirten nach dem Verluste eines geringen Theils hepatischen Gases, als kohlensaurer und schwefelsaurer Kalk. Der Geschmack des frisch geschöpften Wassers ist ganz so salzig-widerlich und an faulende Eier erinnernd, wie jener der Nenndorfer Quellen.

Nach Du Menil ist die fragliche Quellenluft hauptsächlich aus Schwefelwasserstoff und kohlensaurem Gase, mit geringeren Beimischungen von Azot, Kohlenwasserstoff und Sauerstoffgas zusammengesetzt, deren quantitatives Verhältniſs nach den verschiedenen Ausströmungsstellen im Ganzen nur wenig differirt. Die Analyse des Georgen-Brunnens ergab, daſs 16 Unzen Wasser 1,5740 Kubikzoll Schwefel-

*) Vergl. §. 59.

wasserstoffgas, 1,4480 kohlensaures Gas, 0,3166 Stickgas, 0,0833 Sauerstoffgas und 0,0786 Kohlenwasserstoffgas enthielten *). — Wie sehr die gasigen Ausscheidungen der Quellen auf die Luftmischung in dem fast ganz geschlossenen Thale einfliefsen, zeigt schon der specifische, hepatische Geruch, welchen man, in dasselbe hinabkommend, allenthalben wahrnimmt. Wiederholte eudiometrische Untersuchungen setzten die Gegenwart desselben in der Atmosphäre des ganzen Thalgrundes aufser allen Zweifel, erwiesen aber auch zugleich eine, mit der Annäherung zu den Quellen deutlich wachsende Abnahme des Oxygengehaltes. Du Menil fand nämlich, indem er als gröfste Menge des in der reinsten Atmosphäre enthaltenen Sauerstoffgases 20,45 pCt. annimmt, von demselben unfern der Quellen nur 20,3 und in den Gaszimmern blos 19,95. Er glaubt daher, dafs die Lebensluft, den hepatischen, Emanationen näher, durch das Schwefelwasserstoffgas verdrängt werde. Nach meinem Dafürhalten dürfte ein zureichender Anlafs jener Verringerung darin zu suchen sein, dafs sich das atmosphärische Oxygen mit dem Wasserstoffgase der tellurischen Schwefelwasserstoffluft, theilweis zu wirklichem Wassergas verbindet, wobei ebenmäfsig mehr oder weniger Schwefelatome ausgeschieden werden. Dieser Vorgang kommt, wenn wir beide reinen Gasarten unter einen Recipienten vereinigen, an sich langsam, unverzüglich aber um Vieles schneller zu Stande, sobald hiebei elektrische Funken durch das Gemisch geleitet werden. Es läfst der letztere Umstand den Grund ahnden, aus welchem die Schwefelquellen bei bevorstehenden Gewittern, mithin während erhöhter elektrischer Atmosphärenspannung, jedesmal einen auffallend stärkeren hepatischen Geruch verbreiten, und weshalb ihr Spiegel gerade um diese Zeit am öftersten mit einem weifslichen, leichten Nebel schleierartig überzogen wird **).

### Anwendungsformen der Gasemanation.

§. 65.

Schon im Jahre 1811 gab Dr. Gebhard ausführliche Nachrichten über den von ihm eingeführten Gebrauch des

*) Zägel's Monographie 26.

**) Vergl. Wurzer l. c. S. 87.

Quellengases. Einzelne Kranke schliefsen in den Badekabinetten, in welchen das Gas durch einen aus den Leitungsröhren ununterbrochen abfliefsenden Wasserstrahl entwickelt ward; andere bewohnten kleine, über dem zur Nachtzeit mit Schwefelwasser frisch getränkten Schlammreservoir erbaute Zimmer. Aufserdem diente ein auf dem Spiegel einer Mineralquelle errichtetes Häuschen, durch dessen, aus Gitterwerk bestehenden Fufsboden die Schwefelluft unmittelbar emporstieg, zum Versammlungsorte für Subjecte, welche sich auch am Tage der Inhalations-Kur zu unterziehen hatten. Vom Jahre 1812 ab gaben jene Vorrichtungen allmälig immer zweckmäfsigeren Raum. Jetzt besitzt Eilsen sehr umsichtig construirte Gassalons, Gaszimmer, Gasdampfkästen und Gasdampfdouchen. — In sofern das Allgemeine dieser Apparate schon aus der Beschreibung Nenndorfs hervorgeht, sind hier nur die Verhältnisse besonders zu erörtern, durch welche sich die in Rede stehenden Einrichtungen von den früher erwähnten unterscheiden.

Der Gassalon ist zur ebenen Erde angelegt, und grofs genug, um eine kleine Gesellschaft aufzunehmen. In demselben fand ich das, zur Entbindung der Quellenluft bestimmte, steinerne Bassin an 4 bis 5 Fufs tief in den Fufsboden eingesenkt, und mit mehreren vorspringenden Röhren versehen, aus deren zahlreichen kleinen Oeffnungen unmittelbar von den Quellen zufliefsendes Mineralwasser, in eben so vielen dünnen Strahlen vertheilt, lebhaft hervorspritzte. Man konnte diese Brausen durch Stellung der Hähne beliebig in Thätigkeit setzen und hiedurch den abgeschlossenen Zimmerraum schwächer oder stärker mit Gas speisen. Die Decke enthielt mehrere grofse, zur Weiterleitung des angesammelten Luftgemisches bestimmte Oeffnungen *).

Einige zu isolirtem Gebrauch bestimmte Gas-Kabinette sind unmittelbar über dem Salon angelegt. Diese empfangen das Quellengas durch die eben erwähnten Deckenöffnungen des letzteren. Auf solche Weise gelangt das leichtere Schwefelwasserstoffgas von dem ihm beige-

*) Ich besuchte Eilsen im Jahre 1832.

mischten, gewichtigeren, in dem tiefen Raum theilweis zurückbleibenden kohlensauren Gase abgeschiedener zu den betreffenden oberen Gemächern, welche jene Kranken bewohnen, für die sich permanente Inhalationen einer mit Schwefelwasserstoffgas mäſsiger geschwängerten, und dabei zugleich von kohlensaurem Gase mehr befreiten Atmosphäre vorzugsweise eigenen. — Auſserdem besitzt die Heilanstalt noch besondere Cabinette, in welchen doppelte, mit zweckmäſsigen Abzugscanälen versehene Brausen vorhanden sind, aus denen kaltes sowohl, als heiſses Schwefelwasser vielfach getheilt hervordringt. Hier kann man die Gasspeisung durch geringe oder beträchtlichere Lüftung der Hähne nicht nur überhaupt willkührlich stellen, sondern auch, je nachdem die kalte oder heiſse Brause mehr in Thätigkeit gesetzt wird, die Temperatur der Atmosphäre den jedesmaligen Umständen anpassen.

Anlangend die Gasdampfkästen und Gasdampfdouchen, so erhalten diese das denselben durch hanfene Schläuche zugeführte Gasgemisch aus einem verschlossenen, steinernen Reservoir, in welchem von einer Seite mittelst einer groſsen Brause kaltes Schwefelwasser, und von der anderen die aus einem stark erhitzten Dampfkessel mächtig entwickelten Wasserdämpfe zusammenströmen.

### Therapeutische Verhältnisse.

### §. 66.

Die Eilsener Quellenluft kömmt mit der Gasemanation Nenndorfs fast ganz überein. Beide bringen daher in gleichen Krankheitszuständen auch analoge Wirkungen hervor. In sofern die diesfälligen therapeutischen Verhältnisse im Allgemeinen bereits bei der Beschreibung Nenndorfs mit der Ausführlichkeit erörtert wurden, welche der Plan der vorliegenden Schrift gestattet, haben wir, auf jene Exposition verweisend, hier nur einige besondere, aus den Erfahrungen, welche zu Eilsen gesammelt wurden, hervorgehenden Ergebnisse näher zu berücksichtigen.

Bei Phthisischen bewährten sich zweckmäſsig geleitete Inhalationen vorzugsweise. Nach Dr. Zägels *) Be-

*) Vergl. dessen Aufsätze in Hufeland's Journal B. 64. Stück 4. p. 67. bis 104. und dessen Monographie a. a. O.

obachtungen ließen sie nicht nur Linderung, nicht bloß Stillstand, sondern in mehreren Fällen auch radikale Heilung des in Rede stehenden, schon vorgeschrittenen Uebels gewinnen. Auffallend war dem genannten Arzte, welchem wir über den diesfälligen Gasgebrauch viele interessante Nachweisungen verdanken, die, bei Brustleidenden durch Einathmungen des hepatischen Gases stets eintretende, große Abnahme der Pulsfrequenz; derselbe versicherte mir, als er die Güte hatte, mir Eilsens Einrichtungen zu zeigen, daß die fraglichen, dem individuellen Zustande genau angemessenen Einathmungen, bei Schwindsüchtigen nicht selten schon nach wenigen Stunden, den Puls von 140 auf 70 Schläge in der Minute zurückführen. — Empfindlicheren Subjecten bekam im Ganzen das verdünnte, vom schwereren kohlensauren Gase mehr befreite Luftgemisch der oberen Gaszimmer, und den weniger Reizbaren das intensivere, an Kohlensäure reichere Gemenge des zur ebenen Erde gelegenen Gassalons besser; jenes schien hiebei dem Bilsenkraute und dem Lactucarium, letzteres aber dem Opio ähnlicher zu wirken. — Als ausgemacht kann man annehmen, daß in tuberculöser Phthisis laues durch Wasserdämpfe eingewickeltes, bei mehr atonischer mit sehr copiösem Schleimhusten kühles und trockenes Schwefelgas den Vorzug verdient. — In schwierigen von der Gesammtdisposition abhängigen Fällen bringen einige Wochen hindurch angewendete Inhalationen keinen wesentlichen Nutzen, hier müssen dieselben stets längere Zeit gebraucht werden. Zu einem bleibenden Kur-Aufenthalte eignet sich aus mehreren Gründen Eilsen ganz besonders; der freundliche Ort liegt nach Garthe's Barometermessungen nur 293 Fuß über dem Meeresspiegel, ein dichter Gebirgskreis schützt ihn gegen heftige Winde, er wird von sumpfigen Moorwiesen umgeben, deren Ausdünstungen zwar anderen Kranken nachtheilig, doch Lungenschwachen in der Regel zuträglich sind *), und bildet an und für sich durch weithin verbreitete hepatische Verdunstungen ein großes, gasiges Lungenbad, innerhalb dessen Grenzen man, unter Vermeidung der zugigen Anhöhen,

*) Vergl. die Beobachtungen Hundt's, eines amerikanischen Arztes, im Hufeland l. c. B. 64. St. 4. S. 81.

nach Belieben kleine Spaziergänge und Lustfahrten unternehmen kann, ohne sich auch nur auf Augenblicke, der vortheilhaften Einwirkung des Schwefelwasserstoffgases ganz zu entziehen. Dabei ist der Kurort durch landesväterliche Fürsorge nicht nur mit sauberen, angenehmen, heizbaren Wohnungen, sondern auch mit allem übrigen behufs eines ununterbrochenen Sommer- und Winteraufenthalts Erforderlichem, auf das zweckmäfsigste ausgestattet.

Asthmatikern gewährt das Quellengas vornehmlich dann Nutzen, wenn ihre, von gichtischer Dyskrasie abhängige Krankheit in der sogenannten trockenen krampfigen Form auftritt, und wenn gegen dieselbe nur anfänglich laue, feuchte, bald darnach aber mehr kühle, trockene Inhalationen angewendet werden. Setzt man unter den fraglichen Umständen laue, mit Wasserdämpfen imprägnirte Gasgemische, welche in der ersten Zeit sehr behaglich wirken, zu lange fort, so folgt fast ohne Ausnahme binnen kurzer Frist desto gröfsere Beklommenheit. Von feuchtem Asthma behaftete, im Alter bereits vorgerückte Individuen werden hier, wie in allen hepatischen Gasbädern, kränker.

Gegen Gehörfehler sind Eilsen's Gasdampf-Douchen mit ausgezeichnet günstigem Erfolge gebraucht worden.

In chronischen, zumal aber in nässenden Hautkrankheiten leisteten die hiesigen, mittelst geschlossener Kästen angewendeten, warmen Gasdampfbäder oft noch da erspriesliche Dienste, wo Schwefelwasserbäder durchaus nicht vertragen wurden.

## *Capitel VI.*

## Langenbrücken's Gas-Bad.

§. 67.

Zwischen Heidelberg und Bruchsal kommen unfern von dem, an der Bergstrafse liegenden, Grofsherzoglich Badenschen Marktflecken Langenbrücken, innerhalb eines geringen Flächenraums 14 hepatische Quellen zu Tage. Der Bergabhang, an welchem sie aus stark bituminösem Schiefer hervorbrechen, ist etwa 300 Fufs über dem Meeresspiegel erhaben, macht einen Theil von der gegen Basel ziehenden Bergkette aus, ist westlich von der Rheinebene begränzt, und steht östlich, durch die fränkischen und würtembergischen Gebirge, mit der würtembergischen Alp in Verbindung.

Die ersten, zur ärztlichen Anwendung der fraglichen Quellen erforderlichen Einrichtungen wurden im Jahre 1766 auf Befehl des Fürst-Bischofs von Speier, Franz v. Hutten, getroffen. Dem jetzigen Eigenthümer der Badeanstalt, Herrn Siegel, gebührt das Verdienst dieselben durchgehends vervollkommnet zu haben. Von ihm wurde auch die jüngste Quelle, welche sich in der Mitte des freien Platzes vor dem Kursaale befindet, durch einen Erdbohr-Versuch geöffnet. Diese läfst das Schwefelwasser, vom Durchbruche ihrer untersten Deckenlage gerechnet, an 60 Fufs, und innerhalb eines aufgesetzten Teichels noch 8 Fufs über die Erd-Oberfläche steigen, bildet so den ersten artesischen Schwefel-Brunnen, zeichnet sich durch Reichthum an Hydrothionsäure aus, und wird daher auch vorzugsweise zur Speisung der pneumatischen Vorrichtungen der Heilanstalt benutzt *).

§. 68.

Die vorerwähnten älteren 13 Quellen liefern binnen 24 Stunden 1600, und die jüngste, auch Spring- oder Gasbrunnen genannte, binnen derselben Zeit 460 Ohm Wasser **). Hinsichts der Temperatur schwanken sie insgesammt zwischen + 9 und 11° R.

Nach Geiger's Analyse ***) enthält ein Civilpfund des Langenbrücker Mineralwasser, die Sulfate und Carbonate von Natron, Kali und Kalk abgerechnet, an flüchtigen Bestandtheilen 3,375 Kubikzoll, und zwar 0,25 Hydrothion-

*) Es sind die, bezüglich des artesischen Schwefelbrunnens und der neuen pneumatischen Einrichtungen hier niedergelegten Nachrichten theils aus Bruckmanns Schrift, s. dessen Anleit. zur Fertigung artesischer Brunnen. Heidelberg. 1833. p. 248, theils aus dem Manuscripte entnommen, welches Herr Siegel zu Langenbrücken der Redaktion der Jahrbücher für Deutschlands Heilquellen und Seebäder zur beliebigen Benutzung zu übersenden die Güte hatte.

**) Bruckmann l. c.

***) Hufeland Journ. B. 70. St. 4. S. 69.

säure, 2,5 Kohlensäure und 0,625 Stickgas. Es fand diese Untersuchung indefs, ohne dafs bis jetzt neuere veröffentlicht worden wären, schon im Jahr 1825, also zu einer Zeit statt, wo die gegenwärtigen, zweckdienlichen Ableufungen und Fassungen der Quelle noch nicht getroffen waren. Prüfungen, welche man anjetzt unternähme, würden höchst wahrscheinlich nicht nur bezüglich der Menge des Gasgemisches überhaupt, sondern auch in Betreff des quantitativen Verhältnisses des Hydrothion- und kohlensauren Gases, zu anderen Resultaten führen. Ein Vorherrschen des ersteren vor dem lezteren läfst sich aus dem durchdringenden, weithin verbreiteten Geruche nach faulen Eiern vermuthen. Auch spricht dafür die grofse Uebereinstimmung des fraglichen Schwefelwassers mit jenem Nenndorf's und Eilsen's, indem dasselbe ganz wie diese, frisch geschöpft, krystallhell erscheint, der Luft ausgesetzt aber trübe, und opalisirend milchigt gefärbt wird, und viele weifse, aus Schwefelmilch bestehende Flocken setzt, welche besonders häufig am Abflusse der jüngsten Quelle vorkommen. Die Erscheinung endlich, dafs das Gasgemenge, wenn man nach raschem Abpumpen des Wassers eine brennende Kerze 15 Fufs tief in das Bohrloch des artesischen Brunnens einsenkt, mit merklicher Explosion in Gestalt einer Feuersäule verbrennt, deutet nicht blos auf offenbares Uebergewicht und beträchtliche Concentration der hydrothionsauren Luft, sondern auch auf eine höchst wahrscheinlich stattfindende Beimischung von Kohlenwasserstoffgas.

§. 69.

Neben Wasserbädern und Douchen jeder Art, besitzt die Anstalt auch einzelne zweckmäfsige, pneumatische, gröfstentheils denen zu Eilsen befindlichen nachgeahmte Einrichtungen. Früherhin entband man die Quellenluft vermöge angebrachter Brausen *) unmittelbar in den Gaszimmern **). Neuerdings wird sie aber in den Souterrains entwickelt, um dieselbe von Wasserdünsten sowohl, als von einem gro-

*) S. Eilsen.

**) S. Geiger's Magazin für Pharm. Bd. 31. (1830). p. 65 — 67.

ſsen Theile des schwereren kohlensauren Gases mehr geschieden, durch besonders dazu bestimmte Oeffnungen als gereinigtere Schwefelluft nach den Gaszimmern aufsteigen zu lassen. Diese Gemächer können insgesammt geheizt werden, liegen nach Süden, gewähren eine erheiternde Aussicht auf die schöne Landschaft, stoſsen an heizbare Corridors, nach welchen ebenfalls Gasströme gelangen *), und bieten daher, auch während rauher Jahreszeit, mannigfache, bei einem dauernden Aufenthalte Lungenkranken sehr wichtige Vortheile dar.

§. 70.

Die speciellen therapeutischen Beziehungen fallen mit jenen der Nenndorfer und Eilsener Gasemanation zusammen. Ihre Auseinandersetzung übergehen wir hier, weil alles, was bisherige Erfahrungen in der fraglichen Hinsicht lehrten, aus der Exposition der letztbenannten Quellen genügend erhellt **).

## *Capitel VII.*

## Das hepatische Gas-Dampfbad zu Baden bei Wien.

§. 71.

Aufgefundene und mit Nachrichten älterer Geschichtschreiber übereinstimmende Inschriften sowohl, als bauliche Ueberreste altrömischer Thermalanlagen setzen es auſser Zweifel, daſs die fraglichen Heilquellen bereits im ersten Jahrhundert unserer Zeitrechnung von römischen Legionen vorzugsweise zu Qualmbädern benutzt worden sind.

§. 72.

Auch hier scheinen die in der Umgegend vorkommenden Steinkohlenlager, im Verein mit Anhäufungen von Kalktuff, aus welchem namentlich der Calvarienberg gebildet ist, in dessen Tiefen das Quellwasser entspringt, die Entwickelung hydrothionsaurer Gasströme zu bedingen ***). —

*) S. Gräfe's und Kalisch's Jahrbücher für Deutschlands Heilquellen und Seebäder. 1836. p. 304.

**) Vergl. §. 61. 62. und 66.

***) Vergl. Schenk p. 89., 93. und 94.

Sämmtliche Quellen geben binnen 24 Stunden die grofse Menge von 85000 Eimern Schwefelwassers *). An ihren verschiedenen Ausmündungen haben sie eine Temperatur von + 23 bis 30° R. — Zu Folge Schenks Untersuchungen enthält das aus 100 Kubikzoll Wasser gewonnene Gasgemisch 1,65 Kubikzoll Schwefelwasserstoffgas und 0,95 Kubikzoll kohlensaures Gas **). — Der hepatische allenthalben am Orte wahrnehmbare Geruch, so wie die Thatsache, dafs man in den Wohnungen auch noch so gut verwahrte, metallene Gegenstände gegen das Anlaufen und Schwarzwerden nur schwer zu schützen vermag, zeigen, wie sehr die dasige Atmosphäre auf allen Punkten von hepatischem Gase durchdrungen wird. Der Aufenthalt zu Baden gewährt daher die wichtigen Vortheile eines freien, grofsen, ununterbrochen einwirkenden, schwefelwasserstoffigen Lungenbades und wird durch den reichen Naturschmuck der ganzen Umgegend, insbesondere aber des nachbarlichen reizenden Helenenthals ungemein verannehmlicht. Dabei dürfen wir übrigens nicht vergessen, dafs die wenig geschützte, und zugleich an 638 Fufs über dem Meeresspiegel erhabene Lage des fraglichen Kurorts, so wie ein an demselben statt findender, durch öfter umspringende Winde herbeigeführter, schroffer Temperaturwechsel manchen, namentlich sehr reizbaren Brustkranken leicht nachtheilig wird, wenn sie es verabsäumen, sich zur gehörigen Zeit sorgfältig in ihre Wohnungen zurück zu ziehen.

§. 73.

Zweckmäfsige pneumatische Vorrichtungen, welche der Anstalt zur Zeit meines Besuches im August 1826 fehlten, sollen derselben noch immer abgehen. Man bedient sich blos der, auch an sich, noch sehr mangelhaft construirten Gasdunstbäder in den unterirdischen Gängen der sogenannten Ursprungsquelle. Das Wichtigste, was für diese geschah, ist, dafs ein anstofsendes Gemach zum Ruhezimmer eingerichtet ward, in welchem Kranke nach dem Dunstbade einige Zeit, behufs der nöthigen, stufenweisen Abkühlung

*) Vergl. Schenk p. 94.
**) Vergl. Schenk p. 153.

verweilen, ehe sie sich dem Einflusse der freien Luft wieder aussetzen.

§. 74.

Unerachtet der vorerwähnten, nur einen sehr einseitigen Gebrauch gestattenden Anwendungsweise, haben sich die Schwefelwasserstoffdünste Badens, dennoch zu Folge Dr. Schenks, eines vielerfahrenen Arztes, gemachten Beobachtungen, in der Phthisis florida, in scrophulösen Drüsenverhärtungen, in kalten und heifsen Geschwülsten, so wie gegen Gelenk-Contracturen und hartnäckige Hautkrankheiten nützlich erwiesen *).

Nach allem dem wäre es wohl zu wünschen, dafs diesen altberühmten, in vielen Beziehungen vortrefflich ausgestatteten Thermen, auch die wesentlichen, in den früheren Paragraphen geschilderten, hinsichts der mannigfachen Modificationen des Gasgemenges unentbehrlichen, pneumatischen Apparate nicht langer vorenthalten blieben.

## *Capitel VIII.*

## Gleissen's hepatisches Gasbad.

§. 75.

Das betreffende, seit 1790 bekannte Mineralbad liegt in der Neumark, nahe bei Zielenzig, unmittelbar an der polnischen Grenze, in einem mit waldbedeckten Höhen umgebenen Moorwiesengrunde. Es verdankt seinem gegenwärtigen Besitzer, Herrn Geheimen Commerzienrath Henoch wesentliche Vervollkommnungen, und erfreute sich daher auch in der letzteren Zeit eines zahlreichen Besuches. Aufser mehreren kalten, erdig-salinischen Eisenbrunnen **) hat man, zu Folge der mir durch Herrn Dr. Gutjahr gewordenen brieflichen Mittheilung ***) vor kurzem daselbst auch eine reichhaltige Schwefelquelle entdeckt. Das der letzteren entweichende Gas besteht, den vorlaufigen Pru-

*) Schenk l. c. S. 281 — 282.

**) S. das Mineralbad zu Gleisen von Dr. John und Formey. Berlin 1821.

***) Vom Jahr 1836.

fungen gemäſs, aus vorwaltendem, mit Wasserdunst vermengtem Schwefelwasserstoffgase und aus einem geringen Antheile kohlensaurer Luft. Behufs der Ermittelung der quantitativen Verhältnisse soll noch eine vollständige Analyse unternommen werden.

Durch mehrere willkürlich verschlieſsbare Röhren wird die an der neuen Quelle aufgefangene Gasausströmung, theils nach einem zu Inhalationskuren bestimmten Gas-Cabinette, theils in eine Badewanne geleitet, deren genau eingepaſster Deckel nur den Kopf und Hals des Kranken frei hält, um das Gas bei Krankheiten der Haut ausschlieſslich auf diese einwirken zu lassen.

Von beiden Anwendungsweisen hat man bereits erwünschte Folgen beobachtet. Vornehmlich war dies Hinsichts der Inhalationen der Fall, welche sich durch ihre beruhigenden und abspannenden Wirkungen, bei groſser Reizbarkeit der Respirationsorgane, besonders aber in der Lungen- und Halsröhrenschwindsucht, ferner in entzündlichen Brustkrankheiten, in chronischer Bronchitis und hartnäckiger Heiserkeit bewährten. Die Heilung derartiger Krankheiten wird hier überdies sowohl durch die Lage der Heilanstalt in einer weithin gedehnten Moorwiese *), als durch Benutzung der sehr zweckmäſsigen zu Molkenkuren getroffenen Einrichtungen vortheilhaft unterstützt.

*) Vergl. Eilsen §. 66.

# Zweite Ordnung.

## Azot-Quellen.

### Capitel I.

### Vorkommen derselben.

§. 76.

Während der **mittleren** Evolution des hoch gespannten Vulcanismus, entsteigt den Kratermündungen eine unabsehbare Menge von Stickstoff, welcher so lange die zwar im Decrement begriffene, jedoch noch stürmische Thätigkeit zur Acme hinneigt, häufiger mit Wasserstoff, und wenn sie dem tieferen Abfalle nahet, mehr mit Kohlensäure geeinigt wird *). Ganz wie bei diesen gewaltsamen Vorgängen zeigen sich die Azotausscheidungen, Hinsichts der eben berührten Mischungsbeziehung, auch da, wo dieselben nach eingetretener Erschöpfung des Processes, nach erfolgten Verschüttungen, Ueberlagerungen und Beengungen vulkanischer Schlote, ruhig fortströmende Quellen bilden **).

In jenem Mittelstande der Entwickelung, und zugleich in dem von ihm bedingten, nach zwei Seiten hin schwankenden Gemengverhältnisse der gasigen Stoffe liegt der Grund, weshalb Azotquellen viel seltener als Hydrogenemanationen mit feurigen Erscheinungen auftreten, und weit öfter als Säuerlinge mit Erderschütterungen zusammenhängen, weshalb sie ferner gewöhnlich heifs oder lau zu Tage gelangen, und weshalb endlich an ihren Ausbruchstellen Erzeugnisse ehemaliger unterirdischer Gluth stets in beträchtlicherer Verbreitung vorkommen.

Bemerkenswerth ist, dafs die mit der fraglichen Gasemanation hervortretenden, festen Substanzen, der Natur des Azots, welchem man vielleicht mit vollem Rechte den

*) Vergl. §. 4.
**) Vergl. §. 16. und 17.

Namen des Alkaligens beilegte, auffallend entsprechen, indem sie, wie wir späterhin sehen werden, hauptsächlich aus Sodaverbindungen und laugenhaften Erden bestehen.

Es trennen sich übrigens die Azotquellen, in sofern sie sowohl luftförmig, als mit Wasserströmungen aufstofsen, in zwei Hauptarten, deren erstere gewöhnlich bestimmten Schlammvulkanen entsteigt, während die letztere fast durchgehends mit dampfenden Natronthermen zusammenfällt.

## §. 77.

## Trockene Azotquellen.

Sie dringen in der Regel aus besondern hügelförmig angehäuften Schlammmassen hervor, die in der Zusammensetzung sich von jenen wesentlich unterscheiden, aus welchen andere luftige Strömungen ihren Ausgang nehmen. So finden wir im Schlammboden wasserstoffiger Mofeten stets viel Sulfurete und Sulfate, in dem kohlensaurer Emanationen meistens vorwaltende Moorerde, und in dem azotischer wäfsrigen, mit Kreidemergel und vielen Natronsalzen versetzten Thon, Baregine*) und zuweilen auch Erdharztheile. Was die quantitativen Mischungsverhältnisse des uns hier vorzugsweise angehenden breiigen Gemenges betrifft, so unterliegen diese mannigfachen, nicht unwichtigen, hauptsächlich vom Alter der Quellen abhängigen Modificationen. Jüngere derartige Schlammhügel enthalten nämlich fast ohne Ausnahme ungleich weniger Salze, von welchen Klapproth in dem Schlamm der Vulcane Quito's nur $2\frac{1}{2}$ Procent abschied, dafür aber um so mehr flüssigen, einen bituminösen Geruch verbreitenden Asphalt. Der Thonbrei längst bestandener Schlammauswürfe pflegt dagegen vorzugsweise reich an Carbonaten und Muriaten von Natron, Magnesia und Kalk zu sein, braust mit Säuren behandelt auf, und erzeugt, auf die Zunge gelegt, einen durchdringend salzigen Geschmack, weshalb man den fraglichen Ausscheidungen, nach dem italienischen Worte Salso, allgemeinhin auch den Namen der Salsen beilegt.

*) Vergl. §. Baregine.

§. 78.

Die Weise, auf welche Schlammvulkane an allen Orten eine beinah völlig übereinstimmende Gestalt annehmen, offenbart sich an frisch entstehenden am deutlichsten. Indem nämlich die aus den Erdkanälen, bei jeder einzelnen Eruption, mit dem Gase emporgestofsenen flüfsigen Schlammtheile um den Luftstrahl herum niederfallen, sammeln sie sich durch Wiederholung dieses Vorganges zu Ringwällen, welche allmälig in einen abgestumpften, an seinem oberen Theile trichterförmig ausgehöhlten Kegel vereint werden. Nach Mafsgabe der geringeren oder beträchtlicheren unterirdischen Thätigkeit, erlangen jene Hügel blos die Höhe von 1 bis 2, oder auch die von 20, 30, ja 40 Fufs *).

Manche diesfälligen Kraterhöhlen sind leer, die meisten aber mit wenigem trübem Wasser gefüllt, auf welchem mehr oder weniger Erdöl umherschwimmt.

Wie der Bau der Salsen überhaupt nach demselben Gesetze zu Stande kommt, nach welchem glühende Auswurfskegel gestaltet werden, so bilden jene auch da, wo mehrere hervorbrechen, gleich diesen, entweder kreisförmig geschlossene Gruppen, oder in die Länge gedehnte Züge.

Die Kraft, mit welcher azotische Emanationen zu Tage dringen, ist sehr verschieden. Aus kleineren Hügeln entweicht die Luft absatzweise mit lautem Zischen. Sind die Krater mit schlammigem Wasser gefüllt, so wird dasselbe entweder von geringeren Gasblasen in eine brodelnde Bewegung versetzt, oder durch beträchtlichere Luftmassen in getrennten Stöfsen lebhaft emporgespritzt. Starken Explosionen geht stets ein unterirdisches polterndes Tönen voran. Haben comprimirte Azotansammlungen grofse Hindernisse zu überwinden, so entladen sie sich von Zeit zu Zeit mit donnerähnlichem Geräusche, werfen alsdann ganze Säulen flüssigen Schlammes aus und schleudern faustgrofse Steine oft 100 Fufs hoch in die Luft. — Durch ganz analoge, jedoch überaus stürmische, mit weit ausgebreiteten Erderschütterungen verbundene Schlammergüsse erlitten noch vor wenigen Jahren mehrere Provinzen Spaniens, und

*) S. Hoffs Geschichte der Erdoberfläche Th. II. p. 188. und 246.

unter diesen besonders Murcia, die traurigsten Verheerungen *).

§. 79.

In Gegenden, deren vormals flammende Vulcane seit langen Zeiten ruhen, kommen Schlammkegel seltener als in Erdstrichen vor, in welchen feuerwerfende Berge noch eine höher gespannte Regsamkeit unterirdischer Kräfte verkünden. Von den in Italien und Sicilien bekannten Schlammvulcanen haben wir vornehmlich, die zu Maina im Modenischen, die zu Sassuolo bei Reggio, die zu Maccaluba und der Campagna Bissana nördlich von Girgenti's herrlichem Tempel, sowie die zu Terrapilata bei Caltanisetta anzuführen. — Auf der Halbinsel Taman des ehemaligen Taurien, am Caucasus und am westlichen Ufer des Caspischen Meeres trifft man unter verschiedenartigen Schlammkegeln auch solche an, welchen fast ganz reiner Stickstoff entsteigt. Die Gegend um Baku zeichnet sich dadurch aus, dafs man in einem verhältnifsmäfsig geringen Umkreise neben den fraglichen, fast allen mit dem Vulcanismus nahe und fern verwandten Phänomenen begegnet. Nicht minder bieten auch die Eilande Java und Trinidad zahlreiche ähnliche Erscheinungen dar **).

§. 80.

Ueber die nähere chemische Beschaffenheit der betreffenden Gasentwickelung schweben verschiedene Ansichten: Menard de la Groye nimmt an, dafs Schlammhügel stets Wasserstoffgas auswerfen. Dolomieu, Portal und Engelhardt behaupten, dafs jenen Vulkanen keinesweges immer Hydrogengas, sondern weit öfter andere Luftarten entsteigen, lassen es aber unbestimmt, ob die lezteren, aus Stickgas, aus Kohlensäure oder aus beiden zugleich bestehen ***). Al. v. Humboldt sah Schlammanhäufungen, welche so

*) Leonhards Geologie p. 215.

**) Vergl. Hoff Geschichte der Erdoberfläche. T. II. p. 106 — 108. p. 245 — 248. Breislac Traité sur la structure du Globe. T. III. p. 99. Bischoff chem. Unters. d. Mineralwässer. p. 286. Leonhardts Geolog. Bd. I. p. 212., und Münter über Sicilien l. c. p. 296.

***) S. Bischoff chem. Unters. d. Mineralwässer p. 285 und 286.

vollkommen reines Azot, als es kaum die Laboratorien liefern, in grofser Menge aussliefsen *).

Das Widersprechende jener Angaben löst sich und ihre eben beregten Differenzen erscheinen sogar als durchaus nothwendig, wenn wir den Standpunkt der Azotquellen auf der Stufenleiter vulkanischer Entwickelung umsichtig auffassen und besonders die, hier oft noch unentschiedenen Hinneigungen des Erdprocesses zu seiner Acme, wie zu seinem Decrement genau erwägen **). Schon in diesem Schwanken offenbart sich ein zureichender Grund, dafs einzelnen Schlammkegeln noch flüchtiges leicht entzündbares Hydrogen, anderen ein Gemisch von Kohlensäure und Azot, und den meisten fast ganz reines Stickstoffgas entströmt.

## §. 81.

Unter allen Beschreibungen azotischer Luftvulkane ist Humboldts Schilderung der bei Turbacco vorkommenden, welche wir als Vorbild aufstellen, die anziehendste und belehrendste. Das eben genannte Indische Dörfchen liegt, unfern von Carthagena, 180 Toisen über dem Spiegel des Oceans. In der Mitte eines nahen Palmenwaldes, dessen Luft durch klare, aus Kalkfelsen hervorsprudelnde Quellen erfrischt wird, tobten einst, gemäfs der unter den Kreolen noch fortlebenden Sage, Feuerausbrüche, welche von einem frommen Priester, durch öfteres Besprengen mit Weihwasser, seit langer Zeit besänftiget, und in Vulcanos de aqua y de äire umgewandelt wurden. Sie bilden gegenwärtig 18 bis 20 von einander getrennte Kegel, welche sich aus einer von Brommelien eingefafsten, nackten, beim Auftreten hohl klingenden, und daher als tierra hueca bezeichneten Fläche erheben. Die nach aufwärts abgestumpften, aus graulich-schwarzem Thone bestehenden, seit 20 Jahren unverändert gebliebenen Hügel (los Volcancitas), haben eine Höhe von 3 bis 4 Toisen und einen Umfang von 220

*) S. v. Humboldt, Vues de Cordillères et Monum. d. l'Amer. T. II. Paris 1816.

**) Vergl. §. 2. 3. 4. 5. 48. 76 und 77.

bis 240 Fufs. Am Gipfel eines jeden befindet sich eine trichterförmige Aushöhlung von 15 bis 18 Zoll im Durchmesser. Gewöhnlich ist diese Weitung mit Wasser gefüllt, dessen Temperatur lediglich von jener der Atmosphäre abzuhängen scheint, und aus welchem Lufthlasen von 10 bis 12 Kubikzoll, in Intervallen von ungefähr 12 Secunden, entweder ruhig, oder auch so aufstofsen, dafs Schlamm- und Wassertheilchen mit derselben emporspritzen. Immer geht diesen Durchbrüchen ein dumpfes Tönen in der Tiefe voran.

Nach einer ungefähren Berechnung dürfte die Gesammtmenge des ausscheidenden Gases binnen 24 Stunden an 3000 Kubikfufs betragen. Dasselbe bestehet, zu Folge der unternommenen Prüfungen, aus beinahe völlig reiner Stickluft, welcher kaum ½ Prozent Sauerstoff beigemischt ist. Flammen verlöschen in dem aufgefangenem Gase unverzüglich. Das Volumen desselben wird durch zugelassenes salpetriges Gas wohl um etwas, aber kaum merklich verringert. Kalkwasser bringt durchaus keine Absorption hervor. Geruch nach faulen Eiern fehlte gänzlich, auch bräunten Bleiauflösungen das Wasser der kleinen Krater nicht im geringsten. Ob sich Spuren von Wasserstoffgas in den Gasausscheidungen befinden, blieb wegen Mangels eines Voltaschen Eudiometers unentschieden. —

Bezüglich des Verhaltens der Phosphorescenz zu den bezeichneten Emanationen giebt v. Humboldt folgende Kunde: In das Gas getauchte Phosphorstücke glänzten nur 40 bis 50 Secunden. Das Leuchten des Elater nocticulus hörte in der fraglichen Luft schon nach 18 bis 25 Secunden auf, trat aber im Freien bald wieder ein. Wenn das Insekt durch zu lange Einwirkungen des Stickstoffes erst kränkelnd geworden, so leuchtete es auch in freier Atmosphäre nur wenig, kräftiger aber dann, wenn dessen Lebensthätigkeit durch Galvanismus, namentlich dadurch aufgereizt ward, dafs man beide Enden des Körpers mit Zink und Silber berührte *).

*) Siehe: Voyage de M. M. Humboldt et Bonpland, 2me Partie de la 6me Livraison. Paris 1831. pag. 558 bis 565 und Vues de Cordillères et monuments de l'Amérique par Al. de Humboldt.

## Azotische Wasserquellen.

§. 82.

Wie die Salsen, so kommen auch die stickstoffigen Wasserströmungen, deren feste Stoffe hauptsächlichst aus Natronverbindungen, alkalischen Erden, Kies und Thon bestehen, entweder in völlig vulkanischen Erdstrichen, oder wenigstens in, von gehobenen Basalten durchzogenen Gegenden vor. Dann stofsen sie aus Urgebirgslagern, aus Porphyr- oder Granitspalten auf. Vollgültige Belege dafür liefern die geognostischen Untersuchungen der Leucker, Gasteiner, Liebenzeller, Kannstädter, Wiesbadener, Aachener, Teplitzer, Warmbrunner und vieler ähnlicher Thermen. Ohne Ausnahme stehen die betreffenden Emanationen, nicht minder als die azotischen Schlammauswürfe, mit noch regeren, wenn gleich nur langsam fortbrennenden Vulcanen in nahem Zusammenhange. Oftmals beobachtete man daher an derartigen Quellen, vor und während starkem Schwanken der Erdrinde, deutlich hörbares unterirdisches Toben, Krachen, Donnern, plötzliche Vermehrung oder Verringerung des Zuflusses, ungewöhnliche Färbungen des Wassers, überraschende Entwickelung grofser Massen von Hydrothiongas, und von Zeit zu Zeit über die Umgegend weithin ausgedehnte leuchtende Erscheinungen. Noch im Jahre 1828 sahen die Bewohner des thermenreichen Aachens, in der Nacht vom 2. zum 3. December, kurz bevor heftige Erdstöfse mehrere Gebäude beschädigten, die ganze Landschaft von einem glänzenden, dem Lichte des Vollmondes ähnlichen Scheine überzogen *). Dasselbe merkwürdige Phänomen wurde zu Zante, vor dem Erdbeben des Jahres 1820, und in Syrien, vor jenem des Jahres 1822 wahrgenommen.

Vergleicht man überhaupt das Verhalten azotischer

Paris 1816. T. II. pag. 208 — 212. und vergl. die hierzu gehörige schöne, auf der 4lten Tafel befindliche Abbildung der erwähnten Schlammvulcane.

*) Vergl. Monheim's Abhandl. der Heilquellen etc. p. 259 — 263. p. 396 — 400 p. 403 — 404.

Luftvulkane mit dem stickstoffiger Wasserquellen, so tritt die Analogie beider auffallend hervor. Sie sondern neben gleichen Gasarten gleiche feste Bestandtheile aus, und weichen eigentlich nur durch die geringe oder grofse ihnen beigegebene Wassermenge von einander ab. Es erscheinen in dieser Hinsicht die fraglichen Wasserströmungen allgemeinhin nur als verflüssigte, stickstoffige Schlammvulkane, und letztere als erstarrende Azotthermen.

Zwischen jenen extremen Formen bilden bestimmte, von schwer löslichen Substanzen vorzugsweise gesättigte Wasserquellen verbindende Mittelglieder, deren diesfällige Eigenthümlichkeit sich dadurch offenbart, dafs dieselben, wenn gleich wasserreich, doch am Boden ihrer Becken vielen Schlamm absetzen, in welchem man, wie dies namentlich an den Quellen Abano's, Bataglia's und Acqui's der Fall ist, sämmtliche constituirende Theile der Salsenwände wieder findet.

Aus der Reihe der zahllosen, über alle Welttheile verbreiteten Azotthermen, haben wir dem Plane der vorliegenden Schrift gemäfs, nur jene anzuführen, deren bisher erkannte Verhältnifse die Aussicht zu ärztlicher Benutzung rechtfertigen. In sofern jedoch auch an diesen, für die chemische Prüfung ihrer Gase und für angemessene pneumatische Einrichtungen, noch viel zu wünschen übrig bleibt, wollen wir sie, der concinneren Uebersicht wegen, nicht einzeln, sondern summarisch nach ihren wichtigeren uns hier vorzugsweise angehenden Beziehungen betrachten.

## §. 83.
### Temperaturverhältnisse.

Azotische Wasserströmungen dringen im Allgemeinen wärmer als andere Mineralquellen aus der Erdrinde hervor. Nur wenige haben, wie die zu Porla im südlichen Schweden, zu Sebastiansweiler, Siebenzell und Obersulz im Würtembergischen, ungeachtet ihres beträchtlichen Stickstoffgehaltes, doch nur eine Temperatur von + 6, von 11, von 15 oder 19° R. *). Bei weitem die meisten, von welchen

*) Vergl. Poggendorf's Ann. der Phys. Bd. 29. p. 2. und 272. — Gräfe's und Kalisch's Jahrb. der Heilq. Jahrg. 3. p. 84. Ta-

wir nur jene Landecks, Warmbrunns, Pfeffers, Gasteins, Leuks nennen, kommen mit 20 bis 39 Wärmegraden zu Tage *). Einige, wie die Baden-Badens, Wiesbadens und Aachens, erreichen eine Temperatur von 45 bis 56 Grad **). Der Geyser auf Island, dessen Wasser, zufolge seiner festen Bestandtheile, gewifs viel Stickstoff mit sich führt, soll nach Oelsen sogar bis 80° erhitzt emporgeschleudert werden. ***) Ganz eben so heifs will Mandruzzato †) eine der Euganeïschen Quellen gefunden haben, doch überzeugte ich mich, dafs die wärmste unter allen das Quecksilber eines sehr empfindlichen und 8 Zoll tief eingesenkten Thermometers bei + 12° Lufttemperatur nicht höher als bis 69½ Grad steigen liefs ††).

belle No. 1. u. 2. — Quellen, welche im Ganzen nur wenig Azot mit sich führen, wie z. B. jene von Selters und Fachingen (siehe Bischoff Unters. d. Mineralq. p. 73. u. 104.) gehören nicht hieher.

*) Graefe's und Kalisch's Jahrb. der Heilq. Jahrg. 1. p. 43. und Osann's Darstel. der Heilq. Th. I. p. 61. u. 62. Th. II. p. 340. 79. u. 137.

**) Vergl. Monheim die Heilq. Aachens etc. p. 180. — Kölreuter die Heilq. des Grossherzogthums Baden. Jahrg. 1. p. 63. u. Richter die Heilq. Wiesbadens p. 60.

***) Eine noch höhere Temperatur giebt Helgrinson, bezüglich des Strocks auf Island an. Die Hitze der fraglichen Quelle soll nämlich, gemäss der interessanten, aber noch nicht abgeschlossenen Versuche, welche Herr Professor Steffens am 8. Decbr. 1838 in der Berliner Gesellschaft für Erdkunde mittheilte, 7 Klafter tief im Kessel + 154, 5° R. betragen. — Wurde hier nicht die Temperatur comprimirter Dämpfe gemessen? Vergl. hier §. 19.

†) S. Graefe's und Walter's Journal der Chir. und Augenheilk. B. 15. p. 565.

††) Diese ihrer Ergiebigkeit nach nur geringe Nebenströmung rieselt mit vielen andern aus dem durch tausendjährige Versinterung entstandenen, unter dem Namen Montiron bekannten, ungefähr 25 Fuss hohen Hügel hervor, dessen oberen Theil ein äusserst unebenes, höckriges Plateau von ungefähr 200 Fuss im Durchmesser bildet. Bezüglich des Wärmestandes folgt jener kleinen Emanation unmittelbar die mächtige, in der centralen, kraterähnlichen Vertiefung des Sinterbaues brodelnde Hauptquelle, welche sich, gemäss meinen oft wiederholten Versuchen, in der Tiefe von 2 Fuss fest auf 67° R. erhält. Alle übrigen zwar zahlreichen, aber wasserarmen Ausströmungen des Montirons fallen, rücksichtlich ihres Tem-

Das überraschend Wundersame der Thermalwässer möchte Aerzte und Naturforscher von den frühesten bis auf die jüngsten Zeiten dazu verleiten, dem Wärmestoff dieser Emanationen, bezüglich der Inhaesionsgrade, hinsichts des Siedepunktes, und in Betreff der belebenden Kraft, aufserordentliche Eigenschaften beizumessen.

Schon Plinius behauptete, dafs die Wärme in den fraglichen Mineralwässern weit inniger und bleibender, als im gewöhnlichen Brunnen- und Flufswasser gebunden werde*). Viele Jahrhunderte erhielt sich jene Ansicht. Ihr huldigten noch in unseren Tagen Hufeland, Thilenius, Kopp und Klaatsch**). Man betrachtete es als ausgemacht, dafs überhaupt vulkanisch bedingte Hitze dem Wasser nothwendig besonders fest einverleibt sein müsse. — Mit aller Sorgfalt zu Carlsbad, Teplitz und Bourbonne durch Reufs, Ficinus und Longchamp ausgeführte Untersuchungen bewiesen, dafs natürlich sowohl als künstlich erwärmtes Wasser, bei gleichen Verhältnissen, zu welchen wir auch ebenmäfsige Salzlösungen zählen, in durchaus gleichen Zeiträumen abgekühlt, werden***). An keiner der kräftigsten von mir in Deutschland, der Schweiz und Italien besuchten Thermen, welche überdies, wie wir späterhin sehen werden, mit den kalten Mineralquellen verglichen, insgesammt eher arm als reich an festen Bestandtheilen sind, verriethen mehrfache Prüfungen auch nur die mindeste Spur besonderen Gebundenseins der Wärme. Von diesen Versuchen will ich hier nur einige mit dem Thermalwasser Gasteins und Abanos angestellten, in sofern gerade die genannten Quellen in der betreffenden Hinsicht vorzugsweise angeführt werden, speciell mittheilen. — Es wurden an beiden Orten, von zwei gleich grofsen und starken Glasgefäfsen, das eine mit 5 Quart Mineralwasser, das andere mit eben so viel in ganz glei-

peraturstandes, in mannigfachen Abstufungen, und zwar so herab, dass die Wärme der kühlsten nur noch + 30° beträgt.

*) Plinii histor. natur. Lib. 37. edit. citat. Lib. 31. Cap. 17. p. 288.

**) Vergl. Osann's Darstell. der Heilquel. Th. I. p. 94—95. Th. II. p. 135. und Richter über Wiesbaden p. 56.

***) Vergl. G. Bischof's chem. Unters. d. Mineralwasser etc. Bonn 1826. p. 364. bis 372.

chem Grade künstlich erwärmten Brunnenwasser gefüllt, und in jedes derselben calibrirte genau übereinstimmende Thermometer eingesenkt. Wie gleichförmig der Wärmeverlust der beregten Wassermengen vor sich ging, zeigen die nachfolgenden tabellarischen Uebersichten:

**Bad Gastein**

am 25sten August 1829.

| Tageszeit. | Temperatur der Luft. | Temperatur des Mineral-wassers. | Temperatur des künstlich erwärmten Brunnenwassers. |
|---|---|---|---|
| 3½ Uhr Nachm. | + 14° R. | + 31° R. | + 31° R. |
| 3¾ - - | 14° - | 28° - | 28° - |
| 4 - - | 13½ - | 26 - | 26 - |
| 4¼ - - | 13 - | 24 - | 24 - |
| 4¾ - - | 13 - | 22 - | 22 - |
| 5¼ - - | 13 - | 20 - | 20 - |
| 5¾ - - | 13 - | 19 - | 19 - |
| 6¼ - - | 13 - | 18 - | 17½ - |
| 6¾ - - | 10¾ - | 17 - | 16½ - |
| 7¼ - - | 13 - | 16½ - | 16¼ - |
| 7½ - - | 13 - | 15½ - | 15½ - |

**Bad Abano**

am 7ten October 1829.

| Tageszeit. | Temperatur der Luft. | Temperatur des Mineral-wassers. | Temperatur des künstlich erwärmten Brunnenwassers. |
|---|---|---|---|
| 7 Uhr Abends. | + 15° R. | + 50° R. | + 50° R. |
| 7¼ - - | 15° - | 46° - | 46° - |
| 7½ - - | 14 - | 39 - | 39 - |
| 7¾ - - | 14 - | 34 - | 34 - |
| 8 - - | 14½ - | 30 - | 30 - |
| 8¼ - - | 15 - | 29 - | 29 - |

| Tageszeit. | Temperatur der Luft. | Temperatur des Mineral-wassers. | Temperatur des künstlich erwärmten Brunnenwassers. |
|---|---|---|---|
| 8½ Uhr Abends. | + 15° R. | + 27½ R. | + 27½ R. |
| 8¾ - - | 15 - | 26 - | 26 - |
| 9 - - | 15 - | 24½ - | 24½ - |
| 9¼ - - | 15 - | 23 - | 23 - |
| 9½ - - | 15 - | 22 - | 22 - |
| 9¾ - - | 15 - | 21½ - | 21½ - |
| 10 - - | 15 - | 21 - | 21 - |
| 10¼ - - | 15 - | 20½ - | 20½ - |
| 10½ - - | 15 - | 20 - | 20 - |

Den 8ten October früh um 7 Uhr zeigten das Mineral-, wie das Brunnenwasser, bei 7½° R. Lufttemperatur, im Zimmer + 13° an.

Was die Abweichungen des Siedepunktes anlangt, so berief man sich, unter anderen Thermalquellen, besonders auf jene Gastein's, indem es hieſs, daſs dessen Mineralwasser nachweislich schon bei + 78° R. zu kochen anfange. Diese Erscheinung läſst sich indeſs, auch ohne den Grund derselben in einer hypothetisch angenommenen ätherischeren Beschaffenheit des Wassers zu suchen, vollkommen befriedigend erklären. Zu Bad Gastein, mithin 3000 Fuſs hoch über dem Meeresspiegel, erhitzte ich, während eines Barometerstandes von 27 Zoll und 1,84 Linie *), in zwei gleichen Gefäſsen gleiche Quantitäten Thermal- und Brunnenwasser. Beiderlei Flüssigkeiten kamen genau bei + 78° R. zum Kochen. Als ich von Hof-Gastein aus den nahen Gamskahrkogel bestieg, und auf dem, nach Baumgärtner, 8085 Fuſs über der Meeresfläche emporragenden Gipfel, während eines Barometerstandes von 25 Zoll **), mitgebrachtes Gasteiner Mineral- und im Thale geschöpftes Brunnenwasser der Einwirkung des Feuers aussetzte, kochte jenes wie dieses schon bei + 74° R. In Abano, dessen Boden kaum 40 Fuſs über dem Spiegel des adriatischen Meeres liegt,

*) Früh am 24. August 1829.

**) Mittags am 26. August 1829.

geriethen, bei einer Barometerhöhe von 28 Zoll und 2,90 Linien *), sowohl das bis dahin in einer hermetisch geschlossenen Flasche aufbewahrte Gasteiner, als auch das Abaneser Mineral- und Brunnenwasser, genau erst bei + 80° R. in förmlich wallendes Sieden. — Aus dem Ganzen erhellt, dafs sich Gasteins, überdies an festen Bestandtheilen armes Mineralwasser, bezüglich des Siedepunktes, dem destillirten sowohl als dem gewöhnlichen Brunnenwasser vollkommen gleich verhielt, und dafs derselbe bei allen diesen Flüssigkeiten übereinstimmend, lediglich durch den auf verschiedenen Höhen verschieden einwirkenden Atmosphärendruck bedingt ward.

Die specifisch belebende, dem Calorik der Thermen beigemessene, auch auf therapeutische Zwecke bezogene Kraft suchten noch Schriftsteller der letzteren Jahrzehnde dadurch unwiderleglich zu erweisen, dafs hinwelkende Blumen, in eben geschöpftes Thermalwasser gesetzt, ihre Frische völlig wieder erhielten. Als Hauptursache dieser Wirkung wurde die unmittelbare Mittheilung des schaffenden, inneren Erdenlebens angenommen **). Wie wenig wir aber Behufs der Erklärung des betreffenden Phänomens fern liegende, in mystisches Dunkel gehüllte Motive zu Hülfe zu nehmen brauchen, und wie offenbar dasselbe überhaupt nur in der Aneignung der Wärme und Feuchtigkeit beruht, zeigen die mit künstlich erhitztem Wasser angestellten Gegenversuche. Vogel beobachtete durchaus analoge Erfolge von der Anwendung des warmen Isar- und des destillirten Wassers. So oft ich auch, zu Gastein, halbwelke Blumen in bis auf + 38° erhitztes, gewöhnliches Brunnenwasser, und ebenmäfsig warmes Thermalwasser setzte, sah ich jedesmal, dafs sie in dem einen wie in dem anderen, bei übrigens gleichen Verhältnissen, binnen denselben Zeiträumen in gleichem

*) Mittags am 8. October 1829.

**) Vergl. Mosch, die Bäder Deutschlands etc. T. I. Art. Gastein. — Hebenstreit, in Emils Reisehandbuch nach Gastein p. 288. — Klaatsch in Osann's Darstell. der Heilq. T. II. p. 135 etc. — Richter über Wiesbaden p. 57. u. 74. — und Carus in Hufelands Journ. B. 75. St. 1. p. 33. 37. etc.

Grade ihre ursprüngliche Frische und Schönheit wieder erlangten *).

## §. 84.

### Feste Bestandtheile.

Unter den festen Substanzen der Azotthermen erscheinen die nach der alkalischen Seite hingeneigten entschieden überwichtig. Anglada stützt seine Vermuthung über den grofsen Antheil des Stickstoffgases an der Elementarbildung alkalischer und hepatischer Quellen darauf, dafs dieselben nie ohne gleichzeitige Azotemanation vorkommen **). In dem Gemische der fraglichen Stoffe behauptet das an Kohlensäure, Schwefel- oder Salz-Säure gebundene Natron stets die Oberhand. Die genannten Carbonate und Sulfate prävaliren eben so in mäfsig warmen, wie das beregte Muriat in den heifseren Stickstoffströmungen. Hinsichts der ersteren Quellen erinnern wir beispielsweise an jene von Teplitz, Landeck und Warmbrunn ***), und bezüglich der letzteren an die von Aachen und Wiesbaden †). Zwar nicht minder beständig, jedoch dem Natron stets untergeordnet trifft man in Azotthermen auch Kalk, Talk, Kiesel und Thon zum Theil mit Kohlen-, Hydrothion-, Flufs-, Phosphor- und

*) Flora oder botan. Zeitung. Regensburg 1820. Jahrg. 3. B. I. p. 347.

**) S. Harlefs Rhein. Westphäl. Jahrbücher Bd. I. St. 1. p. 127.

***) Die stärkeren Quellen von Teplitz enthalten, nach Berzelius, in 16 Unzen Wasser 2,672 Gr. kohlensaures — 0,545 Gr. schwefelsaures — und 0,422 Gr. salzsaures Natron. In den stärkeren Quellen von Landeck fand Günther in 16 Unzen Wasser 0,858 Gr. schwefelsaures — und 0,025 Gr. salzsaures Natron. — Aus der gleichen Wassermenge der Hauptquellen Warmbrunns erhielt Tschörtner 1,705 Gr. schwefelsaures — 1,479 Gr. kohlensaures und 0,499 Gr. salzsaures Natron.

†) Aachens reichere Quellen enthalten nach Monheim in 16 Unzen Wasser 20,716 Gr. salzsaures — 6,616 Gr. kohlensaures — und 0,620 Gr. schwefelsaures Natron. Mithin zusammen genommen 27,952 Gr. Sodasalze.

Die Hauptquellen Wiesbadens geben, nach Kastner, in der gleichen Wassermenge 44,225 Gr. salzsaures und 0,700 Gr. schwefelsaures Natron. Mithin zusammen genommen 44,925 Gr. Sodasalze. S. §. Aachen und §. Wiesbaden.

Quellen-Säure verschmolzen. Wo die fraglichen Mineralwasser viel Kalk und Kieselerde enthalten, erzeugen sie im Wege der Abkühlung und Verdunstung mannigfache, selbst marmorharte und die schönste Politur annehmende Sintervarietäten *); wo Thon und Kreidemergel reichlicher vorkommen, setzen sie unter gleichem Vorgange eher Schlammlager ab; wo endlich jene wie diese Stoffe in beträchtlicher Menge zugegen sind, bilden sich, wie zu Abano und Bataglia, sowohl harter Sinter als breiige Schlammschichten. — Neben den bezeichneten Salzen und Erden wurden in den diesfälligen Emanationen auch Strontian, Jod, Brom, Mangan und Eisen entdeckt. Diese nicht immer und dann in verhältnifsmäfsig geringen Quantitäten vorhandenen Beimischungen sind daher nicht als wesentliche, nicht als integrirende Theile der Azotthermen anzusehen.

Verglichen mit anderen gasigen Wasserquellen sind den azotischen, als den am meisten verflüssigten, die geringsten Quantitäten fester Stoffe zugetheilt. So geben Alles in Allem 16 Unzen Mineralwasser Landecks und Gasteins nur an 2 Gran, die Thermen Warmbrunns in der gleichen Wassermenge 4, die zu Teplitz 5, jene Badens 23, und die Aachener 58 Gran fester Substanzen **), während von anderweitigen Gasen durchdrungene, starrere, kältere, + 8 bis 10° R. nicht übersteigende Mineralwasser, wie dies namentlich die Untersuchungen der Pilnaer ***) Kösener und Friedrichs-Haller lehren †), in 16 Unzen Wasser an 242, 380 und 2015 gr. Salze und Erden enthalten.

Noch wäre hier, wo von den festen Substanzen der Thermen überhaupt die Rede ist, die animalische, den betreffenden Strömungen nie fehlende, unter dem Namen der Barégine bekannte Materie anzuführen. Behufs einer näheren Erörterung derselben müssen wir jedoch die Ex-

*) Vergl. §. Carlsbald. Sprudelstein.

**) Die bei jenen Angaben benutzten Quellen sind in den Paragraphen, welche über die Gasanalysen der einzelnen Mineralwasser handeln, angeführt.

***) S; Osann's Darstel. der Heilq. T. 2. p. 99.

†) S. Gräfe's und Kalisch's Jahrb. der Heilq. 3 Jahrg. p. 354. und die tabellarische Uebersicht der Analysen No. 2. bei p. 84.

position der übrigen Verhältnisse, welche diesen merkwürdigen Stoff mit bedingen, nothwendig vorangehen lassen.

## Das Thermalazot.

§. 85.

Wenn azotische Emanationen unter allen natürlichen Gasausscheidungen am wenigsten erforscht sind, so liegt dies theils in dem mehr negativen Character des Stickstoffgases, durch welchen dasselbe der Beobachtung um Vieles länger als andere, auffallender in die Sinne tretenden Luftarten entzogen blieb, theils darin, dafs es die Atmosphärenluft an Leichtigkeit übertreffend *), und noch überdies durch hohe Hitzegrade beträchtlich expandirt, ungemein rasch jede Untersuchung erschwerende Verflüchtigungen eingeht.

Die Entstehung des Quellenazots ist früherhin, wie jetzt, einer Zersetzung der von den Thermen eingesogenen Atmosphärenluft zugeschrieben worden **). Bei dem fortwährenden Verkehr, in welchem die Atmosphäre zu den Tiefen des Erdballs steht ***), mag allerdings der fragliche Process statt haben, dafs jedoch die Thermalstickluft durch ihn allein hervorgebracht würde, möchte ich bezweifeln, indem selbst an jenen Quellen, welche völlig sauerstofffreie, ganz reine Stickluft ausstofsen, eine vorspringende Säuerung der Thermalbestandtheile, zu welchen das abgetretene Oxygen der gemeinen Luft übergegangen sein müsste, den bisherigen Analysen gemäfs, noch nirgend erwiesen ist. In der That scheint auch kein Grund vorhanden zu sein, weshalb die elementare Erzeugung des Stickgases, in den betreffenden Fällen nicht wenigstens theilweis eben so gut, als die der übrigen gasigen und festen Quellenstoffe, durch die gesammte unterirdische Thermalbildung bedingt sein könne.

*) Das specifische Gewicht der Atmosphärenluft zum Stickstoffgase verhält sich nach Berzelius wie 1 zu 0,776.

**) S. Robiquet über die Quellen v. Neris in der Revue méd. par Bayle etc. Paris September 1835. p. 428. u. Richter üb. Wiesbaden p. 64.

***) §. Vulcanismus.

Selten kömmt das Stickgas mit Wasserströmungen vollkommen rein zu Tage. Oefter ist dasselbe hiebei mit Atmosphärenluft, oder auch mit anderen Gasen geeiniget. Verbindungen der letzteren Art bestehen gewöhnlich aus beigemischter Hydrothion- oder Kohlensäure, demnach also gerade aus jenen Gasen, welchen sich das Azot da in untergeordnetem Verhältnisse zugesellt, wo dieselben bei anderen Quellengattungen die Grundlage des Luftgemisches ausmachen *). Auf die Ursache, aus welcher jene Mischungsverhältnisse an manchen Quellen schwankend erscheinen, haben wir schon bei der Erörterung der Schlammvulkane aufmerksam gemacht **).

Zweifach ist die Form, in welcher das Azot mit den Thermen ausströmt; dasselbe kömmt hier sowohl mit dem Wasser verschmolzen, als in völlig freiem Zustande vor. — Die gebundene Stickluft läfst sich erst vermöge anhaltenden Kochens vom Mineralwasser trennen. Durch Kunst sollen 100 Volumentheile Wasser höchstens 4, und nach Dalton nicht ein Mal so viel Azot aufnehmen, unerachtet die angegebene Wassermenge von anderen Gasen, namentlich von kohlensauren, an 100 Volumentheile und darüber verschlucken kann. Natürlich mit Mineralwasser geeignet finden wir den Stickstoff, bei seiner geringen Geneigtheit zu der betreffenden Verbindung, immer nur sparsam an. Selbst aus den gasreichsten Quellen konnte man nämlich bis jetzt kaum 3 Procent dem Atmosphärengemische nicht angehöriges Azot abscheiden. — Freies Stickgas entströmt dagegen den Thermen oft in solcher Menge, dafs es dieselben durch ununterbrochen aufsteigende Luftblasen in steter Bewegung erhält. Man will hiebei die fragliche Luft schon an dem äufseren Verhalten der Blasen, welches sich von jenem anderen und namentlich von dem der kohlensauren Emanationen unterscheiden soll, sicher erkennen. Harlefs, Ficinus und Reuss ***) versichern, am Teplitzer Steinbade,

*) Vergl. §. Analyse der hydrogen- und kohlensauren Quellen.

**) §. 80.

***) S. Harlefs im Rhein. Westphäl. Jahrb. B. 8. (1824) p. 134—135. Ficinus in Graefe's und Kalisch's Jahrb. Jahrg. 1. p. 340. Reuss die Bäder von Teplitz. 1835. p. 188., und Wolf in d. med. Jahrb. des österr. Staats. Bd. 19. p. 472.

dessen Quelle bekanntlich Stick- und kohlensaures-Gas zugleich ausstöfst, beobachtet zu haben, dafs die erstere Luftart mehr elliptische als runde Blasen von verschiedener Gröfse bildet, welche oft, den Perlenschnüren ähnlich aneinandergereiht empordringen und auf dem Wasserspiegel ohne sichtbares Zerplatzen, Wirbeln oder Schäumen auseinanderfliefsen, während dagegen die Kohlensäure in gedrängt auf einander folgenden Büscheln aus völlig runden Blasen aufsteigt, welche an der Oberfläche des Wassers sichtbar, ja oft sogar hörbar bersten, oder wirbelartig zerstreut werden. Ob jene Differenz, bei der überaus grofsen Mannichfaltigkeit, mit welcher das kohlensaure Gas die Wassersäulen durchdringt *), unter allen Umständen statt findet, wage ich nicht zu entscheiden. Mir fiel am Bassin des Steinbades weniger jene Formdifferenz, als die sehr verschiedene Schnelle auf, mit welcher gleich grofse Luftblasen zum Wasserspiegel gelangen. Unter denselben mögen vielleicht die träge und langsam auftauchende, lastende Kohlensäure, und die rasch emporeilenden, leichtere und dem Wasser überhaupt weniger befreundete Stickluft enthalten. Ueber die Mächtigkeit des freien Azots, dessen Entwickelung dem Augenscheine nach an vielen Thermen sehr beträchtlich erscheint, ist, da man in dieser Beziehung noch nirgend befriedigende Versuche anstellte, für jetzt, nicht einmal ein ungefähres Mafsverhältnifs anzugeben. Nur folgende, leider blos auf geringe Quellenabtheilungen Bezug habende, diesfällige Messungen sind dermalen bekannt geworden. Professor Wolf sammelte an einer Nebenquelle des Schlangenbades zu Teplitz, binnen 24 Stunden 400 Kubikzentimeter Thermalgas **), und Eaton berichtet in seiner Beschreibung der drei ergiebigen, reines Stickgas ausstofsenden Quellen, welche im Staate Vermont in Nordamerika, am südlichen Ende des Fleckens Hosick aus einem Kiesbette hervordringen, dafs derselbe, auf einer Fläche ihres Wasserspiegels von 4 bis 5 Quadratzollen, binnen 10 Stunden, ein Quart der fraglichen Luft auffing ***).

*) §. Marienbad, Eger und Pyrmont.

**) §. Teplitz ganz zu Ende.

***) Harlefs in dessen Rheinisch Westphäl. Jahrb. T. 1. St. 1. p. 127.

Jenen allgemeinen Andeutungen über das Thermalazot wollen wir die speziellen Analysen desselben in der Ordnung folgen lassen, in welcher sie, an den einzelnen Emanationen unternommen, bestimmtere Resultate gewinnen liefsen.

§. 86.

Von den warmen, einander sehr ähnlichen Quellen Gasteins, Pfeffers und Leuks, welche aus beträchtlich erhobenen Urgebirgsmassen hervorbrechen, und sowohl bezüglich der vorschlagenden Natron-Verbindungen, als Hinsichts ihres ganzen Habitus, mit azotreichen Wasserströmungen übereinstimmen, darf man nicht ohne Wahrscheinlichkeit annehmen, dafs sie insgesammt Stickstoffgas mit sich führen. Chemisch nachgewiesen ward dasselbe jedoch bis jetzt nur an einer derselben, nur an jener Leuks, welche zu Folge Professor Ure's Analyse, ununterbrochen eine grofse Menge völlig reiner Stickluft ausstöfst *).

§. 87.

Ueber die Gasbeschaffenheit der Mineralquellen Baden-Badens sind die Meinungen getheilt. Kölreuter hält die fraglichen Thermen für völlig frei von Azot, weil er in 16 Unzen des Mineralwassers blos 0,50 Kubikzoll Kohlensäure antraf. Gimbernat, der seine Aufmerksamkeit hauptsächlichst auf die Thermaldämpfe hinwendete, erklärt die betreffenden Emanationen dagegen für azotreich. — Wenn die Ansicht, es fehle den fraglichen Thermen das Azot, ausschliefslich darauf beruht, dafs man in dem Mineralwasser keine Stickluft entdeckte, und dafs die in den Dämpfen vorgefundene von der Atmosphäre abstamme, so können wir die Richtigkeit der Folgerung nicht einräumen, weil viele Quellen, in deren Wasser nur ein geringer, den Untersuchungen leicht entgehender Theil gebundenen Azots zu finden ist, dennoch eine grofse Menge freien Stickgases aushauchen **), und weil ferner, bezüglich des zweiten Momentes der genannten Einwürfe, der Beweis fehlt, ob auch das in den Thermaldämpfen als vorhanden angenommene Azot genau in jenem quantitativen Verhältnisse zur beige-

*) Frorieps Notizen 2 Band. (1822). No. 5. p. 78.

**) Vergl. §. Wiesbaden.

mischten Lebensluft steht, in welchem dasselbe allein als zur Atmosphäre gehörig betrachtet werden kann. Endlich spricht auch, selbst die von Kölreuter beobachtete, auffallend gröfsere specifische Leichtigkeit der mit einfachen ebenmäfsig erwärmten Wasserdämpfen verglichenen Badener Exhalationen, insofern das Azot weniger schwer als gemeine Luft ist, weit eher für als gegen Gimbernats Angabe *).

§. 88.

In Landecks milden, die Wärme von + 23° R. nicht übersteigenden Thermen **) glaubte man früherhin eine beträchtliche Menge Hydrothion- und kohlensaurer Luft entdeckt zu haben. Mogalla und Günther nahmen an, dafs 1 Pfund des fraglichen Mineralwassers mit 3½ Kubikzoll Schwefelwasserstoff geschwängert sei ***). Neuere Untersuchungen erwiesen indefs den fast gänzlichen Mangel des eben genannten Gases, und die offenbare Anwesenheit von beträchtlich vorherrschender Stickluft.

Bezüglich des gebundenen Quellengases gab Fischer die erste gründliche Kunde. Nach dessen sorgfältig ausgeführten Analysen enthalten:

Der St. George und St. Marien-Brunnen in 1 Pfunde Wasser (26 Kubikzoll)

| | |
|---|---|
| Stickgas | 0,62 Kubikzoll |
| Kohlensaures Gas | 0,26 — — |
| Schwefelwasserstoffgas | Spuren, und |

Der Trinkbrunnen, in der angegebenen Wassermenge,

| | |
|---|---|
| Stickgas | 0,44 Kubikzoll |
| Kohlensäuregas | 0,26 — — |
| Schwefelwasserstoffgas | Spuren. |

Freies Gas stöfst aus sämmtlichen diesfälligen Thermen auf. Am augenscheinlichsten sah ich dessen Entwick-

*) Vergl. §. Allgemeine Azot-Beschaffenheit, specifische Schwere. Ferner Kölreuter d. Mineralq. des Grofsherzog. Baden etc. It. Jahrg. 1820. p. 40. — Hufeland Journ. Bd. 75. St. 4. p. 125. — und Osann Darstel. d. Heilq. T. II. p. 612.

**) S. Bannert d. Heilq. Landecks p. 75.

***) Vergl. Graefe's und Kalisch's Jahrb. d. Heilq. Jahrg. I. p. 45.

lung an der Quelle des alten Bades *). Ununterbrochen drangen hier kleine und gröſsere Luftblasen empor, welche, sobald sie sich zur Badezeit nicht an die Hemden der Badenden hängen, schnell den Wasserspiegel erreichen und auf demselben geräuschlos verschwinden **). Aus dem gesammten Verhalten sowohl, als aus der erwiesenen Prävalenz des Azots in dem gebundenen Gasgemische, können wir vermuthen, daſs auch die freie, noch keiner näheren chemischen Prüfung unterworfene Quellenluft, stickstoffreich sei. Es rechtfertiget sich dieser Schluſs um so mehr, als einige analoge Thermen, in welchen das gebundene Azot sogar den anderen, mitgefesselten Gasen offenbar nachsteht, dennoch beträchtliche Quantitäten fast ganz reiner Stickluft aushauchen ***).

§. 89.

Die Quellen Wiesbadens werden bei einer Temperatur von 56° R., durch immerwährend aufsteigende Gasblasen in steter lebhafter Bewegung erhalten. Sie gehören nach der Mächtigkeit ihrer Luftentwicklung, die ich im Jahre 1815 vielfältig zu beobachten Gelegenheit hatte, unstreitig mit zu den gasreichsten bisher bekannten Emanationen. — Kastner's nähere Untersuchungen der Quellenluft ergaben folgende Resultate:

Aus 16 Unzen frisch geschöpften Wassers des Kochbrunnens wurde durch fortgesetztes Sieden ein Gasgemenge abgeschieden, welches 0,08 Kubikzoll Azot und 5,75 Kubikzoll Kohlensäure enthielt, wobei indeſs ein nicht unbeträchtlicher Theil der lezteren Luftart vermöge der Zersetzung doppelt kohlensaurer Salze gebildet sein mochte. — Dagegen bestanden 100 Raumtheile des frei empordringenden Gasgemisches aus 0,54 Stickstoff, und 0,46 Kohlensäure †).

§. 90.

Aachen und Burtscheids Thermen dringen mit einer Hitze von 35 bis 62° R. an verschiedenen Stellen aus dem Erdschoſse hervor. Von den überaus groſsen, die

*) Während des Monats Juny 1813.

**) Vergl. §. 85.

***) §. §. Wiesbaden, Warmbrunn und Teplitz.

†) Vergl. Richter über Wiesbaden p. 61. 64 und 65.

fraglichen Wassersäulen durchwühlenden Gasmassen überzeugte mich, während wiederholter Besuche in den Jahren 1814, 1815 und 1833, schon der Augenschein.

Das freie aus den Wassersäulen aufsteigende, durch Monheim sorgfältig analysirte Luftgemisch enthält in 100 Kubikzollen:

an der Kaiserquelle

| | | |
|---|---|---|
| Stickgas | 69,5 | Kubikzoll |
| Kohlensäure | 30,0 | — — |
| Ueberschwefelte Hydrothionsäure | 0,5 | — — |

an der Burtscheider Trinkquelle

| | | |
|---|---|---|
| Stickgas | 70,75 | Kubikzoll |
| Kohlensäure | 29,05 | — — |
| Hydrothionsaures Gas | 0,20 | — — |

am Pakerbrunnen

| | | |
|---|---|---|
| Stickgas | 71,10 | Kubikzoll |
| Kohlensäure | 28,80 | — — |
| Hydrothionsaures Gas | 0,10 | — — |

am Kochbrunnen

| | | |
|---|---|---|
| Stickgas | 71,50 | Kubikzoll |
| Kohlensäure | 28,40 | — — |
| Hydrothionsaures Gas | 0,10 | — — |

und am Johannisbrunnen

| | | |
|---|---|---|
| Stickgas | 71,35 | Kubikzoll |
| Kohlensäure | 28,50 | — — |
| Sauerstoffgas | 0,15 | — — |

Die gebundenen Luftarten zu prüfen, gab Monheim auf, als er fand, dafs bei dem Auskochen des Mineralwassers, durch Zersetzung des Schwefelnatriums, jedesmal eine beträchtliche, zu unvermeidlichen Irrungen führende Menge Hydrothionsäure entwickelt wird*).

§. 91.

Wichtige Azotströmungen bietet das Königreich Würtemberg dar. — Zu denselben gehören, unter den neuerdings untersuchten vorzugsweise, die 11 Stunden westlich von Stuttgard im Enzthale ausbrechenden, an + 23 bis 30° R. warmen Quellen des Wildbades, ferner die Emana-

*) S. Monheim die Heilq. Aachens etc. Leipz. 1829. p. 209 bis 210 und 232 bis 234.

tionen der Obersulz, eines bei Kannstadt gelegenen schlammigen Mineralwasserteiches, dessen Wärme sich beständig auf + 16° R. erhält, und jene des Schwefelwassers zu Sebastiansweiler, welches die Temperatur von + 9 bis 11° R. nicht übersteigt.

Professor Sigwarts Analysen ergaben folgende Resultate:

An der Badequelle des Wildbades bestand die frei entweichende Luft in 100 Raumtheilen aus 91,56 Stickstoff,
2,00 Kohlensäure,
6,44 Oxygen, und
das gebundene Gasgemisch aus
79,25 Stickluft
12,50 Kohlensäure und
8,25 Sauerstoff.

An der Obersulz enthielt das freie Gas in 100 Raumtheilen,
50,160 Azot
49,334 Kohlensäure und
0,506 Oxygen.

An der Schwefelquelle von Sebastiansweiler bestand das freie Gasgemenge aus
10,030 Stickluft
0,043 Hydrothionsäure und verrieth Spuren von kohlensaurem Gase *).

Aufser den eben erwähnten führen noch andere Würtembergische Mineralquellen, namentlich jene von Liebenzell, Boll, Reutlingen und Mergentheim, in nicht unerheblicher Menge Stickluft mit sich, bei allen diesen steht sie aber zur Kohlen- oder Hydrothionsäure, in einem mehr oder weniger untergeordneten Verhältnisse **).

§. 92.

In Warmbrunns Thermen wurde freies sowohl als gebundenes Azot zuerst von Tschörtner und neuerdings von Fischer mit Bestimmtheit nachgewiesen. —

*) Vergl. Gräfe's und Kalisch's Jahrb. der Heilq. etc. Jahrg. 3. p. 19, 20, 21, 52. und p. 84. und die Zellerschen Tabellen Nr. 1. und 2.

**) Vergl. die eben angeführten Zellerschen Tabellen.

Die freie aus der Tiefe der Bassins in zahllosen kleinen und in einzelnen grofsen Blasen aufstofsende Luft röthet die blauen Pflanzensäfte nicht, giebt, mit Kalkwasser in Berührung gebracht, kein Kohlensäuregas, durch salpetersaure Silber- oder durch essigsaure Bleiauflösungen geleitet, kein Hydrothiongas zu erkennen, zeigt ferner keinen Sauerstoff an, wenn sie im Voltaischen Eudiometer mit Wasserstoffgas geeiniget wird, und verräth eben so wenig Hydrogentheile, wenn man dieselbe mit Sauerstoff behandelt, sondern verhält sich bei diesen negativen Eigenschaften dennoch die Flamme erlöschend und das Thierleben aufhebend, als reine Stickstoffluft *).

Im gebundenen Gasgemische hatte man neben dem Azot auch Hydrothionsäure und kohlensaures Ammoniak **) vermuthet, Fischer traf aber von beiden letzteren Stoffen keine Spuren an und fand, dafs die aus 100 Kubikzoll Mineralwasser durch fortgesetztes Sieden abgeschiedene Luft aus 1,76 Kubikzoll Stickluft und
2,529 Kubikzoll Kohlensäure besteht.

Das obwaltende Verhältnifs, nach welchem freies, reines Azot reichlich aufsteigt, unerachtet die an Wasser gebundene Stickluft anderen Gasarten quantitativ nachsteht, ist mehreren Mineralquellen eigen.

§. 93.

Hinsichts des Quellengases der Teplitzer Thermen haben Ficinus und Wolfs Analysen wichtige Aufschlüsse gegeben. — Das Aufstofsen des freien Azots wird an manchen dieser Emanationen und hauptsächlich an jener des Haupt-Männerbades durch Ueberwölbungen behindert. Aus allen offenen Becken eilt dagegen die farb- und geruchlose Luft in unzähligen, theils perlenschnurförmig angereihten, theils vereinzelten Blasen vom Durchmesser eines Hirsekorns bis zur Gröfse einer Faust nach dem Wasserspiegel empor. Besonders auffallend sieht man diese bereits im §. 85. geschilderte Entwickelung innerhalb des grofsen Beckens der Steinbadquelle vor sich gehen. — Be-

*) S. Reufs, die Bäder von Teplitz (1835) p. 190. Gräfe's u. Kalisch's Jahrb. der Heilq. 1. Jahrg. p. 12.

**) Osann, B. II. p. 340—341.

hufs der nähern Prüfung des freien Gases wurde dasselbe in versenkten Glocken aufgefangen, durch Quecksilber-Apparate abgesperrt, mittelst geschmolzenen Calciumchlorids getrocknet und dann allgemeinhin nach der, bei den Warmbrunnener Emanationen angewendeten Methode untersucht*). Beide Zerlegungen gaben Hinsichts des Nachweises der Stickluft fast gänzlich übereinstimmende Resultate, welche sich nur dadurch unterschieden, dafs hier blaue Pflanzensäfte, Bary- und Kalkwasser einen geringen Antheil von Kohlensäure verriethen, und dafs Eisenvitriollösungen sowohl als Salpetergas mitunter das Dasein von etwas Oxygen bekundeten. Wie sehr sich jedoch diese Zumischungen untergeordnet verhielten, zeigt der Umstand, dafs an der grofsen Mehrzahl der Quellen 100 Raumtheile freier Thermalluft aus 80 bis 99 Theilen reinen Azots bestanden. — Das gebundene Gasgemisch wurde durch anhaltendes Auskochen des Mineralwassers abgeschieden. Verglichen mit dem Verlaufe der beim Sieden kalter kohlensauren Mineralquellen stattfindenden Luftbewegung, erfolgte die beim Teplitzer Thermalwasser beobachtete weit langsamer und so, dafs sich das Gas, nicht wie bei den Säuerlingen zu Anfang plötzlich, sondern immerwährend höchst gleichförmig löste und selbst dann noch trennte, als bereits Wassertheilchen in förmliche Dampfblasen übergingen. Hundert Raumtheile des Mineralwassers gaben hiebei 2 bis 4 Theile eines Gasgemenges, welches zwar an allen Quellen mit vorhandene, aber nur an wenigen prädominirende Kohlensäure enthielt. Wahrscheinlich beruht das letztere Mischungsverhältnifs hier, wie an anderen analogen Mineralwassern, welche man derselben Abtreibungsweise unterwarf, darauf, dafs sich die in Folge stärkerer Erhitzung von den Natronbicarbonaten des Mineralwassers trennende Kohlensäure dem ausscheidenden Luftgemenge zugesellte, und hiedurch in demselben den Kohlensäuregehalt nicht unbeträchtlich vermehrte.

Von den Ergebnissen der speciellen Gasanalysen wer-

*) Vergl. §. 92, ferner Gräfe's u. Kalisch's Jahrb. Jahrg. 2. p. 72—82. etc. und die med. Jahrb. des österr. Staats. B. 19. p. 473. und 475.

den wir mehrere vollkommen übereinstimmende, ohne sie besonders auszuwerfen, nur beziehungsweise andeuten:

Die Sandbadquelle enthält nach Ficinus im freien Gasgemische verhältnifsmäfsig die meiste Stickluft und zwar in 1000 Raumtheilen:

992 Raumtheile Azot,
4 - Kohlensäure,
4 - Sauerstoff,

im gebundenen Gase, von welchem aus 10 Pfund Thermalwasser (zu 241,115 Kubikzoll) durch Sieden im Ganzen 6,6 Kubikzoll Luft abgeschieden wurden 2,726 Kubikzoll Stickstoff,
3,742 - Kohlensäure und
0,132 - Sauerstoff*).

Die Steinbadquelle enthält in 1000 Raumtheilen des freien Gasgemisches:

920 Raumtheile Stickstoff,
80 - Kohlensäure,
0 - Sauerstoff**).

Vom gebundenen Gase wurden aus 10 Pfund Thermalwasser durch Sieden im Ganzen 8,26 Kubikzoll Luft abgeschieden, welche aus

1,570 Azot,
6,525 Kohlensäure und
0,165 Sauerstoff bestanden***).

An jene beiden Thermen schliefsen sich, bezüglich des Gasgemisches, die Stadthaupt-, die Garten- und die Schwefelbadquelle, wobei jedoch nicht übergangen werden darf, dafs Professor Wolf die Menge des vorherrschenden Azots an der Stadthauptquelle in 1000 Raumtheilen fast um 100 Theile höher als Ficinus, und an der Schwefelbadquelle in 1000 Volumentheilen zu 946, mithin so hoch berechnet, dafs die letztere bezüglich ihres Azotreichthums nur der Sandbadquelle nachstehen würde †).

*) S. Gräfe's und Kalisch's Jahrb. der Heilq. Jahrg. 2. p. 75.

**) Ibid. p. 77. Vergl. den 2ten Versuch.

***) Ibid. p. 78.

†) Vergl. Gräfe's und Kalisch's Jahrb. Jahrg. 2. p. 72, 73, 76—82. und die med. Jahrb. des österreich. Staats. Bd. 19. a. a. O. p. 476 u. 477.

Unter den übrigen Emanationen zeichnet sich das Gasgemisch des Schlangen- und Militair-Bades dadurch aus, dafs, nach Ficinus, jenes den meisten Sauerstoff und dieses weit mehr Kohlensäure als alle anderen enthält. Es ergaben nämlich:

Die Zerlegungen der Schlangenbadquelle, dass das freie Quellengas in 1000 Raumtheilen aus

842,1 Azot,
157,9 Sauerstoff und

das gebundene in 10 Pfund Wasser (zu 241,115 Kubikzoll) im Ganzen aus 11,23 Kubikzoll, oder aus

2,48 Kubikzoll Azot,
7,92 - Kohlensäure und
0,68 - Sauerstoff bestanden.

Die Analyse der Militair-Badquelle erwies endlich, dafs

das freie Luftgemisch in 1000 Raumtheilen aus

4,37 Azot,
5,63 Kohlensäure und

das gebundene Gas in 10 Pfund Mineralwasser, im Ganzen aus 6,6 Kubikzoll Luft, oder aus

3,314 Kubikzoll Azot,
2,64 - Kohlensäure und
0,646 - Sauerstoff zusammengesetzt waren *).

Für die Bestimmung der Gesammtmenge des mit den Thermen vortretenden Gases ist dermalen noch wenig geschehen. Eine diesfällige Berechnung der gebundenen Thermalluft wäre leicht anzulegen, da man die Wassermächtigkeit der einzelnen Quellen genau kennt und das Mengeverhältnifs der betreffenden Stickstofftheile zu dem Mineralwasser aus den erwähnten Analysen hervorgeht. Wss aber die Messung des frei aufstofsenden Quellengases anlangt, so ist in dieser Beziehung nur der, an einer Nebenströmung unternommene, zu keinen weiteren Folgerungen berechtigende, bereits erwähnte Wolf'sche Versuch bekannt **). Dem Augenschein nach werden allerdings die meisten Teplitzer

*) S. Gräfe's u. Kalisch's Jahrb. der Heilq. Jahrg. 2. p. 80. 81.
**) S. die med. Jahrb. des österreich. Staats B. 19. p. 472.

Quellen und namentlich jene des Steinbades, nicht weniger lebhaft als mancher Säuerling, aus welchem binnen 24 Stunden nachweislich mehrere Tausend Kubikfuſs Kohlensäure hervordringen*), von Gasen durchwühlt. So lange jedoch die aufstoſsende Thermalluft nicht durch genaue hermetische Absperrung der Quellenspiegel aufgefangen**), und nach Abscheidung des Wasserdunstes gemessen ist***), bleibt es unmöglich, hier sowohl, als an allen übrigen Azotthermen, irgend etwas Näheres über die Gesammtmenge festzustellen, in welcher dasselbe binnen bestimmter Zeiträume entweicht.

## §. 94.

### Barégine.

Einen wesentlichen Theil der Azotthermen macht die animalische, von Lemmonier schon 1747 in den Quellen zu Barreges entdeckte, mit dem Froschlaiche verglichene Materie aus. Sie erhielt nach dem Fundorte sowohl, als nach ihren mannigfachen Eigenschaften die Namen der Barégine, der Glairine, des Zoogen's, Theiothermin's, des Acidi puteani, der Wassergallerte und des Thermalschleimes. Vauquelin, Chaptal, Duchenoy, Longchamp, Anglada, Fontana, Gimbernat und Monheim fanden den fraglichen Stoff in den Quellen zu Néris, Plombières, Bagnères de Luchon, Foix, zu Aix in der Provence, zu Lucca und Aachen.

Mehrere Naturforscher vermutheten, daſs der in Rede stehende Körper nur den Hydrothionquellen beigegeben sei. Die Erklärung dieser Ansicht liegt nicht fern, da man die fragliche Substanz anfänglich blos in jenen Emanationen suchte, und da dieselbe in derartigen, gröſstentheils zugleich azotführenden Strömungen nie ganz fehlt. Den neuesten Untersuchungen gemäſs gehört der betreffende Stoff unstreitig vorzugsweise den Stickstoffthermen an, und trifft man ihn auch in manchen azotarmen Mineralwässern, so kömmt er in diesen doch nicht durchgehends und verhältniſsmäſsig nur in geringen Quantitäten vor.

*) §§. Meinberg, Pyrmont, Eger u. s. w.

**) §. pneum. Einricht.

***) §. pneumat. Einrichtung.

Die grofse Formverschiedenheit der Barégine war es, welche dazu Anlafs gab, dafs über ihre Grundbeschaffenheit, wie über ihre Erzeugung die widersprechendsten Ansichten in Schutz genommen wurden, dafs mehrere Gelehrte sie für ein zufällig von aufsen hineingekommenes Aggregat, oder für Folgen regelmäfsiger Auslaugung versunkener Ueberreste der Thierwelt hielten, und dafs andere in derselben bald besondere Geschlechter von Gallertpflanzen, bald eigenthümliche niedere Thiergattungen, bald ausschliefslich eine bestimmte Reihe von Zoophyten zu erkennen meinten *). — Auch könnte man das Zoogen zu Folge der jüngsten Entdeckung, gemäfs welcher ganze Kalksteingebirge blos aus belebten Polythalamien zusammengesetzt sind, füglich aus diesen entstehen lassen **). Wenn wir jedoch die fragliche, dem animalischen Extractivstoffe, wie der organischen Quellsäure sehr ähnliche, mit diesen wahrscheinlich blos Modificationen einer Grundmaterie bildende Substanz zu verschiedenen Zeiten, an verschiedenen Emanationsstellen, während wechselnder Aufsenverhältnifse, und vornehmlich in ihren mannigfachen Entwickelungsstufen genau beobachten, scheint sich der Schleier, welcher das Wesen derselben umhüllt, einigermafsen zu lüften.

§. 95.

Primitiv ist die Barégine farblos und in warmem Wasser vollkommen löslich. Sie beeinträchtiget in dieser Form die Durchsichtigkeit und Krystallhelle der Thermen nicht im geringsten. Den Sinnen wird dieselbe bei hinlänglicher Concentration und Erwärmung dadurch kenntlich, dafs sie den Mineralwassern, wie dies besonders an Carlsbads und Badens Quellen statt findet, einen bestimmten Geruch und Geschmack nach dünner Fleischbrühe mittheilt.

*) Vergl. Monheim's lehrreiche Zusammenstellung in dessen Schrift Die Heilquellen Aachens etc. p. 238 bis 254. — Schweigger's Journ. der Chem. etc. Bd. 50. p. 431. u. Bd. 66. p. 251. u. Gräfe's und Walther's Journ. B. 15. p. 572 bis 581.

**) Nach den neuesten, von Ehrenberg eifrigst verfolgten Untersuchungen bilden die, dem blofsen Auge unsichtbaren Leiber der Polythalamien den Kalkstein grofser Gebirgszüge Nordafrikas, und verschiedenartige Kieselinfusorien, auf lange Strecken hin, sowohl den Meeressand als den Schlamm des Nils.

Für das tief unterirdische Entstehen der betreffenden Substanz zeugt der Umstand, dafs man die eben erwähnten Kriterien ihres Vorhandenseins nicht blos am Wasser der Quellenbecken, sondern auch an dem innerhalb der Ausbruchsmündungen geschöpften und anazotischen, aus Vesuvspalten aufgefangenen und zur tropfbarflüssigen Gestalt reduzirten Wasserdämpfen wahrnimmt *).

Schon die erwähnten äufseren, insbesondere der thierischen Materie eigenthümlichen Merkmale, deuten auf das stickstoffige Grundgemisch der Barégine. Näher überzeugen wir uns hiervon dadurch, dafs dieselbe hauptsächlichst in stickluftführenden Thermen angetroffen wird, dafs sie von der organischen Quellensäure und dem sogenannten animalischen Extractivstoffe, welche vorzugsweise aus Azot bestehen, nur wenig abweicht **), und dafs endlich Analysen der fraglichen, aus ihrem flüssigen Zustand in den geronnenen übergegangenen Substanz entschieden prädominirenden Stickstoff in derselben nachgewiesen haben ***). Zwar äufsert Schweigger, man dürfe mit gröfserem Rechte schliefsen, dafs der in Rede stehende Körper die eigentliche Quelle des betreffenden Thermalgases sei, hiergegen ist aber zu bemerken, dafs die diesfällige, aus kräftigen Mineralwassern oft mit grofser Mächtigkeit aufstofsende Luft zu der in denselben vorhandenen Barégine-Menge in keinem angemessenen Verhältnisse steht, und dafs das Azot direct aus den Durchbruchsstellen jener Emanationen hervortritt, gallertförmige Ansammlungen aber, welche Schweigger ausschliefslich meint, wie wir späterhin sehen werden †), immer erst

*) Vergl. die von Gimbernat mit dem aus dem Vesuv und aus den Solfataren Puzzuoli's aufsteigenden Wasserdämpfen angestellten Versuche in der Bibliothèque univers. Bd. XI. p. 150. u. im Journ. univers. d. scienc. med. Octbr. 1819. p. 110.

**) §. 99.

***) Vergl. §. Chem. Glairine. — Schweigger-Seidel Journ. d. Chem. etc. B. 50. p. 430. — Gräfe's und Kalisch's Jahrb. Jahrg. 1. 47. u. Jahrg. 2. p. 71. — und Reuss, die Heilq. von Teplitz p. 176.

†) Vergl. Ficinus in Gräfe's u. Kalisch's Jahrb. Jahrg. 2. p. 59. u. 73. und Gruber's Chem. Bd. 2. p. 417. u. 418.

nach längerem Ausgeschiedensein des Thermalwassers entstehen.

Obgleich hiernach die flüssige Barégine in gut gefaſsten und gegen Verunreinigung geschützten Behältern, hauptsächlichst als Product ursprünglich mit dem Thermalwasser verbundener Azotströmungen zu betrachten ist, so stellen wir deshalb noch keinesweges in Abrede, daſs sie ganz analog auch aus dem Stickgase hervorgehen könne, welches zufällig in Wasserbecken gelangte, oder welches in denselben entstehende und wieder untergehende organische Körper während ihrer Zersetzung entwickelten.

§. 96.

An freier Luft, dem Einflusse des Sauerstoffes unterworfen, verliert die flüssige Barégine, wie die Quellensäure, ihre Löslichkeit *), und tritt hiedurch zu jener secundären Form über, in welcher sie als Thermalgallerte vorkommt, und die auch Berthier wie Robiquet nie in unmittelbar aus der Erde hervordringenden, sondern lediglich im zu Tage gekommenen Quellenwasser fanden **).

Ebenmäſsig, als die betreffende Gallertsubstanz stufenweise mit mehr Oxygen verbunden wird, geht dieselbe auch höhere Coagulationsgrade ein. — Anfänglich bildet sie eine völlig durchsichtige, merklich zitternde, äuſserst schlüpfrige, wasserreiche, oft Luftbläschen enthaltende, leicht zerdrückbare, nicht die mindeste Spur irgend einer organischen Gefügung darbietende, durchaus gleichförmige Materie, welche sich stellenweise zusammenballt, oder an den Wänden der Bassins und Abzugskanäle schichtenweise ansetzt. — Später wird dieselbe durch zunehmende Aneignung, sowohl des Sauerstoffes, als der salzigen, erdigen und metallischen Quellenbestandtheile trüber, weniger zerflieſsbar, schmutziggrau, rothbraun, und wenn sie sich unter begünstigenden Umständen zu weiteren Metamorphosen vorbereitet, an ihrer Oberfläche gelblichgrün, bis sie schön grasgrün erscheint. — Mit wachsender, allmälig bis zur

*) §. 97.

**) S. Revue méd. Paris 1835 das Septbr. Heft p. 428. und — Reuss die Heilq. von Teplitz p. 174.

Festigkeit des geronnenen Eiweifses gelangender Consistenz, nimmt die Glairine mannigfache, zuerst gröfstentheils von den Bewegungen des Quellwassers abhängige, mit der Zeit aber immer bleibendere und bestimmtere Gestaltungen an, welche sich allgemeinhin auf jene von Fäden und Flocken und auf die einfacher sowohl als zusammengesetzter Häute zurückführen lassen.

Die Glairin-Fäden und Flocken kommen von verschiedener Dicke und Länge vor, haften öfter gruppenweise, seltener vereinzelt, an irgend einem unbewegten Körper, an Holzstücken, an Steinen, an den Einfassungswänden, und schwimmen hier mit ihren losen Endigungen frei umher, oder verschmelzen allmälig zu mannigfachen kleineren und gröfseren Conglomeraten. Selten finden wir die letzteren in ihrem Innern frei von luft- oder wassergefüllten, unregelmäfsigen Höhlen. So lange diesfällige, zarte Gerinnungen farblos bleiben, erkennt man sie nicht immer auf den ersten Blick, leicht hingegen beim Eintritte der schon erwähnten saturirten Tünchungen, so wie dann, wenn dieselben von färbenden Massen förmlich incrustirt werden. An den Quellen zu Muraglione bei Castellamare und in den Verbindungsgräben der Solfataraseen bei Rom fand ich die betreffenden Fäden und Flocken mit einem aus Kalk und Schwefelmilch bestehenden, kreideweifsen Anfluge dicht überzogen *).

Was die Glairinhäute betrifft, so bilden sie, vorzüglich wenn mehrere sich schichtenweise vereinigen, gröfstentheils, entweder besondere, halbweiche, cylindrische Hohlkörper, oder auch dichte, zähe und schwierig in einzelne Blätter zu zerlegende Platten.

Hinsichts der fraglichen Gallertkegel kann man nirgend vielfältigere Beobachtungen, als an jenen seichten Bassins der Euganeischen Thermen sammeln, aus deren natürlichem Boden ununterbrochen Gase aufsteigen. Wir sehen hier, wie kleine vereinzelte Luftströmungen die durch ihre Schwere gesenkten Gallertplatten an den weichen Stellen durchlöchern und an den festeren hügelig emporwölben, wie derartige

*) Vergl. Gräfe's und Walther's Journ. B. 15. p. 570.

Wölbungen in Folge fortgesetzten Gasandrangs allmälig in deutlich von Luft gespannte, aufrecht stehende fingerförmige, an 2 bis 4 Zoll lange Schläuche ausgedehnt werden, welche über lang oder kurz durch Gasüberfüllung, oder eintretende Zersetzung, an den kulpig abgerundeten oberen Endigungen bersten, und nach erfolgter Ausscheidung des Inhaltes welk zusammenfallen. Ihre Höhlungen sind entweder einfach oder durch regellose, aus abgelösten Lamellen erzeugte Zwischenwände getrennt. Manche dieser Gallertzapfen ragen ganz isolirt empor, andere hängen an der Basis durch verworrene Brücken zusammen. Ihre Substanz geht graduell alle, der Barégine überhaupt eigenthümlichen Veränderungen hindurch, mit welchen sie auch stellenweise oder gänzlich die verschiedenen schon erwähnten Färbungen erhalten. Ueberaus zahlreich und mannigfach nüancirt traf ich jene Gallertgebilde in dem grofsen, an hundert Schritt im Durchmesser haltenden, flachen, nicht immer gleichmäfsig mit Thermalwasser gefüllten, vermöge kleiner Gasströme auf allen Punkten gespeisten Bassin an, welches auf dem Freiplatze des Badegebäudes von Monte Groto liegt*). — Vandellius und Andrejewsky haben diese Glairinablagerung beschrieben und abgebildet. Der erstere schildert sie unter dem Pflanzennamen der Ulva thermalis valvulosa (U. labyrinthiformis L.) und versichert, dafs ihre Befruchtungstheile gänzlich fehlen, der letztere untersuchte dieselbe sorgfältig mit Rücksicht auf streitige botanische Bestimmungen und mehrere interressante

*) Die genannte, nicht hinlänglich gewürdigte Anstalt, befindet sich auf einem erhöhten Plateau der Euganeen, unfern von St. Pietro Montagone, in dessen Nähe neuerdings drei grofse, alle Spuren vormaliger Pracht an sich tragende, jetzt ihrer schönen Marmorplatten fast ganz beraubte Römerbäder ausgegraben wurden. Sie zeichnet sich durch freundliche Wohnungen, zweckmäfsige Badeeinrichtungen jeglicher Art aus, bewahrt einige in der Umgegend gefundene Alterthümer, ist in einzelnen Gemächern mit Ueberresten antiker zum Theil noch vortrefflich erhaltener Mosaikfufsböden geschmückt, und gehörte, als ich sie (1829) besuchte, dem für ihre stete Vervollkommnung eifrigst bemühten Dr. Mingoni. — Der Name Monte Groto wird von mons aegrotorum abgeleitet.

Detailverhältnisse*). Von der eben mitgetheilten Entstehungsweise der Gallertkegel glaube ich mich an Ort und Stelle eben so, wie davon überzeugt zu haben, daſs sie sich, wenn gleich nicht selbst Pflanzen, dennoch, was der nächstfolgende Paragraph ausweist, mit der Zeit in Kryptophyten umwandeln, welche an der Oberfläche der älteren Exemplare stets mehr oder weniger wuchern.

Die zweite Hauptvarietät membranösen Gallertniederschlages, die aus festeren, zähen, eng zusammenhängenden Lamellen bestehende bildet sich da, wo die betreffenden Häutchen aus langsam flieſsenden, in die Breite gezogenen bareginehaltigen Mineralwässern, unter periodisch directem oder wenigstens sehr begünstigtem Atmosphärenzutritte, an ebenen Stein- oder Holzflächen, durch welche keine Gase strömen, abgesetzt werden. Es ähnelt die fragliche Glairineform einigermaſsen dem Byssus choriaceus Vandellii**). In gröſserer Ausdehnung und bezüglich ihres Baues am bestimmtesten vortretend, fand ich sie auf Ischia, unfern der berühmten Quellen Gurgitello's, im engeren nach dem Epomeo hingewendeten Theile des Ombrascothales, wo azotische auf ansehnlichen Höhen ausbrechende Thermalwasser an nackten steilen Felswänden ununterbrochen hernieder träufeln***). Hier häuft sich die betreffende Substanz stellenweise bis zur Dicke einiger Zolle, ist ihrer Festigkeit wegen oft kaum mit einem Messer abzutrennen, zeichnet sich im feuchten Zustande durch groſse Schlüpfrigkeit aus, besteht aus vielen einzelnen, ungefähr eine Linie starken, lederartigen schwer von einander abzustreifenden Platten, die an der oberen Seite jede für sich, grün, und an der entgegengesetzten mehr grau getüncht sind. Je tiefer die Platten liegen, desto mehr weicht ihre grüne Tünchung zurück. Die oberste Schicht nimmt fast immer ein sehr dunkles, schönes Saftgrün an. Mit dem Eintritte dieser Farbe entstehen zahllose, kleine, eng an einander gedrängte, zarte, dem unbewaffneten Auge kaum bemerkbare Zellchen,

*) S. Vandellius tract. d. therm. agri patav. p. 120. Tab. II. und Andrejewsky in Gräfe's u. Walther's Jour. Bd. 15. p. 571. Tab. IX. fig. 23.

**) S. Vandellius l. c. p. 125. T. III. Fig. 3.

***) Am 10. April 1830.

welche der ganzen Fläche während völlig erhaltener Integrität ein sammetartiges Aussehen geben *).

§. 97.

Belebt zeigt sich die Barégine in ihrer dritten Hauptentwickelungsstufe, auf welcher derselben entweder stellenweise oder durchgehends deutlich organische Gefügung zu Theil wird. Schon insofern, als das Azot in der Urzeugung pflanzlicher und thierischer Organismen eine wichtige Rolle spielt, die Glairine aber besonders azotreich ist, nähert sich dieselbe dem Stoffgemische belebter Schöpfungen in hohem Grade. Nicht ohne alles Recht gab ihr daher Gimbernat den Namen des Zoogens, und fast möchte die von Fourcroy erwähnte alte Sage in der Naturgeschichte, dafs die Pflanzen durch die Mineralien und die Thiere durch die Pflanzen erzeugt würden, auf das Verhalten der fraglichen Substanz eine deutungsvolle Anwendung finden **). Offenbar beginnt die in Rede stehende Metamorphose unter immer weiter schreitender Oxydation mit der Entwickelung der sogenannten Pristleyschen grünen Materie, und kommt da, wo sich azotische, träg bewegte Mineralwasser in flacheren Becken sammeln, wo eine von extremen Standpunkten gleich weit entfernte, mittlere, dem Pflanzen- wie dem Thierleben besonders förderliche Temperatur obwaltet ***), und wo zugleich dem Lichte sowohl als der Atmosphärenluft ein hinlänglicher Zutritt gewährt wird, in mannigfachen Gestaltungen zu Stande. — Hier entstehen aus der Thermalgallerte zahlreiche, bezüglich ihrer Classification jedoch noch schwankend bestimmte, von Vandellius, Mandruzzato, Fontana, Agardh, Monheim, Costa und Ficinus, vornehmlich in den Euganeïschen, in den Lucchesischen,

*) Vergl. Pristleys Materie im nächstfolgenden Paragraph.

**) S. den Auszug ven Fourcroy's Philosophie chimique, in Reil's Archiv f. Physiolog. B. I. p. 59.

***) Zwar kommen Gallertpflanzen in den Thermen grösstentheils nur bis zum 40sten Reaumurschen Wärmegrade, doch nicht ausschliesslich, wie Manche wollen, (S. Vetters Handb. der Heilquellenlehre p. 231.) bis zu diesem vor. Vandellius sah sie bis zum 50sten, Andrejewsky (S. Gräfe's u. Walther's Journ. B. 15. p. 568—569) bis zum 60sten und Bory de Saint-Vincent (S. Monheim's Heilq. Aachens p. 253.) noch bei + 62° R. gedeihen.

Aachener, Carlsbader, Teplitzer und anderen Quellen beobachtete Conferven, Ulven, Algen, Tremellen und Oscillatorien; — hier bildet sich in der Glairine die grofse Sippschaft der Infusorien, welche schon Gimbernat, als mit thierischer Bewegung begabte Kügelchen in denselben wahrnahm, und deren Heer, durch die neueren erfolgreichen, microscopischen Untersuchungen Ehrenberg's und Corda's zu immer gröfserer Stärke heranwächst *). — Nur diese ganz allgemeinen Beziehungen der belebten Schöpfungen zu den Entwickelungsstufen der Barégine durften wir andeuten, indem jede auch nur einigermafsen umfassende, diesfällige Betrachtung, welche ohnehin einem anderen Foro zugehört, den Plan der vorliegenden Schrift überschreiten würde.

## §. 98.

### Sublimation der Barégine.

Die Barégine kann mit Wasserdämpfen aufsteigen und aus denselben zu ihrer tropfbarflüssigen sowohl als gallertigen Form zurückkehren.

Es verräth sich die Verflüchtigung dieses Stoffes schon durch den ihm eigenthümlichen, jedoch nur während hinlänglicher Erwärmung eintretenden Geruch nach Fleischbrühe, welchen wir im Dunstkreise azotischer Thermen, so wie an baréginehaltigen, aus Vesuvspalten aufgefangenen und nicht minder an jenen Dämpfen wahrnehmen, die beim Kochen der Thermalgallerte mit reinem Wasser dem Retortenhalse entweichen **).

*) Vergl. Vandellius tract. d. therm. agri patav. p. 119. bis 123. T. I. bis III. — Mandruzzato dei bagni d. Abano Part. 3. p. 175—189. — Monheim, die Heilq. Aachens p. 253. etc. — Schweigger-Seidels Journal d. Chem. B. 50. p. 423—428. u. p. 430—432. — Andrejewsky, in Gräfe's und Walther's Journal B. 15. pag. 567—574. — Corda, in de Carro's Almanach d. Carlsbad. Jahrg. 1834. 1835. 1836. 1837. 1838. — Ficinus in Gräfe's und Kalisch's Jahrb. Jahrg. II. p. 84—85. Wernecke, Eble u. m. a. in C. C. Schmidt's Jahrb. d. Med. B. X. T. I. p. 107.

**) §. 95. flüssige Barégine.

Anflüge wieder geronnenen Zoogens fand Monheim zu Aachen im Badehause der Goldmühle, auf Punkten, welche nur emporgetriebene Thermaldämpfe, nie aber Thermalwasser erreichen konnten *). — Als am Anfange des Jahres 1838 zu Wiesbaden das durch einen unterirdischen Leitungskanal mit der Badehalle des Schützenhofes zusammenhängende, mehrere Heifsquellen bedeckende, in einem Weinberge 6 Fufs tief unter der Erde gelegene Gewölbe eröffnet wurde, sah man dessen, von dem höchsten Wasserstande 3 Fufs entfernte Decke, an der Innenfläche durchgehends mit Glairinlagen überzogen. Dr. Richter sagt, dafs dieselben glatt glänzend, mehrere Linien dick, ziemlich durchsichtig, bräunlich getüncht waren, und dafs sie in einzelnen häutigen Lappen von der Mauer abgetrennt werden konnten, hierbei leicht zerrissen, einen thierischen bouillonartigen Geruch zu erkennen gaben, und im Geschmack der Hausenblasengallerte geglichen hätten **). — Nach meinen an mehreren Thermen Deutschlands und Italiens gesammelten Beobachtungen trifft man sublimirte gallertige Barégine besonders da, wo lebhaft entwickelte heifse Thermaldämpfe, gegen äufsere Einwirkungen hinlänglich geschützt, an kühlen Wänden ihres Wärmestoffes verlustig werden. Sie bildet hier durchsichtige, halbopake, gelbliche, schmutzig grüne, ebene oder wellenförmige Schichten. Aus diesen entstehen, wenn ihre, fast möchte ich sagen, vollkommnere Crystallisation des Stoffes ruhig vor sich gehen kann, einzelne kleinere und gröfsere, grad herabhängende Zapfen. Ueberraschend schön kommt diese Erscheinung in Abano zu Stande. Dr. Andrejewsky machte mich zuerst auf dieselbe aufmerksam, als er mir einige von ihm im Holzschüppchen, welcher die Hauptquelle des Montiron deckt, gefundene Gallertstücke brachte ***). An dem fraglichen Fundorte sammeln sich derartige Sublimationen, wie wir uns während eines vierwöchentlichen Aufenthaltes überzeugten, nicht beständig, wozu wahrscheinlich die Benutzung des erwähn-

*) Monheim's Heilq. Aachens etc. p. 243.

**) S. Med. Zeitung des Vereins für Heilkunde in Preussen Jahrg. 8. Nr. 7. d. 13. Februar 1839.

***) S. Gräfe's u. Walther's Journ. B. 15. p. 580. 581.

ten Ueberbaues zu mannigfachen Zwecken, durch mehr oder weniger begünstigten Licht- und Luftzutritt beitragen mag. Am öftesten bemerkten wir sie an der nach Osten gelegenen Innenwand und an dem ungefähr 10 Fuſs über dem qualmenden Wasserspiegel quer laufenden Gebälk des offenen Sparrwerkes. Frisch angeschossene Gallertmassen waren äuſserst schlüpfrig, ganz durchsichtig, und hingen oft stalaktitenförmig, bezüglich ihres Aussehens krystallhellen Eiszapfen ähnlich, von den Balkenlagen herab. Schon nach einigen Tagen verloren sie ihre vollkommene Durchsichtigkeit und nahmen dann eine schmutzig-graue Färbung an. Ihre weitere Ausbildung wurde in dem betreffenden Lokal aus schon genannten Gründen gestört. Niedergefallene, oder abgerissene Stücke liessen sich zwischen den Fingern leicht zerdrücken, verloren dabei viel Wasser, hatten in der Regel einen faden, zuweilen aber auch gering bittersalzigen Geschmack und kamen mit der unter dem Wasserspiegel der Bassins erzeugten, in ihrer Entwickelung noch wenig vorgeschrittenen Thermalglairine völlig überein*).

## §. 99.

### Analyse des Baréginestoffes und Mengeverhältniss desselben zu den Mineralwassern.

Die bisherigen Zerlegungen konnten um so weniger ein übereinstimmendes Resultat abgeben, als man dieselben an einem unzulänglich festgestellten und bezüglich seiner mannigfachen Evolutionsstufen zu wenig beachteten Körper vornahm.

Von der chemischen Zusammensetzung der flüssigen Barégine wissen wir dermalen nur so viel, daſs sie dem stickstöffigen Acido crenico am nächsten verwandt ist, indem beide rücksichtlich ihrer Löslichkeit im Wasser, hinsichts ihres Verhaltens gegen Alkalien, gegen Basen überhaupt und gegen Atmosphären-Einwirkungen, so wie in Betreff ihrer ammoniakalischen Destillationsproducte fast gänzlich zusammenfallen**). Insofern jedoch selbst Berze-

*) Vergl. §. 96.

**) Vergl. Poggendorf's Ann. d. Phys. u. Chem. B. 29. (Leipz. 1833.) p. 238 etc. — Gruber's Chem. B. 2. p. 142. u. 417. bis 418.

lius die eben genannte, von ihm zuerst in der Porlaquelle entdeckte Materie blos in Azot, Kohle, Wasser- und Sauerstoff zu zerlegen, hiebei aber nicht anzugeben vermochte, nach welchen gegenseitigen Verhältnissen sich diese Grundstoffe in derselben verbinden *), steht es dahin, ob weitere Untersuchungen nicht künftighin eine erkennbare chemische Verschiedenheit jener Objecte nachweisen dürften. — Anlangend die quantitativen Beziehungen des fraglichen, noch flüssigen Stoffes zu den Azotwassern, so läfst sich diese aus den oben erwähnten Gründen ebenfalls nur ungefähr vermuthen. Berzelius nimmt in dem Mineralwasser von Porla 5,2535 freie Quellensäure an **), nach Andrejewsky sind in 12 Unzen der Abanesischen Haupttherme von zweierlei stickstoffhaltigen organischen Säuren zusammen 0,9370 Gran aufgelöst ***), Fischer fand in 16 Unzen des Landecker Mineralwassers 0,239 Gran an Natron gebundene Quellsäure, und in 1000 Kubikzoll Warmbrunner Wassers 6,13 bis 6,84 Gran organischen Extractivstoff ****), Kastner schied aus 16 Unzen der Wiesbadener Hauptquelle 1,75 Gran derselben Materie †), Monheim aus 1000 Theilen des Kaiserbrunnens zu Aachen 0,03827 Theile animalisch-organischer Substanz ab ††), und Ficinus traf in 10 Pfund der Teplitzer Sandbadquelle 1,25 Gran Quellsäure †††).

Untersuchungen der geronnenen, zum mittleren Evolutionsgrade gelangten Barégine erheischen vor allem andern, dafs wir dieselbe von fremden, ihr nicht wesentlich angehörigen, nach der Eigenthümlichkeit der Thermen variirenden Bestandtheilen, durch sorgsames öfter wiederholter Abwaschen mit destillirtem kaltem Wasser möglichst genau

Ficinus in Graefe's u. Kalisch's Jahrb. 2. p. 73. — Reufs, die Heilq. von Teplitz p. 176.

*) Vergl. Poggendorf l. c. p. 243.

**) S. Poggendorf l. c. p. 31. Das freie Gas der fraglichen Quelle besteht in hundert Theilen aus 85,5 Azot und 14,5 Kohlensäure, ibid. p. 272. Vergl. übrigens §. Temperatur der Azotquellen.

***) S. Graefe's u. Walther's Journ. B. 15. p. 608.

****) S. Gräfe's u. Kalisch's Jahrb. Jahrg. 1. p. 50. u. p. 15.

†) S. Richter Wiesbadens Heilqu. p. 66.

††) S. Monheim's Heilq. v. Aachen etc. p. 211.

†††) S. Gräfe's u. Kalisch's Jahrb. Jahrg. II. p. 75.

befreien. — Aus sämmtlichen, den Quellen von Muraglione entnommenen Gallertfäden gewann ich, durch das Verbrennen in kleinen Glasröhrchen, schöne hellgelbe Schwefelkrystalle *), die lamellöse, von Carbonaten durchdrungene Glairine des Ombrascothales brauste mit verdünnten Säuren gleich gepulverter Kreide auf **), Andrejewsky erhielt aus der Ulva thermalis, nebst Jod und Eisen, alle Gas-, Salz- und Erdarten, welche in dem Abaneser Mineralwasser vorkommen ***), unerachtet diese, wie die übrigen so eben beregten Stoffe, in der Gallerte mehrerer anderer Thermen nicht zu finden sind. — Reine Glairine ist geruch- und geschmacklos und scheint auf den Magen keinen auffallenden Einfluſs auszuüben. Dr. Löwig verschluckte sie lothweise, ohne hiervon irgend eine Wirkung wahrgenommen zu haben †). — In gewöhnlichem kaltem Wasser löst sich dieselbe fast gar nicht, in destillirtem heiſsem schwer, in mineralischem mit oxydirbaren Bestandtheilen versetztem aber, lange genug gekocht, beinahe gänzlich auf. Hiedurch aus dem festen in den flüssigen Zustand zurückversetzt, theilt sie wässrigen Solutionen, so lange diese warm bleiben, den schon früher erwähnten eigenthümlichen Geruch und Geschmack nach dünner Fleischbrühe mit. Daſs die Barégine unter den berührten Umständen ihre Löslichkeit zum Theil mittelst allmälig vor sich gehender Entsäuerung eben so wieder erhält, wie sie dieselbe durch erhöhte Oxydation verliert, ist nicht unwahrscheinlich ††). Im Thermalwasser zerfallende, und sich bei ununterbrochenem frischem Zuflusse mehr oder weniger wieder auflösende Gallertmassen mögen auf diese Weise den Baréginegehalt der Quellen ansehnlich vermehren. Sorgsam wird daher auch, und zwar gemäſs langen Erfahrungen, die Glairine zu Abano, Bataglia und Montegroto in den Abkühlungsbehältern und Schlammgruben gepflegt. — An freier Luft trocknet reine und zur organischen Metamorphose noch nicht geneigte

*) §. 96. Fadengallerte.

**) §. 96. häutige Gallerte.

***) S. Gräfe's u. Walther's Journ. B. 15. p. 574. u. p. 575.

†) S. Gräfe's u. Kalisch's Jahrb. d. Heilq. Jahrg. III. p. 28.

††) Ueberg. der flüssigen Barégine in gallertartige.

Thermalgallerte leicht, nimmt dann eine hornartige Festigkeit an, und bleibt um so durchscheinender, als die ausgesuchten Stücke ursprünglich klarer weren. — Der Fäulnifs unterliegt dieselbe, von ihrem Uebertritte zur Pflanzen- und Thierbildung noch entfernt, ungemein schwer und kann daher, den Verlust von Wassertheilchen abgerechnet, lange Zeit aufbewahrt werden, ohne die mindeste Veränderung zu erleiden. — Auf glühende Kohlen gelegt, erzeugt sie einen dicken Rauch, der ganz denselben Geruch verbreitet, welchen wir beim Verbrennen von Wolle oder Hornspänen wahrnehmen. — Der trocknen Destillation unterworfen, giebt dieselbe stinkendes brenzliches Oel, kohlensaures Ammoniak, Kohlensäure, Kohlenwasserstoff und Stickstoff. — Monheim's Versuche, welcher die Glairine mit Aetzkali, mit Säuren, Alkohol, Aether, mit Auflösungen von salpetersaurem Silber, Quecksilbersublimat, Bleiessig und Galläpfelabkochungen behandelte, machen es wahrscheinlich, dafs dieselbe zwar einzelne Eigenschaften der Thiergallerte, des Eiweifsstoffes und des Mucus besitze, jedoch weder mit der einen noch mit der andern dieser Materien völlig übereinkomme. Sie unterschied sich namentlich von der Thiergallerte dadurch, dafs selbst concentrirte Lösungen derselben beim Erkalten nicht zitternd erstarrten, vom Eiweifsstoffe dadurch, dafs sie durch Erhitzung nicht fest gerann und durch Sublimat nicht gefällt wurde, und vom Mucus dadurch, dafs dieselbe mittelst einer wässrigen Galläpfelabkochung keinesweges ausgeschieden ward, und nicht, wie dieser, schnell in Fäulnifs überging *). Nach allem dem verhält sich die Thermalgallerte hinsichts ihrer Zusammensetzung, als eine, den animalischen Gemischen überhaupt und den eben angeführten insbesondere nahe verwandter, jedoch auch bestimmt von denselben abweichender azotreicher Körper eigenthümlicher Art. — In welchen quantitativen Beziehungen übrigens die gallertartige Barégine zu den Thermalwassern stehe, dürfte, da dessen Entwickelung, wie wir gesehen haben, von vielen wechselnden und oft ganz äufseren Umständen abhängt, schwer zu

*) S. Monheim's Heilq. Aachens etc. p. 246—247.

ermitteln sein. Monheim schlägt die in Aachens Mineralquellen sich bildende Glairine täglich auf 10 Zentner an *), noch beträchtlicher würde ich ihre Erzeugung an den Euganeischen Thermen halten. Bestimmte diesfällige Messungen sind bis jetzt noch nicht bekannt.

Auf der dritten Entwickelungsstufe, auf welcher die Barégine deutlich organisirt, vegetabilisch und animalisch belebt erscheint, verändert sich ihr Mischungsverhältnifs in gleichem Mafse, als die fragliche Metamorphose weiter schreitet. Besonders auffallend findet dies da statt, wo die fragliche Substanz sich in mannigfache, von Elementarthieren mehr oder weniger bewohnte Gallertpflanzen umwandelt **) Hier kommt ihr Gemisch, so weit Theile derselben zu der letzteren Evolution gelangt sind, mit jenem der Thierkörper niederer Gattungen völlig überein. Sie trocknet nun, bei gewöhnlicher Atmosphärenbeschaffenheit, nicht mehr hornartig zusammen, bläht sich vielmehr auf, zerfliefst dann bald, und geht, wovon ich mich durch mehrere an verschiedenen Thermen wiederholte Versuche überzeugte, absterbend nach demselben Gesetze schnell in aashafte, den widrigsten Geruch verbreitende Verwesung über ***), unter welchem diese an säftereichen Theilen todter Wasserthiere einzutreten pflegt.

## §. 100.

### Thermaldämpfe.

Die Dämpfe azotischer Quellen wurden gewöhnlich dem Qualme des gemeinen Wassers gleich gestellt. Zu den wenigen Aerzten, welche auf die besondere Natur derartiger Aushauchungen achteten, gehört Köhlreuter, indem er die Eigenthümlichkeit der Thermaldämpfe Baden-Badens, sowohl in physikalischer als therapeutischer Hinsicht hervorhob †).

Bei der ansehnlichen aus den Thermen ununterbrochen

*) S. Monheim's Heilq. Aachens etc. p. 248.

**) §. 97.

***) Vergl. Gräfe's u. Walther's Journ. B. 15. p. 577.

†) S. dessen Mineralq. des Grofsherzog. Baden 1. Jahrg. p. 40. u. 46.

aufsteigenden Azotmenge mufs das fragliche Gas*) vor seiner gänzlichen auch noch so schnell zu Stande kommenden Verschmelzung mit der Atmosphäre nothwendig in den niederen Luftschichten mehr oder weniger vorschlagen. — Der Wiederabsatz von Zoogen aus den betreffenden Quellendämpfen, so wie deren eigenthümlicher Geruch nach dünner Fleischbrühe bekunden, dafs ihnen Barégineatome zugetheilt sind **). — Nicht minder enthalten sie auch Salze, Erden, Metalle und andere den Heilsquellen zugehörigen Substanzen. Richter versichert, dafs den Dämpfen der Wiesbadener Mineralquelle in bestimmter Entfernung ein laugenhafter Geruch der Art eigen sei, wie man ihn beim Kalklöschen wahrnimmt, und dafs sie an vielen Stellen Salztheile ausscheiden, welche zuweilen liniendick auf der Erde sowohl, als am Gemäuer niedergeschlagen werden***) Tschörtner beobachtete, dafs sich aus den Dämpfen Warmbrunns spiefsige Krystalle an den Wänden der die Bassins umgebenden Gebäude absetzen †). Reufs fand in mehreren Zimmern des Teplitzer Stadtbades die Seitenwände bis zu beträchtlicher Höhe, ja selbst die Gewölbe, mit weifsen haarförmigen Salztheilchen beschlagen ††). Als ich die azotischen Thermen von Subveni homini, welche an der Bergseite des schönen von Neapel nach Pozzuoli führenden Weges jenseit der Posilippo's Grotte kaum 50 Schritt vom Meeresstrande entfernt liegen, früh im Jahre besuchte †††), und das über dieselben aufgeführte, fast zu

*) §. 85.

**) §. 95. u. 98.

***) S. Richter, Wiesbadens Heilq. p. 55—57.

†) Osann Darstell. II. p. 340.

††) Reufs, die Bäder von Teplitz.

†††) Es geschah dies am 6. April 1830. Die fraglichen, in den älteren Schriftstellern auch unter dem Namen Zuppa d'uomini vorkommenden Thermen (S. Giudice, Viagg. med. a. Pozzuoli etc. Napol. 1823. p. 117. u. Hamilton l. c. Tab. 24.) werden besonders gegen Affectionen des Sexualsystems, und zwar vorzugsweise im Nachsommer gebraucht. — Wohnräume bietet die betreffende Anstalt nicht dar. Begütertere zu Neapel und Pozzuoli wohnende Kranke sollen sich, wie mir versichert ward, des Morgens um 3 Uhr zu Wagen nach Subveni homini hinbegeben, ein halbstündiges Bad

einfache, aus kleinen Badegemächern, welche durch Fensteröffnungen ohne Glasscheiben erhellt werden, bestehende, um jene Zeit noch verlassene Haus öffnen liefs, waren die Wände wie die hölzernen Thüreinfassungen an vielen Stellen mit zarten weifsen, nadelförmigen, salzigbittern Krystallen, welche als Muriate und Sulfate von Soda, Magnesia und Kalk reagirten, überzogen. Es fiel dies meinen Begleitern, zu welchen auch Herr Professor Cassala gehörte, um so mehr auf, als die Quelle, zu welcher man vom Souterrain aus, durch einen ungefähr 20 Fufs gesenkten und an 80 Fufs langen in Tuff gehauenen engen Gang gelangte, von jenen Gemächern ziemlich entfernt lag, und als zugleich die Wärme des Wassers bei + 14° R. Lufttemperatur nur + 23° R. betrug. Am stärksten, oft bis drei Linien dick, zeigten sich jene Salzüberzüge da, wo die unvollkommen schliefsenden Aufsenthüren, und die nicht genauer gearbeiteten Fensterladen Spalten zurückliefsen, durch welche der während mehrerer Monate im Gebäude concentrirte Thermaldampf hervordringen und schnell genug erkühlen konnte. Dr. Andrejewsky befestigte zu Abano über der Haupttherme eine Glasscheibe so, dafs diese blos von den Dämpfen bestrichen werden konnte, und sah schon nach wenigen Tagen ein weifses, ins Gelbliche spielende feuchte Salz an derselben angeschossen, welches näher geprüft aus kohlensaurem Natron, kohlensaurem Kalk, Chlornatrium, Chlorcalcium, Chlormagnesium, Chloreisen und schwefelsaurem Kalk bestand *).

Aus sämmtlichen hier aufgestellten Thatsachen erhellt, dafs Thermaldämpfe fast alle gasigen und festen Bestandtheile ihrer Quellen mit sich führen, dafs sie gröfstentheils nur als bis zur Verflüchtigung ausgedehntes, bezüglich sei-

nehmen, dann sogleich zurückkehren, um in ihrem Bette den versäumten Schlaf nachzuholen. Merkwürdig ist es, dafs die Temperatur der Quelle während der Zeit, wo ihre Wassermenge behufs der Zubereitung vieler Bäder in Anspruch genommen wird, (S. Giudice l. c. p. 120—125.) bis zu + 30°, mithin um fast 10 Grad höher steigen soll, als ich dieselbe fand.

*) Vergl. Gräfe's und Walther's Journal Bd. 15. pag. 580. und §. 24.

ner sonstigen Beschaffenheit aber wenig verändertes mineralisches, keinesweges aber als blofses destillirtes in Dampf verwandeltes Wasser anzusehen sind.

Wie weit übrigens genaue, allerdings mit beträchtlichen, vielleicht nie völlig zu überwindenden Hindernissen verbundene Untersuchungen, die, nur ganz im Grofsen unternommen, belehrende Ergebnisse erwarten lassen, das Gesetz enthüllen dürften, nach welchem sich jene Verflüchtigungen, unter gegebenen Bedingnissen, in verschiedenen Entfernungen vom Wasserspiegel, hinsichts der quantitativen Beziehungen ihrer Stoffe verhalten, bleibt der Zukunft aufbewahrt. Allgemeinhin steht nur dies fest, dafs Zersetzungen der Thermaldämpfe mit dem vorschreitenden Verluste des Wärmestoffes und dem zunehmenden Beitritte der Atmosphärenluft gleichen Schritt halten, dafs sich hierbei die schwerlöslichen, zu Verdampfungen am wenigsten geneigten festen Stoffe, die Metalle, Erden und Salze, zuerst wieder ausscheiden, dafs diesen die Barégineatome folgen, dafs noch später mit wachsender Abkühlung fast alle Wassertheilchen zur tropfbar flüssigen Form zurückkehren, und dafs zuletzt nur Schwängerungen mit permanent elastischem Stickstoffe in so weit übrig bleiben, als eine völlige Ausgleichung mit dem Normalgemische der Atmosphärenluft, durch vollkommen oder flüchtig abgeschlossene Räume, mehr oder weniger behindert wird.

## *Capitel II.*

## Wirkungen des Stickstoffgases auf gesunde Individuen.

### §. 101.

Ohne nähere Bekanntschaft mit der Natur des Azots können wir unmöglich eine richtige Ansicht von dem Einflusse desselben auf lebende Organismen erlangen.

Darüber, ob die Stickluft für einen einfachen oder zerlegbaren Körper zu halten sei, läfst uns die Chemie unerachtet ihrer Riesenfortschritte noch in Ungewifsheit. Selbst die angestrengtesten Bemühungen Göttling's und Böckmann's blieben in dieser Beziehung ohne Erfolg.

Die betreffende Gasart ist farb-, geschmack-, geruchlos und dient, rein, weder zur Unterhaltung des Feuers noch des Thierlebens. — Sie zeichnet sich von allen andern brennbaren Substanzen dadurch aus, dafs dieselbe mit Oxygengas eine der stärksten Säuren, die Salpetersäure, mit Wasserstoffgas dagegen, eine alkalische, den Säuren gerade entgegengesetzte Materie, das Ammoniak erzeugt.

Erweislich geht die Stickluft vielerlei Oxydationsstufen ein, indem dieselbe mit verschiedenen Mengetheilen von Sauerstoff zu einem Oxydul, zum Oxyde, zu einer unvollkommenen und zu einer vollkommenen Säure zusammentritt. Aufserdem würde, wenn das hypothetische Radical, dem Berzelius den Namen Nitricum ertheilt, keinem Zweifel unterläge, dieses, im Minimo sauerstoffiger Verschmelzung, noch ein besonderes Suboxyd abgeben, welches dem für einfach gehaltenen Azot gleich käme.

Nicht von minderem Belang als die beregten Verbindungen, ist jene mit Kohlenstoff, mit dem das Azot nach einem bestimmten quantitativen Verhältnisse *) das Cyanogen bildet, aus welchem wiederum durch Zutritt von Hydrogen ein überaus wichtiges Agens, die Blausäure entsteht.

Bei der geringen Verwandtschaft des Stickstoffes sowohl zu electropositiven als zu electronegativen Körpern verläfst derselbe eingeschlagene Verbindungen leicht, und da, wo diese mit unorganischen Materien statt haben, gröfstentheils mit einem Mal frei werdend, unter mehr oder weniger starken Verpuffungen.

Mineralische Körper enthalten das Azot mehr in binären, vegetabilische vorzugsweise in ternären, und animalische meistens in quaternären Verbindungen **). Unter den Mineralien ist der diesfällige Stoff nur einigen, unter den Vegetabilien besonders den Kreuzpflanzen zugetheilt ***); am gehäuftesten finden wir ihn unstreitig in Thierkörpern, de-

*) Das Cyangas enthält nach Berzelius l. c. B. 1. Abth. 1. p. 295.
54,06 Gewichtstheile Stickstoff und
45,94 Gewichtstheile Kohlenstoff.

**) Vergl. Fourcroy in Reil's Archiv f. Physiol. B. I. H. 2. p. 68.

***) Zu diesen gehören insbesondere der Merrettig, der Senf, die Kressenarten, das Löffelkraut und mehrere ähnliche.

ren Höhlen derselbe, wie z. B. jene der Schwimmblasen mehrerer Fischarten, fast in völlig reinem Zustande füllt. Entschieden geben daher auch thierische Substanzen durch Einwirkungen des Feuers das meiste Ammoniak, und mit Salpetersäure behandelt die gröfste Stickstoffmenge. Das überwiegende Vorherrschen des Azots in animalischen Theilen characterisirt diese hauptsächlichst. Fast reicht es hin, bemerkt Fourcroy, den vegetabilischen Massen Stickgas zuzufügen, um dieselben in thierische Substanz umzuwandeln, wogegen Thierstoffe durch Azotentziehung offenbar die Eigenschaften der Pflanzenkörper annehmen *). Insofern hiernach Stickgas zur Bildung der animalischen Materie in allen ihren Modificationen wesentlich beiträgt, ergiebt sich von selbst, in welcher wichtigen Beziehung die Trennung oder Beifügung desselben zum Thierleben stehen mufs.

§. 102.

Behufs der Unterhaltung des Lebensprocesses ist die Stickluft, unerachtet ihres drohenden Namens, bedingungsweise eben so wenig als die Sauerstoffluft zu entbehren. Derselbe erlischt in reinem Stickgase **) allerdings aus Mangel an Oxygen, es geschieht dies aber auch in reiner Lebensluft ***), und dann ebenmäfsig aus Mangel an Azot. Man

*) Vergl. Reil's Archiv für Physiol. B. I. H. 2. p. 60. u. 61.

**) Vergl. §. 103.

***) Setzen wir vollkommenere Thiere in der Art unter eine mit Oxygengas gefüllte Glocke, dafs dasselbe nach Mafsgabe der Consumption immer wieder ersetzt, und das erzeugte Kohlensäuregas durch Kalkwasser absorbirt wird, so sterben sie unter lebhaften Angst- und Schmerzäufserungen, mit allen Erscheinungen vorhergehender, überspannter Aufregungen des Blutsystems. Bei den angestellten Sectionen fand man, als Zeichen stattgehabter, mit dem Leben unverträglicher Hyperoxydation, die Athmungsorgane hoch geröthet, das Blut coagulirter und jenes der Venen so purpurroth, wie es sonst nur in den Arterien vorkommt. Menschen können das Oxygen, selbst wenn es mit 20 Procent gemeiner Luft versetzt ist, nur $\frac{1}{4}$, höchstens $\frac{1}{2}$ Stunde lang einathmen. Inhalationen reiner Lebensluft sind minutenlang nur in Absätzen möglich, zwischen welchen gemeine Luft wiederum die Lungen füllt. Schon wenige, unmittelbar auf einander folgende Inhalationen völlig reinen Oxygengases veranlassen, wenn die Lungen vorher möglichst entleert wurden, unter rasch zunehmender, bald bis zur Verdoppelung

kann mithin dem in Rede stehenden Gase einen indifferenteren, einen blos negativen Character, welchen ihm mehrere Naturforscher zuschreiben, indem sie dasselbe lediglich als ein Verdünnungs-, als ein passives Leitungsmittel der Lebensluft ansehen *), keineswegeges beilegen. Nur durch die betreffende Gasart und durch keine einzige andere wird der Sauerstoff dem Leben befreundet, nur die Vermischung beider und zwar in dem ausschliefslichen Mengeverhältnifs von 4 : 1 Raumtheil **), bildet jene elastische Flüssigkeit, welche unter dem Aequator, wie an den Polen, in stets gleichen Gemengtheilen unseren Erdball umgiebt, und ohne welche Menschen und Thiere nur kurze Zeit fortbestehen können.

§. 103.

### Wirkung des Azots auf die Lungen.

Einathmungen reinen Stickstoffgases tödten um so schneller, als die Respirationswerkzeuge der Thiere höher entwickelt sind. — Insekten erkranken im Azot schnell, erholen sich aber, wenn der Versuch nicht allzu lange fortgesetzt wird, in freier Luft bald wieder ***). — Frösche halten mehrere Stunden in der Stickluft aus, bevor ihr wirklicher Tod erfolgt †). — Meerschweinchen starben, zu

reichender Pulsfrequenz ein ängstigendes, über die ganze Lunge verbreitetes Wärmegefühl. Als Beddoes reine Lebensluft in die Lungen zog, stieg jenes Gefühl schnell bis zu einem lebhaften Brennen, wie es in den Mund genommener Alkohol hervorbringt, und verursachte so grofse Beängstigung, dafs er glaubte, den Versuch nicht einige Minuten ohne Lebensgefahr fortsetzen zu können. Vergl. Cavallo l. c. p. 22. bis 25. — Günther l. c. p. 75. und Gruber l. c. B. I. p. 47.

*) Vergl. Cavallo l. c. p. 55. — Christison l. c. p. 815. — Rudolphi Grundr. d. Phys. Bd. 2. p. 390. - Berzelius l. c. B. I. p. 204. — Müller's Handbuch der Physiol. B. I. p. 278. — und Mitscherlich's Lehrb. d. Chem. 3te Auflage Bd. I. p. 81.

**) Genau ist die Atmosphärenluft zu Folge der von Berzelius unternommenen Versuche, nach dem Volumen gerechnet, aus $78\frac{999}{1000}$ Stickstoffgas, 21 Theilen Sauerstoffgas und $\frac{1}{1000}$ kohlensaurem Gase zusammengesetzt. S. Berzelius l. c. B. I. Abtheil. 1. p. 328. und vergl. aufser dem §. Wirkung der Kohlensäure mit atmosphärischer Luft gemengt.

***) §. Turbacco.

†) S. Müller's Physiologie B. 1. p. 321—324.

Folge Varin's Angabe in reinem Azot nach ¾ Stunden, gemäfs des Berichtes der Commission der Ecole de médecine aber schon in 10 Minuten, wobei man überdies noch nicht völlig überzeugt war, ob sich dem Stickstoffe nicht etwas Sauerstoff beigemischt hatte *). Nach Nysten verfielen in völlig reine Stickluft gelegte Meerschweine, bei möglichst luftleeren Lungen, schon nach 3½, und bei luftgefüllten nach 5 Minuten, unter den Erscheinungen eines bedrängteren Athmens, in tödtliche Ohnmacht **). — Coutençeau und Nysten athmeten reines Stickgas. Sie fühlten sich hierbei matt, abgespannt; die Lippen erbleichten, die Gesichtsfarbe wurde fahl, Kopfschmerzen, Schwindel traten ein, und schon nach 4, höchstens 5 Inhalationen mufsten dieselben, um bedenklicher Asphyxie zu entgehen, die Fortsetzung des Versuchs unterlassen ***). — Wird innerhalb geschlossener, enger Räume der Oxygengehalt atmosphärischer Luft durch den Athmungsprozefs verzehrt, und bleibt das Azot allein, oder blos mit der durch den Respirationsact ausgestofsenen Kohlensäure geeiniget zurück, so sterben Menschen und Thiere in kurzer Frist. Bekannt ist das traurige Schicksal der 146 Gefangenen, welche Abends im Fort-William zu Calcutta in einen Kerker von 20 Fufs im Quadrat zusammengedrängt wurden, und von welchen man, noch ehe der nächste Morgen angebrochen war, alle bis auf 23, die den Fenstern näher lagen, erstickt fand. Ein ähnlicher Fall ereignete sich 1742 zu London, als der Aufseher von St. Martin 28 Leute in ein kaum 6 Fufs hohes und nur 6 Fufs im Gevierte haltendes Gemach eingeschlossen hatte, von welchen schon binnen wenig Stunden 4 Personen das Leben suffocatorisch verloren hatten †). Dupuytren erwies, dafs die Stickstoffluft eine der wichtigsten Ursachen der

*) Rudolphi l. c. B. 2. p. 390.

**) Vergl. Orfila l. c. B. 3. p. 233. und Rudolphi l. c. B. 2. p. 391. Die von Nysten beobachteten, durch Injectionen des Azots in die Jugularvene veranlafsten, tödtlichen Wirkungen, welche in fast ganz gleicher Weise auch nach derartigen Einspritzungen von Atmosphärenluft eintreten, sind gröfstentheils in mehr mechanischen, die Thätigkeit des Herzens hemmenden Ursachen begründet.

***) Rudolphi l. c. p. 390.

†) Christison l. c. p. 835. u. 836.

tödtlichen Wirkungen der Pariser Kloakenmoffeten ausmacht *).

Die Blutmasse der in reinem Azot getödteten Thiere ist im vollsten Gegensatze vorangegangener Hyperoxydation **) ungewöhnlich dunkel, und zwar so, dafs das arterielle dem normal beschaffenen venösen ähnlich erscheint, und dafs letzteres eine fast ganz schwarze, dem Theere gleiche Tünchung annimmt ***). Immer unterliegen die betreffenden Cadaver schnell den höchsten Fäulnifsgraden.

§. 104.

Gasige Azotzusammensetzungen, welche sich vom Normalgemische der Atmosphäre in quantitativer Beziehung nicht erheblich entfernen, modificiren den Lebensprozefs, ohne ihn plötzlich zu vernichten †)

Zunächst haben wir in dieser Hinsicht das Stickstoffoxydulgas, das Lustgas, welches weniger Azot und mehr Sauerstoff als die Atmosphärenluft enthält, indem es aus 63,72 Raumtheilen der ersteren und aus 36,28 Raumtheilen der letzteren zusammengesetzt ist, näher zu erwägen. Dasselbe bringt, eingeathmet, primitiv bei den meisten Individuen aufregende Wirkungen hervor. Anfänglich wird der Puls voller, stärker, schneller, in den Muskeln entsteht Kribbeln mit Neigung zu immerwährender Bewegung, und oft folgt hierauf förmlicher von lebhaften Ideenjagden oder von angenehmer Extase begleiteter Rausch. Erst durch zu Stande gekommene Ueberreizung, welche jedoch bei empfänglicheren Subjecten zuweilen früh beginnt, sinkt die Stärke und Frequenz des Pulses unter das Gewöhnliche, womit die zuvor durch die ganzen Lungen verbreitete behagliche Wärmeempfindung in ein mit Beklommenheit verbundenes, nicht zu beschreibendes Mifsbehagen

*) Orfila l. c. p. 234.

**) Vergl. im §. 102. die Anmerkung.

***) Vergl. §. 110.

†) Verbindungen der Stickluft mit anderweitigen auf das Leben wichtig einfliefsenden Gasarten, zu welchen nementlich die Sumpfluft, die feurigen Wetter und bösen Schwaden des Bergmanns gehören, sind bei den Expositionen des Wasserstoff- und Kohlensäure-Gases erörtert. Vergl. §. 54. u. §§. Kohlensäure.

übergeht, bis immer mehr zunehmende Schwindelanfälle asphyktisch enden *).

§. 105.

Azotgemenge, welche mehr Stickstoff und weniger Oxygen, als im Normalgemische der Atmosphäre angetroffen wird, enthalten, wirken dem Lustgase gerade entgegengesetzt. Sie deprimiren nemlich unmittelbar das gesammte Thierleben, und besonders die Thätigkeit der Lungen. Es zeigt sich dies schon bei geringen derartigen, sowohl künstlichen, als natürlich vorkommenden Mischungsdifferenzen.

Ein Raumtheil Azot mit drei Raumtheilen Atmosphärenluft verbunden erzeugt, während einiger Minuten eingeathmet, wohlthuende an Müdigkeit gränzende Beruhigung **). Nach anhaltenderen ähnlichen Inhalationen bringt das, bis zu einem gewissen Mengengrade aufgenommene Azot erschwerte Respiration hervor, zugleich sinkt die Pulsfrequenz um 10 und mehrere Schläge in der Minute, die Lippen wie die Wangen erbleichen, und die Augen werden ihres hellen Glanzes verlustig. Unterbricht man bei diesen Erscheinungen die betreffenden Einathmungen nicht früh genug, so folgen auffallende Abnahme der thierischen Wärme, lähmungsartige, jedoch schmerzlose Erschlaffungen der Muskeln, Wüstigkeit des Kopfes ohne Gefühl von Berauschtsein, welche zuletzt in tiefe Ohnmacht übergehen. Bemerkenswerth ist hiebei, daſs das Azot, so lange dessen eingeathmetes Quantum nicht hinreicht, um das Leben völlig zu vernichten, selbst im Anzuge gänzlicher Auflösung und Paralysirung, beruhigend und mehr als Nervenschmeichel zu wirken scheint ***).

Einen fast ganz analogen Einfluſs übt der mit Stickluft überladene, aus unbekannter Geburtsstätte von Südost

*) Vergl. Humphrey Davy's und Pfaff's Versuche und Orfila l. c. B. 3. p. 236. u. in Harleſs Rheinisch Westphäl. Jahrb. T. I. p. 131.

**) S. Beddoes l. c. p. 164—165. Cavallo l. c. p. 69. u. Schreger's Balneotechnik T. I. 146.

***) Vergl. Thornton in Beddoes l. c. p. 165. Harleſs in dessen Rheinisch Westphäl. Jahrb. T. I. St. 1. p. 130. und §§. 106. und 107.

herüberwehende Sirocco, indem er unter Afrikas heifsem Himmel Menschen und Thiere bis zum Hinsinken abmattet, nach zurückgelegtem langem Wege über weite Meeresflächen, den muntern Bewohnern Siciliens und Neapels wie durch einen Zauberschlag alle lebensfrohe Beweglichkeit trübt, und seine eigenthümlich erschlaffende Kraft nicht nur in ganz Oberitalien, sondern selbst noch in Tirols nach dem Süden geöffneten Hochthälern jedem Wanderer fühlbar macht. —

Auch die Wirkungen azotischer Grubenwetter und stickstoffiger Thermaldämpfe verhalten sich den eben angeführten ähnlich. Wegen ihrer in mancher Hinsicht eigenthümlichen Beziehungen wollen wir sie indefs gesondert betrachten.

§. 106.

Unter den schädlichen in Bergwerken sich ansammelnden Gasgemischen, berührt dieser Paragraph blos jene, welche nach Humboldt in einem Vortreten des Azots und ebenmäfsigen Zurücktreten des Oxygens bestehen *). Der Bergmann bezeichnet dieselben durch den Namen der matten Wetter. Sie beeinträchtigen zwar das Brennen der Lichter sowohl, als die Respiration merklich, doch verlöschen dieselben jene nicht, und geben weder zu Störungen des Bewufstseins, noch zu irgend bedenklichen plötzlichen Zufällen Anlafs.

Wahrscheinlich mögen diese Grubenwetter, wo keine spontanen unterirdischen Azotaushauchungen statt finden, dadurch entstehen, dafs die eindringende Atmosphärenluft ihres Oxygens in den Tiefen mehr und mehr beraubt wird. Mangelnder Luftwechsel, das Athmen der Bergleute, das Brennen der Grubenlichter und das allmälige Verkohlen der Zimmerungen, vornemlich aber die auf vielen Punkten vor sich gehende Oxydation der Fossilien tragen zu dem beregten Uebergewichte des Stickstoffes gemeinsam bei.

Unmittelbar nach jedem Besuche von Schachten, in welchen vorübergehend zunehmende matte Wetter vorkommen,

*) Vergl. die erste Anmerkung des vorangegangenen §. und v. Humboldts Schrift über die unterirdischen Gasarten p. 169.

fühlt man ungewöhnliche, mit der etwanigen körperlichen Anstrengung nicht im Verhältnifs stehende Mattigkeit *). Ein längeres, täglich wiederholtes Verweilen in demselben ist, wie ich mich während meines mehrjährigen Aufenthaltes im Harzgebirge, und bei öfterem Befahren der Gruben überzeugte, unter den vielfältigen, an das Treiben des Bergmanns gebundenen Schädlichkeiten, gewifs mit als die erheblichste Ursache seines früh hinwelkenden Lebens anzusehen. Die unausweichlichen Folgen offenbaren sich durch bleiche, unreine, leichenhafte Gesichtsfärbungen, durch mangelnde Lippenröthe, durch Muskelschwäche, durch vorzeitige allgemeine Herabsetzung der Lebenskraft, und nur zu früh durch mannigfache atrabilarische und paralytische Leiden.

§. 107.

Ueber das Mischungsverhältnifs der azotischen Thermaldämpfe haben wir bereits möglichst ausführliche Kunde gegeben **). Dafs die in denselben vorschlagende alkalizeugende Luft, bezüglich ihrer eigenthümlichen Wirkungen, durch mit emporgerissene Natronverbindungen, durch verflüchtigte azotreiche Baréginetheilchen, und durch das laue erschlaffende Wassergas unterstützt wird, ist nicht zu bezweifeln. Selbst das, jenen Emanationen hier und da beigegebene Kohlensäuregas, welches zwar für sich allein eher Aufregungen hervorruft, kann mit dem Azot Verbindungen bilden, die, insofern das Cyan aus Kohlen- und Stickstoff besteht, vielleicht den Wirkungen der Blausäure analoge Umstimmungen des Lebensprozesses bedingen ***). Allgemeinhin haben wir demgemäfs vom Thermaldampfe, seiner chemischen Zusammensetzung nach, sobald derselbe weder durch zu viele Atmosphärenluft bis zur Indifferenz verdünnt, noch mit zu vielem, reizend einfliefsendem Wärmestoffe geeignet ist, zunächst Abspannungen der Nerventhätigkeit und Verringerung der arteriellen Actionen, bei hinreichend langer Anwendung aber auch bestimmte, materielle †), mit vermehrter Alcali-

*) v. Humboldt l. c. p. 170.

**) §. 100.

***) S. Gräfe's und Kalisch's Jahrbücher d. Heilq. B. I. p. 342.

†) §. 103.

tät des Gesammtorganismus vortretende Wirkungen zu gewärtigen.

Als Harlefs zu Teplitz die unmittelbar aus einer Therme abgeleitete Röhre schnell aufschlofs und sich mit Mund und Nase der Oeffnung, aus welcher das Wasser hervorströmte, einige Minuten lang genähert hatte, wurde derselbe schwindlich und beklommen, ohne jedoch jenen berauschend-betäubenden Eindruck zu spüren, den das Kohlensäuregas beim Einathmen hervorbringt. Wiederholte Versuche hatten jedesmal denselben Erfolg. Gewöhnlich verging die schwindliche Eingenommenheit in weniger als einer Minute, und löste sich dann in behagliche Ermüdung auf. Ohne ganz nahe dem eröffneten Rohre zu athmen, entstand jene besondere, mit dem Gefühle von Erschlaffung und Stumpfwerden der Sensation des Hirn- und Nervensystems verbundene Wirkung nicht. Dieselbe erscheint, sagt Harlefs, im gelinderen Grade als Sopitio, im höheren als Narkosis, und geht zuletzt in Torpor paralyticus über *).

Athmet man auf dem Plateau des Montiron zu Abano das frei entweichende Azotgemisch in aufrechter Stellung, mithin in jener Entfernung von dem Quellenspiegel, in welcher die Thermaldämpfe schon durch gemeine Luft verdünnt sind, einige Stunden hindurch, so verliert sich, wie ich dies an mir und an mehreren meiner Angehörigen wahrnahm, die Gesichtsröthe in der Regel mehr und mehr. Es fand dies bei Kindern am meisten und überhaupt bei zarten Individuen eher als bei robusten statt. Während jener Veränderungen des Incarnats trat, ebenmäfsig vorschreitend, ein Gefühl von Müdigkeit ein, dem, wenn man sich den Thermaldämpfen anhaltender aussetzte, stundenlang Eingenommenheit des Kopfes und ungewöhnlicher Widerwille gegen Geistesanstrengungen folgte. Am kräftigsten widerstand mein Neffe, Dr. Andrejewsky, ein rüstiger vollblütiger, junger Mann von frischer Gesichtsfarbe den Wirkungen des Thermalgases, indem er, behufs der von ihm beabsichtigten Analyse **), oft ziemlich lange im dicksten

*) Vergl. dessen Rheinisch-Westphäl. Jahrb. T. I. St. 1. p. 140.

**) Seine gelungene Arbeit erschien zuerst in der von ihm vertheidigten Inaugural-Dissertation: De Thermis Aponensibus in agro

Qualme zubrachte, ohne irgend erhebliche Veränderungen an sich beobachtet zu haben. Einesmals jedoch, als derselbe den gröfsten Theil des Morgens, und zwar oft in gebückter Stellung an der Centralquelle verweilte, fühlte er sich ungemein matt, unwohl, und fiel, im Begriff auf sein Zimmer zurück zu kehren, nachdem die Kniee zu schlottern anfingen und dunkle Schatten die Augen überzogen, rücklings um. Das Bewufstsein blieb hierbei einige Minuten lang getrübt. Völlige Erholung, und namentlich gänzliche Rückkehr der Muskelkräfte trat unerachtet immerwährenden Aufenthaltes in freier Luft erst am Abend ein *).

Auch durch Modificationen der Ortsatmosphäre scheinen die Thermaldämpfe auf die Gesundheit einzufliefsen. Besonders möchte dies da der Fall sein, wo die Quellen in niederen Gegenden ausbrechen, und wo enge Thalschluchten oder nahe Ringgebirge die Gaszerstreuung einigermafsen aufhalten. Es spricht hiefür schon der eigenthümliche Habitus, welcher fast allen, beständig in der Nähe stärkerer Azotquellen wohnenden Individuen eigen ist. Deutlich tritt derselbe insbesondere bei den Subjecten hervor, welche zugleich, ohne irgend einen Gebrauch vom Mineralwasser zu machen, viel mit demselben, oder mit baréginehaltigem Schlamme zu thun haben. Fast alle Schöpffrauen, Badewärter und insbesondere die Fangaroli Italiens fand ich von bleicher unreiner Gesichtsfarbe; gewöhnlich war ihr Puls wenig entwickelt, klein, weich, und in der Regel litten sie mehr oder weniger an Verdauungsfehlern. Die Bewohner des alten agri patavini, aus dem man, auf einer meilenweit hingestreckten, mit vielen kleinen Ortschaften besäten Fläche, an kühlen heitern Tagen von vielen Punkten aus weifse Thermaldämpfe emporqualmen sieht, haben ein livid-hepatisches Aussehen. Schon Tassoni gab ihnen deshalb den Namen des schwefelfarbigen Geschlechts. Sie sind selten frei von Abdominalleiden, und neigen zu Wechselfiebern, deren Entstehen die sumpfige Umgegend mitunterstützt **).

Patavino. Berl. 1831. und späterhin deutsch in Gräfe's und Walther's Journ. B. 15.

*) S. Gräfe's und Walther's Journ. B. 15. p. 583.

**) S. Gräfe's und Walther's Journ. B. 15. 557.

Dafür aber ist unter denselben die Schwindsucht, gemäfs den Beobachtungen des Abanesischen Landarztes Dr. Andolfo, so gut wie ungekannt. Mit jenen ursachlichen Beziehungen stimmt die von Kortum angeführte Thatsache überein, dafs die Phthisis innerhalb der thermenreichen Stadt Aachen überaus selten vorkommt, während sie in der ganzen Nachbarschaft eine gewöhnliche Krankheit ist, und namentlich im nahen, aber hochgelegenen, von sauerstoffigerer Luft umgebenen Montjoie fast die Hälfte der Bewohner hinrafft *).

## §. 108.

### Aneignung des Azots durch die Haut.

Genau unternommene Versuche haben dargethan, dafs die Hydrothion- sowohl als die Kohlensäure dem Organismus im Wege der Imbibition und Resorption durch die äufsere Hautdecken zugeführt werden **); ein gleiches Verhältnifs ist auch hinsichts des Azots anzunehmen.

Die im vorigen Paragraph erwähnten Wirkungen des längeren Aufenthaltes in überazotisirten Ortsatmosphären hängen wahrscheinlich mit von dem beständigem Einflusse ab, welchen die Stickluft fortwährend auch auf die gesammte Körperoberfläche ausübt. Wird die Haut in Badekästen, bei völliger Ausschliefsung der Respirationsorgane, concentrirten, hinlänglich abgekühlten, jedoch nicht kalten Azotdämpfen ausgesetzt, so erbleicht, wie ich dies oft an mir und an Anderen wahrnahm, die Gesichtsfarbe zwar langsam, jedoch in ganz gleicher Weise wie bei leichteren Stickstoff-Inhalationen. Man fühlt dabei unter merklich sinkender, gewöhnlich um 6 bis 8 Schläge in der Minute verringerter Pulsfrequenz, eine unbehagliche allgemeine Ermattung und, nach beendetem Bade, deutliche bisweilen stundenlang anhaltende Muskelschwäche. Stickgas, welches Maxwell Thieren durch einen Einschnitt unter die Haut in das Zellgewebe leitete, schwellte den Körper auf, brachte Trägheit, Dummheit, Betäubung und tödtlichen Sopor hervor***).

*) Hufeland Journ. B. 4. p. 23. und 24.

**) §. 55. u. §§. Kohlensäure + G.

***) Cavallo l. c. p. 34.

Wannenbäder von azotischen Mineralwassern oder glairinreichem Schlamme wirken beruhigend, schmeichelnd auf die peripherischen Nervenendigungen, erzeugen aber auch, zu lange fortgesetzt, Hautverzärtelungen, allgemeine Schwäche, Unterleibsatonieen, und hinterlassen, da die Resorption der Gase durch Vermittelung des Wassers wesentlich unterstützt wird *), um desto anhaltendere Eindrücke. Gewifs trägt auf diese Weise der bisher fast ganz unbeachtet gebliebene, mit den Thermen verschmolzene Azotgehalt zu den heilsamen sowohl, als zu den verderblichen Folgen der fraglichen Bäder weit mehr bei, als man gemeinhin glaubte.

## §. 109.

### Aneignung des Stickstoffes durch den Nahrungskanal.

Durch den Speisekanal dem Organismus im Uebermafse zugeleitetes Azot giebt nicht nur zu den schon oft berührten Nervenabspannungen, sondern vermöge des directen Verkehrs mit den Reproductionsgebilden, am unmittelbarsten, auch zu bestimmten Mischungsveränderungen Anlafs. Fleischspeisen, die unter allen Nahrungsstoffen das meiste Azot enthalten, sind zwar auf die Länge unentbehrlich, erzeugen jedoch, ausschliefslich genossen, hypochondrische Leiden, Digestionsfehler, Atonieen mannigfacher Art und vornemlich ganz eigenthümliche, durch Stickstoffüberladungen entstehende Krankheitsformen, auf welche wir noch besonders zurückkommen werden **). — Azotreiches Thermalwasser bringt, in grofser Menge anhaltend getrunken, unter den Modificationen, welche dessen etwanige rein salinische Beimischungen mit veranlassen, vermöge seines alkalizeugenden Gases, und vermöge der ihm zugehörigen schon gebildeten Alkalien, fast ganz dieselben, vom übertriebenen Fleischgenusse entstehenden, eben erwähnten Folgen hervor. Animalische Kost ist daher, bei dem Gebrauche der betreffenden Mineralwasser in den Fällen, wo auf eine tief eingreifende Alkalisirung viel ankommt,

*) §. Kohlensäure, Resorption.
**) §. 110.

eben so angezeigt, als vegetabilische mehr säurend wirkende Nahrungsmittel hier beschränkt werden müssen. Dafs die beregten Trinkkuren bei Affectionen, welche in überwiegender Säuerung bestehen, die Mischung des Thierstoffes günstig verändern, liegt aufser allem Zweifel, nicht minder überzeugend lehrt aber auch die Erfahrung, dafs sie in entgegengesetzten Zuständen die Gesundheit bedenklich untergraben *).

## §. 110.

### Allgemeine Folgen stärkerer Azotisirung des Organismus.

Es offenbaren sich die Wirkungen beträchtlicherer Azotisirung zunächst allerdings in den unmittelbar berührten Gebilden, dann aber, unter übrigens gleichgestellten Verhältnifsen, möge der Stickstoff auf diesem oder jenem Wege im Uebermafse empfangen sein, fast ganz in einer und derselben Weise. Höchstens wäre darin ein Unterschied zu finden, dafs die betreffenden Folgen durch die Lungen am schnellsten, aber auch am vorübergehendsten **), durch das dermatische System langsamer, aber schon fester wurzelnd ***) und durch die Reproductionsorgane zwar langsam, aber bezüglich des Einflusses auf Mischungsveränderungen am bleibendsten zu Stande kommen †).

Der allgemeine primitive, mehr dynamische Eindruck besteht, wie die vereinzelt schon früher geschilderten Erscheinungen zeigen, nicht blos in Herabsetzungen der Nerventhätigkeit, bei welchen das Cerebralsystem verhältnifsmäfsig später als das Gangliensystem in Anspruch genommen wird, sondern auch in Verringerung der Lebenskraft des Herzens. Es tritt Mattigkeit, das Gefühl von Abspannung, von Muskelschwäche und Widerwille selbst gegen leichte Kopfanstrengungen ein. Der Blick wird trübe, der Puls kleiner, oft seltener; Thornton sah ihn durch Azotgebrauch in Reizzuständen um 20 Schläge in der Minute ver-

*) §. Kur durch Azot.
**) Wirkungen auf die Lungen.
***) Wirkungen auf die Haut.
†) Wirkungen auf den Darmkanal.

ringert *). Gleichzeitig schwindet die Frische der Hautfarbe, das Gesicht erbleicht, es mischt sich dem Incarnate eine, vornemlich an den Lippen auffallende, bleifarbene Tünchung bei, welche den Individuen, unerachtet des noch klaren Bewufstseins, ein leichenhaftes Ansehen giebt. Während intensiverer, der vollendeten Intoxication schon angenäherter, stets mit Abnahme der thierischen Wärme verbundener Einwirkungen, klagen die meisten Subjecte über wüstes Gefühl im Kopfe, sie müssen sich legen und sinken in Asphyxieen, welchen ohne frühzeitige Hülfe mehr oder weniger ausgedehnte paralytische Zufälle folgen. Nach allem dem ähnelt der ursprüngliche Einfluſs des Stickstoffgases, in mehrerer Hinsicht, jenem, welchen kalt narkotische Gifte, das Bilsenkraut, die Digitalis purpurea und die Blausäure hervorrufen.

Secundär entwickelte, die Materie verändernde Wirkungen bekunden sich durch Anomalieen in der Function des Reproductivsystems und durch vorschlagende Alkalisirung des Thierstoffes überhaupt, besonders aber der Secrete. Die Zunge wird bleich, schmutzig belegt, der Appetit hört auf, in den Praecordien entsteht das Gefühl von Fülle und es bilden sich im acuten Verlaufe gastrisch-nervöse, typhöse, faulige, mit Petechien verbundene Fieber, während im chronischen Digestionsfehler hartnäckige, erschöpfende Diarrhoeen, scorbutische Affectionen, Blutunterlaufungen und atonische Blutflüsse zu Stande kommen. Hiebei nehmen alle Secrete eine mehr alkalische Beschaffenheit an; der Athem, der Schweifs, die Stuhlausleerungen verbreiten, durch Entwickelung von Schwefelwasserstoffgas, welches mit Amoniumzumischungen ausgeschieden wird, einen widrigen, fauligen, bisweilen aashaften Geruch. Das eben genannte Alkali tritt besonders im Harne mit Natronverbindungen vor. Gleichzeitig fehlt es dem gelassenen desoxydirten Blute an Gerinnbarkeit; das arterielle färbt sich mehr dunkel, das venöse fast ganz schwarz **). Fourcroy fand in den Blutmassen derartiger Kranken gebil-

*) Vergl. Beddoes l. c. p. 165.

**) S. Nysten u. Orfila l. c. B. 3. p. 234.

detes blausaures Eisen *). Endlich gehen auch sämmtliche ausgestofsene Stoffe, so wie die Leichname der unter den fraglichen Erscheinungen Verstorbenen, ungewöhnlich schnell in Fäulnifs über.

Baumes vereint die krankhaften, eben angeführten Veränderungen unter dem gemeinschaftlichen Namen der Azoténèses, indem er ihren Grund in allgemeiner Uebersättigung des Organismus mit Stickstoff sucht; er hält dafür, dafs sie mit den, durch zurücktretende Oxygenation erzeugten Anomalieen, mit den Desoxygénèses zusammenfliefsen, und glaubt, dafs diesen die ächt entzündlichen Leiden die Syroxygénèses gerade entgegenstehen **). Fern davon, jenen chemiatrischen Ansichten völlig beizutreten, können wir denselben aber auch eben so wenig allen wissenschaftlichen sowohl als praktischen Werth absprechen.

## *Capitel III.*

## Pneumatische Einrichtungen.

§. 111.

In gleichem Mafse als die Stickluft schwieriger erkennbar ist, und leichter mit der Atmosphäre verschmilzt, sind zu ihrer Benutzung vollständigere Apparate erforderlich. Ohne diese kann das fragliche Gas weder zweckmäfsig modificirt, noch auf den angemessensten Wegen dem Organismus zugeführt werden.

Je nachdem sich Aerzte des künstlichen oder natürlichen Azots bedienten, wurden auch verschiedene hiezu eigens angegebene Vorrichtungen in Anwendung gebracht.

§. 112.

Inhalationsmaschinen liefs man vorzugsweise mit künstlichem Azot speisen. Die mannigfachen Constructionen derselben sind bereits nachgewiesen ***). Ueber die

*) Reil's Archiv für Physiolog. B. 4. p. 184.

**) S. Baumes und Reil's Archiv für Physiol. B. 4. p. 181—184.

***) §§. Hydrogen- und kohlensaure Gasquellen über die v. Humboldt, Harlefs, Menzel, Böckmann, Watt u. v. a. angegebenen Respirations-Maschinen, so wie Cavallo l. c. p. 231.

Bereitungsweise der zu ihrer Füllung erforderlichen Stickluft ertheilen sämmtliche Schriftsteller, besonders aber jene, welche speciell von pneumatischen Kuren handeln, nur ungenügende Kunde — Einige suchten reines Azot dadurch zu gewinnen, dafs dem atmosphärischen Gemische, innerhalb abgeschlossener Räume, durch Oxydation von Metallen, durch Verbrennen von Kerzen, Alkohol, Hydrogengas, Phosphor, so wie durch beigefügtes Stickstoffoxydgas, oder durch feuchte Schwefelalkalien der Sauerstoff entzogen ward. Andere bemühten sich, die fragliche Luftart durch Zersetzung der Ammoniumflüssigkeit mittelst zugeleiteten Chlors, oder durch Destillation frischer mit verdünnter Salpetersäure übergossener animalischer Substanzen hervorzubringen *). Berzelius giebt an, dafs man die Stickluft noch am reinsten und in ziemlicher Menge durch Zerlegung des salpetersauren Ammoniaks anfertigen könne **). Fast bei allen diesen Verfahrungsweisen, welche sich überdies für im Grofsen anzustellende Gaskuren wenig eignen, wird das Azot durch gleichzeitig gebildete, anderweitige, oft schwer wieder zu trennende Stoffe mehr oder weniger verunreinigt. Um das auf die eine oder andere Art bereitete Gas zu Inhalationen zu benutzen, vermengte man es in den erwähnten Respirationsmaschinen mit mehr oder weniger atmosphärischer Luft, und liefs solche Gemische täglich ein, wohl auch mehrere Mal 5 Minuten lang in die Lungen ziehen. Cavallo und Beddoes bestimmten das Maximum azotischer Zuthat dahin, dafs höchstens 1 Raumtheil Stickstoff mit 3 Raumtheilen gemeiner Luft zu dem betreffenden Zwecke verbunden werden solle ***).

Erwägen wir das Unsichere in den eingeschlagenen Bereitungsweisen und die schon erörterten bei dem Ge-

*) S. Schreger's Balneotechnik T. I. p. 142—146. — Cavallo l. c. p. 185—189. — Harlefs Rheinisch-Westphäl. Jahrb. T. I. St. 1. p. 128. — Gruber's Chemie I. 99. — Mitscherlich B. I. p. 79.

**) S. Berzelius l. c. T. I. Abtheil. 1. p. 204.

***) S. Cavallo l. c. p. 68. 69. u. 230. — Schreger's Balneotechnik p. 146.

brauche von Inhalationsmaschinen unvermeidlichen Mängel so folgt von selbst, dafs die betreffenden Gasanwendungen keine befriedigenden Resultate begründen konnten.

§. 113.

Glücklicher hat man das natürliche Azot in Dampfgemächern, in geschlossenen Wannen und Kästen, so wie mittelst stickstoffreicher Wasserbäder in Anwendung gebracht. Die Mittheilung der zu dem fraglichen Behufe getroffenen Einrichtungen wollen wir, so wie sie stufenweise sorgfältiger getroffen wurden, in den nächsten Paragraphen auf einander folgen lassen.

§. 114.

Für die Teplitzer Azotthermen ist zu dem fraglichen Zwecke bis jetzt noch wenig geschehen.

Höchstens hätten wir in dieser Beziehung auf die unmittelbar über den Quellenmündungen angelegten Wasserbäder aufmerksam zu machen. Mehrere Ausströmungsstellen nemlich, und besonders jene der Schlangenbadthermen, sind am geebneten natürlichen Boden mit reinem Grant angefüllt, bassinartig eingefafst und angemessen überbaut. Das Gas drängt sich hier in kleineren und gröfseren Blasen durch den Grant, und steigt, die Körperoberfläche des im Wasser sitzenden Kranken berührend, bald aus der einen, bald aus der andern Stelle empor. Bestimmt werden hierdurch die Wirkungen des freien Azots jener, auch gebundenen Stickstoff mit sich führenden Thermalwasser verstärkt, weshalb sich denn auch die bezeichneten Bäder als besänftigende und beruhigende Heilmittel von jeher vorzugsweise bewährten.

Da ich bereits seit mehreren Jahren Teplitz nicht besuchte, so bat ich den dasigen Badearzt Herrn Dr. Schmelkes, mich über etwanige neu entstandene Einrichtungen zu unterrichten. Derselbe hatte die Güte, mir unter dem 14. Mai 1838 folgende Nachricht zukommen zu lassen:

„Bis jetzt sind in Teplitz weder Dampfbäder noch pneumatische Apparate im Gebrauch. Das neue grofse Stadtbadehaus jedoch, dessen Bau im nächsten Frühjahr zu

Ende geht, soll dem Plane gemäfs, aus welchem ich diese Notiz schöpfe, ein Dampfbad erhalten. Man will die aus der an 39° R. warmen Ursprungsquelle aufsteigenden Wasserdämpfe, durch einen Trichter auffangen, und mittelst einer Röhre nach nahen Kabinetten leiten, um sie in hermetisch geschlossenen, nur den Kopf frei hindurch lassenden Wannen zu sammeln, und zu allgemeinen sowohl, als partiellen Bädern anzuwenden."

§. 115.

Zu Gastein zeigte mir der dasige Badearzt Herr Dr. Storch ein kleines, zwischen dem bischöflichen Hause und der Hauptquelle nahe am Wege gelegenes, unansehnliches Häuschen, in dem man schon seit langer Zeit den Thermalqualm zu allgemeinen Dampfbädern benutzt haben soll, welche jedoch während meines dasigen Aufenthaltes nicht angewendet wurden.

Im Jahre 1821 hatte das Bergamt zur Sicherung der Hauptquelle einen 13 Klafter langen Stollen bis zum Ursprunge derselben hinein wölben lassen. Auch wurde, um den Quellendampf nach projectirten Badekabinetten zu leiten, ein Schachtbau von 2 Fufs im Durchmesser, 18 Klaftern in die Höhe getrieben *). Es war hierbei der Andrang der Dämpfe so bedeutend, dafs die Knappen, obgleich man durch Wassertrommeln ununterbrochen äufsere Luft zuführte, sich nur einen kurzen Aufenthalt in der Tiefe erlauben durften, und dessen ungeachtet, bei jedesmaligem Heraustreten mehr das Aussehen von Leichen als von lebenden Menschen hatten **). — Auch ohne alle Rücksicht auf anderweitige, den Azotreichthum der fraglichen Quellen nachweisende Beläge ***), würde schon jene Erscheinung denselben vermuthen lassen, da einfache Wasserdämpfe gleicher Temperatur ganz entgegengesetzte, fast purpurrothe Tünchung der Haut hervorbringen.

Von der Mächtigkeit und besonderen Wirksamkeit der beregten concentrirten Thermalemanationen überzeugte ich

*) Emil's Reise-Handbuch etc. über das Thal und Wildbad Gastein. Wien 1827. p. 283.

**) ibid. p. 284.

***) §. 86.

mich mehrmals. — Kanm einige zwanzig Schritte in den erwähnten ausgemauerten Stollen vorgedrungen, fühlte ich das Athmen merklich erschwert. Die starke, durch eine grofse Glaslaterne gegen Bewegungen der Dämpfe geschützte Wachskerzenflamme verbreitete an der Quellenmündung, völlig wie in sauerstoffarmer Atmosphärenluft, blos ein spärliches, zu den bezweckten Temperaturbeobachtungen unzulängliches Licht. Schon der Aufenthalt von höchstens 5 Minuten im Hintergrunde des Stollens reichte bei mir und selbst bei meinem Führer, einem kräftigen Arbeitsmanne, hin, um die bereits angeführte, den Azotwirkungen, fast möchte ich sagen eigenthümliche Gesichtsblässe hervorrufen *) und ein, oft Stunden lang andauerndes Mattigkeitsgefühl zurückzulassen **).

In wie weit übrigens die bei dem Ueberflusse des Materials vielseitig gewünschte Einrichtung eines mit allem Zubehör ausgestatteten Dampfbades, seit meiner Anwesenheit (1829) vorgerückt ist, blieb mir, unerachtet noch neuerdings wiederholter Anfragen unbekannt. — Herr Dr. Kiene berichtet indefs, wie wir aus seinem, den Jahrbüchern der Heilquellen eingesandten Aufsatze ersehen, dafs die dasigen Dampfbäder im Jahre 1837 mehreren Kranken gegen Unterdrückung der Hautthätigkeit, gegen Schwerhörigkeit, Heiserkeit, gegen Asthma und Gesichtsschmerzen mit Nutzen verordnet wurden ***)

## §. 116.

Wiesbaden †) besitzt an der Quelle des Römerbades Vorrichtungen zum allgemeinen sowohl als örtlichen Gebrauche des Thermaldampfes. Sie kommen ganz mit jenen überein, deren man sich bedient, um in Zimmern oder abgeschlossenen Kästen, so wie mittelst angemessener Doucheapparate, einfache Wasserdämpfe in verschiedenen Formen anzuwenden.

*) §. Wirkungen der Azotdämpfe.

**) ibid.

***) Gräfe's u. Kalisch's Jahrb. Jahrg. 3. p. 268.

†) Vergl. Osann Darst. etc. II. p. 669. u. Richter über Wiesbaden p. 83. u. 84. und §. 120.

§. 117.

Aachens Thermaldampfbäder gehören zu den ältesten. Carl der Grofse soll sie mit Vorliebe gebraucht haben *). In dem Gebäude des nach ihm benannten Kaiserbades befinden sich zu allgemeinen sowohl, als zu partiellen Gasdampfbädern bestimmte Apparate, welche indefs auch im neuen Bade, im Bade der Königin von Ungarn und im Quirinus-Bade eingeführt sind. Der behufs ihrer Speisung nöthige Dampf wird dadurch reichlicher und mächtiger entwickelt, dafs man das Thermalwasser in unterirdischen Kanälen auf spitzeSteinstücke herabfallen läfst **). Die Wärme steigt in den Dampfkästen bis auf 35° R., wohl auch darüber und bringt bei den Badenden stets starke Erhitzung und lebhafte Schweifsausbrüche hervor ***).

§. 118.

Landecks früherhin für hepatisch gehaltene Thermalemanationen, deren azotisches Uebergewicht die jüngsten Untersuchungen nachgewiesen haben †), sind schon seit langen Zeiten vom Volke sowohl, als von Aerzten gegen Brustleiden für heilsam gehalten worden. Man suchte sie concentrirter, durch Hinbeugungen des Oberkörpers nach dem Wasserspiegel, und verdünnter, durch ein längeres Verweilen unfern der Hauptquelle sowohl als ihrer Abflüsse einzuathmen. Zu Inhalationskuren eigens bestimmte Vorrichtungen traf ich daselbst im Jahre 1813 nicht an. Was die jüngste Zeit in jener Hinsicht schuf, zeigte mir der dortige Bademedicus Herr Dr. Bannerth auf meine Bitte in einem Briefe an ††), den ich, so weit der Gegenstand es fordert, hier wörtlich folgen lasse:

„Schon durch Dr. Burghart, der im Jahre 1744 über Landeck schrieb, wurden Einrichtungen zu Inhalationskuren und gasigen Dampfbädern angeregt, ohne jedoch zur Ausführung gekommen zu sein. Professor Fischers Analyse hat die Stick- und Kohlensäure-Luft als Gasbestandtheile

*) Zitterland's Aachens heifse Quellen. Leipz. 1836. p. 292. 293.

**) §. 60.

***) Zitterland l. c. p. 95—97.

†) S. §. 88.

††) Vom 15. Mai 1838.

der Thermen dargethan. Dieser Umstand und die Rücksicht auf ältere Nachrichten über die günstigen Wirkungen des Thermaldampfes liefsen mich die Erbauung des nun vollendeten Inhalationsbades vorschlagen. Dasselbe besteht aus einem achteckigen, 18′ hohen und 32′ im Durchmesser haltenden massiven Gebäude, in dessen Mitte sich die Douchequelle von + 21° R. Temperatur befindet. Sie ist in Sandstein gefafst, hat eine Tiefe von 7′ und mifst in ihrer achteckigen Fassung 13′ im Durchmesser. Um den, mit einem eisernen Geländer umgebenen Quellenspiegel bleibt ein Raum von 9′, der, rings herum eine bedeutende Fläche darbietend, mit Ottomanen und Stühlen versehen ist. Indem sich nun das der Quelle entströmende Gas im geschlossenen Raume anhäuft, kann es von den in demselben verweilenden Kranken bequem eingeathmet werden. Anlangend die Einrichtung der Dampfbäder, so werden die, durch künstliche Erhitzung des an sich lauen Thermalwassers erzeugten gasigen Dämpfe, mittelst einer Metallröhre, in ein über dem Kesselstande befindliches Gemach geleitet und hier in einem Schranke, der mit Athmungstrichtern versehen ist, gesammelt. In diesem können zugleich sowohl einzelne Theile, als der ganze Köper den Wirkungen der Dämpfe preis gegeben werden. Aufserdem besitzt die Anstalt auch mehrere passende Vorrichtungen zu Gasdampfdouchen jeglicher Art.

§. 119.

Baden-Baden*) ist mit ausgedehnten Anstalten zum Gebrauche des Thermaldunstes versehen.

Nachdem die fraglichen Quellendämpfe schon in früheren Zeiten im Kleinen mit Erfolg benutzt worden waren, liefs die Regierung im Jahre 1819, unter Dr. Kölreuter's Leitung, ein grofses blos zu dem betreffenden Zwecke bestimmtes Gebäude aufführen. Das Wesentlichste der Einrichtung besteht darin, dafs man die Ursprungsquelle überwölben, die sich ansammelnden Dämpfe innerhalb eines gemauerten, mit einem zu deren Spannung erforderlichen Druckapparate versehenen, bis zur Bedachung reichenden

*) Vergl. §. 87.

Kamins aufsteigen, und von diesem aus, mittelst zwei hölzerner, 6 Zoll weiter, horizontaler Kanäle, durch zwei Etagen hindurch, nach den einzelnen, in 14 verschiedenen Cabinetten senkrecht aufgesetzten, pyramidenförmigen Kästen hinleiten liefs. In den letzteren sind beliebig verschliefsbare, höhere und tiefere Oeffnungen angebracht, aus welchen die Dämpfe durch einfügbare Communicationsröhren zu den gewählten Apparaten gelangen. Zwölf jener Cabinette stehen, vermöge eines gegen Zugluft durchaus geschützten Ganges, mit nahen, gröfstentheils heizbaren, alle Bequemlichkeiten gewährenden Ruhestübchen in Verbindung. — Als Beweis, wie genau man die Thermaldämpfe zurückzuhalten vermag, wird angeführt, dafs selbst in den erwähnten Cabinetten, bei völlig verschlossenen Ausströmungsröhren, der Dampf weder sichtbar noch fühlbar sei.*)

Um sogenannte äufsere Total- und Partial-Dampfbäder nach Erfordernifs anwenden zu können, ist die Anstalt mit abschliefsbaren Wannen, mit dergleichen Apparaten zu Schulter-, Arm-, Hüft-, Fufs-, Ohr-, Mund- und Augen-Bädern ausgestattet. Von den meisten derselben theilt Kölreuter genaue Abbildungen mit **). — Zu ausschliefslichen Inhalationskuren dienen besondere Schläuche, welche in die Oeffnungen der Aufsatzröhren der Cabinette eingesenkt werden ***). — Insofern die Dämpfe, nach der geringeren oder gröfseren Entfernung der Cabinette von der Quelle, mit einer höheren oder geringeren Temperatur hervorströmen, kann man sie verschieden warm gebrauchen, und in dieser Hinsicht Modificationen von + 29 bis 42 Grad eintreten lassen †).

Aufser der öffentlichen Anstalt sind noch mehrere nach gleichen Grundsätzen construirte Privat-Dampfbäder in einigen Gasthöfen eingerichtet ††). Diese gewähren Kranken, welche ihre Wohnung nicht gut verlassen können, allerdings

*) Kölreuter, die Mineralquellen des Grofsherzogth. Baden, Carlsruhe 1820. Jahrg. I. p. 54.

**) ibid. Fig. 3 — 14.

***) ibid. p. 62.

†) ibid. p. 60 — 63.

††) ibid. p. 58.

grofse Bequemlichkeit, stehen aber, bezüglich der Auswahl höherer Temperaturgrade, der Hauptanstalt nach, da sie ihre Dämpfe nur aus dem, zu den Sammelkästen, theilweis sehr weit hingeleitetem Mineralwasser empfangen. Gemäfs der jüngsten mir vom Herrn Hofmedicus Kölreuter gefällig mitgetheilten Nachricht*), hat man, bezüglich sämmtlicher erwähnten Einrichtungen, seit ihrem Entstehen keine irgend erhebliche Veränderung angeordnet.

§. 120.

Die vorangegangene Zusammenstellung ergiebt, dafs an allen Quellen, in der irrigen Voraussetzung, es kämen die Dünste des Thermal- und jene des einfachen Wassers vollkommen überein**), zur Benutzung der ersteren, ganz dieselben Vorkehrungen getroffen wurden, deren man sich bei dem Gebrauche der letztern bedient. Nothwendig mufsten aber hiedurch die Principe verfehlt werden, nach welchen allein für die Anwendung der fraglichen Gasemanationen, sowohl ihrer eigenthümlichen Natur entsprechende, als den verschiedenen Indicationen genügende Einrichtungen zu unterwerfen sind.

Um einfache Wasserdampfbäder zu gewinnen, welche unter bestimmten Umständen gewifs mit zu den wirksamsten Heilmitteln gehören, brauchen wir keine Mineralquellen aufzusuchen. Bäder dieser Art können an jedem Orte leicht, und in mehrerer Hinsicht sogar vollkommener als an manchen Thermen angelegt werden. Ein Dampfkessel, oder das Aufgiefsen gemeinen Wassers auf glühende Feldsteine, wie dies bei der Bereitung der sogenannten russischen Bäder vorgenommen wird, sind hinreichend, um einfache Dämpfe in beliebiger Menge zu entwickeln. Wie umsichtig, brauchbar, grofsartig und prunkvoll übrigens ähnliche Einrichtungen schon im Alterthum von den Griechen und Römern ausgeführt wurden, lehren nicht nur Vitruv's geschichtliche Angaben, sondern auch die, nach zweitausendjähriger Verschüttung wieder ausgegrabenen, und ihren vormaligen Schmuck noch jetzt bekundenden

*) Vom 7. Juni 1838.

**) §. 109. u. 124.

Frigidarien, Tepidarien, Calidarien und Baptisterien des wieder erstandenen Pompeji *).

Ganz anders verhält es sich mit Anstalten für azotische Thermaldämpfe. Diesfällige in verschiedenen Wärmegraden aufsteigende Dünste führen aufser dem Wasser, auch Stickluft und andere gasige sowohl als feste Bestandtheile mit sich **), die wir insgesammt ihrer eigenthümlichen Wirksamkeit wegen mit zu beachten haben. Durch die bisher ausschliefslich zur Modificirung der Temperatur besorgten Vorkehrungen wird nur der einen, allerdings erheblichen Bedingung genügt ***). Gleich wichtig ist aber auch die genaue Berücksichtigung der Mischungsverhältnisse des Thermaldampfes. In dieser Hinsicht hätten wir nun, was bis jetzt allenthalben verabsäumt ward, bei den betreffenden Entwürfen vor allem anderen darauf zu sehen, dafs die fraglichen, sich durch den Zutritt der Atmosphärenluft ungemein leicht zersetzenden Gasemanationen immer unter dem Wasserspiegel aufgefangen †), in hermetisch abgeschlossenen Räumen gesammelt, und in eben solchen Abkühlungsbehältern von ihrer überflüssigen Wärme befreit würden. An Quellen, welche neben dem Azot zugleich kohlensaure

*) Die fraglichen im Jahre 63. n. Chr. von vesuvischer Asche verschütteten und 1748 von derselben theilweis wieder befreiten, mit Marmor und Bronçen ausgestatteten Bauwerke liegen auf dem alt gepflasterten und mit bequemen Trottoirs versehenen Vico delle therme, den Häusern Pansa's und des tragischen Poeten gegenüber. Die Einrichtungen des Calidariums (Laconicum) fallen besonders auf; dasselbe besteht nach allen Seiten hin, die Decke abgerechnet, aus gemauerten Doppelwänden, welche einen Raum von beinah 2 Zoll zwischen sich lassen, der von tief angelegten Feuerungen aus erhitzt ward. Durch architectonische Sculpturarbeiten am meisten ausgezeichnet fand ich das Tepidarium. In diesem gut erhaltenen, schönen Gewölbe standen noch, es war am 6. April 1830., aus Bronce gegossene zierliche, von ihrem ursprünglichen Fundorte nicht getrennte Ruhebänke. — Vergl. übrigens Siccus de baln. p. 490. — Vinci's descriz. d. ruine d. Pompei. p. 107. etc. und — William Gell's Pompejana Vol. I. p. 82. — 133 und Vol. II. p. 80. bis 93.

**) §. 100.

***) Vergl. §. 125.

†) §. Pyrm. Gasbad.

oder hepatische, in mehreren Krankheiten contraindicirte Luft ausstofsen, ist es nicht minder erforderlich, jene durch Senkungen*), durch Anwendung von Kalkwasser, und diese durch wässrige Lösungen von Metallsalzen hinreichend abzuscheiden. — Aufserdem kommt viel auch darauf an, dem Thermaldunste den Umständen gemäfs mehr oder weniger Wassertheilchen zu entziehen. Wo behufs dessen die erforderliche Abkühlung, durch welche sich die Wasseratome gemeinsam mit den emporgerissenen festeren Stoffen gröfstentheils niederschlagen**), nicht hinreicht, da liefse sich der Feuchtigkeitsgrad vermöge ausgeglühten Chlorcalciums leicht verringern. — Anlangend die zur Aufnahme des Azots dienenden Gasgemächer und pneumatischen Geräthe, so finden sich zu jenen, wie zu diesen, deren nähere Beschreibung wir uns vorbehalten, an einigen Kohlensäurequellen fast ganz zweckmäfsig ausgeführte Vorbilder***). Um dieselben für den Azotgebrauch zu benutzen, wären blos geringe, besonders wegen der gröfseren Leichtigkeit der Stickluft nothwendige Abänderungen zu treffen; es müfsten zum Beispiel die Ausmündungen der Leitungsröhren, welche bei der Kohlensäure, damit sich dieselbe niedersinkend verbreite, hoch, beim Azot dagegen, damit sich dasselbe im Aufsteigen gleichmäfsig zerstreue, tief angelegt werden.

Nur mittelst der angedeuteten Einrichtungen könnte man die in Rede stehende Gasart, gemäfs der verschiedenen Indicationen, nicht allein durch blofse Zuthat der Atmosphärenluft in jedem zu bestimmenden Dilutionsgrade †), sondern auch in Verbindung mit andern Gasen, trocken, feucht, kühl, lau und warm, durch freie Inhalationen, so wie durch Ganz- und Partial-Bäder den einzelnen Krankheitsformen auf das angemessenste entgegenstellen.

*) §. 65.
**) Vergl. §. 100.
***) Vergl. §. Kohlensäure. pneumat. App. Gasgemächer.
†) Vergl. §. Az. 126.

## Capitel IV.

# Therapeutische Beziehungen.

### §. 121.

Bald nach der Entdeckung des Quellenazots *), wurde dasselbe von den Aerzten, welche früherhin ihre Aufmerksamkeit nur den Hydrothion- und kohlensauren-Emanationen zugewendet hatten, gegen verschiedene Krankheiten in Anwendung gebracht. Gimbernat vermuthete, dafs die fragliche Luftart den wirksamsten Bestandtheil der Thermen ausmache, rieth, dafs man unmittelbar über den Quellenmündungen Badestuben anlegen möchte, um azotische Dämpfe nach Art anderer natürlichen Gase in Gebrauch zu ziehen **), und erklärte, dafs die mit der diesfälligen Wasserströmung verbundene stickstoffreiche Glairine wesentlich auf das Thierleben einfliefse. Harlefs mifst dem Azot die Heilsamkeit der Mineralwasser in schmerzhaften, spastischen, hysterischen, rheumatischen und gichtischen Leiden bei ***). Nicht minder sind Kortum, Monheim, Vering, Wolf und Pitschaft von dem Nutzen des mit den Heifsquellen ausströmenden Stickstoffes überzeugt †). — Aus dem Ganzen geht die therapeutische Bedeutsamkeit des betreffenden Gases unleugbar hervor. Insofern jedoch bei der bisherigen rohen Anwendung nicht alles, was für Erfahrung gehalten wurde, als eine solche anzunehmen ist, können nur öfter zu wiederholende, mit Hülfe zweckmäfsiger pneumatischer Einrichtungen ††) umsichtig anzustellende Beobachtungen, einen künftigen rationellen Gebrauch der Stickluft sicherer begründen.

*) §. 85. und 94.

**) Schweigger-Seidel Jahrbücher der Phys. und Chem. T. 50. p. 430 etc.

***) Harlefs Rhein. Westph. Jahrbücher B. I. St. 1. p. 130., 132. und 143.

†) Hufeland Journ. B. IV. St. 3. p. 23. u. B. LXXII. St. 4. p. 43. Monheim die Heilq. Aachens etc. p. 246. Med. Jahrb. d. Oester. Staats. B. 19. p. 482. Vering Heilkr. d. Mineralw. p. 25.

††) §. 120.

## §. 122.

### Allgemeine Heilkräfte des Azots.

In pharmakodynamischer Hinsicht wurde der Einfluſs des Stickstoffes oft jenem der kalt narkotischen Gifte und dem der Hydrothion- und der Kohlensäure gleich gestellt.

Man bezeichnete das fragliche Gas als ein Narcoticum et Anodynum potentissimum und vermuthete, daſs dasselbe, nachweislich die Basis der Blausäure bildend, auch den Hauptbestandtheil aller anderen betäubenden Mittel ausmache *).

Die Ansicht gleichartiger Wirkungen des Azots des Hydrothion- und Kohlensäure-Gases geht schon daraus hervor, daſs mehrere Aerzte sich dieser Stoffe zur Bereitung der reduced atmospheres fast ohne allen Unterschied bedienten, indem sie hiebei immer nur beabsichtigten, den Oxygengehalt der gemeinen Luft durch Versetzungen derselben, bald mittelst der einen, bald mittelst der anderen jener Gasarten, verhältniſsmäſsig niedriger zu stellen **).

Deshalb aber, weil sowohl die beregten Gifte, als die erwähnten gasigen Körper insgesammt Narkosis verursachen, dürfen wir die Wirkungen derselben noch keinesweges für völlig übereinstimmend halten. -- Hinsichts ihres mehr dynamischen Einflusses ist zu bemerken, daſs vermehrte Aneignungen des Azots die Lebenskraft stets nicht nur unmittelbar, sondern auch gleichförmig abspannen und das Bewuſstsein erst dann trüben, wenn jene schon merklich darniederliegt, wogegen die übrigen in Rede stehenden Potenzen ohne Ausnahme ursprünglich entstehende, vorherrschende Hirnaffectionen erzeugen, und das Kohlensäuregas noch überdies jedesmal deutliche Aufregungen des Nerven- und Gefäſssystems vorangehen läſst, ehe im Wege der Ueberreizung wirkliche Depression erfolgt. — Materiell zeigt sich der Unterschied noch bestimmter, indem kalt narkotische Mittel und Hydrogengase erfahrungsgemäſs die

*) Harleſs, in dessen Rhein. Westph. Jahrbüch. Jahrgang I. St. p. 121—132.

**) Cavallo l. c. p. 65—69.

Alkalität des Thierstoffes bei weitem nicht so entschieden fördern, als dies durch gesteigerte Azotisirung geschieht, und Kohlensäuregas sogar gerade entgegengesetzte Mischungsveränderungen, nämlich offenbare Säuerungen der organischen Materie herbeiführt*).

Stellt man die schon früher erörterten Wirkungen, welche der Stickstoff in gesunden Körpern erzeugt**), dem Wesen bestimmter Krankheiten gegenüber, so folgt allgemeinhin, dafs die fragliche Gasart nur bei Anomalieen, welche aus überspannter Nerven- und Gefäfsthätigkeit, so wie aus vorwaltender Oxydations- und Coagulations-Tendenz entstehen, indicirt erscheint. In wie weit nun das ausgesprochene Grundprincip als richtig anzunehmen sei, wird die Betrachtung der Krankheitsgruppen zeigen, gegen welche sich azotische Gemische bisher mehr oder weniger bewährten.

### Anwendung des Stickstoffgases gegen Reizzustände der Athmungswerkzeuge.

§. 123.

Wir beginnen die speciellen therapeutischen Erörterungen deshalb mit der Anwendung des Azots in Brustkrankheiten, weil dasselbe gegen diese in gasiger Form nicht nur am frühesten, sondern überhaupt auch am meisten versucht wurde.

Die künstlich gewonnene Stickluft empfahl man in krampfigen Hustenanfällen, in entzündlichen Affectionen der Lunge, in der Tracheitis und in anfangender Schwindsucht. Beddoes, Thornton und Cavallo liefsen ihrer Versicherung nach mit Nutzen bei den genannten Affectionen 1 Raumtheil Azot mit 3 Raumtheilen Atmosphärenluft gemischt, aus Inhalations-Apparaten 5 Minuten lang täglich mehrmals einathmen.***). Es wurde dies Verfahren indefs

*) Vergl. §. 110. §. 50—56. §. Kohlensäure, Wirk. auf Gesunde und Kölreuter Jahrb. I. p. 40—48. Reil's Archiv B. IV. p. 183 bis 184. Schreger's Balneotechnik I. p. 145—146.

**) §. 101—111.

***) S. Beddoes l. c. p. 162—165. Cavallo l. c. p. 65. 68. 69.

bald verlassen und späterhin fast ganz vergessen. Den Grund hiervon haben wir theils in dem mit der Anwendung von Respirationsmaschinen überhaupt verbundenen Nachtheile *), theils darin zu suchen, dafs man in der bereits berührten irrigen Meinung, es hinge alles davon ab, den Oxygengehalt der Atmosphärenluft verhältnifsmäfsig zu verringern, die beizufügende Azotmenge, ohne Unterschied, auch durch Wasserstoff- oder Kohlensäure-Gas ersetzte **).

## §. 124.

Des natürlichen Stickgases bedienten sich die Aerzte mittelst freier Einathmungen azotischer Quellendämpfe. — Brustkranke mufsten sich zu dem Behufe täglich eine Zeit lang in der Nähe der Thermen aufhalten, erforderlichenfalls das aufsteigende Gas bei nach dem Wasserspiegel um etwas übergebogenem Körper einathmen, oder derartige Inhalationen in mit Thermaldämpfen gefüllten Stuben gebrauchen. — Namentlich glaubten Kortum, Monheim und Zitterland zu Aachen, Mogalla zu Warmbrunn, Burghardt und Bannerth zu Landeck, Kölreuter, Stegmann und Kramer zu Baden, so wie Stranz und Kiene zu Gastein, im Krampfhusten, in der Heiserkeit, im spasmodischen und scrophulösen Asthma, in hartnäckigen Brust-Catarrhen, in tuberculösen Stockungen der Lungen, und selbst in beginnender Schwindsucht von den besänftigenden, den Auswurf erleichternden, und die krankhafte Verdichtung des Thierstoffes zügelnden Wirkungen der Thermalaushauchungen günstige Erfolge wahrgenommen zu haben ***)

Wenn die betreffenden, mehrfach empfohlenen Einathmungskuren aber dessenungeachtet keinen allgemeinen Anklang fanden, so lag dies sowohl in der unzulänglichen

*) §. Inhalat. Masch., Kohlensäure.

**) Vergl. Cavallo l. c. 69. Ferner §. 102. u. §. 122.

***) Vergl. Hufeland's Journ. B. 4. St. 3. p. 21—25. Zitterland p. 292. — Osann Darstellung etc. II. p. 342. — Gräfe's u. Kalisch's Jahrb. d. Heilq. Jahrg. I. p. 243. etc. Jahrg. II. p. 215. und Jahrg. III. p. 322. etc. — Kölreuter Jahrb. u. s. w. Jahrg. I. p. 41. p. 75—81. u. Jahrg. II., u. III. p. 126—130. — Kramer über Baden p. 18—19. — Schmidt's med. Jahrb. 1836. B. 9. No 2. p. 152.

Feststellung der Krankheitsfälle, als auch darin, dafs man azotische Quellendämpfe ohne die nöthige Beachtung ihrer Temperatur und ihrer verschiedenartigen Zusammensetzungen in Gebrauch zog. Diese gewichtigen Miteinflüsse wollen wir daher einer näheren Prüfung unterwerfen.

§. 125.

Sowohl zu warme, als zu kühle Inhalationen können die eigenthümlichen reizvermindernden Wirkungen des Azots beschränken, ja gänzlich aufheben. — Läfst man, wie dies an mehreren Thermen gebräuchlich ist, stickstoffige Emanationen von + 30 bis 40 Reaumurschen Graden und darüber *) in engen Dampfgemächern, 15 bis 20 Minuten lang einathmen, so wird die sopirende Kraft des Azots durch den lebhaften Reiz, welchen der angehäufte Wärmestoff verursacht, nothwendig vernichtet. Die Täuchung mehrerer Aerzte, welche, jenen Zusammenhang nicht würdigend, azotische Quellendämpfe in erethischen Lungenaffectionen nicht nur nicht für heilsam, sondern für offenbar schädlich hielten **), erklärt sich daher von selbst. — Einen nicht minderen Nachtheil haben wir von schroff entgegengesetzten, von kalten Azoteinathmungen zu gewärtigen. Zwar blieben diese dermalen noch unversucht, indem das betreffende Quellengas bis jetzt nirgends in hermetisch geschlossenen Abkühlungsapparaten aufgefangen ward, doch rechtfertigt sich die ausgesprochene Ansicht schon insofern, als die Erfahrung lehrt, dafs gewöhnliche dem Gefrierpunkt nahe stehende Atmosphärenluft bei sensiblen Individuen Hustenanfälle erzeugt. — Nur mittlere Erwärmungen wirken der wohlthätig-abspannenden Kraft des Azots nicht entgegen, sondern unterstützen sie vielmehr an und für sich bedeutend. Schon Kortum empfiehlt laue Azotgemische, und verlangt ausdrücklich, dafs Lungenkranke blos derartige Thermaldämpfe einathmen sollen ***). Ver-

*) S. Monheim l. c. p. 284—289. — Zitterland Aachens Quell. pag. 292. Kramer über Baden p. 59. und Kölreuter l. c. Jahrgang I.

**) Vergl. Kramer über Baden p. 20. 21. u. 66.

***) S. Hufeland's Journ. B. 4. St. 3. p. 23. u. 24.

möge zweckmäfsiger Vorrichtungen können wir aber dem Quellengase auf das genaueste jede erforderliche Temperatur ertheilen *). Diese wäre nun im Allgemeinen, wenn man einzelne durch individuelle Verhältnisse gebotene Ausnahmen abrechnet, für temporaire Inhalationen in den Gassalons höchstens auf + 16—18 und für permanente in den Gaswohnzimmern ungefähr auf 14—15 Reaumursche Grade festzustellen.

§. 126.

Auch haben wir ferner die Dilutionsgrade des Azots durch Atmosphärenluft und die Verbindungen desselben mit anderen Gasarten dem erhöhten Sensibilitätsstande der Lungen besonders anzumessen.

Werden sogenannt einfache, von Atmosphärenluft jedoch beinahe nie ganz freie Azotströmungen benutzt, so ist die zuweilen nicht unbeträchtliche Menge der mit denselben verbundenen gemeinen Luft bei der Speisung der Gasgemächer nothwendig mit in Anschlag zu bringen **). — Durch Erfahrungen ermittelte Bestimmungen der diesfälligen Quantitätsverhältnisse gehen uns noch ab. Beddoes giebt zwar die schon erwähnte Vorschrift, dafs man 1 Raumtheil reines Stickgas mit 3 Raumtheilen Atmosphärenluft vermischt, zu Einathmungen verordnen solle ***). Aller Wahrscheinlichkeit nach dürfte jedoch dies Gemenge, als ein übermäfsig azotisirtes zu betrachten sein, dessen schädliche Wirkungen ohne den stattgehabten unsicheren Gebrauch von Respirationsapparaten †) und ohne die Kürze der täglich auf wenige Minuten beschränkten Versuche ††), schwerlich ausgeblieben wären. — Schon die an Gesunden angestellten Beobachtungen †††), zu Folge welcher Azotgemenge nur bei geringer Abweichung vom Normalgemische der Atmosphärenluft länger eingeathmet werden können, bekunden, dafs stärkere Stickstoffüberladungen, insbesondere

*) §. 120.

**) S. §. 111—121.

***) §. 123.

†) §. Respirationsmaschin. Kohlensäure.

††) §. 123.

†††) §. 103—105.

bei Brustkranken, deren Zustand mehr permanente Inhalationen fordert, durchaus unstatthaft sind. Wenn wir, hierauf achtend, die erprüfte Speisung der Wohnräume mit anderen Luftarten und namentlich mit Kohlensäure als einstweiligen Mafsstab wählen, so ist die Mischung der Zimmeratmosphäre, auch bei aller Rücksicht auf den mildern Character des Azots, wenigstens anfänglich nur so zu unterhalten, dafs dessen überschüssiger Theil in den Salons nicht mehr als 6 bis 8, und in den Wohngemächern nicht mehr als 4 bis 5 Procent ausmacht *). Erst nach genauer Prüfung der besonderen Empfänglichkeit jedes Individuums wäre die Menge reinen Stickgases den Vorschriften gemäfs zu verstärken, welche auch für anderweitige Inhalationskuren gelten **).

An jenen Thermen, welche, neben vorwaltendem Azot, zugleich Wasserstoffgas oder Kohlensäure aushauchen, sind diese Luftarten noch besonders zu berücksichtigen. — Wasserstoff sowohl als Kohlenwasserstoff verringern erfahrungsgemäfs den Lungenerethismus ***), unterstützen hiedurch die sopirende Kraft des Azots, und brauchen mithin selten von demselben getrennt zu werden. Das Schwefelwasserstoffgas hat sich gegen psorische wie gegen herpetische Krankheiten vielfach bewährt †) und wirkt, mit der Stickluft in geringerer Menge geeiniget, da heilsam, wo erethische Brustleiden von impetiginösen Affectionen abhängen, ist jedoch, falls es nachtheilige Nervenverstimmungen herbeiführt, was zuweilen schon durch den widrigen Geruch desselben geschieht, von azotischen, zu Inhalationen bestimmten Luftgemischen möglichst genau abzuscheiden ††). Immer müssen übrigens die etwa beizubehaltenden Wasserstoffarten, mit dem überflüssigen Azot zusammengenommen, nur die vor kurzem angegebene Quantität erreichen, über welche hinaus die Atmosphärenluft der Zimmer, wenigstens im Beginn der Kur überhaupt nicht

*) Vergl. §. Kohlensäure, Gaszimmer.

**) §. Kohlensäure, Kur.

***) §. Hydrogengasquellen, Kuren.

†) §. 62.

††) §. 120.

mit fremdartigen Gasen geschwängert werden darf. — Die Kohlensäure verursacht primitiv Aufregungen, unterstützt zugleich den Oxydations-Procefs erheblich und neutralisirt hierdurch die Heilwirkungen des Azots mehr oder weniger. Jede irgend erhebliche Menge beigemischten Kohlensäuregases hat man daher unter den fraglichen Umständen auf die bereits angedeutete Weise sorgfältig zu beseitigen *).

§. 127.

Der Feuchtigkeitsgrad, in welchem Azotgemenge den Respirationsorganen zugeleitet werden, modificirt den Einflufs derselben bedeutend. Zu viel des Wassergases kann man nie lange einathmen, ohne dafs behufs der Wieder-Ausscheidung desselben Hustenanfälle entstehen; bei zu wenigem bringt die Trocknifs leicht nachtheilige Lungenreizungen hervor. Mäfsig beigefügte Wasseratome hüllen den Stickstoff ein, machen ihn respirabler und unterstützen dessen beruhigende Wirkungen wesentlich. Je nachdem daher die zu azotisirende Zimmeratmosphäre, bei feuchter oder trockener Witterung an sich zu viel oder zu wenig Wassertheilchen enthält, müssen wir dieselbe mit trockenem **), oder seiner Wasserpartikeln nicht beraubtem Quellengase versetzen, dem in ungewöhnlich heifsen schwülen Sommertagen erforderlichenfalls noch besonders reine Wasserdämpfe zugefügt werden können ***). Allgemeinhin ist das Luftgemisch der Wohnzimmer hier mit weniger Wassertheilchen als jenes der Salons zu einigen, da man ersteres beständig, letzteres aber nur vorübergehend, täglich 1 bis 3 Mal zu halben Stunden einathmet. So lange genauere Feststellungen des betreffenden Mengeverhältnisses fehlen, mufs der Arzt die Empfindung des Kranken um desto sorgfältiger zu Rathe ziehen, indem nur jene Inhalationen, welche Wohlgefühl herbeiführen, die Genesung befördern. — In Betreff des Kohlensäuregases fand ich, dafs dasselbe, wenn dessen Gebrauch überhaupt indicirt war, in 100 Kubikzoll $\frac{1}{2}$ Quart Wasser enthaltend †), der Atmo-

*) §. 120.

**) Vergl. Kohlensäure.

***) §. Dämpfezuleitung, Kohlensäure.

†) §. Kohlensäure, Pyrmont.

sphärenluft während mittleren Hygrometerstandes zugefügt, fast immer mit Behagen eingeathmet wurde.

§. 128.

Von den festen Stoffen azotischer Thermaldämpfe wollen wir nur jene näher betrachten, welche da, wo Inhalationen gegen erethische Brustleiden anzuwenden sind, vorzugsweise wichtig erscheinen. — Kochsalz- und Glaubersalz - Atome heben vermöge der mit denselben geeinigten starken Säuren die Wirkung des Azots mehr oder weniger auf, und erhöhen, wie es der Gebrauch kräftiger Sooldünste lehrt, die Reizbarkeit der Lungen eher, als dafs sie dieselbe herabzustimmen vermöchten *). Aus diesem Grunde bringen Emanationen salzreicher Azotthermen, so eingeathmet, wie sie den Quellen entsteigen, bei erheblichem Lungenerethismus in der Regel Verschlimmerung hervor, und sind hier nur dann erspriefslich, wenn man sie unter hermetischem Verschlusse theils durch Abkühlungen, theils durch weit genug geführte Leitungen von ihren Salzpartikeln **) in dem Mafse befreit hat, dafs der Einflufs des Stickstoffgases keine Störung mehr erleidet. — Carbonate von Natron, Magnesia und Kalk wirken, unerachtet ihrer Sättigung mit Kohlensäure, dennoch mehr alkalisch, beschwichtigen, dem Stickstoffe nahe verwandt ***), diesem analog, in hinlänglicher Verdünnung, nicht nur die Nerven, sondern mindern auch wie derselbe die Coagulations-Tendenz der thierischen Materie †). Es leisten daher azotische Thermaldünste der letzteren Art im Reizhusten durch Besänftigung, in veralteten erethischen mit Stockungen complicirten Lungen - Catarrhen durch ihre lösende Kraft, und in beginnender tuberculöser Entartung der Bronchial - Drüsen durch begünstigte Rückbildung dieses Prozesses gute Dienste. — Anlangend die Barégine, so haben wir dieselbe als eine azotreiche, geschmeidigende, geschmack-

*) §. Sooldünste.

**) §. 120.

***) §. 76. und §. 110.

†) S. Harlefs in dessen Rheinisch Westphäl. Jahrbüch. Jahrg. 1. St. 1. p. 145.

und geruchlose Substanz kennen gelernt. Mit Dämpfen verflüchtiget entspricht sie nicht nur durch ihren Stickstoffgehalt den Wirkungen des gasigen Azots, sondern nützt auch insofern, als dieselbe sämmtliche Bestandtheile der Thermalemanationen inniger bindet, wohlthätig einhüllt und das zu athmende Luftgemisch auf diese Weise unstreitig in der allermildesten Form dem aufgeregten Organe zuführt.

§. 129.

Die vorerwähnten Inhalationen schliefsen das Mitbenutzen anderweitiger Anwendungsformen des Azots keineswegeses aus.

Am meisten bewährten sich in der fraglichen Hinsicht Verbindungen mit angemessenen Trinkkuren, indem der innere, mäfsige Gebrauch milder lauer Azotbrunnen, vermöge allgemeiner Sopirung, die direct in den Lungen zu Stande kommende besänftigende Wirkung der Gaseinathmungen wesentlich unterstützt.

Mitanwendungen abgeschlossener Thermaldampfbäder werden schon seltener nöthig. Wir verordnen sie nur dann, wenn Brustleiden von krankhaften, mit gesteigerter Empfindlichkeit geeinigten Hautaffectionen abhängen, oder wenn aus irgend einem Grunde durch die Lungen, so wie durch den Darmkanal, dem Organismus keine hinlängliche Azotmenge zugeleitet werden kann.

Am seltensten, fast nie, sind bei Krankheiten der Respirationswerkzeuge, neben den Inhalationen, stickstoffige Wasser- und Schlammbäder in Gebrauch zu ziehen. Ganzbäder der fraglichen Art geben durch den Druck des Wassers oder Schlammes auf die Brust stets zu Beängstigungen Anlafs, und sucht man diesem Nachtheile durch halbe Füllung der Wanne auszuweichen, so folgen der jedesmaligen Anwendung, wegen des hiebei nie ganz abwendbaren Temperaturwechsels, ohne Ausnahme auffallend vermehrte Hustenanfälle.

Was aufserdem die in Betreff der Kur erethischer Brustübel nothwendige Feststellung der diätetischen Mafsregeln, so wie die Verordnung der durch fortdauernde besondere ätiologische Momente, oder durch gegebene Complicationen angezeigten Heilmittel anlangt, so müssen wir, bei den Grenzen der vorliegenden Schrift in allen jenen Beziehungen auf die specielle Therapie der fraglichen Krankheiten verweisen.

§. 130.

Auch in prophylaktischer Rücksicht wären Azotinhalationen bei zu befürchtenden erethischen Brustleiden, und namentlich da, wo jene Form der Lungensucht bevorsteht, welche mit dem Namen der „florid consumption" bezeichnet wird, nicht aufser Acht zu lassen. Vortheilhaft dürfte den fraglichen Prädispositionen insbesondere ein mehrjähriger Aufenthalt an ergiebigen Stickstoffquellen entgegen zu stellen sein. Derartige mild überazotisirte Ortsatmosphären bilden unstreitig die heilsamsten reduced atmospheres*). Viel kommt indefs bei ihrer Auswahl auf die Lage der Thermen an. Um die günstigen Wirkungen des beregten Luftgemisches vollständig zu gewinnen, sollte man sich nur in der Nähe von Quellen ansiedeln, welche in niederen und nach Nord-Ost geschützten Gegenden aufstofsen, indem freie Berghöhen zu oft von scharfen, den Einflufs des Quellengases vernichtenden Winden bestrichen werden. Gasteins und Leuks, an drei und vier Tausend Fufs über dem Meere zu Tage kommenden Azotemanationen, entsprächen daher dem fraglichen Zwecke allgemeinhin weit weniger als jene Abano's und Pisa's, die aus flachen, durch angrenzende Berge geschirmten, kaum um einige Klafter über dem Meeresspiegel emporgehobenen Ebenen hervorbrechen, in welchen unter den zahlreichen Bewohnern phthisische Affectionen zu den seltensten Ereignissen gehören**).

§. 131.

### Nutzen des Stickstoffes in Nervenkrankheiten.

Gegen Nervenleiden wurde die Stickluft von mehreren Aerzten empfohlen. Durch Kunst gewonnenes Azot rühmt Cavallo gegen Krampfbeschwerden. Kölreuter, Stegemann, Jeiteles, Fricker und Pittschaft gebrauchten die stickstoffi-

*) §. 123. und Cavallo l. c. p. 68.
**) §. 107.

gen Thermen zu Teplitz, Wildbad und Baden in Neuralgieen, in nervösen Rheumatismen, im Hysterismus, in mannigfachen spastischen Zuständen, im St. Veitstanz, in krampfigen Koliken, Strangurieen und Dysurieen mit günstigem Erfolge. Le Febure schlägt die Stickluft noch besonders zur Heilung der Hypochondrie und Epilepsie vor*).

Bei der Behandlung der genannten Krankheiten durch Azot müssen einige Umstände vorzugsweise erwogen werden.

Insbesondere ist hiebei das jedesmalige Verhalten der Sensibilität zur Irritabilität genau zu berücksichtigen. Lediglich dann, wenn jene, wie diese, normwidrig gesteigert ist, oder wenn von schmerzhaften Gefühlen begleitete Nervenübel, mindestens bei ungetrübter Energie des Blutsystems bestehen, leistet das Stickstoffgas durch seine nach beiden Richtungen hin deprimirend einwirkende Kraft ersprießliche Dienste. Wo Neurosen hingegen, ungeachtet der Ueberspannung der Nerventhätigkeit, mit so tief gesunkenem Gefäßsleben vorkommen, daß die Wiederaufrichtung des letzteren die wesentlichste Heilanzeige ausmacht, da führt das Azot, die arterielle Thätigkeit immer tiefer herabsetzend, ungemein leicht bedenkliche asthenische Zustände herbei.

Viel hängt zugleich davon ab, daß wir die Stickluft auch nach dem Sitze und nach der Extensität des Nervenübels dem kranken Organismus angemessen überantworten. — Der innere Gebrauch azotischer Brunnen, das kurmäßige Trinken derselben ist, allgemein einwirkend, in allgemeinen Nervenaffectionen und, den Nahrungskanal unmittelbar berührend, in Verstimmungen der Unterleibsganglien und namentlich in spastischen Zuständen des Magens, der Därme und der Harnwege von Nutzen. Außerdem bringt die fragliche, hinreichend lange fortgesetzte Anwendungsform zugleich da, wo Säuerungen obwalten, durch Alkalisirung des Thierstoffes ersprießliche Veränderungen hervor. — Ganzbäder aus sticktoffigem

*) Vergl. Kölreuter die Mineralq. Badens. Jahrg. I. p. 78—81. Harless Rheinisch Westph. Jahrb. B. I. St. 1. pag. 143. etc. Gräfe's u. Kalisch's Jahrb. d. Heilq. Jahrg. I. p. 389. und Jahrg. III. p. 29. etc. Schreger's Balneotechnik I. p. 146.

Thermalwasser beschwichtigen die anomal-erhöhte Sensibilität der Haut am directesten, bedingen hiedurch Sopirung des gesammten Nervensystems, fördern täglich zu ½ bis ¾ Stunden lang, mehrere Wochen hindurch angewendet, im Wege der Imbibition und Resorption des Azots die Alkalität, und stehen demnach hinsichts ihres allgemeinen Einflusses dem der Trinkkuren sehr nahe. — Harlefs glaubt dem Stickstoffgehalte dieser Bäder hauptsächlichst ihre Heilsamkeit in schmerzhaften Krankheiten der Nerven und der Faserhäute zuschreiben zu müssen *). Professor Wolf theilt diese Ansicht und giebt unter den Teplitzer Bädern jenen den Vorzug, in welchen mit dem Quellwasser hervordringende Gasblasen den Kranken umsprudeln **). Bestimmt würde der günstige Eindruck auf das dermatische System noch um Vieles entschiedener vortreten, wenn man dem Thermalwasser, innerhalb hermetisch geschlossener Wannen, jede erforderliche Stickstoffmenge nach der Weise zufügte, welche Piderit zur Verstärkung der kohlensauren Wasserbäder angab ***). — Azotische Dampfbäder enthalten verhältnifsmäfsig mehr Stickstoff und weniger laugenhaft-salzige Bestandtheile †). Sie werden oft von Kranken gut vertragen, welchen Thermalwasserbäder nicht zusagen, und eignen sich besonders zur Kur einfach dynamischer Nervenleiden, bei welchen die Heilung sicherer durch directe Herabsetzung der Sensibilität, als durch Steigerung der Alkalität erfolgt. Auf die ganze Körperfläche, mit Ausschlufs des Kopfes, lassen wir die fraglichen Quellendämpfe bei allgemeinen durch erethische Verstimmung der Hautnerven bedingten Anomalieen einwirken. Behufs dessen werden genau verschliefsbare Kästen oder Wannen ††), je nachdem individuelle Nebenumstände es gebieten, mit trockenen oder feuchten, kühleren oder wärmeren Azotgemischen gespeist, wobei man das von den Respirationswerkzeugen hinlänglich abgehaltene Luftgemenge, beträchtlich intensiver

*) S. Gräfe's u. Kalisch's Jahrb. Jahrg. I. p. 341.

**) S. med. Jahrbücher der Oesterreich. Staaten B. 19. p. 482.

***) §. 111—121. u. §. Kohlensäure, Sprudel.

†) Kramer l. c. p. 64.

††) §. 111—121.

als in Einathmungskuren, nemlich an 20 bis 30 Procent mit Stickstoff überladen, anfänglich 15, späterhin wohl auch 30 Minuten lang unter den bei analogen kohlensauren Bädern näher angegebenen Vorsichtsmafsregeln gebrauchen kann *). Haften von unerträglichen Schmerzen begleitete Nervenübel in eng begränzten Theilen der Schultern, Hüften, oder einzelner Extremitäten, so verdienen partielle**), mittelst eigener Apparate anzuwendende Gasbäder den Vorzug, indem wir sie bei den geringeren dem Gase ausgesetzten Hautflächen, ohne Besorgnifs eines zu intensiven Angriffes des Gesammtorganismus, noch concentrirter, noch stickstoffreicher als allgemeine anfertigen dürfen. — Douchen von azotischen Dämpfen***) nützen als Beihülfsmittel in Hautneuralgieen, welche Nervenverzweigungen vom geringsten Umfange einnehmen. Jedes gewaltsame, die Schmerzen vermehrende Auftreffen des gasigen Dampfstrahles ist hier zu meiden. Nur dann, wenn das Gas die kranke Stelle leise, einem sanften elastischen Hauche ähnlich, berührt, bringt dasselbe jedenfalls temporaire Linderung hervor. Aber auch nachtheilige Erfolge sind zu gewärtigen, sobald man diese Douchen an ¾ Stunden lang, täglich 2 bis 3 Mal wiederholt und mehrere Wochen hindurch fortsetzt.

Die nachgewiesenen, hauptsächlichst in Beschwichtigung der krankhaft aufgeregten Nerven beruhenden Heilwirkungen gehen bei den betreffenden Trink- und Bade-Kuren nicht minder als bei den gegen Brustkrankheiten erprobten Inhalationen †) verloren, wenn wir die sopirende Kraft des Azots durch übermäfsig zugeleitete Wärme in hohem Grade beeinträchtigen. Es stellt sich das fragliche Verhältnifs selbst durch den Irrthum mehrerer Aerzte heraus, welche in den Wirkungen gasiger + 35 bis 42° R. heifser Thermaldämpfe einen Beweis für die lebhaft erregende Kraft der Stickluft sehen ††), ohne dabei zu erwägen,

*) §. Kohlensäure.

**) §. ibid.

***) §. 111–121. u. Kölreuter l. c. p. 75.

†) §. 125.

††) S. Kramer's Schrift über Baden l. c. p. 66.

dafs die von ihnen beobachteten mit der Natur des Azots im offenbaren Widerspruche stehenden Erscheinungen, wie dies der Gebrauch ebenmäfsig erhitzter ganz einfacher Wasserdämpfe lehrt, lediglich dem mächtig gehäuften Wärmestoffe zuzuschreiben sind. — Immer müssen daher stickstoffige Thermalwasser, wo sie Ueberspannungen der Nervensensibilität heben sollen, nicht anders als milchwarm getrunken, und azotische Dampf- sowohl als Wasserbäder nie wärmer als + 28° R. angewendet werden.

Dafs übrigens Krankheiten der beregten Categorie nicht immer idiopathisch bestehen und oft von Ursachen abhangen, welche neben der sopirenden Kur nach ihrer Art zu entfernen sind, bedarf nicht erst der Erinnerung.

## §. 132.

### Gebrauch des Stickstoffgases gegen bestimmte Dyscrasieen.

Zahlreiche Erfahrungen über die Heilsamkeit kräftiger Azotthermen in der Scrophulosis, Arthritis und Lithiasis sammelten Monheim, Zitterland, Kölreuter, Richter, Fricker, Pittschaft und Vering *).

Bei der Kur der genannten, stets aus allgemeinen Mifsverhältnissen hervorgehenden und daher hauptsächlich durch allgemeine Anwendungen stickstoffiger Wasser zu bekämpfenden Krankheiten ist ein richtiges Abschätzen des theils mehr dynamischen, theils mehr materiellen Azoteinflusses **) besonders wichtig. Jene wie diese Beziehung wollen wir daher rücksichtlich ihres therapeutischen Werthes, so weit dieselben überhaupt isolirt gedacht werden können, kurz andeuten.

Hinsichts der sopirenden, die Nerventhätigkeit direct abspannenden Kraft des Stickstoffes kann derselbe

*) Monheim l. c. p. 284—289. — Zitterland l. c. p. 96—97. Kölreuter l. c. Jahrg. I. p. 75—85. — Hufeland Journ. B. 72. St. 4. p. 43. — Harlefs l. c. B. 1. St. 1. p. 143. — Kramer l. c. p. 107—108. — Richter über Wiesbaden p. 84. etc. — Gräfe's und Kalisch's Jahrb. Jahrg. 3. p. 29. — Vering l. c. p. 25.

**) §. 110.

nur dann in den genannten Dyscrasieen nützen, wenn sie mit offenbar erethischem Character auftreten. Wir haben hiebei in gleichem Maſse, als dieser höhere Ausbildungsstufen einnimmt, allgemeinhin den fraglichen Affectionen auch intensivere Anwendungsformen des Azots entgegen zu stellen. So bekommen empfindlicheren Gicht- und Scrophel-Kranken vorzugsweise die azotreichen, an Muriaten und Sulfaten verhältniſsmäſsig ärmeren Thermen, während den weniger sensiblen die stickstoffärmeren, dafür aber salzreichen Mineralwasser am meisten zusagen. — Wie nachtheilig übrigens der Azotgebrauch auf scrophulöse und arthritische Individuen dann wirkt, wenn dem Leiden erhebliche Atonie zum Grunde liegt, soll späterhin besonders nachgewiesen werden *).

Um über den materiellen Einfluſs des Azots auf die betreffenden Dyscrasieen zu urtheilen, müssen wir einen Blick auf die Veränderungen werfen, welche der Thierstoff in diesen Krankheiten erleidet. — Bei scrophulöser Disposition ist die ohnehin in zu groſser Menge vorhandene Lymphe immer mit oxygenirterem Eiweiſsstoffe überladen, durch welchen Gerinnungen, Stockungen und Geschwülste, wie man sie täglich sieht, leicht entstehen. Während arthritischen Ergriffenseins offenbart sich höhere Säurebildung dadurch, daſs der Krankheitsproceſs scharfe, mit Kalicarbonaten förmlich aufbrausende, hauptsächlichst aus Essig- und Salzsäure bestehende Magensäure erzeugt oder zu krystallinischen phosphorsauren Ablagerungen in den Faserhäuten, in den sehnigen Ausbreitungen, in den Gelenkbändern, in den Knorpeln und in den sogenannten Gichtknoten Anlaſs giebt. Mit der Lithiasis bildet sich meistens vorschlagende Harnsäure **), welche bald im Urine gelöst diesem ungewöhnliche Schärfe ertheilt, bald als röthlicher Gries abgeht, oder innerhalb der Harnwege zu steinigen Concrementen zusammensintert. — Wenn wir nun, jene pathologischen Verhältnisse im Auge haltend, darauf zurückkommen, daſs der Stickstoff die organische Materie durch Steigerung der

*) §. 133.

**) Die entgegengesetzte Form derselben s. §. Kohlensäure.

Alkalität entsäuert und deliquescirt, so ist der günstige Erfolg, mit welchem Azotquellen gegen die fraglichen Affectionen wirken, unleugbar dem beregten chemischen Einflusse mit beizumessen. Besonders kann man dies von stickstoffreichen und zugleich mit vorschlagenden Soda-, Magnesia- und Kalk-Carbonaten imprägnirten Thermen voraussetzen. Diesfällige allgemeine Mischungsveränderungen, auf welche, wie bereits Anfangs dieses Paragraphs bemerkt ward, unter den fraglichen Umständen das Meiste ankommt, bezwecken wir durch anhaltende, auf hinlänglich bekannte Weise, angemessen zu ordnende Trinkkuren sowohl, als durch länger fortzusetzende Ganzbäder, und nehmen hiebei den mehr localen Gebrauch von Azotgemischen nur dann zu Hülfe, wenn dyscrasische, nach einzelnen Gebilden besonders hingerichtete Processe hervorstechende örtliche Leiden, Anschwellungen, Drüsen-, Gelenk-, Knochen-Auftreibungen, Contracturen oder Geschwüre veranlassen. Bezüglich der diesfälligen äufseren Anwendung leisten in erheblichen scrophulösen und arthritischen Affectionen nicht nur azotreiche Dämpfe und Mineralwasser, sondern auch substanziösere Thermalbestandtheile gute Dienste. Monheim empfahl das stickstoffige, von aufgenommenen alkalischen Theilen durchdrungene Zoogen zu allgemeinen und örtlichen Bädern *). Viele Aerzte, namentlich jene Italiens, rühmen den azotreichen von laugenhaften Salzen getränkten, durch Barégine und Thon gebundenen halbflüssigen Quellenschlamm zu Wannen-, Arm-, Fufsbädern und Cataplasmen. Nicht übergehen möchte ich hiebei, dafs der zoogen-, soda- und azotreiche Fango der Mineralquellen Abano's, St. Helena's und Montegrotto's seit vielen Jahrhunderten gegen Gicht und Scropheln, zu Einreibungen, Umschlägen, zu partiellen sowohl, als totalen Umhüllungen mit ausgezeichnetem Erfolg gebraucht wird **). Behufs der letzteren, aus dem frühesten Alterthum herstammenden Anwendungsform, deren wohlthätige Wirkung gegen hartnäckige rheumatische Neuralgieen ich an mir selbst erfuhr, bedeckt man, nach vor-

*) S. Monheim l. c. p. 246. und vergl. Schweigger l. c. T. 50. pag. 428.

**) §. Montegrotto und §. Barégine.

vorgängiger allgemeiner Schlammeinreibung (dare la patina), den ganzen Körper, bis an den Hals, ungefähr 4 Zoll hoch, mit dickem stickstoffigem Thermalbrei, wickelt hiernach den Kranken in fest angezogene Wolldecken und grobe Leinentücher, um ihn so, einer ägyptischen Mumie ähnlich, ½ bis ¾ Stunden hindurch dem Einflusse des warmen und schwer erkühlenden Schlammes preis zu geben.

Was übrigens die bei den diesfälligen Krankheiten zu würdigenden, anderweitigen, therapeutischen Maſsregeln betrifft, so findet sich hierüber das Erforderliche schon früher nach der Ausdehnung bemerkt, welche der Raum dieser Blätter gestattet *).

## §. 133.

### Contraindicationen.

Wo die Lebensthätigkeit beträchtlich verringert, wo die unzulänglich oxydirte, alkalischer gewordene, organische Materie zu Verflüssigungen und fauligen Zersetzungen hingeneigt erscheint, da ist der Gebrauch des Stickstoffgases gegenangezeigt. Sämmtlichen zu dieser Gattung gehörigen Krankheitszuständen giebt Baumes, wie schon erwähnt ist, den ihr Wesen bezeichnenden Namen der Desoxygénèses, welche er übrigens den Azoténèses sehr nahe stellt **). Nothwendig wird bei demselben die weitere Ausbildung der anomalen Tendenz, durch den Einfluſs vermehrter Azotaneignungen höchst nachtheilig befördert. Es liegt daher am Tage, aus welchem Grunde intensivere Stickstoffinhalationen überhaupt in völlig torpiden Lungenübeln, und namentlich in veralteten atonischen Lungenkatarrhen, im Asthma senile, und in der emphysematischen Engbrüstigkeit ***), jedesmal die Krankheitszufälle beträchtlich verschlimmern. Aus gleicher Ursache schaden azotische Trink- und Badekuren bei directer allgemeiner Schwäche, bei

*) §. 123—133.
**) §. 110. und Reil's Archiv l. c. B. IV. p. 181—183.
***) S. Harleſs Rheinisch-Westphäl. Jahrb. B. I. St. 1. p. 143.

sämmtlichen Varietäten rein nervöser Paralysen *), bei scrophulösen und arthritischen, mit offenbarer Atonie verbundenen Leiden **) und bei jener Form der Lithiasis, welche zur Erzeugung mehr ammoniakalischer Concremente Anlaſs giebt ***). Im Scorbute endlich, mit welchem sich die eingangs dieses Paragraphes beregten, pathologischen Bedingungen am auffallendsten entwickeln, steigert eben deshalb das Azot den Krankheitsproceſs am entschiedensten †), und muſs demnach selbst bei geringen derartigen Affectionen stets unbedingt gemieden werden.

*) Ibid. p. 144.
**) §. 132. und §. Kur durch Kohlensäure.
***) §. Kur der Lithiasis durch Kohlensäure.
†) Vergl. §. 110. und Osann's Darstel. l. c. T. II. p. 669.

# Dritte Ordnung.

## Kohlensaure Gasquellen.

### *Capitel I.*

### Vorkommen derselben.

§. 134.

Kohlensaure, der Erdrinde entsteigende, Strömungen bezeichnen, wenn wir von den mehr consecutiven Salzsäureausscheidungen absehen *), durchgehends das Schlufsstadium acherontischen Waltens.

An feuerwerfenden Bergen bildet das Kohlensäuregas, zu Ende jedes einzelnen Gluthausbruches, theils, aus dem Krater abfliefsend, in tieferen Ebenen förmliche Seen, theils den Erdboden stellenweise durchdringend zerstreute, aus verschiedentlich entfernten Mündungen hervortretende Moffeten, wobei jene wie diese oft nur einige Tage oder Wochen bestehen, um mit höheren, vom noch lebhaften Wogen des Erdprocesses bedingten Thätigkeitsäufserungen zu wechseln **).

Nach überstandenen Stürmen, dann, wenn sich der Vulcanismus fest auf seiner niederen Entwickelungsstufe erhält, begründet er verschiedentlich intensive, von keinen schroffen Unterbrechungen mehr gestörte, permanente Kohlensäurequellen ***).

Wo die ursprüngliche Entwickelung der beregten Emanationen über sehr lange Zeitabschnitte hinausreicht †), da brechen sie nicht immer durch zu Tage stehenden, sondern öfter durch, mit jüngeren neptunischen Formationen, mit Flötzgebirgen mannigfacher Art, mit Sandstein und Muschel-

*) Vergl. §. 6.

**) §. 5. und 17.

***) Vergl. §. 17. und §. 135.

†) §. 44.

kalk überlagerten, nur noch an einzelnen gehobenen Basaltkuppen kenntlichen, vulkanischen Boden hervor. Ein wichtiges Beispiel beiderlei Emanationsweisen gewährt uns die Vergleichung der Gasquellen des Egerländchens und der Eifel mit jenen Pyrmont's, Meinberg's, Driburg's, Wildungen's und Liebenstein's, von welchen, unerachtet sie bezüglich aller wesentlichen Verhältnisse übereinstimmen, dennoch die ersteren in offen vor Augen liegender vulkanischer Gegend angetroffen werden, und die letzteren aus deutlich alluvialen und bisweilen erst in meilenweiter Ferne durch Basalterhebungen bezeichneten Erdlagern aufstofsen *).

Vermöge der gröfseren eigenthümlichen Schwere des Kohlensäuregases sammeln sich unmittelbar über den Ausmündungen der diesfälligen Emanationen lastende, träger als andere unterirdische Gase mit der Atmosphäre verschmelzende, hiedurch von derselben merklich getrennte, sowohl Thieren als Menschen leicht todbringende Schichten, welche, je nachdem die Durchbruchsstellen umwallt sind, eine Höhe von 1 bis 2 Fufs, und während ungewöhnlicher Begünstigung, auch die von 10, 15 und 30 Fufs erreichen **).

Wie sich übrigens die fraglichen, ärztlich sowohl als physikalisch gleich interessanten Gasergiefsungen an den luftförmigen und an den mit Wasserströmungen verbundenen Quellen, wie sie sich hinsichts ihrer Einigung mit anderen Gasen, und bezüglich ihres örtlichen Einflusses auf die Atmosphärenbeschaffenheit verhalten, darüber sollen die nächsten Paragraphe Auskunft geben.

## §. 135.

### Luftförmige Kohlensäurequellen.

Zu den luftförmigen oder, wie man sie auch nennt, trockenen Kohlensäure-Emanationen Deutschlands und der angrenzenden Länder, zählen wir hauptsächlichst die von Latera und Sciacca in Sicilien, von Montjoly in der Auvergne, von Neyrac in Vivarais, von Ribar in Ungarn, fer-

*) §. trockene Gasquel. Eger, Pyrmont, Meinberg, Driburg.

**) Vergl. §. Pyrmont.

ner die des Eifelgebirges, die berühmte Grotta del cane bei Neapel und die Dunsthöhle Pyrmonts. — Insofern sie alle in der Praevalenz des Kohlensäuregases übereinstimmen, unter denselben aber jene Neapels und Pyrmonts am öftersten untersucht wurden, wollen wir diese vorzugsweise betrachten.

Beide letztgenannten Luftvulkane werden von den Schriftstellern allgemeinhin für gleichartige Naturerscheinungen erklärt. Dafs die Grundmischung ihrer Exhalationen aus Kohlensäure besteht, davon überzeugten mich folgende Umstände. In der einen, wie in der anderen, erstickt die Flamme, erlischt das Thierleben. Sie schmecken mehr oder weniger säuerlich, erregen ein prickelndes Gefühl in der Nase, stehen an Durchsichtigkeit der Atmosphärenluft nicht nach, röthen vorübergehend blaue Pflanzensäfte, trüben Kalk- und Barytwasser, verwandeln hingestellte caustische Kalien in vollkommene Carbonate und haften, die gemeine Luft an specifischer Schwere übertreffend, tief am Boden. Ihr jedesmaliges Niveau verräth sich dem Auge dadurch, dafs herabgelassene Seifenblasen, ohne in die tieferen Straten versinken zu können, auf der Oberfläche der Gaslage umherschwimmen, und dafs Pulverdampf oder Strohrauch dieselbe mit einem weisgrauen, wogenden Schleier überziehen. Im übrigen aber fand ich die fraglichen Moffeten keineswegs völlig übereinstimmend. Vielmehr differiren sie bezüglich ihrer Temperaturgrade, bezüglich ihrer untergeordneten Bestandtheile, und hinsichts einzelner von der Beschaffenheit der Emanationsflächen abhängiger Verhältnisse auf mannigfache Weise. Das Luftgemisch der Hundsgrotte quillt, wenngleich durch niedere, doch immer noch nicht zur untersten Stufe gelangte Vulcanität erzeugt, unfern der siedenden Schwefelwasserquellen San Germano's *), aus noch lauem, lockerm Tuff mit einer Wärme hervor, die bei + 12° R. der Atmosphäre, + 22° beträgt **). Die Pyrmonter, durch analoge jedoch merklich tiefer gestellte Processe hervorgebrachte Moffete

*) Vergl §. 24.

**) S. meine Beobachtungen in meinem u. v. Walther's Journal B. 15. p. 107. u. 112.

kommt dagegen entlegener von vulkanischen Bildungen*), in der Nähe erfrischender Eisensäuerlinge, aus überlagertem kaltem Sandstein, mit einer Temperatur zu Tage, welche bei + 12° R. der Atmosphäre kaum + 10° erreicht**). Es enthält die schneller tödtende Gasschicht der ersteren Moffete ungefähr 10 Procent Azot***), die der letzteren, das Leben langsamer vernichtende dagegen an 52 Procent gemeiner Luft****). Das Eintreten in die Hundsgrotte war nach Strabo und Plinius in den frühesten Zeiten höchst gefahrvoll; der letztere nennt sie wenigstens eine charonea scrobs mortiferum spiritum exhalans †). Lombardo erzählt, dafs ein abenteuerlich herzhafter Mann, mit Lanze und Schwert bewaffnet, gegen ihr verderbliches Princip ankämpfte, aus derselben aber nicht wiedergekehrt sei. Mazella, welcher im 16ten Jahrhundert lebte, versichert als Augenzeuge, dafs drei Männer, die Furcht des Volkes verhöhnend, stolz in jene Schlucht eingeschritten, aber leidig in derselben umgekommen wären ††). Jetzt kann man die kaum 14 Fufs lange, am Eingange 4 Fufs breite, 5 Fufs hohe, und nach dem Hintergrunde sehr verjüngte Tuffzelle †††) sicher besuchen, denn selbst, als ich in mäfsig gebückter Stellung, die auf dem Boden gelagerte Gasschicht aufzurütteln suchte, zeigte sich keine Veränderung meines Befindens ††††), und nur nachdem ich mit der hohlen Hand

*) §. Pyrmont.

**) Ueber die Schwankungen dieses Temperaturverhältnisses siehe §. Pyrmont.

***) Vergl. §. 80. und die von mir, währendmeines Aufenthaltes in Italien veranstalteten Untersuchungen, in meinem u. v. Walther's Journal B. 15. p. 114, so wie B. 20. p. 74.

****) Die nach der verschiedenen Höhe der Gaslage abweichenden Mischungsverhältnisse giebt dieser §. näher an.

†) S. dessen Histor. natur. l. c. T. 1. lib. 2. p. 209.

††) Vergl. mein und v. Walther's Journ. B. 15. p. 115.

†††) Pittoresque Abbildung derselben, wie ihrer Umgegend, findet man in Hamilton l. c. Taf. XVII. u. XVIII. und in Leonhard's Geolog. B. I Tab. VII.

††††) Vergl. die Anmerkung im Journal für Chirurgie und Augenheilkunde von Gräfe u. Walther B. 15. p. 115.

geschöpftes Gas wiederholentlich in die Lungen zog, entstand Kopfweh und Beklommenheit der Brust. Auffallend war es, dafs Hunde mittlerer Gröfse, welche sonst in die Grotte geführt, scheintodt umfielen, (daher bekanntlich der Name Grotta del cane) keinen nachtheiligen Einflufs des Gases zu verspüren schienen, und dafs sogar kleinere, wenn bei beabsichtigten Versuchen Moffetenluft in die Respirationswerkzeuge dringen sollte, zu dem Behufe auf die Seite gelegt werden mufsten. Die Verschüttung, welche bei der Lockerheit der, aus zusammengesinterter vulkanischer Asche bestehenden Grottenwände, allmälig eintrat, hat gewifs nicht blos durch Verkleinerung der Exhalations-Fläche, sondern wahrscheinlich auch durch Umformung derselben, und besonders dadurch die Zugänglichkeit erheblich begünstigt, dafs der Boden der fraglichen, an einem Bergabhange gelegenen Grotte, gegen den Eingang nur 8 bis 10 Zoll aufsteigt, wobei das schwere Moffetengas, bevor es noch die Höhe eines Fufses zu erreichen vermag, schon über die eben erwähnte, niedrige Schwelle hin, frei nach dem tiefen Thalgrunde abfliefst, dessen Mitte der Kratersee Agnano's einnimmt. Dagegen wird die Pyrmonter, im Jahre 1720 entdeckte, durch festes Mauerwerk geschützte, 10 Fufs hohe und 6 Fufs im Quadrat haltende Höhle theils von einer 25 Fufs hohen graden Steinwand, theils von einem terrassenförmigen Erdwalle, welcher, einen Halbkreis bildend, mit den beiden Flügeln der Mauer zusammenstöfst, so eingeschlossen *), dafs sich das aus den von Sand und Mergel verhüllten Spalten hervordringende, nirgend einen Ablauf findende Gas, während lebhafterer Ausscheidung, von seinem gewöhnlichen, an 2 Fufs betragenden Stande, bis auf 6, 12, 16 Fufs anhäuft, und bisweilen sogar den oberen Rand der ganzen Umwallung überströmt. In der eben nachgewiesenen räumlichen Verschiedenheit der beregten Höhlen liegt der Grund, weshalb man im Bereiche der Pyrmonter Moffete, obgleich ihr verdünnteres Luftgemenge das Leben langsamer vernichtet, weit häufiger, als in und um

*) Eine Abbildung derselben befindet sich in meinem u. Walther's Journal B. 15. Taf. III.

der intensiveren Neapolitanischen, todte kleine Thiere, Vögel, Frösche und Insecten antrifft, weshalb ferner das Betreten der ersteren eher als der Besuch der letzteren Gefahr bringt, und weshalb in jener, bis auf unsere Tage von Zeit zu Zeit einzelne Menschen durch Zufall oder Absicht umkommen, während in der Hundsgrotte, ungeachtet ihres giftigeren Gasgemisches bereits seit langen Jahren Unglücksfälle ähnlicher Art nicht beobachtet wurden.

Zu ärztlichem Behufe hat man weder die Neapolitanische noch die Pyrmonter Luftquelle in Gebrauch gezogen. Die fiebererregende Malaria des Agnano-Thales verbietet jeden längeren Aufenthalt in demselben, und die bedeutenden Schwankungen der vaterländischen Moffete hinderten, dafs sie, wie dies schon Dr. Seip erfuhr*), sicher und bequem genug zur Speisung pneumatischer Apparate verwendet werden konnte. Nicht minder blieben die übrigen oben erwähnten Luftvulcane wegen ähnlicher, theils Gefahr bringender, theils das genaue Absperren erschwerender Verhältnisse in medicinischer Hinsicht noch immer unbenutzt.

## §. 136.
## Kohlensäure mit Wasserausscheidungen geeinigte Gasquellen.

Emanationen der fraglichen Kategorie kommen in zweifacher Form vor; ihre Verbindung mit Wasser ist nemlich entweder blos von äufseren Beziehungen abhängig und ändert sich dann mit diesen, oder sie wird tellurisch bedingt und erscheint dann in immer gleicher Beharrlichkeit.

Die erste Varietät sehen wir da, wo Kohlensäure führende Erdkanäle in muldenförmigen Vertiefungen münden, welche nur nach Regengüssen, also blos durch Meteorwasser gefüllt werden. — Bei starkem Regen erlangen dergleichen Zusammenflüsse oft eine beträchtliche Tiefe, im entgegengesetzten Falle werden sie seichter, und bei

*) Dieser um Pyrmont viel verdiente Arzt gab der betreffenden Höhle, worüber uns die Inschrift einer in das Mauerwerk derselben eingesenkten Steintafel (S. Steinmetz über Pyrmont p. 53. u. 54.) belehrt, die oben beschriebene noch jetzt bestehende Einrichtung.

anhaltend trockenem Wetter verschwindet oft jede Spur von Feuchtigkeit. Stets richtet sich der Temperaturgrad dieser Strömungen, sowohl hinsichts ihrer Gas- als Wasseransammlung, nach jenem der Atmosphäre, mit welchem derselbe in einem feststehenden Verhältnisse regelmäfsig steigt und sinkt. — Als merkwürdige hieher gehörige Beispiele erwähne ich die von Bischof und Delamorre beschriebenen, zwei Meilen von Trier in der vulcanischen Eifel, am verschütteten Geroldsteiner Krater austretenden, durch die Namen Brudelreifs und Wallerbrunnen bezeichneten Luftquellen. An der einen wie an der anderen erzeugt das hervorbrechende Gas bei überstehendem Wasser ein starkes, oft mehrere hundert Schritt weit vernehmbares Geräusch. Nicht der mindeste Laut ist hingegen zu hören, wenn beide in heifser Jahreszeit völlig austrocknen. Uebergiefst man alsdann jene Stellen reichlich, so wird das tobende Blasenwerfen bald wieder hergestellt *). Im Bereiche dieser Emanationen, wie in der Nähe aller ihnen ähnlichen werden todte Thiere, Vögel, Haselmäuse, Frösche und vielerlei Insekten in grofser Zahl gefunden. — Es giebt auch, wie wir früherhin sahen, Hydrogengasquellen, welche von Zeit zu Zeit trocken und geräuschlos ausströmen, bei überstehendem Wasser aber brodelnd hervordringen **); diese werden jedoch dem Thierleben nie nach der Art der kohlensauren Moffeten gefährlich, weil ihr verhältnifsmäfsig weniger irrespirables und sehr leichtes Gas rasch emporsteigend, keine am Erdboden haftende, oder den Wasserspiegeln aufschwebenden, giftigen Ablagerungen bildet.

Die beständig mit Wasserausscheidungen verbundene Varietät kohlensaurer Quellen kommt häufiger vor. Emanationen der fraglichen Art verlassen den Erdschofs in mannigfachen Temperaturabstufungen. Ihr Wärmestand erscheint, jedoch sowohl hinsichts der Wassermassen als der denselben zunächst aufschwebenden Gasschichten, von den Atmosphäreneinwirkungen verhältnifsmäfsig weit weniger abhängig. So erhält sich der

*) S. Bischof in Schweigger's Jahrbuch der Chemie und Physik. Halle 1825. B. 43. p. 30—33.

**) S. Acqua boja.

an 100 Fufs hoch emporspritzende Geiser Islands stets dem Siedepunkte nahe, so bemerkt man an den ihm ähnlichen, gasigen Quellen Carlsbads, deren Wärme + 60, 55, 48, 47, 46 und 42° R. beträgt *), zu keiner Jahreszeit irgend erhebliche Temperaturabweichungen, so steigen die kalten Eisensäuerlinge Pyrmonts, Driburgs, Meinbergs, Franzesbrunnens, Marienbads, Cudowas auch in heifsen Sommern kaum bis auf 7, 8, 10 und 12 Grad über den Gefrierpunkt und werden dennoch, selbst während der strengsten Wintermonate nie vom Eise bedeckt **). An den fraglichen wärmeren Quellen verliert das Gas, vermöge der Wärme stärker expandirt, theilweis seine ursprüngliche Schwere, steigt daher von Wasser entfesselt rascher empor, wird hiebei durch die Atmosphäre begieriger absorbirt und geht auf diese Weise für den pneumatisch ärztlichen Gebrauch meist ganz verloren. Mehr entsprechen diesem Zwecke die kalten Säuerlinge, indem ihr frei gewordenes, schweres, den Wasserspiegeln in Schichten von 1, 2 und mehreren Fufs Höhe aufruhendes, leicht abzusperrendes Gas, sicherer nach den Apparaten geleitet und mittelst dieser auf die mannigfachste Weise zu medicinischem Behufe angewendet werden kann.

## §. 137.

### Gasige Verbindungen der kohlensauren Exhalationen.

Chemisch rein kommt das Kohlensäuregas nicht zu Tage. Stets sind demselben, sei es auch nach untergeordneten Mengererhältnissen, andere gasige Körper beigegeben.

Da wo derartige Emanationen noch nicht von völlig niederen, und in dieser Form fest begründeten Abstufungen des Vulcanismus bedingt werden, zeigen sie sich mehr mit Azot und Hydrogengasen geeiniget ***). — Beharret die

*) §. Carlsbads Temperatur.

**) Die Veränderungen, welche Gasstraten entfernter vom Erdboden, aus welchem sie hervorströmen, oder vom Wasserspiegel, auf dem sie ruhen, erleiden, sind §. 138. nachgewiesen.

***) Vergl. §. 135. §. Carlsbad. §. Marienbad.

Vulkanenthätigkeit nach zurückgelegten Kämpfen ruhig auf ihrer untersten, mit den Meteoreinflüssen ausgeglicheneren Entwickelung, so gesellen sich zu den Kohlensäureströmungen gewöhnlich Beimischungen atmosphärischdr Luft*). — Wassergas enthalten derartige Moffeten fast ohne Ausnahme, die luftförmigen jedoch durchschnittlich etwas weniger, die auf den Wasserspiegeln ruhenden dagegen in gleichem Maſse mehr, als die Temperatur der Wasservorräthe höher ist, mit welchen sie ursprünglich verschmolzen waren**). — Allgemeinhin kann man annehmen, daſs die Kohlensäure um so reiner ausströmt, als gleichzeitig der dieselbe hervorbringende vulkanische Proceſs niedriger gestellt ist, die Aushauchungsmündungen entfernter vom Erzeugungsheerde liegen und das entwickelte Gas mächtigere, ihm chemisch nicht verwandte Erdschichten, oder beträchtlichere und dabei kältere Wassersäulen zu durchwandern hat.

## §. 138.

### Luftbeschaffenheit in der Umgegend kohlensaurer Gasquellen.

Das besondere Verhalten der Atmosphäre in der Nähe kohlensaurer Emanationen erklärt sich nur dann, wenn wir die specifische Schwere des Kohlensäuregases, welche gegen die der gemeinen Luft 1,524 beträgt, so wie die groſse Compreſsibilität, vermöge welcher es nach Maſsgabe des Druckes sogar als fester, tropfbarflüssiger oder gasiger Körper erscheint, genau erwägen, und dabei sowohl die Eigenthümlichkeit, daſs dasselbe von kalten Wassermassen in ansehnlicher Menge verschluckt wird, als auch dessen groſse Verwandtschaft zum Luftkreise sorgfältig in Anschlag bringen.

Den unterirdischen Räumen entsteigend, bildet die lastende Kohlensäure deutlich abgeschiedene, in ihrer Begrenzung schon durch das Erlöschen der Flamme erkennbare, entweder am Erdboden haftende oder den Wasserspiegeln aufruhende, fortwährend zerflieſsende und ebenmäſsig sich immer wieder erneuende Schichten. Ihr bewegliches Niveau, so wie die Schnelle ihrer Wiedererzeu-

*) S. Pyrmont und Meinberg.

**) S. Feuchtigkeit des Gases zu Pyrmont und Meinberg.

gung aus tiefen Erdregionen wird durch das Wogen des Vulcanismus sowohl, als durch die Schwankungen des Atmosphärendruckes bedingt. Insofern von jenem schon früher die Rede war*), haben wir in der betreffenden Hinsicht hier nur die Thatsachen anzudeuten, welche den Miteinflufs der letzteren erweisen: — Bei tiefem Barometerstande, bei trübem Wetter und nahenden Gewittern beobachtet man in der Regel, dafs sich die beregten Gasanhäufungen mehr und mehr erheben, dafs aus dem Grunde der Quellen gröfsere Luftblasen eiliger emporsteigen, dafs die Wasserspiegel eine lebhafter brodelnde Bewegung annehmen, und dafs frisch geschöpftes Wasser nicht nur auffallender perlt, sondern auch um Vieles erquicklicher schmeckt. — Steigt die Quecksilbersäule beträchtlich, so findet von allem eben Angeführten fast immer das Gegentheil statt, und oft fallen hiebei selbst noch so mächtige Gasschichten bis auf einige Zoll herab. — Bleiben endlich barometrische Verhältnisse von beiden Extremen gleich weit entfernt, so währt auch das gewöhnliche Blasenwerfen der Quellen unverändert fort, und die an der Mehrzahl derselben bis zu 1 oder 2 Fufs aufsteigenden Gaslagen behaupten dann, so lange sie nicht durch zufällige äufsere Anläfse, oder durch vulkanische Impulse beunruhiget werden, ihren gewöhnlichen mittleren Höhestand**).

Vermöge des ununterbrochenen Zuflusses könnten sich aber jene Straten unmöglich in den eben bezeichneten Grenzen erhalten, durch denselben würden sie, an ergiebigen Quellen, deren ausscheidende Gasmenge binnen 24 Stunden viele Tausend Pfund beträgt***), nothwendig bedeutend

*) Vergl. allgemeinen Vulcanismus.

**) Brandes u. Krüger (S. deren Schrift über Pyrmont p. 181.) wollen den auch von Piderit (S. dessen Schrift über Meinberg p. 25.) wahrgenommenen Einflufs des Atmosphärendruckes auf das Steigen und Fallen der Moffeten nicht zugeben, wozu dieselben wahrscheinlich durch die Störungen bewogen wurden, welche der, jene Kraft unter bestimmten Verhältnissen überwältigende Vulcanismus von Zeit zu Zeit veranlafst.

***) Vergl. die Resultate der zu Pyrmont, Meinberg und Eger unternommenen Messungen.

anschwellen, ja sie müfsten engere, muldenförmige Thäler bald überfluthen und dieselben Thieren wie Menschen unzugänglich machen, wenn jenem beständigen Zuströmen keine ebenmäfsige Ableitung gegenüberstände. Ein fortgesetztes Wiederversinken in den Erdboden ist nicht denkbar, indem dieser bald bis an seine dichtesten Lagen mit kohlensaurer Luft übersättigt sein würde. Wir dürfen demnach annehmen, dafs der nothwendig vor sich gehende Abzug in entgegengesetzter Richtung erfolgt. Hiezu mögen nun, die Ebbe und Fluth der gesammten Atmosphäre herab und hinaufwärts gegen den Aequator und den Pol, so wie die innige chemische Verwandtschaft der gemeinen zur kohlensauren Luft hauptsächlichst beitragen. Gewifs ist es wenigstens, dafs kohlensaures Gas allenthalben im Dunstkreise und, unerachtet seiner Schwere, selbst auf den beträchtlichsten erreichbaren Höhen, nach Saussure sogar noch auf den Gipfel des Montblanc angetroffen wird. — Findet aber die eben beregte Vermischung und Verschmelzung ununterbrochen statt, so kann sich auch das übertretende Gas nur stufenweise in den auf einander folgenden Atmosphärenlagen verlieren. Bei hinlänglichem äufserem Schutze der letzteren ist eine solche, im Verhältnifs ihrer Entfernung von den Moffeten wachsende Abnahme, wie angestellte genaue Messungen darthaten *), von Zoll zu Zoll, von Fufs zu Fufs nachzuweisen, obgleich dieselbe wegen des Wechsels mannigfach coincidirender Einwirkungen, nicht zu jeder Zeit, nach einer und derselben Scala zu Stande kommt. Weit hinaus über die Gaslagen, wird die Untersuchung durch die in freier Luft immer häufiger vorkommenden Störungen nothwendig immer schwieriger, und das Resultat der Prüfung immer schwankender, doch sind auch hier graduelle Ueberladungen der Atmosphärenschichten wahrzunehmen. Wiederholte Versuche, welche ich während der Sommermonate dreier Jahre zu Pyrmont, in verschiedenen wage- und senkrechten Entfernungen von den Gasansammlungen mit Baryt- und Kalkwasser, mit kaustischem Kali und Aetzammoniak, vermöge des Humboldt'schen

*) Vergl. §. Pyrmont.

Anthracometers anstellte, zeigten in der Regel, dafs die aufgenommene Kohlensäure durchschnittlich, zwar schon in dem Abstande von 1 bis 6 Fufs oberhalb des Gasniveau's, rasch von ungefähr 8 bis 3 Procent abfällt, dafs aber selbst bei dieser so schnellen Verschmelzung, während windstillen Wetters, noch an 20, 30 und mehrere Fufs um und über den Moffeten im freien Luftkreise, wenn auch geringe, doch zur gewöhnlichen Atmosphären-Zusammensetzung*) nicht gehörige Theile der fraglichen Gase vorkamen, welche bald 1, bald ½ oder ¼ Procent betrugen. Auch Brandes fand zu Meinberg, in 100 Theilen der am Brunnenplatze über dem Erdboden aufgefangenen Luft 1,5 Volumentheile, und entfernter in der am Fufse der anstofsenden Allee gesammelten, wenn gleich geringere, jedoch noch immer bemerkbare Spuren überschüssigen Kohlensäuregases**).

Aufser den chemischen Ergebnissen, welche auch noch so umsichtig gewonnen, bei der Unsicherheit unserer dermaligen Eudiometrie, doch immer nur approximative Schlüsse gestatten, offenbaren sich Atmosphäreninprägnirungen der in Rede stehenden Art auch durch die besondere Wirkung, welche der Aufenthalt in der Umgegend ergiebiger kohlensaurer Quellen auf den menschlichen Körper hervorbringt. Wenn gleich vorgreifend, so führe ich sie doch schon hier an, da dieselben hinsichts der Beurtheilung der Luftbeschaffenheit, die Summe der betreffenden Kriterien ergänzen. Ankömmlinge in den beregten Badeörtern fühlen gewöhnlich, auch bei vollkommener Gesundheit, und ohne von irgend einer Brunnenkur Gebrauch zu machen, in den ersten Tagen eine eigenthümliche behagliche Müdigkeit, sie schlafen länger, fester als sonst, und sind schwerer zu wecken. Es ist eine von routinirten Brunnenärzten gemachte und von mir vielfach bestätigt gefundene Erfahrung, dafs die Mehrzahl der Kranken, welchen kohlensaure Quellen vorzüglich zusagen, durch dieselben weit leichter während anhaltend trüber als fortwährend heiterer Witterung genesen, indem sie beim Trinken, Baden und vornemlich beim Ein-

*) §. 144.

**) Meinbergs Ortsatmosphäre.

athmen, aus schon erörterten Gründen, im ersteren Falle reichlicher als im letzterem mit kohlensaurer Luft versorgt werden. Manche für den Einfluſs der Kohlensäure Empfänglichere klagen in den ersten Tagen über Kopfweh, über Unruhe und spüren in der Nähe der Quellen merkliche Steigerungen dieser Empfindungen. Ausnahmeweise treffen wir auch auf einzelne Personen, welche wegen besonderer Idiosyncrasie selbst noch so diluirtes Kohlensäuregas durchaus nicht vertragen; diese fühlen sich während ihres ganzen Aufenthaltes in den fraglichen Kurorten beklommen, miſsmüthig, abgespannt, und werden nur dann wieder heiter und froh gestimmt, wenn sie gröſsere Excursionen unternehmen, oder länger auf nachbarlichen Höhen verweilen. Führt man so disponirte Subjecte in Gassalons, welche auch nur mit 2 bis 3 Procent Kohlensäure gespeist sind, so überfällt sie, unerachtet ihre Genossen die Inhalationen stundenlang gut ertragen, schon während der ersten Minuten ein dermaſsen peinigendes Angstgefühl, daſs demselben, wenn man die Gaseinathmungen nicht schnell genug unterbricht, leicht Krämpfe und Ohnmachten folgen.

Blicken wir nun zurück auf die angereiheten physikalischen Beziehungen, auf die nachgewiesenen chemischen Ergebnisse, und auf die eigenthümlichen an der Mehrzahl der Individuen eintretenden Wirkungen, so dürfte die Gesammtheit dieser Umstände wohl die Ueberzeugung gewähren, daſs Orte, in welchen Kohlensäurequellen reichlich ausströmen, immer zugleich als groſse Gasbäder zu betrachten sind, vermöge welcher wir, auch ohne alle Anwendung des Mineralwassers, auch ohne eigens zu Inhalationskuren bestimmte Gemächer ununterbrochen dem Einwirken der fraglichen Luftart mehr oder weniger hingegeben werden.

*Capitel II.*

## Wirkungen des Kohlensäuregases auf gesunde Individuen.

### §. 139.

### Allgemeiner Einfluss auf den Lebensprozess.

Durch sämmtliche Reiche der Natur verbreitet, steht die Kohlensäure mit allen in nahem Verkehr. Insofern wir dieselbe mit jedem Athemzuge *), wie mit den meisten Nahrungsmitteln empfangen, ist sie zu den gewöhnlichen fortwährend auf das Leben einfliefsenden Normalreizen zu zählen. Dem Organismus besonders einverleibt, bringt die beregte Luftart als höchstoxydirter Kohlenstoff **) bestimmte Veränderungen hervor, welche allgemeinhin, theils durch die einzelnen Elemente, aus denen sie zusammengesetzt ist, theils aber auch durch das aus diesen hervorgehende Modificat bedingt werden. Hiernach potentiirt das fragliche Gas, vermöge des Kohlenstoffes, die plastische Blutthätigkeit, mindert vermöge des Sauerstoffes die Sepsis, und wirkt als gebildete Säure auf eine, den übrigen Säuren zwar ähnliche, dabei aber doch den flüchtig reizenden Stoffen verwandtere Weise. Bezüglich des letzteren Verhältnisses ruft das fragliche Gas, jenen Reizmitteln analog, nach Mafsgabe des verschiedenen Einwirkungsgrades, einander schroff entgegenstehende Erscheinungen hervor. Indem es nämlich durch mäfsig gesteigerte Erregung die Lebenskräfte spannt, das Gemeingefühl angenehm stimmt, den Puls voller schlagen läfst, die Gesichtsfarbe auffrischt, die Muskelbewegungen erleichtert, die Secretionen fördert und die Vegetation unterstützt, kann dasselbe auch durch Ueberreizung Rausch, Abspannun-

*) §. 144.

**) Das Kohlensäuregas ist aus 1 Raumtheil Kohlenstoff und 2 Raumtheilen Sauerstoff, (in 100 Theilen aus 27,38 Kohlenstoff und 72,62 Sauerstoff) zusammengesetzt. Die intermediäre Oxydations-Stufe des Kohlenstoffes erzeugt Oxal-Säure, so wie die niedrigste Kohlen-Oxydgas.

gen, Trägheit, Schlafsucht, Lähmungen, Asphyxieen und den Tod veranlassen.

Zwar kommen die angeführten Wirkungen zu Stande, möge das Kohlensäuregas mittelst des äufseren dermatischen Systems, möge es durch den Speisekanal oder mittelst des Respirations-Apparates zugeleitet werden, dennoch offenbaren sich dieselben, je nachdem die Aneignung auf dem einen oder anderen Wege erfolgt*), in mehr oder weniger abweichenden Formen und Zeiträumen.

## §. 140.

## Wirkungen auf das äussere dermatische System.

Ausschliefslich auf die Oberfläche des Körpers angebracht, erzeugt das Kohlensäuregas bei übrigens gleichgestellten Verhältnissen, die gemäfsigtesten und am langsamsten vor sich gehenden Umstimmungen. Dafs dasselbe von der Haut wirklich aufgenommen wird, dafür sprechen Autenrieths bekannte Versuche, so wie Abernethy's Beobachtung, welcher seine Hand 9 Stunden lang in ein durch Quecksilber abgesperrtes, mit Kohlensäure gefülltes Gefäfs hielt, wornach mehr als die Hälfte des Gases verschwunden war.

Kurze und seltene Anwendungen veranlassen schnell vorübergehende Erscheinungen, längere und oft wiederholte dagegen anhaltendere Wirkungen. Möglichst trocken zugeleitet scheint die fragliche Luftart mehr dynamisch und vorzugsweise auf die peripherischen Empfindungsnerven, an

*) Selbst die durch Einspritzungen des Kohlensäuregases in die Adern herbeigeführten Wirkungen scheinen mit den angegebenen in vieler Hinsicht überein zu stimmen. Man kann indefs wegen der hiebei stattfindenden rohen Vereinigung des Gases mit dem Blute, und wegen der, durch beträchtliche derartige Injectionen in den Herzkammern entstehenden, tödtlich ablaufenden Luft-Expansionen auf derartige Versuche keinesweges sichere Schlüsse bauen. Nysten will beobachtet haben, dafs mäfsige Injectionen kohlensauren Gases weder den Kreislauf noch die Lungen afficiren, wohl aber mehrere Tage hindurch anhaltende Muskularschwäche bewirken, dafs stärkere Einspritzungen hingegen apoplectisch tödten und oft im Capillar-Gefäfssysteme des Hirnmarkes auffallende Ausdehnungen zurücklassen. S. Orfila l. c. B. IV. p. 87. u. 88.

Wasser gebunden aber mehr materiell und zunächst auf die Hautvegetation einzufliefsen.

In einer kühlen, trockenen Gasschicht von 12 bis 24 Zoll Höhe aufrecht stehend, fühlen wir bei ruhigem Verhalten, die Füfse, auch wenn sie mit dichtem Leder bekleidet sind, bald angenehm erwärmt. Diese, von thermometrischen Beziehungen unabhängige sanfte Erregung dehnt sich allmälig bis zum Unterleibe aus, wird besonders an den Genitalien bemerkbar und verursacht bei der Mehrzahl der Individuen beider Geschlechter wollustartige Empfindungen. Nach längerer Fortsetzung empfinden Manche Prickeln und Ameisenkriechen in dem vom Gase berührten Hauttheile, ohne dafs derselbe jedoch geröthet würde. Bei sensibleren Personen, deren weifse Haut sich durch Weiche und Zartheit auszeichnet, treten die genannten Erscheinungen am auffallendsten ein; bei torpiden Subjecten und abgehärteter derber fester Haut, fehlen sie zuweilen gänzlich. Wenn man bei vollkommen frei erhaltenem Kopfe in einer mit kohlensaurem Quellengase gefüllten, möglichst abgeschlossenen Badewanne Platz nimmt, verbreiten sich jene Sensationen über den ganzen Körper, immer aber über die Brust, den Rücken und die oberen Gliedmafsen hin in etwas geringerem Grade als über die Unterextremitäten und den Unterleib, dabei wird der Puls gewöhnlich voller, bisweilen auch ein wenig schneller, und der Transspirationsakt in der Regel bedeutend vermehrt. Nach derartigen $\frac{1}{4}$ bis $\frac{1}{2}$ Stunde fortgesetzten Bädern fühlt man sich behaglich leicht. Jeder übertriebenen Anwendung, welche Druck im Kopfe und Neigung zum Einschlafen hervorbringt, folgen lästige Trägheit und nicht unbeträchtliche, oft erst nach mehreren Stunden vorübergehende Schwere der Glieder.

Kohlensaure Wasserbäder wirken den trockenen Gasbädern ähnlich, fliefsen aber, wie schon erwähnt ward, entschiedener auf das vegetative Hautleben ein. Offenbar trägt hiezu die durch die Verbindung mit Wasser erleichterte Einsaugung des Gases wesentlich bei. In einem luftsauren, blos bis zu 24° R. erwärmten Wasserbade spürt man anfänglich leichte Kälteschauer, glaubt aber schon nach wenigen Augenblicken in einem angenehm lauem Bade von

von 28 Graden zu sitzen. Dies Gefühl entwickelt sich ebenmäfsig, als zahlreichere Gasbläschen den Körper bedecken.

Neben der erhöhten Wärmeempfindung gewinnt die Haut an Röthe und allmälig auch dermafsen an Turgescenz ihrer Papillen, dafs sie immer derber, fester und rauher erscheint. Vorzugsweise findet dies an den nervenreicheren Hauttheilen der Genitalien, und ganz besonders am Scroto statt, welches nicht nur stark in die Höhe gezogen wird, sondern dessen eng zusammengedrängte Falten gleichzeitig eine fast harte Consistenz annehmen. Zum Beweise, dafs die Wirkung auf Wärmesensation und Hautturgor hauptsächlichst von der Luftsäure und nicht von den anderen, den Mineralwassern beigemischten Stoffen abhängt, dient der Umstand, dafs beide Erscheinungen nur in petillirenden, nicht aber in gasarmen, der Luftsäure fast ganz beraubten *) Bädern eintreten. Mit jener gesteigerten Hautthätigkeit verändert sich jedes Mal der Puls; er wird während derselben gehobener, voller, aber nur selten, (wie dies bei Gasinhalationen in der Regel der Fall ist) beschleunigt. Verlassen wir derartige Bäder nach 20, 30, 40 Minuten, bevor noch die beschriebene Hauterregung aufhört, so bleibt das Gefühl von allgemeiner Kräftigung und Erfrischung zurück; setzen wir dieselben aber fort, bis sich jenes Wärmegefühl immer mehr verliert, bis es leichtem Frösteln Raum giebt, bis die Haut erbleicht oder fleckweise eine bläuliche Tünchung annimmt, so folgt der auf diese Weise herbeigeführten Ueberreizung jedesmal mehr oder weniger anhaltende Abspannung und Müdigkeit.

Dafs auf die Haut ausschliefslich gerichtete Anwendungen der Kohlensäure zwar langsamer, jedoch ebenfalls dieselben schädlichen und lebensgefährlichen Wirkungen hervorbringen, welche da entstehen, wo Kohlensäuregas den Lungen oder dem Darmkanale übermäfsig zugeführt wird **), lehren die Folgen des Mifsbrauches trockener sowohl, als mit Wasser verbundener Gasbäder ***), beweisen die von

*) §. Kohlensaure Wasserbäder.

**) §. 142. u. §. 145.

***) §. Pyrmont, Harnier, Menke.

Landicani und Collard de Montigny angestellten Versuche, nach welchen Thiere, mit Ausnahme des Kopfes, in reiner Luftsäure eingeschlossen, binnen verhältnifsmäfsig kurzer Zeit in Asphyxie verfallen, und bald darauf sterben *).

§. 141.

**Einfluss auf die Sinnesorgane.**

Auf diese wirkt das Kohlensäuregas, so weit die individuellen Beziehungen der betreffenden Gebilde es zulassen, ganz in gleicher Art wie auf das denselben nahe verwandte Hautsystem. — Der Bindehaut zugeführt, erzeugt die Kohlensäure Röthung, Thränenflufs, erhöhten Hornhautglanz, vermehrte Beweglichkeit der Iris, schärferes Sehen und bisweilen auch leichte Stiche im Augapfel. Zur Nasenschleimhaut geleitet bringt sie ein prickelndes, manche Personen zum Niesen reizendes Gefühl und lebhaftere Schleimausscheidung hervor. Die Zunge berührend, veranlafst das betreffende Gas, neben dem säuerlichen Geschmacke, gesteigerten Zuflufs von Speichel. In den äufseren Gehörgang strömend bringt dasselbe, abgesehen von dem momentanen, durch die Bewegung des Luftstrahls erregten Zischen, Brausen und Klingen, sowohl reichlichere Absonderung des Ohrenschmalzes, als auch merkliche Steigerung des Gehörsinns herbei.

§. 142.

**Wirkung der Luftsäure auf den Nahrungskanal.**

Den Digestionsorganen unmittelbar einverleibt, fliefst das Kohlensäuregas auf die Centralgebilde überhaupt rascher, entschiedener, und auf die Mischungsverhältnisse um Vieles bestimmter ein **). Von therapeutischer Seite her liefert der innere Gebrauch gasreicher, wenn gleich an anderen Bestandtheilen armer Mineralbrunnen unzweideutige Belege für jene Annahme ***). — Geniefsen vollkommen Gesunde,

*) Vergl. Breislack Voyages dans la Campanie. Paris 1801. T. II. p. 55. u. Christison l. c. p. 829.

**) Vergl. §. 139.

***) §. Marienbad.

bei leichter Körperbewegung, nüchtern von stark perlenden Säuerlingen, alle Viertelstunden, einen mäfsigen Becher, ohne die Zahl von 4 bis 5 zu überschreiten, so wirkt die, in dem Mineralwasser enthaltene Luftsäure belebend auf die Unterleibsnerven, erfrischend auf den Gesammtorganismus und incitirend auf die Secretionsthätigkeit. Der Appetit wird vermehrt, die Stimmung heiterer, der Kopf freier, das Denken klarer, die Muskelkraft reger, und die Hautausdünstung, die Harnabsonderung, so wie die Leibesöffnung befördert, ohne dafs die gewonnene Lebensspannung secundäre Erschlaffungen nach sich zieht. — Jenes Mafs übersteigende Gaben erzeugen dagegen das Gefühl von Vollheit in den Präcordien, verringerte Efslust, Mifsmuth, leichtes Frösteln, Eingenommenheit des Kopfes, erschwertes Denken, Müdigkeit und retardirte Ausleerungen, bis die Autokratie der Natur durch kritische copiöse, meistens mit vieler Gasausscheidung verbundene Leibesöffnungen das Gleichgewicht wieder herstellt. — Dem übertriebenen, aber auch nur ausnahmsweise ungestraft vorübergehenden Genusse von 10, 14, 20 Bechern folgen in der Regel Ekel, Uebelkeiten, Erbrechen, heftiges Kopfweh, Rausch, Schwindel, unsichere Haltung des Körpers, und, wenn die angehäufte Luftsäure zu spät durch Ructus, Flatus, starke Harn- und Stuhlausleerungen entfernt wird, nicht selten gefahrvolle, ja tödtlich ablaufende, apoplectische Zufälle.

## §. 143.

### Wirkungen auf die Respirationsorgane.

Inhalationen des Kohlensäuregases rufen bei der, für den Einflufs desselben am meisten vorspringenden Receptivität der Lunge, im Verhältnifs zur aufgenommenen Quantität, die schnellsten und mächtigsten Veränderungen hervor.

Reine Luftsäure ergreift die Eingänge der Luftwege, den Kehlkopf, die Trachea, besonders aber die Stimmritzenbänder mit solcher Kraft, dafs schon die ersten Einathmungsversuche durch schmerzhafte, krampfige Zusammenziehung der genannten Gebilde Erstickungsparoxysmen bedingen, welche den Tod rasch und beinahe völlig unter den Erscheinungen mechanisch hervorgebrachter Suffocation veranlassen können *).

Diluirtes Kohlensäuregas gelangt offenbar zu den innersten Räumen der Lungen, zu den Lungenzellen. Die Wirkung trifft aber dann weit weniger das Lungengewebe selbst, als das Hirn, dem sie durch die Leitungskraft der Nerven mit unberechenbarer Schnelle aufgedrückt wird **). Nur von der fraglichen, athembaren Form des Kohlensäuregases kann hier die Rede sein. Zu den betreffenden Verdünnungen eignet sich aber die atmosphärische Luft vorzugsweise, ja man darf sagen, fast ausschliefslich. Es ist dies jedoch von derselben nur dann zu behaupten, wenn die quantitativen Beziehungen ihres Azot- und Oxygen-Gehaltes in den Schranken beharren ***), in welchen sie, nach unwandelbaren Gesetzen, zu allen Zeiten und an allen Orten unseren Erdball umgiebt. Ueberschreiten jene, die Atmosphärenluft wenigstens pharmakodynamisch zur Einheit bindenden, Stoffe das feststehende Mengeverhältnifs irgend erheblich, so wirken ihre aus demselben herausgetretenen Bestandtheile ganz wie viele andere zur Atmosphäre nicht gehörige Gase, welche primitiv eher auf Respirationsunterdrückung und minder auf Umstimmung des Nervenlebens einfliefsen. Hiernach wollen wir nun zunächst die Phänomene aufsuchen, welche durch Verschmelzung überschüssiger Kohlensäure mit reiner Atmosphärenluft bedingt sind, und dann jene prüfen, welche durch die Zuthat verschiedener anderer Gasarten herbeigeführt werden.

### A. Einathmung des mit Atmosphärenluft versetzten Kohlensäuregases.

### §. 144.

#### a. Wirkungen bei beträchtlicher Verdünnung.

Die geringe der Atmosphärenluft einverleibte, während des Sommers um etwas vermehrte und im Winter wieder

*) Vergl. Christison p. 829—830.

**) §. 149.

***) Die höchsten bis jetzt beobachteten Abweichungen schweben zwi 78 bis 80 Mafstheilen Azot, 20 bis 22 Mafstheilen Oxygen und 0,001 bis 0,018 Raumtheilen Luftsäure.

zurücktretende, zwischen 0,001 und 0,018 schwankende Menge kohlensauren Gases *) gehört zu den ununterbrochen auf den Lebensprocefs einwirkenden Normalreizen. Häuft sich die Luftsäure irgend wahrnehmbar über jenes Maximum, so giebt sie, eingeathmet, fast in jedem Falle zu aufsergewöhnlichen Erscheinungen Anlafs.

Bei Imprägnirungen der Atmosphäre mit 2 bis 4 Procent überschüssiger Kohlensäure, welche man in gut construirten Gasgemächern **) ziemlich genau abmessen kann, haben Inhalationen in der Regel folgende Wirkungen. Schon nach ungefähr 5 Minuten verbreitet sich eine behagliche Wärme über den ganzen Körper. Mit dem Eintritte derselben wird die Stirn feucht, die Gesichtsfarbe frischer, röther, die Hornhaut glänzender, der Blick lebhafter und die Pupillen in der Mehrzahl der Fälle ein wenig enger. Bald darauf, und zwar gewöhnlich mit dem Beginn eines besonderen, nicht belästigenden, sich im Inneren der Brust ausdehnenden Wärmegefühls, wird der Puls, wie ich dies selbst bei dem ruhigsten Verhalten beobachtete, um 10 bis 15 Schläge und die Respiration um 4 bis 6 Athemzüge in der Minute vermehrt. Diese Gruppe von Erscheinungen erhält sich bei fortgesetzten Inhalationen, gemäfs der verschiedenen Receptivität der Individuen, eine halbe, ganze, oder auch mehrere Stunden hindurch, ohne dafs derartige in freier Luft bald wieder verschwindende Aufregungen die mindeste Abspannung nach sich ziehen, oder irgend andere unangenehmen Folgen zurücklassen.***)

Setzt man sich jenen Inhalationen selten aus, so wir-

*) Dalton nimmt in der freien Atmosphäre 0,001 Saussure, 0,015 und Humboldt 0,005 bis 0,018 Theile kohlensauren Gases an.

**) §. 154.

***) Mit jenen Angaben stimmen die Erfahrungen mehrerer Beobachter fast durchgehends überein. (Vergl. Piderit über die Gasquellen Meinberg's p. 109. und Brandes und Krüger's Schrift über Pyrmont p. 164.) — Verringerungen der Pulsfrequenz, welche bei Inhalationen von Schwefelwasserstoffgas (§. 62. 66.) regelmäfsig eintreten, und die Richter (s. dessen ausführliche Arzeneimittellehre B. 4. p. 155.), sowohl als Heidler (§. Marienbad) auch bei Einathmungen der Kohlensäure vermuthen, sah ich als primitive Wirkungen nie.

ken sie, den flüchtigen Nervenarzneien ähnlich, rein dynamisch und mehr vorübergehend. Hinlänglich wiederholt können dieselben bleibende und, wie die Erfahrung lehrt *), heilsame Eindrücke in den Lungen sowohl als im Totalorganismus veranlassen,. und selbst auf die Richtung anomaler Vegetationsprocesse günstig einfliefsen **).

## §. 145.

### b. Inhalations-Wirkungen mittlerer Verdünnungen der Kohlensäure durch Atmosphärenluft.

Wo die Atmosphäre über geschützten Moffeten oder in Gasgemächern an 5 bis 6 Procent Kohlensäuregas enthält, entwickeln sich die im vorigen Paragraphe beschriebenen Wirkungen schneller, schroffer, und nehmen in der Mehrzahl der Fälle den Character der Ueberreizung an. Schon nach kurzer Frist fühlt man Druck im Kopfe, Eingenommenheit desselben, Müdigkeit und lästige unbehagliche Wärme. Dabei röthet sich das Gesicht stark, erbleicht aber auch bisweilen plötzlich. Die Augen werden stets ungemein glänzend, die Pupillen bei manchen Personen anfangs etwas beengt und späterhin ein wenig erweitert, die Venen füllen sich immer sichtbarer, die Pulsfrequenz nimmt beträchtlich zu, und die Athemzüge folgen einander rascher, kürzer, unvollständiger. Gewöhnlich entspinnt sich der angeführte Zustand binnen 15 bis 30 Minuten, doch geschieht dies bei besonderer Receptivität einzelner Subjecte zuweilen weit früher, oder auch um Vieles später. Individuen, welche nach dem Eintritt der beregten Erscheinungen die gasimprägnirte Atmosphäre verlassen, gehen die erste Zeit fast ohne Ausnahme etwas schwankend einher, klagen oft über Kopfweh und allgemeines Mifsbehagen, welches zuweilen erst Tages darauf verschwindet. Wer Inhalationen dieser Art über jene Periode hinaus fortsetzt, läuft Gefahr, von schwerem Schwindel, Ohnmachten oder Krämpfen befallen zu werden.

*) Vergl. §. 162. 163.
**) ibid.

## §. 146.

### c. Inhalations-Wirkungen stärkerer Versetzung der Atmosphäre mit kohlensaurem Gase.

Intensivere Imprägnirungen, als die zuletzt angeführten, entsprechen unter keiner Bedingung mehr ärztlichen Endzwecken, und gehören in das Gebiet der Toxicologie. Die Ansicht Girtanner's, Voigt's, Beddoe's, Richter's und mehrerer anderer, durch die Entbindungsweise des Gases sowohl, als durch den Gebrauch besonderer Respirationsapparate irre geleiteten Aerzte, nach welchen man einen Raumtheil kohlensaurer, mit 2 Raumtheilen atmosphärischer Luft gemengt, noch leicht und ohne Nachtheil einzuathmen vermag *), sind durch spätere Versuche vollkommen widerlegt. Davy konnte ein Gemisch aus 4 Theilen Kohlensäure und 6 Theilen Atmosphärenluft, fast eben so wenig wie ganz reines Kohlensäuregas wegen augenblicklich eintretender krampfiger Verschliefsung der Stimmritze, in die Lungen ziehen; selbst nach Inhalationen einer Verbindung von 3 Theilen der ersteren und 7 Theilen der letzteren Luftart empfand er schon binnen einer Minute Schwindel und Schläfrigkeit **). Brandes sowohl, als Krüger versichern, dafs die Pyrmonter Moffete auch dann, wenn sie nur 36 Procent Kohlensäure enthält, den Tod herbeiführe, und dafs Einathmungen höherer Straten derselben, in welchen nur 13 Procent Luftsäure vorkommen, doch schon binnen $\frac{1}{2}$ Minute grofse Beschwerden veranlassen ***). Collard de Martigny †) sah durch ein noch verdünnteres Gemenge, in welchem sogar das Licht ungestört fortbrannte, Besinnungslosigkeit erfolgen; weshalb man sich an Orten, wo Kohlensäure ausströmt, durch das Nichterlöschen stärkerer Kerzenflammen keinesweges gegen Unglücksfälle für gesichert

*) S. Richter's ausführliche Arzeneimittellehre. B. 4. p. 155.

**) H. Davy Untersuchungen über das oxydirte Stickgas etc. Lemgo 1812. T. 2. p. 179.

***) Brandes und Krüger, Pyrmonts Mineralquellen p. 165, 166, 171. und 172.

†) S. Christison p. 831.

halten darf. Berzelius, Rudolphi und Müller nehmen an, dafs schon bei 7, 8 bis 9 Procent Luftsäure Suffocationen eintreten *). Nach meinen, über dem Niveau mehrerer Moffeten, in Kellerräumen, die mit aufstofsendem Biere besetzt waren, besonders aber in gut construirten Gascabinetten angestellten Versuchen entstehen, wenn die Atmosphäre nahe an 10 Procent mit Kohlensäuregase geschwängert ist, gewöhnlich schon binnen 1 Minute, und wenn sie mehr von demselben enthält, in der Regel gleich mit den ersten Athemzügen drohende Zufälle.

Auch da, wo die zwar intensiven aber doch noch athembaren Kohlensäuregemische bereits mit giftiger Natur auftreten, zeigt sich durchgehends die schon früher angedeutete Aufeinanderfolge der Erscheinungen, gemäfs welcher zunächst die Nerven und nach diesen erst die Respirationswerkzeuge in Anspruch genommen werden. Stets beginnen nemlich derartige Inhalationen mit Schwindel, Hinfallen, mit mehr oder weniger tiefem, zuweilen von consensuellem Erbrechen begleitetem Sopor, und nicht eher, als bis das Nervenleben tiefer und tiefer herabsinkt, tritt schweres, gewaltsames, röchelndes Athmen ein, welches, bei längerer Andauer des schädlichen Einflusses, durch den scheinbaren in den wirklichen Tod übergeht. Vielfältige, von mir angestellte Versuche, und Jahre hindurch gesammelte Erfahrungen bewiesen das eben Ausgesprochene unwiderleglich. Zu ihrer Reihe, von der wir jedoch einstweilen die bei der Exposition des Scheintodes besonders anzuführenden Thatsachen ausschliefsen, sind vornemlich die folgenden zu zählen.

Setzt man Enten in eine trockene, ungefähr 15 bis 25 Procent Luftsäure enthaltende Moffete, so schwanken sie schon nach ½ bis ¼ Minute wie trunken umher, und fallen mehrmals taumelnd hin; den Schnabel öffnen sie erst dann, wenn ihr Gang unsicherer geworden ist, und am weitesten, sobald sich dieselben nicht mehr vollkommen wieder aufrichten können. Aehnlich ergeht es diesen Thieren oft auf

*) Berzelius Chem. l. c. B. 1. Abtheil. 1. p. 342. — Rudolphi Physiolog. T. 2. p. 391. — Müller Physiolog. Coblenz 1834. B. 1. p. 279.

den Wasserspiegeln jedes kräftigen Säuerlings; dieselben verlieren hier nach wenigen Secunden die Richtung, welche sie schwimmend zu verfolgen wünschen, und fallen im Wasser alle Augenblicke auf die Seite. Sobald der Taumel den Grad erreicht, bei welchem die willkürlichen Bewegungen beeinträchtigter erscheinen, keineswegs aber früher, treten Zeichen sehr ängstlichen unterdrückten Athmens ein.

Hunde, welche das Niveau der Gashöhlen nicht überragen, nehmen gleich nach dem Betreten der Moffeten, während merklicher Beschleunigung der Pulsschläge, einen schwankenderen, mit jedem Augenblicke an Sicherheit verlierenden Gang an, ohne dafs sie in den ersten Momenten die Schnauze ungewöhnlich öffnen, ohne dafs um diese Zeit dunklere Färbungen der Lippen- und Gaumenhaut bemerkbar würden. Deutliche Beschwerden beim Athmen, welches überdies ohne volle Freiheit des Cerebral-Lebens nur kurze Zeit normal vor sich gehen kann, entstehen jedesmal später, dann nemlich, wenn die fraglichen Thiere sich nicht mehr in stehender oder sitzender Stellung erhalten können, wenn ihre Anstrengungen, sich nach dem Niederfallen wieder aufzurichten, immer fruchtloser werden, und wenn die Pupillen sich bereits merklich zu erweitern anfangen. Jetzt erst öffnen sie die Schnauze öfter und weiter, um diese Zeit athmen dieselben sehr ängstlich, deutlich abdominell, und von nun an giebt sich die gehemmte Decarbonisation des Blutes dadurch kund, dafs der innere Lippenüberzug, so wie die Gaumenhaut eine violette, mit jeder Secunde sich stärker schwärzende Tünchung annehmen. Wird während der letzteren, dem asphyctischen Unterliegen ganz nahen Periode reine Luft zugeführt, so schwindet mit dem Einathmen derselben und der hindurch zurückkehrenden normalen Blutumwandlung zunächst jene characteristische Färbung der Lippen- und Gaumenhaut, bald kehren auch die Pupillen zu ihrer regelmäfsigen Dimension zurück und ganz zuletzt wird der Gang wieder fest und sicher. Wirkungen ähnlicher Art beobachtete auch Loudon, als er auf Java in das merkwürdige, aller Wahrscheinlichkeit nach mit kohlensaurem Gase erfüllte Giftthal Guepoupo's, auf dessen steinigem Grunde Menschengerippe neben Leichen von Tiegern, Dammhirschen und anderen Thieren umherlagen, Hunde herabliefs; sie nahmen unverzüglich einen schwankenden Gang an, blieben einige Secunden wie erstarrt stehen, fielen dann regungslos um, und verendeten binnen 7 Minuten*).

An den Quellen Pyrmonts hat man öfters bei erheblichen Gasausscheidungen, welche die Brunnenbecken hoch überschritten, Kinder und Erwachsene, die Wasser schöpfen wollten, in heftigen Schwindel und förmliche Asphyxie verfallen sehen, von welchen sie nur durch möglichst rasches Versetzen in reine Atmosphärenluft befreit werden konnten, ohne dafs an denselben indefs vorspringende Leiden der Brustorgane bemerkbar gewesen wären. Ein Landmann, dem jener Beistand nicht angedieh, und der sich zu Marienbad**), unfern des Kreuzbrunnens, auf den Erdboden niedergelegt hatte, verschied in der Asphyxie, unerachtet das Gas, welches die Quelleneinfassung überfluthet hatte, an dem abfallenden Boden herabfliefsend, und in die Breite gedehnt mit einer um so gröfseren Menge atmosphärischer Luft durchmischt sein mufste***). — Wie bestimmt eingeathmete, derartige, auch nur mit ungefähr 8 Procent Kohlensäure imprägnirte, Gemische primitiv soporöse, cataleptische und paralytische Affectionen bedingen, denen suffocatorische folgen, davon überzeugte mich auch das, an seinem Orte umständlich beschriebene Verhalten eines Mannes, welcher auf die fragliche Weise wenige Schritte von mir sein Leben beinahe eingebüfst hätte †).

## §. 147.

### B. Wirkungen der mit anderweitigen Gasen geeinigten Kohlensäure.

Nur reichliche Beimischungen der Atmosphärenluft machen, wie schon nachgewiesen ward, das Kohlensäure-

*) In der Nähe jenes Thales befinden sich zwei Vulcane, es hat ½ Meile im Umfange, und ist ungefähr 40 Fufs tief. Vergl. Gräfe's und Walther's Journ. B. 20. p. 58.

**) Vergl. §. 149.

***) §. ibid.

†) Heidler Marienbad et ses moyens curatifs. Prague 1828. p. 338.

gas respirabel; alle anderen bekannten Gasarten mindern dagegen dessen Kraft, den Einathmungsact zu unterdrücken, wenig oder gar nicht. Es kann hier nur die Wirkung jener Zusammensetzungen betrachtet werden, welche theils natürlich erzeugt, theils künstlich hervorgebracht, im gemeinen Leben öfter vorkommen. — Unter denselben sind einzelne Hydrogen-Verbindungen noch als die mildesten anzusehen, schon in geringerem Grade ist dies bezüglich azotischer Zusätze, und am wenigsten hinsichts der Einigungen, sowohl mit überschüssigem Oxygen als mit jenen Gasen der Fall, welche neben der Luftsäure beim Verbrennen der Kohle entstehen.

a. Hydrogen-Verbindungen.

Die den Riechstoff der Pflanzen tragende, besonders in überfüllten verschlossenen Gewächshäusern zur Nachtzeit ausgeschiedene Wasserstoffluft wirkt verhältnifsmäfsig am wenigsten intensiv. Sie sammelt sich nur langsam, bleibt anfänglich noch mit vieler Atmosphärenluft vermengt, erzeugt heranschleichende, unüberwindliche Schläfrigkeit, versetzt in wirkliche Schlafsucht, so wie in stufenweise gesteigerte Aphyxieen, und führt nach mehrstündigem Fortwirken Gefahr, ja den Tod herbei. — In wiefern sowohl einfache als Kohlen-Wasserstoffluft, mit Kohlensäure vermischt, unter gegebenen Bedingungen eingeathmet werden kann, lehren die schon früher erörterten und besonders an Gasquellen, welchen derartige Gemenge entsteigen, gemachten Erfahrungen *). Stets nimmt die Respirabilität solcher Verdünnungen mit der gröfseren Quantität der beigefügten Luftsäure ebenmäfsig ab. Da sich die beregten quantitativen Beziehungen bei den in finsteren unbesuchten Gewölben, in Schachten und Steinkohlengruben angehäuften Mofferten mannigfach verhalten, so erklärt es sich auch, weshalb derartige Gasgemenge zuweilen das Athmen einige Zeit unter langsam zunehmender Betäubung gestatten, und in anderen Fällen den Respirationsact schon nach den ersten Inhalationen unterdrücken. — Verbindungen der reinen Schwefelwasserstoffluft mit

*) Vergl. Hydrogen-Gasquellen.

einfacher Kohlensäure wirken, unter den Hydrogen-Zusammensetzungen, am feindlichsten, indem sie eingeathmet fast immer auf der Stelle tödten. Dessen ungeachtet wird auch das letztere Gemisch durch Zuthat von Atmosphärenluft nicht nur athembar, sondern vermöge hinlänglicher derartigen Diluirung sogar, wie dies die medicinisch-pneumatische Benutzung der hepatischen Gasquellen zeigt, in ein wichtiges, gegen bestimmte Krankheiten vielbewährtes Heilmittel verwandelt *).

b. Azotische Verbindungen.

Merkwürdig ist es, daſs der Stickstoff, obgleich derselbe an $\frac{4}{5}$ der zum fortgesetzten Athemholen ausschlieſslich geeigneten Atmosphärenluft ausmacht, dennoch, dem kohlensauren Gase beigefügt, die Irrespirabilität desselben nur wenig verringert. Die Ergebnisse der vergleichenden, bezüglich des Einflusses der Luftvulkane Pyrmonts und Neapels auf das Thierleben angestellten, Versuche geben hierfür wichtige Belege. In der ersteren mit Atmosphärenluft verbundenen Gaslage werden Thiere jeder Art zunächst schwindlich, dann athmen sie unter den Zeichen der Nichtdecarbonisation des Blutes immer schwerer **), und verfallen nach geringen Zuckungen, oft aber auch ohne alle vorhergehenden Krampfanfälle in Asphyxie. Dagegen zeigt sich in dem letzteren, aus Azot und fixer Luft bestehenden Gemische, die Respiration nebst der Blutumwandlung auf der Stelle beeinträchtiget, es folgen schon nach kurzer Frist, während heiseren, schmerzandeutenden Aufschreiens, stürmische Krämpfe, welche verhältniſsmäſsig weit schneller in den Scheintod übergehen. Beide Moffeten können zwar das Leben auch unwiderruflich vernichten, doch kommt dieser Ausgang, durch alle Thierklassen hindurch, in der Neapolitanischen viel früher als in der Pyrmonter zu Stande. So verendeten allgemeinhin kleine Hunde in jener binnen 2 Minuten, gröſsere in dieser nach 2 Stunden, Katzen in der ersten nach 1 Minute und 45 Secunden, in der letzteren nach 15 Minuten, Hühner in der ersteren

*) Vergl. Kur durch Schwefelwasserstoff der Hydrogen-Gasquellen.
**) S. §. 145.

nach 1 Minute und 15 Secunden, in der letzteren nach 12 Minuten und 45 Secunden, Eidexen in der irrespirableren nach 6 Minuten und in der respirableren nach 36 Stunden *), wobei jedoch auf einzelne Thierexemplare allerdings auch anderweitige, späterhin zu erörternde Umstände mit einwirkten.

c. Oxygen-Verbindungen.

Zusätze des reinen Sauerstoffgases, des zweiten wesentlichen Bestandtheiles der Atmosphärenluft, verringern die schädlichen Einflüsse der Kohlensäure kaum merklich. Manche Physiologen, und unter diesen besonders Rudolphi, behaupten zwar, dafs die Luftsäure, wenn dieselbe Sauerstoffgas enthielte, länger eingeathmet werden könne **), doch lehrt die Erfahrung das Gegentheil. Setzt man nemlich Thiere in ein Gemenge, in welchem der Kohlensäure anstatt der, in der Atmosphärenluft enthaltenen Quantität Azot ***), reines Sauerstoffgas beigefügt ist, so sterben sie schon binnen 1 bis 2 Minuten †).

d. Verbindungen der Kohlensäure mit den beim Verglimmen der Kohle entstehenden Gasen.

Das Brennen der Steinkohlen, welches mit gleichzeitiger Entbindung von schweflichter Säure und scharf brenzlichen Dünsten vor sich geht, kann, selbst wenn man die hierbei entwickelten Gase in verdünnterem Zustande einathmet, Raserei hervorbringen ††), und wenn man sie concentrirter in die Lungen zieht, unter heftigen, von Krämpfen begleiteten Erstickungszufällen das Leben schnell vernichten. Dessen ungeachtet giebt das Verbrennen der Steinkohlen im Ganzen, und zwar deshalb seltener zu tödtlichen Folgen Anlafs, weil die erwähnten, neben der Luftsäure verflüchtigten Stoffe, selbst beträchtlich diluirt, so lebhaften, mit kitzelnden und stechenden Empfindungen im Kehlkopfe verbundenen Husten verursachen, dafs man, durch diesen gleichsam gewarnt, meistens noch Zeit genug gewinnt, sich

*) Vergl. mein und v. Walther's Journal Bd. XV. pag. 105. und Bd. XV. pag. 74.

**) S. d. Physiolog. B. 2. p. 391.

***) §. 143.

†) S. Christison l. c. p. 828.

††) Vergl. Braid in Christison p. 836.

der Gefahr zu entziehen. — Wo Pflanzenkohlen in geschlossenen Räumen verglühen, erfolgen, von den eben angeführten merklich abweichende Wirkungen. Hier bildet sich, nach dermalen noch unzulänglich erforschten Gesetzen, entweder einfaches, anfänglich noch mit vieler Atmosphärenluft vermengtes Kohlensäuregas, oder es wird dasselbe gleichzeitig mit brenzlichen Stoffen mit Kohlenoxydgas und mit sogenanntem Kohlendunste *) entbunden. In dem ersten Falle erfolgen während ruhigen Einschlummerns immer tiefere und tiefere, rein nervöse Betäubungsgrade; in dem letzteren dagegen nach kurzer Frist stürmische mit grofser Unruhe, schäumigem Speichelauswurfe und Krämpfen vergesellschaftete Suffocationsparoxysmen. Aus jenen zwiefach verschiedenen Wirkungsweisen erklärt es sich, weshalb durch Kohlenfeuer Asphyxirte nicht immer auf gleiche Art umkommen, und weshalb die Resultate der unter diesen Umständen angewendeten Rettungsversuche, wie wir späterhin sehen werden, so sehr von einander abweichen **). — Bei dem Verglimmen der Thierkohle

*) Vergl. Berzelius a. a. O. B. I. erste Abtheilung pag. 340. — Hünefeld hält den noch räthselhaft gebliebenen Kohlendunst für einen besonderen, von ihm Kohlenbrandsäure genannten Stoff; seine gewifs sehr verdienstlichen Untersuchungen dürfen indefs noch nicht als abgeschlossen betrachtet werden. Vergl. Horn's Archiv für med. Erfahr. 1836. Jul. u. Aug. Heft p. 573.

**) Auffallend war mir in Italien, wo die Wohnungen aus Mangel an Kaminen und Oefen gewöhnlich durch Kohlengluth erwärmt werden, das Unschädliche dieses allgemein bestehenden Gebrauches. Selbst in Palästen und prunkvollen Hospitälern wird die eisige Winterluft vermöge tragbarer, grofser, flacher Kohlenbecken, (Bracières, Riscaldieros) gemildert. Als ich in den letzten Novembertagen 1829, während das Thermometer im Freien + 3 bis 4° R. angab, Lucca's Hörsäle besuchte, trugen die Professoren sowohl, als sämmtliche Studirende, in grofse Tuchmäntel gehüllt, bedeckten Hauptes, gluthhauchende Kohlentöpfchen am Arme. Die betreffenden irdenen Geräthe nennt man ihrer erwärmenden Eigenschaft wegen galant genug marito; sie sind an ihrem oberen Rande mit einem quer überlaufenden stark ausgeschweiften Henkel versehen, um am Handgelenke oder am Vorderarm ohne weitere Behinderung angehängt zu werden. Unerachtet des auf diese Weise, in verhältnifsmäfsig geringen Räumen reichlich angesammelten Kohlenfeuers, erzeugen sich aufser den bisher genannten noch anderweitige gasige Stoffe, unter welchen die ammoniakalisch-empyreumatischen am meisten vortreten. Derartige Gemische geben durch den Husten, welchen sie selbst noch bedeutend diluirt hervorbringen, so wie durch ihren höchst widrigen nauseosen Geruch, aus denselben Gründen, auf welche wir bei den Steinkohlendämpfen aufmerksam machten, allgemeinhin nur selten zu tödtlichen Folgen Anlafs. Als merkwürdige Beispiele, dafs jedoch auch auf diesem Wege unglückliche Ausgänge herbeigeführt werden, erwähnen wir die von Paraeus mitgetheilte Beobachtung, gemäfs welcher Papst Clemens der Siebente von den Dünsten halberloschener Lichter getödtet ward*), so wie den neuerdings vorgekommenen Fall, in welchem ein schlafender, vollkommen gesunder Knabe durch längeres, über eine halbe Stunde fortgesetztes Vorhalten dampfender Talglichtschnuppen, unter apoplectisch-suffocatorischen Erscheinungen starb**).

e. Verbindungen mit Kalkatomen.

Die beim Kalkbrennen entweichende Luftsäure ist wahrscheinlich mit gewaltsam fortgerissenen Kalktheilchen vermischt. Es sprechen dafür das mit dem Einathmen derselben unverzüglich tief im Halse entstehende Brennen, welches gewöhnlich in lang nachhallende, zuweilen sehr bedenkliche Entzündungen der inneren Halsgegend übergeht, ferner das

klagten doch weder Lehrer noch Zuhörer über die geringste Beschwerde. — Wahrscheinlich werden die nachtheiligen Folgen dadurch verhütet, dafs man streng darauf achtet, immer nur ausgebrannte, gewöhnlich von den Bäckern gelieferte Holzkohlen zu gebrauchen, dafs ferner Jedermann die Thüren, so lange die Kohlen nicht hell glühen, offen zu halten, oder den Bracière genau erst nach Erreichung dieses Zweckes in das Zimmer zu setzen gewöhnt ist, dafs ferner die nur sehr unvollkommen schliefsenden, in der Regel zugleich Balconthüren bildenden Fensterrahme bis zum Fufsboden hinabreichen, und dafs aufserdem die dasigen baulichen Einrichtungen überhaupt eher Vermehrung als Verringerung des Luftzuges unterstützen, wodurch im Ganzen das Ablaufen schwerer Gasarten, so wie Erneuerungen der Atmosphäre vielseitig begünstiget werden.

*) Ambr. Paraeus Lib. 29. Cap. X.

**) Vergl. Amman in Christison l. c. p. 835.

durch derartige concentrirtere Inhalationen unter höchst schmerzhaften Erstickungszufällen überaus schnell erfolgende Ableben, und die in den Leichen fast immer zurückbleibende, von einem corrodirten Aussehen begleitete, stark saturirte Röthung der Schleimhäute des Rachens, des Kehlkopfs und der Trachea. Wie gefährlich derartige Einathmungen werden können, beweist die von Foderé erzählte Geschichte einer Familie von 7 Personen, welche durch den in das Zimmer des nahen Wohngebäudes eingedrungenen Kalkofendampf in einer Nacht 5 Mitglieder verlor *).

## §. 148.

## Modificationen der Wirkung des Kohlensäuregases nach den Empfänglichkeitsgraden der Individuen.

Die verschiedene Receptivität für den Einflufs des fraglichen Gases ist schon früher berührt worden **). Wir treffen in dieser Beziehung auf Verhältnisse, die mit jenen am meisten übereinkommen, welche von der Anwendung flüchtiger Reizmittel bekannt sind. Opium und geistige Getränke wirken, in einer und derselben Menge gereicht, auf manche Subjecte erfrischend, kräftigend, ermuthigend, auf andere dagegen abspannend, einschläfernd; eben so bringen leichte, nicht zu lange fortgesetzte kohlensaure Inhalationen zwar gewöhnlich ein behagliches, mit erhöhter Lebensthätigkeit verbundenes Wohlgefühl, zuweilen aber auch Müdigkeit, Mifsmuth und mehr oder weniger belästigende Nervenzufälle hervor ***). In wenigen Ausnahmefällen sah ich Personen eine volle Minute Imprägnirungen der Atmosphäre mit 8 Procent Kohlensäure ohne irgend eine Beschwerde einathmen, obgleich derartige Gasgemische nach Braid †) häufig Delirien, Raserei, Catalepsie und Coma verursachen. Es ereignete sich, dafs von einzelnen, in tief gesenkte Moffeten herabgelassenen Menschen der eine augenblicklich Erstickungszufällen unterlag, während ein anderer ihm nach-

*) S. Foderé, medécine légale. T. 4. p. 37.

**) §. 138.

***) §. 138. u. 145.

†) S. Braid in Christison p. 836.

gesendeter dieselbe giftige Inhalation wenigstens so lange ertrug, als es nöthig war, um die dringendste Hülfe einzuleiten.

Kennen wir auch den Grund der mannigfachen Idiosyncrasieen überhaupt nicht, so scheint doch die höhere Empfänglichkeit für Kohlenäure jedenfalls mit dem jugendlicheren Alter, mit der gröſseren Entfaltung des Nervensystems und mit der ausgedehnteren Lungen-Capacität in naher Beziehung zu stehen. Offenbar wirkt nemlich das Kohlensäuregas auf Kinder, Frauen, so wie überhaupt auf sehr sensible Individuen stärker als auf Männer, erwachsene und torpide Subjecte. Auch der mehreren Thiergattungen eigene Empfänglichkeitsgrad bestätigt jene Ansicht, insofern als alle, mit einem vollkommneren Nervensysteme begabten, besonders, wenn zugleich entwickeltere Athmungswerkzeuge dem Gase eine gröſsere Berührungsfläche darbieten, durchgehends am heftigsten ergriffen werden. Vögel, in deren Respirationsapparat sogar ein groſser Theil des Knochengebäudes hereingezogen ist, sterben am schnellsten, Säugethiere schon merklich langsamer, Amphibien, deren niedrigeres Nervensystem und mehr untergeordneter Athmungsproceſs den Verkehr mit der Kohlensäure gleichgültiger macht, noch langsamer, und Mollusken sowohl als Larven, mit ihren auf der niedrigsten Ausbildungsstufe stehenden Respirationswerkzeugen am langsamsten. Zu Folge mehrerer, in der Neapolitanischen und Pyrmonter Moffete angestellten Versuche trat der Tod durchschnittlich bei Hühnern schon nach 1 Minute, bei Hunden sowohl als Katzen binnen 2 bis 3 Minuten, und bei Eidechsen, Fröschen, Schlangen erst in 6 bis 12 Minuten, ja bisweilen noch später ein *). Gartenschnecken wurden nach 18 Stunden, in die freie Luft gebracht, aus dem Scheintode wieder erweckt, und Mehlwürmer, welche 8 Tage hindurch in der Gasschicht gelegen hatten, noch lebend gefunden **). — Nicht übersehen darf man hiebei, daſs hinsichts einer und derselben Thierart, auch die Gröſse und jedesmalige Rüstigkeit

*) Vergl. Gräfe's und Walther's Journ. B. 15. p. 105. etc.

**) Brandes u. Krüger Pyrmonts Heilquellen p. 166—167.

von beträchtlichem Einflusse ist. Kleine Hunde verenden immer weit schneller als gröſsere, durch Experimente abgemattete um Vieles früher, als völlig muntere. Am auffallendsten verhielten sich in dieser Beziehung Eidechsen und Schlangen. Von jenen starben in der Grotta del cane die kleineren und schwächeren schon in 6 bis 12 Minuten, die gröſseren, kräftigeren, völlig ausgewachsenen nach einigen Stunden. Mehrere Schlangen gaben oft stundenlang nicht das mindeste Lebenszeichen von sich, wachten aber dennoch in freier Luft wieder auf; ja eine in die Neapolitanische Moffete getauchte, 1½ Tag für todt gehaltene, und im Wohnzimmer blos zur Section aufbewahrte, gelangte nach dieser geraumen Zeit, wenn auch merkwürdig langsam, und durch ebenso kleine als viele Abstufungen hindurch, nach einer Woche doch wieder zu völlig ungetrübtem Leben.

## §. 149.

### Schein- und wirklicher durch Luftsäure bedingter Tod.

Der durch Kohlensäuregas bedingte Tod, sei er es scheinbar oder wirklich, offenbart sich an den Verunglückten, je nachdem primitiv mehr das Hirn, oder mehr die Lungen ergriffen werden*), allgemeinhin in zwiefach verschiedener Form. Sein, aus jenen beiden Richtungen zwar als nothwendig hervorgehendes, dennoch aber von den meisten Aerzten, selbst von Orfila und Christison unzulänglich beachtetes Doppelbild stellt sich durch vielfältige Thatsachen klar vor Augen.

a) In dem ersteren zunächst zu betrachtenden Falle, in welchem vollkommen respirable, viele Atmosphärenluft enthaltende Kohlensäure anfänglich nur heranschleichende Betäubungen und später Respirationsstörungen bedingt, bleibt den intoxirten Individuen rücksichtlich der Haltung der Gesichtszüge sowohl als des ganzen Körpers, das Gepräge sanfter Ruhe, ganz wie wir sie an behaglich Schlummernden wahrnehmen, ununterbrochen, und zwar von der vita minima an, bis zum Beginn der Verwesung aufgedrückt. Beispiele mögen das Gesagte erläutern.

*) §. 143—147.

Die Geschichte eines zu Pyrmont asphyxirten Mannes scheint in der fraglichen Beziehung so belehrend, dafs ich glaube, dieselbe umständlich mittheilen zu dürfen. Abends am 23. August 1831 bestand die 2 Fufs hohe Gasschicht der Dunsthöhle, als ich, von Herrn Hofmedicus Steinmetz unterstützt, mit Untersuchung derselben beschäftigt war, aus ungefähr $\frac{1}{3}$ kohlensaurer und $\frac{2}{3}$ gemeiner Luft. Etwas über einen Fufs oberhalb ihres Niveaus, auf der Höhe, in welcher sie, wie wir späterhin sehen werden, eingeathmet ward, enthielt das nicht beunruhigte Luftgemenge kaum 8 Procent kohlensauren Gases. Der Wächter der Höhle, Heinrich Göcke, ein Landmann im kräftigsten Mannesalter, leistete uns, indem wir, einige Vorbereitungen besorgend, unmittelbar vor der Moffete verweilten, Handreichungen, betrat dieselbe mehrmals, um verschiedene Gegenstände theils auf den Boden hinzusetzen, theils von dort her zurück zu bringen. Als dies wiederholentlich geschehen war, und der Mann zu gleichem Behufe nochmals in die Höhle trat, verblieb derselbe in gebückter Stellung, mit niedergehaltenen Armen, ohne jedoch die aufzuhebende Schale anzufassen, länger stehen, als dies nöthig schien. Unserer Bitte, seinen Auftrag zu beschleunigen, leistete er keine Folge. Selbst nach öfter wiederholtem lautem Zuruf verblieb derselbe regungslos in der angenommenen Haltung. Hiedurch aufmerksam gemacht, näherten wir uns demselben und fanden seine Gesichtszüge zwar nicht im mindesten verzogen, aber wie erstarrt, seine Augen stier nach einem Punkte gerichtet, seinen Mund halb offen, und die Lippen bleich. Rasch hinzuspringend, rissen wir ihn aus der Höhle und trugen denselben ohne Säumen auf die höheren Stufen der angrenzenden wallförmigen Rasenterrasse, was indefs dadurch merklich erschwert ward, dafs die einzelnen Theile seines Körpers, fast wie bei Cataleptischen, nur mit Mühe aus der angenommenen Richtung gebracht werden konnten. Das Bewufstsein schien völlig erloschen, der Puls geschwunden, der Herzschlag kaum fühlbar, das Gesicht bleich, die Beweglichkeit der erweiterten Pupillen aufgehoben, der Glanz der Hornhaut auffallend gesteigert, das Athmen nicht im mindesten röchelnd, aber gering und selten. Während die Kleidungsstücke gelüftet, der Kopf mit kaltem Wasser begossen, die Brust stark gerieben und atmosphärische Luft kräftig zugeweht wurde, traten einige leichte, von weifsem Schaum in den Mundwinkeln begleitete, Gliederzuckungen ein, und nach einer tiefen stöhnenden Inspiration erwachte der Betäubte wie aus schwerem Schlafe. Zuerst wurden die erstarrten Gesichtsmuskeln, gleich darauf die Augen beweglich, der kaum zu dunkeler Besinnung Gelangte blickte fremd um sich, fragte mit ungelenker Zunge, wo er sei, gab wenig richtige Antworten, erkannte die Umstehenden nicht sogleich, klagte, völlig erwacht, über tiefen Druck im Kopfe, empfand keine Brustbeschwerden, konnte sich anfänglich nur mit fremder Hülfe erheben, und behielt, selbst als der Puls, die Gesichtsfarbe, so wie das Athmen schon längst wieder normal geworden waren, einen sehr unsicheren, schwankenden Gang. Grofse Müdigkeit hielt bis zur Nacht an und verlor sich erst Tages darauf. Wahrscheinlich wurde in diesem Falle die tiefe, nach den letzteren Inhalationen des Gasgemisches entstandene Asphyxie dadurch begünstiget, dafs das Individuum, während des vorhergegangenen öfteren Betretens der Höhle, durch früheres Einathmen eines beträchtlichen Theils der aufgerüttelten Luftsäure für die Einwirkungen derselben stufenweise empfänglicher geworden war. — Die Schilderung, welche mir der, unter meinen Augen fast um das Leben Gekommene, nach völlig eingetretener Erholung, von dem gab, was er während des fraglichen Unfalls empfunden hatte, darf nicht übergangen werden. Er konnte sich des ihm gewordenen Auftrages, und der Absicht in der Moffete etwas vom Fufsboden aufzuheben, deutlich erinnern, versicherte, dafs bald nach dem Herabbücken eine angenehme Wärme seinen ganzen Körper durchrieselt habe, in welcher er sich behaglich fühlte, obgleich es ihm dabei nicht recht richtig im Kopfe gewesen sei. Einen an ihn gerichteten Zuruf hörte er anfänglich, dieser entfernte sich aber schnell weiter und immer weiter, und in gleichem Mafse wurde der Wille sich nach dem Schalle hinzubewegen, durch eine unbegreifliche Kraft, welcher sich der Halbbetäubte indefs gern hingab, mehr und mehr beschränkt. Alsbald verhallte jener Laut gänzlich, und gleich darauf näherten sich, scheinbar aus weiter Ferne, während der herrlichsten Lichterscheinungen, liebliche vorher nie gehörte Klänge, unter welchen der Erzähler, seiner Meinung nach, mehr wahrscheinlich in völlige Besinnungslosigkeit versank, denn von nun an, bis zu seinem Erwachen auf dem Rasen, wufste derselbe nicht im mindesten, was mit ihm geschehen war. Die Frage, ob er sich erinnere, während jenes Vorganges Angst, Brustbeklommenheit oder Schmerzen irgend einer Art bemerkt zu haben, wurde dahin beantwortet, dafs das Versinken in den bewufstlosen Zustand einladend, ja mit Wohlgefühl verbunden, das Erwachen, wenn auch auf keine Weise schmerzhaft, doch widrig, und die unmittelbar darnach empfundene Hinfälligkeit besonders unangenehm gewesen sei. — Fassen wir das Wesentliche des Vorganges zusammen, so ergiebt sich, dafs der erste Eindruck der Intoxication, ausschliefslich gegen das Hirn gerichtet, alle Herrschaft des Willens über die Muskelnbewegung aufhob und den Zwang bedingte, in der einmal angenommenen Stellung zu beharren, dafs darnach der innere Sinn, ohne ebenmäfsige Beeinträchtigung des Respirationsactes in gänzliche Bewufstlosigkeit unterging, und dafs der Betäubte, bei welchem jedoch noch kein sympathisches Erbrechen eingetreten war, sich selbst überlassen, aus der ungewöhnlichen Haltung, in welcher er nur kurze Zeit beharren konnte, zu den tieferen, concentrirten, entschiedener auf die Lunge einwirkenden Gasschichten niedersinkend, diese gewifs nicht lange eingeathmet hätte, ohne dafs die bereits ausgebildete cataleptische Asphyxie, in wirklichen apoplectisch-suffocatorischen Tod ausgeartet wäre.

Die Erfahrung, welche Hermbstädt an sich selbst machte, hat mit der eben mitgetheilten manches Aehnliche: Derselbe besuchte im Jahre 1779 einen mit vielen Fässern gährenden Biers besetzten Keller, dessen Atmosphäre dermafsen mit Kohlensäuregas erfüllt war, dafs die Lichter in demselben erloschen, und dafs ihn nur erfahrene Bierwärter ohne Naththeil schnell durchlaufen konnten. Schon nach den ersten Schritten wurde der Erzähler betäubt, und gerieth in tiefe, fast zweistündige (?) Asphyxie, nach welcher ihn vier Stunden lang heftiges Kopfweh belästigte. Wiederholte Versuche ergaben denselben Erfolg. Hätte man mich, sagt Hermbstädt, nur wenige Minuten in jener Atmosphäre von Luftsäure gelassen, ich wäre gewifs sehr sanft gestorben*).

Zu den unglücklichsten derartigen Ereignissen gehört unstreitig Plinius des älteren Tod. Der eben so eifrige Naturforscher als fruchtbare Schriftsteller verliefs die von ihm bei Misenum befehligte Flotte, um den gewaltigen Vesuv-Ausbruch am 24. August 79 in der Nähe zu beachten. Ermüdet legte sich derselbe auf einen am Erdboden ausgebreiteten Teppich, wollte gleich darauf wieder aufstehen, konnte dies aber nicht mehr ohne fremde Hülfe, und sank, von seinen Dienern unzureichend unterstützt, wieder zurück. Hätten diese ihren Gebieter, anstatt erschrocken davon zu eilen, vollständig aufgerichtet, hätten sie denselben aus den am Boden haftenden Gaslagen entfernt, welche mit Kohlensäure geschwängert, zu Ende einzelner Eruptionsparoxysmen in der Nähe feuerwerfender Berge oft aus unterirdischen Räumen aufsteigen**), so wäre ohne Zweifel das Leben des seltenen Mannes gerettet worden, dessen Leiche man Tages darauf genau an der verlassenen Stelle, und zwar weder verbrannt, verschüttet, noch auf irgend eine Weise versehrt, sondern so wiederfand, dafs dieselbe weit mehr das Ansehen eines sanft Ruhenden als eines Todten gewährte***).

Es sollen Leichen der in der Pyrmonter Höhle Verunglückten, wie Herr Hofrath Mundhenk und Herr Hofmedicus Steinmetz mir versicherten, stets, fern von allem Abschreckenden, ganz das Aeufsere eben Eingeschlafener an sich tragen. Nur bei manchen wurden Spuren statt gehabten Erbrechens angetroffen. Dafs dasselbe unter den fraglichen Umständen erst auf der Höhe des Sopors erfolge, ist deshalb anzunehmen, weil die Stellung des

*) S. Orfila's Toxicologie v. Hermbstädt l. c. Berlin 1819. T. 4. p. 86—87.

**) §. 5.

***) Vergl. des jüngeren Plinius schönen, über den Tod seines Oheims an Tacitus gerichteten Brief in C. Plinii Caecilii secundi Epistol. Lib. 6. Epist. 16.

Kopfes gewöhnlich auch nicht im mindesten die Neigung verrieth, welche ihrer Sinne einigermafsen Bewufste, bei dergleichen Entleerungen anzunehmen pflegen. Von dem betreffenden Verhalten der Leichname fand ich in einem, während des Sommers 1832 vorgekommenen Falle Gelegenheit, mich selbst zu überzeugen. Ein junger Mann aus der Nachbarschaft hatte sich, dem drückendsten Elende Preis gegeben, höchst wahrscheinlich den Tod suchend, bei Nacht, denn noch spät am Abend war die Grotte durch den dazu bestellten Wächter besichtigt worden, halb sitzend auf den Boden derselben niedergelegt. Sein Kopf ruhte bequem in der emporgehaltenen Hand, als hätte er denselben gegen die Härte der kalten Steinwand, an welche sich der Oberleib schief lehnte, schützen wollen. Der Körper war dabei ganz in der Art ein wenig zur rechten Seite gewendet, in welcher Viele am liebsten einschlafen. Eine gleich bequeme, natürliche, sanft gebogene Haltung hatten die unteren Gliedmafsen. Die ganze Stellung, in welcher man den Verblichenen früh am Morgen antraf, schien völlig die zu sein, welche derselbe entschlummernd angenommen haben mochte. Die Augenlieder waren gesenkt, und die nicht völlig bedeckte Hornhaut glänzte noch lebhaft, obgleich bereits völlige Marmorkälte eingetreten war. Alle Belebungs-Versuche blieben fruchtlos. Noch am Tage der legalen Section, zu welcher die forensischen Aerzte mich einluden, ähnelte der Entseelte weit mehr einem sanft Eingeschlafenen als einer Leiche.

b) In weit anderer Form zeigt sich der scheinbare und der wirkliche Tod da, wo kohlensaure Luft concentrirter, oder mit ebenfalls irrespirablen Gasarten gemischt, den Athmungswerkzeugen aufgedrungen, unverzüglich heftige, von tiefem Röcheln und gewaltsamen Convulsionen begleitete Suffocations-Zufälle veranlafst. Nur zu oft tritt dieser Fall beim Verbrennen der Holzkohlen in niedrigen, geschlossenen Räumen ein. Auf die fragliche Art intoxirte Individuen haben ein gedunsenes Ansehen, die Gesichtsfarbe ist dunkel, bisweilen violet, die gerötheten glänzenden Augen starren aus ihren Höhlen hervor, blutiger Schaum fliefst über die schwarzblauen Lippen, erhebliche, durch krampfichtes

Zusammenschlagen der Zähne erzeugte Zungen-Verletzungen sind in der Regel vorhanden, die Gaumenhaut sammt dem Zäpfchen erscheinen carmoisinroth und die Halsvenen vom Blute strotzend. Spuren stattgefundener, unwillkürlicher Ausleerungen fehlen nie. Stets trifft man den ganzen Körper in einer aufsergewöhnlichen, wahrscheinlich durch vorhergegangene fruchtlose Versuche, den Ort zu ändern, entstandene Lage, und immer behalten die Gesichtszüge längere Zeit, ja oft bis zum Eintritte offenbarer Verwesung den Ausdruck tief empfundener Qual.

Das geschilderte, zwiefach verschiedene Erscheinen der fraglichen Intoxication ist bei tiefen, durch dieselbe bedingten Asphyxieen auch hinsichts der Vorhersage von Belang. Unter gleich gestellten Verhältnissen glückt nämlich die Wiedererweckung häufiger und selbst nach ziemlich langer, ja bisweilen nach zweistündiger Dauer des Scheintodes *), sobald der fragliche Zustand in rein nervöser Form auftritt, dagegen bleiben Rettungsversuche überhaupt, und oft schon nach wenigen Minuten vergeblich, wenn derselbe unter stürmischen Suffocations-Vorgängen zu Stande gekommen ist. Die Ursache dieser abweichenden Erfolge der Kunsthülfe scheint vornehmlich darin zu liegen, dafs Fälle der ersteren Art beinahe nie, der letzteren hingegen fast ohne Ausnahme von unentfernbaren inneren Blutüberfüllungen, von tiefen Blutaustretungen und oft von Zerreissungen wichtiger Gefäfse begleitet werden.

## §. 150.

### Sections-Resultate.

Die Ergebnisse der betreffenden Leichenöffnungen sind keinesweges so beständig, als es die meisten Aerzte voraussetzen.

Nach Portal, Pyl und Wildberg zeigen sich an Leichen von im Holzkohlendampf Umgekommenen die Augen glänzend und herausgetrieben, das Antlitz geröthet, die Zunge vorgefallen und schwarz, die Blutgefäfse des strotzenden Gehirns überfüllt, die Lungen, wie bei einem Emphysem,

*) Seite 294.

aufgeblasen, und das Herz nebst den grofsen Venen von schwarzem Blute ausgedehnt *).

Orfila fand in den durch kohlensaures Gas sowohl, als durch Kohlenoxydgas Gestorbenen, die thierische Wärme verhältnifsmäfsig länger erhalten, den ganzen Körper etwas aufgetrieben, an einzelnen Stellen blau gefleckt, das Gesicht stets geschwollen, dessen Tünchung gewöhnlich roth, bisweilen bleich, die Augen glänzend, die Zunge intumescirt, das Zäpfchen dunkel, die Lungensubstanz wie aufgeblasen, die Hirn- und Lungenvenen mit schwarzem, flüssigem Blute überfüllt, die Arterien dagegen leer **).

Aus dem im Jahre 1826 veröffentlichten, von Herrn Hofrath Mundhenk und Herrn Hofmedicus Steinmetz über einen in der Pyrmonter Höhle Verunglückten aufgenommenem Sections-Protokolle ergiebt sich Folgendes: Die Gliedmafsen hatten 10 Stunden nach dem Tode noch grofse Beweglichkeit, das Gesicht sowohl als die Zunge waren geschwollen, die Lippen bräunlich, die Augen stark vorragend, die innere Haut des Kehlkopfes, so wie die der Luftröhre geröthet, die Lungen zusammengefallen und dunkelblau. Bei der Untersuchung des Herzens fand man dessen rechte Hälfte von Blut strotzend, die linke hingegen nur wenig gefüllt. Sämmtliche Hirnhäute erschienen blutreicher, die Cortical-Substanz des Hirns war dunkler, als gewöhnlich. Die Unterleibseingeweide zeigten sich überhaupt geröthet und stellenweise förmlich sugillirt ***).

Dr. Schenk theilt die Geschichte eines jungen Ehepaars mit, welches, in einem Bette zusammenschlafend, den Tod durch Kohlendunst erlitt. Beide Leichen gewährten den Ausdruck der sanftesten Ruhe, und schienen eben Eingeschlummerten ganz ähnlich †). Vermifst wurde an denselben die von mehreren Aerzten, und namentlich von Jäger und Renard beobachtete längere Erhaltung der thierischen Wärme, so wie die, besonders von Portal und Larrey als

*) S. Christison p. 838—839.

**) Vergl. Orfila's Toxicolog. übers. v. Hermbstädt B. 4. p. 87. und 90.

***) Vergl. Brandes u. Krüger Pyrmonts Mineralq. 1826 p. 165.

†) Vergl. §. 147.

characteristisch angenommene Biegsamkeit der Extremitäten, indem die Leichname schon früh erkaltet, und ihre Gliedmafsen fest ersteift waren. Am völlig bleichen Antlitze beider bemerkte man nicht die mindeste Auftreibung. Die halbgeschlossenen Augen hatten noch am 2ten Tage nach dem Verscheiden das Ansehen von Lebhaftigkeit, geringe Spuren stattgehabten Erbrechens waren vorhanden. Der Mund enthielt schaumig schmutzigen Schleim, die Zunge fand man natürlich, die Gefäfse der harten Hirnhaut vom Blute strotzend, die ganze Oberfläche des Hirns leicht geröthet, den Kehlkopf frei, seine inneren Wandungen von gewöhnlicher Farbe, die Lungen zusammengefallen, blafsroth, nur hie und da dunkel punktirt, und das Herz fast ganz leer. In der weiblichen Leiche wurde eine beinahe vollkommen ausgetragene Frucht entdeckt, deren Hirn auf die eben beschriebene Weise blutreich und deren Herz in völlig ähnlicher Art blutarm erschien *).

Dr. Steinmetz erzählt von 2 in der Pyrmonter Höhle Verunglückten, dafs an den Cadavern derselben sugillirte Flecke fehlten, dafs die Gliedmafsen eine beträchtliche Steifheit angenommen hatten, dafs das Blut nicht ungewöhnlich flüssig, sondern mehr geronnen war, und dafs in dem einen dieser Fälle Ueberfüllung der Hirngefäfse statt fand, in dem anderen hingegen fehlte **).

Bei der durch die Herren Doctoren Mundhenk, Steinmetz und Lyncker am 13. August 1832 in meiner Gegenwart verrichteten Section des schon im vorigen Paragraph erwähnten, in der Dunsthöhle Pyrmonts umgekommenen jungen Mannes, waren die Extremitäten ersteift, die Augen nicht hervorgetreten, und von den Augenliedern fast ganz gedeckt, die Conjunctiva nicht geröthet, die Hornhaut aber ungewöhnlich glänzend, die Pupillen sehr erweitert, die Lippen bleich und das unentstellte, blasse, aber nicht leichenhafte Antlitz dem eines Schlafenden ähnlich. Die Venen der Hirnhäute, besonders sämmtliche Blutbehälter zeigten sich von dunklem Blute angefüllt; dasselbe schien durch

*) Vergl. Horn's etc. Archiv 1823. I. 93—185.

**) S. Gräfe's etc. Journal B. XX. p. 75.

die Wandungen der letzteren stellenweise gleichsam durchzuschwitzen, aus den Punkten der scheibenförmig abgelösten Marksubstanz flofs rothes Blut tropfenweise hervor, die Adergeflechte hatten ein dunkles Ansehen, und die Hirnhöhlen enthielten viel seröse Flüssigkeit. Die Zunge fanden wir zwar etwas aufgetrieben, aber blafs, der Kehldeckel ragte empor, die Stimmritze war frei, die innere Auskleidung der Luftwege nicht geröthet, aber mit etwas schäumigem Schleime überzogen, die Lungen füllten die Brusthöhle, hatten nach oben eine ins Bläuliche überspielende Farbe, waren aber im übrigen nicht ungewöhnlich geröthet. Dem Herzen nahe enthielten die Iugularvenen viel Blut, im Herzen selbst war dessen überhaupt nur sehr wenig, und dabei in dem rechten Ventrikel nicht im mindesten mehr als in dem linken vorhanden. Die Därme überzog eine leichte Röthe, die Nieren erschienen viel dunkler als gewöhnlich und die zusammengefallene Blase war fast ganz leer.

Die von Dr. Andrejewski, Dr. Steinmetz und von mir unternommenen Sectionen der in den Moffeten Neapels und Pyrmonts intoxirten Thiere, ergaben allgemeinhin nachstehendes Resultat: An sämmtlichen Thierleichen waren die Augen glänzend, die Pupillen beträchtlich, ja zuweilen so erweitert, dafs man von der Regenhogenhaut nur noch ein schmales Rändchen bemerken konnte. Oefter hatte die Zunge sammt der Gaumenhaut eine violette Tünchung. Dabei erschienen die Stimmritzenbänder, selbst wenn die Untersuchung gleich nach dem Ableben unternommen wurde, nie geschlossen, wohl aber mit zähem Schleim überzogen, die inneren Auskleidungen des Kehlkopfes und der Trachea nur bisweilen leicht, meistens nicht im mindesten geröthet, die Lungen in der überwiegenden Mehrzahl der Fälle zusammengefallen, den Raum des Brustkastens nicht ausfüllend, und hinsichts ihrer Färbung selten von der Norm abweichend, höchstens carmoisinroth gefärbt. Das Herz enthielt fast durchgehends eine sehr geringe, beiden Kammern fast ganz gleichmäfsig zugetheilte Blutmenge. Stets zeigte sich die weiche Hirnhaut sanft geröthet, das Gefäfssystem der Hirnsubstanz jedoch nur selten vom Blute strotzend. Häufig kamen am Darmkanale zerstreute rothe, hie und da wohl auch sugillirte Flecke vor. Aufserdem fanden wir beinahe an allen im Moffetengase getödteten Thieren das Nierenparenchym auffallend blutreich, die Blase unerachtet vielen abgegangenen Harns oft noch gefüllt und die Muskelfasern in der Regel ungewöhnlich dunkel geröthet *).

Dafs die sowohl an Menschen, als an Thieren unternommenen Sectionen, den im Vorhergegangenen aufgestellten Thatsachen gemäfs, nicht immer gleiche Erscheinungen darbieten, darf schon deshalb nicht befremden, weil die Luftsäure nicht blos nach ihren Verdünnungen und mannigfachen Vermischungen mit anderen Gasen, sondern auch nach den vielfach abgestuften Receptivitätsgraden der Individuen, den Tod auf verschiedenen Wegen herbeiführt. Indem nämlich die fraglichen Intoxicationen hier durch Erlähmung des Hirns nervös-apoplektisch, dort durch stürmische Angriffe auf die Athmungsorgane suffocatorisch, und unter bestimmten Umständen auch in gemischter Weise den Lebensprocefs aufheben, müssen sie nothwendig auch eben so verschiedene, wenigstens zum Theil noch im Tode wahrnehmbare Veränderungen hinterlassen. Diese offenbaren sich nun, wie die mitgetheilten zahlreichen Leichenöffnungen lehren, dadurch, dafs in dem eben berührten ersteren Falle merkliche, durch ein injicirtes Ansehen der zartesten Gefäfse bezeichnete Blutüberfüllungen des Hirns statt finden, bei welchen die leicht gerötheten Lungen welk zusammenfallen, und die Herzkammern fast ganz blutleer erscheinen, dafs dagegen in dem zweiten Falle die Lungen stark aufgetrieben, dunkelviolett, beide Herzkammern, besonders aber die rechte, vom Blute strotzend angetroffen werden, während im Hirn und dessen Membranen kein verhältnifsmäfsig übertriebener Blutreichthum hervortritt, und dafs endlich in dem dritten Falle, in welchem die Luftsäure ihre betäubenden, wie ihre erstickenden Einwirkungen neben einander bis zur gänzlichen Lebensvernichtung steigert, im Hirn sowohl, als in den Brusteingeweiden gleich verbreitete Spuren erheblicher Blutansammlungen zurückbleiben.

*) Vergl. Gräfe's etc. Journ. Bd. 15. pag. 120—135. und Bd. 20. pag. 56—73.

## *Capitel III.*

# Medicinische Benutzung des Kohlensäuregases.

### A. Anwendungsformen.

§. 151.

a. Der künstlichen Kohlensäure.

Zu ärztlichen Zwecken gewinnt man das fragliche Gas sowohl durch Zersetzung erdiger oder alkalischer Carbonate mittelst bestimmter Säuren, als durch den Procefs der Fermentation.

Die erstere Benutzungsweise wollen wir zunächst betrachten:

Um Luftsäure direct auf den Speisekanal wirken zu lassen, stehen uns folgende Verfahrungsarten zu Gebote. — Soll dieselbe erst innerhalb des Magens entbunden werden, so läfst man Carbonate von Soda, Kali, Magnesia, Ammoniak, mit Citronensaft, Weinsteinsäure, Schwefelsäure, in Wasser gelöst, während des Aufbrausens verschlucken, oder jene Alkalien und Säuren getrennt, schnell hinter einander einnehmen. Unter den hiezu von River, Hulm und Vogler angegebenen Vorschriften dürfen wir nicht ohne Unterschied wählen, weil die, nach dem Entweichen des Gases durch den Verein der angewendeten Substanzen im Magen entstehenden mannigfachen Mittelsalze, nothwendig ebenmäfsig verschiedene Nebenwirkungen bedingen. Auf solche Weise erzeugt citronensaures Kali und Natron Beruhigung und Kühlung, während analoge aber weinsteinsaure Verbindungen den Stuhlgang in mäfsigem Grade unterstützen, schwefelsaure Salze denselben entschieden befördern, und Ammoniakcitrat allgemeine, meistens von gesteigerter Diaphorese begleitete Erregungen hervorruft*). — Ist es Zweck, dem Nahrungskanale schon

*) Die erwähnten Brausemischungen sind in Richter's ausführlicher Arzneimittellehre S. B. IV. p. 163—164. etc. sorgfältig zusammengestellt. Als eine sehr angenehme und bei Magenbeschwerden sowohl, als bei leichten Nervenaffectionen wohlthuende empfehle ich die folgende:

entwickeltes Kohlensäuregas zuzuführen, so einigen wir dasselbe, nach gehöriger Reinigung, durch Druck mit einer angemessenen Wassermenge. Die Bereitung der künstlichen Säuerlinge beruht auf dieser Verschmelzung, bei welcher man 1 bis 2 Volumentheile des Gases, vermöge starker Compressionspumpen in 1 Volumentheil Wasser einpreſst. Zu London sah ich (1833) im Guys-Hospital einen sehr einfachen, wenig Raum wegnehmenden, mit kräftigen Druckvorrichtungen ausgestattetn Apparat, welcher dazu bestimmt war, sowohl einfaches Kohlensäurewasser, als auch das in England sehr beliebte Soda-Water ausschlieſslich für den Bedarf der Hauskranken zu bereiten.

Behufs der Inhalationen wurde das, aus zerstoſsener mit Wasser verdünnter Kreide, durch Beimischungen von Schwefelsäure frei werdende Gas, vermöge eigens dazu eingerichteter Geräthe in die Lungen gezogen. A. v. Humboldt, Hales, Beddoes, Voigt, Bamard, Watt, Menzies, Parkers, Girtanner und Mühry haben verschiedene Respirationsapparate entworfen, aus welchen man die Luftsäure, vermöge vorgehaltener Gesichtsmasken, oder zwischen die Lippen gefaſster Mundstücke einathmen sollte *). Die Erfahrung wies alle derartige Maschinen zurück, weil dieselben das betreffende schwere Gas nicht sicher genug zuleiten, und weil die bei ihrem Gebrauche unvermeidliche Anstrengung Brustschwachen beschwerlich, ja schädlich wird. Um diesem Uebelstande auszuweichen, suchte man die ganze Atmosphäre der Krankenzimmer dadurch mit Kohlensäure zu schwängern, daſs mit dem eben erwähnten

Rec. Natr. carbon. acidul. gr. XV.
Sal. essential. tartari. gr. X.
Elaeosacchar. Citri. gr. VI.
M. f. Pulv.

In dieser Zusammensetzung schlägt zwar die Säure ein wenig, doch genau nur um so viel vor, als dies, um einen unangenehmen Geschmack zu vermeiden, erforderlich ist.

*) S, Menzie's tentam. physiolog. de respirat Edinb. 1790. Fig. 2. und 3. Schreger's Balneotechnik Th. I. p. 78—82. und Hufeland's Journal B. I. p. 248. Fig. 1—8. u. B. IV. p. 91. Gmelin l. c. p. 253., Cavallo l. c. p. 168. u. 231. 235—260., Beddoes l. c. p. 165. u. 169.

Entbindungsmaterial, oder mit Kreidebrei und Weinsteinsäure gefüllte Schüsseln in die Gemächer gestellt wurden. Von der letzteren, zwar sehr einfachen, und in einzelnen Fällen nicht ganz zu missenden Methode, können wir jedoch den Vorwurf nicht abwenden, dafs sich bei derselben die Imprägnirungsgrade der Atmosphäre nicht zureichend bestimmen lassen, dafs die Emanationen bei dem von Zeit zu Zeit zu wiederhohlenden unerläfslichen Hinzuschütten von Säuren, sehr ungleichmäfsig vor sich gehen, und dafs Theile des Entbindungsmaterials, durch die brausende Bewegung emporgehoben, wenn auch in noch so geringem, dennoch zur nachtheiligen Reizung der Lungen hinlänglichem Mafse der Stubenluft mit einverleibt werden. — Weit angemessener ist folgendes Verfahren: Man übergiefst Magnesit*) oder zerschlagenen Marmor, welcher gewöhnlich an 44 Procent Gewichtstheile Kohlensäureluft abgiebt, mit einer zureichenden Menge Wassers, versetzt das dünnflüssige Gemisch mit der zur Sättigung nöthigen Quantität Schwefelsäure, leitet das brausend aufsteigende Gas vermöge luftdichter Röhren zur vorläufigen Reinigung in einen mit kaltem Wasser gefüllten Behälter, dann in den Gaswaschapparat, durch welchen es, wie bei der Bereitung künstlicher Mineralbrunnen, von jeder fremdartigen Beimischung befreit wird, und zuletzt in einen, mittelst reinen Wassers abgesperrten, hinlänglich belasteten Gasometer. Aus diesem kann nun die comprimirte Kohlensäure durch willkürlich verschliefsbare Röhrenzüge nach jedem Orte geführt und vermöge verschiedener, späterhin näher beschriebener Vorrichtungen **), nicht blos zu genau abzumessenden Inhalationen, sondern auch zu Gasdouchen und selbst zu den bereits von Cavallo und Schreger vorgeschlagenen allgemeinen Gasbädern ***) benutzt werden.

Die Anwendung des auf dem schon erwähn-

*) Des letzteren bedient man sich bei ausgedehnter Fabrication der Kohlensäure um, nach Abscheidung des Gases, schwefelsaure Magnesia als Nebenprodukt zu gewinnen.

**) Vergl. §. 152—153.

***) S. Cavallo l. c. p. 89. und Schreger's Balneotechnik T. 1. pag. 90.

ten zweiten Wege, auf dem der Fermentation, erzeugten Kolensäuregases ist im Allgemeinen und zwar aus dem Grunde beschränkter, weil Gährungsprocesse oft nur mit bestimmten, bei manchen Krankheitsarten an und für sich nachtheilig einfliefsenden, Bedingungen zu Stande kommen. — Innerlich bediente man sich hauptsächlichst folgender Gährsubstanzen: Bierhefen werden, mit aromatischen Wassern gemischt, alle 2 bis 4 Stunden zu einem Efslöffel dargereicht, im fauligen Typhus und hektischen Zuständen von Brown, Grose und Fuhrmann als heilsam gerühmt. Das, unter dem Namen des Zuckerbiers bekannte, in Gährung gesetzte Zuckerwasser empfiehlt Göden bei Fiebern sowohl, als in der Lungensucht*) Russische Aerzte verordnen den fermentirenden, aus kleinen Kuchen von Roggenmehl und Wasser bestehenden, als Volksgetränk bekannten, Qvas bei Faulfiebern und scorbutischen Affectionen. Moussirende und wenig Kleber enthaltende Biere, namentlich die leichtesten sogenannten Weisbiere, wirken in asthenischen Fiebern wohlthätig. Durch kleine, aber oft wiederholte Dosen stark brausenden Champagner-Weins stillt man rein nervöses Erbrechen oft sicherer, als mittelst aller bekannten Arzneien. — Aeufserlich wird die Gährungsluft, durch das Auflegen fermentirender Cataplasmen, im Brande und gegen Carcinome angewendet. Man benutzt zu dem Behufe saftige zuckerreiche Pflanzen, namentlich zermalmte Carotten und Runkelrüben, oder, nach der Angabe englischer Aerzte, mit Hafermehl vermischte Bierhefen. Von Umschlägen der letzteren Art sah ich dann ausgezeichnete Wirkungen, wenn wir sie aus ganz frischen Bierhefen, aus Roggenmehl und erwärmtem Biere so anfertigen, dafs das Gemenge einen dicken, jedoch stark nässenden, lauen Brei bildet. Dieser mufs zollhoch, entweder zwischen Leinwand, oder, falls es die Umstände erlauben, unmittelbar auf den leidenden Theil gelegt, und ungefähr alle 4 bis 6 Stunden, überhaupt so oft erneut werden, als der durch den weinsäuerlichen Geruch deutlich bemerkbare Fermentationsprocefs nachzulassen anfängt. — Ganze, aus

*) Hufeland Journ. B. 61. St. 3. p. 65.

einer mit Hefen versetzten Malzabkochung bereitete, und während ihres höchsten Fermentationsgrades in Gebrauch gezogene Wannenbäder fand Döbereiner bei allgemeinen Nervenleiden nützlich*)

### §. 152.

### b. Gebrauchsformen des natürlich vorkommenden Kohlensäuregases.

Empirisch bedient man sich schon seit langer Zeit der aus Wasserspiegeln sowohl, als aus der Erdfläche aufsteigenden Luftsäure. Wahrscheinlich mochte hiezu die auffallende Wärmeempfindung, welche jedesmal in den Füſsen entsteht, wenn diese der Moffetteneinwirkung ausgesetzt werden, den ersten Anlaſs gegeben haben. Noch jetzt sehen wir an mehreren Kurorten Kranke auf den Umfassungswänden der Säuerlinge, so wie auf den über dem Wasserspiegel der Mineralquellen angebrachten Bänken umhersitzen, oder in trockenen Luftquellen zu Viertel- und Halbestunden aufrecht stehen. —

Das Niveau völlig frei liegender Moffeten erleidet bekanntlich durch jede, selbst noch so geringe Luftbewegung groſse Störungen. Um diese zu verhindern und zugleich graduelle Gaseinwirkungen möglich zu machen, wurden die Ausströmungsstellen zuerst mit terrassenförmigen Erderhöhungen umgeben, dann zum Schutze der Besuchenden gegen ungünstiges Wetter flüchtig überbaut, und späterhin zu gröſserer Bequemlichkeit mit amphitheatralischen Sitzen versehen. Unerachtet einiger hiedurch allerdings gewonnener Vortheile kann man bei jenen Einrichtungen dennoch das Maſs, in welchem die Atmosphäre mit Kohlensäure imprägnirt werden soll, überhaupt nicht hinlänglich bestimmen, und bedenklichen Folgen unerwarteter zu starker Gasansammlungen nicht immer schnell genug ausweichen. Der letztere Umstand ist da besonders zu fürchten, wo selbst die obersten, um tief gesenkte Emanationen**) angebrachte Sitze niedriger, als die angrenzende Erdoberfläche liegen,

*) S. Gilbert Annalen der Ph. Neue Fortsetzung B. I. p. 73.
**) §. Meinberg.

indem hiebei periodisch, ungewöhnlich hoch aufsteigende Moffeten*) erst nach allgemeiner Ueberflutung des Amphitheaters einen freien Abflufs finden.

Neuerdings hat man die kohlensauren, luftförmigen sowohl, als mit Wasserströmungen verbundenen Quellen, sicherer für ärztliche Zwecke verwendet. — Im Ganzen eignen sich trockene Luftquellen zu dem fraglichen Behufe weniger, als aus Wassersäulen emporsteigende Ausscheidungen, weil diese nicht nur reinere, geläutertere Kohlensäure abgeben, sondern auch weit leichter als jene abzusperren sind. Das Auffangen des Gases wird an beiden Quellenarten durch umgekehrt aufgesetzte, grofse, aus Holz, Metallblech, und vorzugsweise aus starken Zinkplatten angefertigte, mit verschliefsbaren Leitungsröhren versehene Trichter bewerkstelliget. — Wenn die Kohlensäure an trockenen Luftquellen, sei es nun aus leichtem Erdboden oder aus Gestein, hervordringt, läfst man, um das Entweichen derselben möglichst zu verhindern, den aufgelegten Trichter allenthalben, besonders aber in seinem Umkreise, mehrere Fufs hoch mit festgestampfter Erde so bedecken, dafs nur die Leitungsröhre an ihrem emporragenden Ende frei bleibt. Beträchtliche Gascondensationen erreichen wir indefs weder durch jene Erddecken, noch selbst durch übergebaute Steingewölbe**), weil hier fast immer, mit beginnender stärkerer Compression, zu viele Gastheile in die Erdkanäle zurücktreten und durch Seitenverzweigungen der letzteren, nahe oder fern von der abgeschlossenen Fläche wieder entweichen. — Deckt man kohlensäurereiche Wasserströmungen in der Art, dafs der Trichter mäfsig grofse Quellenspiegel fast ganz abschliefst, und dafs der vertical vorspringende Rand desselben wenigstens einen Fufs tief in die obere Wasserschicht einragt, so werden die aus der Tiefe abgeschiedenen, zwischen der Wasserfläche und der Trichterdecke zusammenfliefsenden Luftblasen, durch ununterbrochen nachfolgende Gasmassen sowohl, als durch das Aufsteigen der Wassersäule, welcher nur ein geringer,

*) §. 135.
**) S. Eger.

dem Zwecke entsprechender seitlicher Abfluſs unterhalb ihres Spiegels zu gestatten ist, dermaſsen zusammengedrängt, daſs sie mit verhältniſsmäſsig weit gröſserer Heftigkeit das geöffnete Leitungsrohr verlassen. Zu Pyrmont wirkte bei der Errichtung des neuen Gasbades, als das Ausströmungsrohr einige Zeit abgeschlossen blieb, die Spannung des Gases so mächtig, daſs dasselbe nicht nur die ansehnliche Last des 8 Fuſs in seinem gröſsten Durchmesser haltenden, schweren Metalltrichters, sondern mit diesem zugleich auch das ganze übergebaute Häuschen emporhob, und daſs man zum Schutze des letzteren besondere Sicherheitsmaſsregeln treffen muſste.

Vermöge der angedeuteten Vorrichtungen kann nun das Quellengas, wenn dasselbe erst durch Verschlieſsung der vom Gasrecipienten abgehenden Röhrenzüge hinlänglich condensirt ist, nach nahen und entfernten Punkten geleitet, und zur Speisung von Gaszimmern, Gasbädern und Gasdouchen, deren Einrichtung aus dem nächstfolgenden Paragraphe erhellt, beliebig vertheilt werden.

### α. Einrichtung der Gaszimmer.

### §. 153.

#### αα. der Gas-Salons.

Sie dienen vorzugsweise zur gemeinschaftlichen Anwendung luftsaurer Einathmungen, werden in der Regel unmittelbar über den Quellen erbaut, und, wenn die Ortsverhältnisse es erheischen, zugleich zu Sitz- und Douche-Bädern eingerichtet. — Behufs der Inhalationen, welche gewöhnlich in den betreffenden Gemächern merklich intensiver, dafür aber auch nur in kürzeren Zeiträumen genommen werden *), läſst man die, innerhalb einer dünnen Metallröhre aufsteigende Kohlensäure, von der Decke aus, durch siebartige Aufsätze herabströmen. Das Maſs der Quellenluft wird hiebei im Wege vorausgesendeter Versuche, theils durch die Wahl weiterer oder engerer Aufsatz-Kanäle, theils durch das geringere oder beträchtlichere Oeffnen des an dem Leitungsrohre befindlichen Wirbels

*) §. 163.

geregelt. Mit mehr als höchstens 4 Procent überschüssigen, kohlensauren Gases darf die eingeschlossene Atmosphäre nicht geschwängert werden. — Zu **Gassitzbädern** (Insessus) läfst man die Luftsäure unmittelbar am Fufsboden durch das weite, aus demselben hervorragende Hauptrohr des Gastrichters so stark ausströmen, dafs sie eine 16 bis 24 Zoll hohe Schicht bildet, in welche sich die Kranken ungefähr ½ Stunde lang, auf besonders dazu eingerichtete Stühle setzen. — Die Detailconstruction der zu den beregten Einathmungskuren sowohl, als zu den Sitzbädern erforderlichen Vorrichtungen, ist bei der Beschreibung des Pyrmonter Gasbades näher erörtert, und was die in solchen Zimmern leicht anzulegenden Gasdouchen anlangt so werden wir diese, als für sich bestehende Apparate, späterhin besonders abhandeln.

## §. 154.

### *ββ.* der Gascabinette.

Diese sind für einzelne Kranke bestimmt, welche nur von leichten, aber um desto anhaltender fortzusetzenden kohlensauren Gasinhalationen Gebrauch machen sollen. — Gemächer der fraglichen Art hat man stets hoch genug aus der Erde herauszubauen, indem niedrig gelegene nicht von stockender Feuchtigkeit frei bleiben, und leicht zu schädlichen Gasansammlungen Anlafs geben. Ihr Rauminhalt ist auf ungefähr 2000 Kubikfufs festzusetzen. Richten wir sie kleiner ein, so verdirbt die Luft durch den Athmungsprocefs, wie durch die Hautausdünstung zu früh. Beträchtlich gröfsere können hingegen weniger gleichförmig mit Kohlensäure gespeist werden. Aufserdem müssen derartige Räume, insofern man sich am Tage wie bei Nacht in denselben aufhält, überhaupt allen Bedingungen gesunder, angenehmer, heizbarer Wohn- und Schlafzimmer entsprechen. In jedem Cabinette münden sich drei verschiedene, metallene, durch Wirbel beliebig verschliefsbare Röhren. — Eine derselben wird vom Gastrichter unmittelbar abgezweigt und auf die bequemste Weise bis zur Mitte der Decke fortgeführt, um die Kohlensäure ganz wie bei den Salons durch siebförmige, fein durchbohrte Aufsätze vielfach getheilt herabströmen zu lassen. Die Besorgnifs, dafs hiebei auf die Länge Gasanhäufungen am Fufsboden entstehen dürften, ist ungegründet, indem geringere Theile Kohlensäuregases über niedrige Schwellen nicht hermetisch schliefsender Thüren zu schnell nach aufsen abfliefsen. Anlangend die Menge des zuzulassenden Gases, so wird sie hier, wo Kranke anhaltend Inhalationen gebrauchen, und wo das geringste Versehen Nachtheil bringen kann, sicherer, als vermöge der abgemessenen Lüftung des Wirbels, durch die Wahl der Aufsatzstücke regulirt. Hat man z. B. einen siebförmigen Scheibenaufsatz mit einer Verbindungskanüle, deren Durchmesser im Lichten 2 Linien beträgt, an die Mündung des Leitungsrohrs befestigt, und die Atmosphäre des geschlossenen Cabinets während ununterbrochener Gaszuströmung, einige Tage hinter einander, mit dem Humboldt'schen Anthrakometer geprüft, so ergiebt es sich bald, in wie weit der für den Kranken geeignete Imprägnirungsgrad getroffen, und ob derselbe mittelst engerer oder weiterer Apparate vollkommener zu erreichen ist. Es gelingen hiedurch die beregten Speisungen unerachtet des wogenden Compressions-Zustandes der im Absperrungstrichter befindlichen Quellenluft, und unerachtet der in verschiedenen Zimmern verschiedentlich vor sich gehenden Gasableitung, wenn auch nicht mit mathematischer, doch aber mit der zu ärztlichen Endzwecken hinreichenden Genauigkeit. Uebrigens darf die Zimmerluft bei den betreffenden, viele Stunden, ja vielleicht unausgesetzt anzuwendenden Inhalationen anfänglich nie mit mehr als mit einem, höchstens mit 2 Procent überschüssiger Kohlensäure geschwängert werden *). — Das zweite aus einem Dampfkessel entspringende Rohr geht innerhalb des Gascabinets in die eben beschriebene Gasröhre über, und ist nahe an derselben mit einem genau schliefsenden Wirbel zu versehen. Vermöge dieser Vorrichtung kann man, nach Mafsgabe der Lüftung des eben erwähnten Wirbels, dem Gasstrome die erforderliche Quan-

*) §. 163.

tität lauer Wasserdämpfe in jenen Fällen beliebig hinzumischen, in welchen kohlensaure Luftgemenge feuchtwarm am heilsamsten wirken. — Das dritte, jedem Gascabinette beizugebende Rohr öffnet sich ebenfalls an der Stubendecke, jedoch näher an einer Seitenwand, und läfst durch einen siebförmigen Aufsatz frisches, reines, kaltes Wasser als nebelartigen Regen in ein auf den Fufsboden hingestelltes, mit einer Leitungsrinne versehenes Gefäfs herabfallen. Wir setzen diese Vorrichtung, durch welche die Zimmerluft kühler und feuchter wird, nur da in Thätigkeit, wo Kranken mit Wassertheilchen geeinigte Gasgemische tieferer Temperatur vorzugsweise bekommen, und wo die Lungen, namentlich bei heifser Witterung, der Abkühlung bedürfen.

### §. 155.

### β. Einrichtung der Gasbäder.

Vermöge derselben sucht man concentrirteres Kohlensäuregas ausschliefslich mit der äufseren Haut in Berührung zu bringen. Sie werden in besonderen Wannen und Kästen genommen. Jene sind von den gewöhnlichen hauptsächlichst durch ihren genau schliefsenden, nur den Kopf des Leidenden hindurchlassenden Deckel unterschieden. Die letzteren werden den von d'Arcet zu Schwefelräucherungen empfohlenen, und von Assalini vervollkommneten Apparaten *), an welchen auch seitliche willkürlich verschliefsbare, zur Aufnahme einzelner Glieder bestimmte Oeffnungen angebracht sind, ähnlich construirt. Einige Zoll über dem festen untersten Boden der Wannen sowohl, als der Kästen, liegt ein zweiter vielfach durchbohrter. Zwischen diesem und dem ersteren windet sich ein metallenes, mit dem Gastrichter in Verbindung stehendes, siebförmig durchlöchertes Rohr, aus welchem die Quellenluft nach allen Richtungen entweichen kann. Durch die Seitenwände gelangt ein Doucheschlauch und eine zur Leitung von Wasserdämpfen bestimmte Metallröhre in den inneren Raum,

*) Vergl. Gräfe's und Walther's Journ. B. III. p. 667. und Hufeland B. 54. (1822) St. 1. p. 115—123. nebst Abbildung.

von welchem man jenen wie diese durch besonderere Wirbel abzuschliefsen vermag. Am obersten Theile der Kästen und Wannen befinden sich drei kleinere Oeffnungen; die eine dient zur luftdichten Aufnahme des Thermometers, welches die Temperatur des Gasbades anzeigt, die zweite mittelst eines gewöhnlichen Pfropfes verschliefsbare wird benutzt, um die Atmosphärenluft austreten zu lassen, und um durch niedergesenkte Kerzenflammen zu prüfen, wie weit die Speisung mit Gas ungefähr gediehen ist; in der dritten mündet ein dünnes, mit einem Wirbel versehenes Blechrohr, welches, an der Aufsenseite der fraglichen Vorrichtungen senkrecht absteigend, das etwa überschüssig angesammelte Gas nach tief gelegenen Stellen hinleitet. Nie hat man die fraglichen Apparate, wie es an manchen Kurorten statt findet *), in den Fufsboden zu versenken, sondern stets einige Zoll hoch über demselben so aufzustellen, dafs Gastheile, deren Ausscheidung auch durch noch so genau schliefsende Fugen nicht gänzlich zu hindern ist, tief genug niedersinken und über die hier immer flach zu haltenden Thürschwellen schnell genug nach aufsen abfliefsen. Wie leicht die Nichtachtung dieser Mafsregel, durch zufälliges Einathmen einer beträchtlichen Gasmenge, Unfälle nach sich zieht, hat die Erfahrung gelehrt **). Aber auch bei den zweckmäfsigsten derartigen, von Unbewanderten nicht immer mit hinlänglicher Genauigkeit benutzten Einrichtungen erheischt es die Vorsicht, dafs ein zuverlässiger und gut unterrichteter Wärter während des ganzen Bades den Kranken nicht verlasse.

Mittelst der beschriebenen Geräthe können wir übrigens die Gasbäder auf jede, den besonderen Leidenszuständen am meisten entsprechende Weise verändern. Zu den wichtigsten diesfälligen Modificationen gehören folgende:

a. Allgemeine Gasbäder von kühler und trockener Quellenluft. — Bei diesen setzt sich der Leidende völlig angekleidet (nur in manchen Fällen ist es gut den Hals zu entblöfsen) entweder auf den Boden der

*) §. Marienbad, pneumatische Apparate.

**) S. Marienbads Gasbäder von Heidler p. 28.

Wanne, oder auf den in den Kästen angebrachten Sessel. Man schliefst nun den Deckel der ersteren, oder die Thüren und Schieber der letzteren genau, zieht das, an den zur Aufnahme des Halses bestimmten Ausschnitten angebrachte Lederstück mäfsig zusammen, bedeckt denselben nöthigenfalls mit einem befeuchteten Tuche, entfernt den Pfropf aus der einen der beschriebenen oberen Oeffnungen, damit die in dem Apparate enthaltene Atmosphärenluft einen leichteren Ausgang finde, und öffnet den Wirbel des Gasrohrs, um die Kohlensäure einströmen zu lassen. Bald darauf, gewöhnlich schon nach 3 bis 5 Minuten, wird, da das comprimirte Gas mit Gewalt hervordringt, der specifisch säuerliche Geruch desselben in der Nähe der frei gelassenen Oeffnung bemerkbar. Versenken wir um diese Zeit Kerzenflammen in den inneren Raum, so erlöschen sie unverzüglich. Wenn jene Zeichen die zu Stande gekommene Füllung angeben, wird auch die letzte, bis dahin frei gelassene Oeffnung, um das weitere Entweichen der Luftsäure zu verhindern, wieder verschlossen.

An manchen Orten *) speist man die Wannen und Kästen kurz vor dem Gebrauche. Da wir indefs die betreffenden Apparate in dem Augenblicke, in welchem der Kranke seinen Platz einnimmt, weit zu öffnen genöthigt sind, so geht der gröfste Theil der angesammelten Kohlensäure wieder verloren und gelangt, was am meisten verhütet werden mufs, mit einem Male in beträchtlicher Menge zu den Respirationsorganen. Es verdient daher die zuerst beschriebene Füllungsweise, und zwar um so mehr, als der mit derselben verbundene Zeitverlust weniger Minuten ohne allen Belang bleibt, dem letzteren Verfahren vorgezogen zu werden.

Ganz genaue Abmessungen des Imprägnirungsgrades sind hier deshalb weniger nothwendig als bei Inhalationskuren, weil die Empfänglichkeit der Haut für den Einflufs der Luftsäure weit geringer als die der Lungen ist. Selbst regelmäfsig gefüllte Kästen und Wannen enthalten immer mit vieler Atmosphärenluft verbundenes Kohlensäuregas,

*) S. Gräfe's u. Walther's Journ. B. 24. p. 541.

indem dasselbe an allen bekannten Quellen stets mit jener gemischt aufstöfst, und von derselben während des Speisens der Apparate unausweichlich noch mehr aufnimmt. Bei ruhigem Verhalten bestehen, wie mich wiederholte Versuche lehrten, die oberen Straten der betreffenden Füllungen in der Regel aus 15 bis 20, und die tiefsten, selbst unter den günstigsten Verhältnissen, nie aus mehr als aus 30 Procent Kohlensäure. Innerhalb der Grenzen jener Mischungsverhältnisse, wählen wir, durch beliebiges Zu- oder Ablassen des Gases, die dem betreffenden Krankheitszustande am meisten angemessenen. Um Vieles verdünntere Gasgemenge wirken unzulänglich auf die weniger receptive Haut, stärkere dagegen schaden, insofern das zufällige Ausscheiden einzelner Gastheile doch nie gänzlich verhütet werden kann, sehr leicht den Lungen. Die Zeit, welche Kranke in den fraglichen Bädern zuzubringen haben, ist, den Umständen nach, auf $\frac{1}{4}$ bis $\frac{1}{2}$ Stunde festzustellen. Jedem längeren Verweilen folgen gewöhnlich nachtheilige Ueberreizungszufälle.

b. Partial-Bäder aus trockener und kühler Luftsäure. — Wir bedienen uns derselben, um auf einzelne Gliedmafsen, besonders auf die Arme oder Füfse ausschliefslich einzuwirken. Sie können sowohl in den eben beschriebenen, als auch in kleineren analog construirten, lediglich dem fraglichen Zwecke entsprechenden Kästen genommen werden. Man umschliefst hiebei den kranken Theil entweder mittelst der letzteren, oder versenkt denselben in eine der seitlichen, an den grofsen Apparaten angebrachten, bei Ganzbädern durch genau passende Holzplatten gedeckt gehaltenen Oeffnungen*). Hat das eingelassene Kohlensäuregas die Atmosphärenluft verdrängt, so ist der Raum, welcher zwischen den zu badenden Gliedmafsen und dem Rande der Kastenöffnung übrig bleibt, mit feuchtem Linnenzeuge auszufüllen, damit das ununterbrochen zuströmende Gas weniger leicht entweichen kann.

c. Trocken-warme Gasbäder. — Ihre Bereitungsart unterscheidet sich von jener der bisher angeführten blos dadurch, dafs man die Gasleitungsröhre mit einem luftdichten, späterhin näher beschriebenen Erwärmungs-Apparate verbindet, und dasselbe erst dann, wenn es die beabsichtigte Temperatur erlangt hat, in die Kästen einläfst. Uebrigens werden die fraglichen Bäder ganz so wie die kühlen, nach Bedürfnifs, entweder allgemein oder blos partiell angewendet.

d. Gasdampfbäder. — Bei der Bereitung derselben ist nicht nur das gasführende, sondern auch das vom Dampfkessel ausgehende Rohr zu öffnen. Durch das geringere oder beträchtlichere Lüften des letzteren können wir dem in die Wannen und Kästen einströmenden Gase nicht nur jede angemessene Quantität Wasserdämpfe beimischen, sondern demselben auch den erforderlichen Wärmegrad ertheilen. Bäder der fraglichen Art werden völlig ausgekleidet genommen, weil selbst die geringste Menge erwärmter Wasserdämpfe die Kleidungsstücke schnell durchfeuchtet.

e. Gaswasserbäder. — Man bedient sich ihrer am häufigsten. Sie werden gewöhnlich aus kalt entspringenden, gasreichen Mineralwassern bereitet. Nur dann haben wir von denselben specifische Einwirkung zu erwarten, wenn der Körper wenigstens 20 Minuten lang allenthalben von zahllosen, aneinander grenzenden Luftbläschen bedeckt bleibt. Diese Eigenschaft geht den fraglichen Bädern selbst an den kräftigsten Quellen ab, sobald man das Entweichen des Gases bei dem Erwärmen des Wassers und bei dem Füllen der Wannen nicht sorgfältig genug verhindert. Wie jener Zweck am sichersten zu erreichen sei, erhellt aus der Mittheilung der diesfälligen zu Pyrmont getroffenen Einrichtungen *).

f. Sprudelbäder stehen zwischen den rein-luftigen und den zuletzt angeführten gasigen Wasserbädern mitten inne. Die Wannen, in welchen sie genommen werden, haben, aufser den zur Zuführung heifsen und kalten Wassers erforderlichen Hähnen, sowohl im Allgemeinen, als hinsichts des Doppelbodens dieselbe Construction, wie jene

*) §. Pyrmont, pneumatische Einrichtungen.

zu einfachen Gasbädern bestimmten. Ist das im Absperrungstrichter angesammelte Gas dadurch, dafs dessen Entweichen einige Zeit beschränkt blieb, hinlänglich gespannt, so füllt man zunächst die Wanne mit gasigem, 24 bis 26 Grad warmem Mineralwasser, läfst dem Kranken in derselben Platz nehmen, den Deckel gehörig befestigen, und nun erst die Gasröhre öffnen. Unmittelbar darnach strömt die den Druck des Wassers überwältigende Luftsäure in unzähligen Strahlen, mit solcher Heftigkeit aus dem durchlöcherten Wannenboden hervor, dafs das ganze Bad in eine immerwährende, lebhaft brodelnde Bewegung versetzt, und der Körper des Badenden durchgehends mit kleineren und gröfseren, sich stets verdrängenden und sich immer wieder erneuenden Luftblasen überzogen wird. — Herr Leibmedicus Dr. Piderit, dem wir die neueren, wichtigen Verbesserungen der Meinberger Anstalten verdanken, hat die in Rede stehende Einrichtung angegeben und von derselben die günstigsten Erfolge beobachtet *).

## §. 156.

### γ. Einrichtung der Gasdouchen.

Um einen lebhaft bewegten Gasstrahl beliebig auf bestimmte Theile richten zu können, setzen wir vom Absperrungstrichter ausgehende Metallröhren mit anschraubbaren elastischen, aus Kautschuck verfertigten Schläuchen in Verbindung. Die letzteren sind mit mehreren, den verschiedenen Bedürfnissen entsprechenden Aufsatzkanülen zu versehen. Behufs gewöhnlicher, auf die eine oder andere Stelle anzuwendender Douchen bedient man sich einfacher, gerader Kanüle, deren Durchmesser im Lichten 2 Pariser Linien nicht überschreiten darf. Zu Ohr-, Augen-, Vaginal- und Urethral-Douchen sind noch besonders geformte, bei der Exposition der speciellen pneumatischen Kuren näher zu bezeichnende Aufsätze erforderlich. Wird hiebei wenig Gas verbraucht, so läfst man dasselbe frei im Zimmer ausströmen; wo das Gegentheil statt findet, mufs die fragliche

*) S. Piderit über die Gasquellen Meinbergs p. 41.

Application in geschlossenen, die Respirationsorgane gegen nachteilige Einwirkungen schützenden Kästen oder Wannen unternommen werden. Auch können wir Gasdouchen, wenn besondere Umstände es erheischen, unter dem Spiegel kohlensaurer Wasserbäder anbringen.

a. Kalte Gasdouchen werden am häufigsten gebraucht. Wir bedienen uns zu denselben des aus den Säuerlingen aufstofsenden, die Temperatur von 7 bis 10° R. selten übersteigenden Gases.

b. Warme Gasdouchen sind da anzuwenden, wo kalte nicht vertragen werden. Sie bewährten sich, nach meinen an Pyrmonts Quellen gesammelten Erfahrungen, vorzugsweise bei rheumatischen, gichtischen, neuralgischen und Gehör-Kranken. Die Gaserwärmung bewirkte ich auf folgende Weise: — Ein blecherner, ungefähr 1½ Kubikfufs haltender, an zwei entgegengesetzten Seiten in Metallröhren auslaufender Behälter, wird so in die Mitte eines starken eichenen Fäfschens versenkt, dafs derselbe mit einem Röhrenstücke aus dem oberen und mit dem anderen aus dem unteren Fafsboden hervorragt. Vermöge eingeschnittener Schraubengewinde kann man jene 3 Zoll lang vorspringende Rohrenden mit anderen Röhren hermetisch zusammenfügen. An beiden Fafsböden befinden sich zur Erleichterung des Transportes eiserne Handhaben, und an dem oberen ein genau verschliefsbares Spundloch. Um diese Vorrichtung in Gebrauch zu setzen, wird das mit vollkommen siedendem Wasser gefüllte, wohl verschlossene, Fäfschen an den Ort seiner Bestimmung gebracht, das untere Rohrende an die Gasleitungsröhre, das obere an den Douche-Schlauch befestigt und der Wirbel des Gasrohrs nebst jenem des Schlauches so lange geöffnet, bis die im Blechbehälter befindliche Atmosphärenluft durch das eindringende Gas vertrieben ist. Hierauf schliefst man, damit sich die in dem blechernen, allenthalben vom siedenden Wasser umflossenen Behälter angesammelte Kohlensäure hinlänglich erwärme, den oberen wie den unteren Wirbel, 5 bis 10 Minuten hindurch, und lüftet dann beide, um den Gasstrahl ausströmen zu lassen. Derselbe dringt nun wenigstens eine Stunde lang, an + 25 bis + 30° warm, hervor und kann nach Verschiedenheit der gewählten Douchekanüle auf die mannigfachste Weise benutzt werden. An kohlensauren Thermen vermag man warme Gasdouchen auch ohne solche Geräthe leicht einzurichten. Indefs ist jeder, selbst noch so lebhaft hervorbewegte, von vulkanischer Hitze durchdrungene luftige Strahl stets um Vieles ärmer an Kohlensäure, weil das Thermalgas viel expandirter und mit einer gröfseren Menge Azot und Wasserdampf gemengt aus den Quellen aufstöfst.

## §. 157.

### B. Allgemein-thrapeutische Beziehungen.

Das Kohlensäuregas gehört zu den durch vielseitige Anwendbarkeit besonders ausgezeichneten Heilmitteln. Vermöge seiner erregenden Eigenschaft nützt dasselbe überhaupt in Krankheiten von gesunkenem Leben und vorzugsweise in solchen, welche aus Niederdrückung sensitiver Nervenactionen entstehen. Dadurch, dafs es das Absonderungsgeschäft des äufseren wie des inneren dermatischen Ueberzuges regulirt, werden mannigfache Anomalieen, denen entweder unzulängliche oder perverse Secretion zum Grunde liegt, durch dasselbe beseitiget. Insofern das betreffende Agens zugleich die Venosität restringirt und die arterielle Thätigkeit begünstiget, bringt es bei bestimmten Unterleibs-Krankheiten, namentlich bei Physconieen und Hämorrhoidal-Leiden, wohlthätige Lösungen hervor. Indem endlich die Anwendung der Luftsäure das plastische Blutleben sowohl, als die Säuerung der Säfte unterstützt, hebt man mittelst derselben Verflüssigungs-, ja selbst Fäulnifs-Processe.

Jene in ihren generellen Beziehungen hervorgehobenen Heilwirkungen sind jedoch nur dann zu gewärtigen, wenn wir sämmtlichen Verhältnissen ausweichen, durch welche nach dem ursprünglich erregendem Einflusse Depressionen der Lebenskraft herbeigeführt werden. Eine richtige, diesem Bedingnisse in aller und jeder Hinsicht entsprechende Leitung pneumatischer Kuren ist aber überhaupt nicht leicht, und da, wo Gasinhalationen erforderlich werden, besonders schwierig; sie fordert genaue Erforschung des Empfänglichkeitsgrades jedes Individui, grofse Umsicht, in welcher

Art, in welchen Dilutionen, in welchen Zeiträumen, mit welchen Zusätzen, unter welchen anderweitigen arzneilichen Beihülfen die betreffende Luft zu verordnen sei, und erheischt die unerläfsliche Cautel, jede Behandlung nur mit den leisesten Anwendungsformen zu eröffnen, entschiedenere aber nie eher zu wählen, als bis dies gemäfs dem Erfolge der vorangegangenen milderen sicher geschehen kann.

Wohl rathen manche Aerzte, nicht nur die primitiv-erregenden, sondern auch die secundär-deprimirenden Wirkungen des Kohlensäuregases zu benutzen, um durch die letzteren, vermöge beabsichtigter Abspannung, Heilungen herbeizuführen. Immerdar bleibt jedoch dieser bedenkliche Weg nur ausnahmsweise einzuschlagen. Höchstens dürften wir ihn da versuchen, wo die anfängliche, hier nothwendig um etwas lebhafter hervorzurufende Erregung nicht schaden, und die, jeder übertriebenen Anstrengung folgende Erschöpfung den etwa schon vorhandenen wirklichen Mangel an Energie nicht nachtheilig vermehren kann.

In der unzulänglichen Beachtung der aufgestellten Grundprincipe treffen wir die häufigste Ursache, dafs übrigens sorgsam erwogene Kurpläne bei der Ausführung scheitern, und dafs so manche Kranke, welche Heil an kohlensauren Quellen suchen, an denselben nur Verschlimmerung ihrer Leiden finden.

## §. 158.

### C. Anwendung der Luftsäure gegen bestimmte Krankheitsformen.

Die Therapeutik jener Krankheiten, welche hauptsächlichst durch feste, in bestimmten Säuerlingen aufgelöste Stoffe gehoben werden, und bei der mithin die Heilkräfte der verschiedentlich vorschlagenden, erdigen, salinischen und metallischen Bestandtheile vorzugsweise in Anschlag zu bringen sind, müssen wir, um von dem abgesteckten Plane nicht zu sehr abzuweichen, gänzlich übergehen. Es kann demnach hier überhaupt nur von der Kur solcher Affectionen die Rede sein, gegen welche sich die Luftsäure mehr an und für sich bewährte. Zu diesen gehören nun insbesondere die nachstehend bezeichneten:

## §. 159.

### a. Fieber.

Bei asthenischen Fiebern, besonders im Typhus mit deutlicher Hinneigung zum putriden Character, haben Hey, Percival, Dobson, Cavallo, Pristley, Gmelin, Hulme und Günther die Kohlensäure vielfältig angewendet *).

Behufs der Inhalationen liefs man das Gas bei den fraglichen Krankheiten aus frei hingesetzten Gefäfsen aufsteigen **), oder aus verschliefsbaren Behältern in genau abgemessener Menge hervorströmen ***). Wir dürfen der Zimmeratmosphäre hiebei immer nur 1, höchstens 2 Procent kohlensauren Gases hinzumischen. Schon der beregte mäfsigere, den Kranken fast immer angenehme Imprägnirungsgrad reicht hin, um den süfslich-widerlichen Geruch, welchen die Stubenluft Typhöser annimmt, zu vernichten. Wo die betreffenden Fieber mit besonderen Reizzuständen der Lungen, oder mit Blutandrang nach dem Kopfe complicirt erscheinen, sind kohlensaure Einathmungen, wegen ihrer specifischen Wirkungen auf das Cerebral- und Respirationssystem, contraindicirt.

Als Getränk wird die an Flüssigkeiten gebundene Luftsäure Fiebernden auf mannigfache Weise gereicht. Wir verordnen denselben Selter-, Geilnauer Wasser, in frisches Brunnenwasser geschüttete Brausemischungen †) und andere analoge, schon früher erwähnte Zubereitungen ††). Besonders zu empfehlen ist die Effervescent Limonade: ein aus Zitronensäure, Zucker und Wasser, in welches an 2 Volumentheile kohlensaures Gas eingeprefst sind, bestehendes Gemisch, dessen erquickende sowohl als heilsame Kraft ich auf englischen Schiffen und in den Hospitälern Londons kennen lernte †††). Alle diese Getränke, vorzugsweise aber

*) Vergl. Dobson l. c. p. 162. u. 191. Günther l. c. p. 104. u. 247. Gmelin l. c. p. 246. Cavallo l. c. p. 115. 117. 120.

**) §. 151.

***) §. Ibidem.

†) §. 151.

††) §. Ibidem.

†††) Im Jahre 1833 theilte ich aus England mitgebrachte Proben

das letztere, werden von Fiebernden begierig genossen, stillen den glühendsten Durst, mindern die Hitze und laben ungemein. Nur im Uebermafs gebraucht, können dieselben den Kopf einnehmen, nachtheilig aufregen, oder durch Ueberreizung betäuben *). Bei Blut-Congestionen nach dem Hirne, und besonders im Cerebraltyphus sind sie, wie jeglicher andere Gebrauch der Kohlensäure, zu meiden.

**Mittelst Lavements** hat man die Kohlensäure Fieberkranken theils rein luftförmig, theils als kohlensaures Wasser verordnet. Um das Gas auf die erstere Weise beizubringen, wird dasselbe in Thierblasen aufgefangen und mit Hülfe einer tief genug eingelegten Kanüle in den Mastdarm gedrückt. Hey und Percival liefsen bei Faulfiebern alle 2 Stunden (?) dergleichen Klystiere setzen und Hulme, Richter, so wie mehrere Andere verordneten sie besonders jenen Typhösen, die zugleich an fauligen Bauchflüssen litten**).

Wenn auch die Anwendung der Kohlensäure zur Heilung der beregten Krankheitszustände selten ausreichen dürfte, so ist sie bei denselben dennoch wegen ihrer Eigenschaft, die Lebensthätigkeit zu erhöhen und dem Zersetzungsprocesse der thierischen Materie Einhalt zu thun, als ein kräftiges Adjuvans mit zu benutzen und namentlich als erfrischendes Getränk den Leidenden nicht ohne gegründeten Anlafs vorzuenthalten.

## §. 160.

### b. Torpide Entzündungen nebst ihren Ausgängen in Eiterung und Brand.

**Gegen äufsere asthenische Entzündungen** wirkt das Kohlensäuregas örtlich um so heilsamer, als der

jener kohlensauren Limonade der med. Gesellschaft zu Berlin mit. (Siehe Hufeland's Journ. B. 78. St. 1. p. 142.) Anjetzt (1837) wird dieselbe nebst anderen ähnlichen, mit leichten Aromen versetzten Getränken, nach Despland's Weise durch den geschickten Berliner Apotheker Herrn Dannel frabrikmäfsig bereitet und unter dem Namen Limonade gazeuse verkauft.

*) §. 142.

**) S. Cavallo l. c. p. 115—117. u. 120. Günther l. c. p. 247. und Richter's ausführliche Arzneimittellehre B. IV. p. 170.

Character derselben jenem der eben erwähnten Fieber näher steht. Rosier, Porter, Dobson und Gmelin theilen wichtige hieher gehörige Erfahrungen mit *). Den meisten Nutzen gewähren bei den fraglichen Affectionen fermentirende Umschläge. In rein sthenischen Localentzündungen ist hingegen kohlensaures Gas, worauf schon Lalouette **) aufmerksam machte, contraindicirt.

Schlaffe, veraltete, faulige Geschwüre haben Rusch, Collin, Champaux ***) u. m. a. durch Umschläge mit kohlensaurem Wasser, durch fermentirende Kataplasmen, durch doucheförmiges Anlassen von kohlensaurem Gase, so wie durch Eintauchen der Gliedmafsen in dasselbe geheilt. Von allen jenen Anwendungsformen sah ich mehrmals, jedoch immer nur bis zur Tilgung der torpiden Stimmung, günstige Erfolge. War diese verschwunden, so mufste die Ueberhäutung, welche das Kohlensäuregas nie unmittelbar beförderte, immer erst durch anderweitige, gegen einfache Geschwüre angezeigte Heilmittel unterstützt werden.

Bei offenem Krebse, besonders bei dem der Brust, der Gebärmutter und des Mastdarms ist die Luftsäure von Percival, Magellans, Richter, Burdach, Sachs †) u. m. a. in Umschlägen, Einspritzungen und Wasserbädern empfohlen. Heilungen carcinomatöser Geschwüre gelangen mir durch den Gebrauch der Kohlensäure nie. Wenn indefs bei den fraglichen Krankheiten beträchtliche Hinneigung zur Fäulnifs obwaltet, wirkt das Kohlensäuregas, insofern dasselbe den ausgeprägten Zersetzungsprocefs beschränkt, insofern es das Aussehen der Ulcerationsflächen bessert und den verpestenden Geruch hebt, in palliativer Beziehung wohlthätig. Vor Allem entsprechen diesem Zwecke fermentirende Substanzen ††). — Sind carcinomatöse Geschwüre schmerzhaft, sitzen sie auf erethisch-entzündetem scirrhösem

*) S. Dobson l. c. p. 185. u. Gmelin l. c. p. 247.

**) Ibid. l. c. p. 198.

***) Ibid. p. 191. u. Schreger's Balneotechnik Th. I. p. 90.

†) S. Dobson l. c. p. 197. Cavallo l. c. p. 72. Schreger l. c. p. 90. Richter l. c. B. IV. p. 170. Burdach l. c. Bd. IV. p. 306. Sachs l. c. Bd. 1. p. 46.

††) §. 151.

Grunde, so müssen wir von der Anwendung der Kohlensäure abstehen, weil sie hier eher Steigerung als Beschwichtigung der Zufälle herbeiführt.

Im Brande, welcher durch äufsere torpide Entzündungen bedingt wird, hat man kohlensaure Umschläge nützlich befunden. Sie halten ihn auf, begünstigen das Entstehen suppurativer Demarcations-Linien, und tilgen den aashaften, das Krankenzimmer erfüllenden Geruch. Die Rettung einer nicht geringen Zahl von Kranken, welche an bedeutenden Quetschungen, an zerrissenen Wunden und complicirten, verabsäumten oder unrecht behandelten Fracturen litten, zu welchen Brand hinzugekommen war, verdanke ich gröfstentheils der Anwendung gährender Kataplasmen. Auch bewährten sich dieselben mehrmals bei brandigen Furunkeln, im Hospitalbrande und gegen Gangräna senilis. Wo ungünstige Umstände die Genesung durchaus unmöglich machen, leisten jene Umschläge als Palliativmittel insofern wesentliche Dienste, als sie den Verwesungsprocefs der abgestorbenen Theile hemmen, ohne, wie dies von dem oft mifsbrauchten Acido pyrolignoso und von Chlorkalk-Auflösungen unter bestimmten Verhältnissen geschieht, zu schmerzhaften Reizungen Anlafs zu geben.

## §. 161.

### c. Nervenleiden.

Allgemeine Nervenabspannungen von chronischer Dauer, besonders durch übermäfsige Anstrengungen jeglicher Art erworbene, weichen, so lange sie rein dynamisch bestehen, dem Gebrauche kohlensaurer, mehr lauer als warmer Wasserbäder. Eine Temperatur von + 24, 25, höchstens 26° R., ist unter den fraglichen Verhältnissen als die angemessenste zu betrachten. Man läfst täglich nur einmal ½ bis ¾ Stunden lang baden, und setzt dies Verfahren entweder ausschliefslich, oder wenn besondere Umstände es fordern, in Verbindung mit entsprechenden Trinkkuren 4 bis 6 Wochen hindurch fort. Unmittelbar nach jedem Bade fühlen sich die Kranken leichter, frischer, lebensfroher.

Diese Euphorie hält stufenweise immer länger an, bis sie in dauerndes Wohlbefinden übergeht.

Bei allgemein krampfigen durch gesunkene Energie unterhaltenen Affectionen, namentlich bei jenen, welche in der Gestalt neuralgischer, hysterischer oder cataleptischer Leiden auftreten, nützt das Kohlensäuregas sowohl durch Erhöhung der irritablen Seite, als auch durch Steigerung des gesammten Lebensprocesses. Erwärmte trockene Gasbäder werden hier wenigstens anfänglich von den meisten Individuen besser als kalte vertragen. Gasdouchen mufs man auf Theile, welche durch heftige Nervenschmerzen ungewöhnlich empfindlich geworden sind, die erste Zeit hindurch nicht anders, als in Form eines sanften Hauches anbringen. Nur allmälig dürfen wir bei jenen Krankheiten zum kühlen und intensiveren Gasgebrauche übergehen. Wo Unterleibsträgheit mit den diesfälligen Beschwerden innig zusammenhängt, sind die eigentlichen Gaskuren durch geregeltes Trinken kohlensaurer, an eröffnenden Salzen reicher Mineralwässer, zu unterstützen. Offenbart sich bei den beregten Nervenübeln erheblicher Blutmangel im Bilde ausgeprägter Chlorosis, so wirken neben der pneumatischen Application des Kohlensäuregases Trink- und Badekuren von eisenhaltigem Sauerwasser vortheilhaft.

Gegen Lähmungen und das ihnen nahe stehende Zittern einzelner Gliedmafsen ist das Kohlensäuregas vielfältig und oft mit Glück versucht worden. Behufs der direkten Einwirkung läfst man, je nachdem die erkrankte Stelle es fordert, gasige Douche-, Kasten- oder Sitzbäder nehmen. Wenn das örtliche Leiden von allgemeiner Nervenabspannung abhängt, müssen wir das gegen diese angerathene Verfahren mit der Lokalanwendung des Gases vereinigen. — Geht die Affection ohne materielle Ursachen weniger vom centralen, als vom peripherischen Theile des Nervensystems aus, ist sie namentlich durch äufsere Anlässe, durch Erkältungen, Erschöpfungen, Commotionen, Wunden oder rein narkotische Gifte veranlafst worden, so weicht dieselbe dem Gebrauche des Gases binnen verhältnifsmäfsig kurzer Zeit. Langsamere Fortschritte sehen wir bei sogenannten cachectischen, durch Abnormität der Säfte-

Bildung und Ausscheidung unterhaltenen, in krankhaft vegetativer Thätigkeit beruhenden Paralysen. Selbst dann, wenn Lähmungszufälle metastatisch, oder durch völliges Hinwelken des äufseren Hautüberzuges begründet waren *), leistete die mit Ausdauer durchgeführte Benutzung der Luftsäure in einzelnen Fällen mehr, als man der Wahrscheinlichkeit nach erwarten durfte. Diesfällige, durch organische Fehler bedingte oder ganz veraltete Gebrechen, die einem partiellen nervösen Tode, bei dem das vegetative Leben noch allein fortglimmt, gleich zu stellen sind, widerstreben den Gaskuren **) wie jedem anderen therapeutischen Eingriffe. Bei allen arthritischen, mit krankhaftem Stoffabsatze verbundenen, oder durch metallische Intoxicationen erzeugten Lähmungen, gegen welche sich das Schwefelwasserstoffgas oft bewährt ***), wirkt die Kohlensäure schädlich.

## §. 162.

### d. Scorbut.

Wichtige Erfahrungen über die antiscorbutische Kraft der Luftsäure finden wir von Pringle, Dawson, Callisen und Tozetti aufgezeichnet †). Das Kohlensäuregas nützt hier dadurch in zwiefacher Hinsicht, dafs dasselbe als Säure dem mit scorbutischen Affectionen hervortretenden Auflösungs-Processe Grenzen setzt, und als Nervinum die während jenes Leidens stets gesunkene Lebensthätigkeit angemessen erhöht ††).

**Bei allgemeiner Disposition** suchen wir dem Gesammtorganismus die in Rede stehende Luftart durch Inhalationen, durch trockene sowohl, als mit Wasser verbundene Gasbäder und durch Trinkkuren einzuverleiben. Zu den letzteren verdienen unter den fraglichen Umständen die eisenreichen Säuerlinge den natronreichen vorgezogen zu werden, weil diese durch ihren Sodagehalt die säuernden Wirkungen des Gases mehr oder weniger aufheben.

*) Piderit l. c. p. 150. etc.

**) S. Piderit l. c. p. 150.

***) Vergl. Schwefelwasserstoffgas.

†) S. Cavallo l. c. 72. und Gmelin l. c. p. 247.

††) §. 139.

Um örtlich-scorbutischen Affectionen auch topisch entgegen zu wirken, wird die Kohlensäure zugleich unmittelbar auf die kranken Stellen angewendet. — Bei Mundgeschwüren der fraglichen Categorie verordnet man kohlensaures Wasser zum Gurgeln. Ulcerationen der Nasenhöhle weichen dem in die Choanen geleiteten Strahle der Gasdouche. Hautgeschwüre, namentlich der unteren Gliedmafsen, bessern sich durch trockene, täglich wiederholte, gasige Douche- und Kastenbäder, durch Umschläge mit kohlensaurem Wasser, und bei stockender Absonderung, durch fermentirende Kataplasmen. In allen jenen Affectionen hebt das Kohlensäuregas den widrig fauligen Geruch, verwandelt die blutig jauchigen Secrete in gutartigen Eiter, nützt aber wesentlich immer nur so lange, als der scorbutische Character obwaltet. Ist dieser erst getilgt, so hat man die Kur durch gewöhnliche, bei einfachen Geschwüren angezeigte Mittel zu beenden.

§. 163.

e. Krankheiten der Respirationsorgane.

Gegen chronische Lungenübel mannigfacher Art hat man sowohl verschiedene, mit kohlensaurem Gase versetzte Dünste, als auch einfache, blos aus gemeiner und kohlensaurer Luft bestehende Mischungen schon seit langer Zeit zu Inhalationen empfohlen.

Ried, Bergius, Desgenettes u. m. a. liefsen Brustkranke im Frühjahr die Ausdünstungen frisch umgebrochener Erde, in welcher etwas mehr Kohlensäure vorkommt, als die Atmosphäre gewöhnlich enthält, einathmen. Auch verordneten sie zu gleichem Behufe die in den Ställen angesammelte, durch den Athmungsprocefs der Kühe mit dem fraglichen Gase mäfsig imprägnirte Luft *). Bei diesen, wenn auch hie und da hülfreich befundenen Anwendungsformen coincidiren indefs, bezüglich des Temperatur- und Feuchtigkeitsgrades sowohl, als hinsichts des Zutrittes anderwei-

*) S Hufeland's Journ. B. I. St. 3. p. 385—398. B. IV. St. 2. p. 90. Schreger's Balneotechnik. Th. I. p. 71. und Richter's ausführliche Arzneimittellehre B. IV. p. 159.

tiger gasiger Stoffe, mehrerlei Umstände, durch welche nur der geringere Theil der Einwirkung dem vermehrten Kohlensäuregehalte beigemessen werden kann.

Home, Beddoes, Targioni, Lentin, Girtanner und Mühry*) wendeten bei Brustübeln künstlich bereitetes, in Respirationsapparaten gesammeltes, oder im Raume der Wohnzimmer frei entwickeltes Kohlensäuregas auf die schon erwähnte, ungenügende Weise an**). Späterhin liefs man Lungenkranke abgemessene Mischungen künstlicher, sorgfältig gereinigter sowohl, als natürlicher an den Gasquellen aufgefangener Kohlensäure, in eigens zu diesem Zwecke eingerichteten Gemächern einathmen***). Auch bei den offenbaren Vortheilen des neueren Verfahrens sind heilsame Erfolge doch nur dann zu gewärtigen, wenn wir dasselbe auf das umsichtigste anordnen. Anfänglich lasse man unter allen Umständen in den, zu temporären Inhalationskuren bestimmten Gassalons, blos mit 1 Procent Kohlensäure vermischte Luft 10, 15 bis 30 Minuten lang in die Lungen ziehen, verstärke die Speisung, dem Empfänglichkeitsgrade jedes Individui gemäfs, nie anders als stufenweise, auf 2, 3 bis 4 Procent, und verlängere die Anwendungszeit nur, wenn der Erfolg hiezu berechtigt, allmälig auf eine, auf zwei oder mehrere Stunden. Erst dann, wenn derartige periodische Inhalationen vollkommen zusagen, können die Kranken mit 1 Procent versetzte Gascabinette als Wohn- und Schlafgemächer zu beständigen Gaseinathmungen benutzen, wobei übrigens kräftigere, höchstens bis zu 2 Procent zu steigernde Imprägnirungen blos in seltenen Ausnahmefällen vertragen werden.

Die Feststellung der Brustkrankheiten, gegen welche luftsaure Inhalationen angezeigt sind, finden wir dermalen noch wenig gesichtet. Asthma, Bluthusten und Lungensuchten aller Art werden in dieser Beziehung von mehreren Schriftstellern ohne Unterschied, und oft ohne alle Bezeichnung ihrer besonderen Charactere genannt. Im Gan-

*) S. Dobson l. c. p. 90—91. Richter l. c. B. IV. p. 159. und Hufeland l. c. B. I. u. IV. a. a. O.

**) §. 151.

***) §. 153. u. 154.

zen leistete das Kohlensäuregas, den bisherigen Erfahrungen zu Folge, blos bei einigen offenbar atonischen Brustleiden und namentlich beim paresischen, schleimigen und emphysematischen Asthma entschieden gute Dienste.

Wo das paresische Asthma rein dynamisch, wo dasselbe nach gänzlich vorübergegangenen schädlichen Einwirkungen ohne alle organischen Fehler lediglich durch gemindertes Lungenleben besteht, da bringt die eingeathmete Kohlensäure, vermöge ihrer die Reizbarkeit der Athmungswerkzeuge direct erhebenden Kraft, in der Regel wohlthätige Wirkungen hervor. Es verringern sich hier die Respirationsbeschwerden oft schon nach den ersten Inhalationen, und verschwinden nicht selten bei hinlänglicher Ausdauer gänzlich. Ist die Vitalität jedoch schon in zu beträchtlichem Grade aufgerieben, ist das Wiederaufrichten derselben, wie z. B. in den Fällen, in welchen der Marasmus senilis zunächst die Lungen trifft, ganz unmöglich, so kann auch vom den fraglichen Inhalationen kein anderer, als höchstens ein palliativer Erfolg erwartet werden.

Gegen das schleimige Asthma, gegen veraltete atonische Lungenschleimflüsse in allen ihren Varietäten vom Katarrh bis zur Schleimschwindsucht, fanden mehrere Aerzte das kohlensaure Gas heilsam. Einathmungen desselben gewähren hier, wie überall, wo bei vorhandenem Torpor viel darauf ankommt, krankhafte Absonderungen zu verringern, wesentliche Vortheile. Man beginnt die Kur mit feuchten und lauen, den Kranken gewöhnlich sehr behaglichen Gasmischungen von 1 Procent und bringt späterhin kräftiger einwirkende, kühlere und trockene, in immer längeren Perioden zur Anwendung.

Beim emphysematischen Asthma*) sind kohlensaure Inhalationen angelegentlich empfohlen. Das fragliche Uebel besteht in einer Ausdehnung der Lungenzellen, deren höchst geringer Durchmesser sich bis zu jenem eines Hanfkorns und darüber vergrößern kann. Der Raum des Brustkastens wird hiedurch für die freie Bewegung der vergrößerten Lungenflügel zu beengt und das Ausathmen

*) Laennec's emphysème du poumon.

durch die geschwächte Elasticität der Zellen nothwendig erschwert. Wir erkennen das beregte gewöhnlich aus langwierigen Katarrhen entstandenen Leiden dadurch, dafs die Percussion des stark vortretenden Brustgewölbes einen hellen, lauten, nachhallenden Ton wahrnehmen und deshalb ein sehr lebhaftes Respirationsgeräusch erwarten läfst, welches jedoch, im Widerspruche mit jenen Erscheinungen, bei Anwendung des Stethoscops nur in geringem, oft kaum bemerkbarem Grade angetroffen wird. Insofern der diesfälligen Affection gesunkene Lebensthätigkeit, verminderte Elasticität, unzulängliche tonische Kraft des Lungengewebes zum Grunde liegt, können Inhalationen von kohlensaurem Gase durch ihre erregenden, belebenden, die Contractilität der Respirationsorgane steigernden Wirkungen füglich, unmittelbarer als andere bekannte Mittel, zur Herstellung des gestörten Gleichgewichts beitragen.

Contraindicirt ist das Kohlensäuregas in allen Brustleiden, welche mit höherem Erethismus, mit vermehrter Aufregung des Blutsystems oder mit echt entzündlicher Anlage zusammenhängen. Besonders gilt dies von folgenden Krankheitsarten. — Bei Lungengeschwüren schadet die fragliche, versuchsweise empfohlene Anwendung des Gases nach meinen Erfahrungen unbedingt. Zwar können Geschwürsflächen auch in den Lungen allerdings einen torpiden Character annehmen, fast immer bilden sie sich aber hier auf einem synochisch- oder erethisch-entzündeten, tief im Parenchym wurzelnden Hofe, dessen Ausbreitung durch den Reiz der Kohlensäure begünstigt wird. Wenn daher auch die Kraft des Gases auf die beregten anomalen Absonderungsflächen vortheilhaft einfliefst, wenn dasselbe auch colliquative Sputa beschränkt und das Ansehn des Auswurfs bessert, so geschieht dies doch nie mit Eintritt deutlicher Euphorie, sondern gewöhnlich unter auffallender Zunahme von Schmerzen, Athmungsbeschwerden und Fieberbewegungen. — Die Phthisis tuberculosa verbietet ebenfalls den Gebrauch des Kohlensäuregases. Offenbar wirkt die Luftsäure unter diesen Umständen nicht blos durch ihre aufregende Kraft, welche die Lungenknoten leicht in Entzündung setzt, sondern auch dadurch nachtheilig, dafs sie, die Plasticität des Blutes steigernd, um so eher zur festeren Begründung der Tuberkeln Anlafs giebt. — Nicht minder haben wir auch beim Bluthusten, gemäfs mehreren von mir beobachteten Fällen, in der Regel derartige, die Reizbarkeit der Lungen unausweichlich steigernde Inhalationen zu meiden. Ob sie in der letzteren Krankheitsform ausnahmeweise während grofser Passivität der Brustorgane, und weit vorgeschrittener scorbutischer Dyskrasie, höchst vorsichtig angewendet, dennoch den von einigen Aerzten gehofften Nutzen wirklich gewähre, darüber kann erst die Zukunft entscheiden.

## §. 164.

### f. Haut-Krankheiten.

#### α. Atonie des äufseren Hautüberzuges.

Durch überheizte Zimmer, durch zu warme Bekleidung, durch Mangel an Bewegung in freier Luft, durch den Mifsbrauch lauer, erschlaffender, alkalischer oder hepatischer Bäder verliert die Haut an frischem Incarnat, an Festigkeit, an Lebensturgor und in dem Grade an Resistenzvermögen gegen äufsere Einflüsse, dafs nach jedem noch so geringen Temperaturwechsel, nach jeder auch nur etwas auffallenden barometrischen oder hygrometrischen Veränderung unverzüglich katarrhalische, rheumatische oder neuralgische Affectionen entstehen, welche, insofern sich das Leiden der mit dem Hautgewebe verschmolzenen Nerven leicht nach innen reflectirt, oft von hypochondrischen Verstimmungen mannigfacher Art begleitet werden. Gegen Verzärtelungen dieser Art wirken kohlensäurereiche Wasserbäder*) vortrefflich. Sie erhöhen direct die Lebensthätigkeit der Haut, tonisiren dieselbe und führen die ungeregelten Actionen, die übertrieben bewegliche, krankhafte Empfindlichkeit der peripherischen Nervenendigungen wieder zur Norm zurück**). — Kohlensaure Wasser, welche Eisen enthalten, unterstützen die Erreichung der in Rede stehenden Zwecke allerdings, doch findet dies nur dann statt, wenn das Ent-

*) §. 161.
**) §. 140.

weichen der Luftsäure bei der Füllung der Wannen hinlänglich vermieden wird. *) Dafs das Eisen unter diesen Verhältnissen nicht etwa allein wirke, zeigt der günstige Erfolg der salinischen eisenfreien, aber von Luftsäure überschüssig durchdrungenen Mineralwasser, und beweist insbesondere auch das Gefühl der Hautkräftigung, welches die nach Willkür mit kohlensaurem Gase zu tränkenden Sprudelbäder vorzugsweise hervorbringen **).

### β. Abnormitäten der Hautausdünstung.

Neigungen zu übermäfsigem Schwitzen, bei welchen sowohl nach ganz geringen Anstrengungen, als durch jede, die gewöhnliche Stubenwärme auch noch so wenig überschreitende Lufttemperatur unverzüglich äufserst profuse, den ganzen Körper bedeckende Schweifse das Leben allmälig immer mehr und mehr erschöpfen, werden, insofern denselben Atonie der Haut zum Grunde liegt, mittelst des gegen Hautverzärtelungen eben empfohlenen Heilverfahrens sicher beseitiget. — Ist die Ausdünstung von einem fauligen, ekelerregenden Geruche begleitet, wie dies am öftersten Hinsichts der Achsel- und Fufsschweifse vorkommt, so nützen anhaltend gebrauchte luftsaure Wasserbäder nicht blos durch Regulirung der Transpiration überhaupt, sondern zugleich auch durch die dem kohlensauren Gase eigenthümliche, der Erzeugung fauliger Riechstoffe entgegenwirkende Kraft. — Allgemeine Unterdrückungen des Transpirationsactes, welche zu mannigfachen Leiden nicht nur der Haut, sondern auch der inneren Gebilde Anlafs geben, werden durch warme, trockene oder mit Wasserdünsten versetzte luftsaure Ganzbäder gehoben ***). Gegen örtliche derartige Suppressionen, namentlich behufs der Wiederherstellung unterdrückter Fufsschweifse, bedienen wir uns ähnlicher, jedoch nur partiell anzuwendender Bäder †).

*) §. 155.
**) §. 155. Sprudelbäder.
***) §. 155.
†) §. Ibidem.

### γ. Oedem der Füfse.

Bleiben Wassergeschwülste nach Haemorrhagieen, nach Wochenbetten oder schweren Krankheiten irgend einer Art, ohne Fortdauer innerer Ursachen, als rein örtliche Folgen gesunkener Lebensthätigkeit zurück, so haben wir von trokkenen Lokal-Gasbädern viel zu erwarten*). — Schon die Atmosphärenluft bringt, wenn sie in geschlossenen Räumen, welche den Kopf des Kranken frei lassen, künstlich oder durch vulkanische Thätigkeit erwärmt wird, beim Anasarca und Oedem, mittelst vermehrter Ausdünstung, wohlthätige Veränderungen hervor, wie dies sowohl die Hempelschen durch Alkohol-Flammen erhitzten, dem indischen Verfahren gegen die Cholera entlehnten **), als auch die natürlichen zu Testaccio gebräuchlichen Luftbäder vielfältig bewiesen haben. Zwiefache Vortheile gewährt aber in der fraglichen Beziehung die trockene Kohlensäure, denn aufser dafs dieselbe, selbst bei geringerer Erwärmung, durch hervorgerufene Schweifse, einen beträchtlichen Theil des angesammelten Serums entleert, erhöht sie zugleich, im Wege specifischer Reizung***), die Contractilität der Haut und des mit dieser verbundenen krankhaft erschlafften Zellgewebes. Hinsichts der beregten Doppelwirkung haben wir daher auch, so lange viel Serum angehäuft ist, wärmere, mehr schweifstreibende und späterhin, wenn es vorzugsweise darauf ankommt, die verlorene Spannkraft wieder herzustellen, mehr kühle, tonisirendere Gasbäder in Anwendung zu bringen.

## §. 165.

### g. Unterleibs-Krankheiten.

Wie entschieden kohlensaures mit dem Nahrungskanale in directe Verbindung gebrachtes Gas bei gesunden Individuen auf sämmtliche Unterleibsorgane einfliefst, lehrten zahlreiche, bereits mitgetheilte Versuche †).

*) Cap. VIII. Pyrmont.

**) S. Searle über die Cholera, bevorwortet von C. v. Gräfe. Berlin 1831. p. 84. etc.

***) §. 140.

†) §. 142.

Trinkkuren von luftsauren natürlichen und künstlichen Mineralwässern haben sich nebst der Anwendung verschiedener Brausemischungen*) bei Atonicen der Darmschleimhaut, bei Stockungen im Pfortadersysteme, bei Verstimmungen der Abdominalganglien, bei Gastrodynieen, bei nervösem Erbrechen, bei krampfigen, hysterischen, hypochondrischen Beschwerden, bei Dyspepsieen und bei zu trägen Stuhlausleerungen vielfältig bewährt. Wenn auch eine nähere Erörterung über den heilsamen inneren Gebrauch des Kohlensäuregases, aus schon früher angegebenen Gründen**), nicht hierher gehört, so erlaube ich mir doch allgemeinhin zu bemerken, dafs dasselbe oft zu unbedingt gegen die bezeichneten Krankheiten verordnet wird, und dafs man hiebei, abgesehen von anderweitigen Gegenanzeigen, insbesondere zu wenig darauf achtet, ob jene Leiden mit zu regem Blutleben in Verbindung stehen. Ueberall nemlich, wo das letztere Verhältnifs statt findet, bringt nach meinen Erfahrungen anhaltendes Trinken kohlensäurereicher Mineralwasser bestimmt nicht nur keine Besserung, sondern jedes Mal Steigerung der beregten Unterleibsübel hervor.

Auch in Klystieren ist die natürliche, wie die künstlich gewonnene Kohlensäure gegen Abdominalaffectionen empfohlen. Sie wird behufs dessen sowohl luftförmig als an Wasser gebunden beigebracht***). Dobson und Schreger wollen von dieser Gebrauchsweise vornemlich bei der Windsucht und bei fauligen Bauchflüssen Nutzen gesehen haben †).

## §. 166.

### h. Nierenkrankheiten.

Wo Krankheitszustände, entweder durch jenes eigenthümliche Sinken der Nierenthätigkeit, welches die Harnabsonderung beeinträchtiget, oder durch lithiatische, mit vorschlagender Alkalescenz verbundene Prozesse zu Stande kommen, da sind von dem

*) §. 151.

**) §. 158.

***) §. 159.

†) §. 159. und Schrger's Balneotechnik T. I. p. 89.

Gebrauche der Luftsäure günstige Veränderungen zu gewärtigen.

In dem ersten Falle wirken kohlensaure, zu Trinkkuren benutzte Wässer, vermöge ihrer, die Diurese unterstützenden Eigenschaft, besonders auf alternde Kranke, bei welchen beginnende hydropische Affectionen lediglich von zu träger Harnsecretion abhangen, ungemein wohlthätig. Nicht selten sehen wir unter den beregten Umständen durch den fortgesetzten Gebrauch kräftiger Säuerlinge Anlagen zur Brust- und Bauch-Wassersucht, so wie hartnäckiges Oedem der Füfse wieder verschwinden. —

In dem zweiten Falle, in welchem der frisch gelassene Urin einen penetrant-ammoniakalischen Geruch annimmt, schmutziggraue, unreinem Kreidepulver ähnliche Niederschläge absetzt, das Curcuma-Papier bräunt, und bisweilen sogar innerhalb seiner Ausdünstungssphäre weisse Wölkchen um Körper entstehen läfst, die zuvor in Salzsäure getaucht wurden, kann man bestimmt darauf rechnen, dafs die durch Trink- und Badekuren dem Organismus einverleibte fixe Luft nicht nur den Blasenschmerz verringert, sondern auch den krankhaften Secretionsact stufenweise zur Norm zurückführt. Schon nach wenigen Tagen nehmen unter der fraglichen Behandlung, mit wachsender Säuerung des Excrets, die Zeichen überwiegender Alkalescenz ab, denen Verringerung der Leiden in gleichem Schritte folgt. Dieser wichtige Vorgang des Vitalchemismus zeigt uns einerseits die Ursache, aus welcher mehreren Säuerlingen, namentlich jenen Pyrmonts, Driburgs, Wildungens, Recoaro's schon längst lithotriptische Heilkräfte mit Recht beigemessen wurden, derselbe stellt aber auch anderseits die Schranken fest, in welche ihr Gebrauch zurück zu weisen ist. Zwar unterstützt das Kohlensäuregas allerdings durch vermehrte Diurese mechanisch den Abgang von Gries und kleinen Steinchen unter allen Verhältnissen, doch ist dasselbe hinsichts der so wesentlichen Umstimmung des Harnabsonderungsgeschäftes lediglich da von Werth, wo der fragliche Krankheitsprocefs sich auf die eben bezeichnete Weise kund giebt. Denn findet das Gegentheil statt, tritt die gestörte Nierenthätigkeit nicht in jener, sondern in der umgekehrten Form auf, verräth der Harn durch rothe, rothgelbe Niederschläge, und durch starke Röthung des Lakmus-Papiers deutlich überwiegende Säurebildung, so kann man in der Regel annehmen, dafs sämmtliche, vorzugsweise durch Kohlensäure wirkende Mineralwasser die krankhafte Nierenthätigkeit eher vermehren, als verringern, und dafs hier wiederum kohlensaure Brunnen, welche, wie die Carlsbads, Geilnaus, Vichys, vermöge ihres überwiegenden Reichthums an Natron, Kalk und Bittererde, die Alkalescenz des Harns erheblich befördern, fast ohne Ausnahme mit grofsem Nutzen verordnet werden. — Noch ist hinsichts der durch anomale Harnbereitung bereits fest gebildeten, in der Blase vorkommenden Steine zu bemerken, dafs wirkliche Auflösungen derselben, selbst wenn sie kaum einen Durchmesser von 3—4 Pariser Linien erreicht haben, nie erfolgen, mögen sich die Kranken säuernder oder alkalescirender Mineralwasser noch so lange bedienen, ja mögen sie diese, wie es ein Arzt meiner Bekanntschaft mit dem Carlsbader Sprudel that, durch Blaseneinspritzungen, sogar in ganz unmittelbare Berührung mit den Concrementen bringen. Derartige krankhafte Producte müssen, wenn keine besondere Contraindicationen es verbieten, stets bald möglichst auf mechanischem Wege entfernt werden. Ist dies aber geschehen, so leisten die genannten Mineralbrunnen, den erörterten Grundsätzen gemäfs gewählt, zur Tilgung der lithiatischen Dispositionen, mithin zur völlig radikalen Herstellung, um desto erspriefslichere Dienste. Operirte, bei welchen Steine mit vorherrschender alkalischer Basis beseitigt worden waren, liefs ich die oben erwähnten Säuerlinge, jene Kranken, bei welchen sie vornemlich aus Harnsäure bestanden, die bezeichneten natronreichen Mineralquellen, theilweis mehrere Jahre hinter einander gebrauchen, und bei den ersteren wie bei den letzteren zeigten sich, unerachtet der nicht geringen Zahl von Individuen, welche ich seit drei Decennien durch Urethralausdehnungen, durch Lithotritien und Blasenschnitte heilte, meines Wissens, nie Wiederbildungen steiniger Concremente*).

*) Wo zufällige Hindernisse die Benutzung der Mineralbrunnen unmöglich machen, sind, nach meinen Erfahrungen, kohlensaure Brun-

## §. 167.

### i. Krankheiten der Geschlechtstheile.

Die specifisch erregenden Wirkungen, welche das kohlensaure, äufserlich angebrachte Gas auf die Genitalien gesunder Subjecte ausübt *), gab Anlafs, dasselbe in Krankheiten der betreffenden Organe zu versuchen.

Gegen Impotenz und weibliche Unfruchtbarkeit sind, insofern die fraglichen Zustände aus vorzeitig gesunkener Lebensthätigkeit der Geschlechtstheile hervorgehen, neben der, den individuellen Verhältnissen genau anzupassenden inneren Behandlung, Gasdouchen und trockene blos bis zur Nabelgegend reichende Gassitzbäder von mehreren Aerzten gerühmt. Bei diesfälligen, auf das vorsichtigste zu leitenden Kuren mufs jede beträchtlichere Aufregung der Zeugungswerkzeuge verhütet werden. Es folgt sonst, und zwar insbesondere dem lokalen Gebrauche des Gases, wie allen übrigen derartigen künstlichen Reizungen, nur um so gröfsere Erschöpfung, welche die naturgemäfse Zeugung und Empfängnifs eher behindert als fördert.

Amennorrhöen werden in manchen Fällen lediglich durch Torpidität des Uterinsystems, öfter aber, unter den Erscheinungen der Chlorose, durch offenbar mangelhafte Blutbereitung bedingt. Indem das Kohlensäuregas überhaupt specifisch erregend auf die Geschlechtstheile wirkt, indem es zugleich die plastische Blutthätigkeit vermehrt und bei angemessener äufserer Anwendung den Blutstrom nicht nur allgemeinhin nach der Peripherie, sondern auch vorzugsweise nach den Uteringefäfsen lenkt, nützt dasselbe hier in mehrfacher Hinsicht. Man hat deshalb bei dem fraglichen Leiden, neben dem kurmäfsigen Trinken kräftiger Säuerlinge, gasige Wasserbäder abwechselnd mit trockenen kohlensauren Wannen- oder Sitzbädern in Gebrauch gezogen und von dieser Verbindung günstige Erfolge beobachtet.

nen durch den anhaltenden Gebrauch der Schwefel-, Salpeter- oder Phosphorsäure, Natronquellen dagegen vornemlich durch die Anwendung des Bicarbonats der Soda, welches ich täglich zu 1 bis 2 Drachmen verordne, und nächstdem durch Kalkwasser oder Magnesia am angemessensten zu ersetzen.

*) §. 140.

Um da, wo intensivere örtliche Einwirkungen erforderlich sind, reines oder auch mit Wasser gereinigtes Gas bis zur Gebärmutter hinzuleiten, werden siebförmig durchbohrte, den Kanülen der Mutterspritzen ähnlich geformte Aufsätze an elastische Schläuche befestigt, und in die Scheide gelegt. Am bequemsten bedienen sich die Kranken solcher Vaginaldouchen, welche nur in mäfsigem, durchaus keine Schmerzen erregendem Strahle täglich 15 bis 20 Minuten lang angewendet werden können, während des Gebrauchs gasiger Wannenbäder.

Leucorrhöen, welche blos durch Erschlaffung der Vaginal-Schleimhaut fortbestehen, weichen zu Folge vielfältiger Erfahrungen der eben beregten Gebrauchsform der Luftsäure, sicherer als vielen anderen Mitteln.

Secundaire Gonorrhoeen, denen reine Schwäche der Urethral-Membran zum Grunde liegt, werden durch kurmäfsiges Trinken der Säuerlinge und durch kohlensaure Wasserbäder in der Regel geheilt. Auch rühmen einige Aerzte bei diesem zuweilen sehr hartnäckigen Uebel gasige Urethraldouchen, welche sie vermöge eingelegter, längst der Wandungen siebförmig durchbohrter, kurzer Catheter anwenden, doch bedarf das letztere Verfahren noch öfterer Wiederholungen, bevor man über dessen praktischen Werth bestimmt entscheiden kann.

In Metrorrhagieen aus offenbarer Cachexie des Blutes, in jenen, welche namentlich durch scorbutische Anlagen unterhalten werden, ist das Kohlensäuregas vielfach empfohlen. Dasselbe soll derartige Mutterblutflüsse dadurch beseitigen, dafs es die Plasticität des Blutes und den Ton der Capillar-Gefäfse wiederherstellt. Immer bleibt jedoch der Gebrauch der Kohlensäure unter den fraglichen Verhältnissen bedenklich, weil dieselbe als specifisches Incitament der Sexualorgane den Blutstrom nach diesen hinleitet. Wenigstens sah ich bei mehreren scheinbar noch so atonischen Kranken durch übereilte Gaskuren Mutterblutflüsse gefahrvoll überhand nehmen. Selbst in Fällen, welche sich ganz für das fragliche Heilverfahren eignen, ist daher grofse Vorsicht erforderlich. Sie erheischt hauptsächlichst, dafs man die Behandlung nie anders als ausschliefslich mit dem inneren Gasgebrauche eröffnet, dafs auch da, wo Trinkkuren offenbar günstig einfliefsen, anfänglich doch nur die sanftesten äufseren Anwendungsformen, namentlich einfache Gaswasserbäder, mehr kühl als lau versucht werden, und dafs man erst zuletzt, wenn kohlensaure Bäder in jeder Hinsicht gut bekommen, diesen gasige Vaginalwasserdouchen zugesellt.

§. 168.

### k. Krankheiten der Sinnesorgane.

Die Mafsregeln, welche wir den verschiedenen, oft tief im Organismus wurzelnden Ursachen der Sinneskrankheiten entgegen zu stellen haben, sind Gegenstand der speciellen Therapeutik. — Hier kann nur von der directen Kur der fraglichen Affectionen und auch von dieser nur insofern, als sie durch Anwendung des kohlensauren Gases zu unterstützen ist, die Rede sein.

#### α. Augenkrankheiten.

Bei torpiden Amblyopieen wirkt das Kohlensäuregas, dessen erregende Wirkung auf den Gesichtssinn Gesunder sich so deutlich bekundet*), in der Regel vortheilhaft. — Kalte Umschläge von natürlichem sowohl als künstlichem kohlensaurem Wasser haben wir in rein nervöser Augenschwäche als kräftige Beihülfsmittel zu betrachten. Man wendet sie vermöge leichter, alle 5 Minuten von neuem zu befeuchtender Compressen an, mittelst welcher die geschlossenen Augen bedeckt werden, und wiederholt dies Verfahren täglich 2 bis 3 Mal eine Viertelstunde lang. Es dürfen sich die Bäuschchen hiebei nicht erwärmen, widrigenfalls die Augenlieder nur mit kohlensäurearmem Wasser in Verbindung bleiben**). — Verursachen jene Umschläge bei Individuen, welche durchaus keine Feuchtigkeit auf der Gesichtshaut vertragen, Jucken, Brennen oder Röthe der Augen, so wird das Kohlensäuregas in trockener Gestalt nach den Augen geleitet. Hierzu habe ich schon vor

*) §. 141.

**) Vergl. mein Repertorium augenärztlicher Heilformeln p. 107. u. 115.

langer Zeit besondere Entbindungsfläschchen angegeben *), überzeugte mich aber später, dafs es angemessener ist, künstlich gewonnenes Gas, damit es reiner zum Auge gelange, erst durch Wasser streichen zu lassen **). — Die aus Mineralquellen aufstofsende Luftsäure wird zu gleichem Behufe auf zweifache Weise benutzt. Man stellt in grofsen steinernen Krügen frisch geschöpftes Mineralwasser auf bequeme, in der Nähe der Brunneneinfassungen befindliche Erhöhungen und bringt die geöffneten Augen unverzüglich dem Wasserspiegel des Gefäfses ganz nahe. Es berührt dann das Gas zahlloser schnell aufsteigender, über der Wasserfläche berstender Bläschen den Augapfel einige Minuten lang, wonach der Krug von neuem gefüllt werden mufs. Diese einfachen, den Gesichtssin belebenden, ungefähr eine Viertelstunde hindurch fortzusetzenden, zarten Spritzbäder sind täglich zwei bis drei Mal zu wiederholen. — Eingreifender ist die Wirkung förmlicher Douchen, bei welchen das abgesperrte Quellengas aus hörnernen, hohlen, nach Art der Augenwännchen geformten an der Concavfläche siebförmig durchlöcherten Aufsätzen, wie ich sie für die pneumatische Anstalt Pyrmonts einführte, mit einem sanften Hauche hervorströmt. Dem mäfsigen Gebrauche dieser Douchen folgt unter den fraglichen Umständen, wie bei völlig normalem Befinden ***), leichte, bald vorübergehende Röthung der Conjunctiva, vermehrte Thränenabsonderung, erhöhter Glanz der Hornhaut und momentane Schärfung der Sehkraft. Nach zu intensiver Anwendung entsteht Lichtscheu, langsam verschwindende Röthe der Bindehaut, starkes Thränen, und bisweilen sogar Brennen oder Stechen in den Augen. Der letztere Wirkungsgrad führt über lang oder kurz zu nachtheiligen Ueberreizungen. Stets ist derselbe daher auf das sorgsamste, durch kürzere oder seltenere Benutzung des Gases, durch geringere Annäherung der Augen an die wannenförmigen Aufsätze, und bei ungewöhnlich reizbaren Individuen dadurch zu vermindern, dafs der Gasstrom nicht unmittelbar auf den Augapfel, son-

*) Ibid. p. 191—215.
**) §. 151.
***) §. 141.

dern blos auf die äufsere Fläche der geschlossenen Augenlieder angebracht wird.

### β. Ohrkrankheiten.

Gegen Schwerhörigkeit sind kohlensaure Ohrdouchen von mehreren Aerzten nützlich befunden worden. Es scheint, als entsprächen unter der erforderlichen Berücksichtigung innerer Kuren, luftförmige Lokalmittel dem Hörorgane, dessen ganzer Bau zur Perception der mit dem Schalle gegebenen Luftschwingungen eingerichtet ist, überhaupt am meisten. Wo das Gehör durch geminderte, jedoch nicht völlig aufgehobene Thätigkeit der betreffenden Sinnesnerven leidet, ohne dafs ein solcher Zustand mit Complicationen irgend einer Art verbunden ist, kann der fragliche Gebrauch des Kohlensäuregases Besserung, ja gründliche Heilung herbeiführen. Wir lassen dasselbe warm einströmen, wenn Gehörkranke, was namentlich bei rheumatischen häufig der Fall ist, Kälte nicht vertragen, setzen jede Douche 20 bis 30 Minuten lang fort, und wenden dieselbe täglich 2, wohl auch 3 Mal an. Um den Gasstrahl ungebrochen bis zur Tiefe des äufseren Gehörganges hinzuleiten, ohne dem Trommelfelle zu nahe zu kommen, und um zugleich während zufälliger Bewegungen jede mechanische Verletzung zu verhüten, liefs ich aus Elfenbein bereitete, stumpf zugerundet auslaufende, ungefähr 2 Linien dicke und 2 Zoll lange Aufsatzkanülen, ¾ Zoll von der Spitze mit einer an 6 Linien im Durchmesser haltenden Scheibe versehen. Diese zu Pyrmont bereits seit mehreren Jahren eingeführte Vorrichtung bewährte sich auch insofern, als die Kranken vermöge derselben nach kurzer Anweisung jeder fremden Beihülfe entbehren konnten.

In hartnäckigen Ohrschleimflüssen, besonders wenn sie mit ausgeprägter Erschlaffung der Absonderungsmembran verbunden waren, leisteten kühle kohlensaure Ohrdouchen, sowohl durch Regulirung des Secretionsprocesses als durch Tilgung des widrigen Geruches, erspriefsliche Dienste.

### γ. Krankheiten der Geschmacks- und Geruchswerkzeuge.

Zur Wiederherstellung der gesunkenen Thätigkeit des Geschmack- und Geruchsinnes ist die Luftsäure mit Erfolg gebraucht worden *). Um direct auf die Zunge zu wirken, lassen wir bei hinlänglich geöffnetem Munde einen feinen Gasstrahl unmittelbar gegen dieselbe richten. In die Choanen wird derselbe am bequemsten durch die schon beschriebenen, bis an ihre Scheibe in die Nasenlöcher einzusenkenden Ohrdouchekanülen geleitet. Damit keine erhebliche Menge des nach der Mund- oder Nasenhöhle geleiteten Gases zu den Respirationswerkzeugen gelangt, werden die fraglichen Douchen in der Art absatzweise angewendet, dafs die Kranken während des Einströmens der fixen Luft jedes Mal den Athem anhalten.

Beim Stockschnupfen, wie in der Ozaen, verbessert das Kohlensäuregas die krankhafte Absonderung, hebt den üblen Geruch und unterstützt die gegen derartige Uebel angezeigte allgemeine Kur wesentlich **). Am wirksamsten zeigten sich hiebei laue, mit Wasserdämpfen verbundene, in die Nase geleitete Gasströme. Man wendet sie unter den schon erwähnten Vorsichtsmafsregeln 20 bis 30 Minuten lang an, und läfst dies Verfahren täglich mehrmals wiederholen.

## §. 169.

### D. Benutzung der Kohlensäure nach ihrer an den verschiedenen Quellen vorkommenden Zusammensetzung.

Die vorausgesendeten chemischen Prüfungen ergeben, dafs das Kohlensäuregas nicht nur unter mannigfachen Temperatur- und Expansionsgraden, sondern auch selbst bei noch so entschiedenem Vorherrschen, oft mit anderen Gasarten, und immer mit atmosphärischer Luft sowohl, als mit verschiedenen Quantitäten Wassertheilchen geeinigt, den Erdschofs verläfst. Es sind diese vielfältig von einander abweichenden, nothwendig eben so vielfältige Wirkungs-

*) Cap. VIII. Pyrmont.

**) Vergl. Percival in Dobson l. c. p. 192.

formen bedingende Modificationen in naturhistorischer wie in medicinischer Hinsicht gröfstentheils noch zu ungenügend erforscht, als dafs ihre volle therapeutische Bedeutung schon jetzt umfassend aufzustellen wäre. In der fraglichen Beziehung lassen sich dermalen blos isolirte, an einigen Kurorten mit Sorgfalt gesammelte Thatsachen nachweisen. Letztere wollen wir aber nicht hier, wo sie als abgerissene Bruchstücke neben einander ständen, sondern bei der speciellen Exposition der einzelnen Quellen, mit deren anderweitigen Eigenthümlichkeiten sie zusammenhängen, ausführlich besprechen. Von der grofsen Zahl bekannter kohlensaurer Emanationen sollen übrigens in den nachstehenden, zu ihrer besonderen Erörterung bestimmten Capiteln nur jene hervorgehoben werden, die wenigstens mit den unerläfslichen pneumatischen Apparaten ausgestattet sind, ohne welche man den medicinischen Werth der Quellengase doch nie näher zu erforschen vermag.

## *Capitel IV.*

## Carlsbads Gasquellen.

### §. 170.

Das berühmte, zu dem Elnbogener Kreise Böhmens gehörige, von Prag 16, von Dresden 20 und von Eger 6 Meilen entfernte Städtchen Carlsbad liegt mit seinen Heilquellen in einem felsigen, 1170 Fufs über dem Meere erhabenen, von Buchen-, Fichten- und Tannenwäldern malerisch geschmückten Thale.

Nicht zu bezweifeln ist Carlsbads bedeutendes Alter. Die diesfälligen frühesten Nachrichten meint Strobelberger*), ein Regensburger Arzt, aufgefunden zu haben, indem er zu beweisen sucht, dafs bereits vor ungefähr 2000 Jahren die römische Civitas Juhonum, von deren Zerstörung durch einen vulkanischen Feuerausbruch Tacitus erzählt**), die

*) S. dessen Instruction, wie das Carlsbad zu gebrauchen sei. Nürnberg 1548. 1648. 1680. u. 1699.

**) §. 44. C. Taciti opera adcuravit Weise Lip. 1829. T. I. Lib. XIII. c. 57. p. 312.

Vorgängerin unseres Kurorts gewesen sei. Als den Stifter der gegenwärtigen Colonie nehmen einige, jedoch ohne genügende Beläge, Carl den Großen, andere hingegen mit gewichtigeren Gründen Kaiser Carl den Vierten an *), unter welchem Böhmen seine Glanzperiode durchlebte, und der von einer 1346 in der Schlacht bei Crécy erhaltenen Wunde durch die betreffenden Thermen geheilt, nicht nur da, wo sich jetzt der Schloßthurm erhebt, große Bauten ausführen ließ, sondern auch urkundlich die Gründung der Stadt verordnete **). Noch sieht man eine diesen Herrscher vorstellende, zu Prag 1739 angefertigte Statue am Rathhause aufgerichtet, deren Sockel, in erhabener Arbeit, die Hirschjagd versinnlicht, welche, wie die bekannte Sage versichert, zur Entdeckung des Sprudels Anlaß gab.

Ueber die physicalisch-chemischen Verhältnisse der Carolinischen Thermen erhalten wir die ersten Aufschlüsse durch Wenzel Beyer ***), der öfter mit dem Leibarzte des letztgenannten Kaisers, mit Peter Beyer, verwechselt, 200 Jahre nach diesem lebte, und bei einer Untersuchung des Sprudels wahrscheinlich durch den Einbruch der noch wenig erforschten Sprudelschale in den siedenden Wogen umkam †). Späterhin erschienen über 60 von Osann und de Carro gesammelte Schriften über Carlsbad ††), unter welchen, bei aller Verdienstlichkeit einzelner dennoch Be-

*) Vergl. Sommer, Balbin, Pelzel und Nonner in de Carro Carlsbad et ses eaux minérales 1830. p. 56 — 59.

**) S. Stöhr's Kaiser Carlsbads Denkwürdigkeiten 1811 und 1822.

***) Auch Payer, Beier genannt. S. dessen Tractatus de thermis Caroli IV. prope Elbogen. Lip. 1521 und 1614.

†) Zwei verschiedene, für ihre Zeit vortrefflich geprägte, mit Beier's Brustbild gezierte, in der Kaiserl. Münzsammlung zu Wien entdeckte Medaillen verewigen, in allegorischer Darstellung, das tragische Ende des verdienten Mannes Eine dieser Denkmünzen trägt das so bezeichnende Motto „Cum pariter omnibus moriendum, non tarde sed clare mori optandum." — Herr Dr. de Carro beschrieb sie in seiner Monographie über Carlsbad p. 205. auf das genaueste, und besorgte mehrere Metallabgüsse, von welchen derselbe auch mir gelungene Exemplare zu schenken die Güte hatte.

††) S. Osann Darstellung der Heilquellen T. 2. p. 31 — 37. und de Carro's Almanach de Carlsbad 1834. p. 3 — 26.

chers 1766 herausgegebenes, umfassendes Werk *) dem Arzte, wie dem Naturforscher unentbehrlich bleibt.

Die Heilsamkeit der, ehedem mehr zu Bade-, gegenwärtig mehr zu Trinkkuren benutzten Thermen, versammelte schon seit langen Zeiten alljährig ein Heer von Besuchenden, und schuf hiedurch jene reichen Mittel, vermöge welcher Carlsbad aus allen Stürmen der Zeit, aus Kriegen, Feuerbrünsten und Ueberschwemmungen immer wieder, und zwar immer blühender und zierlicher hervortrat. Sämmtliche Anlagen tragen daher, so frisch und neu sie auch erscheinen, das Gepräge, als könnten sie nur von lange her, durch reife Erkenntnifs des Zweckmäfsigen und durch Verwendung grofser Kräfte entstanden sein.

Wie der Ort an sich, so macht auch die Art des an demselben statt findenden Vereins Tausender aus allen Gegenden zusammengehäufter Fremden, einen ganz eigenthümlichen, an anderen Kurorten nicht wieder zu findenden Eindruck. Fürsten und Landleute, fromme Geistliche und kecke Krieger, finstere Gelehrte und heitere Künstler, schöne und hingewelkte Frauen, übernährte Gutschmecker und abgezehrte Hypochondristen, gelangweilte Gesunde und wirklich Leidende jeglicher Art wandeln mit Tagesanbruch, abgemessenen Brunnenschrittes, entlang der Säulengänge hart neben einander, und drängen sich in der bunten Musterkarte ihrer nationalen oder phantastisch erfundenen Morgentrachten, allviertelstündlich an den Rand der Quellen, um die ihnen von der Natur dargebotene, dem Erdschofse noch heifs entströmende Panacee unter zweifelhaften und zuversichtlichen, tragischen und comischen Gebärden begierig zu schlürfen.

Lenkt man den Blick von der trinkenden Menge hin nach den mit den Römerbauten wetteifernden, von schroffen Höhen, in vielfältigen Krümmungen sicher und bequem nach dem Thalgrunde hinabgeleiteten Kunststrafsen, wendet man ihn nach den zum Empfange der Gäste bestimmten, freundlichen Häuserreihen, nach den für jede Tageszeit,

*) Dr. D. Becher's neue Abhandlung über Carlsbad in 3 Theilen Prag 1766, 1767, 1768, 1772. und fortgesetzt 1797.

für Fahrende, Reiter und Fufsgänger besonders eingerichteten, in unerschöpflichem Wechsel ergötzenden Promenaden, begegnet man hier den unzähligen Denkmälern, welche der dankbare Sinn Genesener aller Zonen zurückliefs, so kann man den Carolinischen Thermen den Namen eines Weltbades nicht versagen.

§. 171.

Das Grundgestein des Thales und der nahen Berge besteht aus feldspathreichem, in der Höhe feinerem, in der Tiefe grobkörnigem Granit. Nahe und fern, besonders am Engelhause zeigen sich verschiedene unverkennbar vulkanische Producte, namentlich Klingstein, Mandelstein, Basalte und mannigfache Annäherungen zu porösen, so wie zu völlig blasigen Erdschlacken *).

Je aufmerksamer man von den Höhepunkten der Pragerstrafse, des Hirschsprunges und Dreikreuzberges, den tiefen, engen, stellenweise kaum 25 Klafter breiten, zackig verlaufenden Thaleinschnitt, und dessen steile, oft an 150 Fufs vollkommen senkrecht abfallende, zwar unregelmäfsig vorspringende, einander aber dennoch parallel gegenüber liegende Granitwände betrachtet, desto lebendiger wird die Ueberzeugung, dafs diese Thalränder einst zusammenhingen und nur durch eine gewaltige, aus dem Innern der Erde hervorgedrungene Bewegung von einander gerissen wurden. Offenbar erfolgte jene Zerklüftung in der Gegend des jetzigen Marktplatzes, da am mächtigsten, wo die Thalschlucht auf einer kurzen Strecke am weitesten geöffnet erscheint. Hier mochten einst die zerstörenden Flammen des Feuervulkans aufsteigen, welchen der gegenwärtige Wasservulkan heilbringend vertritt; hier verschütteten hinabgestürzte Granittrümmer den jähen Gluthschlund und

*) Siehe L. C. v. Buch. Ein Beitrag zu einer mineralogischen Beschreibung von Carlsbad im Bergmännischen Journal, Jahrgang 5. (1792) B. 2. S. 383. — v. Göthe, zur Naturwissenschaft etc. B. 1. Heft 2. und B. 2. Heft 1. u. 2. — So wie dessen Morphologie Bd. I. p. 36—62. — v. Hoff geognost. Bemerkungen über Carlsbad. Gotha 1825. — I. Berzelius Untersuchungen von Carlsbad etc. aus den Schriften der Schwed. Acad. übersetzt von Rose und herausgegeben von Gilbert. Leipzig 1823.

bildeten eine, wenn auch durch Zwischenräume getrennte, dennoch sichere Grundlage für das aus dem emporgetriebenen Wasser abgesetzte feste Sintergewölbe, welches gegenwärtig dem gröfseren Theile Carlsbads zur Substruction dient *).

§. 172.

Die weit gedehnte, den Quellenheerd bedeckende Sinterschale, erstreckt sich, 2 bis 3 Fufs mächtig, in ihrer gröfsten Breite von der Sprudelquelle bis zum Schlofsbrunnen, so wie in ihrer gröfsten Länge von jener bis zu dem an der alten Wiese aufgerichteten Crucifixe. Sie erwärmt den Boden um so beträchtlicher, als dieselbe näher zu Tage liegt, und läfst aus kleinen und gröfseren Spalten, an einigen Orten blos Gas oder auch gasige Dämpfe, an anderen heifse Wassermassen vorströmen. Es findet dies nicht nur an den Hauptausmündungen der Thermen, sondern auch im Flufsbette der Tepl, in tiefen Kellern mehrerer Wohngebäude, und an zahllosen zerstreuten Stellen statt. Theilweis sichtbar ist jener merkwürdige Naturbau da, wo er sich, durch aufgelegte Bohlen geschützt, vom Sprudel in den nahen Flufs hinabzieht. Ganz frei erblicken wir ihn um den Ausbruch der eben genannten Quelle. Hier konnte ich mich, als Herr Dr. Pöschmann und Mitterbacher die Gefälligkeit hatten, den Sprudel **) durch Aufhauen einer seitlichen Bohröffnung ***) ableiten, und dessen Holzumkleidung, so weit dies nöthig war, hinwegnehmen zu lassen, am unmittelbarsten von der äufseren Beschaffenheit der Sinterdecke überzeugen. Man mufs behufs dessen, in den

*) v. Hoff hat die Lagerungen der betreffenden nur am Schlofsberge noch zu Tage stehenden Granit-Breccia, so wie die unterirdische Architektur des auf derselben ruhenden Sintergewölbes ideal abgebildet und höchst belehrend erörtert. S. dessen geognost. Bemerkungen über Carlsbad. Gotha 1825. Tab. III. u. IV. p. 54—64.

**) Die Wassersäule des Sprudels steigt, wenn wir die Dicke der Sinterschale nicht mitrechnen, innerhalb eines senkrechten, 7 Fufs hohen und 5 Zoll im Durchmesser haltenden hölzernen Ständers empor, ehe sie aus dem, über der oberen Oeffnung jener Röhre befestigten Becken hervorspringt.

***) Eines der beiden gröfsten nach der Teplseite hin gelegenen, sogenannten Zapfenlöcher.

zwischen der dampfenden Sinterplatte und den Bretterboden des anstoſsenden Säulenganges befindlichen, die aufrechte Stellung nicht gestattenden, mit heiſser Luft erfüllten Raum hinabsteigen. In diesem fand ich die Oberfläche der fraglichen, an mehreren Stellen angebohrten, vom Wasser bespritzten Kalkschale kaum eine Linie tief friable, dann aber marmorhart. Ihre Hitze durchdrang sehr bald die Fuſsbekleidung und beim Aufstampfen mit den Füſsen erdröhnte der Sinterbau, einem weiten, hohlen Mauergewölbe ähnlich. Unter jener Schale liegen, zu Folge Becher's, in den Jahren 1713 und 1727 angestellten Messungen, drei ihr ähnliche, zellenartige Höhlen bildende, mehrere Fuſs dicke Zwischenwände, durch welche man erst an 6 Ellen tief in den Hauptbehälter, in den sogenannten Sprudelkessel gelangt, dessen Länge nach dem Rathhause hin über 30 Klaftern beträgt *).

Die Bildung des Sinters geht, wie dies schon die künstlichen, den Brunnengästen angebotenen Incrustate lehren, an jeder Stelle vor sich, an welcher das heiſse, kalkreiche Mineralwasser vermöge längerer Gemeinschaft mit der Atmosphäre seiner Wärme, wie seiner überschüssigen Kohlensäure verlustig wird. Durch derartige Steinansätze beengen sich von Zeit zu Zeit die Quellenmündungen mehr oder weniger. Am Sprudel geschieht dies so rasch, daſs man die betreffenden Bohrlöcher regelmäſsig alle Vierteljahre wieder zu erweitern genöthigt ist, um zerstörende, ohne jene Vorsicht schon oft eingetretene Nebenausbrüche sicherer zu verhüten, die als Eruptionen des fraglichen Wasservulkanes, ganz nach denselben Gesetzen entstehen, nach welchen sie auch an Feuerbergen erfolgen, sobald sich deren natürliche Essen zu verstopfen anfangen.

## §. 173.

Hinsichts der chemischen Zusammensetzung des Sprudelsteins ist zu bemerken, daſs er überhaupt alle festen

*) Das Nähere in Betreff jener über einander geschichteten Sinterhöhlen, die wahrscheinlich durch den vormaligen verschieden hohen Wasserstand der Mineralquellen bedingt wurden, findet man in v. Hoff's angeführter Schrift p. 22. 23. 44—49. und 60—67.

Bestandtheile des Mineralwassers enthält *). — Bezüglich der Mannigfaltigkeit seiner Aggregation erscheint derselbe als ein erstarrtes Bild des Wogens vulkanischer Kräfte, die ihre Producte innerhalb gewisser Grenzen, vielfach modificirt zu Tage fördern. Es kommt daher der Carlsbader Sinter weiſs, gelblich, licht- und schwarzbraun, einfarbig und verschieden gefleckt, bald, gleich den bunten Lavaschichten der Pandatariainsel **), in scharf abgesetzten, bald in die sanftesten Schattirungen verflieſsenden Tünchungen vor. Während meines Aufenthalts in Carlsbald stieſs man bei der Grundlegung eines Hauses auf eine durchaus weiſse, etwas durchscheinende, dem Florentiner Alabaster sehr ähnliche, mehrere Fuſs mächtige Schale, von welcher ich durch Herrn Dr. Pöschmann ein ausgezeichnetes Bruchstück erhielt.

In der verhältniſsmäſsig beträchtlichen, dem Sprudelstein beigegebenen Menge von Kieselerde haben wir den Grund zu suchen, daſs derselbe jene glänzende Politur annimmt, welche ihn zu beliebten Geschmeiden und Kunstgegenständen aller Art besonders tauglich macht. Keine der analogen Thermal-Ablagerungen, welche ich von Gurgitello, Pisa, Abano, Bataglia, Monte grotto und Acqui mitbrachte, und die insgesammt weniger dicht und fest erschienen, nahm den schönen Spiegelglanz an, welcher den Sprudelstein auszeichnet.

Als Pisolit fängt dieser Sinter an immer seltener zu werden. Man soll ihn nur noch in der Gegend des Kirchhofes, an Orten, wo das Mineralwasser vor Alters in höheren Lagen hervortrat, und wenn gleich bewegt, doch in gröſseren Flächen der Atmosphäre ruhiger ausgesetzt blieb, vorfinden. An den eben genannten italischen Thermen vermiſst man denselben, wie mehrere wohlunterrichtete Personen mir versicherten, mit Ausnahme Abanos, gänzlich. Aber auch hier gehört er zu den Seltenheiten. Nur mit Mühe erhielt ich von dem Abanesischen Fangarolo Santaburin, einem fleiſsigen Sammler der dasigen Merkwürdigkeiten, das mir vorliegende, am Montirone gefundene Exem-

*) S. Berzelius in Gilbert's Annalen der Phys. B. 74. p. 165.
**) S. Hamilton l. c. Tab. 34.

plar eines Erbsensteins. Dasselbe kommt hinsichts der Form vollkommen mit dem Carlsbader Pisolit überein, steht diesem aber an Reinheit der Farbe, an festem Zusammenhange der einzelnen Kügelchen und besonders an Härte bei weitem nach. Am Vesuv gefundene Anfänge von Pisolitbildung liefs Hamilton in seinem Prachtwerke abbilden *).

§. 174.

Die Temperatur der acht, theils am rechten, theils am linken Teplufer ausbrechenden, ärztlich in Gebrauch gezogenen Quellen ist, wie die der übrigen zehn von Hoff nachgewiesenen, bis jetzt noch unbenutzten, sehr verschieden. Sie nimmt offenbar in gleichem Mafse ab, als dieselben von ihrem tieferen Haupt-Reservoir, vom Sprudelkessel durch wage- und senkrechte Communications-Kanäle weiter geleitet, auf längerem Wege, mehr und mehr an Wärmestoff verlieren. So fand ich, dafs die Quecksilbersäule im Sprudel und der ihm ganz nahen Hygieenquelle, da wo sie unmittelbar hervortreiben, merklich über + 60° R. stieg, und da wo dieselben einige Fufs höher zum Trinken aufgefangen werden, schon zu 59, ja zuweilen bis zu 58 Grad fiel; so hat der entlegenere, aber tief entspringende Bernhards-Brunnen 55, sein Nachbar der Neûbrunnen 48, der Mühlbrunnen 47, der Spitalbrunnen 46, der höher austretende Theresienbrunnen nur 42, und der am höchsten, nemlich 42 Fufs über dem Sprudel ausströmende Schlofsbrunnen nur 40 Grad Wärme **). — In beträchtlicher Ferne von jenen warmen Quellen entspringt der Sauerbrunnen der Dorotheenau mit einer Temperatur von blos + 12° R. Aufser demselben brechen ähnliche jedoch geringere, den kalten Säuerlingen mehr oder weniger verwandte Emanationen mit fast ganz gleicher Temperatur noch an vielen Orten des Thales hervor ***).

§. 175.

Unter den festen Bestandtheilen der betreffenden Thermalwasser zeichnet sich hauptsächlich ihr grofser Gehalt an

*) l. c. Tab. 48. No. 1—4.

**) S. Osann II. p. 24.

***) S. Lampadius Würdigung des Carlsbader Sauerbrunnens. Freiberg 1821.

Carbonaten von Natron, Kalk und Talkerde, und nächst diesem, die ihnen beigegebene Menge von Glaubersalz und Kieselerde besonders aus *). Nach Becher, wie nach Berzelius kommen sämmtliche warme Carlsbader Quellen bezüglich ihrer Mischungsverhältnifse im Wesentlichen fast ganz überein. Die quantitativen Differenzen der aufgelösten Stoffe scheinen nur durch die höhere oder geringere Temperatur, mit welcher das Wasser aus den verschiedenen Mündungen hervortritt, bedingt zu werden. Von der grofsen Masse der auf diesen Wegen zu Tage kommenden Salze und Erden kann man sich eine ungefähre Vorstellung durch die jüngste Berechnung machen, gemäfs welcher aus sämmtlichen Thermen, denen in jeder Stunde überhaupt 2280 Eimer Mineralwasser entströmen, binnen Jahresfrist an 110698 Centner fester Bestandtheile gewonnen werden könnten **).

§. 176.

Den gasigen Stoffen widmete man im Ganzen eine geringere Aufmerksamkeit.

Hinsichts des mit dem Mineralwasser inniger verbundenen Gastheils scheint aus Bechers, Re fs und Steinmanns Analysen zu erhellen, dafs unerachtet der hohen Temperatur, durch welche die Kohlensäure so leicht entweicht, 16 Unzen Wasser der verschiedenen Mineralbrunnen doch noch an 8 bis 15 Kubikzoll reiner Kohlensäure enthalten ***). —

Die freien von dem Mineralwasser ungefesselten, uns hier zuächst angehenden Gase kommen in grofser Mächtigkeit vor. Theils erfüllen sie in verschiedenem Condensations-Zustande die wasserleeren Räume der Sinterhöhle, und zum Theil dringen dieselben mit mehr oder weniger Gewalt an zahllosen Stellen nach aufsen. Ihr Vorhandensein in den unterirdischen Behältern entdecken wir allenthalben, wo die äufsere Sinterschale nicht zu hoch bedeckt ist, schon durch das Gehör. Von der diesfälligen, unmit-

*) Sorgfältig zusammengestellte Tabellen giebt Osann in seiner Darstellung der Heilquellen T. II. p. 25—26.

**) Genau 110698 Ct. 69,535 Pfund. S. Ryba über Carlsbad. Prag 1836. p. 96.

***) S. Osann a. a. O. p. 25—26.

telbar am Sprudelausbruche, bei Erschütterungen der Sinterdecke beobachteten Erscheinung ist bereits im Vorhergegangenen gesprochen. So oft ich spät am Abend oder zur Nachtzeit bei menschenleeren Strafsen rasch über das Steinpflaster Carlsbads hinwegfuhr, oder als Fufsgänger dem Rasseln eines einzelnen Wagens aufmerksam zuhörte, glaubte ich jedesmal ein dröhnendes, hohles, sich weit verbreitendes Tönen wahrzunehmen, das besonders deutlich auf dem Marktplatze erklang, und, seine geringere Intensität abgerechnet, jenem glich, welches beim Umhergehen auf den ebenfalls über unterirdischen Gasansammlungen hinweggespannten Solfataren Roms und Neapels erfolgt.

Das Bestreben der in den Sinterzellen zusammengedrängten Gase, sich auszudehnen, erzeugt vermöge wechselnder, durch theilweise Ausscheidungen periodisch geminderter Compressions-Zustände, die in getrennten Zeitabschnitten auf einanderfolgenden laut aufrauschenden Würfe, mit welchen die Wassergirandole des Sprudels 3 bis 5, und bisweilen mehrere Fufs hoch über das aufgesetzte Becken, und an 10 bis 12 Fufs, vom Austritt aus der Sinterschale gerechnet, emporspritzt *). Unverzüglich verschwindet dies von so vielen angestaunte Phänomen, wenn dem Gase durch die Lüftung der seitlichen, schon erwähnten Bohröffnung ein freier Ausgang gestattet wird. In analoger Periodicität sah ich die Feuersäulen aus dem Central-Auswurfskegel des Vesuvs aufsteigen, nur dafs die Intervalle an demselben weit länger währten **). Die Eruptionen unseres Wasservulcans folgen einander nach den von mir im Jahre 1829, vom Herrn Dr. de Carro auf meine Bitten im Jahre 1835 und von Herrn Dr. Ryba ***) im Jahr 1836 unternommenen, völlig übereinstimmenden Zählungen in der Art, dafs binnen jeder Minute durchschnittlich 40 in deutlich getrennten Absätzen eintreten.

Aufserdem offenbaren sich die grofsen Vorräthe des vom Wasser getrennten Gases auch noch durch das lebhafte, an allen Carolinischen Thermen bemerkbare Brodeln

*) §. 172.
**) 20.
***) S. dessen Schrift über Carlsbad p. 64.

der Quellenspiegel und durch mächtige, einzelne, aus der Tiefe aufstofsende Luftblasen.

Gemessen ist meines Wissens die Quantität des austretenden Gases noch an keiner jener Thermen. Dem Augenscheine nach mufs jedoch die Totalsumme desselben äufserst beträchtlich sein.

Analysen der betreffenden Luftemanation sind bis jetzt nur am Hygieensbrunnen von dem Apotheker Herrn Nentwich unternommen worden. Sie führten zu folgendem Resultate: Hundert Raumtheile der fraglichen + 36° R. warmen Dünste, reducirten sich, bis zu + 5 Grad abgekühlt, auf 83,333 Volumentheile, welche aus 4,183 Kohlensäure, und 79,155 atmosphärischer Luft bestanden *). Das Verdienstliche dieser Prüfung dankbar erkennend, scheint dennoch, wenn man dieselbe mit den, an anderen analogen, besonders mit den an Abanos Thermen ausgeführten zusammenstellt **) und dabei die Gesammtverhältnisse der Carolinischen Mineralwasser mit jenen der Euganäischen vergleicht, dafs die beträchtliche von Nentwich als blofse Atmosphärenluft angegebene Menge, in grofsem Theile aus reinem, zur Bildung gemeiner Luft nicht gehörigem Azot bestanden habe. Es sprechen hiefür, aufser den eben beregten Umständen, auch die Wirkungen des fraglichen Quellengases auf die Respirationsorgane sowohl, als auf das äufsere Hautsystem. Während des absichtlichen Einathmens der in die Badekästen zu Carlsbad ausströmenden Gasdämpfe empfand ich, fast ganz wie bei jenen der unter dem Unterbau des Montiron angesammelten, weder drückendes Kopfweh noch irgend eine Brustbeschwerde, wohl aber schon nach 10 Minuten, und zwar ohne die mindeste vorangehende Aufregung, merkliche Ermüdung, mit welcher sich bei längerer Fortsetzung ein unschmerzhaftes Eingenommensein des Kopfes verband, das bei den fraglichen blos lau eingezogenen Dämpfen weder von Congestionen nach dem Hirne noch

*) S. de Carro Carlsbad et ses eaux minérales p. 202.

**) Ihr Quellengas besteht nach Mandruzzato aus 0,1 Kohlensäure, 0,04 Sauerstoff und 0,86 Stickstoff, wobei jedoch, gemäfs der neuesten Analyse Andrejewskyi's die Hydrothionsäure übergangen ist. Vergl. Gräfe's u. v. Walther's Journal Bd. 15. p. 579, 586. u. 589.

von gesteigerter Pulsfrequenz, wohl aber oftmals von merklichem Erbleichen des Gesichts, in der Art, wie es bei azotischen Inhalationen erfolgt, begleitet wurde. Als ich ferner in den Badekästen sitzend die Thermaldämpfe ausschliefslich mit der Haut in Verbindung brachte, trat keine einzige der eigenthümlichen Wirkungen ein, welche gewöhnlich durch kräftigere kohlensaure Bäder hervorgerufen werden *).

Künftige Prüfungen können allein über die aufgestellte Ansicht, und mithin auch darüber entscheiden, ob die carolinischen, zu Folge der bisherigen Analyse den kohlensauren Gasemanationen a potiori beigezählten, Thermen bezüglich ihrer luftigen Ausscheidungen nicht angemessener einer anderen, ob sie vielleicht eher der Gruppe azotischer Quellen zuzuordnen wären.

## §. 177.

### Ortsatmosphäre.

Dafs die beregten als vulkanische Krisen zu betrachtenden Emanationen, durch welche Carlsbad seit Jahrhunderten gegen Erdbeben geschützt blieb, unerachtet das anstofsende geschlossene Erzgebirge so oft erschüttert ward, dafs jene ununterbrochen vor sich gehenden Ausscheidungen nicht den mindesten Einflufs auf die Atmosphären-Beschaffenheit des engen Thales ausüben sollten, ist kaum denkbar. Hauptsächlichst wären hiebei allerdings die entfesselten beträchtlichen Gasmassen in Anschlag zu bringen; doch dürften in der fraglichen Hinsicht auch die mit den Dämpfen der salz- und erdreichen Thermen höchst wahrscheinlich aufsteigenden festen Bestandtheile mit zu berücksichtigen sein, da sich derartige Stoffe in der Seeluft, wie in den warmen Sooldämpfen vorfinden, und da dieselben in der Nähe mehrerer Mineralquellen, vermöge heifser Wasserdämpfe emporgetragen, der Atmosphärenluft einverleibt, aus dieser an kühle Körper, an benachbarte Mauern und Felswände sichtlich wieder abgesetzt werden **).

*) §. 140.
**) §. 24.

So oft ich in den Jahren 1815, 1826 und 1829 Carlsbad besuchte, fiel mir die Ortsatmosphäre jedesmal und zwar um so deutlicher auf, je mehr ich mich der Gegend näherte, in welcher die gasigen Dämpfe hervorqualmen. Den empfundenen Eindruck zu beschreiben, ist sehr schwierig; nur so viel kann ich von demselben sagen, dafs es mir stets vorkam, als athmete ich eine dickere, weniger erquickliche und dabei gleichsam mit erdigen Atomen gemischte Luft, ungefähr der Art, wie wir sie, wenn gleich von weit bedeutenderer Intensität, in der Nähe grofser Kalköfen antreffen. Es verschwand jene eigenthümliche Empfindung, dem Gesetze der Gewohnheit gemäfs, in der Regel schon nach kurzer Zeit, sie wiederholte sich aber, wie ich dies mit mehreren meiner Freunde beobachtete, so oft als wir nach gröfseren Excursionen die dampfende Thalschlucht wieder betraten.

## §. 178.

### Einrichtung der Gasdampfbäder.

Schon seit langer Zeit sind die aus den Quellen aufsteigenden Dämpfe zu Bädern benutzt, und wahrscheinlich bereits von Wenceslaus Beyer in Anspruch genommen worden, nachdem dieser emsige Forscher auf seiner, im Jahre 1526 unternommenen Reise durch Italien *), die natürlichen Qualmbäder, die sogenannten Stufe Ischia's und der Phlegräischen Felder **), kennen gelernt hatte. Sie wurden wenigstens von Sommer, welcher an 50 Jahre nach Beyer über Carlsbad schrieb, noch immer unter jenem altitalischen Namen angeführt ***). Auch läfst sich Becher über den Gebrauch der dasigen Dunstbäder aus, doch finden sich über ein zu ihrer Anwendung besonders eingerichtetes Gebäude erst vom Jahre 1794 bestimmtere Nachrichten vor. Um diese Zeit wurde neben dem Sprudelstege, nahe an dem damaligen Gemeinde-Bade, eine Dampfbadestube nebst einem

*) De Carro Carlsbad et ses eaux minerales p. 207.

**) §. 29—37.

***) Latinisirt Stufa, ae. Vergl. F. Sommer de inventione etc. thermarum Caroli IV. Lipsiae 1571. p. 157.

zum Ausruhen bestimmten Nebengemache angelegt. Dieselbe erlitt durch den Sprudelausbruch, welchem die Hygieens-Quelle 1809 ihren Ursprung dankte, so bedeutende Beschädigungen, dafs man sie ganz abtrug und 1812 durch eine ähnliche Anstalt ersetzte *). Bald reichte diese nicht aus; das wachsende Bedürfnifs gebot eine Erweiterung der Dampfbäder und liefs 1826 die jüngste Einrichtung entstehen, um welche sich Dr. de Carro unter dem Schutze des Grafen Kolowrat-Liebensteinski allgemein anerkannte Verdienste erwarb.

Die gegenwärtige Anstalt beschränkt unerachtet ihrer mannigfachen Vorzüge die Benutzung des Quellengases auf den äufseren Gebrauch. Es ruhet das zu derselben bestimmte Gebäude als oberes Stockwerk auf dem massiven, den Brunnentrinkern zur Wandelbahn dienenden Säulengange der Hygieens-Quelle, und besteht aus 6 durch einen Corridor getrennten Badecabinetten, welchen eben so viel heizbare Ruhezimmer beigegeben sind. In einem festen und genau abgeschlossenen Gewölbe werden die Dämpfe der eben genannten Therme aufgefangen, von hier aus mittelst grofser an 12 Zoll im Durchmesser haltender bretterner Kanäle nach den Gemächern geführt, und durch willkürlich verschliefsbare Ventile in die einzelnen aus Eichenholz eben so zweckmäfsig als elegant angefertigte Kästen geleitet. Die Thüre jedes Apparates öffnet sich an der hintern Seite desselben, der Sitz kann höher und niedriger gestellt werden, und die Deckel bestehen aus zwei beweglichen, mehr oder weniger auseinander schiebbaren Hälften, in welche man den Hals genau einzupassen vermag. Durch willkürliche Eröffnung oder Schliefsung der Zuleitungs- und Ableitungsröhren werden die Dämpfe nach Bedürfnifs concentrirt. Vor dem Verlassen des Bades schliefst man den Zuleitungskanal und öffnet den Ableitungskanal, um sich im Kasten selbst stufenweise in erforderlichem Mafse abzukühlen. Auch sind in einigen Cabinetten Vorrichtungen zu gasigen Halbbädern, zu Dampfdouchen, und besondere Kästen, um nur einzelne Extremi-

*) Ryba a. a. O. p. 70.

täten in verdichtetes Quellengas zu hüllen, aufgestellt *). Die Wärme der zugeleiteten Gasdämpfe steigt in den Apparaten, welche dem Gasreservoir näher liegen, um etwas schneller, als in den von demselben entfernteren, in allen aber, bei fortgesetzter Condensation des Qualmes, sehr leicht bis auf + 43° R.

Zweckmäfsige, zu Inhalationskuren eigens bestimmte Einrichtungen sind bis jetzt noch nicht vorhanden. Zwar liefs man schon seit den frühesten Zeiten das Quellengas, und, wie Becher versichert, mit grofsem Nutzen in den vormaligen einfachen Dampfbadestuben einathmen, es geschah dies aber nie anders als mit gleichzeitigem Gebrauche eines allgemeinen Schwitzbades. Durch die gegenwärtigen, ausschliefslich auf die äufsere Anwendung des Quellengases berechneten Apparate sind die alten Dampfbadestuben verdrängt worden, ohne dafs wir jedoch für dieselben bezüglich der Gaseinathmungen einen Ersatz erhalten haben. Fügte man zu den jetzigen Badekästen besondere, unter der erforderlichen Modification, nach dem Vorbilde der schon beschriebenen Gassalons und Gaswohnzimmer, zu construirende Gemächer, in welchen die Temperatur, die Feuchtigkeitsgrade der Luft und die Imprägnirung derselben mit Quellengas zu vorübergehenden, wie zu permanenteren Einathmungen den Umständen genau angemessen werden könnten **), so entspräche die fragliche in vieler Hinsicht ausgezeichnete Anstalt allen wesentlichen Anforderungen.

## §. 179.

### Therapeutische Beziehungen.

Die vielbesprochenen wichtigen Heilkräfte der carolinischen Mineralwässer übergehen wir, um, dem vorgezeichneten Plane gemäfs, hier nur den Werth des betreffenden Quellengases näher zu prüfen.

Aeltere Nachrichten gewähren in der fraglichen Hinsicht eine zu geringe Ausbeute, und die neueren bieten noch keine hinlänglich gesichtete Erfahrungen dar. Dr. de Carro

*) S. de Carro Carlsbad etc. p. 187—197. und Ryba Carlsbad p. 69—73.

**) §. 153—155.

empfahl die gasigen in verschliefsbaren Kästen gesammelten Dämpfe gegen hartnäckige Rheumatismen, Gichtzufälle, Hüftweh, Gliedersteifigkeit, ungewöhnliche Trocknifs der Haut und flechtenartige Ausschläge *). Dr. Ryba versichert, es hätten sich die daselbst eingeführten Dampfbäder, behufs der Erweichung und Zertheilung von Concrementen, ferner in Lähmungen, in Contracturen der Glieder, vernachlässigten Verrenkungen und zurückgetretenen Hautausschlägen, vielfach bewährt **). Dr. Schmalz räth den Gebrauch des Quellengases gegen Ohrkrankheiten mannigfacher Art; er verordnet die betreffenden Kastenbäder da, wo nicht zu sehr veraltete Schwerhörigkeit durch gichtische oder anderweitige Metastasen bedingt wird, will die Dünste des St. Bernhardbrunnens in die Ohren steigen oder das Thermalgas mittelst dazu geeigneter Vorrichtungen in den Gehörgang leiten lassen, wenn Verstopfungen des letzteren durch angesammeltes verhärtetes Ohrenschmalz, wenn chronische Entzündung der auskleidenden Haut, oder puriforme Secretionen dieses Kanals zugegen sind, und wünscht, dafs das kühle Kohlensäuregas des von den eigentlichen Thermen entfernt zu Tage kommenden Säuerlings bei rein nervösen Affectionen des Gehörsinns, zu Ohrdouchen benutzt werde ***).

Von mehreren der bisher mitgetheilten, durch den Gebrauch der dasigen Kastenbäder gewonnenen Heilungen ist es, wenn man auf die bekannten Wirkungen des Laconicum der Alten und der russischen Dampfbäder zurückblickt, ungewifs, ob die betreffenden Kranken durch warme, aus gewöhnlichem Wasser bereitete Dämpfe nicht eben so gut hätten hergestellt werden können. Aufserdem bleibt es jedenfals noch ganz unentschieden, ob hiebei die in zarten Atomen vom Quellendampfe vielleicht emporgetragenen festen Stoffe mitwirkten, und welcher Antheil an jenen glücklichen Erfolgen dem der fraglichen Emanationen beigegebenen Gasgemische zuzuschreiben ist. — Bestände der

*) De Carro Carlsbad et ses eaux minerales p. 201.

**) Ryba Carlsbad und seine Mineralquellen p. 118.

***) Vergl. den von Dr. Schmalz gelieferten ausführlichen Aufsatz in de Carro's Almanach de Carlsbad 1837.

Quellendunst, gemäfs der vorerwähnten Analyse, neben der Atmosphärenluft, ausschliefslich aus 4 Procent Kohlensäure, so wäre diese in der fraglichen Beziehung allein zu berücksichtigen, und könnte zu kohlensauren Inhalationen, bei welchen die Zimmeratmosphäre anfänglich *) doch blos 1 bis 2 Procent Kohlensäuregas enthalten darf, verwendet viel, dagegen zu Bädern benutzt nur wenig leisten, indem die letzteren lediglich bei Imprägnirungen mit 15, 20, 30 und mehr Procenten Luftsäure **) die eigenthümlichen dynamischen sowohl als materiellen Wirkungen hervorrufen, durch welche bestimmte Krankheitszustände beseitigt werden. — Da nun aber der Totaleindruck des Carlsbader Quellendampfes, zu Folge der im vorigen Paragraph mitgetheilten Versuche, eher an azotische als an kohlensaure Luftgemenge erinnert ***), und da auch physicalisch chemische Momente für das Vorherrschen der Stickluft in jenen Emanationen zu sprechen scheinen, so dürfte das fragliche Thermalgas zureichend abgekühlt und durch Senkungen †) von seiner wenigen Luftsäure hinlänglich befreit, sowohl eingeathmet als dem Hautsysteme zugeführt, im Allgemeinen mehr gegen Krankheiten von erhöhter und nicht, wie die kohlensaure Quellenluft, vorzugsweise gegen Affectionen von gesunkener Lebensthätigkeit zu verordnen sein ††).

Um jene Zweifel einst zu lösen, sind nicht nur gründlich erschöpfende, im Grofsen anzustellende Analysen, sondern auch vollständige medicinisch pneumatische Apparate †††) erforderlich, ohne welche der Arzt diesfällige, vollkommen überzeugende Erfahrungen unmöglich erwerben kann. Hierzu werden die betreffenden Verwaltungsbehörden gewifs die Hand bieten, da dieselben stets den regsten Eifer da an den Tag legten, wo es darauf ankam, dem Heil der Leidenden und dem Glanze des allberühmten Kurorts förderlich zu sein.

*) §. 153 u. 154.
**) §. Pyrmont, Meinberg.
***) §. 176.
†) §. 65.
††) §. 158—169. u. §. 66.
†††) §. 152—157.

## Capitel V.

# Kaiser-Franzens-Bad's Gasquellen.

### §. 180.

Die fragliche Brunnencolonie liegt in der nordwestlichen Spitze Böhmens, 6 Meilen von Carlsbad, und 1 Stunde von Eger entfernt. Früherhin hielten sich die Kurgäste in der letztgenannten Stadt auf. Erst unter der Regierung Kaiser Franz des Zweiten entstand im Jahre 1793 die gegenwärtige, mit bequemen Wohngebäuden und trefflichen Badeanstalten ausgestattete, die Mineralquellen unmittelbar umgebende, nach ihrem erhabenen Stifter benannte Ansiedelung. Das weite Kesselthal, in welchem sie errichtet ward, trüge den ödesten Character an sich, würde dasselbe nicht durch fruchtbare Gefilde, hingestreute Ortschaften und aufblühende Parkanlangen anmuthig unterbrochen.

### §. 181.

Wir treffen im Egerländchen auf mehrere Ur-, Flötz- und pseudovulkanische Formationen, unter welchen der Granit, theils zu Tage stehend, theils von anderen Gebirgsarten gedeckt, vorwaltet. Die von Bergen ringförmig geschlossene Ebene bildete in grauer Vorzeit höchst wahrscheinlich einen großen Landsee, dessen vulkanisch gehobener Boden das Wasser durch eine, zwischen Culm und Königsberg entstandene Uferspalte nach dem tieferen Elbthale ausschüttete. Zurückgelassene Sand-, Thon- und Moorlager bezeichnen das ehemalige Wassergebiet, und vorhandene Glutüberreste weisen die Gegend nach, in welcher ein aus der centralen Glimmerschieferdecke aufgestiegener Vulkan Asche und Laven emporschleuderte, bis derselbe zu dem noch jetzt sichtbaren Schlackenhügel erstarrte. Wohl mochte jener Auswurfskegel vor Jahrtausenden zu ähnlichen Erscheinungen Anlaſs gegeben haben, als sie uns die in unseren Tagen aus Siciliens Meereswogen emporgehobene, nun wieder versunkene Feuerinsel Ferdinandina darbot *). Die Höhe des beregten unter dem Namen Kam-

*) S. Hoffmann's Beschreibung der Isola Ferdinandea in Poggen-

merbühl bekannten Hügels beträgt an 75 Fufs, seine Länge von Westen nach Osten 1440, und die Breite von Norden nach Süden 720 Fufs. Sein Gipfel erhebt sich 163 Fufs über die Grundfläche des Badeortes, welcher nach Bischof 1569 Fufs höher als der Meeresspiegel liegt*). Hinsichts der Entstehung des Kammerbühls, so offen sie auch, wenn man vulkanischer Gegenden ansichtig ward, vor Augen zu liegen scheint, waren die Meinungen dennoch längere Zeit getheilt. Zwar sprach dessen Vulcanität schon Born aus, doch wurde sie wegen der an dem östlichen Abhange vorkommenden schichtenweise wechselnden plutonischen und neptunischen Bildungen vielfach bestritten, bis Heinrich Cotta mit gewichtigen Gründen darthat, dafs die fragliche Anhöhe nur als Ueberrest eines, während seiner höchsten Entwickelung von Wasserfluthen überströmten Feuerberges zu betrachten sei und die Räthsel löste, welche mit anderen Naturforschern auch Göthe erfolglos beschäftigt hatten**). Auf einer im Jahre 1827 unternommenen Reise sammelte ich an jenem merkwürdigen Hügel mehrere Stücke grauer Lava und schaumiger schwarzer Schlacken, deren Reihefolge Herr Dr. Köstler, Brunnenarzt zu Franzensbad, vervollständigte, indem er die Güte hatte, mir vortrefflich erhaltene Exemplare von mehr oder weniger dichten Laven, von kreideweifsem mit schwarzen Schlacken dünn überzogenem Bimstein, von dunkelbraunen Auswurfsbomben und höchst porösen, völlig schaumigen schwarzen Schlacken zuzusenden. Viele dieser Produkte kommen, neben jene gelegt, welche ich am Aetna, Vesuv und Epomeo gefunden hatte, mit den letzteren ihrem Habitus nach vollkommen überein, nur dafs sie denselben hinsichts des durch höheres Alter geminderten Verglasungsglanzes merklich nachstehen.

dorf's Annalen der Phys. und Chem. B. 24. p. 88. u. Maltens Bibliothek der neuesten Weltkunde 1836. p. 126.

*) S. das Kaiser-Franzensbad von Osann u. Trommsdorf p. 50. etc.

**) Vergl. Heinr. Cotta, der Kammerbühl nebst einer Abbildung. Dresden 1833. in der Gärtnerschen Buchdruckerei. — Dessen Abhandlung in Okens Isis B. 20. Heft 4. — v. Göthe's Morphologie B. 2. p. 107. — Reufs Bergmännisches Journal 1792. B. 1. p. 303. — Und das Kaiser-Franzensbad von Osann und Trommsdorf p. 51—53.

In Menge wird graue, der betreffenden Anhöhe entnommene Lava zum nahen Wegebau benutzt, und mancher Wanderer, welcher Franzensbad verläfst, um zu Eger die Stätte, an welcher Wallenstein seinen Herrschergeist aufgab, zu besuchen, ahnet nicht, dafs er einen Pfad einschlägt, dessen Steinpflaster, wie jenes der Strafsen Neapels und Palermos, aus einem Material zusammengesetzt ist, welches in unterirdischen Feuerwerkstätten unseres Planeten bereitet ward.

Die vom Kammerbühl kaum eine halbe Stunde abgelegenen, theils trockenen, theils mit Wasserströmungen verbundenen Luftsäurequellen brechen nicht aus dem an manchen Orten bis zwei Klaftern mächtigen und fast überall vom Kohlensäuregase durchdrungenen Moor *), sondern aus festen, zum Theil sandbedeckten, mit den Lagern, welche den Kammerbühl umgeben, übereinstimmenden Gebirgsarten hervor, und bekunden sich daher auch hier als Erzeugnisse einer noch fortwogenden, niederen Abstufung vulkanischer Thätigkeit.

Sämmtliche gasigen, zum Theil auch kräftig martialischen, die Temperatur von + 9° R. nur in geringen Abweichungen übersteigenden Wasserströmungen sind reich an kohlensauren und schwefelsauren Salzen und Erden; das quantitative Verhältnifs des mit denselben innig vereinten Kohlensäuregases zeigt sich nicht an allen Quellen gleich. So sind, nach den von Berzelius und Trommsdorf angestellten Analysen, in 16 Unzen Wasser der Franzensquelle 42,2452, des kalten Sprudels 39,4, der Louisenquelle 32,53 und der Salzquelle 26,89 Kubikzoll gebundener Luftsäure enthalten.

Unter den trockenen Gasströmungen haben wir den vormals tiefen, behufs der Verstärkung der Franzensquelle späterhin verschütteten Polterbrunnen, welcher gegenwärtig den Namen der Gasquelle führt, besonders hervorzuheben. Reufs untersuchte die Gasschicht, welche sich früherhin in einer zwischen 4 Zoll bis 6 Fufs schwankenden Höhe auf dem betreffenden Wasserspiegel sammelte, und

*) S. Jahrbücher für Deutschlands Heilquellen von Gräfe und Kalisch erster Jahrgang 1836. p. 189.

erklärte sie für ein Gemisch aus 2 Theilen hydrothion- und 1 Theil kohlensaurer Luft. Neumann prüfte nach ihm, und fand einen weit geringeren Antheil hepatischen Gases. Trommsdorf's jüngste Analyse wies fast bloſs Kohlensäure nach, indem der fraglichen Emanation, zu Folge angestellter Gegenversuche, bei weitem noch nicht 0,01 Schwefelleberluft beigemischt zu sein schien *). Das aus den angeführten Zerlegungen hervorgehende, je nachdem der Wasserspiegel dem Einflusse der Atmosphäre mehr und mehr entzogen ward, auffallend verschiedene Verhalten, giebt einen interessanten Beleg für die späterhin näher erörterte Ansicht, gemäſs welcher an glaubersalzhaltigen Eisensäuerlingen Hydrothionsäure-Bildungen immer nur bei einem entsprechenden Zutritte atmosphärischer Luft zu Stande kommen **). Was übrigens die Gasergiebigkeit anlangt, so entströmen der heregten Emanationsstelle nach Trommsdorf binnen jeder Minute 4, und insofern die Ausscheidung durchaus gleichförmig vor sich geht, binnen 24 Stunden 5760 Wiener Kubikfuſs freier Kohlensäure.

Neben jener trockenen Luftquelle stöſst das Gas noch aus der ganzen Fläche des groſsen, ½ Meile langen und ⅕ Meile breiten Moorlagers, an unzähligen Punkten auf ***). Hier erhebt es an vielen Orten die Moorerde in kleinen, an ihrer Spitze kraterartig geöffneten Kegeln, aus welchen die Luftsäure so lebhaft hervorbewegt wird, daſs Pfeifen, welche man in jene Mündungen geschickt einsenkt, hell ertönen.

Die Gesammtmenge der zu Franzensbad exhalirenden Kohlensäure muſs sehr beträchtlich sein. Schon das Gas der kalten Sprudelquelle, welches von Herrn Brunneninspector Hecht theilweis zu der von ihm wesentlich verbesserten Füllung des Mineralwassers †), so wie zur Fabrikation von Bicarbonaten der Soda und zur Bereitung künstlichen Champagners benutzt wird, übertrifft jene des Pol-

*) Vergl. Osann u. Trommsdorf das Kaiser-Franzensbad p. 133—137.

**) §. Marienbad.

***) S. Gräfe's und Kalisch's Jahrbücher erster Jahrgang p. 189.

†) Das Nähere hierüber habe ich in einem besonderen Aufsatze, über die Versendung der Mineralbrunnen in meinem und v. Walther's Journale B. XIV. p. 438. etc. niedergelegt.

terbrunnens dem Augenscheine nach wenigstens um das Doppelte. Stellt man nun ihre Ergiebigkeit auch nur der des letzteren gleich, ohne die Gasausscheidungen der übrigen Mineralbrunnen und die des umfangreichen Moorlagers im mindesten zu berücksichtigen, so würden schon nach diesem, offenbar zu geringen Mafsstabe dennoch an dem fraglichen Kurorte binnen je 24 Stunden 11520 Kubikfufs Kohlensäure dem Erdschofse entsteigen, deren Gewicht allein, den Kubikfufs nur zu 4 Loth angenommen *), über 13 Centner betrüge.

Bei jener enormen Gasausscheidung müfste die Luft, unerachtet der weiten Thalausdehnung, bald irrespirabel werden, wenn die schon früher nachgewiesenen Atmosphärenausgleichungen nicht unablässig vor sich gingen **). In welchem Mafse sich aber geringe kohlensaure Schwängerungen der Atmosphäre an dem fraglichen Kurorte wirklich bilden, darüber können nur künftige umfassende Untersuchungen entscheiden.

§. 182.

Die ersten und für Deutschland mit die ältesten Einrichtungen zum Gasgebrauche wurden im Jahre 1809 über dem in jener Zeit noch unaufgeräumten Polterbrunnen angebracht. Zu diesem Behufe liefs ihn Dr. Adler mittelst eines 11 Fufs hohen Trichters absperren, aus dessen Röhren das Gas theils zu Douchen, theils zu einzelnen Sitzen nach vier kleinen Cabinetten hingeleitet wurde. Als späterhin nach der gänzlichen Verschüttung des Brunnens die Luftsäure selbst, unerachtet des übergebauten festen Steingewölbes, unaufhaltsam hervordrang, nahm man diese Bedeckung hinweg, und verschlofs die Quelle durch einen luftdichten, mit Leitungsröhren in Verbindung gesetzten Kasten, um die gasige Strömung wieder zu ärztlichen Zwecken zu benutzen. Im Jahre 1826 errichtete die Brunnendirection auf derselben Stelle das gegenwärtige Gebäude, welches 4 hohe lichte Zimmer enthält. An den Fenstern

*) Ad. Duflos schätzt das Gewicht eines Kubikfufses kohlensauren Gases auf 4,1859 Loth. S dessen Handbuch der pharmaceutisch-chemischen Praxis 1835. p. 146.

**) Vergl. §. 138.

brachte man Ventilatoren und an den Fufsböden mehrere Oeffnungen an, um durch Zuführung frischer Luft, so wie durch verhältnifsmäfsige Ableitungen des Gases nachtheilige Anhäufungen desselben zu verhüten. Das eine jener Gemächer dient den Badenden zum Versammlungszimmer, in den übrigen waren, als ich im Jahre 1827 Franzensbad besuchte, mehrere pneumatische Apparate aufgestellt. Die nach meinem Dafürhalten *) zu tief eingesenkten Badewannen, deren jede mit besonderen Zu- und Ableitungsröhren, so wie mit einem genau schliefsenden, nur dem Kopfe einen freien Durchgang gestattenden Deckel versehen ist, können binnen zwei Minuten mit Gas gefüllt werden. Ein bis auf Mannshöhe emporsteigendes, mit dem Gasreservoir verbundenes Hauptrohr speist vermöge seiner Abzweigungen theils verschiedene Doucheschläuche, theils mehrere abgesonderte, zur Umschliefsung einzelner kranker Theile bestimmte Gaskästen **). Reglementsmäfsig dürfen Gasbäder jeglicher Art nur in Gegenwart eines Wundarztes gebraucht werden.

Noch fehlen dem Kurorte Gassalons, Gaswohnzimmer, Gaserwärmungsapparate und Sprudelbäder, unerachtet alle diese Einrichtungen bei dem vorhandenen Gasreichthume leicht auszuführen wären ***).

§. 183.

In Ermangelung besonderer, zu Inhalationen eigens construirter Gemächer, läfst man Brustkranke das Gas dadurch einathmen, dafs sie mittelst eines Schlauches die Kohlensäure nach ihrem Munde hinleiten und dieselbe ungefähr 2 Fufs von der Aufsatzmündung in die Lungen ziehen. (Bei gröfserer Annäherung, welche den Respirationsorganen concentrirtere Gasmassen zuführt, entstanden Erstickungszufälle.) Die beregte Gebrauchsweise wird 5 bis 15 Minuten lang fortgesetzt, täglich 1 bis 3 Mal wiederholt, und leistet, unerachtet der geringen Sicherheit, welche sie gewährt, dennoch in bestimmten Formen asthenischen Lungenleidens heilsame Dienste. —

*) §. 155.

**) Vergl. Osann und Trommsdorf l. c. p. 37—40.

***) Vergl. §. 153—156.

Hinsichts der doucheförmigen, den äufseren Lokalleiden entgegen zu stellenden Anwendung räth Dr. Conrath, dafs man da, wo stärkere Reizungen angezeigt sind, den aus conischen Aufsatzröhren bewegten Gasstrahl frei nach der kranken Stelle leiten, da hingegen, wo sanftere Einwirkungen den Vorzug verdienen, das Gas aus einer trichterförmig erweiterten Röhre dem afficirten Theile zuführen, bei Gesichts- und Gehörschwächen aber, um jedes schärfere Vorströmen zu verhüten, die Mündungen der Aufsatzcanülen stets mit Flor bedecken soll.

Im Allgemeinen bewährten sich Gasinhalationen, Gasbäder, so wie Gasdouchen als wichtige Unterstützungsmittel der Trink- und Wasserbadekuren. Lehrreiche, hierher gehörige Erfahrungen machte Dr. Conrath bekannt *), und mehrere mit denselben übereinstimmende Beobachtungen hat Herr Dr. Köstler, mir noch vor Kurzem mitgetheilt. Zu den von den genannten Aerzten aufgezeichneten Krankheitsformen, gegen welche sich die Luftsäure wirksam erwies, sind hauptsächlichst Paresen, Paralysen, asthmatische Brustbeschwerden, Lungencatarrhe, Neuralgieen, Rheumatismen, Dysmenorrhoeen, Amenorrhoeen, chronische Exantheme, Geschwüre, Gesichts- und Gehörschwächen zu zählen. Nachtheilig wirkte dagegen die Kohlensäure immer, wo Congestionen nach dem Kopfe oder lebhafte Aufregungen des Blutsystems statt fanden. Ueber die speciellen Bedingungen, unter welchen das Kohlensäuregas überhaupt, sowohl bei den eben angeführten, als bei mehreren ihnen analogen Krankheitszuständen anzuwenden sei, giebt die diesfällige vorausgeschickte, allgemein therapeutische Erörterung näheren Aufschlufs **).

*) Das Kaiser-Franzensbad von Osann und Trommsdorf p. 213. 232, 262, 264 und Casper's Wochenschrift der Heilkunde. Berlin 1835. No. 25.

**) §. 158—169.

## *Capitel VI.*

# Marienbads Gasquellen.

§. 184.

Auf der rauhen Bergplatte Böhmens, deren höchste Spitze der Bodhorn bildet, liegt von Eger 5 und von Carlsbad 6 Meilen entfernt*), an 1932 Fuſs hoch über dem Meeresspiegel das vom Hamelikabache durchflossene, quellenreiche Thal Marienbads. Dicht bestandene Tannen- und Fichtenwälder umgeben dasselbe im Osten, Norden und Westen. Nur gegen Süden öffnet es sich nach der tiefen Ebene sanft herabsinkend in immer mehr und mehr erweitertem Raume.

Zwar wurden die fraglichen, schon vor 300 Jahren in topographischen Werken erwähnten Heilquellen durch Scrinci's und Zauschner's Untersuchungen bekannter**), doch blieben dieselben bis zum Jahre 1807 in fast unzugänglicher Wildniſs, jeder Bequemlichkeit gebrechend, zu ärztlichen Zwecken fast gar nicht benutzt. Erst nach dieser Zeit erhielten sie durch den Schutz der Aebte zu Tepl, unter welchen die Prälaten Schmidt und Reitenberger rühmlichst genannt werden, so wie durch die Bemühungen Dr. Nehr's ***), die zur Aufnahme von Kurgästen erforderlichen Einrichtungen, und von nun an verbreitete sich ihr Ruf mit so reiſsenden Fortschritten, daſs sie schon jetzt zu den besuchtesten Heilbädern Deutschlands gehören.

§. 185.

Die Gebirgsart des Thales wie der Umgegend ist der porphyrartige Granit Carlsbads, welcher ununterbrochen bis hieher fortstreichend, theilweis in Quarz, Glimmerschiefer

*) Nach David's Berechnung 49° 58′ 30″ nördlicher Breite und 30° 22′ 45″ östlicher Länge. — S. Reuſs über Marienbad p. 15.

**) Scrinci tractat. d. fontibus soteriis Teplensibus in regn. Bohem etc. — Aug. Vindel 1760 und Zauschner Dissertat. inaug. d. element. et virib. aquar. mineral. Teplensium Pragae 1766.

***) S. dessen Beschreibung der mineralischen Wasser von Marienbad. — Erste Auflage Carlsbad 1813, zweite 1817.

und Thon ausläuft. Weit ausgedehnte, wahrscheinlich durch den vor Zeiten behindert gewesenen Abfluſs der Mineralwasser entstandene, stellenweise an zwei Klaftern mächtige Moorlager decken einen groſsen Theil des Thalgrundes. Einige Naturforscher sehen in den letzteren die alleinige Geburtsstätte der vorhandenen zahlreichen Gasemanationen. Hiergegen erheben sich indeſs gewichtige Gründe. Insofern nämlich im Thale sowohl, als in der Umgegend, mehrere Gasquellen an vom Moore durchaus freien Orten unmittelbar aus dem vorerwähnten Grundgebirge, theils mit Wasserströmungen verbunden, theils trocken hervorbrechen *), und insofern zugleich unzweideutige vulkanische Ueberreste, ja sogar vollkommen verschlackte Laven in Carlsbads bis nach Marienbad streichenden Gebirgszügen nachgewiesen sind **), kann auch der Ursprung der betreffenden, durchaus selbstständigen luftsauren Emanationen, wie jener der vielen ihnen verwandten, nur der Fortdauer vulkanischer Processe niederer Abstufung zugeschrieben werden ***).

## §. 186.

### Hauptquellen.

a. Kohlensaure Wasserquellen. — Ihre Temperatur schwankt zwischen + 7° und + 10° R. Sie gehören theils zu den erdig salinischen, theils zu den martialischen Säuerlingen, zeichnen sich insgesammt, abgesehen von mehreren wirksamen Carbonaten, hinsichts ihres Gehaltes an schwefelsaurem Natron, und besonders durch ihren groſsen Reichthum an kohlensaurem Gase aus. Die Menge ihrer an das Wasser gebundenen Luftsäure steht bei den meisten zu jener der festen Bestandtheile im umgekehrten Verhältnisse. So enthalten nach Reuſs 16 Unzen Wasser des

| | | | |
|---|---|---|---|
| Kreuzbr. | 8,384 K. Z. Lufts. u. | 53,812 Gr. feste Bestandth. | |
| Marienbr. | 9,0560 — — — | 1,1952 — — — | |

*) Vergl. Heidler über die Gasbäder Marienbads p. 65. — Dessen Pflanzen und Gebirgsarten Marienbads p. 174. Gräfe's und Walther's Journal B. 24. p. 530 und 535.

**) v. Göthe. Zur Morphologie. Stuttgard 1817. B. 1. p. 36—62.

***) §. 134.

| | | | | | | | | |
|---|---|---|---|---|---|---|---|---|
| Ambrosibr. | 12,928 K. Z. Lufts. | u. | 10,624 | Gr. feste Bestandth. | | | | |
| Ferdinandsbr. | 13,736 | — | — | — | 42,204 | — | — | — |
| Karolinbr. | 15,436 | — | — | — | 14,721 | — | — | — |
| Waldbr. | 18,883 | — | — | — | 22,129 | — | — | —*) |

Freie, vom Wasser nicht aufgenommene Kohlensäure entsteigt den fraglichen Quellen in einzelnen gröſseren und unzähligen kleineren Blasen. Jene mehr isolirt emporbewegten haben nicht selten einen Durchmesser von 5 bis 6 Zoll, die kleineren bilden, einander rascher folgend, senkrechte Perlenschnüre. Zu dem Wasserspiegel gelangt, bersten sie insgesammt mit hörbarem dumpfem Geräusch, und zerflieſsen über demselben in Schichten, welche alle Kriterien augenscheinlich vorschlagender Kohlensäure an sich tragen. Sämmtliche diesfällige Gaslagen nehmen zur Morgen- und Abendzeit bei trübem Wetter und bevorstehenden Gewittern überhand **). Unter begünstigenden Umständen erheben sie sich bisweilen mehrere Fuſs hoch, erreichen an den tief gelegenen Quellen nicht selten den oberen 5 Fuſs vom Wasserspiegel entfernten Rand des Behälters und überfluthen ihn von Zeit zu Zeit in nicht geringer Mächtigkeit ***).

b. Trockene Luftsäurequellen. — Sie brechen an vielen Stellen hervor. — Mit deutlicher Beimischung von Hydrothionsäure findet dies an den meisten Punkten des weit gedehnten Moorlagers statt. — Von Schwefellebergas frei kommen jene Strömungen aus Lehmschichten, welche dem Grundgebirge des Thals unmittelbar aufruhen, zu Tage. Die bemerkenswertheste der letzteren Emanationen zeigt sich in der sogenannten Vogelgrube, über welche Dr. Heidler folgende Nachricht mittheilt: Nahe der Mühle, die kurz vor dem Eingange in das Marienbader Thal an der Hauptstraſse von Süden her gelegen ist, findet sich auf einer Anhöhe im Gehölze eine schon längst bekannte Erdaushöhlung, welche einen ungefähr drei Ellen weiten und eben so tiefen Kessel bildet. Ihre Wände

*) Sie ergieſsen nach Reuſs binnen 24 Stunden über 10000 Kubikfuſs kohlensaures Mineralwasser.

**) §. 138.

***) Vergl. Reuſs über Marienbad p. 160—161.

wie ihr Grund bestehen aus Lehm, der sich, vom Moore ganz entblöfst, über eine grofse Strecke der Nachbarschaft ausbreitet. In derselben fand der Berichterstatter einige halbverweste Vögel und mehrere todte Mäuse. Um die Mittagszeit erlosch ein brennender Spahn erst tief am Boden, Abends dagegen schon auf einer Höhe von 2 Fufs. Die Gasschicht verhielt sich übrigens hinsichts ihrer Wirkung auf den lebenden Körper sowohl, als auf angewendete Reagentien ganz wie jene der Pyrmonter Höhle *). Von einem Geruche nach faulen Eiern, welcher an den meisten Stellen, wo zu Marienbad Gasströmungen vorkommen, auffällt, war hier nicht das Geringste zu bemerken. Auch bräunten sich, zum Beleg vollkommener Abwesenheit hepatischen Gases, in essigsaure Bleiauflösung getauchte Papierstreifchen, selbst als man sie die Nacht hindurch in der Grube zurückliefs, nicht im mindesten **).

§. 187.

Ueber die Temperaturverhältnisse der Marienbader Gaslagen herrschten irrige Ansichten, zu welchen das in jenen Schichten entstehende Gefühl erhöhter Wärme der Unterextremitäten Anlafs gab ***). Reufs versichert, dafs die Temperatur der fraglichen Moffeten selten um 1 Grad tiefer als die der Atmosphäre gestellt sei, und dafs jene nur dann $+5^{\circ}$ bis $+7^{\circ}$ anzeigen, wenn die letztere bis zu $+4^{\circ}$ R. sinkt. Nach meinen Beobachtungen wird der Wärmegrad solcher Gasansammlungen fast ganz von jenem der nächsten leitenden Medien bestimmt, weshalb bei einer und derselben aufschwebenden Gasmasse die unteren Straten bezüglich des Wärmegrades von dem des Wasserspiegels oder des Erdbodens, aus dem sie hervortreten, die höheren hingegen von jenem der unmittelbar angränzenden Atmosphärenschicht im Ganzen wenig abweichen.

§. 188.

Bei Beurtheilung der chemischen Beschaffenheit des Quellengases müssen wir das von dem Mineralwasser auf-

*) §. Pyrmont.

**) Heidler über Marienbads Gasbäder p. 65.

***) §. 140.

genommmene oder durch dasselbe streichende von dem wohl unterscheiden, welches auf den Wasserspiegeln in Schichten verschiedener Höhe angetroffen wird. Jenes reagirt gemäfs den von Reufs, Steinmann und Heidler mit grofser Sorgfalt unternommenen Versuchen*), mögen wir dasselbe durch Erhitzung vom Wasser trennen, oder dessen aufsteigende Blasen innerhalb der Wassersäulen auffangen, stets als einfache Kohlensäure, das letztere hingegen an mehreren Quellen als ein Gemisch von Kohlen- und Hydrothionsäure. Ein ähnliches Verhältnifs, welches ich wegen der späterhin aufzustellenden Ansicht hier nicht übergehen darf, fällt auch an den Euganäischen, durch schwefelsaure Salze, wie durch Kohlensäure ausgezeichneten Thermen**) auf. Deutlich bekundeten daselbst die Sinne nicht minder als chemische Reagentien in den aufschwebenden Gasschichten Beimischungen von Hydrothionsäure, wogegen im Wasser selbst, wie in den unter dem Wasserspiegel aufgefangenen kohlensäurehaltigen Blasen kein Atom von Schwefelluft zu entdecken war. Man konnte sich hiervon schon durch den einfachen, von mir oft angestellten Versuch überzeugen, dafs silberne oder kupferne Münzen, nahe über dem Wasserspiegel gehalten, binnen wenigen Minuten gebräunt erscheinen, während sie an Fäden in das Wasserbecken versenkt, selbst da, wo die Gase am stärksten aufwallten, auch nach mehreren Stunden und Tagen ihres Metallglanzes nicht im mindesten verlustig wurden. Es unterscheiden sich hiernach die Marienbader wie die Euganäischen Quellen wesentlich von den eigentlich hepatischen, in der Tiefe des Erdschofses bereits mit Schwefelleberluft getränkten Strömungen, an welchen die beregten Metalle über wie unter den Wasserspiegeln eine schmutzigbraune Farbe annehmen***).

*) S. Reufs über Marienbad p. 165—168, 175, 181. u. 187. und Heidler über Gasbäder p. 77. etc.

**) S. Gräfe's und Walther's Journal B. 15. p. 588. 607. etc.

***) §§. Hepatische Quellen Deutschlands und Italiens.

§. 189.

**Bildungsweise der hepatischen Beimischungen.**

Reuſs betrachtet das Moorlager Marienbads als die alleinige Werkstätte, sowohl des kohlen-, als des hydrothionsauren Gases *). Daſs die erstere Luftart durch vulkanische, vom Chemismus des Moores völlig unabhängige Processe erzeugt werde, habe ich Eingangs dieses Capitels nachzuweisen gesucht. Anlangend die Entstehung des hepatischen Gases, so kann dasselbe schon deshalb nicht, ausschlieſslich durch die betreffenden Mooranhäufungen bedingt, dem Mineralwasser einverleibt sein, weil weder das Wasser selbst, noch die gebundene oder hindurchstreichende, sondern lediglich die aufschwebende Quellenluft einzelner Emanationen Hydrothionsäure enthält.

Nach Heidler soll sich die Schwefelleberluft in unterirdischen Tiefen **), und nach Steinmann durch den Einfluſs der hölzernen Quellenbehälter entwickeln ***). Jener Behauptung widerspricht indeſs die gänzliche Abwesenheit des betreffenden Gases in den Wassermassen, und dieser aller Mangel desselben in den Moffeten des mit Holz ausgekleideten Kreuz- und Ferdinandbrunnens †).

Bevor wir eine Erklärung des in Rede stehenden Phänomens versuchen, ist allgemeinhin zu bemerken, daſs die diesfälligen hydrothionsauren Beimischungen vorzugsweise an der ergiebigsten, glaubersalz- und kohlensäurereichen, durch den Ueberbau gegen den freien Luftzutritt geschützten Quelle des sogenannten Marienbrunnens ††), und an mehreren Stellen des mächtigen Moorlagers vorkommen, welches, in groſsem Theil aus Niederschlägen des Mineralwassers bestehend †††), von diesem, wie von unterirdischen kohlensauren Ausscheidungen getränkt, der eindringenden

*) Reuſs über Marienbad p. 187. u. 291.

**) S. dessen Pflanzen und Gebirgsarten Marienbads p. 179—180.

***) S. Steinmann's Physik. med. Unters. der Ferdinandsquelle zu Marienbad. Prag 1821. p. 27. (Heidler ibid. p. 147.)

†) S. Heidler's Pflanzen und Gebirgsarten Marienbads p. 197.

††) Sie ergieſst in jeder Stunde 380160 Kubikfuſs Wasser.

†††) Vergl. Reuſs in seiner Schrift über Marienbad p. 295. 314 u. 317.

Atmosphäre, vermöge seiner Porosität, einen ruhig stagnirenden Aufenthalt gewährt.

Die stetige, nicht durch zufällige Quellenverunreinigung hervorgebrachte Erzeugung der den aufschwebenden Gasmassen zugetheilten Schwefelluft kann meines Erachtens nur durch Zersetzung der schwefelsauren Quellensalze bei gleichzeitiger Desoxydation des Wassers nur dadurch erfolgen, dafs die Schwefelsäure der Sulfate nach bestimmten, noch nicht in allen ihren Beziehungen erforschten Gesetzen theilweis entsäuert, Schwefelatome abgiebt, welche mit dem frei werdenden Hydrogen des Wassers zum Schwefelwasserstoffgase verbunden werden *). Es scheinen sich bei diesem Processe zwei Haupt-Factoren gegenseitig zu unterstützen. — Als den einen derselben haben wir den Kohlenstoff der überschüssigen Kohlensäure zu betrachten **). Hiefür sprechen mehrere Thatsachen: Jedesmal wenn ich zu Abano grofse, mit frischem Mineralwasser gefüllte Gefäfse, in welchen dasselbe von der aufstofsenden Luftsäure plötzlich getrennt war, untersuchte, fand ich, dafs an dem Spiegel des eben geschöpften Wassers die Schwefelwasserstoffbildung, welche an der Quelle ununterbrochen fortwährte, spurlos verschwunden war. Zu Marienbad sah Heidler, dafs das hepatische

*) An der Moffete der Vogelsgrube, welche ohne alle Verbindung mit von schwefelsauren Salzen durchdrungenem Wasser, aus reinem Lehmboden trocken zu Tage kommt, zeigt sich daher auch nicht die mindeste Spur hydrothionsauren Gases, wogegen die Bildung desselben in dem von Kohlensäure und Mineralwasser durchdrungenen Moor Marienbads deutlich, und zwar hier deshalb besonders thätig vor sich geht, weil die ununterbrochen fortdauernde Verkohlung der Pflanzenüberreste jener Lager das beregte, auf Desoxydation beruhende Freiwerden des Schwefels der Sulfate und des Hydrogens des Wassers erheblich mitbegünstigt. Wahrscheinlich mag auch zu der Zeit, wo Marienbads Mineralquellen noch unzulänglich abflossen, wo sie verunreinigt und von Pflanzentheilen halb verschüttet waren, die Schwefelwasserstofferzeugung noch um Vieles reichlicher statt gefunden, und eben hiedurch dazu Anlafs gegeben haben, dafs man ehedem die Quellen mit dem Namen: der Stänker, bezeichnete.

**) Wir dürfen dies um so mehr, als der Kohlenstoff mit dem Oxygen mannigfache Verbindungen einzugeben vermag. S. §. 139.

Gas sich stetsin gleichem Maſse verringerte, als die Ausscheidung luftsaurer Schichten abnahm, und daſs dasselbe nirgends anzutreffen ist, wo die letzteren sich nicht mehr sammeln *). Auch zeigt sich ein obgleich weit schrofferes, doch sehr analoges Verhalten überall, wo auf technischem Wege, vermöge intensiver chemischer Eingriffe, schwefelsaure Salze durch Zusätze von Kohle und Kohlensäure unter hiebei nie fehlender lebhafter Hydrothionsäureentwickelung in Carbonate verwandelt werden **). — Als das zweite Hauptbedingniſs, durch welches die zu der fraglichen Schwefelwasserstoffbildung erforderliche Umstellung der chemischen Affinitätsverhältnisse zu Stande kommt, ist das ruhig andauernde Einwirken der gemeinen Luft anzusehen. Wo die Atmosphäre die Wasserflächen in zu raschem Wechsel berührt, so wie da, wo sie von denselben gänzlich getrennt wird, erzeugt sich keine Hydrothionsäure. An den völlig unbedeckten, oder blos überdachten, nicht durch zusammenhängende Seitenwände geschirmten Mineralquellen, namentlich an Marienbads Wald-, Kreuz- und Ferdinandsbrunnen, bemerken wir daher nicht die geringste Spur von Schwefelluft. Dagegen entsteht sie in dem betreffenden Kurorte an der ganz überbauten Quelle des Marienbrunnens, ferner an den zu Gasbädern benutzten, so abgesperrten Ausströmungen, daſs unter dem umgekehrt aufgesetzten Trichtergewölbe hinlänglicher Raum zur Aufnahme stagnirender Atmosphärenluft übrig bleibt, und vornemlich am porösen Moorlager, innerhalb dessen zahllosen Höhlchen das Stocken gemeiner, mit Mineralwassertheilchen und Kohlensäure zusammentretender Luft am wenigsten gestört wird. Zu Abano erschienen mehrere aufgehauene, seitliche, durch gänzliche Anfüllung mit Mineralwasser gegen die Atmosphäre fast hermetisch abgeschiedene Sinterhöhlen des Montirone völlig frei von Schwefelwasserstoffgas. Nicht minder konnte ich daselbst ganz in

*) S. dessen Pflanzen und Gebirgsarten Marienbads p. 177.

**) Geschickt benutzte Brem auf diese Weise die reichen luftsauren Ausströmungen der ¼ Stunden von Marienbad liegenden Stänkerau, um aus Duplicat- und Glaubersalz kohlensaures Natrum und Kali zu gewinnen. S. Reuſs a. a. O. p. 23. u. 24.

der Nähe des aus Holz erbauten, offenen, jedem Luftzuge preis gegebenen Aquaeductes, welcher das rasch strömende, beinahe siedende Mineralwasser, vom Gipfel des genannten Hügels, hoch über den Fahrweg hin zum überschlägigen Rade der nahen Mühle leitet, weder den geringsten Geruch nach faulen Eiern, noch irgend eine Veränderung der Reagentien wahrnehmen, obgleich über dem ruhig wogenden und gegen raschen Luftwechsel durch einen niedrigen Schuppen geschützten Wasserspiegel der Therme, jedes hingehaltene, mit essigsaurem Blei getränkte Papierstreifchen in kurzer Zeit gebräunt ward.

§. 190.

Entstehen unter den im vorigen Paragraph angeführten, die Bildung von Hydrothionsäure begünstigenden Verhältnissen stärkere Condensationen des Gases, so durchdringt dasselbe entweder in der Nähe befindliche, abgeschlossene, wenig erneute Wasseransammlungen und ertheilt ihnen mehr oder weniger die Eigenschaft ursprünglich hepatischer Brunnen, oder es setzt an trockenen Stellen seinen den schwefelsauren Salzen und Erden entzogenen Schwefel in mehr oder weniger vollkommenen Krystallen wieder ab. Auf diese Weise erhält zu Marienbad ausschliefslich das Wasser, welches aus den bedeckten Emanationen der Gasgemächer in einer Erdrinne abläuft, seine durch Geschmack, Geruch, wie durch Absatz von Schwefelmilch unverkennbare, streng hepatische Natur*), und nach demselben Gesetze bildet sich der in beträchtlichen Nestern zusammentretende Schwefel, welchen man an einzelnen Stellen des dasigen Moorlagers findet**). Einige, den fraglichen Vorgang noch bestimmter nachweisende Erscheinungen bieten Abanos Quellen dar. Als nämlich auf meinen Wunsch einige der Bohlen hinweggenommen wurden, welche den Gipfel des Montirone, in geringem Ab-

*) Die beregte Beschaffenheit nahm es jedoch erst 14 Tage nach Aufstellung der behufs der Gasbäder errichteten Sperrapparate an. Vergl. Heidler's Gasbäder Marienbads p. 72. und dessen Pflanzen und Gebirgsarten Marienbads p. 179.

**) Heidler's Marienbad B. II. p. 40. und dessen Pflanzen und Gebirgsarten Marienbads p. 180. u. 181.

stande vom Wasserspiegel, gröfstentheils bedeckten, war die untere Fläche derselben mit glänzenden Schwefelkrystallen dick überzogen; als wir ferner den langen, weiten, aber geschlossenen, nach der nahen Wiese führenden Abzugskanal, in einer Strecke von mehreren Klaftern öffneten, erschienen dessen Wände da, wo das abfliefsende Mineralwasser sie nicht berühren konnte, fast allenthalben von leicht zerreiblichem Schwefelanfluge schön übertüncht, und als einige der seltsam gekrümmten, meistens nur Gase und Wasserdampf aushauchenden, kaum einen Zoll im Durchmesser haltenden natürlichen Röhren des felsharten, viele Fufs mächtigen Kalksinters, welcher die Hauptcisterne jener Therme umwölbt, angehauen wurden, traf ich in communicirenden Nebenhöhlchen ganze Conglomerate hellstrahlenden, reinen, ohne allen Rückstand verbrennlichen Schwefels, dessen zarteste Atome man in dem Mineralwasser, aus welchem er entstanden war, vergeblich sucht. — Alle derartigen an den fraglichen sowohl, als an vielen mit ihnen übereinstimmenden Emanationen vorkommenden Schwefelablagerungen haben wir mithin, der höchsten Wahrscheinlichkeit nach, keineswegs als Ursache der Schwefelwasserstofferzeugung, wofür sie oft gelten, sondern lediglich als Folgen der auf die oben erörterte Weise entstehenden Hydrothion-Säurebildung zu betrachten.

## §. 191.

### Menge des ausströmenden Gases.

Abgesehen von den in der unmittelbarsten Nachbarschaft befindlichen kohlensauren Emanationen, deren man 123 angiebt *), kommt das fragliche Gas nicht nur aus allen ergiebigen, ärztlich benutzten Mineralbrunnen, sondern auch aus zahllosen, nicht in Gebrauch gezogenen, kleineren und mehreren gröfseren trocknen Luftquellen des Thalgrundes zu Tage **). Eine der mittleren, zu den Gasbädern mitverwendete Aushauchungsstelle wurde vor wenigen Jahren abgeschlossen, und ihr durch eine halbzöllige Röhre ent-

*) Vergl. Heidler's Pflanzen u. Gebirgsarten Marienbads p. 170—172.

**) §. 186.

weichender Luftstrom aufgefangen. Nach Heidler's Berechnung betrug die, blos aus der fraglichen Moffete binnen 24 Stunden entwichene Gasmenge an 3600 Kubikfuſs *). Schlieſsen wir nun von diesem Ergebnisse auf die Quantität der aus sämmtlichen vorerwähnten, zum Theil weit beträchtlicheren Quellen fortwährend entwickelten Luftsäure, so folgt, auch nach dem beschränkendsten Anschlage, daſs die Totalmasse des zu Marienbad immerwährend hervorströmenden Kohlensäuregases sehr groſs sein muſs, und daſs dieselbe bestimmt jener der mächtigsten permanenten Kohlensäureausscheidungen zur Seite gestellt werden kann **).

§. 192.

**Atmosphären-Beschaffenheit Marienbads.**

Professor Steinmann richtete seine eudiometrischen Untersuchungen vorzugsweise auf den Oxygengehalt der Atmosphäre, und giebt diesen am Kurorte zu 0,205 ***), mithin um etwas geringer an, als Humboldt, Gay-Lussac und Vogel ihn anderwärts fanden ****). Vergleichende, diese Beobachtung bestätigende Prüfungen sind bis jetzt noch nicht zur öffentlichen Kenntniſs gelangt.

Reuſs bemerkt, daſs Schwängerungen der über Marienbad ruhenden Luftschichten mit Kohlensäure, unerachtet aller eine solche Annahme unterstützenden Umstände, dennoch, und zwar deshalb nicht vorauszusetzen wären, weil die von ihm angewendeten Reagentien viel zu geringe Veränderungen erlitten, und weil die beregte Atmosphäre keine von der Kohlensäure bekannte Wirkung auf die Sinn- und Respirationsorgane hervorbringe †). Der erstere Zweifel läſst sich durch die rasche Verdünnung des kohlensauren Gases wohl erklären ††), und gegen die letztere Behauptung versichert Dr. Ziegler, daſs fast alle Ankömmlinge zu

*) Heidler l. c.

**) Vergl. §. Eger, Pyrmont, Marienbad.

***) S. Reuſs über Marienbad p. 162. u. 163.

****) v. Humboldt und Gay-Lussac schätzen ihn überhaupt auf 0,212 bis 0,209, Vogel auf 0,22 ab.

†) Reuſs über Marienbad p. 162.

††) §. 138.

Marienbad in den ersten Tagen über ungewöhnliche Abspannung, Schläfrigkeit und Eingenommenheit des Kopfes klagten *). Einzelne Aerzte glauben den Grund der eben beregten, allgemein beobachteten Erscheinungen nicht dem Einathmen der Ortsatmosphäre, sondern ausschliefslich dem Genusse des kohlensauren Wassers zuschreiben zu müssen. Diese Ansicht können wir jedoch nicht theilen, weil die erwähnten Stimmungen des Gemeingefühls zu Marienbad sowohl, als in der Nähe aller anderen ergiebigen Säuerlinge, auch von Individuen wahrgenommen werden, welche sich der Bade- und Trinkkuren anfänglich oder für die ganze Zeit ihres Aufenthalts durchaus nicht bedienen **).

Die bisherigen Beobachtungen gestatten noch kein entschiedenes Urtheil über die Atmosphären-Beschaffenheit Marienbads. Es berechtigt uns aber die Gesammtheit der Umstände zu der mit nicht geringer Wahrscheinlichkeit aufzustellenden Vermuthung, dafs wohl bei den beständigen enormen Gasexhalationen, in den niederen Atmosphärenschichten, in welchen wir gewöhnlich athmen, geringe kohlensaure Schwängerungen statt finden, dafs aber beträchtlichere schon deshalb nicht zu Stande kommen mögen, weil die nach Süden weit geöffnete und ohne alle Unterbrechung zur tiefen Ebene hingeneigte Thalsenkung durch schnellen Abflufs und durch rasche Ausdehnung des ausgeschiedenen Gases in die Breite, das rapide Verschmelzen desselben mit dem grofsen Luftoceane im höchsten Grade fördert.

## §. 193.

### Vorrichtungen zum Gasgebrauche.

Die von Reufs im Jahre 1816 unternommene Analyse der Marienbader Quellen bewog denselben, auf die Benutzung der kohlensauren Ausströmungen zu Gasbädern aufmerksam zu machen. Bevor dessen gehaltreiche Schrift, welche dem fraglichen Gegenstande ein eigenes Capitel

*) S. Dr. Ziegler's Bemerkungen über Marienbad in Böhmen. Regensburg 1820.

**) Vergl. §. Pyrmont.

einräumt, erschienen war *), veranlaſste im Jahre 1818 die Anwesenheit Dr. Struve's, der an neuralgischen, mit Anschwellungen des linken Fuſses verbundenen Affectionen litt, und durch Eintauchen desselben in die Gasschicht des Marienbrunnens schnell genas, die Errichtung des ersten Gasbades **). Behufs dessen wurde auf einer der vielen gasausströmenden, mit Tageswassern bedeckten Stellen des groſsen, hinter der Marienquelle befindlichen Moorlagers, ungefähr 100 Schritt von dieser, am Eingange des Waldes, ein starker hölzerner Trichter verkehrt aufgesetzt, hiebei dem Wasser, vermöge einer unter dem Spiegel angebrachten Rinne, ein Ausgang gelassen, und dann so viel Erde um den ganzen Apparat aufgeschüttet und festgestampft, daſs dieselbe eine hinlänglich groſse horizontale Fläche bildete. Auf diese Ebene stellte man eine hölzerne Badewanne und füllte dieselbe mit dem aus der Trichterröhre vorströmendem Gase. Schon nach kurzer Zeit erheischte das wachsende Bedürfniſs die Beifügung einer zweiten Wanne. Beide wurden, noch im Verlaufe desselben Sommers, um die Kranken gegen ungünstige Witterung zu schützen, mit einem einfachen, der freien Luft hinlänglichen Zugang gestattenden Häuschen überbaut. Wie reichlich das Gas hervortrat, bewies der Umstand, daſs dasselbe, wenn man die Trichterröhre öffnete, noch 2 Fuſs hoch über der Mündung einen deutlich fühlbaren Luftstrahl bildete, und daſs zwei Minuten hinreichten, um die Wannen bis an ihren Rand mit Gas zu füllen ***). Ueber die jetzige, aus allmäligen Vervollkommnungen hervorgegangene Einrichtung, welche im Jahre 1827, als ich Marienbad besuchte, noch nicht in ihrer gegenwärtigen Ausdehnung bestand, hatten die dasigen Brunnenärzte, Hr. Hofrath Heidler schon früher, und Herr Dr. Opitz während seines Aufenthalts zu Berlin, im Jahre 1836, die Güte, mir folgende hier auszugsweise niedergelegte Nachrichten zukommen zu lassen:

Das dermalige zu Gasbädern bestimmte Gebäude ist im Style eines griechischen Tempels ausgeführt. Zu dem

*) Reuſs über Marienbad. Prag 1819. p. 262—270.

**) S. dessen Gasbäder Marienbads. Prag 1819. p. 10 – 20 u. 71 etc.

***) S. Heidler Gasbäder Marienbads p. 72. u. 88.

mit Säulen verzierten Haupteingange führen drei Stufen. Der innere Raum wird durch einen Gang getheilt. — Die linke Hälfte des Pavillons enthält 4 von einander abgeschiedene Cabinette *). In jedem derselben befindet sich eine hölzerne Badewanne, welche, um das Ein- und Aussteigen zu erleichtern, bis zur Hälfte versenkt ist **). Tief am Fufsende der Wannen liegt die Mündung des Zuleitungs- und unmittelbar unter dem oberen Rande jene des Ableitungsrohres. Das dem Kopfende der Wanne nahe, viel durchbohrte Sitzbrett läfst sich nach Willkür höher oder niedriger schrauben, damit der Hals der Leidenden in die Oeffnung des beweglichen, genau schliefsenden Wannendeckels eingepafst werden kann. Den zwischen diesem Ausschnitte und dem Halse etwa zurückbleibenden Raum füllt man mit Linnenzeug. Um das Gas mehr örtlich einwirken zu lassen, dienen elastische, mit Seidenstoff überzogene Schläuche von etwa 1 Zoll Durchmesser und 3 Ellen Länge, deren unteres Ende an das Zuleitungsrohr der Badewanne, und das obere an einen muschelförmigen hörnernen Aufsatze befestigt wird. Letzteren bringt man mit den zu douchenden Theilen in Berührung. Aehnliche, aber aus zwei neben einander liegenden, zum Umfassen der Augenhöhlenränder bestimmte Aufsätze werden dann angewendet, wenn das Gas beiden Augen zufliefsen soll. — Die zweite Hälfte des Gebäudes bildet einen mit Ruhebetten versehenen kleinen Salon für jene Kranken, welchen unmittelbar nach dem Bade kühlere freie Luft schaden könnte. — Der zurückgelegene Anbau des Häuschens enthält den hölzernen, luftdicht geschlossenen, sein Gas aus mehreren in die Moordecke eingegrabenen Trichtern empfangenden Recipienten, von welchem, nach jeder Wanne hin, ein gesonderter verschliefsbarer Röhrenzug abgeht.

*) In einer ältern von Heidler (Marienbad B. II. p. 35.) bekannt gemachten Beschreibung der Gasbadeanstalt geschieht von acht Badegemächern und von mehreren nach Gale's Weise eingerichteten Kästen Erwähnung.

**) Ueber normale Einrichtungen der Gasbadewannen, und das Bedenkliche ihres Versenkens giebt der §. 155. nähere Auskunft.

Unterwirft man die jüngsten für den Gasgebrauch zu Marienbad getroffenen Anordnungen einem strengen Urtheile, so folgt, dafs daselbst bei vielem Lobenswerthen im Allgemeinen doch noch Manches zu wünschen übrig bleibt.

Demnächst wären sowohl die den Mineralwassern aufschwebenden, als die trockenen Emanationen bezüglich ihrer Mischungsverhältnisse überhaupt, und hinsichts ihrer Dilutionsgrade insbesondere gründlich zu prüfen; gewifs würden wir alsdann in sämmtlichen Moffeten einen beträchtlichen, bis jetzt unerwogen gebliebenen, vielleicht an 30 bis 60 Procent betragenden Antheil atmosphärischer Luft, und in dem Moorgase aufser der Kohlen- und Hydrothionsäure wahrscheinlich auch mehr oder weniger Kohlenwasserstoffluft vorfinden *). Zugegeben, dafs dergleichen auf das Genaueste durchgeführte doch nur innerhalb gewisser Grenzen festzustellende Berechnungen im Ganzen mehr Werth für den Physiker als den Arzt haben, so kann der letztere sie doch nicht ganz, und bei beabsichtigten Inhalationskuren gewifs am wenigsten entbehren. —

Auch wären wohl die verschiedenartigen, im Thale hervorbrechenden Moffeten füglich vielseitiger anzuwenden. So gebraucht man bis jetzt ausschliefslich das hepatisch-kohlensaure Moorgas, und zwar nur zu Bädern. Es möchte diese Beschränkung immerhin insofern nothwendig sein, als die fraglichen, wie alle durch Sumpflager streichende Gasemanationen, in der Regel ihrer Unreinheit wegen den Einathmungskuren wenig entsprechen. Keineswegs braucht man aber deshalb die analogen, ebenfalls hepatisch-kohlensauren, jedoch reinen Gasschichten des Marien- und Carolinenbrunnens, so wie die einfach kohlensauren, wahrscheinlich nur durch Atmosphärenluft verdünnten Gaslagen des Ferdinand-, Kreuz-, Ambrosius- und Waldbrunnens **) ganz zu vernachlässigen, indem überdies Mineralwasser durch das Absperren ihrer aufstofsenden Gase erfahrungsgemäfs an Kraft eher gewinnen als verlieren. —

*) S. §. Pyrmont.

**) Heidler Pflanzen und Gebirgsarten p. 142. u. 177.

Endlich gehen dem fraglichen Kurorte bis jetzt noch mehrere pneumatische, anderwärts bereits mit Erfolg angewendete Vorrichtungen ab. Namentlich fehlt es demselben an Gascabinetten, an Gaserwärmungsapparaten, an verschiedenartigen Gasdouchen und an gut construirten, zu Sprudelbädern geeigneten Wannen*). —

§. 194.

**Therapeutische Beziehungen.**

Ueber Inhalationskuren sind bis jetzt zu Marienbad noch keine Erfahrungen gesammelt. — Bei Krankheiten aus gesunkener Lebensthätigkeit der Lungen könnten, den schon früher erörterten Grundsätzen gemäfs, die betreffenden, ergiebigen, einfach-kohlensauren Gasausscheidungen um so gröfsere Vortheile gewähren, als die erquickliche Bergluft der hoch und frei liegenden Thalebene überhaupt kräftigend auf die Athmungswerkzeuge wirkt. — In Lungenübeln, welche mit anomal gesteigerter Reizbarkeit zusammenhängen, würde dagegen der eben berührte Einflufs der Lage des Kurorts nur schaden, und die Anwendung der diesfälligen Moffeten besonders deshalb als contraindicirt erscheinen, weil unter denselben selbst die schwefelwasserstoffigen noch viel zu viel Kohlensäure enthalten, als dafs sie die abspannenden, besänftigenden, den Pulsschlag herabsetzenden Wirkungen zu bedingen vermöchten, die von Emanationen herbeigeführt werden, an welchen tief im Erdschofse entbundene, das Quellenwasser innig durchdringende Hydrothionsäure einen beträchtlicheren und weit selbstständigeren Theil der Gasgemische ausmacht**).

Nur zum Baden und Douchen hat man dermalen die Luftströmungen Marienbads verwendet, und behufs dessen ausschliefslich Moorgas in Gebrauch gezogen. Dasselbe besteht hauptsächlichst aus mit Schwefelluft versetzter überschüssiger Kohlensäure. In die Wannen eintretend bekundet das fragliche Gasgemenge seine Zusammensetzung

*) §. 152—157.

**) §. 57. u. s. w.

nicht nur durch bestimmte Wirkungen auf chemische Reagentien, sondern auch durch jene, welche es auf den lebenden Organismus ausübt. — Für die Gegenwart des Kohlensäuregases zeugen die schnelle Trübung des in die gefüllten Wannen hingesetzten Kalk- und Barytwassers, so wie das in den Bädern nach wenigen Minuten entstehende eigenthümliche Wärmegefühl, die rasch vermehrte Hautausdünstung und fast nie fehlende Empfindung von Ameisenkriechen*). Bei allem dem können wir doch die von Heidler ausgesprochene Ansicht, dafs die Wannen ohne jegliche Beimischung von Atmosphärenluft gespeist würden**), deshalb nicht theilen, weil alle bekannte ähnliche Emanationen, so weit die Untersuchung derselben bis jetzt reichte, schon in ihrer unterirdischen Werkstätte mit Atmosphärenluft getränkt, stets mit dieser vereint zu Tage gelangen, und weil der einzige, die aufgestellte Behauptung unterstützende Grund, der nämlich, dafs die in die Wannen getauchten Flammen erlöschen, keinesweges als vollgültig anzusehen ist, da diese Erscheinung schon bei einem Gemische von 13 Theilen kohlensaurem Gase mit 87 Theilen Atmosphärenluft augenblicklich eintritt***). Auch würden, wenn die Füllung wirklich auf die vorausgesetzte Weise zu Stande käme, bei der Unmöglichkeit, das Gas in den zum ärztlichen Gebrauche bestimmten Wannen hermetisch abzusperren, schon geringe Theile austretender, vollkommen reiner Luftsäure hinreichen †), um, von den Respirationswerkzeugen aufgenommen, bedenkliche Athmungsunterdrückungen herbeizuführen, die sich doch zu Marienbad nicht ereignen sollen ††). — Anlangend die hepatische Beimischung des zu den fraglichen Bädern

*) Vergl. §. 140. und Heidler's Gasbäder Marienbads p. 124. etc.

**) Vergl. Heidler Gasbäder Marienbads p. 124—125. und dessen Marienbad T. II. p. 33.

***) Vergl. §. Pyrmont. — Cavendish nimmt sogar an, dafs das Brennen überhaupt nicht mehr unterhalten werden kann, wenn auch nur 10 Procent kohlensauren Gases der Atmosphärenluft beigemischt sind.

†) Vergl. §. 155.

††) Vergl. Heidler Gasbäder Marienbads p. 123.

benutzten Gases, so verräth sich dieselbe nicht nur durch rasche Bräunung von in essigsaures Blei getauchten Papierstreifchen, sondern auch durch den auffallenden Geruch nach faulen Eiern. — Wie leicht übrigens die beregten, innig verbundenen Gase gemeinsam die Kleidungsstücke Badender durchdringen, ergiebt sich daraus, dafs die schon erwähnten, eigenthümlichen Empfindungen, welche die Kohlensäure in der Haut hervorbringt, selbst durch ganz dichte lederne Fufsbekleidungen nicht abgehalten, und dafs reine Silber- und Kupfermünzen, wenn man sie auch noch so tief unter den Kleidern, ja unmittelbar zwischen dem Hemde und der Haut verbirgt, schon nach wenigen Minuten mit einem braunschwarzen Ueberzuge bedeckt werden *).

Als namhafte Krankheitszustände, gegen welche sich die in Rede stehenden Luftbäder bewährten, sind Neuralgieen, Lähmungen, ödematöse Anschwellungen, Menostasieen, Rheumatismen, Gichtbeschwerden, Abstumpfungen des Gesichts- und Gehörsinnes, insofern sie von gesunkener Lebensthätigkeit abhängen, anzuführen **). Bei den bezeichneten, wie bei allen anderen Krankheiten indefs, welche von anomalen Aufregungen des Gefäfssystems begleitet waren, brachte selbst die äufsere Anwendung der Kohlensäure immer nur Nachtheile ***). —

Zu den besondern, von den verdienten Brunnenärzten Heidler und Scheu angegebenen Gebrauchsvorschriften gehört die Bestimmung, dafs man, um Erkältungen auszuweichen, die Gasbäder stets vollkommen angekleidet nehmen, in denselben, nach Verschiedenheit der Receptivität, $\frac{1}{2}$ bis 1 Stunde, täglich 1 oder 2 Mal verweilen müsse, einzelne empfindlichere, lebhafteren Schmerz leicht unterliegende Theile dem kalten, aus den Leitungsröhren hervortretendem Gasstrome, dessen Temperatur ungefähr + 7° bis + 10° R. beträgt, nicht zu nahe bringen, und im Bade sich nie dem Schlafe überlassen dürfe, indem während des-

*) Vergl. Heidler Gasbäder Marienbads p. 104—105.

**) Ibid. p. 29—60. Heidler Marienbad B. II. p. 24—27.

***) Heidler Marienbad B. II. p. 29.

selben zu Apoplexieen und Brustkrämpfen geneigte Personen leicht derartige Zufälle erleiden *).

Was übrigens die nähere Anwendungsweise dieser, hauptsächlichst durch ihren Kohlensäuregehalt wirksamen Gasemanationen betrifft, so kann ich, um Wiederholungen zu meiden, nur auf die diesfällige, vorausgeschickte allgemeine Erörterung zurück verweisen **).

## *Capitel VII.*

## Cudowas Gasbäder.

§. 195.

Im südlichen Theile der schlesischen Grafschaft Glatz liegt das zur Herrschaft Tscherbeney gehörige Dörfchen Cudowa, ganz nahe der böhmischen Grenze, kaum $\frac{3}{4}$ Meilen von Nachod entfernt. Die kräftigen hier hervortretenden Mineralquellen sollen nach Mogalla schon im Jahre 1622 bekannt gewesen sein, wurden aber erst zu Ende des 18ten Jahrhunderts auf Anordnung ihres damaligen Besitzers des Grafen Leslie gefafst, und mit den zur Aufnahme von Kurgästen erforderlichen Wohn- und Badeeinrichtungen ausgestattet, welche jetzt an 300 Personen Obdach und alle wesentlichen Bequemlichkeiten gewähren.

Der an 1235 Fufs über dem Meeresspiegel erhabene Thalgrund, in welchem die Heilquellen entspringen, ist entlang beider Seiten durch beträchtliche, mit üppiger Vegetation gedeckte Anhöhen eingefafst und stöfst an den Fufs der merkwürdigen Heuscheuer, eines Berges ***), welcher von zahllosen, sich kreuzenden Gängen, Schluchten und Höhlen nach allen Richtungen durchbrochen, aus chaotisch gehäuften, umgekehrten Riesenkegeln zu bestehen scheint, deren abwärts laufende Spitzen, indem sie sich nicht berühren, die erwähnten Räume übrig lassen, während ihre

*) Heidler ibid. p. 34., desselben Gasbäder Marienbads p. 97. u. 103. und dessen Regeln für den Gebrauch der Gesundbrunnen und Heilbäder Marienbads p. 50—53.

**) §. 157—169.

***) Derselbe erhebt sich 500 Klafter über den Meeresspiegel.

Grundflächen nach aufwärts in ein wildgruppirtes Plateau zusammenfliefsen. Von diesem*) nicht ohne Schauder in die jähe Tiefe blickend, geniefst man in überraschendem Contraste die lieblichsten Aussichten auf endlos hingedehnte, nur vom Horizonte begrenzte, reiche Feldmarken. Lebendig ruft mir die Erinnerung, unerachtet 25 Jahre seit dem Besuche verflossen, jenes herrliche Bild wieder hervor, und selbst die gepriesensten Naturschönheiten der Schweiz, Italiens und Siciliens konnten den Eindruck nicht verdrängen, welchen die schöne vaterländische Gegend zurückliefs.

§. 196.

Granit, Glimmerschiefer und Sandstein bilden die vorherrschenden Gebirgsarten, so wie Kies und unterliegende weifse Lette den Boden, aus welchem einige geringe und drei gröfsere, eng neben einander liegende, in der Tiefe wahrscheinlich vereinte, kalte, die Temperatur von + 9° R. nicht überschreitende Quellen zu Tage kommen**). Ihre Ergiebigkeit geht, wenn gleich nur ungefähr, doch schon daraus hervor, dafs mehrere mit Eimern versehene Personen, bei ununterbrochen fortgesetztem Schöpfen, den Hauptbehälter nicht entleeren können. — Reich an Salz- und Eisentheilen, werden die fraglichen Brunnen nicht nur von gebundener Luftsäure innig durchdrungen, sondern auch von freiem, in zahllosen Blasen emporsteigendem Gase, unter brodelndem Geräusche, so mächtig bewegt, wie dies fast an keiner der ihnen verwandten Emanationen stattfindet.

Den mit dem Mineralwasser verschmolzenen Kohlensäuregehalt berechnet Mogalla in 16 Unzen Wasser zu 86,8585, Fischer hingegen, seiner neuesten genauen Analyse gemäfs, (im Pfund zu 26 Zoll) auf 40,5 Kubikzoll, oder in 100 Raumtheilen Wasser auf 156***). — Messungen des aufstofsenden Gases sind bis jetzt noch nicht unternommen. Dasselbe bildet über dem offenen Spiegel des Trinkbrunnens eine Schicht, welche ich Abends an einem trüben,

*) Derselbe erhebt sich 500 Klafter über den Meeresspiegel.

**) S. Gräfe's und Kalisch's Jahrbücher 1836. p. 66.

***) Ibid. p. 62—68. Nach anderen Angaben (Osann l. c. T. II. p. 380.) haben Kneissler in 16 Unzen Mineralwasser 65, und Mogalla 43. Kubikzoll Gas gefunden.

windstillen Tage (am 16. Juni 1813) 1½ Fufs hoch fand, deren Mittelstand jedoch nur einen Fufs betragen soll. Insofern ihr irrespirabeles, selbst starke Kerzenflammen auslöschendes, säuerlich schmeckendes Gas Kalkwasser trübt und blaue Pflanzensäfte röthet, überzeugt man sich leicht, dafs dasselbe hauptsächlichst aus Kohlensäure bestehe. Ob die fragliche Moffette auch andere gasige Theile enthalte, und mit welcher Quantität Atmosphärenluft sie aus dem Leitungsrohre hervortritt, darüber müssen nähere, zur sicheren medicinischen Anwendung erforderliche, noch anzustellende Versuche Auskunft geben.

## §. 197.

### Pneumatisch-medicinische Einrichtung.

Ein zu Gasbädern ausschliefslich bestimmtes Haus wurde unter Dr. Kneisslers *) Anleitung erbaut. Seinem Nachfolger, dem Brunnenarzte Herrn Dr. Hemprich, verdanke ich die nachstehende Schilderung der jetzigen Anstalt **). In die mittlere der drei Hauptquellen ist ein hölzerner luftdichter Trichter eingesenkt, dessen horizontales Leitungsrohr das Kohlensäuregas nach dem nur wenige Fufs von der Emanationsstelle entfernten Gebäude führt, wo abgezweigte Röhren dasselbe in die Apparate vertheilen. Die Gaswannen sind mit gut schliefsenden Deckeln versehen und so construirt, dafs Kranke sich nach Bedürfnifs beliebig tief in denselben niedersetzen oder auch nur einzelne Theile den Gaseinwirkungen überlassen können. Nahe unter dem obern Wannenrande hat man Abzugsröhren für die überschüssige Kohlensäure angebracht. Bei dem Gebrauche wird die ganze Vorrichtung mit Wachsleinewand bedeckt. Aufser den Wannen befindet sich hier noch ein zur Speisung von luftsauren Douchen bestimmtes, mit den Gasbehältern in Verbindung stehendes, senkrecht aufsteigendes Rohr, von welchem nach verschiedenen Richtungen hin 4 kleinere Röhren rechtwinklig abgehen. An diese werden biegsame Schläuche mit ihren zu den mannigfachen Douchearten erforderlichen Aufsatzkanülen festgeschraubt.

*) Dessen Monographie über Cudowa erschien im Jahr 1795 zu Glatz.
**) Die betreffende briefliche Nachricht ist vom 15. Februar 1835. datirt.

Zu Folge jener Beschreibung bedürfen die bestehenden pneumatischen Einrichtungen, auch bei voller Anerkenntnifs dessen, was für dieselben geschah, wenn wir sie mit den im dritten Capitel aufgestellten Desideraten vergleichen, doch noch mancher wesentlichen Ergänzung.

§. 198.

### Therapeutische Verhältnisse.

Die Gasbäder Cudowas wurden schon von Dr. Kneissler mit Nutzen in Gebrauch gezogen. — Dr. Hemprich *) beobachtete bei ihrer Anwendung, dafs die durch dieselben erzeugte eigenthümliche Empfindung vermehrter Wärme mit der gröfseren Blutbeweglichkeit sowohl, als mit der höheren Reizfähigkeit des Hautsystems der Badenden genau übereinstimmt, dafs sich ferner jenes Gefühl vorzugsweise über die innere Fläche der Schenkel, über die Lendengegend, so wie über die äufseren Geschlechtstheile verbreitet, dafs gerade diese Hautstellen in der Mehrzahl der Fälle mit einer etwas klebrigen Feuchtigkeit überzogen werden, und dafs stärkere Schweifse zwar nicht immer eintreten, ihr Ausbruch aber Paralysirten vortheilhaft sei. Fast bei Allen, welche in den Gaswannen Platz nahmen, stieg die Pulsfrequenz um 5 bis 10 Schläge in jeder Minute, trat aber gewöhnlich schon nach einer Viertelstunde wieder zurück. Einige klagten gegen das Ende des Bades über Brustbeklemmungen und nach demselben, besonders bei kaltem Wetter, über ungewöhnliches Frösteln. Die Meisten indefs glaubten beim Umhergehen auffallend leichtere, freiere Beweglichkeit der Gliedmafsen wahrzunehmen. Unter jenen Erscheinungen deuten die eben erwähnten Brustbeschwerden, das Frösteln **), so wie die frühe Verringerung der anfänglich gesteigerten Pulsfrequenz, auf zwar geringe, doch schon entsponnene Ueberreizung, indem die genannten Wirkungen bei weniger intensiven, angemes-

*) S. Gräfe's und Kalisch's Jahrbücher der Heilquellen Deutschlands. Erster Jahrgang p. 162—168.

**) Falls dasselbe auch bei hinlänglich warmer Bekleidung empfunden wird. Vergl. §. Pyrmont.

sen abgekürzten Bädern und hinlänglichem Schutze der Lungen gegen überströmendes Gas fast nie vorkommen *).

Im Allgemeinen zeigte sich Cudowas Quellenluft bei Anomalieen des Hautorganes, bei Schwächen der Blutcirculation und Behinderungen des Muskelgebrauches, welche durch unzulänglichen Nerveneinflufs entstanden, heilsam **).

Als besondere Krankheitszustände, in welchen die fraglichen Gasbäder nützten, nennen die Aerzte chlorotische Zufälle, auf Torpidität beruhende Menostasieen, Anschwellungen des Muttermundes und der Ovarien, Flechtenausschläge, Paresen, Amblyopieen, Schwerhörigkeit und Ohrflüsse ***).

Uebrigens bestätigte sich auch hier die schon früher mitgetheilte Erfahrung, dafs jegliche Vergesellschaftung krankhafter Affectionen mit vermehrter Reizbarkeit des Blutes den Gebrauch des Kohlensäuregases contraindicirt †).

## *Capitel VIII.*

## Pyrmonts Gasbäder.

### §. 199.

Zwei Meilen von Hameln und sieben von Hannover liegen in einem 404 Fufs über dem Meeresspiegel erhobenen, weiten, muldenförmigen, mit Gärten, Wiesen und Kornfeldern geschmückten Thale die zum Fürstenthume Waldeck gehörigen Heilquellen Pyrmonts.

Wir begegnen denselben auf klassischem Boden. — Ihre Hauptgruppe bricht aus einem vom Königs- und Bromberge ausgehenden Abhange hervor, der sich in die grofse, einst augenscheinlich von dichten Waldungen umgebene, bis auf unsere Tage durch den Namen des heiligen An-

*) §. 155.

**) Vergl. Hemprich in Gräfe's und Kalisch's Jahrbücher. Jahrgang I. p. 163.

***) Vergl. Hemprich in den angeführten balneol. Jahrbüchern p. 165—168.

†) Vergl. Hemprich in den angefürten balneologischen Jahrbüchern p. 166.

gers bezeichnete Rasenfläche verliert, auf welcher vor Alters Druiden ihre Opfer bringen mochten. Kaum anderthalb Stunden entfernt erhebt sich der Arminiusberg*), dessen nur durch die sogenannte Thorseite zugänglicher Gipfel die Burg des kühnsten Cherusker-Fürsten trug. Noch jetzt werden mit Gestripp und Moos überwachsene Spuren der Aufsenwerke gezeigt, nach welchen der Umfang der Feste jedoch nicht mehr als 1500 Schritt betragen konnte. An dem Fufse dieses Berges und mit in der Pyrmonter, vom Emmerflufse**) durchschlängelten Au, zogen sich die sieggewöhnten, durch den unerwartetsten Ueberfall aufgelösten Legionen des Varus zurück. Dieselben Thäler, in welchen zu Anfang unserer Aera Herrmann 20000 Römer dem Tode weihte, vertheidigte achthundert Jahre später Wittekind gegen die Heeresmacht der Franken. — Unauslöschlich scheinende Namen, wie der Varenbusch, das Siegholz, der Blutbach, Kamp up den Dodenköppen, das Winfeld, nicht minder mehrere in der Nähe bemerkliche Ueberreste verfallener Wälle, so wie lange Reihen von Grabhügeln wecken noch immer die Erinnerung an vormalige blutige Thaten. Sühnend dagegen leuchtet mitten unter jenen Stellen das weifse Gemäuer der Lügder Kirche hervor, deren Bau noch Carl dem Grofsen, dem mächtigen Verbreiter des Christenthums, zugeschrieben wird***).

Die Heilkräfte der fraglichen Mineralbrunnen waren schon in den frühesten Zeiten bekannt. Schaten erzählt, Kaiser Carl habe sich, als er im Jahre 784 sein Hoflager zu Lügde hielt, an diesen wohlthätigen Quellen oftmals ergötzt. Insbesondere gaben die günstigen Wirkungen des von mehreren Schriftstellern unter dem Namen, der hyl-

*) Er wird von verschiedenen Schriftstellern auch unter dem Namen Arminii castra, Karminiusburg, Herrmeningsburg, Hermannsburg aufgeführt.

**) Ambra der Alten; nach ihm nannte sich ein Theil der Istävonischen Völkerschaft Ambronen.

***) Die einzelnen Schriftsteller, welche von dem hier berührten historischen Momente ausführlich handeln, sind in Marcard's Beschreibung von Pyrmont. Th. I. p. 120. bis 145. und in Menke's Pyrmont und seine Umgebungen p. 12 bis 40 aufgeführt.

lige Borne*) erwähnten jetzigen Trinkbrunnens Anlafs, dafs derselbe bereits im 15ten Jahrhunderte von vielen fürstlichen Personen, im Jahre 1557 von mehr als 10000 Menschen, welche gröfstentheils nur in Feldlagern unterkamen, besucht wurde, und dafs man sogar mittelst öffentlicher Verbote den Gebrauch, der beregten Quelle göttliche Ehren zu erweisen, aufheben mufste**). — Führte auch die Zeit jenes durch Annahme wunderthätiger Kräfte zum Aberglauben gesteigerte Vertrauen in natürliche Schranken zurück, so behauptete dennoch Pyrmont bis auf unsere Tage und zwar mit allem Rechte den Rang unter den ersten Kurorten Europens.

## §. 200.

### Geognostische Verhältnisse.

Das Pyrmonter Thal trägt nebst seiner Umgegend den Character neptunischer Formation. Dammerde, Torf, Thon, Letten, Sand, Muschelkalk machen die oberen, jüngsten Schichten aus. Ihnen folgt fester Kalkstein, bunter Mergel und rother eisenschüssiger Sandstein. Der letztere bildet die tiefste Flötzgebirgsart, dehnt sich von der Weser bis in die Paderborner Ebenen, und ist an den Abhängen der Berge, in den Tiefen der Mineralquellen, so wie in der Dunsthöhle aufgeschlossen. Die Mächtigkeit desselben mufs bedeutend sein, da man, nach 93 Fufs tief fortgesetzten Bohrungen, zu Pyrmont noch auf keine andere Gebirgsform stiefs. An mehreren Stellen kommen in den angeführten Erdlagern zerstreute Ueberbleibsel gröfserer Seethiere, so wie Abdrücke derselben in Kalk- und Sandsteinschichten vor. Unerachtet es nach allem dem keinen Zweifel erleidet, dafs die beregten durch verschiedenzeitige Niederschläge erzeugten Schichten ihr Entstehen der allgemeinen Ueberschwemmung, welche unseren Planeten traf, verdanken, so haben wir doch in ihnen selbst noch keinesweges, wie manche Naturforscher wollen***), die Werkstätte der fraglichen Gasemanationen zu suchen. Vielmehr scheinen diese,

*) Der Dominikanermönch Herrodia nennt ihn ausdrücklich fons sacer.

**) Marcard l. c. p. 145—151. und 153—163.

***) S. Menke l. c. p. 162.

sobald man auf das Gesammtverhalten kohlensaurer Gasströmungen zurückblickt, auch hier von fortwährend thätigen, wenn auch durch noch so riesige Flötzgebirgsmassen gedeckten, unterirdischen Gluthheerden abzuhängen.

Schon De Luc stellt die letztere Vermuthung auf, indem er die Pyrmonter Gasströmungen mit jenen vergleicht, welche im Trierschen aus vor Augen liegendem vulkanischem Boden entspringen *). Bischof nimmt keinen Anstand, sie als Erzeugnisse secundärer Vulcanität anzusehen, bezieht sich hiebei auf von ihm in der Entfernung von 5 bis 6 Meilen aufgefundene Gluth-Producte, und bemerkt, daſs andere Quellen, wie z. B. die zu Spaa, von ihrer Entstehung bis zu ihrem Ausflusse sehr beträchtliche Wege zurücklegen **). Friedrich Hoffmann endlich macht in der fraglichen Hinsicht noch besonders auf die von ihm in der Umgegend angetroffenen Basalte aufmerksam.***).

Schwankend äuſsern sich Brandes und Krüger über die fraglichen Verhältnisse, indem sie einerseits zugeben, daſs zwar De Luc's Ansicht dadurch, daſs die näheren Gebirgslager keine vulkanische Bildungen darböten, noch nicht widerlegt sei, dennoch aber behaupten, daſs die kohlensauren Ausscheidungen nothwendig eine höhere Temperatur, als es hier der Fall ist, haben müſsten, wenn sie durch Hitze ausgetrieben würden †). Diesem alleinigen Einwande können wir am wenigsten beistimmen, weil kohlensaure, mit Wasserströmungen verbundene sowohl, als trockene, offenbar durch Gluth ausgetriebene Exhalationen, nur zu leicht die Temperatur der umgebenden Medien annehmen. Zu Carlsbald dringt bekanntlich der aus dem Sprudelkessel aufsteigende Springer mit + 59° R. hervor, während das aus demselben Haupthälter, an 60 Klaftern quer unter dem Teplbette hinströmende und dann 42 Fuſs hoch durch Trümmergestein aufsteigende, luftsaure Mineralwasser schon auf dieser kurzen Strecke eines Drittheils seiner Wärme

*) S. Physic. und moral. Briefe über die Geschichte der Erde. A. d. Franz. Leipz. 1781. B. II. p. 260. u. 384.

**) S. dessen vulkanische Mineralquellen Deutschlands 1826. p. 186.

***) Vergl. Osann T. I. p. 754.

†) Brandes und Krüger p. 363.

beraubt, am Schlofsbrunnen nur mit 40 Graden zu Tage kommt*). Als der Vesuv im April 1830 Flammen und flüssige Laven ausstiefs, wurden mir am Fufse desselben, unfern von Resina, zwei frisch entstandene Luftquellen gezeigt, deren fast reine Kohlensäure, bei + 14° R. Atmosphärentemperatur, das tief eingesenkte Thermometer nur bis + 18° steigen liefs. Angesichts des in voller Thätigkeit begriffenen feuerwerfenden Berges fand ich den zu Neapel seitlich von Castel-Ovo vorströmenden Eisensäuerling**), bei + 9° Lufttemperatur, in seiner stärkeren tieferen Strömung 15, in seinen beiden an 4 Fufs höher austretenden Abzweigungen 10½, und das, einige Hundert Schritt weiter hin nach St. Lucia ebenfalls am Meeressaume empordringende, von Glasblasen durchwühlte Schwefelwasser***) 12 Grad warm. Während derselben Epoche betrug an der entgegengesetzten Seite des Vesuvs die Temperatur der nur wenige Miglien von ihm entfernten gas- und schwefelmilchreichen Quellen Castellamare's †), bei + 15° Luftwärme, + 12° und die der nachbarlichen zum Theil eisenhaltigen Säuerlinge ††) nur 11 Grad. — Dringen aber gasige Quellen sogar direct aus vulkanischem Boden und ganz in der Nähe noch flammender Berge kühl hervor, so kann auch die niedrige Temperatur der Pyrmonter Gasemanationen dem vulkanischen Ursprunge derselben keineswegs widersprechend erscheinen.

### §. 201.

### Kohlensaure Emanationen.

Das vorerwähnte, eisenschüssige Sandsteinlager mag die unterirdischen Behälter überwölben, in welchen sich das Kohlensäuregas theils frei, theils an Wasser gebunden anhäuft. Wenigstens dringt die fragliche Luftart da am meisten hervor, wo jene Sandsteinschichten entblöfst vorkommen.

*) Die analogen Temperatur-Verhältnisse der übrigen zahlreichen Quellen Carlsbads, s. §. 174.

**) Acqua ferrata o ferruginosa di Napoli.

***) Acqua sulfurea o di St. Lucia.

†) Acqua media, sulfurea, tignosa di Castellamare.

††) Acqua ferrata, Acqua rossa und Acqua acetosella. Die erstere liegt der Schwefelquelle ganz nahe, die beiden letzteren brechen auf dem Marktplatze unfern der Kirche del Purgatorio hervor.

a. Unter den Pyrmonter trockenen Gasströmen zeichnet sich die der Dunsthöhle besonders aus. Von dem Entstehen, von der Lage, Gestalt und den mannigfachen Besondernheiten derselben berichteten wir schon früher, indem jene Verhältnisse als belegende Thatsachen bei der allgemeinen Erörterung der kohlensauren Quellen angeführt werden mufsten *). Dr. Seip liefs die betreffende Emanationsstelle im Jahre 1720 mit Mauerwerk einfassen und gab derselben, wegen der erstickenden Eigenschaft der aufsteigenden Luft, den Namen der Schwefelhöhle, welcher indefs späterhin, als man nicht die geringste schwefelige Spur zu entdecken vermochte, in jenen der Dunsthöhle verwandelt ward. Neben dieser vielbekannten Moffete bietet das Thal noch zwei beträchtliche ähnliche, jedoch nicht in gleichem Mafse ergiebige dar. Die eine derselben liegt in südlicher Richtung, 25 Ruthen von der Dunsthöhle entfernt, und die andere befindet sich 60 Ruthen von der fraglichen Höhle in dem nahe am Königsberge eröffneten Sandsteinbruche. Je mehr sich die Arbeiter in der letzteren dem Niveau der Dunsthöhle nähern, desto lebhafter werden die Gasentwickelungen, weshalb denn auch der Betrieb, um die nachbarlichen Mineralquellen durch zu starkes Entweichen des Gases nicht zu schwächen, nur bis zu mäfsiger Tiefe, und hier blos in horizontaler Richtung gestattet ist. Aufserdem zeigen sich noch an unzähligen Stellen der Bergabhänge und des Thalgrundes kleine, getheilte, trockene Gasströmungen. Am leichtesten entdeckt man sie gleich nach starkem Regen. Viele kommen an dem Freiplatze der Mineralbrunnen vor, woselbst Kohlensäure nach Regengüssen sogar zwischen den Pflastersteinen durch flach überstehendes Wasser in zahllosen Blasen aufstöfst.

§. 202.

Die Exhalationen der vorerwähnten Dunsthöhle sind zwar schon längst für kohlensaure erkannt worden, doch gingen die diesfälligen genaueren chemischen Bestimmungen erst aus neueren, von Brandes und Krüger angestellten, Untersuchungen hervor. Nach diesen besteht das Gas kei-

*) §. 135.

nesweges aus reiner Kohlensäure, sondern zugleich aus einem sehr beträchtlichen Antheile atmosphärischer Luft, deren Quantität, je nachdem die Moffete überhaupt einen verschieden hohen Stand annimmt, und je nachdem man das Luftgemisch mehr oder weniger nahe am Boden der Höhle sammelt, mannigfach variirt. Hundert Theile des möglichst tief aufgefangenen sogenannten Dunstes enthielten, bei einem Höhestande der Schicht von 13 Fufs, 48 Theile kohlensaurer und 52 Theile atmosphärischer Luft, wogegen derselbe bei einem Höhestande von 3 Fufs, ebenfalls tief geschöpft aus 36,66 kohlensaurer und 63,34 Atmosphärenluft, und noch entfernter von der Aushauchungsfläche, in der Höhe aufgefangen, in welcher die Kerzenflamme zu erlöschen beginnt, blos aus 13,334 kohlensaurer und 86,666 gemeiner Luft zusammengesetzt war*). Durch jenen wichtigen Nachweis lösen sich mannigfache Zweifel, welche so lange obwalteten, als man den beregten Dunst für atmosphärenfreie Luftsäure hielt, von deren Verhalten er allerdings in vieler Hinsicht abweicht.

Als ich das Gasgemisch der Dunsthöhle in den Jahren 1834 und 1835 untersuchte, fand ich die obigen Angaben bis auf ganz unbedeutende, gewifs nur zufällige Abweichungen, vollkommen bestätigt. Die an den übrigen, im vorigen Paragraphe angeführten trockenen Luftquellen von mir unternommenen Prüfungen gaben allgemeinhin dieselben Resultate, nur dafs die Straten der letzteren, mehr in die Breite gedehnten, dem Luftzuge ausgesetzteren Gaslagen, selbst tief am Boden aufgefangen, nie mehr als höchstens 20 Procent Kohlensäure enthielten.

§. 203.

Es fiel auf, dafs die Hauptmoffete während warmer Witterung kühler, und während kalter um einige Grade wärmer als die Atmosphäre erschien. Die Quecksilbersäule des an einem Sommertage, bei + 13,3° Lufttemperatur, tief in die Dunstlage versenkten Thermometers fiel auf + 10,7° R., sie stieg dagegen im Winter am Boden der Gashöhle bei einem Atmosphärenstande von + 1,6° R. bis

*) S. Brandes a. a. O. p. 162—165. und 172.

auf + 3,2° R. *). — Jene Temperatur-Beziehung läfst sich insofern ohne Schwierigkeit erklären, als die betreffende Luftquelle auf langen Wegen durch Spalten feuchtkalten Sandsteins empordringt, als ihre Gasschicht bei der tiefen Lage der umwallten Höhle gegen Meteoreinflüsse erheblich geschützt wird, und als kohlensaure Ansammlungen überhaupt die Temperatur der nächsten Medien ungemein leicht theilen **).

§. 204.

Ueber das Verhalten der diesfälligen Gasemanation zu den chemischen Reagentien, über ihre Wirkungen auf den Verbrennungsprocefs und das Thierleben haben wir schon bei der allgemeinen Erörterung der kohlensauren Quellen gesprochen ***). Hier sind demnach nur noch einige, theils die Vegetation, theils die Licht- und Flammenentwickelung betreffende Beobachtungen nachzutragen.

Offenbar schädlich, jedoch immer minder nachtheilig als ganz reine, oder nur wenig diluirte Kohlensäure †), fliefst das Grottengas auf das Pflanzenleben ein. — In die feuchte Erde kleiner Blumentöpfe gelegter Kressensamen ging, der Moffetenluft ausgesetzt, selbst bei warmer Witterung binnen 2 Wochen nicht auf, während er anderwärts nach wenigen Tagen keimte. Blumenknospen mehrerlei Gewächse, namentlich des Ranunculus acris, welkten bei jeglicher Pflege in der Gasschicht hin, obgleich sie sich an ganz gleichen Exemplaren in gemeiner Luft bald entwickelten. Schwämme dagegen, besonders Byssus floccosa, kommen selbst tief am Boden der Dunsthöhle fort. Es scheint demgemäfs, als wiederhole sich, in Betreff der Wirkungen des Grottengases auf die verschiedenen Entwickelungsstufen zugehörigen Pflanzen, dasselbe Gesetz, welches, wenngleich schroffer, auch für die differenten Ausbildungsgrade der Thiergattungen gilt; denn eben so, wie in der Moffete

*) Brandes l. c. p. 159 und 160.

**) Vergl. §. 49. 51. und Pyrmont.

***) §. 135. und 144—148.

†) Davy und einige Andere nehmen an, dafs das Leben vollkommener Pflanzen schon in einem Gemisch von gleichen Theilen kohlensaurer und gemeiner Luft nicht mehr fortdauern könne.

Säugethiere und Vögel bald umkommen, Mollusken und Mehlwürmer sich dagegen viele Stunden, ja wochenlang erhalten *), welken in ihrem Luftgemische vollkommnere, zum Blühen vorgerückte Gewächse dahin, unerachtet die niedrigsten Pflanzen in demselben gedeihen.

Hinsichts der Beziehung der beregten Moffete zum Phosphoresciren und zum regeren Verbrennungsprocesse hatte Herr Medicinalrath Krüger die Güte, seine bereits veröffentlichten Versuche **) in meiner Gegenwart mehrmals zu wiederholen. Phosphorstücke, welche in einfacher Kohlensäure weder leuchten noch brennen, verdampften selbst unterhalb der tiefsten Moffetenschicht mit zwar schwächerem, doch deutlichem Lichtglanze zur unvollkommenen Phosphorsäure. — Auf Platinschwamm ausströmende Wasserstoffluft brachte denselben in dem Höhlengase zum Rothglühen, ohne jedoch dabei das mindeste Flämmchen abzugeben. — Faulendes Holz, welches in unverdünnter Luftsäure nur wenige Minuten phosphorescirt, leuchtete in der Grotte viele Stunden lang. — Johanneswürmchen funkelten in derselben weit länger, als im unvermischten Kohlensäuregase, immer aber um vieles matter als in freier Luft. — Der Feuerstein gab in der Gasschicht Funken. — Die Flamme eines brennenden Strohbündels erstarrte in der Dunstlage augenblicklich, flackerte aber wiederum auf, als derselbe, bevor noch das innere Glimmen der Halme gänzlich aufgehört hatte, in die überstehende reine Atmosphärenluft emporgehoben ward. — Brandes und Krüger führen an, dafs die Triebspitzen der phosphorescirenden Rhizomorphen (R. subterranea) nur in der oberen schwachen Moffetenschicht leuchten, dafs sie in den tieferen concentrirten Straten erlöschen, darauf aber in reiner Atmosphärenluft von neuem einen Lichtschein geben ***).

Stellen wir die eben angeführten Thatsachen mit jenen zusammen, welche rücksichtlich des Verhaltens der diesfälligen Emanation zur Thier- und Pflanzenwelt nachgewiesen wurden, so ergiebt sich, in welchem Grade analog die-

*) Vergl. §. 148.
**) Brandes und Krüger l. c. p. 172 und 175.
***) l. c.

selbe den Lebens- wie den Combustionsprocefs vor gänzlicher Vernichtung einzuschläfern vermag; es erwachen nämlich durch jenen Dunst asphyxirte Thiere mit dem Zutritte reiner Atmosphärenluft eben so aus tiefem Todtenschlummer, wie die erloschenen Triebspitzen der Rhizomorphen unter gleichen Bedingungen wieder zu leuchten anfangen, und wie der verglimmende Strohbrand im Freien von neuem zur hellstrahlenden Flamme auflodert.

§. 205.

b. Sämmtliche aus den Wasserquellen Pyrmonts vortretende Moffeten kommen in gröfserer Tiefe als die Emanation der Dunsthöhle zu Tage. Die nächsten, nur 27, 37 und 50 Ruthen von derselben aufstofsenden Gasströmungen bemerkt man an den, zum Theil sehr eisenreichen, bisher ärztlich unbeachtet gebliebenen Quellen des Säuerlings, des sogenannten Eichenkellers und des Schröter'schen Gartens *). An 120 Ruthen in gerader Richtung von der Höhle, und an 70 Fufs unter dem Boden derselben treffen wir auf die seit frühen Jahrhunderten zu medicinischen Zwecken viel gebrauchten, nur um einige Schritte von einander geschobenen, gasigen Quellen des Trink-, des Bade- und des Augenbrunnens **). Etwa ½ Stunde von dieser Gruppe entspringen im untersten Thalgrunde der Neu-, der Salinen- und Sool-Brunnen, von welchen man in der neueren Zeit jene zu Trink- und den letzteren zu Badekuren in Gebrauch nahm.

§. 206.

Die beregten Wasserquellen sind reich an festen, wie an luftigen Bestandtheilen. Bezüglich der ersteren gehören der Trink-, Bade-, Augen- und Neubrunnen zur Categorie erdigsalinischer Eisenwasser, der Salinen- und Soolbrunnen hingegen zu jener der muriatischen Säuerlinge ***).

*) Es geben dieselben binnen jeder Stunde 6540 Pfund Wasser.

**) Der erstere wurde vordem fons sacer und der zweite fons bulliens, auch Brodelbrunnen genannt.

***) Ausführliche diesfällige Analysen lieferten Brandes und Krüger l. c. p. 209. 283. 303, 319. 337. u. 346.

Was die gasigen Stoffe der in Rede stehenden Quellen anlangt, so kommen sie in denselben, theils mit dem Wasser eng verbunden, theils überschüssig vor.

Den neuesten Analysen gemäfs enthalten 100 Kubikzoll Wasser des Trinkbrunnens 168,50, des Badebrunnens 147,06, des Augenbrunnens 138,551, des Neubrunnens 150, des Salinenbrunnens 100 und des Soolbrunnens 66,67 Kubikzoll gebundene Luftsäure *).

Das freie Gas, welches die Wassersäulen unter lebhaftem Blasenwerfen durchströmt, bildet auf dem Spiegel der Quellen zwar wandelbare, aber zu keiner Zeit ganz verschwindende Lagen.

Insofern die Kohlensäure an manchen Emanationen fester als an anderen mit dem Quellenwasser verbunden erscheint, steht die Mächtigkeit jener luftigen Straten keinesweges in einem nothwendig gleichen Verhältnisse zu dem Gasreichthum des Wassers. So enthalten 100 Kubikzoll des Mineralbrunnens volle 20 Kubikzoll mehr Kohlensäuregas, als die Badequelle, und dennoch entweicht dasselbe an dieser, wie schon ihr sichtlich stärkeres und oft an 40 Schritt weit hörbares Brodeln zeigt, in viel gröfserer Menge, als an dem ersteren.

§. 207.

Anlangend die Höhe, bis zu welcher sich das Gas über dem Spiegel der Säuerlinge sammelt, so differirt dieselbe, unter gleichen äufseren Bedingungen, nur wenig. In der Regel schwankt sie, sobald die Umfassungswände nicht zu niedrig sind und häufiges Schöpfen, Zugluft, oder Windstöfse nicht störend einfliefsen, zwischen ½ und 1½ Fufs. Meistens erfolgt die beregte Fluth der Gaslagen früh am Morgen, bald nach Sonnenuntergang, während bevorstehender Gewitter und bei schwülem trübem Wetter, ihre Ebbe dagegen zur Mittagszeit, nach dem Ausbruche heftiger Gewitter und bei sehr kaltem Wetter. Bisweilen, immer aber synchronistisch mit der Gasschicht der Dunsthöhle, sieht man sämmtliche Moffeten der Wassergrotte unerwartet bis auf einige Zoll sinken, oder auch beträchtlich, ja so sehr

*) Ibid. p. 203. 282. 303. 319. 337. u. 342.

emporsteigen, dafs sie, selbst höhere Brunnenfassungen überströmend, den benachbarten Erdboden, unter merkwürdigen, schon früher umständlich mitgetheilten Erscheinungen weithin bedecken *).

§. 208.

Die Temperatur der auf den Wasserspiegeln ruhenden Gaslagen ist ungemein veränderlich.

Gemäfs der von mir im August 1834 unternommenen Versuche, von welchen ich hier nur die an der Badequelle angestellten erwähne, hatte das im Gassalon bis auf drei Fufs emporgedrängte Gas nahe am Boden

| | | | |
|---|---|---|---|
| bei + 22° R. | Lufttemperatur | 17° | Wärme |
| - - 20 | - - - | 15 | - |
| - - 18 | - - - | 14 | - |
| - - 17 | - - - | 13 | - |
| - - 14 | - - - | 12 | - |

Wenn der Atmosphärenstand im Winter auch noch so tief unter 0 herabsinkt, übersteigt, nach Mundhenks Versicherung, die Temperatur der dem Wasserspiegel näheren Gasschichten den Eispunkt stets um 1 oder auch um einige Grade.

Dafs jene zwar mannigfachen, aber doch innerhalb gewisser Grenzen vor sich gehenden Schwankungen durch das Zusammenwirken der zu allen Zeiten auf + 10° R. beharrenden Temperatur der Mineralquellen und des auffallend wechselnden Wärmestandes der Atmosphäre bedingt werden, zeigt das Verhalten der über einander liegenden Straten am deutlichsten. Immer finden wir nämlich, dafs die untersten hinsichts ihres Wärmegrades dem der Wasserfläche nahe stehen, während die höchsten dagegen mehr und mehr mit jenem der sie bedeckenden Atmosphärenschicht zusammenfliefsen **).

§. 209.

Hinsichts der allgemeinen qualitativen Mischungsverhältnisse weichen die auf den verschiedenen Wasserquellen Pyrmonts ruhenden Moffeten wenig oder gar nicht unter

*) Vergl. §. 138.
**) §. 203.

einander ab. Sämmtliche diesfälligen Gaslagen bestehen aus Kohlensäure, aus gemeiner Luft und wenigem Wassergase. Man glaubte in denselben auch Spuren von Hydrothionsäure entdeckt zu haben. Dafs die letztere Beimischung nur zufällig und keinesweges in der Regel vorkomme, davon überzeugte ich mich sowohl durch den Geruchsinn als durch wiederholtes Schütteln des frisch und rein geschöpften Quellengases mit Silberammoniak, wobei, unerachtet oft und zu ganz verschiedenen Zeiten unternommener Versuche, nur äufserst selten eine geringe, auf Schwefelwasserstoffgas deutende Veränderung bemerkbar wurde. Von der Exhalation der Dunsthöhle und der übrigen trockenen Moffeten weichen die über den Mineralbrunnen schwebenden dadurch nicht unwichtig ab, dafs sie bei gleichem Höhestande concentrirter als jene erscheinen, dafs dieselben mit einer, jedoch nicht erheblich gröfseren Menge Wassergases verbunden sind, und dafs sie weit angenehmer, frischer, erquicklicher riechen und schmecken, wozu der Druck der lastenden Wassersäulen sowohl, als das lange Streichen der Kohlensäure durch dies reinigende Element gewifs viel beitragen.

### §. 210.

Auf quantitative Verhältnisse des Kohlensäure- und Atmosphärengehaltes jener Moffete gerichtete Untersuchungen sind an unbeschirmten Wasserbecken, wegen allzuleichter Beunruhigung der Gasschichten, schwierig. Nach der Errichtung des über dem Badebrunnen aufgeführten Gassalons konnte man sicherer experimentiren. Die von mir während der Jahre 1833 und 1834 unternommenen, durch die gefällige Mitwirkung, so wie durch spätere Beiträge meiner geehrten Freunde, des Herrn Medicinalrath Krüger und des Herrn Hofmedicus Steinmetz vervollständigten Prüfungen, bei welchen wir uns sowohl des Aetzammoniaks als des Kalkwassers bedienten *), ergaben durchschnittlich folgende Hauptresultate:

*) Die meisten wurden, abgesehen von wenig erheblichen Differenzen während eines Barometerstandes von 27'', 6''' und einer Atmosphärentemperatur von nahe an + 16° bis 18° R. ausgeführt.

Hundert Theile des in dem beregten, sorgfältig abgeschlossenen Cabinette bis zur Höhe von 3¼ Fufs gespannten Quellengases, enthielten:

1. Innerhalb der Centralröhre des Gastrichters geschöpft,

| | |
|---|---|
| 97,6 | Volumentheile kohlensaure und |
| 2,4 | - - atmosphärische Luft. |
| 100,0 | |

2. Vier Zoll hoch über dem Fufsboden gesammelt,

| | |
|---|---|
| 72,5 | Volumentheile kohlensaures Gas und |
| 27,5 | - - Atmosphärenluft. |
| 100,0 | |

3. Sechszehn Zoll hoch aufgefangen,

| | |
|---|---|
| 63,2 | Volumentheile Kohlensäure und |
| 36,8 | - - Atmosphärenluft. |
| 100,0 | |

4. Auf der Höhe von 2 Fufs,

| | |
|---|---|
| 51,3 | Raumtheile Kohlensäure und |
| 48,7 | - - gemeine Luft. |
| 100,0 | |

5. Noch ½ Fufs höher,

| | |
|---|---|
| 43,2 | Volumentheile kohlensaure und |
| 56,8 | - - atmosphärische Luft |
| 100,0 | |

6. Auf der Höhe von 3 Fufs 2 Zoll, da wo starke Kerzenflammen erloschen, nur

| | |
|---|---|
| 15,0 | Volumentheile kohlensaures Gas und |
| 85,0 | - - atmosphärische Luft. |
| 100,0 *) | |

Zu den eben angeführten quantitativen Beziehungen verhielten sich entzündete, in verschieden hohe Straten der Moffete getauchte Brennschwammstückchen auf eine an die asphyxirenden und tödtenden Wirkungen des Gases erinnernde Weise. Die sammtweichen Scheibchen, welche ich zu dem fraglichen Versuche wählte, waren ungefähr

*) Gemäfs früherer, noch vor Errichtung des Gasbades angestellter Versuche nahm man an, dafs die Moffete der Badequelle bei einem Höhestande von 1½ Fufs, überhaupt aus 36,39 kohlensaurer und 63,61 atmosphärischer Luft bestehe. Vergl. hierüber Brandes und Krüger l. c. p. 281.

2 Zoll lang, 3 Linien breit, 2 Linien dick und in möglichst gleichem Grade glimmend. — Auf der Höhe von 28 Zoll über dem Fufsboden des Gassalons erloschen dieselben zwar sogleich, jedoch während 30 Secunden, binnen welchen sie, in die Moffetenschicht gehalten, weder sichtbar brannten noch rauchten, nur scheinbar, indem ihr verkohlt aussehender Theil, um jene Zeit der freien Luft ausgesetzt, von selbst wieder erglühte; gänzliche Vernichtung des Combustionsprocesses trat hier erst zwischen 30 bis 40 Secunden ein. — Scheibchen, welche wir auf der Höhe von 18 Zoll nur 25 Secunden lang eingesenkt hatten, erloschen schon binnen dieser Zeit so tief, dafs sie sich in reiner Atmosphärenluft nicht mehr von selbst entzündeten. Dasselbe war auf der Höhe von 10 Zollen nach 18 Secunden, auf jener von 6 Zollen nach 12 Secunden, auf der von 4 Zollen gewöhnlich nach 8 Secunden, und auf der Höhe von blos 2 Zollen schon binnen ungefähr 4 Secunden der Fall.

§. 211.

Um den Feuchtigkeitsgrad der im Gassalon bis zu 3 Fufs emporgetriebenen Moffete, sowohl vergleichungsweise zur freien Atmosphäre, als auch absolut aufzufinden, bedienten wir uns des De Luc'schen Hygrometers und des, die Wasseratome vorzugsweise leicht absorbirenden Chlorcalciums. — Das Hygrometer, welches bei + 17° R. und bei einem Barometerstande von 27″ 8‴ im Freien genau 44° anzeigte, differirte in der nach ihrem allgemeinen Verhalten um Vieles feuchter scheinenden Dunstlage, während das Thermometer in derselben bis zu + 15° sank, nur um 3 Grad. — Als in ein Uhrglas geschüttetes, und mit diesem genau abgewogenes Chlorcalcium unter eine mit 17 Kubikzoll frischer Moffetenluft gefüllte, und mit Quecksilber abgesperrte Glocke gestellt wurde, sog dasselbe allmälig 5 Gran Feuchtigkeit ein. Insofern nun der letztere öfter wiederholte Versuch immer fast ganz gleiche Resultate ergab, kann man füglich annehmen, dafs 100 Kubikzoll des aus dem Badebrunnen aufsteigenden Gasgemisches nur 29,41 Gran, oder kaum ein halbes Quentchen Wassertheile enthalten.

## §. 212.

Das Mengeverhältnifs der aus den Mineralquellen Pyrmonts aufstofsenden Kohlensäure ist noch nicht erforscht. Eine günstige Gelegenheit, dasselbe, wenigstens an dem Badebrunnen, zu ermitteln gewährte uns das Gascabinet.

Behufs der fraglichen Messung wurde ein luftdichter Ballon von bekanntem Kubikinhalte durch Zusammenpressen genau entleert, dann mit der Hauptröhre des mehrere Stunden vorher nicht abgeschlossenen Gasrecipienten verbunden, und die Zeit, welche zur Füllung erforderlich war, nach einer Secundenuhr bestimmt. Dieser, während gewöhnlicher Thätigkeit der Quelle angestellte, öfter wiederholte Versuch, bei welchem übrigens einzelne zwischen dem Seitenrande des Absperrung-Trichters und der Umfassungswand der Quelle hervordringende Luftblasen verloren gingen, ergab jedesmal, dafs binnen einer Minute $2\frac{1}{8}$ Kubikfufs Kohlensäuregas empordringe. Hiernach würde nun die Quantität der freien, blos aus der Badequelle aufsteigenden Kohlensäure binnen einer Stunde 140, und täglich wenigstens 3300 Kubikfufs betragen.

## §. 213.

### Wirkungen der mit den Wasserquellen vorströmenden Kohlensäure auf Thiere und Pflanzen.

Wir haben in dieser Beziehung sowohl die Veränderungen, welche das noch mit Wasser geeinigte, als auch das von demselben abgeschiedene Gas erzeugt, zu erwägen.

a. Ueber den Einflufs der kohlensauren Wasser auf den menschlichen Organismus ist schon früher gehandelt *). Hier sind demnach nur noch einige an Pyrmonts Emanationen gesammelte Thatsachen niederzulegen, welche, wenn gleich unvollständig, doch einigermafsen nachweisen, wie kohlensaure Wasserquellen auf verschiedene, im Süfswasser lebende Thier- und Pflanzengattungen wirken.

In dem Becken des Springbrunnens, welcher die Hauptallee an ihrem Abhange ziert, sieht man Karpfen frisch umherschwimmen. Da nun diese Fontaine ausschliefslich

*) §. 140 u. 142.

durch das unfern der Dunsthöhle zu Tage kommende, in geschlossenen Röhren hinabgeleitete Wasser gespeist wird, welches an seinem Ursprunge in 100 Kubikzollen gleich viel Raumtheile Kohlensäure enthält, so schien es Manchen aufser Zweifel, dafs bestimmte Fischarten in Säuerlingen leben können. Das Wasser der fraglichen Quelle verliert aber, wie dies jede Anwendung noch so empfindlicher Reagentien lehrt, dadurch, dafs dasselbe, mit grofser Gewalt aus der unteren Röhrenmündung in die freie Luft emporgeworfen, von beträchtlicher Höhe in zahllosen Strahlen niederfällt, seinen Kohlensäuregehalt fast bis auf die leisesten Spuren *). Es können demnach nicht hier, sondern lediglich an dem, noch in seiner Integrität erhaltenen Sauerwasser angestellte Versuche entscheidende Resultate abgeben. Als ich junge, vollkommen muntere Karpfen in dasselbe da einsetzte, wo es unmittelbar am Quellenausbruche zusammenfliefst, athmeten diese sogleich ängstlich, schwammen nur wenige Augenblicke umher, lagen bald regungslos auf dem Wasserspiegel, und starben nach kurzer Zeit; gleiche Folgen hatten schon früher Brandes und Krüger an einem Gründlinge wahrgenommen **). Wasserthiere der niedrigsten Gattungen, und unter denselben namentlich den Dyticus marginalis und Cammarus pulex sehen wir dagegen in dem kohlensauren Wasser des fraglichen Reservoirs vollkommen gedeihen ***). —

Zu dem Pflanzenleben verhielt sich die fragliche ungeschwächte Quelle allgemeinhin ähnlich wie zu jenem der Thiere, indem sie auf analoge Weise vollkommneren Gewächsen keinesweges, wohl aber niedrigeren zusagte; so wurde die Entwickelung einer in den erwähnten Säuerling eingesetzten Calla aethiopica durchaus gehemmt, obgleich Myriophyllum spicatum, Zanichellia palustris nebst anderen

*) §. 60.

**) Humboldt versichert, dafs die Kohlensäure auf Fische schnell tödtende Wirkungen äufsere, diese treten nach demselben schon dann ein, wenn das Wasser auch nur mit etwas mehr als $\frac{1}{8}$ Luftsäure geschwängert ist. Siehe Schweigger's neues Journal der Chemie und Phys. B. I. H. I. p. 86.

***) Brandes und Krüger l. c. p. 168.

verwandten Pflanzenarten hier gut fortkommen und die niedrigste unter denselben, die Conferva bullosa, in dem Behälter unausrottbar wuchert *).

b. Wirkungen des vom Wasser abgeschiedenen auf den Quellenspiegeln ruhenden Kohlensäuregases. — Die chemischen Verhältnisse dieser Gaslagen kommen mit jenen der trockenen Luftsäurequellen in allem Wesentlichen überein **). Es findet daher auch, wie zahlreiche Versuche erwiesen, hinsichts der Wirkungen beider Emanationsformen auf das Thier- und Pflanzenleben, unter übrigens gleich gestellten Umständen, durchaus kein Unterschied statt ***).

## §. 214.

### Ortsatmosphäre.

Stellt man die blos an dem Badebrunnen gemessene †), täglich 3300 Kubikfufs betragende Quantität des Kohlensäuregases mit jenen Massen zusammen, welche durch die übrigen ergiebigen 8 Mineralbrunnen, so wie durch die drei gröfseren luftförmigen Quellen ununterbrochen aufstofsen, und nimmt man, ganz abgesehen von den zahllosen kleineren Ausströmungen an, dafs einer jeden der 12 Hauptemanationen, durchschnittlich auch nur 1500 Kubikfufs Gas binnen 24 Stunden entweichen, so ergiebt sich, selbst nach diesem gewifs viel zu gering angesetzten Anschlage, eine Totalsumme von mindestens 18,000 Kubikfufs Luftsäure, welche täglich mit den unteren Atmosphärenschichten in unmittelbare Verbindung tritt. Dafs aber diese grofse Menge nicht ohne allen Einflufs auf die näheren Schichten des Luftkreises, und mithin auch auf das Befinden der in denselben athmenden Wesen bleibe, ist höchst wahrscheinlich. Umfassendere Belege hiefür haben wir übrigens, und zwar zugleich mit besonderer Rücksicht auf Pyrmonts Ortsatmosphäre, schon bei der generellen Betrachtung der Ver-

*) Ibid. p. 171.
**) §. 202—204 u. 208—211.
***) Vergl. §. 204.
†) §. 212.

änderungen aufgeführt, welche die untere Atmosphäre in der Nähe anschnlicher kohlensaurer Quellen eingehen mag *).

**Pneumatisch-medicinische Einrichtungen.**

§. 215.

Schon vor einem halben Jahrhundert war Dr. Seip bemüht, an der Dunsthöhle Gasbäder anzulegen, sah aber seine Entwürfe durch den wechselnden Stand und die schwierige Absperrbarkeit der Moffete scheitern. Man begnügte sich, vor derselben eine amphitheatralisch aufsteigende Terrasse graben zu lassen, auf deren mit Rasen bedeckten Stufen die Kranken, nach dem jedesmaligen Niveau der Gasschicht, tiefer oder höher verweilen konnten. Noch jetzt wird diese sorgsam erhaltene Einrichtung **), unerachtet ihrer Mängel ***), von einzelnen Leidenden, und zwar vorzugsweise von Landleuten der Umgegend benutzt.

Im Jahre 1817 versuchte man das Gas, wie Dr. Steinmetz berichtet †), durch den Fall des Wassers der Trink- und Badequelle von einer bestimmten Höhe zu entbinden, und dasselbe vermöge eines Schlauches in eine dazu bestimmte und mit einem ledernen Deckel versehene Wanne des Badehauses zu leiten. Wenn sich ein Kranker in dieselbe niedergesetzt hatte, wurde das Leder des Wannendeckels unterhalb des Kinns, oder auch unterhalb der Arme zusammengezogen, um auf diese Weise das Gas von den Athmungswerkzeugen abzuhalten. Der in den Wannenraum einragende Schlauch des Zuleitungsrohres sollte zugleich dazu dienen, den Gasstrom gegen einzelne Theile des Körpers vorzugsweise hinzulenken. Die Anwendung des fraglichen Apparates ist nie ins Leben getreten, wie dies auch bei der gewählten, den wesentlichsten Erfordernissen ††) wenig entsprechenden Entwickelungs-, Leitungs- und Applications-Weise des Gases nicht anders möglich war.

*) §. 138.

**) Abgebildet ist sie in Krüger und Brandes angef. Schrift über Pyrmont und in meinem und v. Walther's Journale B. 20. Tab. 3.

***) §. 152.

†) S. mein und v. Walther's Journal B. 20. p. 76.

††) §. 155.

## §. 216.

### Das neue Gasgebäude.

Auf die, Seiner Durchlaucht dem regierenden Fürsten von Waldeck, welcher Alles, was Pyrmonts Wohl betrifft, so huldreich fördert, von mir geäufserte Bemerkung, die dasigen Gasströmungen nicht unbenutzt zu lassen, erhielt ich die Aufforderung, diesfällige Vorschläge einzureichen. Am 27. August 1832 übergab ich sie und schon zur nächsten Badesaison waren dieselben, nach Beseitigung mehrerer nicht unerheblichen Schwierigkeiten, unter dem Schutze des Herrn Geheimen Raths Neumann verwirklicht.

In dem beregten Entwurfe, dessen Einzelheiten Herr Bauinspector Dalwig mit grofser Umsicht ausführte, war als Hauptgrundsatz angenommen, das freie Gas der ergiebigen und bequem gelegenen Badequelle so aufzufangen, dafs dasselbe nicht in tiefe Versenkungen, sondern hoch genug über die Erdoberfläche gespannt, demnächst zu Sitzbädern und Douchen, dann aber auch zu allen anderweitigen Formen der Gasanwendung benutzt werden könnte. Man befürchtete, dafs hierdurch der genannte für Pyrmont wichtige Brunnen leiden würde. Jene Besorgnifs theilte ich indefs nicht, indem nur die ohnehin entweichenden Gasmassen gesammelt werden sollten, ihre Concentration über dem Wasserspiegel aber eben so, wie die hiebei erforderliche Abschliefsung des letzteren gegen die Atmosphäre, den Gasreichthum der Quelle und die Löslichkeit der in derselben vorhandenen Eisentheile nothwendig weit eher steigern, als beeinträchtigen mufsten. Das Richtige dieser Voraussetzung erwiesen spätere Erfahrungen auf das unzweideutigste.

Behufs der Absperrung des Quellengases wurde ein flacher Trichter von 8 Fufs im Durchmesser aus starken Zinkplatten angefertigt. Die Wölbung desselben erhob sich, vom oberen Theile seiner im ganzen Umfange 2 Fufs senkrecht abfallenden Seitenwand schräg aufwärts bis zur höchsten Stelle, nur 14 Zoll, und endete hier in einer 10 Zoll langen und 2 Zoll im Lichten haltenden, gerade aufwärts steigenden, durch einen Hahn verschliefsbaren Kupferröhre. Der mit seiner kreisförmigen Seitenwand über einen Fufs tief unter dem Wasserspiegel versenkte und in dieser Lage angemessen unterstützte Trichter bedeckte die Quelle so weit, dafs zwischen ihr und der marmornen Umfassungswand des Brunnens nur ein geringer Raum übrig blieb. Schon binnen wenigen Minuten strömte, nachdem die leichtere Atmosphärenluft herausgedrängt war, das Quellengas lebhaft durch die Kupferröhre, und als diese geschlossen wurde, sammelte sich dasselbe in solchem Mafse unter dem Trichter, dafs das stofsweise Emporsteigen desselben die Zufügung von Ventilen nothwendig machte.

Ueber jenen, mit seiner Wölbung die Erdoberfläche ungefähr um 1 Fufs überragenden Recipienten wurde ein aus starken, dicht zusammengefügten Brettern gezimmerter Fufsboden, aus welchem die erwähnte Kupferröhre an 4 Zoll lang hervorragte, wagerecht gelegt, und auf diesen ein hölzernes, achteckiges, tempelartiges Gebäude von 10 Fufs Durchmesser und 17 Fufs Höhe errichtet*). Dasselbe erhielt sein Licht durch ein in der Kuppel angebrachtes Glasfenster, und gewährte hinlänglichen Raum zu Sitzen für 6 Personen. Der ganze Ueberbau war vom Fufsboden bis zu der 3½ Fufs höher gelegten Thürschwelle, so wie bis zu dem unteren, in gleicher Höhe angebrachten Rande der Seitenfenster nirgends unterbrochen, und bildete auf diese Weise ein hinreichend tiefes, in allen Punkten seiner Wände genau schliefsendes Bassin. Aus demselben konnte das bis zur Höhe der Thürschwelle und des unteren Randes der Seitenfenster emporgespannte Gas, nur über diese hinweg, oder durch die niedrig über dem Fufsboden eingelegten, willkürlich verschliefsbaren Ausscheidungsröhren abfliefsen. Vermöge einer kleinen Aufsentreppe gelangte man bis zu der erwähnten Thürschwelle; vier nach innen gelegte Stufen führten von derselben zu dem Fufsboden. Da der Luftzug, welcher durch Bewegungen einer einfachen Thüre erregt ward, hinreichte, um die Gaslage aufzuwühlen, so wurde der Eingang nach innen durch eine leichte, mit

*) Eine Abbildung des Gas-Pavillons, welcher späterhin einige Abänderungen erlitt, lieferte Herr Hofmedicus Steinmetz. S. Journ. d. Chirurg. und Augenheilkunde B. 20. Tab. IV.

einem Glasfenster versehene und nach aufsen mit einer massiven Thüre geschlossen. Zwischen beiden blieb genug Raum für den Aufenthalt eines zur Beobachtung der Badenden nöthigen Wärters. Die drei nach verschiedenen Seiten hin eingesetzten Fensterrähme wurden mit Jalousieen und Läden versehen. Vermöge jener konnte auf der Höhe, in welcher im Bassin sitzende oder stehende Kranke athmen, reine Luft nach Bedürfnifs zugeführt, und vermöge der letzteren jegliche Beunruhigung der Moffete durch Windstöfse, gleich viel von welcher Gegend sie anlangen mochten verhütet werden.

## Gas-Sitzbäder.

### §. 217.

Zu den fraglichen Gasbädern bedient man sich einfacher Rohrstühle, welche den Zutritt der Kohlensäure nirgends abhalten und die nach der Gröfse der Patienten verschieden hoch gestellt werden können. Nächst denselben sind ähnlich geflochtene, niedrige Bänkchen zum bequemen Aufsetzen der Füfse vorräthig. — Behufs der Anwendung stark concentrirten Gases, die jedoch nur ausnahmeweise erforderlich ist, bewährten sich leichte, weite, von Sommerzeug angefertigte, seitlich nicht gespaltene, einem grofsen Frauenrocke gleichende Gummimäntel ohne Aermel, welche man um die Hüften oder unter den Armen fest genug zusammen ziehen kann. Sie halten als luftdichte, bis zur Erde reichende Hüllen, wenn der Kranke sich mit denselben über das Zuleitungsrohr setzt, das Gas in nicht unbeträchtlichem Grade zusammen.

Durch die Benutzung der angeführten, verschiedenen Vorrichtungen, hauptsächlichst aber durch das angemessene Lüften oder Schliefsen der Zu- und Ableitungscanäle kann man die Moffete bei jeglichem Witterungseinflusse beliebig vom Boden des Gashäuschens bis zur Thürschwelle, mithin von wenigen Zollen an bis zur Höhe von $3\frac{1}{2}$ Fufs, aufsteigen lassen. Ein noch beträchtlicheres Spannen wäre durch höhere Verlegung der unteren Thür- und Fensterränder leicht, jedoch nicht ohne Gefahr für die Badenden, zu bewerkstelligen. Bei allen, nicht zu einem, über der Erde construirten Behälter geleiteten, sondern 8, 10, 12 Fuſs tief gesenkten Gasansammlungen, sind von Zeit zu Zeit eintretende, bedenkliche Ueberflutungen von Luftsäure nicht abzuwenden *) und die mannigfachen, für den medicinischen Gebrauch wesentlichen, erforderlichen Stellungen des Gasniveaus nicht zu bewerkstelligen.

Gewöhnlich werden die fraglichen Sitzbäder $\frac{1}{4}$, $\frac{1}{2}$, höchstens $\frac{3}{4}$ Stunden lang, ohne daſs man irgend ein Kleidungsstück abzulegen nöthig hätte, gebraucht, indem die Luftsäure bekanntlich Seiden-, Linnen-, ja selbst Lederzeug leicht durchdringt **). Stets müssen sich die Patienten, so lange der Gassalon noch mit keinem eigenen Ruhezimmer in Verbindung gesetzt ist, bei dem Verlassen des Bades, in welchem der Körper fast ohne Ausnahme mehr erwärmt und oft auch mit Schweiſs bedeckt wird, durch bereitgehaltene Oberröcke oder Mäntel angemessen gegen Erkältungen schützen.

§. 218.

Von Belang ist es bei dem Gebrauche der Gassitzbäder, den Höhestand der Moffete, ohne weitläuftige Umstände, schnell genug zu erkennen. Diesem Zwecke vollkommen entsprechende Manometer besitzen wir nicht. Einstweilen wurde derselbe, wenigstens approximativ durch folgende Vorrichtnng erreicht. Auf einer kleinen horizontalen Platte, welche an einem feststehenden 4 Fuſs langen, senkrecht aufsteigenden Zollstocke willkürlich zu verschieben, und durch Druckfedern auf den verschiedenen Höhepunkten zu erhalten ist, läſst man zwei mit ganz dünnen Dochten versehene Lämpchen anzünden, welche hinsichts ihrer Höhe ungefähr um 2 bis 3 Zoll differiren. Dergleichen Flämmchen erlöschen fast augenblicklich in einem Gasgemische, welches auch nur 10 Procent Kohlensäure enthält. Wenn wir nun jene Platte von der Höhe, auf welcher beide Lämpchen hell brennen, allmälig herabsenken, und die unterste derselben hiebei erlischt, während die obere unverändert bleibt, so giebt der Raum zwischen

*) §§. Meinberg und Driburg. §. 152.
**) Vergl. §. 140.

beiden am Zollstocke den Höhestand der intensiveren Gaslage an, und veranlafst uns, diese, dem Bedürfnisse gemäfs, auf die schon beschriebene Weise, steigen oder sinken zu lassen. Auch verkündet die fragliche Vorrichtung, sobald man während des einmal gewählten Gasstandes das obere Lämpchen fortbrennen läfst, durch das Erlöschen desselben frühzeitig genug jedes übermäfsige, durch irgend einen Zufall sich ereignende Aufsteigen der Gasschicht. Weniger anwendbar sind zu derartigen Messungen Seifenblasen, weil sie, bald vergehend, zu oft erneuet werden müssen, und weil nur vollkommen gelungene, da wo das Kerzenlicht zu erlöschen beginnt, auf der Gasschicht schwimmen, unvollkommen ausgedehnte dagegen, und solche an deren unterem Theile Wassertropfen hängen bleiben, vermöge ihrer gröfseren Schwere mehr oder weniger tief zu den unteren stärkeren concentrirteren Gasstraten herabsinken. —

## §. 219.

### Gasdouchen.

Sollen im Gasgebäude, anstatt der Sitzbäder, Gasdouchen gebraucht werden, so läfst man die hiezu bestimmte, 3 Fufs lange Metallröhre senkrecht an das aus dem Fufsboden hervorragende Hauptrohr festschrauben. Aufwärts endet dieselbe mit einer Hohlkugel, an der sich nach divergenten Richtungen hin vier Schraubengewinde befinden, welche zur Aufnahme von aus Kautschuk bereiteten 3 Fufs langen Schläuchen dienen. Jeder dieser Schläuche läuft in eine metallene, durch einen Hahn verschliefsbare Mündung aus, an welcher die zu den mannigfachen Douchearten erforderlichen Aufsätze befestigt werden. Oeffnet man den Hahn des Hauptrohres, so concentrirt sich das Gas innerhalb der geschlossenen Doucheschläuche und strömt, sobald man die zu denselben gehörigen kleineren Hähne öffnet, mit grofser Kraft durch den gewählten Aufsatz hervor. Auf diese Weise können sowohl einzelne Personen, als auch, wenn der Anstand dies gestattet, mehrere zugleich verschiedenartige Gasdouchen gebrauchen.

Die von mir zur Erwärmung des Quellengases angegebenen, und auch von Herrn Hofrath Brandes *) zweckmäfsig befundenen, einfachen Apparate, so wie die zu Augen- und Ohrdouchen bestimmten Aufsätze, deren ich mich vorzugsweise bediente, sind nebst den gebräuchlichen Vaginal- und Urethral-Douche-Canülen schon bei der allgemeinen Exposition der diesfälligen Vorrichtungen beschrieben **).

## Gasinhalationen.

### §. 220.

Zu gemeinschaftlichen mehrstündigen Gasinhalationen kann das fragliche Gasgebäude dadurch benutzt werden, dafs man die Quellenluft nicht unmittelbar über den Fufsboden austreten, sondern dieselbe, gegen die Atmosphäre abgeschlossen, bis zur Kuppel emporsteigen, und von hier aus herabfallen läfst. Hiezu dient ein starkes, 12 Fufs langes Metallrohr. Auf das obere Ende desselben pafst der mittlere Vorsprung hohler, scheibenartiger Aufsätze von verschiedener Gröfse, deren abwärts gekehrte Fläche siebförmig durchbohrt ist. Einige dieser Brausen müssen mit vielen äufserst engen, andere mit etwas weiteren Löchern versehen sein. Um den Apparat in Gang zu bringen, wird das betreffende, mit einem Scheibenaufsatze versehene Rohr senkrecht an die aus dem Fufsboden hervorragende Trichterröhre geschraubt und der Hahn der letzteren geöffnet. Es steigt dann die comprimirte Quellenluft rasch bis zur aufgesetzten Brause, und fällt aus dieser vermöge seiner Schwere in zahllosen kleinen Strahlen zertheilt herab, um bei gehörig verschlossenen Thüren und Fensterläden die Atmosphärenluft des Gemaches, auf die zu Inhalationen erforderliche Weise, zu tränken. Die Quantität des zu verbrauchenden Gases wird durch das geringere oder beträchtlichere Oeffnen des am Trichterrohr befindlichen Hahnes und durch die Wahl der verschiedenen Aufsätze geregelt. Etwanige Ansammlungen stärkerer Gasmassen, welche durch

*) Dieser durch seine wichtigen Untersuchungen um Pyrmont und Meinberg sehr verdiente Naturforscher besuchte mit mir und dem Herrn Medicinalrath Krüger die dasigen zu ärztlichen Zwecken bestimmten pneumatischen Einrichtungen im August 1833.

**) §. 156.

längeres Herabregnen der Quellenluft am Boden entstehen und allmälig aufsteigen könnten, verhindert man durch Lüftung der nahe über dem Fufsboden seitlich eingelegten Ableitungsröhren *).

In welchen Graden, unter welchen mannigfachen Bedingnissen die betreffenden Imprägnirungen anzuordnen sind, erhellt aus den diesfälligen, im Vorhergegangenen bereits näher erörterten Bestimmungen **).

§. 221.

Nachdem die Gasströmung des Badebrunnens durch die gegenwärtige Absperrungsweise mittelst luftdichter Röhren nach jedem Punkte willkürlich hinzuleiten ist ***), kann man dieselbe, abgesehen von den so eben nachgewiesenen Gebrauchsformen, ohne Schwierigkeit auch zu jedem anderen analogen Behufe verwenden. Leicht wären daher anjetzt in dem benachbarten Brunnen-Comtoirgebäude Gas-Wohnzimmer †), so wie in dem ebenfalls nicht entlegenen Badehause Gaskästen, Gaswannen und die neuerdings von Piderit empfohlenen gewifs äufserst wirksamen Sprudelbäder ††) anzulegen.

*) In Betreff der fraglichen pneumatischen Einrichtungen ist noch zu bemerken, dafs ich bei der gegebenen Beschreibung einige auf Grund späterer Erfahrungen bei meinem letzten Besuche (1835) zu Pyrmont gewünschte Verbesserungen, welche sehr leicht zu bewerkstelligen waren, als ausgeführt voraussetzte, weshalb meine Schilderung, wenn auch nicht bezüglich der allgemeinen, doch hinsichts einiger speciellen Verhältnisse von jener abweicht, welche Herr Hofmedicus Steinmetz bereits im Jahre 1833 bekannt machte. S. Journ. für Chirurgie und Augenheilkunde B. 20. p. 76.

**) §. 153.

***) Aus einer blos des Versuches wegen aufgesetzten 40 Fufs langen Röhre strömte das Quellengas mit grofser Gewalt, und ganz in seiner ursprünglichen Beschaffenheit hervor. Dasselbe wird anjetzt, auf Anrathen des Herrn Medicinalraths Krüger, mittelst einer besonderen, nach dem nachbarlichen Brunnenhäuschen geleiteten Röhre, auch zur Füllung der Flaschen, in welchen man den Trinkbrunnen versendet, mit grofsem Vortheil benutzt. Vergl. meinen Aufsatz über die Versendung der Mineralbrunnen im Journal für Chirurgie und Augenheilkunde B. 24. p. 38.

†) §. 154.

††) §. 155.

## §. 222.

### Gasige Wasserbäder.

Während meines früheren Aufenthaltes in Pyrmont fand es sich, dafs die betreffenden Bäder in der Regel nur sehr kurze Zeit, dafs sie oft gar nicht moussirten. Zur Verhütung dieses Nachtheils hatte man schon längst vieles sehr Zweckmäfsige gethan. Namentlich wurde das kalte Mineralwasser, ohne alle Pumpwerke, durch seinen eigenen Fall in Holzröhren fortgeleitet. Auch liefs man dasselbe in die Wannen selbst nicht, wie an anderen Kurorten, vom oberen Wannenrande frei, sondern vermöge senkrechter, mit den Hähnen verbundener, unmittelbar über dem Wannenboden geöffneter Hohlcylinder so einströmen, dafs die nachkommende Wassermenge, von der früher ausgeschiedenen mehr und mehr gedeckt, die Trennung des Gases wesentlich beschränkte. Bei allen dem blieb das Ziel, und zwar aus folgenden Gründen, nicht völlig erreicht: — Das kalte zu den Bädern bestimmte Mineralwasser flofs aus dem Röhrenzuge mehrere Fufs hoch in den grofsen hölzernen, ganz offenen, auf dem Hofe des Badehauses unter einem Dache aufgestellten Behälter plätschernd herab, und blieb hier mit seinem, in die Breite gezogenen Spiegel den Einwirkungen der Atmosphärenluft preis gegeben. Um die dadurch begünstigte Zersetzung des Mineralwassers überhaupt, und das Entweichen der Kohlensäure insbesondere möglichst zu verhüten, schlug ich vor, die Zuleitungsröhre, knieförmig gebogen, bis auf 2 Zoll über den Boden des Behälters zu verlängern, und das ganze Reservoir mit einem Bohlendeckel sorgfältig abzuschliefsen. Ferner wurde die Erhitzung des für den Bedarf mehrerer Hundert, binnen weniger Stunden anzufertigender Bäder erforderlichen Mineralwassers in riesigen, mehr flachen als tiefen, unbedeckten Pfannen, über welche sich ein seitlich ganz offenes Steingewölbe erhob, vorgenommen. Hiebei ging, wie dies schon die, den Ueberbau wolkenähnlich umqualmenden Wasserdämpfe zeigten, ein ungemein grofser Theil von Wärmestoff nutzlos verloren. Folge davon war, dafs das Wasser uneracht des beträchtlichsten Aufwandes von Brennmaterial, dennoch, wie ich mich, wenn die Bäder in vollem Gange waren, mehrmals überzeugte, in den fast allstündlich neu gefüllten Pfannen, oft nur + 50° R. erreichte, und aus den Hähnen der Badewannen nur zu 40 bis 45 Grad hervortrat. Nothwendig aber mufste unter diesen Umständen zur Speisung jeder Wanne verhältnifsmäfsig eine weit gröfsere Quantität erwärmten, beinahe aller Kohlensäure beraubten, und eine weit geringere Menge kalten gasreichen Wassers verwendet werden. Behufs der Abhülfe dieses, die Heilkraft der Bäder insbesondere beeinträchtigenden Uebelstandes, erhielten jene Pfannen nebst ihren Vorwärmern angemessene Deckel, welche jede zwecklose Verdunstung hinderten und dennoch keine gefahrbringende Ansammlung heifser Dämpfe zuliefsen. Es gelang hiedurch, das Wasser selbst während der späteren Badestunden, innerhalb der Pfannen, dem Siedepunkte so nahe zu bringen, dafs dasselbe, unerachtet des Wärmeverlustes, welcher mit Leitungen jeder Art verbunden ist, meistens an 70 Grad und oft auch darüber erhitzt, die Wannen erreichte. Indem nun zur gewöhnlichen, 24 bis 26 Grad nicht übersteigenden Erwärmung des kalten Mineralwassers, dessen Temperatur an + 10° R. beträgt, wenig über $\frac{1}{4}$ siebzig Grad heifses Wasser erforderlich wird*), gewannen die Bäder gegen die frühere Zeit dermafsen an Kohlensäuregehalt, dafs weit weniger Eisentheile, wovon schon die minder gelblich trübe Farbe des ganzen Bades zeigte, ausschieden, dafs das Badewasser $\frac{1}{2}$, ja $\frac{3}{4}$ Stunden lang deutlich moussirte, dafs der ganze Körper unter dem Wasserspiegel immer wieder von Luftperlen bedeckt wurde, selbst wenn man diese durch Ueberfahren mit der Hand entfernt hatte, und dafs endlich, gemäfs wiederholter Untersuchungen, in dem Wasser schon benutzter Bäder, unmittelbar nach ihrer Anwendung, noch an 95 Procent Volumtheile kohlensauren Gases enthalten waren**).

*) Suadicani bemerkt, dafs zu Driburg höchstens $\frac{1}{4}$ erhitzten Wassers dem kalten Säuerlinge zugemischt werden dürfe, wenn am Ende des Bades noch kohlensaure Gasblasen den Körper decken sollen. S. Hufeland's Journ. B. XIV. St. 2. p. 14 und 15.

**) Beinahe dasselbe Verhältnifs gaben Brandes und Krüger, in

## §. 223.

### Therapeutische Verhältnisse.

Weit entfernt, die Benutzung der Gasbäder Pyrmonts auf Kosten der dortigen, vielbewährten Mineralwasserkuren zu erheben, kann ich doch nicht umhin, jene als erwünschte Beihülfe der letzteren zu betrachten. Manche Aerzte wollen vom gesonderten Gasgebrauche schlechterdings keinen Nutzen gesehen haben; hinsichts derselben drängt sich die Frage auf, ob hiebei ihnen, oder dem Mittel die Schuld zuzumessen sei. Wenn wir uns an mit dem pneumatischen Heilverfahren vertraute Beobachter wenden, wenn wir die diesfälligen von Conrath, Köstler, Heidler, Scheu, Trampel, Scherf, Gellhaus, Ficker, Brandes, Brück, Piderit, Hemprich u. m. a. an verschiedenen kohlensauren Quellen gesammelten Erfahrungen würdigen, und zugleich vom physiologischen Standpunkte aus den entschiedenen Einfluſs der Luftsäure auf gesunde Individuen fest im Auge halten *),

ihrem 1826 über Pyrmont erschienenen Werke (p. 300) an, indem sie fanden, daſs 13,6 Kubikzoll gebrauchten Badewassers noch 14 Kubikzoll Kohlensäure enthielten. Sie bemerken dabei (p. 299), daſs die Bademeister verpflichtet wären, das heiſse Wasser nicht unter dem Siedegrade in die Wanne einzulassen. Es muſs jedoch hier irgend ein Irrthum obgewaltet haben, denn selbst dann, wenn das Wasser in der Pfanne bis zu 80 Grad erhitzt würde, könnte dasselbe, in den verschieden langen Leitungsröhren unabänderlich an 5 bis 10 Grad Wärme verlierend, nur 70, höchstens 75 Grad heiſs zu den Wannen gelangen. Insofern nun aber bei den Einrichtungen, welche ich noch im Jahre 1832 antraf, das Wasser schon nach den ersten Badestunden während des kurzen, zwischen den allgemeinen Wannenfüllungen vergehenden Zeitraumes, auch bei noch so starker Feuerung, innerhalb der Erhitzungsapparate, wie dies der eingesenkte Wärmemesser zeigte, oftmals kaum + 50 Grad erreichte, war es unmöglich, daſs die Bademeister jener ihnen auferlegten Verpflichtung nachkommen konnten, weshalb denn auch die Bäder besonders zur Zeit etwas späterer Badestunden, wie gesagt, wenig oder gar nicht petillirten und unmittelbar nach ihrer Benutzung, zu Folge mehrmaliger Untersuchungen, oft so arm an Kohlensäure erschienen, daſs ich aus 10 Kubikzoll Wasser kaum noch 4 Kubikzoll kohlensaures Gas abzuscheiden vermochte.

*) §. 139 u. s. w.

so wird sich das Urtheil nothwendig zu Gunsten **umsichtig anzuordnender Gaskuren** hinneigen.

Unerachtet der Opposition, welche die Errichtung des Gassalons zu Pyrmont hervorrief, wurden doch schon während des ersten Sommers mehrere Hundert Douche- und Sitzbäder von kaltem sowohl als warmem Quellengase angewendet. Ihre Gesammtzahl betrug in den Jahren 1833, 1834 und 1835, nach den mir von der Brunnen-Inspection mitgetheiltenListen, 2215, mithin in jedem einzelnen durchschnittlich an 738, unter welchen die Douchen fast die Hälfte ausmachten *).

Die Fürstlich Waldecksche Regierung forderte sämmtliche angestellten Badeärzte zu Berichterstattungen über den Erfolg der Gasanstalt auf. Den wesentlichen Inhalt jener mir zum freien wissenschaftlichen Gebrauche bewilligten Relationen theile ich in dem folgenden Auszuge mit.

Herr Hofrath **Menke**, der gelehrten Welt als Arzt und Conchyliologe gleich günstig bekannt, zeigte an, dafs derselbe die Gasbäder in 16 verschiedenen Fällen, gegen Rheumatismen, Lähmungen, gegen ödematöse Anschwellungen der Extremitäten, Schwäche und Krankheiten der Geschlechtstheile, so wie gegen Gehörfehler angewendet hätte**). Unter jenen Patienten litt ein 40jähriger Mann, in Folge heftiger Erkältung, an Rheumatalgieen der Gliedmafsen, welche ihn, nach einer vierjährigen Dauer, zu freiwilligen Bewegungen fast ganz unfähig machten. Neben vielerlei Arzeneien waren demselben auch die Pyrmonter Salz- und Eisenbäder verordnet worden, die indefs nur wenig Besserung gewährten. Er nahm darauf täglich 2 trockene Gasbäder, jedes eine volle Stunde lang. In denselben brach

*) Insofern der Gaspavillon bis dahin allein zu dem fraglichen Zwecke diente, veröffentlichte die Direction die Stunden, in welchen mehrere Herren, in welchen mehrere Damen, und in welchen einzelne Personen, theils Gasbäder, theils Gasdouchen erhalten könnten. Zugleich setzte sie den Preis für jede kalte **Gasdouche** auf 4, jene für eine warme Gasdouche auf 6 gute Groschen fest und bestimmte hinsichts der **Gasbäder**, dafs eine Person, welche mit mehreren badete, 4, und eine Person, welche das Bad allein benutzte, 16 gGr. zu entrichten hätte.

**) Der Bericht ist vom 7. August 1834 dadirt.

stets ein gelinder Schweis aus. Schon nach einigen Sitzungen spürte der Kranke, was anfänglich nur den Oberkörper betraf, deutliche Wärme auch in den Füfsen, und nach der dreifsigsten konnte derselbe frei von Schmerzen ohne fremde Hülfe, an einem Stocke umhergehen. Die Heilung blieb, wie der in seine Heimath zurückgekehrte Kranke ein Jahr später anzeigte, nachhaltig. Alle übrigen Patienten dagegen, welche gröfstentheils nur sehr wenige, manche derselben nur 2 bis 3 Gasbäder gebraucht hatten, unterbrachen das fragliche Heilverfahren darüber unzufrieden, dafs sie während der Sitzungen Angst, Beklommenheit, nach denselben allgemeine Abspannung fühlten, und gleichzeitig ihres Appetits fast ganz verlustig wurden. — Die letzteren 15 Kranke scheinen, wenn man die eben beregten, vom Referenten selbst hervorgehobenen Symptome näher erwägt, offenbar etwas übermäfsigen Gaseinwirkungen ausgesetzt gewesen zu sein. Wie sehr aber derartige, sorgfältig zu meidende Ueberreizungen den Heilendzwecken fast immer zuwider laufen, ist schon bei den diesfälligen allgemeinen Gebrauchsanweisungen umständlich erörtert *). Wären in jenen Fällen die Gasquantitäten dem Empfänglichkeitsgrade jedes Individui, was vermöge der Construction des Gassalons leicht zu bewerkstelligen ist, genau angemessen, und die blos begonnenen Kuren unter steter specieller ärztlicher Leitung consequent fortgesetzt worden, so hätten wir erst dann belehrende Thatsachen, und möglicher Weise, wenigstens zum Theil, auch günstigere Resultate erhalten können.

Herr Geheime Rath Harnier äufsert mit Bezugnahme auf seine französische Brunnenschrift in einem gewandten Aufsatze **) sehr wahr, dafs sich die pneumatischen Kuren überhaupt noch in ihrer Kindheit befänden, und daher durch genaue Beobachtungen erst gründlich zu erprüfen wären. Derselbe hatte zwei an einseitiger Harthörigkeit, drei an paralytischer Schwäche der Unterextremitäten Leidende, ein von Blasenlähmung behaftetes Individuum, und einige in mehrjähriger Ehe kinderlos gebliebene Frauen zum Ge-

*) §. 158—169.

**) Vom 4 Mai 1834.

brauche des Gasbades veranlafst, von welchen nur der eine Schwerhörige beharrliche Besserung erfuhr, die übrigen aber durch Athmungsbeschwerden im Bade, so wie durch eingetretene allgemeine Abspannung und Appetitlosigkeit von der Fortsetzung der fraglichen Kur sehr bald abgehalten wurden. Auch hier trübten mithin, ebenso wie in den von Herrn Hofrath Menke erzählten Fällen, die Folgen nicht völlig verhüteter Ueberreizungen das Schlufsurtheil. — Der verehrte Referent wünscht übrigens in dem Gassalon statt der umstellbaren nur feste Sitze, um jede die Moffete beunruhigende Bewegung sicherer zu vermeiden, und schlägt zugleich vor, die Gasableitungsvorrichtungen tiefer anzulegen, damit das Gas weniger hoch aufsteigen könne. Diesen Desideraten dürfte aber die bisherige, zugleich anderweitigen Modificationen entsprechende Einrichtung füglich genügen, indem beide beregte Zwecke dadurch sicher zu erreichen sind, dafs die Gasschicht erst, nachdem die Kranken ruhig Platz genommen haben, eingelassen, die Spannung der Gaslagen durch den Eröffnungsgrad der Zu- und Ableitungsröhren beliebig gestellt, und der Zutritt frischer Atmosphärenluft mittelst der, auf der Höhe, in welcher das Athmen vor sich geht, angebrachten Jalousieen nach Bedürfnifs begünstigt werden kann. Anlangend die Ansichten des Herrn Verfassers, gemäfs welcher derselbe die Kohlensäure bald für specifisch reizend *), bald für expansiv und erschlaffend hält **), so löst sich dieser Widerspruch von selbst, wenn wir auf die vorangegangene allgemeine Erörterung der Wirkungen des Kohlensäuregases zurückblicken ***). Was übrigens die anempfohlene Benutzung der Gasdouchen gegen Scirrhositäten des Uterus betrifft †), so können wir nur im Sinne der schon früher gegebenen speciellen Erläuterungen ††) dem

*) S. Harnier Résumé sur l'usage des eaux de Pyrmont. Hannover 1828. p. 146 et 147.

**) Harnier über das kohlensaure Gasbad zu Pyrmont in Caspers Wochenschrift der Heilk. 1834. No. 34. p. 540.

***) §. 139—149.

†) S. Harnier in Caspers Wochenschrift 1834. No. 34. p. 540.

††) §. 167.

Urtheile Dr. Conrad's beitreten, welcher den Gebrauch der Kohlensäure gerade hier für bedenklich hält *). —

Herr Hofrath Mundhenk, durch dessen Tod Pyrmont einen mit gediegenen Erfahrungen ausgestatteten, durch Eifer für die Wissenschaft, so wie durch die gefälligste Zuvorkommenheit gleich ausgezeichneten Brunnenarzt verlor, erklärte in seinem Berichte **), dafs Gasbäder und Gasdouchen allgemeinhin in vielfachen Hautaffectionen, so wie in lymphatischen Stockungen, dafs sie bei schlaffen veralteten Geschwüren, rheumatisch-gichtischen Beschwerden, bei Gehörschwächen, Lähmungen der Extremitäten, und bei geminderter Lebensthätigkeit des Sexual-Systems heilsam, dagegen aber bei acuten, rein entzündlichen Affectionen, bei activen Haemorrhoidal- und Uterin-Blutungen, bei manchen hysterischen zu Kopfweh, Schwindel, Ohnmachten und Krämpfen ungewöhnlich geneigten Individuen nachtheilig wirken. — Aus der Reihe der einzelnen mit grofser Genauigkeit erzählten Krankheitsfälle glauben wir die nachstehenden ungekürzt mittheilen zu dürfen.

1. Ein Mann, welcher in Folge hartnäckiger Catarrhal-Affectionen 4 Monate lang, bei übrigens vollkommen gutem Befinden, an gänzlichem Mangel des Geruchs und Geschmacks litt und hiegegen mehrere innere und äufsere Arzeneien vergeblich angewendet hatte, gebrauchte zuletzt die absatzweise in die Nase und in den Mund geleitete Gasdouche, ohne hiebei das Gas einzuathmen, täglich ½ Stunde lang. Unmittelbar nach der ersten Application trat merkliche Besserung ein und schon nach 4 Tagen hatten, ohne dafs der Patient irgend eine Beschwerde wahrnahm, beide Sinne ihre frühere Schärfe wieder erlangt, welche sie auch späteren Benachrichtigungen zu Folge nicht wieder verloren.

2. Bei einem 60 Jahr alten Manne drohte die durch viele Nachtarbeiten herbeigeführte rein nervöse Amblyopie in Amaurose überzugehen. Bereits waren mehrere Jahre hindurch die kräftigsten Arzeneien ohne Nutzen angewendet worden. Der Nebel nahm zu, selbst grofse Gegenstände

*) S. Conrad in Caspers Wochenschrift 1835. No. 25. p. 395.
**) Vom 16. Juni 1834.

erschienen bereits undeutlich, und die Farben wurden kaum mehr unterschieden. Während der letzten 2 Jahre mufste der Patient sein Geschäft gänzlich aufgeben, konnte jedoch noch allein umhergehen. Dabei waren die Pupillen erweitert und die Contractilität derselben sehr gering. Eine mehrwöchentliche Trink- und Wasserkur wirkte hinsichts des Allgemeinbefindens günstig, ohne jedoch den Zustand der Augen zu verändern. Herr Hofrath Mundhenk liefs nun die Gas-Augendouche täglich 2 Mal ½ Stunde lang anwenden. Nach jedesmaligem, von sanfter Röthung der Bindehaut, so wie von mäfsigem Thränen begleiteten Gebrauche erschien die Hornhaut lebendiger, glänzender, klarer; nach der siebenten Douche fing der Nebel an zu weichen, und gleichzeitig erschienen die Objecte um Vieles freier. In der 6ten Woche konnte der Patient mit seiner gewöhnlichen Brille scharfe Druckschrift wieder lesen, und späterhin besserte sich sein Gesicht in dem Grade, dafs derselbe seine schon aufgegebenen Geschäfte wieder antrat.

3. Drei Kranke litten in Folge wiederholter Erkältungen an Schwerhörigkeit; sie war bei allen mit Sausen, Brausen, Krachen und mit dem Geräusch, als bewegten sich Mühlräder im Ohre, verbunden. Neben den Salzbädern wurden täglich 2 Mal ½ Stunde lang Ohrgasdouchen angewendet. Bei jedesmaligem Gebrauche der letzteren minderte sich das erwähnte störende Geräusch, bis dasselbe nach ihrer mehrwöchentlichen Anwendung gänzlich verschwand. Alle genasen nachhaltig, unerachtet die Schwerhörigkeit bei dem einen Subjecte schon 8 Jahre angehalten hatte.

4. Ueber die Wirkung des Gases auf lähmungsartige Zufälle der Unterextremitäten werden zwei, einander schroff entgegengesetzte Erfahrungen mitgetheilt. — Ein Mann von 50 Jahren, welcher, während beschwerlicher Reisen oftmals durchnäfst, die Kleider mehrere Stunden lang nicht wechseln konnte, hatte sich hiedurch sowohl, als durch häufige Nachtarbeiten Rheumatismen der Unterextremitäten zugezogen, welche nach 10jähriger Dauer in Paresis ausgeartet waren. Nur mit Hülfe zweier Handkrücken konnte der Patient umhergehen, mufste sich aber hiebei so bedeutend an-

strengen, dafs er kaum 100 Schritt ohne die stärksten Schweisausbrüche zurückzulegen vermochte. Die Kur wurde mit 10 Soolbädern eröffnet, und dann der vereinte Gebrauch der Eisenbäder, der Wasserdouche und des Gasbades verordnet. Des letzteren bediente sich der Patient täglich 1 Mal ¾ Stunden lang. In dem 6ten Gasbade überraschte den Kranken das Gefühl von Ameisenkriechen entlang des Ischiadischen Nervens, welches bald in die Empfindung einer angenehm gesteigerten Wärme überging, die von den Fufsspitzen allmälig bis zur Unterleibsgegend aufstieg. Nach der 10ten Gasanwendung wurde der eine Krückenstock entbehrlich. Zugleich hatten die heftigen Schweifsergüfse, welche sonst jedem Versuche umherzugehen folgten, bedeutend abgenommen. Die Besserung schritt zusehends bis zum 12ten Gasbade fort, als äufsere Verhältnisse dem sehr befriedigten Patienten die Rückkehr in die Heimath geboten. — Bei einem zweiten ähnlichen Kranken, bei welchem aber die Paresis protopathisch entstanden war, brachten Sool-, Eisenbäder, Wasserdouchen, so wie das Gasbad, selbst nach neunwöchentlicher Anwendung nicht die geringste Veränderung hervor.

5. Eine funfzigjährige Dame litt an allgemeiner, nach einem heftigem Nervenfieber zurückgebliebener Schwäche, und an beträchtlichem, aus derselben Ursache entstandenem Fufsödem, welches, bis zu den Knieen ausgedehnt, das Gehen sehr erschwerte und nach Leibesbewegungen jedesmal auffallend überhand nahm. Der innere Gebrauch des Eisensäuerlings besserte wohl das Allgemeinbefinden, doch blieb derselbe hinsichts des Oedems ohne Erfolg. Trockenen sowohl, als aromatisch-spirituösen Reibungen wich die Geschwulst eben so wenig. Wiederholentlich versuchte Einwickelungen mufsten, da sie die Spannung und Härte schmerzhaft mehrten, ausgesetzt werden. Nach der Anwendung einiger Gasbäder fiel das Oedem augenscheinlich und nach dem 12ten verschwand dasselbe vollkommen. Die Patientin reiste nun gesund und wohl in ihre Heimath. Spätere Nachrichten bestätigten ihre gründliche Herstellung.

6. Einem durch sitzende Lebensweise und übermäfsige Geistesanstrengungen erschöpften Geschäftsmanne, welcher

über Hämorrhoiden und Asthma humidum klagte, verordnete Herr Mundhenk, neben dem kurmäfsigen Trinken des Eisensäuerlings, Gasinhalationen. Die letzteren wurden in der Art unternommen, dafs der Patient das, aus dem in einiger Entfernung vom Munde gehaltenen Schlauche hervorströmende Gas, mit Atmosphärenluft gemischt, einzuathmen suchte *) Den diesfälligen ersteren Gasanwendungen wohnte der Arzt bei. Nach einer jeden wurde das Athmen freier und der Husten geringer. Nur wenn der Gasschlauch dem Munde zu nahe kam, entstanden momentane Brustbeengungen. Die 5 Wochen hindurch fortgesetzte Kur wirkte so erwünscht, dafs der Patient, von seinen Leiden fast gänzlich befreit, zufrieden in die Heimath zurückkehrte.

Herr Hofmedicus Steinmetz endlich widmete, unerachtet seiner ausgedehnten praktischen Geschäfte, welchen derselbe mit eben so viel Umsicht als Glück obliegt, dennoch den Gaskuren viele Zeit. Dem Inhalte seines interessanten Berichtes **) zu Folge, hatte derselbe besonders in nachstehenden Krankheiten vom Quellengase heilsame Wirkungen beobachtet. — Rein nervöse sowohl, als rheumatische Zahnschmerzen, gegen welche die Kohlensäure absatzweise (ohne eingeathmet zu werden) in den Mund und nahe der schmerzhaften Stelle auf die äufsere Wangenhaut geleitet wurde, wichen oft sehr schnell, und verliefsen die Kranken entweder gänzlich oder wenigstens auf längere Zeit. — Gegen Prosopalgieen, wie gegen neuralgische Affectionen jeglicher Art, bewährten sich Gasdouchen theils als Palliativmittel, theils schienen sie in Verbindung mit Trinkkuren und gasigen Wasserbädern die radicalen Heilungen wesentlich zu unterstützen. In einem Falle äufserst schmerzhafter, krampfiger, aus entzündlichen Affectionen herausgebildeter Obstipität linderte die Gasanwendung den Schmerz und verringerte zugleich die schiefe Haltung des Halses in dem Mafse, dafs eine gänzliche Heilung höchst wahrscheinlich eingetreten wäre, wenn die unver-

*) §. Eger.

**) Vom 1. August 1834.

meidliche Abreise des Kranken die Kur nicht unterbrochen hätte. Auch sah Herr Hofmedicus Steinmetz in allgemein rheumatischen und gichtischen Affectionen Nutzen vom Gasgebrauche. — Bei hartnäckigem Oedema pedum fand derselbe die Gassitzbäder ausgezeichnet wirksam. Mehrere seiner Kranken, welche in Folge vorhergegangener katarrhalischer Affectionen an Schwerhörigkeit litten, die mit Sausen, Brausen, Klingen im Ohre verbunden war, verdankten dem anhaltenden Gebrauche der gasigen Ohrdouchen ihre Herstellung.

Meine eigenen, zu Pyrmont sowohl, als an anderen analogen Gasquellen gesammelten Erfahrungen sind der vorausgesendeten generellen Betrachtung der Heilkräfte des Kohlensäuregases einverleibt; auf jene Exposition verweise ich daher nicht nur in der fraglichen Hinsicht, sondern auch in Allem, was die Principe anlangt, nach welchen wir dermalen die Kohlensäure den einzelnen Krankheitsfällen entgegenzustellen haben *).

## *Capitel IX.*

## Meinbergs Gasbäder.

### §. 224.

Das zum Fürstenthum Lippe gehörige Kirchdorf Meinberg ist 1 Stunde von dem Städtchen Horn, 2 von Detmold und 5 von Pyrmont entfernt. Es liegt am Fufse eines mit kräftigen Eichen bewachsenen Berges, dem wegen der, auf dessen Gipfel durch englische Krieger ausgeführten Befestigung **) der Name Schanzenberg beigelegt ward. Von diesem Walle aus öffnet sich dem Auge über viele blühende Ortschaften und üppige Feldmarken eine herrliche Fernsicht, welche die nach Paderborn führende, von den Thurmfelsen der Extersteine ***) scheinbar geschlossene

*) §. 158—169.

**) Der diesfällige Erdbau wurde vom englischen Heere im Jahre 1762 aufgeführt.

***) Diese fünf eng neben einander stehenden, die Heerstrafse kaum hindurchlassenden, riesigen Felskegel, welche zum Theil die Höhe

Kunststrafse durchschneidet. Unterhalb des Dorfes, tiefer am Bergabhange entspringen in der anstofsenden, von einzelnen Hügeln unterbrochenen und von klaren Bächen bebewässerten Thalebene die in Rede stehenden Heilquellen.

Ihre Geschichte reicht nicht weit zurück. Zwar spricht schon Cunäus *) in seinem zu Ende des 17ten Jahrhunderts über Pyrmont erschienenen Werke von denselben, doch blieben sie lange Zeit unbeachtet. Erst während der Regierung des Grafen Simon August, welcher 1782 starb, wurden die fraglichen Quellen einer näheren Aufmerksamkeit gewürdiget, und mit den zu ihrem medicinischen Gebrauche erforderlichen, späterhin immer mehr erweiterten, anjetzt wesentlich vervollkommneten Gebäuden versehen **).

von 125 Fufs erreichen, sind den Naturforschern wie den Antiquaren noch ein Räthsel. Clostermeier giebt in seiner Schrift (der Egesterstein im Fürstenthum Lippe. Lemgo 1824.) ausführliche Kunde von denselben. Ueber dem einen schwankt in luftiger Höhe ein gewaltiger, bei starken Windstöfsen bewegter Felsblock, welcher seit Menschengedenken seine Lage nicht verläfst. Am Gipfel des andern, durch angebrachte Geländer und kleine Treppen jetzt sicher zu besteigenden, befindet sich eine halbbedeckte, viereckige, 18 Fufs lange und 10 Fufs breite, in den Sandsteinfelsen gehauene Kapelle. Die dem kleinen, ebenfalls aus dem Felsen gebildetem Altare zunächst liegende Wand ist über demselben mit einer regelmäfsigen runden Oeffnung versehen, in welche, wie man versichert, die Vollmondscheibe zu bestimmten Zeiten genau eintritt, wodurch die Vermuthung entstand, dafs der Hauptsitz des altdeutschen Lichtdienstes hieher zu versetzen sei. Der Fufs des am meisten westlich gelegenen Felskegels ist zu einer geräumigen Einsiedelei ausgehöhlt, vor deren Eingange man die Kreuzabnahme in lebendes Gestein eingehauen erblickt. Styl und Ausführung deuten auf die Wiegenzeit der Kunst. Eine von Rauch besorgte Zeichnung dieses interessanten Sculpturwerkes theilte Dr. Menke in seiner Monographie über die Extersteine (Münster 1823) mit; an derselben vermisse ich die links vom Beschauer neben dem Basrelief angebrachte und im Jahre 1832 noch deutlich erkennbar gewesene Figur des schlüsselhaltenden Petrus, welcher den Eingang der Zelle bewacht, in deren Hintergrunde man ehedem ein heiliges Grab gezeigt haben soll.

*) Andreas Cunäus Beschreibung des Pyrmonter Sauerbrunnens 4te Aufl. 1699.

**) Brandes, die Mineralquellen Meinbergs. Lemgo 1832. p. 220—221.

Unter den dasigen Brunnenärzten, welche sich bleibende Verdienste um den Kurort erwarben, haben wir Trampel, Scherf und Piderit zu nennen.

§. 225.

Die Mineralquellen Meinbergs kommen offenbar aus Alluvialterrain zu Tage, scheinen aber, gleich mehreren mit denselben verwandten Emanationen, ihre Entstehung entlegeneren, vulkanischen Heerden zu verdanken, denn wenngleich der ganze Landstrich nach Brandes *) unleugbar das Gepräge neptunischer Formation an sich trägt, so deuten doch in der Entfernung weniger Stunden vorkommende Gluthüberreste, und namentlich emporgehobene Basalte **) auf die plutonische Natur der tieferen Erdschichten. Es fliefsen demnach die betreffenden geognostischen Verhältnisse, im Wesentlichen, mit jenen der Pyrmonter Quellen zusammen ***), und sind nur in untergeordneter Beziehung, nur dadurch von denselben unterschieden, dafs die in Rede stehenden Gasströmungen nicht, wie ihre Nachbarinnen, aus älterem buntem Sandsteine, sondern aus noch jüngeren Flötzgebirgslagen, aus Keuper hervorbrechen.

§. 226.

In dem erwähnten Thale sowohl, als in dessen Umgebungen treffen wir auf verschiedenartige Mineralwasser. Die gypshaltige, nur wenig Kohlensäure führende, so wie die $\frac{1}{4}$ Stunde von Meinberg aufstofsende Schwefelquelle, den schwachen Säuerling des Bollenberges und das in der Entfernung einer Stunde, am Fufse des Essenberges hervortretende Soolwasser übergehen wir, um die an Kohlensäure weit reicheren und wegen dieses Gases besonders in Gebrauch gezogenen Emanationen des Alt- und Neubrunnens genauer zu betrachten. Beide letztgenannten, auch zu Trink- und Badekuren vortheilhaft benutzten Heilquellen kommen allgemeinhin mit den leichteren salinischen Eisensäuerlingen überein, und zeichnen sich im Ganzen weniger durch die Menge des dem Wasser einverleibten, als durch jene des freien Kohlensäuregases aus. Zufolge

*) Brandes l. c. p. 46—172.

**) Brandes l. c. p. 431—437.

***) Vergl. §. 200.

der neuesten Untersuchungen enthalten 100 Kubikfufs Altbrunnenwasser 131,217 Kubikzoll Kohlensäure, und 100 Kubikfufs Neubrunnenwasser 90,00 Kubikzoll dieser Luftart *). Vordem sollen die beregten Ausströmungen überhaupt weniger reich an Kohlensäure gewesen sein, und in der fraglichen Hinsicht erst später, theils durch die Vereinigung mehrerer, vereinzelter, kleinerer Emanationen des Altbrunnens, theils dadurch viel gewonnen haben, dafs man am Neubrunnen tiefe, von Sandsteinschichten bedeckte Gasbehälter eröffnete **). Es geschah dies auf eine merkwürdige Weise.

Um bei der vergröfserten Frequenz des Kurortes mehr Mineralwasser zu Tage zu fördern, wurde zu Ende des vorigen Jahrhunderts, an der Stelle des ohnehin schon tief gelegenen Altbrunnens, ein Schacht niedergeteuft. Die Arbeit konnte nur unter fortwährender Thätigkeit von Wasser- und Gaspumpen betrieben werden. Nachdem man bis etwa 40 Fufs tief gelangt war, und hier eine Menge aufspritzender Wasserquellen und erweiterter Gasadern vorfand, wurde ein fester hölzerner Kasten ohne Boden, aus dessen Deckel 3 Röhren aufstiegen, niedergesenkt, in seiner Lage gehörig befestiget und hierauf der Schacht wieder mit Thon verstampft. Bald strömte eine grofse Menge Luftsäure aus den aufgesetzten Holzröhren hervor. Das kürzeste unter denselben wurde zur Verstärkung des sich wieder ansammelnden Mineralwassers bestimmt. Die beiden anderen, deren man sich anfänglich zur Reinigung des versenkten Gasfanges bedienen wollte, speisen jetzt verschiedene pneumatische Apparate ***). — Da jenes Unternehmen nur den Gas-, aber nicht den Wasserreichthum vermehrt hatte, so wurden in der Nähe des Altbrunnens Bohrversuche angestellt, durch welche (1801) der Neubrunnen entstand. Als hiebei der Erdbohrer 45 Fufs tief durch Thon,

*) Brandes l. c. p. 289 und 300.

**) Brandes (l. c. p. 277 u. 299) nimmt neben dem kohlensauren Gase im Altbrunnen noch 0,505 Kubikzoll Stickgas und 0,083 Sauerstoffgas, und im Neubrunnen noch 1,09 Stickgas und 0,16 Sauerstoffgas an, welche indefs wohl nur als constituirende Theile der dem Sauerwasser beigemischten Atmosphärenluft anzusehen sind.

***) Brandes p. 222—227 und Piderit p. 6—12.

Mergel und Sandstein vorgedrungen war, stürzte unter heftigen, mit donnerähnlichem Geräusch begleiteten Explosionen eine ungeheure Menge gasigen Wassers hervor, welches sich in einem 4½ Zoll dicken Strahle nach Art einer artesischen Springquelle 27 Fuſs hoch erhob, faustgroſse Steine emporschleuderte, und den Brunnenplatz mit so viel Luftsäure überzog, daſs die Arbeiter sich auf einige Zeit entfernen muſsten *). Nachdem das Bohrgestänge herausgezogen, und unter vielen Behinderungen ein hölzernes Rohr eingerammt war, nahm zwar die ursprüngliche Heftigkeit des Stromes ab, doch entleerte sich das Gas fortan mit nicht unbeträchtlicher Gewalt. Wie groſs diese auch späterhin verblieb, beweist der Umstand, daſs man den Luftstrahl aus horizontal geleiteten, ⅞ Zoll im Lichten haltenden Röhren, noch 20 Fuſs von der Ausströmungsmündung deutlich fühlt, daſs derselbe in der Entfernung von 16 Fuſs die Flamme eines Kerzenlichtes auslöscht **), und daſs die mittelst abgezweigter, enger Röhren an 100 Fuſs weit zum Badehause geführte Quellenluft Wassersäulen von 6 bis 8 Fuſs Höhe zu überwinden vermag.

## §. 227.

### Gesammtmenge des ausströmenden Gases.

Schwankend verhält sich die Ergiebigkeit der aufschwebenden Gasmassen. Diese kommen nämlich auch hier ***) Morgens, Abends und bei bevorstehenden Gewittern erheblich vermehrt, zur Mittagszeit, wie bei groſser Kälte auffallend verringert vor, und nehmen bisweilen plötzlich ein ganz ungewöhnlich hohes oder niedriges Niveau an. Beständiger zeigt sich dagegen die Entbindung an den Communicationsröhren der unter dem Erdboden abgeschlossenen Behälter, indem das aus denselben entweichende Gas zu jeder Tageszeit, und bei noch so schroffen Witterungs-

*) Die Erhebung des Strahles betrug vom Brunnenbassin aus 27 Fuſs, rechnet man dazu 45 Fuſs Tiefe des Bohrlochs, so stieg derselbe 72 Fuſs hoch. Vergl. Brandes l. c. p. 231.

**) Brandes l. c. p. 230—235. und Piderit l. c. p. 13—15.

***) Piderit l. c. p. 22—23.

veränderungen, stets in fast völlig gleicher Quantität hervortritt.

Als die beträchtlichste moffetenartige Emanation Meinbergs haben wir die des Altbrunnens zu betrachten. Es eignen ihn hiezu sowohl seine tief gesenkte Lage, als der äufsere Störungen bedeutend abhaltende Ueberbau. Gewöhnlich steigt die Gasschicht bis zur Höhe von 3 Fufs, bisweilen erhebt sich dieselbe jedoch so bedeutend, dafs sie selbst die obersten, um die Quelle angebrachten Sitze einnimmt und zuletzt, über die Thürschwelle hinwegfliefsend, den ganzen Brunnenplatz mehrere Zoll hoch deckt *).

Offenbar die gröfste Menge kohlensaurer Luft kommt aus den Röhren der versenkten Gasbehälter zu Tage. Jenen des Altbrunnens entströmen binnen jeder Minute 14, und denen des Neubrunnens 6 Kubikfufs Kohlensäure. Aus den Röhrenzügen beider Quellen werden hiernach in jeder Minute 20, und täglich 28,800 Kubikfufs Luftsäure emporgetrieben **).

Brandes meint, dafs die Mächtigkeit des aus sämmtlichen Quellen des Kurorts und der unmittelbarsten Nachbarschaft aufstofsenden Gases täglich viele Tausend Pfund betrage ***).

## §. 228.

### Temperatur des Quellengases.

Auffallend unterscheidet sich das Temperaturverhalten der auf den Quellenspiegeln ruhenden Moffeten von jenem des aus den eingerammten Röhren empordringenden Gases.

Der Wärmestand der äufseren Gaslagen, welcher an allen ähnlichen, von Meteoreinflüssen in hohem Grade mitabhängigen Ansammlungen überhaupt sehr beweglich ist, unterliegt an den in Rede stehenden besonders haufig Veränderungen †). Es mag der Grund hiervon darin liegen, dafs das betreffende, aus oberflächlicheren, jüngeren, mit der Atmosphäre noch in naher Gemeinschaft

*) S Brandes l. c. p. 302. und Piderit l. c. p. 24. und 25.

**) Piderit l. c. p. 20—22.

***) Brandes l. c. p. 439.

†) Brandes l. c. p. 27 und 293.

stehenden Erdschichten hervortretende, Mineralwasser schon an und für sich zwischen + 5° und + 11° R. schwankt, während andere kohlensaure Wasserströmungen aus tieferen, durch ältere Gebirgsarten geschützteren Heerden unter allen Witterungsverhältnissen mit immer fast ganz gleicher Temperatur aufsteigen *). Uebrigens erscheinen die Meinberger Moffeten, gleich anderen analogen Strömungen, stets bei heifsem Wetter kühler und bei kaltem, dem Gefrierpunkt angenähertem, merklich wärmer als die Atmosphärenluft.

Das Temperaturverhalten der aus den Röhrenzügen zu Tage kommenden Gasströme zeigt, verglichen mit dem der Moffetenschichten, weit gröfsere Beharrlichkeit. Interessant sind in dieser Hinsicht Piderits Beobachtungen **). Sie ergaben, dafs die Wärme des Gases da, wo dasselbe nahe den Quellen, unmittelbar aus den Röhrenmündungen hervordringt, auch bei noch so verschiedener Atmosphärenbeschaffenheit, im Winter, wie im Sommer, fast ohne alle Schwankung + 7° R. beträgt.

## §. 229.

### Analyse des Gases.

Brandes und Piderit fanden, dafs die betreffenden gasigen Emanationen aus einem Gemisch von kohlensaurer und atmosphärischer Luft bestehen. Die auf einer Durchreise vom Hofrath Mundhenk, Medicinalrath Krüger und von mir angestellten Versuche bestätigten jene Annahme und erwiesen zugleich, dafs die fraglichen Gasemanationen, ihrem allgemeinen Verhalten gemäfs, ungefähr eben so viel Wassertheilchen als die Pyrmonter mit sich führen ***). Von Hydrothiongas, welches früherhin, bevor man noch die Quellen vollständig gereiniget und gefafst hatte, nach dem Urtheile mehrerer Chemiker mit jenen Strömungen verbunden war, konnten wir nicht die geringste Spur auffinden †).

*) §. 208.

**) S. Piderit p. 19.

***) S. Pyrmont.

†) Die Versuche wurden am 23. August 1832 bei umzogenem Himmel und kühlem Wetter ausgeführt.

Was die Dilutionsverhältnisse der austretenden Kohlensäure durch gemeine Luft betrifft, so scheinen dieselben hier, wie an anderen verwandten Emanationen, hauptsächlich von der verschiedenen Zugänglichkeit der Atmosphäre abzuhangen. — Die auf dem Wasserspiegel der fraglichen Quellen ruhenden Gasschichten enthalten daher ebenmäfsig weniger Kohlensäuregas, als ihre Straten sich der über denselben ausgebreiteten reinen Atmosphärenlage mehr und mehr nähern. Brandes fand *), dafs die freie Gaslage des Altbrunnens, tief am Boden geschöpft, aus 80 Procent Kohlensäure und 20 Procent Atmosphärenluft zusammengesetzt war, dafs ihr Gemisch schon in der Nähe der mittleren Stufen des die Quelle umgebenden Amphitheaters rasch an Gasgehalt verlor, und dafs die fragliche Moffete am obersten Sitze aufgefangen nur 2 Procent kohlensauren Gases abgab **). Von meinen Reisegefährten und von mir mittelst eines in 140 Grad getheilten Glasröhrchens unternommene Prüfungen wichen, wozu vielleicht nur die Wandelbarkeit der Gasschicht beitrug, von dem eben bezeichneten Resultate insofern ab, als das am Boden geschöpfte Luftgemenge nur aus 80 Volumtheilen kohlensaurer und 60 Volumtheilen atmosphärischer Luft bestand. Weit beständiger in ihren Mischungsverhältnissen und zugleich um Vieles concentrirter als die aufschwebenden Gaslagen erschienen die aus tiefen Behältern durch Röhrenzüge aufsteigenden Emanationen, denn als Piderit zu wiederholten Malen das Gas derselben in einer 100gradigen Gasröhre gesammelt hatte, resorbirte die Aetzammoniak-Flüssigkeit stets 99 Theile und liefs nur 1 Volumtheil gemeiner Luft zurück ***).

## §. 230.

### Ortsatmosphäre.

Vermöge der Lage Meinbergs in einer Gegend, welche die Beschaffenheit flacher Abhänge eines hügligen Landes

*) Brandes l. c. p. 303.

**) Vergl. §. 210.

***) Piderit l. c. p. 16 u. 17.

besitzt, werden Imprägnirungen der Atmosphäre mittelst kohlensauren Gases weniger begünstiget, als es der Fall wäre, wenn Ringgebirge den Kurort einschlössen. Dessen unerachtet können die statt findenden enormen Gasausscheidungen, welche, wie schon erwähnt, blos am Alt- und Neubrunnen binnen 24 Stunden 28,800 Kubikfufs betragen und in der Gegend allgemeinhin täglich auf mehrere Tausend Pfund veranschlagt werden, schwerlich ohne alle Beziehung zur Atmosphärenmischung bleiben. Selbst die für derartige feinere Untersuchungen noch immer unzulängliche Eudiometrie bestätigte jene Vermuthung, da man, und zwar bei ganz gewöhnlichem Verhalten der Emanationen am Brunnenplatze, in 100 Volumtheilen aufgesammelter Luft 1,5 Volumtheile Kohlensäure entdeckte, und auch fern von diesem, in derselben noch überschüssige, zwar geringe, jedoch bemerkbare Spuren der fraglichen Gasart antraf*). Mehr noch als alle chemischen Zerlegungen spricht für jene Annahme der eigenthümliche, schon oft geschilderte Einflufs der Ortsatmosphäre auf das Nervensystem. Diesen empfinden fast alle Ankömmlinge, besonders während der ersten Tage ihres Aufenthalts hier in ganz gleicher Weise wie an den übrigen, hinlänglich ergiebigen kohlensauren Quellen**).

## §. 231.

### Pneumatische Einrichtungen.

Schon im Jahre 1777 wurde das Quellengas zu Sitz- und Douchebädern verwendet. Behufs der ersteren bedeckte man den Altbrunnen, in einem geringen Abstande vom Spiegel, mit Bohlen, und umgab denselben bis zur Höhe von 6 Fufs mit 3 Reihen terrassenförmig über einander gelegter bretterner Stufen, deren oberste einen Kreis von ungefähr 18 Fufs im Durchmesser bildete. Aus mehreren an jener Bohlendecke und an den Sitzen angebrachten Oeffnungen drang die Quellenluft moffetenartig empor. Ueber das ganze Amphitheater wurde ein geräumiges, noch bis jetzt gut erhaltenes Brunnenhaus erbaut, von dessen Fufs-

*) Vergl. §. 214. und Brandes l. c. p. 304.
**) §. 138.

boden man zu den Kreissitzen hinabsteigt. Bei meinem vorerwähnten Besuche konnte ich nebst meinen Begleitern auf der untersten Bank nicht Platz nehmen, indem uns hier beim Niedersetzen unverzüglich Druck im Kopfe und Brustbeklemmungen befielen. Als wir in dem untersten Raume aufrecht standen, empfand jeder binnen wenigen Minuten an den Unterextremitäten, so wie am Unterleibe die eigenthümliche Wärme, welche der Contact mit kohlensaurem Gase gewöhnlich hervorbringt *). Dasselbe Gefühl entstand, jedoch in geringerem Grade, wenn wir uns auf die oberen Stufen niederliefsen, wobei aber Kopf und Lungen noch nach einer Viertelstunde vollkommen frei geblieben waren. —

Insofern das eben beschriebene Gasbad überhaupt, und selbst dessen höchste Kreissitze unter dem Niveau des Brunnenplatzes liegen, welcher überdies noch von einer beträchtlichen Erdumwallung eingefafst ist, trägt die fragliche Einrichtung mehrere schon früher erörterte Nachtheile an sich **). Aufser den Sitzbädern befand sich in dem bereggten Brunnenhause auch eine Douche, deren Schlauch das Quellengas an 20 Fufs hoch bis in die Nähe eines kleinen vom Rande des Daches nicht entfernten Fensters aufsteigen liefs, wo ein Sessel angebracht war, zu welchem eine schmale Treppe führte. Aus der Canüle jener, vorzugsweise zu Ohrdouchen bestimmten Leitung drang das Gas bei Eröffnung des Hahnes ungemein lebhaft hervor, trübte Kalk und Barytwasser beträchtlich, und brachte, in das Ohr geleitet, durch seine Kälte (+ 8° R.), wie durch die Heftigkeit der Bewegung, eine widrige, mit Sausen, Brausen und Zischen verbundene, fast schmerzhafte Empfindung hervor. —

Hofrath Scherf empfahl im Jahre 1794 eine Vorrichtung zu Senkbädern, durch welche der ganze Körper mit Ausschlufs des Kopfes in den concentrirten Dunstraum des eben beschriebenen Amphitheaters eingelassen werden sollte***). Da indefs hiebei tiefere Einsenkungen mit Erstickungsge-

*) §. 140.

**) §. 152.

***) Piderit l. c. p. 8.

fahr verbunden blieben, nnd oberflächliche nur den Erfolg gewöhnlicher Sitzbäder herbeiführten, so verliefs man diese zugleich sehr umständliche Anwendungsform schon seit langer Zeit.

Als der Neubrunnen zu Ende des vorigen Jahrhunderts gewonnen war, deckte man sein Bassin mit einer Bretterlage, liefs in dieselbe eine Gasbadewanne einfügen und das Ganze mit einem Zelte überbauen *). Dieser Anstalt bediente sich besonders Dr. Gellhaus und seiner Versicherung nach mit grofsem Nutzen; sie wurde indefs durch spätere, angemessenere Einrichtungen verdrängt.

Seit dem Jahre 1835 ist Meinberg mit sehr vollständigen, nach Piderits Angabe besorgten, pneumatischen Apparaten ausgestattet. Die aus den Röhren des Alt- und Neubrunnens aufsteigende Quellenluft liefs man nach dem Badehause leiten, und benutzte sie hier zu trockenen sowohl, als mit Wasserdämpfen versetzten Gasdouchen, zu Gas-Dampf-, zu Sprudelbädern und zur geregelten Speisung ausschliefslich für Inhalationskuren bestimmter Gaskabinette. Das Nähere über die betreffenden Vorrichtungen **) erhellt aus der allgemeinen im Vorhergegangenen, hinsichts sämmtlicher Anwendungsformen des Kohlensäuregases, aufgestellten Erörterung ***). — Ob übrigens der zur Erwärmung trockener Gasdouchen dienende, einfache, sehr leicht mit jedem Leitungsrohre zu verbindende Apparat, wie ihn Pyrmont besitzt †), zu Meinberg eingeführt ist, blieb mir unbekannt; ich halte denselben deshalb für beachtungswerth, weil kaltes Quellengas nicht unter allen Umständen gut vertragen wird, und weil dessen Erwärmung durch heifse Wasserdämpfe einzelnen gegen Feuchtigkeit ungewöhnlich empfindlichen Kranken nicht zusagt.

## §. 232.

Nach Trampel's, Scherf's, Gellhaus und Piderit's Erfahrungen bewährte sich die Meinberger Quellenluft, so-

*) Brandes l. c. p. 239.

**) Genau beschrieb sie Piderit in seiner Monographie über Meinberg l. c. p. 37—50.

***) §. 153—157.

†) §. Pyrmont.

wohl allein, als auch in Verbindung mit anderen Heilmitteln vorzugsweise bei allgemeiner Schwäche, bei Hautatonieen, Lähmungen, Krämpfen, in passiven, auf Kachexie beruhenden Blutungen, bei mannigfachen, aus gesunkener Thätigkeit der Respirationswerkzeuge hervorgehenden Brustbeschwerden, bei Schleimflüssen, bei verringerter Erregbarkeit des Sexualsystems, bei rein nervöser Amblyopie und derartigen Gehörfehlern, so wie bei torpiden und von scorbutischer Dyskrasie bedingten Geschwüren. Insofern die Wirkung des fraglichen Gasgemisches mit jener der anderen analogen Emanationen übereinkommt, können wir bezüglich der diesfälligen Indicationen und Contraindicationen sowohl, als hinsichts der Principe, nach welchen dasselbe jedem einzelnen Kranken anzupassen ist, nur auf die betreffende, im Vorhergegangenen bereits ausführlich mitgetheilte Exposition zurück verweisen *).

## *Capitel X.*

## Driburgs Gasbäder.

### §. 233.

Das Städtchen Driburg liegt wenige Meilen von Paderborn in einem von waldbedeckten Ringgebirgen begrenzten, 300 Fufs über dem Wasserspiegel erhobenem Thale. Ihm ganz nahe befinden sich mehrere schon im 16ten Jahrhundert gekannte **) gasige Mineralquellen mit allen zur Aufnahme und Pflege von Kurgästen erforderlichen, seit dem Jahre 1782 eben so zweckmäfsig als freundlich ausgeführten Gebäuden.

Bezüglich der geognostischen Verhältnisse schliefsen sich die betreffenden Emanationen an jene Pyrmonts und Meinbergs, an, mit welchen sie aus einem und demselben Hauptgebirgszuge hervorbrechen. Die das Thal umgürtenden Höhen bestehen aus Muschelkalkstein mit Beimischung dolomitischer Massen. Tiefer trifft man auf Thon, Mergel,

*) §. 158—169.

**) S. L. Thurneyser newer Wesserschatz. Frankf. 1593. p. 389.

auf eisenschüssigen bunten Sandstein und silberfarbigen Glimmer. Der geschlossene Thalgrund, aus dem sich einst die Wasserfluthen am spätesten verzogen, ist mit mächtigen an vielen Stellen 12 Fuſs hohen, fast durchgehends von Kohlensäuregas durchstrichenen Torf- und Moorlagern gedeckt.

§. 234.

Ueber die Bestandtheile der fraglichen Quellen gaben Nessel und Sunderland im Jahre 1714 die erste Nachricht. Gemäſs der späteren von Gmelin, Westrumb und Du Mesnil unternommenen Analysen gehören die beregten Mineralwasser zur Reihe der kräftigsten, erdig-salinischen Eisensäuerlinge Deutschlands. Osann zählt 9 verschiedene Quellen auf, von welchen indeſs einige über eine Stunde weit vom Kurorte entfernt liegen *). Aus ihrer Gruppe werden der Trinkbrunnen, dessen Temperatur + 8° R. beträgt, so wie die mit demselben sehr übereinstimmenden Quellen des alten Badehauses und des Armenhauses am meisten in Gebrauch gezogen.

In 100 Kubikzoll Wasser des Trinkbrunnens sollen nach Westrumb und Gmelin 175, ja 200 Kubikzoll Kohlensäure **), nach Du Mesnil aber nur 41,65 Kubikzoll der fraglichen Luftart enthalten sein ***). So weit der Augenschein, so weit besonders das häufige Aufspritzen kleiner Luftbläschen an der Oberfläche des frisch geschöpften Wassers, und das ungewöhnlich lang andauernde Perlen desselben zu einem Urtheile über den Gasreichthum berechtigen, darf man wohl annehmen, daſs derselbe zwischen den Extremen jener Untersuchungs-Ergebnisse mitten inne stehe.

Als eine besondere Eigenthümlichkeit der betreffenden Säuerlinge wird es betrachtet, daſs die mit dem Wasser verbundene Gasmasse ungemein fest an demselben haftet. Suadicani glaubt dies schon deshalb annehmen zu dürfen, weil er das Kohlensäuregas sogar durch sechsstündiges gelindes Kochen nicht ganz aus dem Mineralwasser ver-

*) Osann Darstellung der Heilquellen B. II. p. 445. 447.
**) S. Suadicani in Hufeland's Journal B. 14. St. 2. p. 11.
***) S. Sobernheim Deutschlands Heilquellen p. 4.

treiben konnte, und weil die aus demselben bereiteten warmen Bäder, wie auch Münich beobachtete, nach dreiviertelstündigem Gebrauche noch immer den ganzen Körper mit Luftbläschen bedeckten *).

§. 235.

Vollkommen freie Luftsäure wird nicht nur aus sämmtlichen, vom Gase stark brodelnden Wasserquellen, sondern auch vielfältig aus dem weit gedehnten Moorlager abgeschieden. — Aus dem Trinkbrunnen allein entwickeln sich, zu Folge Suadicani's Messungen, allstündlich 250 Kubikfufs, mithin täglich an 6000 Kubikfufs kohlensauren Gases **). An der tief gesenkten Quelle des alten Badehauses steigt die über dem Wasserspiegel schwebende Moffete mehrere Fufs hoch empor. In der Nähe des Bullerbornes vernimmt man fortwährend ein unterirdisches, dem siedenden Wasser ähnliches Getöse und überall, wo das ihn umgebende Moorlager aufgegraben, oder auch nur mit einem Stock angebohrt wird, strömt zischend Kohlensäuregas hervor, welches, wenn sich dergleichen Vertiefungen mit Wasser füllen, demselben sogleich eine wallende Bewegung mittheilt. Brandes fand die Luftsäure - Ausscheidungen auf der, unfern von Driburg, bei Isturp gelegenen Wiesenfläche so beträchtlich, dafs dieselbe mehrere an 30 Fufs hohe Schlammhügel aufgeworfen hatte ***).

§. 236.

Man bedient sich der Driburger Eisensäuerlinge vielfältig zum Trinken und Baden. Merkwürdig ist es, dafs der günstige Erfolg dieser Kuren von einigen Aerzten fast ausschliefslich den festen Bestandtheilen und vorzugsweise dem Eisengehalte der Quellen zugeschrieben wird. Jede auch nur flüchtige Erwägung des Einflusses der Luftsäure führt indefs, und zwar um desto bestimmter zu einer anderen Ansicht, als sich gerade die fraglichen Mineralwasser durch ihren Reichthum an gebundener und freier Luftsäure ganz besonders auszeichnen. In jener unzulänglichen therapeutischen Schätzung des Quellengases liegt vielleicht

*) S. Hufeland's Journ. B. 14. St. 2. p. 13.

**) S. Hufeland's Journ. B. 14. St. 2. p. 11.

***) Brandes über Meinberg p. 425.

auch der Grund, dafs hinsichts der zum isolirten Gasgebrauche erforderlichen Einrichtungen an dem fraglichen Kurorte noch so viel zu wünschen übrig bleibt.

Anlangend die gasigen Wasserbäder, so hat man zwar, um ihren Kohlensäuregehalt möglichst zu schonen, die Wannen wie in Pyrmont durch Röhrenleitungen, welche sich am Wannenboden öffneten, zu füllen gesucht, stand indefs bald hiervon ab, weil fast alle Individuen, selbst nach kurzen Bädern, jedesmal von Kopfweh und Brustbeklemmungen befallen wurden. Die in den dasigen, mit starken Thürschwellen versehenen Badegemächern vertheilten, sehr geräumigen Wannen sind so tief versenkt, dafs der Fufsboden kranzförmig über ihren oberen Rand herüberragt. Indem sich nun hiebei während beträchtlicher Ausscheidung des Gases concentrirte Moffeten ansammelten, die bis zur Höhe aufstiegen, in welcher im Bade Sitzende athmen, konnten jene Folgen leicht eintreten. Durchaus nothwendig ist es daher, wenn man den heilsamen, intensiveren Einflufs der Luftsäure auf das Hautsystem benutzen will, derartige Anstalten so einzurichten, dafs austretende Gastheile stets einen leichten Abflufs finden *).

Behufs der isolirten Anwendung der Kohlensäure sah ich zu Driburg im Jahre 1809 keine weitere Vorrichtung, als ein zu Gassitzbädern bestimmtes, enges Gemach. Dasselbe befand sich im alten Badehause. Man hatte hier den Wasserspiegel des Eisensäuerlings mit einem bretternen, an mehreren Stellen durchlöcherten Boden bedeckt, zu welchem eine Treppe hinabführte. In dem tief gesenkten, beschränkten und von allen Seiten mit hohen Wänden eingeschlossenen Raume sammelt sich die Quellenluft gewöhnlich bis zu einer 2 Fufs hohen Schicht, welche alle schon beschriebenen Eigenschaften ähnlicher kräftigen Moffeten an sich trägt **). — Den an Ort und Stelle eingezogenen Erkundigungen zu Folge soll dieses nicht nur mangelhafte, sondern bei der Wandelbarkeit derartiger, in geschlossenen Räumen bisweilen sehr hoch aufsteigender Gaslagen auch

*) §. 155.

**) Vergl. §. Pyrmont und Meinberg.

gefährliche Bad dennoch seit vielen Jahren gegen Menostasieen und Gichtbeschwerden, besonders von Landleuten der Umgegend, und zwar oft mit Nutzen gebraucht werden. — Eines interessanten hierher gehörigen Heilungsfalles erwähnt Brandes *) mit folgenden Worten: Es hatte eine Dame, welche gegen Gicht in den Gelenken der Fufsknochen, die ihr das Gehen äufserst beschwerlich machte, und wobei der leidende Fufs beständig kalt war, laue Eisenbäder vergeblich angewendet und konnte den Brunnen durchaus nicht vertragen. Sie nahm daher das Gasbad, ohne sich irgend einer Arzenei zu bedienen. Nachdem dies 4 oder 5 Mal geschehen war, zeigte sich wieder Wärme in dem Fufse. Allmälig verschwanden auch die Schmerzen und nach 14 Tagen war die Kranke vollkommen hergestellt. Während der Kur hatte man im Urin, welcher vor und nach der Gasanwendung klar erschien, einen häufigen, weifsen Bodensatz bemerkt.

Da seit meinem Besuche Driburgs bereits eine lange Zeit verstrichen ist, so ersuchte ich den dasigen Bademedicus Herrn Dr. Brück, mich über die gegenwärtig vorhandenen pneumatischen Apparate zu unterrichten, erhielt aber von demselben die Nachricht, dafs unerachtet aller, seinerseits unternommenen Schritte, bis dahin äufsere Verhältnisse jede diesfällige, zeitgemäfse Vervollkommenung behindert hätten, und dafs der Kurort aufser dem bereits erwähnten Gasbade keine anderweitige Gelegenheit zur luftförmigen Anwendung des Gases darböte **). Gewifs ist dies um so mehr zu bedauern, als in dem fraglichen Thale sowohl durch Absperrung der Quellenspiegel, als durch Eröffnung unterirdischer Luftbehälter, mittelst Anbohrungen der oberen Erdlager, unfehlbar jedem ärztlichen Zwecke entsprechende Gasleitungen leicht zu bewerkstelligen wären.

*) Anleitung zum Gebrauche des Driburger Bades und Brunnens. Münster 1792. p. 106.

**) Die Briefe, welche ich der Güte meines geehrten Collegen verdanke, sind vom 6. Mai 1836 und vom 2. Februar 1837 datirt.

## *Capitel XI.*

# Kissinger Gasbad.

§. 237.

Das von alten Gräben, Mauern und Thürmen eingefaſste Städtchen Kissingen liegt im Untermainkreise des Königreichs Baiern, 6 Meilen von Würzburg entfernt. Nachweislich war dasselbe schon im 9ten Jahrhunderte von Salzhütten umgeben.

Die Mineralwasser des fraglichen Kurorts zeichnen sich durch ihren Kochsalzreichthum und durch ihre beträchtliche, jedoch nicht allen Quellen in völlig gleichem Maſse zugetheilte Quantität kohlensauren Gases aus. Der Ragozi- und Pandurbrunnen enthalten augenscheinlich eine etwas geringere, der Maximilianbrunnen eine beträchtlichere, und der im unteren Salinengebäude dicht neben anderen Soolquellen befindliche runde Brunnen die gröſste Menge sowohl gebundener, als freier Luftsäure.

Für den tiefen Ursprung der beregten Säuerlinge spricht ihre im Winter, wie im Sommer sich gleich bleibende + 9½ Grad R. betragende Temperatur *).

§. 238.

Unter den diesfälligen Emanationen haben wir die gasreichste, die der runden Quelle, vorzugsweise zu betrachten. Seit ihr Luftgemisch zu ärztlichen Zwecken und besonders zur Heilung von Gesichtskrankheiten benutzt wird, erhielt sie den Namen auch des Gas- oder Augenbrunnens. Im Jahre 1822 unterwarf man dieselbe wegen unzulänglicher Ergiebigkeit Bohrversuchen, nach welchen das Soolwasser aus einer Tiefe von 298 Fuſs, durch bunten Sandstein, mit gewaltigem Ungestüm hervorbrach, und von Zeit zu Zeit wieder in die Tiefe versank. Anfänglich erschien diese Ebbe und Fluth sehr unregelmäſsig, während der letzteren Jahre dagegen mehr in bestimmten Zeitabschnitten, und zwar, wie

*) Nur in der seit dem Jahre 1778 durch Bohrung auf der unteren Saline gewonnenen Soolquelle steigt das Thermometer bis + 16½ ° R.

Dr. Maas angiebt, so, dafs jedes Mal nach ungefähr 2 Stunden einige unterirdische Schläge zu hören sind, welchen unverzüglich ein Sinken der Wassersäule folgt, die binnen 15 Minuten an 15 Fufs tief zurücktritt, dann sogleich von neuem zu steigen anfängt, bis ihr Spiegel in ½ Stunde den ursprünglichen Höhestand wieder erreicht *). Die Quantität der durch das fortwährend brodelnde Soolwasser empordringenden Luftsäure ergiebt sich ungefähr daraus, dafs nach völligem Wiedererscheinen der Wassersäule auf der Oberfläche derselben eine gewöhnlich 3 Fufs starke Gasschicht entsteht **). Während des Sommers 1835 soll diese indefs, gemäfs der von Augenzeugen mir gemachten Mittheilung, die Höhe von 1½ Fufs nicht überschritten haben. Am meisten erhebt sich die beregte Moffete zur Morgenzeit ***). Nach ihrem äufseren Verhalten †) kommt sie mit den bekannten kräftigeren Kohlensäure-Emanationen vollkommen überein. Analysen des betreffenden Quellengases sind meines Wissens nach nicht unternommen.

## §. 239.

### Pneumatische Einrichtungen.

Früherhin hatte man den Kranz des Gasbrunnens mittelst einer hölzernen, mehrfach durchbohrten Bretterlage bedeckt und auf dieser einige Sitze besorgt. — Zu Folge der neuesten vom Herrn Dr. Balling auf meine Bitte mir ertheilten Nachricht ††), sind anjetzt (1836) zweckmäfsigere Einrichtungen projectirt, aber noch nicht zur Ausführung gebracht. Alles, was vorläufig geschah, besteht, jener Mittheilung gemäfs, darin, dafs die Ausströmungsmündung mit einem hohen Vorhange umgeben, und in der schon erwähnten Weise, jedoch genauer abgesperrt wurde, dafs ferner die Quellenluft vermöge eines in die Bohlendecke eingelegten Rohres nach einer Badewanne, und aus mehreren Bohr-

*) S. Dr. Maas, Kissingen und seine Heilquellen. Würzburg 1830. pag. 34.

**) Ibid. p. 35.

***) S. Gräfe's Journ. B. 24. p. 94.

†) Ibid.

††) Ibid. p. 92—100.

löchern nach den Kranken hingeleitet wird, welche unmittelbar über diesen Oeffnungen sitzend oder stehend Platz nehmen.

## §. 240.

### Therapeutische Benutzung.

Schon seit längerer Zeit bediente man sich des Kissinger Quellengases auf mannigfache Art. — Bei Krankheiten der Augen, besonders bei amblyopischen Affectionen, wurde dasselbe, in Wännchen oder Gläser gefüllt, an den Augapfel gebracht. Gehörschwache suchten es durch Trichter in den Gehörgang zu leiten. An rheumatischen, gichtischen, paralytischen Zufällen Leidende liefsen das Gas mit Eimern schöpfen, um die kranken Theile in diese zu halten, oder sie setzten sich auf den steinernen Rand der Quelle, um die Extremitäten unmittelbar in die Moffete zu tauchen.

Den von Balling gesammelten Beobachtungen zu Folge, scheinen sich die Heilwirkungen des fraglichen Luftgemisches im Allgemeinen von jenen nicht zu unterscheiden, welche durch kohlensaure Emanationen überhaupt bedingt werden. Bemerkenswerth ist indefs die ungewöhnlich erleichterte, nach den dasigen luftsauren Ganzbädern in der Regel mehrere Stunden lang anhaltende Muskelbeweglichkeit. Bei einem Kranken, der nach dem Bade aus sanftem Schlummer erwacht war, hatte sich das Gefühl von Leichtigkeit aller Körpertheile dermafsen gesteigert, dafs er dasselbe mit der Empfindung verglich, bei welcher man glaubt, auffliegen zu können *). — Auch ist noch besonders zu erinnern, dafs sämmtliche Individuen, die sich gasiger Halb- oder Ganzbäder zu Kissingen bedienen, nach denselben 1, wohl auch 2 Stunden hindurch Kollern im ganzen Darmkanale fühlen, welches erst nach Abgang des Gases durch den Mund oder After wieder aufhört **). — Bezüglich specieller Krankheitsformen nützte die isolirte Anwendung des Quellengases hauptsächlich bei chronischen Catarrhen, Rheumatismen, Gichtzufällen, auch bewährte sie sich gegen

*) Ibid. p. 96.
**) Ibid. p. 96.

Scropheln der Augenschleimhaut, Amenorrhöen, Dysmenorrhöen, Atonieen der Genitalien, gegen Fehler der Hautausdünstung, gegen schlaffe Geschwüre, torpide Amplyopieen und erethische Leiden einzelner Nervenverzweigungen *).

§. 241.

**Vorschläge.**

Mehrere Lokalverhältnisse erschweren die medicinische Benutzung des Gasbrunnens in beträchtlichem Grade. — Abgesehen davon, dafs die Lage der Quelle, ungefähr eine halbe Stunde vor der Stadt, für manchen Kranken lästig, und bei regnigem stürmischem Wetter nachtheilig ist, müssen Besuchende wegen des nicht genau voraus zu bestimmenden, täglich öfter wiederkehrenden Versinkens der Gas- und Wassermassen entweder sehr lange auf das Wiedererscheinen beider warten, oder ganz unverrichteter Sache zurückkehren. Dabei kann auch das Brunnengas nicht immer intensiv genug angewendet werden, weil die Ebbe und Fluth der bald aufsteigenden, bald herabfallenden Wassersäule das Kohlensäuregas, welches sich ohnehin der atmosphärischen Luft gerne beigesellt, mit dieser zu sehr vermischt, und weil den aufschwebenden Moffetenstraten, selbst während des erreichten höchsten Quellenstandes, immer nur kurze Zeit zur ruhigen Ansammlung übrig bleibt. Sicherere therapeutische Resultate hätte man wohl dann zu erwarten, wenn ein grofser, mit hinlänglich vorspringenden senkrechten Seitenrändern versehener Trichter **) umgekehrt so in den Wasserspiegel getaucht würde, dafs er mit diesem, vermöge angebrachter Gegengewichte, regelmäfsig auf- und abstiege und das empfangene Gas durch ein aufrechtes, in sich verschiebbares, sich mithin verlängerndes und verkürzendes Rohr nach einem luftdichten, durch Wasser abgesperrten Hauptbehälter hinprefste. Von diesem aus liefse sich dann das condensirte Quellengas leicht in pneumatische Apparate ***) vertheilen und auf jede den einzelnen Krankheitsfällen genau entsprechende Weise weit zweckmäfsiger anwenden.

*) Ibid. p. 97—100.

**) §. Pyrmont.

***) §. 152—157.

## *Capitel XII.*

# Griesbachs Gasbäder.

§. 242.

Die zu den geringeren Eisensäuerlingen gehörige, schon im 16ten Jahrhundert bekannte, von Tabernaemontanus, Hildan u. m. A. beschriebene Mineralquelle Griesbachs liegt im Amte Oberkirchen des Großherzogthums Baden. Sie entspringt, umgeben von Hochgebirgen, 1465 Fuſs über dem Meeresspiegel aus Granit und Gneus. Ihre Temperatur beträgt + 8° R. Die Menge des mit dem Wasser eng verbundenen Kohlensäuregases wird in 16 Unzen auf 20,07 Kubikzoll angegeben *).

Der gegenwärtige Besitzer der Quellen, Herr Dollmätsch, hat durch Anlegung schöner und bequemer Gebäude viel zur Vervollkommnung der Badeanstalt gewirkt.

§. 243.

Um kohlensaure Wasserbäder möglichst kräftig zu bereiten, war man darauf bedacht, den Gasverlust auf jede erdenkliche Weise zu verhindern. — Behufs dessen wurde der Erwärmungskessel mit einem Deckel versehen, und ein Gasleitungsrohr von jenem nach dem Behälter des kalten Mineralbadewassers angelegt; hiedurch wollte man die aufsteigende Luftsäure so viel wie möglich in das erhitzte Wasser zurückdrücken, und unvermeidlich entweichende Theile derselben zur Verstärkung des kalten Mineralbadewassers, diesem einverleiben **). Der Werth der ersteren Vorrichtung ist aus mehreren Gründen nicht zu verkennen ***). Anders verhält es sich dagegen mit dem Leiten der gasigen Wasserdämpfe. Treten diese unzulänglich abgekühlt in das Mineralwasser, bringen sie in demselben irgend lebhafte Bewegungen hervor, oder theilen sie ihm fortgerissene Atmosphärenluft mit, so wer-

*) Osann II. p. 620—622.

**) Köhlreuter, die Mineralquellen des Groſsherzogthums Baden I. Jahrgang. Carlsruh 1820. p. 150.

***) §. 222.

den dadurch sehr leicht Ausscheidungen von Gas- und Eisentheilen gefördert *). — Nur genaue Prüfungen des in den Wannen zusammenfliefsenden Wassers können darüber Auskunft geben; ob man die angeführte Mafsregel nicht mit zu grofsem Vertrauen einschlug.

Allgemeine Gasbäder werden zu Griesbach auf folgende eigenthümliche Weise bereitet. — Man läfst aus dünnem Lindenholze Gasbehälter in der Gestalt eines Wannendeckels bereiten, dieselben sowohl an der oberen, als an der unteren Fläche mit einer verpfropfbaren Oeffnung versehen, und durch jene einen oder auch mehrere Kubikfufs aus dem erhitzten Mineralwasser eines kleinen Kessels entbundenes Gas einströmen. Nach vollzogener Füllung wird die Spundöffnung geschlossen und der Apparat zum Gebrauche aufbewahrt. Hat der Kranke in der Wanne Platz genommen, so legt man den nur den Kopf hindurchlassenden Gasbehälter auf dieselbe, und lüftet nun die an der unteren Fläche des Deckels durch Korkholz verschlossene Oeffnung, damit sich die Kohlensäure über den ganzen Körper des Patienten herabsenken könne. Erwägen wir, dafs hiebei, da die Entwickelung blos aus wenigem Mineralwasser vor sich geht, höchstens einige Kubikfufs, noch überdies mit heifsem Wasserdampfe und atmosphärischer Luft verdünnten Kohlensäuregases die Speisung des ganzen Wannenraums ausmachen, so folgt, dafs dem betreffenden Luftgemische für therapeutische Zwecke, behufs welcher dasselbe wenigstens 15 Procent Kohlensäure enthalten mufs *), bei weitem keine hinlängliche Gasquantität zugeführt wird.

Partielle Gasbäder und zu Inhalationen dienliche Speisungen der Atmosphäre bereitet man mittelst tragbarer Apparate von Weifsblech, wobei das Kohlensäuregas vermöge einer Weingeistlampe aus dem Mineralwasser entwickelt wird **). Das Unzulängliche auch dieser Vorrichtung lehrt jeder, selbst noch so flüchtige Rückblick auf die

*) Vergl. §. 222.

**) §. 155.

***) Köhlreuter l. c. p. 152.

wesentlichen, bei derartigen pneumatischen Kuren unerläfslichen Bedingungen *).

§. 244.

Dr. Köhlreuter empfiehlt den isolirten Gasgebrauch, sobald Wasserbäder nicht vertragen werden, allgemeinhin als haut- und muskelstärkendes Mittel, und ins besondere bei profusen Schweifsen, gegen Krämpfe, Urinbeschwerden und Schwäche der Geschlechtstheile, ohne jedoch hiefür selbst beobachtete Heilungsfälle anzuführen. Von dem Eifer dieses verdienten Arztes können wir übrigens die Abhülfe der bisherig Mängel, in so weit dieselbe bei der verhältnifsmäfsigen geringeren Gasergiebigkeit der Quelle irgend ausführbar ist, mit Zuversicht gewärtigen.

*) §. 158—169.

# Vierte Ordnung.

## Muriatische Gasemanationen.

### *Capitel I.*

### Vorkommen derselben.

§. 245.

Muriatische Ausscheidungen, die steten Begleiter sämmtlicher Entwickelungsstufen des Vulcanismus, bezeichnen, sobald sie entschieden vorwalten, jedesmal dessen Schlufsperiode *). Diese hält im typischen Wechsel stürmischer Eruptionsparoxysmen meistens nicht lange an, währt hingegen bei fest begründeten Ausdehnungen und erfolgter Beschwichtigung der unterirdischen Kräfte, oft über weite Zeiträume hinaus. In beiden Fällen geht das aus Erdtiefen empordringende Chlor zweierlei Hauptverbindungen ein, indem es mit dem Hydrogen Chlorwasserstoffsäure und mit dem Natriummetall Kochsalz erzeugt. Jene Säure ist in der Natur frei nur als vulkanisches Produkt anzutreffen, entweicht mit dem Qualm vieler Fumarolen, giebt einzelnen Quellen, ganzen Flüssen, so dem Rio Vinaigre in Südamerika, einen säuerlichen Geschmack und ist durchgehends dem Wasser der Meere einverleibt. Vom Chlornatrium wissen wir, dafs es sich zu manchen Zeiten in erkühlenden Gluthschlünden anhäuft, dafs dasselbe im Wege der Sublimation Kraterwände mit schaumigen oder krystallischen Ueberzügen deckt, in der Nähe der bekanntesten Feuerberge, besonders am Hekla, Vesuv, Aetna, wie in den meisten altvulkanischen Gegenden, zu mächtigen Steinsalzlagern zusammen tritt, und den ganzen Ocean mineralisirt **). — Permanente, luftförmige Emanationen der fraglichen Stoffe, welche uns hier vorzugsweise angehen,

*) Von Muria, jede wässrige Salzauflösung, Salzlake. Auch von ἁλμυρις, ἁλς das Salz und *μύρειν* fliefsen.

**) Vergl. §. 6 u. 15. und Berzelius Chem. l. c. T. I, p. 605.

offenbaren sich vornemlich in den unermeſslichen Verdunstungen des Weltmeeres, und wenngleich um Vieles beschränkter, doch mit voller Analogie in den Aushauchungen ergiebiger Soolquellen. Zunächst wollen wir die ersteren, dann die letzteren in ihren genetischen und physicalisch-chemischen Beziehungen betrachten.

§. 246.

### Das Meer.

Das Meer erscheint als der umfangreichste Kratersee. Es nimmt drei Viertheile der Erdoberfläche ein. Im Verlaufe früherer Bildungsperioden unseres Planeten, zur Zeit, als derselbe nach dem gluthverflüssigten Zustande abzukühlen begann, als der allgemeine Vulcanismus die kaum erstarrende Erdrinde, theils zu Gebirgszügen himmelan hob, theils zu unergründlichen Tiefen niedersinken lieſs, vermochte das Meeresbett die gesammte Wassermasse nicht mehr dampfförmig zu verflüchtigen, war aber noch erwärmt genug, um derselben einen höheren Temperaturgrad, jenen der jetzigen Thermen, zu ertheilen. In gleichem Maſse, als späterhin die Erdschale mehr und mehr an Wärme verlor, erkühlte auch das Meer, bis dasselbe mit zurückgewichener Vulcanität, gleich den gegenwärtigen kalten Mineralquellen*), den beharrlichen Temperaturstand annahm, auf welchem sich dessen tiefere Schichten unter allen auch noch so verschiedenen Zonen halten**).

Nur begrenzt, keineswegs aber aufgehoben ward der Zusammenhang des Meeres und der allgemein-vulkanischen Kräfte. Fortan bekunden zerstreute, submarine Feuerheerde ihre merkwürdige Thätigkeit, fortan entsteigen dem Ocean in mehreren Gegenden lichte Flammen, Rauch und Dämpfe, fortan dringen Laven und Basalte aus den Fluthen empor. Noch immer erschüttern gewaltsame Zuckungen stoſsweise den Meeresspiegel und bringen, auch während der ruhigsten Atmosphäre, durch vom Meeresboden bedingte Wasserbewegungen, Schiffe in

*) §. 19.
**) §. 251.

Gefahr; noch immer tauchen neue Eilande auf, während ältere untergehen *).

Für die fortdauernde innige Verbindung plutonischer und neptunischer Processe spricht auch das Gesetz, dafs alle eben berührten Phänomene stets an bestimmten, vom Festlande in gewissen Richtungen durch die Meere fortlaufenden Erdbebenlinien vorkommen, dafs ferner die meisten Feuerberge der nicht überflutheten Erdrinde auf Inseln oder an Küsten ausbrechen dafs Vulkane, die mitten in grofsen Continenten bestehen, vermöge der Endigungen bis an die See hingedehnter Gebirgszüge, tief in derselben wurzeln, und dafs ihre Feuerschlöte nicht selten gewaltige, mit frischen Meeresprodukten vermischte Wasserströme auswerfen **).

Selbst das dem Weltmeere eigenthümliche, regelmäfsig periodische, mit dem Namen der Ebbe und Fluth bezeichnete Wogen scheint von vulkanischen Einflüssen, wenigstens zum Theil mit abzuhängen. — Unbekannt war jene charakteristische Bewegung früherhin den Griechen und Römern, in deren heimathlichen Gewässern dieselbe nur unerheblich vor sich geht. Sie erregte Alexanders Erstaunen, als er im indischen Meere seine Flotte mit einem Male auf dem Trocknen sah, und brachte Caesars Schiffen, bei den begonnenen Unternehmungen gegen Britannien, vielfältiges Verderben ***). Erst später, als die Welteroberer ihre Macht immer weiter verbreiteten, wurden sie auch nach den Schilderungen, welche Strabo, Seneca und Plinius zurückliefsen,. mit der betreffenden Erscheinung vertrauter †). — Mannigfach weichen die Abstufungen, in welchen das

*) Vergl. überhaupt Breislak Géolog. T. I. p. 231. T. II. p. 7 u. 8. — Hoff l. c. I. p. 107 u. 164. T. II. p. 104. 107. 148. 176. 226. 249. 413. 426. 436. 453. 459. 488. 513. 552—555. — Hartmann l. c. p. 94—95. 209—214. — Leonhard T. II. p. 60. 67. 85—115.

**) §. 4. u. F. Walther in Gräfe's und Ph. Walther's Journ. B. 27. p. 118.

***) Vergl. Curtii Rufi d. gest. Alex. Edit. Zumptii Berol. 1826. Lib. IX. c. 35. 36 u. 37. und Julii Caesaris Comment. d. bello Gallic. Ed. Daene Lips. 1825. Lib. IV. c. 29.

†) Vergl. Plinius histor. Lib. 2. Cap. 97.

fragliche Steigen und Fallen des Meeresspiegels vorkommt, von einander ab. Auf der Höhe des Oceans, wo die Wassermassen, ohne auf bedeutende Hindernisse zu stofsen, mit Leichtigkeit nach allen Richtungen dringen, wächst die Fluth im Ganzen kaum bis 3 Fufs, wie dies vielfältige, an kleineren, vom Continente weit entfernten Inseln, namentlich bei St. Helena, angestellte Untersuchungen lehrten *). Dem eingeschlossenen mittelländischen, blos durch den engen Gibraltarcanal mit dem atlantischen Ocean verbundenen Meere, wollen mehrere Naturforscher jegliche derartige Strömung absprechen **). Sie kommt indefs in demselben, wenn auch nur gering, jedoch, wie ich mich auf verschiedenen Punkten genau überzeugte, mit voller Regelmäfsigkeit zu Stande, beträgt zu Venedig an 2, bei Livorno nur 1 und in der Meerenge von Messina 2½ bis 3 Fufs ***). An den flachen, von der freien Nordsee bespülten Küsten Norderneys erhebt sich im Sommer bei anhaltenden, vom Festlande herüberwehenden Südwinden, die Fluth nur um 3 bis 4 Fufs, während dieselbe bei seewärts anlangenden Nordwinden oft auf 10 Fufs und darüber anschwillt. Zwischen den Ufern der Themse erlangt dieselbe noch bei London 18 Fufs. Zu Dover fand ich, in dem von lothrechten Umfassungswänden begrenzten Hafen, stolze Dreimaster auf trockenem Boden vor Anker, die sich 6 Stunden später auf dem Rücken 20 Fufs tiefer Wassermassen schaukelten. Bei Bristol soll das Meer zur Fluthzeit 40, bei St. Malo 50, bei Cheptow am Wye bis 72 Fufs, überhaupt aber im atlantischen Meere, zwischen dem 40. und 50. Breitegrade, am meisten steigen †). Wie bedeutend dasselbe vom Lande zurücktreten könne, bewies mir der Anblick eines, durch Fernröhre betrachteten Wrackes, welches bei Calais, wenigstens viertausend Schritt von der Strandstelle entfernt, die kurz zuvor noch von Wellen bespült war, im Schlamme der überaus flachen, zur Ebbezeit trokken liegenden Sandebene, mehrere Fufs tief eingewühlt

*) Vergl. Otto's Hydrogr. p. 546 und Hartmann l. c. I. 94.

**) Otto's Hydrogr. p. 549.

***) §. Venedig und §. Messina.

†) Otto's Hydrogr. p. 545 u. 547. und Hartmann l. c. p. 94.

schien. — Die Ursache jener typischen Oscillationen ist, wie dies schon ältere Naturforscher andeuteten, allerdings, hauptsächlichst in regelmäſsig wechselnden kosmischen Verhältnissen zu suchen, jedoch aber, bezüglich mannigfach hervortretender Abweichungen, gewiſs auch in tellurischen Bedingnissen mit begründet. Aristoteles, Plinius, späterhin Keppler, Descartes und mehrere Andere schrieben die täglich zwei Mal auf die Stunde wiederkehrende Fluth den Einwirkungen des Mondes zu, welche Newton, neben jenen der Sonne, durch sein Gravitationssystem bestimmter nachwies. Dieser Theorie gemäſs erfolgt die diesfällige Erscheinung, an beiden Seiten unseres Planeten, dem Zenith wie dem Nadir gegenüber, gleichzeitig, ungefähr 3 Stunden nachdem der Mond in den Meridian eines Ortes tritt, und hier, vermöge seiner gröſseren Nähe, die stärkste Anziehung auf den Scheitel der Erde ausübt. Insofern sich nun jene Begegnung, bei dem Fortrücken des Mondes auf seiner elliptischen Bahn um die Erde, täglich um 49 Minuten verspätet, muſs sich auch das Meer an jedem Tage an $\frac{4}{5}$ Stunden später als an dem vorhergegangenen erheben. Unter gewöhnlichen Umständen kann man hiernach den Fluthbeintritt, für gegebene Gegenden, genau im Voraus bestimmen. So beginnt z. B. an Norderneys Strande, mit jedem Voll- und Neumonde, nach erfolgtem Durchgange des Mondes durch den Ortsmeridian, die Fluth um 10 Uhr, verspätet sich täglich um 49 Minuten, fällt auf diese Weise mit dem nächsten Voll- oder Neumonde wiederum in die bezeichnete Stunde zurück, und ist daher sehr leicht für das ganze Jahr zu berechnen. — Völlig analog stimmt auch die regelmäſsig gesteigerte Mächtigkeit jener Bewegungen mit den combinirten, in bestimmte Perioden zurückkehrenden Attractionen überein. Zur Zeit des Voll- und Neumondes nemlich, wo die Sonne und der Mond, während dieser in den Meridian tritt, eine geradlinige Richtung zur Erde annehmen, und demgemäſs mit vereinter Kraft auf die Meeresfläche wirken*), entstehen immer die

*) Mögen hiebei während des Vollmondes die Sonne und der Mond auf gerade entgegengesetzten Seiten der Erde, (in Opposition)

stärksten, die Springfluthen, wogegen zur Zeit der Mondesviertel, während welcher divergente Stellungen beider Himmelskörper den Einfluſs theilen *), die schwächeren, die Nippfluthen vorkommen. Den auffallenden Unterschied beider lehrt bei einem längeren Aufenthalt an Seeküsten schon der Anblick. Nach meinen Messungen erreichen die Springfluthen zu Norderney durchschnittlich 10 bis 12, die Nippfluthen 5 Fuſs, nach Otto betragen jene zu Bristol 42, diese 25, und die ersteren zu St. Malo 50, die letzteren hingegen nur 15 Fuſs **). — Das Anrücken einer kräftigen Fluth gehört, bei völlig ruhiger Atmosphäre in einsamen Gegenden, besonders zur Abendzeit beobachtet, unstreitig zu den imposantesten Naturerscheinungen. Sie verkündet sich, wenn der Saum des Meeres, während der tiefsten Ebbe, ungefähr eine Viertelstunde unverändert geblieben ist, durch ein aus weiter Seeferne in allen Richtungen herantönendes, dumpfes, eigenthümliches, immer wieder erkennbares Gemurmel. Bald wird dasselbe lauter, vernehmbarer, einem tiefen brodelnden Geräusche ähnlicher. Mit diesem verändert sich am Horizont der Spiegelglanz der Wasserfläche; sie zeigt sich weniger wiederstrahlend, dunkler, verräth deutliche kräuselnde Bewegungen, und bald entdeckt man an derselben scheinbar kleine, wellenförmige, langsam sich nähernde Erhebungen. In diesem Zeitpunkte überschreiten die Gewässer an sanft auslaufenden Ufern noch still und schleichend ihre Grenze, überraschen aber dennoch durch die Nöthigung, vor demselben einen Schritt nach dem andern zurück zu weichen. Nicht lange, so verwandelt sich das stärkere, allgemein verbreitete Getöse in ein dem Brausen eines Waldstromes ähnliches Geräusch, die näher geschobenen Wellen zeigen sich dem Auge gröſser und immer gröſser, bilden parallel auf einander folgende Mauern, die sich schäumend überschlagen, oder am Strande zerschellend ihre Wassermasse absatzweise weithin ergie-

oder während des Neumondes auf einer Seite gerade unter einander (in Conjunction) stehen.

*) Wenn hier der Mond in den Mittagskreis tritt, ist die Sonne im Horizonte desselben.

**) Otto, Hydrogr. p. 545 und 547.

ſsen. Es drängt nun in eiliger Hast ein gewaltiger Stoſs den andern, und binnen 6 Stunden, von der tiefsten Ebbe an gerechnet, sind groſse, kaum zu übersehende, oft meilenweite Ebenen, die zu Fuſs und zu Wagen sicher besucht wurden, mit tobenden Wogen gedeckt, welche belastete Barken und segelnde Schiffe tragen. Auf dem höchsten Culminationspunkte weilt die gehäufte Wassermenge wiederum an 15 Minuten, unschlüssig der entgegengesetzten Richtung, welche sie annehmen soll, nachzugeben, strömt dann mit stufenweise wechselnder Kraft in derselben Zeit, deren sie zu ihrer Andämmung bedurfte, zurück in die Tiefe, und hinterläſst auf der wieder zu Tage gekommenen wasserſreien Fläche Pflanzen und Thiere des Meeres, die sie zuweilen aus beträchtlichen Tiefen, aus fremden Gegenden, und vom Gestade entgegengesetzter Uferlande fortgerissen hatte. — Die in dem Vorhergegangenen angedeutete allgemeine Regelmäſsigkeit des Fluthens unterliegt, abgesehen davon, daſs dasselbe in manchen Meeresgegenden täglich nur einmal eintritt, und in einigen, wie in der Ostsee und dem Caspischen Meere, ganz fehlt, noch anderen bedeutenden, vornemlich auf verschiedene Mächtigkeit, auf Zögerungen und Uebereilungen sich beziehende Anomalieen, deren ausführliche Zusammenstellung uns hier zu weit ableiten würde. Nach Euler und Hube lassen sich viele jener Abweichungen weder durch die Ponderation der Himmelskörper, noch ins besondere durch den Umschwung der Erde, weder durch die verschiedene Verbindung der Meere unter sich, noch durch die Gestalt ihrer Küsten erklären, und erscheinen daher rücksichtlich ihrer Entstehungsweise dermalen noch in undurchdringliches Dunkel gehüllt*). Walther meint diese Räthsel dadurch gelöst zu haben, daſs er den Ocean als das Herz, das Wasser als das Blut der Erde darstellt, in der Ebbe und Fluth den Rhythmus der Diastole und Systole schildert, und diesen wiederum mit dem durch vulkanische Schlünde vermittelten Athmungsproceſs unseres Planeten in Verbindung setzt. Können wir nun auch dieser zum Theil schon von Wood-

*) S. Otto, Hydrogr. p. 549 und 550.

word ausgesprochenen*), rein dynamischen Ansicht nicht durchgehends beitreten, so ist es doch wahrscheinlich, dafs tiefe tellurische Beziehungen, dafs namentlich die Oscillationen des allgemeinen Erdvulkanismus auf jene des Meeres überhaupt, und besonders auf die beregten Abweichungen einen nicht unwichtigen Einflufs ausüben; in wie weit jedoch die Annahme einer solchen Mitwirkung das noch Mangelhafte der auf die Gravitationsgesetze gestützten Lehre zu beseitigen vermag, bleibt künftigen Forschungen vorbehalten.

Endlich deutet selbst die Uebereinstimmung der mineralisirenden Bestandtheile des Seewassers mit den Stoffen, welche aus Feuerbergen emporgetrieben werden, auf Vulkanität des Meeres. Das Nähere hierüber erläutern die folgenden Paragraphe.

## §. 247.

### a. Das Meerwasser.

Die Resultate diesfälliger, physicalisch-chemischer Prüfungen sollen hier nur in so weit berührt werden, als sie zur Erkenntnifs der Natur des Seedunstkreises wesentlich beitragen.

Farbe des Seewassers. — Die mannigfach variirenden, von Reflexen des Himmelsgewölbes, von jenem des Seegrundes, von den verschiedenen Meerestiefen, und von zufälligen Beimischungen abhängigen, scheinbaren und wirklichen Massenfärbungen sind von der fraglichen Betrachtung ausgeschlossen. — In einem Glase geschöpftes Seewasser erscheint durchsichtig. Es findet dies um so mehr statt, als das Meer tiefer, und nach allen Seiten hin von den Küsten entfernter ist. Ganz farblos, vollkommen krystallhell, fand ich es in der Ost- und Nordsee, im adriatischen und mittelländischen Meere nirgends, indem dasselbe in jenen Gebieten stets, wenigstens in grofsen Gefäfsen gesammelt, einen leichten Hauch gelblicher Tünchung

*) Vergl. I. Walther in Gräfe's und Ph. Walther's Journ. B. 27. p. 364 bis 368. und 398 bis 400. — Woodword, de Luc, Käferstein in Kämtz l. c. T. III. p. 533.

an sich trägt. Am durchsichtigsten soll das Wasser des arabischen Meerbusens sein *), und daher Gegenstände dem Meeresspiegel ganz nahe erscheinen lassen, welche beträchtlichen Tiefen angehören.

Der Geschmack des Seewassers ist allgemeinhin salzig-bitter, bezüglich seiner Intensität mannigfach variirend, in hoher See reiner salzig, unfern des Festlandes bitterer. Es scheint, als wenn die Bitterkeit, welche mit der ins Gelbliche überspielenden Tünchung ebenmäſsig zunimmt, weniger von Bittersalzpartikeln, die nicht allenthalben zureichend anzutreffen sind, als von Atomen thierischer und pflanzlicher Theile abhingen, deren Zersetzung von den Strandgegenden hauptsächlichst ausgeht, nach welchen sterbende, todte und zertrümmerte Thiere in der Regel hingeschwemmt werden.

Hinsichts der Eigenschwere des Seewassers besitzen wir mehrere ausgedehnte Untersuchungen, die jedoch bei den häufigen Mischungsveränderungen, welche die Meeresschichten durch den Wärmestand der Atmosphäre, durch Winde und mannigfache Strömungen erleiden, keine sich durchaus gleich bleibenden Resultate abgeben konnten. Zu Folge der Messungen, von welchen wir hier nur einige der wichtigsten mittheilen, und von denen die meisten, nach dem Temperaturgrade von 20 Grad berechnet sind, betrug die Schwere des Meerwassers an den Polarkreisen 1,0259, in der Ausdehnung des atlantischen Oceans 1,0280, so wie zwischen dem Aequator und dem 35sten Breitegrade 1,0272. Allgemeinhin nimmt dieselbe in hoher See zu, und in der Küstennähe, besonders da, wo groſse Ströme einfallen, verhältniſsmäſsig ab. Marcet stellt ihr mittleres Verhältniſs auf 1,0277 fest **).

Bestandtheile. — Nach den summarischen Ergebnissen der bisherigen, mit dem Wasser verschiedener Meeresgegenden unternommenen Analysen enthält dasselbe, auſser allenthalben vorwaltendem Kochsalze, in mannigfach untergeordneten und wechselnden Verhältnissen, Muriate,

*) Otto's Hydrogr. p. 465.

**) Vergl. Bladh und Irving in Otto's Hydrogr. p. 411 bis 419 u. Marcet in Mühry p. 62.

Sulfate und Carbonate von Bittererde, Kalk, Kali, freie Salzsäure, Jod und Brom. Beide letzteren, dem aus Vulcanen aufsteigenden Chlor nahe verwandten, erst seit wenigen Decennien entdeckten Stoffe sind gröfstentheils an Soda, Kali und Talkerde gebunden. Auch traf man hier und da etwas Eisen und Salmiak an. Organischer, von einigen Chemikern übergangener, von anderen jedoch nachgewiesener Extractivstoff fehlt dem Meerwasser nirgend. Die pneumatischen Versuche haben bis jetzt neben der Beimischung von atmosphärischer, an Oxygen besonders reichhaltiger Luft nur noch geringe Antheile von kohlensaurem Gase nachgewiesen, dessen Menge in einem Pfunde Seewasser höchstens 2 Kubikzoll betragen soll*).

§. 248.

Salzgehalt. — Unter allen oben erwähnten, das Meerwasser mineralisirenden Bestandtheilen zieht das in demselben durchgehends überwiegende Chlornatrium unsere Aufmerksamkeit besonders auf sich. Merkwürdig ist hiebei die, unbeschadet jener Prävalenz, mannigfach abweichende Vertheilung desselben. Von Einigen wird vermuthet, dafs der fragliche Stoff durch hohe Kälte an den Polen, und durch beträchtliche Atmosphärenwärme unter dem Aequator am meisten gehäuft werde, wogegen Andere behaupten, dafs die Salzigkeit des Meerwassers genau nach der wachsenden Temperatur der geringeren Breiten, durch ebenmäfsig begünstigte Verdunstung stufenweise bis zur Linie hin überhand nehme**). Thatsachen widersprechen

*) Vergl. §. Messina. — S. Vogel über Seebäder p. 29. — Hermbstädt, in Schweigger Journ. N. R. B. II. 3. p. 281 -291 und in den Abhandl. der Academ. der Wissensch. Berlins von den Jahren 1820 u. 1821. p. 73—77. — Berzelius, Balard u. Bard in Brandes Archiv T. 18. p. 108—113. — Gruber I. p. 97. — Sachs über Dobberan p. 65—70. — Pfaff und Lichtenberg, in Osann's Darstell. Bd. II. p. 845—846. — Halem p. 36. — Meertens in d'Aumerie p. 149. — Morgué p. 5. — Brera p. 75—76. — Gräfe und Kalisch Jahrb. T. 3. p. 518 u. T. 4. p. 102. Encyklop. Wörterb. der med. Wiss. von den Prof. d. med. Fac. zu Berlin B. IV. p. 542.

**) Vergl. Richter u. Sommer in Mühry p. 62. u. I. Walther in Gräfe's u. Ph. Walther's Journ. B. 27. p. 392.

jener sowohl als dieser Ansicht. Sie lehren, dafs bedeutende Kältegrade die Salzigkeit des Wassers nicht vermehren, sondern dafs das Chlornatrium bei denselben sein wäfsriges Menstruum eher verlasse. Cook und mehrere andere Seefahrer lebten mit ihren Gefährten Monate lang vom Wasser zerflossenen Seeeises, ohne über dessen Salzigkeit zu klagen. Forster konnte im Polareise nicht die mindesten Salztheile entdecken *). Auch spricht für den betreffenden geringen Salzgehalt die im Vorhergegangenen nachgewiesene, verhältnifsmäfsig grofse specifische Leichtigkeit des arktischen Meerwassers. Eben so wenig zeigt aber auch anderseits das Meer unter dem Aequator die vermuthete, absolut gröfseste Salzmenge, gemäfs welcher man aus jedem Pfunde frisch geschöpften Wassers mehrere Unzen Chlornatrium erhalten soll **). Bladh versichert, auf vielfältige Untersuchungen gestützt, dafs das Seewasser unter dem Gleicher weniger schwer, also auch weniger salzig, als entfernter von demselben, innerhalb der Wendekreise, sei, und dafs es sich hier, bezüglich seiner Schwere nur unbeträchtlich von jenem der Nordsee unterscheide. Dabei übertrifft nach Marcet unter den gröfseren Meeren das mittelländische den Ocean merklich an Salzreichthum ***). Wenn nun hieraus folgt, dafs die Salzigkeit keineswegs allein von der durch die Temperaturverhältnisse der Erdgürtel mehr oder weniger beförderte Verdunstung abhängt, so müssen wir uns nach anderen, auf dieselbe einfliefsenden Ursachen umsehen. Unter diesen scheint die oft berührte Verbindung des Meeres mit dem allgemeinen Vulcanismus schon deshalb bedeutungsvoll hervorzutreten, weil das Meerwasser in der Nähe der Erdbebenlinien und Erderschütterungskreise in der Regel das meiste Salz enthält. Einen nicht unwichtigen Beleg hiefür giebt uns der Hauptvulcanenzug, welcher sich vom caspischen Meere durch das

*) S. I. Davis, Rigart, Cook, Forster in Otto's Hydrogr. p. 439—441.

**) Osann's Darstell. II. p. 828.

***) Vergl. Bladh in Otto's Hydrogr. p. 416 und Marcet in Mühry p. 62.

mittelländische Meer nach dem Ocean erstreckt*). Das zu dieser Linie mitgehörige, an 6 Tagereisen im Umfange betragende, durch unterirdische Feuer entstandene, auch jetzt Asphalttheile mit sich führende todte Meer, welches Sodom, Gomorra, Adma nebst mehreren anderen Städten verschlang und noch immer von Zeit zu Zeit Rauchsäulen ausstöfst, ist vor allen anderen salzreich, da sechszehn Unzen desselben, nach Hermbstädts Analysen, an 2000 Gran Kochsalz**) enthalten. In der westlichen Fortsetzung des beregten submarinen Vulcanenstrichs im mittelländischen Meere, dessen Saturation, wie wir sahen, besonders hoch geschätzt wird, ist der Salzgehalt zwar nicht mit dem eben berührten zu vergleichen, doch aber gegen andere Seegebiete beträchtlich vorspringend. Ich erhielt aus 16 Unzen in Messinas Meerenge geschöpftem Wasser 316***), und Vogel aus der gleichen Wassermenge, welche er einige Meilen von Marseille sammelte, 314 Gran Kochsalz†). — Aehnlich dem angeführten Erdbebenzuge wirkt im Norden der vulcanische Erschütterungskreis Islands††). An den Küsten dieser Feuerinsel ist das Meer weit salziger, als an dem gegenüberliegenden Littorale Norwegens und im näheren Bereiche der Nordsee weit saturirter, als in der entlegeneren Ostsee. Man erhält daher aus 16 Unzen an der englischen Küste geschöpften Meerwassers 314, aus einer gleichen Menge bei Föhr 266, bei Dobberan 126 und bei Zoppot nur 56 Gran Chlornatrium†††). Auch im Umkreise der durch vulcanische Kräfte entstandenen canarischen Inseln, aus deren Schlackengipfeln fortan heifse Dämpfe aufsteigen, so wie unmittelbar am Gestade der öden, aus Laven und Basalten zusammengesetzten Eilande von St. He-

*) §. 22.

**) Vergl. v. Hoff l. c. p. 118 u. Hermbstädt in den Abhandl. der Acad. der Wissenschaften Berlins aus dem Jahr 1820—1821 p. 62 64 und 79.

***) Das Nähere hierüber s. im §. Siciliens Seewasser.

†) A. Vogel. Schweigger's Journ. B. 8. p. 345 u. 351.

††) v. Hoff l. c. p. 378—381.

†††) Vergl. Anderson in Vogel über Dobberan l. c. 34, ferner Sachs p. 65—68 u. Osann I. 83. und II. 828 u. 834.

lena und St. Ascension, ist das Seewasser um Vieles salziger, als in sämmtlichen, von jenen Punkten beträchtlich entfernten Meeresgebieten *).

Unter den mehr zufälligen und zum Theil vorübergehenden, die fragliche Salzsaturation mitbestimmenden Ursachen haben wir die folgenden anzuführen. — Das Süfswasser grofser Ströme setzt den Salzgehalt der Meeresfluthen meilenweit von den Mündungen merklich herab. — Wo das Seewasser sanft abfallende, sehr ausgedehnte Uferflächen, wenige Fufs hoch deckt, und einer verhältnifsmäfsig beträchtlicheren Verdunstung ausgesetzt wird, wächst der Salzgehalt bedeutend. Es beruht hierauf die bekannte, in verschiedenen Gegenden, vorzüglich aber auf den Liparischen Inseln, so einfach als sinnig getroffene Einrichtung zum Gewinn des Seesalzes, vermöge welcher man auf dazu mittelst niedriger Wälle eingefafsten Erdflächen alle vierzehn Tage feste Salzlagen von 2 bis 3 Zoll Dicke erhält**). — Tiefe Meeresschichten sind nach Marcet weit salziger als oberflächliche; Bergmann beobachtete dies sehr bestimmt an dem 110 Meter unter dem Spiegel in der Nähe der Canarischen Inseln geschöpftem Seewasser ***). — Durch Stürme aufgewühltes, oder durch starke Fluth nach den Küsten hingedrängtes Wasser giebt in der Regel eine reichlichere Salzausbeute als jenes des ruhigen Meeres und der Ebbe. Das Norderneyer Meerwasser, dessen mittlerer Salzgehalt in 16 Unzen auf 246 Gran geschätzt wird, fand ich bei bewegtem Meere um 3 bis 4 Gran saturirter, und dann noch merklich salzreicher, wenn sich die fast in gerader Richtung zwischen Norwegen und Island heranstürzende Fluth, bei lebhafterem Nordwinde, ungewöhnlich hoch am Gestade brach. Neumeister und Ruge berechneten die Salzmenge bei Cuxhaven in 16 Unzen Wasser zur Ebbezeit auf 135, und während der Fluth auf 240 Gran †). Nur da tritt das entgegengesetzte Verhältnifs aus leicht erklärlichen

*) Otto's Hydrogr. p. 418.

**) S. Houel T. I. p. 127. Tab. 68.

***) S. Marcet in Mühry p. 62 und Bormann in Schweiggers Journal der Chemie etc. B. 8. p. 344.

†) S. Osann II. p. 836.

Gründen ein, wo das Meer dem Centro vulcanischer Erschütterungskreise ganz nahe liegt; so zeigt sich an Islands Küsten das Seewasser, nach Oloffens Berichten, während der Ebbe weit salziger als zur Fluthzeit*).

§. 249.

Glairine. — Bei Erwägung der festen, im Seewasser gelösten Körper haben wir neben dem Chlornatrium besonders noch die glairinartige Materie hervorzuheben, weil sie, wie dies schon die Exposition der azotischen Thermen zeigte, überhaupt ungenügend bestimmt ist, und als Bestandtheil des Seewassers wenig beachtet blieb. In einigen diesfälligen Analysen ward dieselbe unter keiner Form erwähnt, in andern als organischer Extractivstoff angeführt**), und in allen, so weit ich nach meinen, allerdings nur bruchstückweise gesammelten Beobachtungen urtheilen darf, hinsichts des Mengeverhältnisses zu niedrig abgeschätzt. — Gleich sämmtlichen Substanzen des Seewassers kommt auch die in Rede stehende, auf der Höhe vulcanischer Entwickelungen, und namentlich in den Fumarolen thätiger Feuerberge vor***). Ihre allgemeinen Verhältnisse, so wie die verschiedenen Metamorphosen, welche sie durchläuft, sind bei der Untersuchung der azotischen Heilquellen bereits abgehandelt. Auf jene Exposition verweisend, habe ich in diesem Paragraph nur die Beziehungen des Zoogens zum Meerwasser, so weit sie aus den bisherigen Beobachtungen resultiren, zu erläutern. In den eben genannten Quellen, wie hier, zeigt sich die Glairine sowohl im verflüssigten als im gallertartigen Zustande. — Flüssig ertheilt sie dem Meerwasser eine eigenthümliche, aus mehreren Erscheinungen deutlich hervorgehende, leichtsulzige Beschaffenheit. Nach wiederholtem Eintauchen der Hand entsteht, wenn man sie unabgetrocknet der Lufteinwirkung überläfst, zwischen den Fingern das Gefühl eines leisen Zusammenklebens; nach öfterem Untertauchen, so wie nach

*) Otto's Hydrogr. p. 391.

**) Vergl. Osann l. c. T. II. p. 807. 836. 838 u. 846. — Halem l. c. p. 36. — d'Aumerie das Seebad von Scheveningen. Leipzig 1837. p. 149.

***) §. 95.

dem Trinken von Meerwasser, bleibt dieselbe Empfindung an den Lippen zurück; nach Bädern in offener See wird die auch nur wenige Momente der Luft ausgesetzte nackte Hautoberfläche mit einer dünnen, leicht klebrigen Materie überzogen *); diese verräth sich namentlich beim Kämmen durch auffallend vermehrten Zusammenhang des Haares. Der Glairine haben wir es beizumessen, daſs das Meerwasser in gröſseren krystallhellen Gläsern nicht vollkommen farblos, sondern gebrochen lichtgelb erscheint, und daſs dieser Farbenton an ruhig hingestelltem Wasser schon nach kurzer Zeit überhand nimmt. Aus dem fraglichen Stoffe bilden sich, wenn das Seewasser der Atmosphäre länger ausgesetzt bleibt, im Wege der Oxydation vereinzelt kurze, dünne, kaum wahrnehmbare, jedoch die Durchsichtigkeit mehr und mehr beeinträchtigende Fädchen; durch dieselben verdirbt das Meerwasser, bei gewöhnlicher Temperatur der Ruhe überlassen, weit früher als Süſswasser und verbreitet mit eintretender Putrescenz, unter Entwickelung von Schwefelwasserstoffgas, einen eigenthümlichen ekelhaften Geruch, zu welchem allerdings die vielen absterbenden Monadenthierchen, deren Gedeihen die Glairine hier wie in den Heiſswassern **) begünstiget, das Ihrige beitragen. — Auch mag die betreffende, noch flüssige, durch Sturm und brechende Wellen dem Einwirken des Sauerstoffes mehr ausgesetzte, oxydirtere Substanz das Entstehen des Meerschaums mitbegründen, welcher, in beträchtlichen, schneeweiſsen Massen gehäuft, die Strandgebiete bedeckt, oder in ansehnlichen Ballen durch die Luft weithin getragen, langsam zusammensinkend, einen wässrigen, der Meteorgallerte

*) Mühry l. c. p. 51. bezeichnet jene Empfindung mit dem Namen des ölig-klebrigen Gefühls auf der Haut, wundert sich mit Recht, daſs in Schriften über Seebäder diese Erscheinung nicht erwähnt wird, schreibt sie sowohl dem Salzgehalte, als den übrigen Bestandtheilen des Seewassers zu, und vermiſst dieselbe nach Fluſsbädern gänzlich. — Daſs Kochsalztheile, welche selbst in getrockneter, gallertartiger Glairine enthalten sind (§. 99.), hiebei mitwirken, ist gewiſs; daſs sie jenes Gefühl nicht allein erzeugen, ergiebt der Gebrauch künstlicher Kochsalz- und Seesalzbäder, nach welchen dasselbe nicht eintritt.

**) §. 97.

ähnlichen Schleim am Erdboden zurückläfst. Das festere Zoogen des Meeres vereint sich unter begünstigenden Verhältnissen, wie jenes der Thermen, in kleinere und gröfsere, kuglige und nierenförmige, oft ganz unregelmäfsige, schlüpfrige Klumpen. Fast täglich konnte ich deren am Strande Norderneys und aus dessen flachen, auch zur Ebbezeit wasserhaltenden Balgen und Rieden mehrere sammeln. Frisch waren sie vollkommen durchsichtig, trübten sich aber an der Atmosphäre schon nach wenigen Stunden; alle erschienen, ähnlich der festen Glairine der Azotquellen, ungemein wasserreich und zerflossen, wie diese, eine Menge salzigen Wassers von sich gebend. Weder die geringste spontane Bewegung, noch irgend eine thierische Organisation, die selbst an den durchsichtigsten Medusen so leicht bemerkbar ist, konnte ich an diesen durchaus homogenen Conglomeraten wahrnehmen. Auf weifsem Löschpapier getrocknet, liefsen sie nach gänzlichem Verluste des Wassers eine zarte, dünne, hornartige Haut zurück, die sich, durch Reagentien geprüft, der getrockneten Thermalglairine analog verhielt, und verbrannt, dieselben ammoniakalisch-brenzlichen Produkte abgab, welche aus der letzteren gewonnen werden **). — Der Ursprung des fraglichen, sowohl flüssigen als coagulirten Stoffes dürfte, gleich jenem der Quellengallerte, theils den azotischen, hier aus submarinen Vulcanen vor sich gehenden Strömungen, besonders aber auch den aufgelösten Trümmern der gallertartigen Infusorien, Polypen und Quallen zuzuschreiben sein, welche grofs und klein in Myriaden den Ocean bewohnen. — Das quantitative Verhältnifs der betreffenden Beimischung wächst, wie dies die abnehmende Durchsichtigkeit und zunehmende Klebrigkeit des Seewassers gegen den Strand hin zeigt, mit der Annäherung zu den Küsten, wo matt gewordene, kränkelnde, todt angetriebene, ausgeworfene und wieder weggeschwemmte Seegeschöpfe zahlloser Art, durch ihre Auflösung die stärkere Sättigung des Meeres mit der betreffenden Substanz in hohem Grade unterstützen. Ganz abgesehen vom Heere kleiner diesfälliger Thiergattungen

*) §. 99.

konnte ich am Nordwestende Norderneys, wenn das Meer ruhig zurückgetreten war, öfters einige Hundert, und nach vorhergegangenen heftigen Bewegungen der See, während der tiefsten Ebbe, in jener Gegend, auf einer Strecke von ungefähr ¾ Stunden, mehrere Tausend tellergroſse, durchsichtige, krystallhelle Medusen zusammen zählen*), deren,

*) Jenen Weichthieren wird vom gemeinen Manne wegen der empfindlichen Hautaffectionen, zu welchen sie Anlaſs geben, nicht mit Unrecht der Name der Seenesseln beigelegt. Bei den in dieser Hinsicht obwaltenden Meinungsverschiedenheiten theile ich hierüber mit, was eigene Erfahrung mich lehrte. Zu den groſsen, meistens für nesselnd gehaltenen Quallen, welche bei Norderney, wie überhaupt in der Nordsee vorkommen, gehört vornemlich die röthlichgelbe, zuweilen kupferrothe Medusa capillata, die schön durchsichtige Medusa aurita, die amethystfarbene Cyanea Lamarkii, ferner die neuerdings von Ehrenberg bestimmte Cyanea helgolandica und eine krystallhelle, durch zarte, braune, radienförmige Linien und einen gleichfarbigen Saum ausgezeichnete, an Norderneys Strande besonders häufig ausgeworfene Art, welche mein eben genannter geehrter College, nach einer nur flüchtig von mir entworfenen Zeichnung, für Chrysaora isoscella (Medusa hysoscella L.) erklärte. Von der ersten, von der Medusa capillata, deren Fühlfäden klafterlang sind, deren Magensaft ungemein scharf sein soll, deren zerquetschte Masse zur Tilgung der Warzen benutzt wird (Oken l. c. p. 251), ist die hautreizende Kraft allgemein angenommen. Herr Professor Ehrenberg erlitt auf Helgoland durch Sectionen dieses Thieres ein förmliches Hauterysipel. Ueber das Nesseln der übrigen angeführten Quallenarten widersprechen sich die Relationen vielfältig, und zwar nach meinem Dafürhalten wahrscheinlich deshalb, weil die betreffende Eigenschaft jenen Thieren nicht unter allen Umständen beiwohnen mag. Während der Badezeit begegnete mir zu Norderney die Medusa capillata nur als Seltenheit, dagegen sah ich die übrigen und besonders die Medusa isoscella in groſser Zahl. Unerachtet dies Mengeverhältniſs unverändert blieb, kam dennoch die fragliche Wirkung zu manchen Zeiten auffallend häufig, zu anderen selten oder gar nicht vor. Im Sommer 1836 zeigten sich zu Norderney bei anhaltend kalter Witterung und häufigen Nordwinden überhaupt weniger Seequallen, und nur einzelne Personen wurden von denselben in unbedeutendem Grade belästigt. Während der schönen, weit wärmeren Sommerwitterung des darauf folgenden Jahres häuften sich, besonders im August, an der ganzen Insel viele jener Gallertthiere, welche um so mehr zu allgemeiner Klage Anlaſs gaben, als einige Damen fest behaupteten,

durch die nächste Fluth wieder fortgerissene, zerschellte Körper schon an und für sich zu der fraglichen Imprägnirung nicht unerheblich mitwirken mufsten.

es habe denselben der blofse unerwartete Anblick dieses Thieres im Bade plötzliche Schmerzen und nachfolgende rosenartige Entzündungen zugezogen. Dafs die genannten Medusen auf diese Weise, wenn auch nicht, wie das Schlangenhaupt der Gorgone, tödtliches Erstarren, doch aber bei Furchtsamen durch Schreck Hauterythem hervorbringen mögen, kann allerdings möglich sein, wahrscheinlicher aber wurden jene Fälle, da wo der Körper des Thieres noch um mehrere Fufs entfernt war, durch die weit umhersuchenden, bei der capillata oft an 25 Fufs langen, dünnen, im Wasser nicht leicht bemerkbaren, sich an die Haut anlehnenden Fühlfäden veranlafst. Um die erwähnte Zeit brachten Berührungen der Quallen fast in der Regel an der mit denselben in Contact gerathenen Stelle ein stechend brennendes Gefühl hervor, welches in dem Grade überraschte, dafs man instinktmäfsig bewogen ward, die Hand rasch nach der schmerzenden Gegend hinzubewegen, an welcher sich indefs die durch das Zusammenzucken des Körpers meistens wieder entfernte Meduse nur selten vorfand. Gewöhnlich verschwand, wie ich es öfters an mir selbst erfuhr, der Schmerz eben so schnell, als er entstanden war, schlich aber, kaum dafs man das kalte Bad verlassen hat, wieder heran, ähnelte dem durch Urtication hervorgebrachten und verlor sich sammt der hervorgerufenen, leichten Hautröthe gröfstentheils nach Ablauf weniger Stunden. Bei empfindlicheren Individuen nahm die Haut eine lebhaftere Röthe an, und überzog sich, jedoch nur ausnahmeweise, mit einem leicht klebrigen, lymphatischen Secrete. Durch mehrere Quallen gleichzeitig erfolgte Berührungen erzeugten ein über den ganzen Körper verbreitetes, unausstehliches Jucken, nesselartige Ausschläge, grofses Mifsbehagen, Abspannungen, Fieberbewegungen, gänzliche Appetitlosigkeit, und nöthigten Einzelne, das Bett zu hüten. An zarten Hauttheilen ward jenes Gefühl höchst peinigend. Bei einem rüstigen jungen Manne, dem sich eine gröfsere Qualle während des Badens an die Genitalien gelegt hatte, erfolgte Geschwulst und Röthe der berührten Theile, Schlaflosigkeit und bedeutendes, von Nervenzufällen begleitetes Angstgefühl. — Ein allgemeines kühlendes Verhalten, und bei grofser Unruhe ein vor Nacht gereichtes Opiat nebst Umschläge von kaltem Brunnenwasser und besonders von kühler Milch, brachten die meiste Linderung. Nach 24 Stunden waren selbst ausgebildetere Affectionen gewöhnlich ganz verschwunden. Auffallend war es, dafs vom 24. August an, wo die warme Witterung zur Kälte umschlug, bis zu Ende der Badesaison niemand mehr über die ungebetenen Gäste Klage führte,

## §. 250.

Das Leuchten des Meeres. — Diese merkwürdige, an den Ocean und seine Bewohner geknüpfte Erscheinung, soll in allen beschifften Gegenden der südlichen wie der nördlichen Hemisphäre, jedoch nach Maſsgabe der Annäherung zum Aequator sowohl öfter als auch glänzender vorkommen, und unter den Wendekreisen, ganz besonders aber im indischen Meere, die höchste Entwickelung erreichen.

Nach meinen zwar nur zwischen dem 54 und 38 Grade nördlicher Breite in der Ost- und Nordsee, im adriatischen und tyrrhenischen Meere gesammelten, dabei aber durch freundliche Laune des Zufalls begünstigten Beobachtungen, sind zwei, vielleicht aber auch drei Hauptarten von Seeleuchten zu unterscheiden. Eine scheint hauptsächlichst vom Lebensprocesse bestimmter Thiere auszugehen, die zweite vom todten Chemismus in Zersetzung begriffener animalischer Materie und die dritte möglicher Weise von Aushauchungen submariner Vulcanenheerde abzuhängen.

und daſs selbst sichtlich durch dieselben berührte Personen frei von jeder Beschwerde blieben, ungeachtet ich bezüglich der ausgeworfenen Quallen eben keinen Unterschied von den früher angelangten bemerken konnte, auſser daſs ihre Menge überhaupt nach dem eingetretenen Witterungswechsel von Tag zu Tag abnahm. Das giftige Verhalten der Mehrzahl scheint mir mit jenem der Scorpione Oberitaliens überein zu stimmen, welche durch ihren Stich ebenfalls nur während der Sommerhitze erysipelatöse, mit Fieber verbundene, der obigen Behandlung jedoch nicht minder leicht weichende Entzündungen veranlassen, bei kaltem Wetter dagegen, besonders im Winter, wo sie sich gern in den Wohnungen verkriechen, wie ich mich selbst mehrmals zu überzeugen Gelegenheit hatte, nur geringe, kaum beachtenswerthe, juckende, nach Oeleinreibungen bald verschwindende Hautanschwellungen hervorbringen. Die Anwendung der Medusen zu förmlichen Wannenbädern, wie Danzmann (S. Osann Darstell. T. II. p. 430.) sie vorschlägt, dürfte schwerlich Eingang finden, da jene Thiere selbst am Meere nicht immer in hinlänglicher Menge zu erhalten sind, nicht gut aufbewahrt werden können, in ihren reizenden Wirkungen zu veränderlich erscheinen und bei dem überaus groſsen Wasserreichthum ihres Gefüges, behufs einer kräftigen Hauternährung, an gelatinösem Stoffe doch zu wenig enthalten.

Anlangend die erste Form des Seeleuchtens, so zeigt sich dieselbe auf finsterer Meeresfläche in getrennten, gröfstentheils durch Gallertthiere erzeugten, feurig glimmenden Flecken. Der Umfang dieser bald auftauchenden, bald verschwindenden Lichtstellen hängt von der Gröfse der betreffenden Mollusken ab, unter welchen manche sehr klein, am Tageslichte nur mit Hülfe des Mikroskops zu erkennen sind, während der Umfang anderer mehrere Fufs beträgt. Schon Plinius kannte die lichterzeugende Eigenschaft gewisser Seethiere und hebt in dieser Hinsicht besonders die Pholaden hervor. Von Seefedern und Seenesseln ist dieselbe längst beschrieben. Nollet und Vianelli erkannten sie an den kleinsten Seemollusken, von welchen Mac-Culloch allein 190 verschiedene Arten bestimmte. Risso stellte mehrere der wichtigsten Geschlechter phosphorescirender Seebewohner zusammen *). Aus ihrer Reihe beobachtete ich zu Norderney einige im Vorhergegangenen, namentlich die aufgeführte gröfsere, von Oken zu den phosphorescirenden gezählte **), welche jedoch dem Herrn Professor Ehrenberg, seiner gefälligen Mittheilung gemäfs, auf Helgoland lichtlos erschienen. Die von mir in hinlänglich tiefen, mit Seewasser täglich frisch gefüllten Gefäfsen bewahrten, unverletzten Medusen und Cyaneen lebten mehrere Tage lang, ohne auffallende Veränderungen zu erleiden. War das Gemach vollkommen verfinstert, so phosphorescirte ihre dem Wasserspiegel ganz nahe, zum Theil aus demselben vorragende Körperfläche keinesweges immer, sondern nur zu manchen Zeiten in mildem, zitterndem, bläulichem Schimmer, nicht aber, wie es Spalanzani an der Medusa noctilucea sah, einer kleinen hellbrennenden Fackel ähnlich ***). Einmal vorhanden, nahm der beregte matte Schein durch jede willkürliche oder aufgedrungene Bewegung zu. Auch wurde die Phosphorescenz vermöge leisen Streichens gesteigert. In der Regel theilte sie sich bei Berührungen den Fingern auf einige Minuten durch die schleimige Sub-

*) Vergl. Plin. hist. nat Lib. 9. c. 61. — Otto Hydrogr. p. 279. 472—481. — Halem p. 44. u. Ernsts p. 60.

**) §. 249. Anmerk. und Oken l. c. p. 215. 233. 240. 249 etc.

***) S. Oken l. c. p. 244—245.

stanz mit, welche jene Thiere allenthalben überzieht. Vom Wasser stark bedeckte Theile habe, ich im Widerspruch mit der Meinung einiger Naturforscher, welche Medusen unter südlicheren Breiten tief unter dem Wasserspiegel feurig oder silberglänzend erblickten *), nie lichtstrahlend gefunden, mich aber hiebei wohl davon überzeugt, dafs der Reflex des Schimmers ungemein leicht Täuschungen veranlassen kann. Mit dem beginnenden Kränkeln der betreffenden Gallertthiere, welches sich durch kraftlose, träge Bewegung, durch eine passivere, mehr horizontelle Haltung anstatt der senkrechten oder schiefen, so wie dadurch kund gab, dafs ihr Körper seine krystallhelle Durchsichtigkeit zu verlieren anfing, schwand ebenmäfsig auch ihre lichterzeugende Eigenschaft. An Sterbenden zeigte sich nur noch ein bleiches, vor den letzten Todeszuckungen ausgeschüttetes, momentanes Aufblitzen bläulicher Phosphorescenz. Mit dem Leben erlosch jedesmal auch die eben beschriebene, leuchtende Kraft. Ein anderes Phosphoresciren begann aber nach einigen Tagen mit dem Eintritte fauliger Zersetzung, besonders an der aus dem Wasser vorragenden, in trüben Schleim zerfliefsenden Körperfläche. Spalanzani versichert, diese Erscheinungen vornemlich an Medusen, welche lebend nicht phosphorescirten, bemerkt zu haben **). Das letztere Lichtausströmen glich in den von mir wahrgenommenen Fällen jenem, welches bei verwesenden Seefischen zunächst aus den Flofsen hervorstrahlt, uud unterschied sich stets von dem während des Lebens stattfindenden dadurch, dafs es demselben an hellem Glanze, an funkelnder Bewegung, und öfterem leisem Ueberspielen zur gelblichen Tünchung nachstand. Was die durch kleinere Seethiere, von welchen, wie schon erwähnt ward, Mac-Culloch allein über hundert Arten beschrieb, veranlafsten Feuerfunken betrifft, so beobachtete ich diese an den Küsten der Ost- und Nordsee, an jenen Frankreichs, Englands und Italiens öfter, nie und nirgend aber so schön, als am 9. April

*) Vergl. Spalanzani in Oken l. c. p. 244 und Humboldt's Reise in die Aequinoctialgegenden herausgegeben von Wimmer. Wien 1830. B. I. p. 35—37.

**) S. Oken l. c. p. 245—247.

30 *

1830 bei einer Ueberfahrt von Baja's Strande nach Ischia, wohin mich Herr Professor Cassola aus Neapel und mein Neffe, Dr. Andrejewsky, begleiteten. Wir hatten uns verspätet und landeten auf einem gut geführten sechsruderigen Bote nach eingebrochener finsterer Nacht erst gegen 10 Uhr an unserem Bestimmungsorte. Auf dem offenen finsteren Meere waren zahllose kleine, glänzenden Goldkörnchen ähnliche, bald auftauchende, bald wieder verschwindende Funken um unseren Nachen herumgestreut. Mit jedem kräftigen Einsenken des Ruders blitzten Hunderte solcher Pünktchen in der frisch eröffneten schwarzen Meeresfurche, während hundert andere die eingetauchte Ruderfläche theils überzogen, theils von derselben mit dem niederträufelnden Wasserstrahl zurücksanken. Liefs man das Wasser aus der hohlen Hand langsam abfliefsen, so wurde der kleine Strom oft von 10 bis 20 strahlenden Sternchen beleuchtet. Fast immer blieben in dem emporgehaltenen Handteller einzelne Lichtpunkte zurück, die sich nach den tieferen, wasserreicheren Furchen hinzogen, und hier langsame, von der Schwerkraft offenbar unabhängige Bewegungen ausübten. Hatten wir mehrere dieser Thierchen erhascht, so war es deutlich zu sehen, wie manche sich begegneten, während andere sich von einander entfernten. Unerachtet ihre scheinbare Gröfse kaum die eines Hirsekorns erreichte, leuchteten sie doch so intensiv, dafs man, wenigstens unmittelbar neben denselben, die Farbe der Hand zu unterscheiden vermochte. Nicht lange währte es, so nahmen die eben erwähnten, ohnehin langsamen Bewegungen an Schnelle ab, wurden immer schleppender, und hörten mit stufenweise erlöschendem Leuchten ganz auf. Schüttete man, bevor die muthmafsliche Asphyxie einen zu hohen Grad erreicht hatte, frisches Wasser zu dem theils übermäfsig erwärmten, theils verdunsteten hinzu, so kehrten Lichtglanz und freiwillige Bewegung zurück. Mehrmalige Wiederholungen dieses Versuchs hatten in der Regel den Tod der Thiere zur Folge. Interessant war es, dafs wir unmittelbar nach jener Anschauung, kaum an das Land gestiegen, vielen Tausenden, ebenfalls funkelnden, aber zu den Luftbewohnern gehörigen Thierchen begegneten, welche unseren dunklen durch Gebüsch und Lavafelsen gen Santinella aufsteigenden Pfad in schnellem Fluge nach allen Richtungen durchkreuzten. Die Führer erzählten, dafs die See, wenn Ischia's umherfliegende Leuchtkäfer schön funkelten, stets brenne *), und dafs dieselbe oft noch weit mehr Feuer als bei unserer Ueberfahrt gäbe. Wohl mag dies auch der Fall sein, da sich die betreffenden Seethiere unter begünstigenden Verhältnifsen oft in ungemein grofser Menge ansammeln können. Hoffmann zählte in einem Kubikzoll Meerwasser 64 jener kleinen Medusen, Forster sah bei einem von ihm beobachteten Seeleuchten in dem mit Meerwasser gefüllten Eimer unendlich viele kleiner, runder, ziemlich rasch bewegter Mollusken, und als Diquemare bei eingetretenem, starkem Meeresschein das Wasser durch ein baumwollenes Tuch filtrirte, erglänzte das letztere von einem Heer in demselben zurückgebliebener, vereinzelter, lebhaft phosphorescirender Thierchen **). Die zweite Form des Seeleuchtens, jene, welche wahrscheinlich durch im Wasser gelöste animalische Trümmer entsteht, tritt mit gleichförmig über grofse Strekken verbreitetem Lichtscheine auf. Seihet man unter diesen Umständen das Meerwasser selbst durch doppelte Trichter von Löschpapier, so behält es, wie Sasse und Blume nachwiesen, unverändert seine leuchtende Beschaffenheit ***), ohne, wie in dem eben erwähnten Diquemarschen Versuche, getrennte leuchtende Punkte im Filtro zurück zu lassen. Bisweilen kommt die fragliche Substanz verdichteter vor, und bildet dann eigenthümliche, von mehreren Seefahrern bei lebhaftem Meeresscheine beobachtete †), schleimige, trübe, und, wie manche sich ausdrücken, ölige, in dünnen Lagen auf dem Wasserspiegel ausgebreitete Massen ††). In der Regel geht der fragliche Lichtschein nur

*) Die italischen, eine eigene Species bildenden Leuchtkäfer sind beträchtlich gröfser als jene Deutschlands.

**) Vergl. Hoffmann die Erde und ihre Bewohner p. 52, so wie Forster u. Diquemare in Otto's Hydrogr. p. 473. 479. u. 483.

***) S. Blume in seiner Schrift über Norderney und Sasse in Osann Darstell. II. p. 829.

†) S. Boyle, Burzas, Forster, Diquemare in Otto Hydrogr. p. 471—480 — u. Ernsts l. c. p. 59.

††) Der fragliche flüssigere sowohl, als feste Stoff scheint mit der

von den der Atmosphäre preis gegebenen, frisch zur Oberfläche gelangten, mit der betreffenden Materie noch ungesättigten Wassertheilchen aus, und kommt auf diese Weise mit dem Processe der Phosphorauflösungen überein, welche in halbgefüllten Fläschchen lediglich dann leuchten, wenn sie geschüttelt werden, oder wenn man durch Entfernung des Pfropfes reine, noch unzersetzte Atmosphärenluft eindringen läfst. Besonders deutlich zeigte sich das fragliche Verhalten an dem Seewasser des grofsen, verschliefsbaren Behälters des Norderneyer Badehauses *). Oeffnet man, wie ich es in Gesellschaft des Herrn Hofmedicus Blume und des Badeinspector Meyer öfters that, bei finsterer Nacht die liegenden Thürflügel, so erscheinen, mit dem ersten Zutritte frischer Luft, der Wasserspiegel sammt den ihn umgebenden Einfassungswänden hell erleuchtet. Schon nach wenig Secunden tritt aber wieder tiefes Dunkel ein, falls die Wasserfläche nicht durch Zu- und Aufschlagen der Thürflügel, durch Umrühren oder Umherspritzen, dem Einwirken der Atmosphäre neue Berührungspunkte darbietet. Einzelne, vorzugsweise leuchtende, von kleinen Gallertthieren herrührende Funken, der schon früher beschriebenen Art, kamen hier im Ganzen selten vor; nur zuweilen tauchten dieselben spontan aus dem Wasserspiegel auf, oder glitten mit dem verspritzten Wasser langsam an den Wänden herab. Entlang des Norderneyer Strandes zur Nachtzeit umhergehend, bemerkt man oft, dafs nach jedem Fufstritte auf dem, während der Ebbe vom Wasser eben verlassenen, festen und noch feuchten Sande feurige, gleichförmig leuchtende Spuren zurückbleiben, welche binnen kurzer Zeit, dann nämlich verschwinden, wenn die Atome des durch den Druck frisch emporgeprefsten Wassers ihre Verbindung mit dem Sauerstoffe vollendet haben. Demselben Gesetze zu Folge bleibt auch der ruhige Meeresspiegel

schon erörterten, dem Seewasser die leichte Klebrigkeit ertheilende Glairine zusammen zu fallen, welche, auch in Mineralquellen erzeugt, gleich dem Meerschleime öfter von Thieren der untersten Entwickelungsstufe bewohnt wird. Vergl. §. 94—98. u. §. 249.

*) Das fragliche Reservoir wird durch ein verfahrbares Pumpwerk gefüllt.

in der finstersten Nacht mit tiefem Dunkel gedeckt, während an Sandbänken zerschellte, oder am sanft abfallenden Ufer flach zerfliefsende Wellen helles bläulich schimmerndes Licht von sich strahlen. Besonders schön, man darf sagen, in wahrem Silberglanze funkelnd, sieht man unter günstigen Umständen den frisch entstandenen Meeresschaum, welcher als poröse Wassermasse dem Dunstkreise den vielfältigsten Zutritt gestattet. Entschieden intensiver als an der Nordsee, verhält sich der Meeresschein allgemeinhin schon an den Küsten Italiens, und vornemlich unfern des Liparischen Archipels. Es war am 23 Februar 1830, als ich mich auf dem Dampfschiffe Royal Ferdinando, während fast vollkommener Windstille, in der letzgenannten Gegend befand. Nach eingebrochenem Abenddunkel legten sich mehrere Reisende, in ihre Mäntel gehüllt, auf dem Verdeck zur Ruhe, theils um die erquicklichere Luft zu athmen, vornemlich aber, um für die späte Nachtzeit, welche uns dem feuerwerfenden Stromboli entgegenführte, zum Wachen bereiter zu sein. Der Capitain, Herr di Martino, dem ich für die viele, mir auf der beschwerlichen Rückreise von Sicilien nach Neapel erwiesene Güte immer dankbar bleiben werde, hatte den Befehl ertheilt, uns zu wecken, sobald die mindeste Anzeige jenes immer flammenden Vulcans bemerkbar würde. Noch im Halbschlafe begriffen, wurde ich durch ein aufblitzendes Licht gestört, und sah mit einem Male das ganze Schiff in bläulich hellem Schimmer erleuchtet. Ein Blick nach den Schaufelrädern erklärte das überraschende Phänomen. Mit beträchtlicher Gewalt verspritzten diese aus finsterer Tiefe geschöpftes, glühendes Wasser nach allen Richtungen. Zugleich übergossen sie die Planken mit hinabrieselndem Feuer, und umgaben sich selbst mit einem Nimbus silberglänzenden Schaums. Ein breiter, nach seinem Ende sich verjüngender, an hundert Schritt langer, bläulich flimmernder Streif bezeichnete in der Richtung des Kielwassers den eben zurückgelegten Weg. In verschiedenen Entfernungen vom Schiffe unterbrachen bald längere Feuerlinien, bald funkelnde Strudel, welche vom Zuge grofser Fische, und vom Auf- und Untertauchen der Delphine erzeugt wurden, das

Einerlei des dunkeln Meeresspiegels. Von diesem selbst erglänzten grofse Flächentheile nur so lange und so weit, als leichte Luftströme ein Kräuseln der Wellen hervorbrachten. Das in einem Eimer heraufgewundene Wasser phosphorescirte auf seiner durch die rückende Schiffsbewegung ununterbrochen beunruhigten Fläche fast beständig, ohne dafs wir vorzugsweise leuchtende isolirte Körperchen bemerken konnten; aus der hohlen Hand gegossen, bildete es einen kleinen, zusammenhängend leuchtenden, keinesweges stellenweise funkelnden Strahl. Fliegende Fische, welche sich, nach Lacépède *), während des Seeleuchtens in lichten Linien durch die finstere Luft bewegen, sahen wir nicht. Eben so wenig war es mir bei aller Mühe möglich, unter dem Meeresspiegel irgend leuchtende Gegenstände, wie sie Forster und Bojon in den Tiefen sahen **), wahrzunehmen.

Die dritte und seltenste Form des Seeleuchtens ist von den bisher erörterten hauptsächlichst dadurch unterschieden, dafs der Meeresspiegel bei derselben keine theilweis beleuchtete, sondern, so weit das Auge reicht, eine zusammenhängende, glühende, mehr oder weniger bewegte Feuerfläche darstellt. Zugleich soll sich hiebei der Lichtschein oft beträchtlich, ja nach Spalanzani wohl 40 Fufs tief in das Meer erstrecken, und dessen Bevölkerung, unter feuerfarbenen, sich freundlich und feindlich begegnenden Gestalten sichtbar ***) machen. Forster und d'Apres de Manivelette trafen derartige Lichtausströmungen, besonders unfern des Vorgebirges der guten Hoffnung und im indischen Meere †). Ob die fragliche Art des Seeleuchtens durch ungewöhnliche Anhäufung leuchtender mikroscopischer Mollusken, ob sie durch beträchtlichere Concentration aufgelösten phosphorescirenden Thierstoffes erzeugt, oder durch Hydrogenausscheidungen submariner Vulcane, — wenigstens sah Bojon zu gewissen Zeiten eine Art grofser und kleiner regelmäfsi-

*) S. Otto's Hydrogr. p. 478.

**) S. Otto's Hydrogr. p. 475 u. 479. — Ernsts p. 59—60.

***) Vergl. Forster, Disquemare, Spalanzani in Otto's Hydrogr. p. 475—479. und Ernsts l. c. p. 59 u. 60.

†) Otto's Hydr. p. 471 473 481—483.

ger Flammen von bleicherem Lichte tief unter dem Meeresspiegel *), — in ähnlicher Weise bedingt wird, in welcher auf dem Festlande ganze Berge und weite Ebenen altvulcanischer Gegenden mit bläulichem, höchst durchsichtigem, weder zündendem noch sengendem Feuerscheine überzogen werden **), darüber können nur künftige Erfahrungen entscheiden.

Bezüglich der angedeuteten drei Hauptformen des Seeleuchtens ist noch zu erwägen, dafs sie, mögen dieselben vorzugsweise aus der einen oder anderen Ursache hervorgehen, doch insgesammt nur zu Stande kommen, wenn ihre Entwickelung durch bestimmte, zum Theil noch unzulänglich erforschte Bedingungen unterstützt wird. — Tiefe Finsternifs gehört zuächst hieher. Schon geringe Ueberreste des Sonnen-, Mond-, Sternen- oder künstlichen Lichtes reichen hin, um die fragliche Phosphorescenz verschwinden zu lassen, wogegen dieselbe um so glänzender hervortritt, als das Nachtdunkel an Undurchdringlichkeit zunimmt. — Eben so nothwendig ist, wie schon früher beiläufig bemerkt ward, der freie Zugang des Sauerstoffes. Es scheint, als bedürfe hiebei die betreffende, lichtverbreitende Substanz, sei sie nun Produkt animalischer Secretionsthätigkeit oder Erzeugnifs aufgelöster thierischer Bestandtheile, zu ihrer das Leuchten hervorbringenden Sättigung mit Oxygen nur eines sehr beschränkten Zeitraumes. Wenigstens müssen durch stete Bewegungen immer wieder neue, vom Sauerstoff noch unberührte Atome jener Materie zur Oberfläche gedrängt werden, wenn feuriges Glimmen fortdauern soll. Offenbar zeigen sich daher bei lebenden Thieren glänzende Lichtentwickelungen nur so lange, als der Absonderungsprocefs das lichtstrahlende Secret normal reproducirt. So funkeln, was übrigens Bojon von kleinen Seethieren schon früher versicherte ***), selbst grofse Aequoreen gewöhnlich nur an den über den Wasserspiegel vorragenden Flächetheilen. Aus gleicher Ursache phosphoresciren sanft geriebene Stellen der Quallen lebhaft fort, wenn der am Finger zu-

*) S. Bojon in Otto's Hydrogr. p. 475.

**) §. 46. und Hoff II. p. 104—106.

***) Otto's Hydrogr. p. 484.

rückgebliebene, durch keinen Zuflufs erneute Schleim längst zu schimmern aufgehört hat. Auch mag endlich der seltene und nur von Wenigen beobachtete, tiefe Meeresschein, wenn anders hiebei nicht leicht mögliche Täuschungen obwalteten, nur ausnahmeweise, vielleicht nur da bestehen, wo concentrirtere glairineartige Lösungen schon durch das Oxygen der im Meerwasser enthaltenen Atmosphärenluft zum Leuchten gebracht werden. — Von wesentlichem Belang ist ferner für das Seeleuchten ein, bisher noch am wenigsten erforschtes, wahrscheinlich von Meteorverhältnissen abhängiges Bedingnifs: Jahr und Tag zeigt sich zuweilen in Meeresgegenden keine Spur von Phosphorescenz, in welchen sie zu anderen Zeiten häufig vorkommt. Oft tritt dieselbe plötzlich ein, oder verschwindet nicht minder überraschend, ohne dafs für jenen, wie für diesen Fall ein befriedigender Grund aufzufinden wäre. Das unbekannte Agens dehnt dabei seinen Einflufs über das Meerwasser und die in demselben lebenden Thiere auch dann aus, wenn beide von ihrer natürlichen Verbindung getrennt sind. So gaben das Seewasser des abgeschlossenen Norderneyer Badereservoirs und die in meiner Wohnung lebendig aufbewahrten Medusen keinen Lichtschein, wenn das offene Meer finster blieb, phosphorescirten aber in der Regel, wenn die brechenden Wellen rund um die Insel Funken sprüheten. Dem Urtheile, dafs in elektrischen oder magnetisch-elektrischen Spannungen ausschliefslich der Grund des Seeleuchtens zu suchen sei*), können wir nicht beitreten, indem diese Ansicht viele der oben angeführten Thatsachen unerklärt läfst. Wahrscheinlich aber mögen jene Naturkräfte das Leuchten der betreffenden Materie nach bestimmten Gesetzen vermitteln. — Anerkannt ist es wenigstens, wie sehr das Seeleuchten an Frequenz und Mächtigkeit nach dem Aequator hin, also nach jener Weltgegend zunimmt, wo gesteigerte elektrische Processe sich in ebenmäfsigen Entladungen durch die grofs-

*) Vergl. Le Gentil, Oken, Schweigger, Safs u. Neuber in Otto's Hydrogr. p. 484. und in Osann's Darstell. B. 2. p. 829, so wie Halem p. 44.

artigsten Gewitter offenbaren *). Das Seeleuchten kommt überhaupt, analog mit dem früher erwähnten Erdleuchten, häufiger bei trockenem, stillem, schwülem Wetter vor. Es verkündet in seinem intensiveren Auftreten, den Erfahrungen der Seefahrer zufolge, bevorstehende Gewitter oder heftige Stürme, wird von Nord-, so wie von Nordostwinden begünstiget, und dagegen von nebliger, regniger Witterung beeinträchtigt. Schliefslich führen wir noch Le Gentil's, in der fraglichen Hinsicht interessante, Beobachtung an, nach welcher derselbe im Kanal von Mozambique, als das Meer überall in Feuer stand, vom grofsen Foksegel ein helles Licht, wie es nur zahlreiche Lampen hervorbringen, ausstrahlen sah, während zugleich am obersten Theil des Hauptmastes ein St. Elmen-Feuer flammte **).

§. 251.

Temperatur des Seewassers. — Vom Zusammenwirken mannigfacher Einflüsse abhängig, variirt der Wärmestand des Meeres, abgesehen von der Mitwirkung der Jahreszeiten, hauptsächlichst nach den Schichtungen der Wassermassen, nach den herrschenden Winden, nach bestimmten Strömungen und nach der Beschaffenheit des Bodens, auf welchem die Wassersäulen ruhen.

Hinsichts der Schichtungen haben wir das Verhalten der oberen von jenem der tieferen zu unterscheiden.

Die Temperatur der ersteren, den kosmischen Einflüssen preis gegebenen Lagen kommt mit der Wärme, welche dem überschwebenden Dunstkreise gemäfs der Zonenvertheilung eigen ist, beinahe vollkommen überein. Das Meerwasser erstarret in den höchsten Breitegraden zu ewigen Eiswüsteneien, verwandelt sich neben diesen in tropfbare Flüssigkeit, und verliert, dem Aequator stufenweise nahend, ebenmäfsig, jedoch an der südlichen Hälfte der Erdkugel

*) Weder in Rofs noch Back's Berichten über die jüngsten Nordpolarexpeditionen fand ich das Seeleuchten erwähnt.

**) S. Otto's Hydrogr. p. 483.

etwas später als an der nördlichen, seine Kälte, bis es unter den Wendekreisen die Temperatur laulicher, leicht verdampfender Mineralquellen erreicht. Einige, im Bereiche der nördlichen Breitegrade gesammelte Beobachtungen mögen das Specielle dieses Verhältnisses erläutern:

| | |
|---|---|
| Am Polareise fanden Nairne und Mulgrave bei tief unter den Gefrierpunkt gesunkener Lufttemperatur das wellenschlagende Seewasser bis zu + 28 ja bis zu 26° F. erkaltet *), mithin | — 2°,67 R. |
| 82° 33′ nördlicher Breite betrug nach Parry **), am 29. July 1827, bei — 0°,44 R. Lufttemperatur, die des Seewassers | — 1°,33 R. |
| 71° 20′ nördl. Br. fand Capitain Rofs ***), während der von ihm geleiteten Nordpolar-Expeditionen, am 19. August 1829 bei + 2°, 22 R. Luftwärme, die Temperatur des Meerwassers | — 0°, 89 R. |
| 70° nördl. Br. zeigten nach Douglas ****) die oberen Lagen des Seewassers, unfern der norwegischen Küste, im Maimonat bei + 4°, 44 Luftwärme die Temperatur von | + 2°, 78 R. |
| 62° 26′ nördl. Br. fand Back †), als er den Capitain Rofs aufsuchte, am 13. August 1823 bei + 11°, 56 R. Luftwärme die Meerestemperatur | + 8°,89 R. |
| 54° 6′ nördl. Br. schwankt bei Dobberan ††) | |

*) Mit Nairne's und Mulgrave's Versuchen, nach welchen das Seewasser, um fest zu gefrieren, 4 bis 6° F. mehr Kälte als das Süfswasser bedarf, stimmen Biascolletto's neuerdings zu Venedig bei einer Kälte von — 3° R. gesammelte Beobachtungen insofern überein, als das Seewasser des Hafens binnen mehrerer Stunden nur zarte Eisblättchen ansetzte, während das Süfswasser bereits in einen harten Eisklumpen verwandelt war. Vergl. Otto's Hydrogr. p. 430—444. und Brera l. c. p. 118.

**) Parry l. c. p. 162.

***) Rofs l. c. p. 121.

****) S. Douglas in Otto's Hydrogr. p. 425.

†) Back l. c. p. 63.

††) S. Sachs l. c. 104 u. 105. — Nach Becker (Dobberan im Sommer 1837, Parchim und Ludwigslust 1838 p. 17—28.) zeigten

während der Sommermonate die Temperatur des Meeres zwischen + 8 bis 20° R.

53° 51' nördl. Br. erhält sich zu Travemünde nach Sachs im Sommer, während einer nur 1 bis 2 Grad höheren Temperatur der Luft, jene des Seewassers zwischen + 10 bis 19° R.
Herr Bademedicus Dr. Lieboldt giebt während der Sommermonate die Lufttemperatur zu + 14 bis 16, und jene der See zu 10 bis 15° an*). Am 29. März 1838 fand ich, von demselben begleitet, die Temperatur des Seewassers am Badestrande, auf welchem noch grofse Eisblöcke umherlagen, bei scharfem N. O. Winde und einem Temperaturstande der Luft von + 6°, jenen des Seewassers + 4° R.

53° 42' nördl. Br. oscillirte bei Norderney, wenn wir die ausnahmeweise momentan statt findenden, anderweitig berührten Extreme uuberücksichtigt lassen, nach den 2 Sommer hindurch von mir gemachten Beobachtungen die Temperatur der Luft zwischen + 12 bis 17°, und jene des stark fluthenden Meeres am Badestrande zwischen + 10 bis 15° R.

51° 7' nördl. Br. fand ich in der Strafse von Calais am 21. Septb. und 3. Octbr. 1833, während trüben Wetters und lebhaften N. W. Windes, bei einer Temperatur der Atmosphäre von + 13 und 14 Graden, jene des Meeres + 12 bis 13° R.

45° 38' nördl. Br. untersuchte ich im Hafen von Triest am 13. Mai 1830 den Wärmestand des Seewassers während heiterer Witterung zur Mittagszeit, bei einer Atmosphä-

sich die Schwankungen noch beträchtlicher, indem sie sich in den Sommermonaten zwischen + 5,33 und 22,22 R. stellten. Wo mir der Breitegrad einzelner Orte unbekannt war, habe ich jenen der nächstgelegenen gröfseren nach Hoffmann (l. c.) angeführt.

*) Vergl. Sachs l. c. p. 104 und Gräfe's und Kalisch's Jahrb. Jahrg. 4. p. 117.

rentemperatur von + 17° R. Derselbe betrug bis zur Tiefe von 2 Fuſs + 16° R.
Biasoletto giebt die mittlere Temperatur während der Monate December, Januar, Februar für die Luft Triest's zu + 4 bis 5, für das Seewasser zu 4 bis 5° R., und während der Monate Juni, Juli, August für jene zu + 12 bis 21, nnd für das letztere zu + 20 bis 22° R. an *).

45° 25′ nördl. Br. schien mir zu Venedig, gemäſs siebentägiger, vom 26. September bis 2. October 1829 zur Mittagszeit, bei ununterbrochen freundlichem Wetter angestellten Beobachtungen, der Wärmestand des Meeres ganz von jenem der Luft abzuhängen, indem beide unerachtet der vorgerückten Jahreszeit zwischen + 17 und 18° R.
schwankten. Der Grund dieser auffallenden Temperatur-Uebereinstimmung ist in der dasigen geringen, allgemeinen Tiefe des Meeres zu suchen. An den steinernen Stufen, welche zu meiner Wohnung am Giudecca-Kanale führten, überzeugte ich mich, nach wiederholten Messungen, daſs die zwar regelmäſsig binnen 24 Stunden 2 Mal eintretende Ebbe nur 1, höchstens 2 Fuſs betrug, und dennoch reichte schon dies unerhebliche Sinken des Wasserspiegels hin, um in und um Venedig einen groſsen Theil des schmutzigen, schlickigen Meerbodens entblöſst zu lassen. Nur da, wo die merkwürdig verschlungenen Lagunen stellenweise tiefer gesenkt sind, so wie näher den seewärts aufgeworfenen Murazzis, an welchen der Boden nach dem offenen Adriatischen Meere abfällt, zeigte sich die Temperatur um ½ Grad kühler als jene der Atmosphäre.

*) Brera l. c. p. 117.

43° 32′ nördl. Br. differirt in der Umgegend Livorno's die Temperatur der Luft von jener des Seewassers fast eben so wenig, als in Venedigs Bucht. Das in offener See, einige tausend Schritt vom Strande auf Pfahlwerk gebaute Bad, nach welchem man sich gewöhnlich von Darsena aus übersetzen läfst, gewährt die Bequemlichkeit, dafs der Badegast aus zierlichen Cabinetten durch eine Treppe unmittelbar in das, auf einen weiten Umfang hin nur 4 Fufs tiefe, freie Meer hinabsteigen, oder nach seinem Belieben innerhalb des grofsen, hofähnlichen Raumes jenes im Quadrat ausgeführten Gebäudes umherschwimmen kann. Der sechsstündige Wechsel der Ebbe und Fluth läfst sich an den betreffenden Hauptpfeilern genau abmessen; er tritt bei sturmlosem Meer regelmäfsig ein, überschreitet jedoch beinahe nie die Grenzen von 1 bis 2 Palmen. Am 27. Decbr. 1829 fand ich hier während eines sonnigen Tages die Luft + 15 und das Meerwasser + 14°. Noch immer wurde das grofse Inselhaus, welches in der Nordsee mit der ersten kräftigen Fluth unterginge, von seegewöhnten Engländern fleifsig besucht. Die beliebteste Badezeit fällt in die mittleren Sommermonate, wo, nach Dr. Palloni's mir gegebenen Versicherung, bei der zu + 18° R. berechneten, mittleren Lufttemperatur, die des Meeres, einzelne ungewöhnliche Extreme abgerechnet, durchschnittlich beträgt. + 18° R.

40°, 51′ nördl. Br. fand ich bei Neapel *) im Jahre 1830, während der schönsten zur Mittagszeit an 20° warmen Apriltage, dafs die

*) Nur aus Versehen kann Neapels Lage in der von Ernsts l. c. zusammengestellten 2ten Tabelle zu 50° 50′ N. B. angegeben sein.

Temperatur des Seewassers, gemäfs wiederholten Prüfungen, am Strande der Villa reale, so wie an jenem von Baja, Portici und Castellamare, bereits bis auf + 19° R. gestiegen war.

38°, 11′ nördl. Br. beträgt zu Messina, nach Dr. Pugliati's mir mitgetheilten Nachrichten, während der Sommerzeit, deren mittlere Wärme auf + 24° R. berechnet wird, die Temperatur des Seewassers unfern des Hafens am Badeplatze + 22° R.

Als ich auf dem Wege von Scaletta nach Taormina, am 25. Februar 1830, während sonniger Witterung, Nachmittags bei 21° R. Luftwärme, unfern Ali's Strande, das Thermometer in die See tauchte, fiel dasselbe nur bis + 20° R.

Unter den Wendekreisen, deren mittlere Jahrestemperatur nach v. Humboldt an + 27° R. ausmacht, so wie unter der Linie, erreicht der Wärmestand der oberen Lagen des Meeres *) + 23°, 11 R.

Das Verhalten der tieferen Meeresschichten weicht von dem der oberflächlich gelagerten beträchtlich ab. Jene nehmen an den Wirkungen der Verdunstung geringen Antheil, sind dem Einflusse des Sonnenlichtes, wie dem der Atmosphärenwärme fast ganz entrückt, und zeigen daher eine weit beständigere Temperatur. Von wo ab indefs die gröfsere Unveränderlichkeit derselben beginnt, und in welchem Mafse sie statt hat, da die Beziehungen der untersten Schichtungen zu den oberen nicht völlig abgeschnitten sein können, blieb unerforscht. Die bisher in der fraglichen Hinsicht unter sehr verschiedenen Gesichtspunkten aufgeführten, und dabei in zu geringer Zahl gesammelten Thatsachen reichen zur Begründung eines bestimmten Urtheils noch keineswegs hin. Aus ihrer Reihe

*) Vergl. v. Humboldt unterird. Gase p. 96. und Otto's Hydrogr. p. 430.

wollen wir einige der wichtigeren anführen. Zufolge angestellter Versuche glauben Bouger, dafs die Sonnenstrahlen das Meer nicht tiefer als bis auf 679 Fufs beleuchten, Buffon, dafs das Seewasser schon in der Tiefe von 150 Fufs aufhöre erwärmt zu werden, Marsili, dafs dasselbe im Winter zwischen 10 bis 120 Faden immer auf + 10° R. verbleibe, und Franklin, dafs man nach der Temperatur des Seewassers dessen Tiefe abschätzen könne, indem das Meer über geringen Tiefen stets kälter als über gröfseren sei*). Douglas fand, um den 70sten Grad N. B., während eines Wärmestandes der oberen Meeresschichten von + 2°, 78 R., die Wassertemperatur in der Tiefe von 80 Faden + 3°,89**). Rofs beobachtete 66° 50′ N. B. am 19. Septbr. 1818, dafs die Temperatur des Seewassers oberflächlich 0,44, in der Tiefe von 100 Faden 0,89, in jener von 200 Faden — 1°,33, in der von 400 Faden — 1°,78 und in der von 600 Faden — 2°,89 R. betrug***). Zu Norderney, 53° 42′, erhielt sich das, ungefähr 200 Schritt vom Badestrande, oder 300 vom Fufse der Dünen entfernte Fahrwasser, bei einer während der Sommermonate zwischen + 10 und 15° wechselnden Wärme der oberen Wasserlagen, in der Tiefe von 48 Fufs beständig auf + 9° R. Im Golf von Nizza, 43° 41′ N. B., verbleibt nach Saussure's und Risso's Messungen im Sommer, während der mittleren Temperatur der oberen Meeresschichten von 17° R., das Wasser in der Tiefe von 585 Meter und von 1800 Fufs auf + 10° R. †). Unter den Wendekreisen traf man, bei der mittleren Wärme der oberen Meereslagen von + 23°, 11, das Wasser in der Tiefe von 3600 Fufs + 4 bis 6° R. ††). — Wenn aber auch aus den bisherigen zusammenhanglosen Untersuchungen noch kein festes Ergebnifs hervorgeht, wenn dies erst

*) Vergl. Otto's Hydrogr. p. 419—420, 425—430 und Hoffmann p. 55.

**) Otto's Hydrogr. p. 425.

***) S. Rofs l. c. (Lond. 1819) p. 213.

†) Ernsts p. 54.

††) v. Humboldt über unterirdische Gase p. 96. und Otto's Hydrogr. p. 430.

durch die weitere Entwickelung der neueren Mellonischen Lehre über diaphane und diathermanische Körper, unter welchen das mineralisirende Princip des Meerwassers, das Kochsalz, eine wichtige Rolle spielt, errungen werden dürfte, so beweisen die vorerwähnten Thatsachen wenigstens dies, dafs den höheren Meereslagen in so weit ein wechselnder Temperaturstand eigen ist, als sie zwischen — 2 und + 24° R. und die tiefen hingegen nur zwischen — 2 und + 10 R. schwanken.

Was übrigens die Ursache des beständigeren Verhaltens der unteren Meeresschichten anlangt, so trägt hiezu ihre gröfsere Abgeschlossenheit gegen cosmische Einflüsse nicht minder als die fortwährende Temperaturausgleichung bei, welche dadurch entsteht, dafs sich das an den Polen dem Gefrierpunkte nahe Seewasser, in Folge der gegen den Aequator zunehmenden Erwärmung und Verdunstung der Seeoberfläche, ununterbrochen nach wärmeren Zonen hindrängt.

Winde. — Indem jegliche Temperaturveränderung des Luftkreises schneller als die grofser Wassermengen zu Stande kömmt, beharren die oberen Meereslagen stets einige Zeit in dem einmal angenommenen Wärmegrade, bevor sie zu jenem der angrenzenden Luftschichten übertreten. Während dieser Zwischenzeit weichen die, wie wir sahen, gewöhnlich nahe zusammenfallenden Thermometerstände der Seeluft und des Seewassers am meisten von einander ab. Sobald Südwinde dauernd anhalten und dann mit einem Male in Nordwinde umschlagen, bleibt das Meer oft noch halbe, wohl auch ganze Tage lang warm, ja um 6, 8, 10 Grad wärmer als die überschwebende Luft. Der umgekehrte Wechsel bringt nothwendig das entgegengesetzte Verhältnifs hervor. Auf diese Weise bilden sich nicht selten momentan überraschende Temperaturerscheinungen. Nach mehrtägigen Südwinden und beständigem sonnigem Wetter fand ich ein einziges Mal, es war am 11. Aug. 1837, das bei Norderney höchstens + 16° erreichende Meer an Stellen, wo sich die Wogen flach über den weifsen Sand ausbreiteten, ungeachtet das Thermometer in freier Luft nur + 15° R. anzeigte, 26 Grad erwärmt. In den

Jahren 860 und 1234 kühlten beharrliche Nordwinde das Ionische Meer dermaſsen ab, daſs man über dessen Eisdecke mit Wagen und Pferden nach Venedig reiste *). — Orcane sollen, wie manche Naturforscher meinen, durch Aufwühlen kälterer Wasserschichten jedesmal plötzliches Erkühlen, und wie andere behaupten, durch Wellenreibung und elektrische Processe stets Erwärmungen des Meeres herbeiführen; die erstere Veränderung habe ich am Mittelmeere und der Nordsee mehrmals, die letztere dagegen nach keinem von mir beobachteten Sturme wahrgenommen.

Nicht minder als die berührten Anlässe wirken theils regelmäſsige, durch die Axendrehung des Erdballs erzeugte Ocean-Bewegungen, theils bestimmte, von dieser mehr oder weniger unabhängige, sowohl periodische, als permanente Strömungen auf die Temperatur des Seewassers ein. — Obenan stehen hier die Ebbe und die Fluth **). Von diesen werden tiefere, kältere Meeresschichten gegen das Uferland gedämmt, während jene das durch Luft- und Sonnenwärme seiner ursprünglichen Kälte theilweis verlustig gewordene Wasser seewärts zurückzieht. Schon im Kleinen verräth sich dieser Vorgang jedem zur Fluthzeit Badenden, indem man bei einiger Aufmerksamkeit bemerkt, daſs kühles Wasser den oberen Theil des Körpers bespühlt, während weit kälteres die Knie herab bis zu den Füſsen umdrängt. Zu Norderney von mir während des Badens angestellte Messungen zeigten, selbst in der geringen Andämmung von 4 bis 5 Fuſs, zwischen den oberflächlicheren und tieferen Wasserlagen eine Verschiedenheit, welche oft an 2 bis 3 Grad R. ausmachte. — Auch permanente, sich mit den allgemeinen Bewegungen des Meeres kreuzende See- und Fluſsströmungen können die Wärme des Meeres streckenweise modificiren. So wälzt sich der im Golf von Mexico 24° R. warme, den nahen Ocean im fünfundzwanzigsten Breitegrade um 3° R. übertreffende, gen Osten gerichtete, von den Azoren nordwärts beträchtlich aus einander weichende Meeresarm, theils bis nach Byscaja's Hafen, an dem

*) Otto's Hydrogr. p. 450.

**) §. 246.

er öfter westindische Naturerzeugnisse auswirft, theils nach den Küsten Englands, wo derselbe noch immer um 3½, wohl auch um 4½° wärmer als die angrenzenden Wassermassen bleibt *). Aehnlich verhält es sich mit grofsen, vom Festlande unter starkem Stofse in das Meer einfallenden Flüssen. Wie sehr sich dieselben in der fraglichen Beziehung, besonders dann, wenn sie aus dem ewigen Gletschereise ihren Ursprung nehmen, vom Meere unterscheiden, davon überzeugte mich der Rhein, indem dessen Temperatur bei St. Goar am 9. Octbr. 1833, während der Dunstkreis + 14° R. anzeigte, nur + 11° R., und jene des Meeres in der Strafse von Calais, die ich 6 Tage früher zufällig bei gleichem Atmosphärenstande gemessen hatte, + 13° R. betrug **). — Aufser den mehr wagerechten Strömungen unterbrechen nicht minder lothrecht aufsteigende die Wärme des Seewassers. Im Meerbusen Nizza's trifft man auf einige scharf abgegrenzte Stellen, deren um mehrere Grade abweichende Temperatur durch nachbarliche, hohe Alpenseen bedingt sein soll ***). Am deutlichsten offenbarte sich mir das analoge Verhältnifs an einer Bolla genannten, Wassererhöhung des Golfs von La Specia. Ungefähr eine halbe Stunde von der genannten freundlichen Stadt, in der Richtung nach dem bei Porto Venere gelegenen, musterhaften Lazaretto, tritt der Wasserspiegel in einer abgeplatteten, kaum einen Fufs hohen Wölbung, deren Durchmesser an 15 Fufs betragen mag, hervor. Das Meer ist hier, nach der Versicherung der Schiffer, 10 Klaftern tief. Die leicht wallende, vom Centro nach der Peripherie oscillirende Bewegung jenes Wasserhügels mag ihm wahrscheinlich seinen Namen gegeben haben. Wir fanden das sichtlich aus der Tiefe aufsteigende Wasser durch gröfsere Kälte sowohl, als durch Mangel aller Salzigkeit von dem anstofsenden Seewasser auffallend verschieden. Herr Dr. Da Pozzo, der mich am 20. Novbr. 1829 auf der Ueberfahrt zu der erwähnten Quarantaine-Anstalt zu begleiten und vielfältig zu belehren die Güte hatte, stimmt

*) Vergl. Hartmann l. c. p. 94.

**) §. 251.

***) S. Ernsts p. 55.

der Meinung Spalanzani's bei, dafs der fragliche, durch die Meeresschichten emporgedrängte, starke Strahl Süfswassers aus einem im Rücken Specia's, auf dem hohen Apennin befindlichen, mit dem Meeresgrunde durch unterirdische Canäle zusammenhängenden See erzeugt wird.

Endlich hängt die Meerestemperatur auch von dem Boden ab, auf welchem die Wassermassen gebettet sind. Vornemlich wird ihre Erwärmung in dieser Art durch submarine erhitzte Lavafelder gesteigert. Laulich findet man das Seewasser an mehreren Uferstellen Ischia's. Die Wärme von + 30° R. und darüber erreicht es zwischen den Aeolischen Inseln Escabianca und Escanera. Und als heifser Qualm steigt dasselbe aus Nero's Stufa empor *).

Wie sehr übrigens der Temperaturstand des Meeres auf die, für ärztliche Zwecke höchst wichtige Beschaffenheit der Seeatmosphäre einfliefst, werden wir späterhin sehen **).

§. 252.

b. Die Seeluft.

Die Gesammtatmosphäre erleidet im Wege cosmischer und tellurischer Einwirkungen mannigfache, mehr oder weniger andauernde Modificationen, welche sie, ein grofses organische Ganze bildend, vermöge ihres ununterbrochenen Strebens, sich in vollkommener Integrität zu erhalten, immer wieder vernichtet ***). Durch den innigen Verkehr der Luft mit dem Meerwasser werden ihren unteren Schichtungen ebenfalls bestimmt abweichende Eigenschaften zu Theil, die sie, erst zu höheren Regionen übertretend, stufenweise auszugleichen vermag. Jene Durchgangsmomente sind es nun, in welchen man das Wesen der Seeatmosphäre aufzusuchen hat. Zwar stehen uns behufs dessen für jetzt nur bruchstückweise erworbene Materialien zu Gebote. Aber auch diese darf der Arzt, so wie sie vorliegen,

*) Vergl. 23., §. 27., §. 29. — Otto's Hydrogr. p. 430. und Houel T. I. p. 126 u. 135.

**) §. 260 u. 262.

***) S. hierüber I. Walther's geistreichen Aufsatz in Gräfe's und Ph. v. Walther's Journ. B. 27. p. 82. 347 und 356.

und zwar besonders hinsichts der Dichtigkeits-, Feuchtigkeits- und Mischungs-Verhältnisse, keineswegs seiner Aufmerksamkeit für unwerth erachten.

§. 253.

Dichtigkeit des Seedunstkreises. — Von der beträchtlicheren, durch vervielfachten Atmosphärendruck bedingten Dichtigkeit und Schwere der Seeluft überzeugt uns das Verhalten des Barometers dadurch, daſs dessen Mittelstand, unerachtet nicht alle Meere in gleichem Niveau liegen *), dennoch an denselben die Höhe von 28 Zoll allgemeinhin wenig oder gar nicht verläſst. — Aus der Reihe diesfälliger Messungen wollen wir nur einige neben einander stellen.

Nach Santini's, am Spiegel des adriatischen Meeres bei Padua jahrelang fortgesetzten Beobachtungen, beträgt während der durchschnittlichen Lufttemperatur der Monate July, August und September von + 17°, 55 R. der Mittelstand des Barometers 28″ 2‴, 11 **). — Am Saume der Nordsee beobachtete ich zu Norderney das Barometer in den Jahren 1836 und 1837, von Ende July bis Anfang September, während 91 Tage. Fast regelmäſsig stieg dasselbe, wenn das Thermometer bei vorherrschenden Nord- und Nordost-Winden auf + 12 bis 8° R. zurücktrat, und fiel dagegen bei Süd- und Südwest-Winden, sobald die Lufttemperatur + 15 bis 18° R. erreichte ***). Unter den bezeichneten 91 Tagen sank die Quecksilbersäule 32 Tage ½ bis 2 und ein einziges Mal 8 Linien unter 28 Zoll. Während der übrigen 59 Tage hob sich dasselbe 1 bis 3, und 12 Mal 5 Linien über 28 Zoll. Sämmtliche Tagesnotate ergaben für die erwähnte Periode beider Jahre, bei der durchschnittlichen Lufttemperatur von + 13°, 5, einen Mittelstand des Barometers von 28″ 1‴, 02.

Um jenes Verhalten mit dem einer niederen Continentalgegend zu vergleichen, ersuchte ich Herrn Dr. Rammelsberg, den Barometerstand der Stadt Berlin, deren Bo-

*) So liegt der Spiegel der Nordsee nach seinem mittleren Stande 8 Fuſs tiefer als jener der Ostsee. Osann II. p. 826.

**) Vergl. Gräfe's und Walther's Journ. B. 15. p. 610.

***) Nur in Ausnahmefällen wurde diese auf kurze Zeit überschritten.

den sich, ungeachtet beträchtlicher Entfernung vom Meere, doch nur 90 Fufs über dasselbe erhebt, für die Zeit festzustellen, während welcher ich an Norderneys Strande beobachtete. Dem genauen Nachweise zufolge, betrug der betreffende Mittelstand, während einer durchschnittlichen Atmosphärentemperatur von + 16°,2 R., 27″ 11‴,86. Es zeigte sich hiernach, selbst bei geringer Erhebung über den Meeresspiegel, eine, wenngleich unbedeutende, doch immer hervortretende Differenz der Dichtigkeit und Schwere der betreffenden Luftschichten, welche schon an und für sich, wenigstens auf die Dauer, nicht ohne allen Einflufs auf den Respirationsact bleiben dürfte.

Bemerkenswerth ist rücksichtlich jener Parallellen noch folgender Umstand. Weichen auch die Barometerstände über dem Meeresspiegel von denen jener Luftschichten wenig ab, welche über niedrigen Erdflächen schweben, überantworten demnach die schwereren Atmosphärenlagen beider Regionen den Lungen in fast gleichem Mafse reichlichere Oxygenquantitäten, so wird hiebei der specifische Character der Seeluft doch dadurch noch eigenthümlich gesteigert, dafs die gröfsere Dichtigkeit derselben gerade mit ihren besonderen, aus den nächstfolgenden Paragraphen erhellenden Mischungsverhältnissen zusammentrifft *).

## §. 254.

Feuchtigkeitsgrad der Seeluft. — Allgemeinhin mufs man annehmen, dafs der Dunstkreis über grofsen Meeren mit Wasserdämpfen gesättigt sei **), dafs diese sich vom Ocean aus in das Innere des Festlandes verbreiten, und dafs mithin die Luft in der Regel um so trockener werde, je weiter sie landeinwärts von den Küsten entfernt ist. Ausnahmeweise stattfindende, höhere Feuchtigkeitsgrade der Continentalluft, welche, durch vorübergehende Meteorverhältnisse oder durch besondere Ortsbeziehungen bedingt, an nebligen Tagen, nach gefallenem Regen in tief eingeschnittenen schattigen Thälern, an modernden, gegen Winde abgeschlossenen Sümpfen, oder in der Nähe zahl-

*) §. 254—260.

**) Kämtz l. c. T. I. p. 29. etc.

reicher qualmender Thermen angetroffen werden, kommen hier nicht in Anschlag *).

Schon die alltägliche Erfahrung überzeugt uns von der beträchtlicheren Feuchtigkeit der Seeluft. In der saubersten Cajüte, so wie in den scheinbar noch so trockenen Gemächern von Strandgebäuden findet man bei jedesmaligem Umkleiden dem Gefühle nach die Wäsche und Kleidungsstücke durchfeuchtet, alles Lederzeug wird hier weicher, nachgiebiger; trockenes, frei hingesetztes Kochsalz und gestofsener Zucker fangen an, sich zusammen zu ballen, und alle der Luft preis gegebenen eisernen Geräthe werden in kurzer Frist mit Anflügen von Rost überzogen.

So offen es auch vorliegt, dafs die Seeluft durchschnittlich mehr Feuchtigkeit als die Continental-Atmosphäre enthalte, so schwierig ist dennoch, bei der grofsen Wandelbarkeit des Seedunstkreises, selbst eine approximative Bestimmung der betreffenden Quantitäts-Verhältnisse. Mit den bisherigen Hygrometern reichen wir hiebei nicht aus; näher zum Ziele führt das Psychrometer. — Durch die Gefälligkeit des Herrn Professor Mitscherlich mit einem erprobten Instrumente versehen, stellte ich vom 24. Juli bis 7. Septbr. 1837, gröfstentheils in den Badestunden, während der höchsten Fluth, sowohl am Strande Norderney's, als über dem Meeresspiegel Versuche an. Aus der über dieselben geführten Tabelle ergiebt sich, dafs binnen 46 Tagen nur an einem einzigen beide Thermometer des fraglichen Werkzeuges, das trockene nämlich und das befeuchtete, auf völlig gleicher Höhe blieben **), dafs ferner zwei Tage hindurch die Differenz 5 Grad betrug ***), dafs die-

*) So glaubt Lyall hygrometrisch nachgewiesen zu haben, dafs die mittlere Feuchtigkeit der Seeluft des mittelländischen Meeres auf Malta's hohem Kalkplateau um die Hälfte geringer, als jene der über Englands Niederungen ausgebreiteten Atmosphäre sei. S. l. c. T. II. p. 16.

**) Am 24. Juli erhielten sich beide Thermometer während leichten Nordwestwindes und einer Barometerhöhe von 28″ stundenlang auf + 13°, 1 R.

***) Am 11. August zeigte zur Mittagszeit bei geringem Südwestwinde und 28″, 3‴ Barometerhöhe, während einer für Norderney ungewöhnlichen Lufttemperatur, das trockene Thermometer + 26,

selbe während 43 Tagen zwischen jenen Extremen schwankte, und dafs aus der Berechnung sämmtlicher 46 Tagesnotate, eine mittlere Abweichung von beinahe 3 Graden hervorging. In demselben Sommer, beschäftigte sich auch der Apotheker Norderney's, Herr Bruns, mit psychrometrischen Versuchen, welche derselbe auf dem Hofe seiner, ungefähr 2000 Schritt vom Strande entfernten, und durch mehrere Dünenreihen gegen Seewinde geschirmten Wohnung unternahm. Als wir die beiderseits gesammelten Resultate verglichen, fand es sich, dafs die Wärmemesser, unmittelbar am Meeressaume öfters eine an 2 bis 3 Grad niedrigere Temperatur, als die im Schutze angewendeten bezeichneten, dafs aber jene, wie diese, hinsichts der Abweichungen des trockenen Thermometers vom feuchten da genau übereinkommen, wo die Versuche auf eine und dieselbe Tageszeit zusammentrafen. — Behufs der Ermittelung des quantitativen Feuchtigkeits-Verhältnisses glaubte ich, die betreffenden Brunsischen Versuche deshalb vorzugsweise zum Grunde legen zu müssen, weil sie täglich nicht ein, sondern drei Mal, und nicht zur wechselnden Fluthzeit, sondern zu fest bestimmten Stunden angestellt waren *). Die diesfälligen, von Herrn Dr. Rammelsberg zu Berlin, auf meine Bitte unternommenen, und mit grofser Genauigkeit ausgeführten Berechnungen erweisen, dafs, den fraglichen Beobachtungen gemäfs, während des oben erwähnten Zeitraums meines Aufenthalts zu Norderney, jeder Kubikfufs Seeluft im Mittel 6,25 Gran Wasserdampf aufgenommen hatte. — Es schien hiebei nicht uninteressant, zu wissen, wie sich um dieselbe Periode das Atmosphärengemisch in einer vom Meere weit genug entfernten, den Breitegraden nach nicht sehr verschiedenen, freien, möglichst niedrigen Gegend hinsichts ihrer Feuchtigkeit verhalten habe. Da Berlins Lage

und das feuchte + 21° R. Am 18. August Morgens stand, bei kaum fühlbarem Ostsüdostwinde und 28″ 2‴ Barometerhöhe, das trockene Thermometer auf + 25° und das feuchte auf 20° R.

*) Eine tabellarische Uebersicht der Brunsischen Beobachtungen hat Herr Hofmedicus Mühry seinem lesenswerthen Aufsatze über Norderney beigefügt. S. Gräfe's und Kalisch's Jahrbücher B. 3. p. 546.

jenen Bedingungen entsprach, unternahm es Herr Dr. Rammelsberg, die während jener Epoche in Berlin angestellten, psychrometrischen Versuche zu dem fraglichen Zwecke zu benutzen. Insofern aus dessen Untersuchungen hervorging, dafs während der betreffenden Zeit der Mittelstand des Wasserdunstes in jedem Kubikfufs Luft zu Berlin 4,77 Gran betrug, zeigte sich dieselbe in jedem Kubikfufs fast um 2 Gran, mithin beinahe um ein ganzes Drittheil, ärmer an Wassertheilchen, als die vorerwähnte Seeatmosphäre. Wenn nun, nach Cuvier und Davy, vermöge jeder mittleren Inhalation ungefähr 20 Kubikzoll Luft zu den Respirationswerkzeugen gelangen *), und wenn ferner binnen jeder Minute durchschnittlich 40 Einathmungen erfolgen, so ergiebt sich, dafs man unter gewöhnlichen Verhältnissen am Strande, dessen Dunstkreis den Lungen mit jedem Kubikfufs beinahe 2 Gran mehr Wassergas zuführt, alltäglich ungefähr 11 Quentchen mehr Wasserdampf, als im Binnenlande einathmen möchte.

§. 255.

Bestandtheile der Seeluft. — Genaue chemische Untersuchungen des Seedunstkreises werden bei der grofsen Beweglichkeit desselben dadurch noch ins besondere schwierig, dafs sie nicht blofs auf die, das Atmosphärengemisch basisch constituirenden Luftarten, sondern auch auf mehrere, der Seeatmosphäre in den ausgedehntesten Verdünnungen einverleibten, und mithin der Beobachtung leicht entgehenden, sogenannten festen Stoffe zu richten sind.

Allgemeine Atmosphärengase. — Einen gröfseren Sauerstoffreichthum schreiben Mehrere der Seeluft deshalb zu, weil sie beim Einathmen offenbar erfrischender wirkt, und weil sich in der mit dem Seewasser innig verbundenen Atmosphärenluft gewöhnlich eine beträchtlichere Oxygenmenge vorzufinden pflegt **). Oft wiederholte und unter den widersprechendsten Umständen un-

*) Andere schlagen die mit jeder Einathmung in die Lungen gezogene Luftmenge weit höher an. Rudolphi's Physiol. Bd. 2. p. 371—374.

**) Die aus dem Wasser getretene Atmosphärenluft besteht nach Gruber aus 31—38,8 Sauerstoff und aus 69—67,2 Stickluft. — Vergl.

ternommene, eudiometrische Versuche haben dargethan, dafs sich der Sauerstoff zum Stickstoffe im Dunstkreise der verschiedensten Gegenden, auf dem Gipfel des Montblanc sowohl als in den tiefsten Niederungen, an den Polen sowohl als am Aequator, nahe wie 21 zu 79 verhält, und dafs die Schwankungen des Oxygens allenthalben die Grenzen von 20 bis 22 Procent nicht überschreiten. Selbst unmittelbar über dem Meeresspiegel erschien jenes Gesetz unverletzt, indem, zufolge Hermbstädt's Prüfungen der Ostseeluft, das Gemisch derselben in der Höhe von 6 Fufs aus 21,5 Oxygen und 78,5 Azot, in jener von 16 Fufs aus 20,5 Oxygen und 79,5 Azot, in der von 24 Fufs aus 20,0 Oxygen und 80,0 Azot bestand *), und demgemäfs nicht einmal das oben beregte unter begünstigenden Umständen in der Continentalluft vorkommende Sauerstoffmaximum erreichte. Für die fast durchgehends angenommene Meinung, dafs die Atmosphäre des Meeres,

übrigens Ingenhous in d'Aumerie pag. 2. Fourcroy und Hermbstädt in Sachs über Doberan p. 86. und Gruber's Chem. I. p. 90.

*) Vergl. Hermbstädt in Sachse über Doberan p. 86 u. 88. — In dieser verdienstlichen Schrift befindet sich eine durch zufälligen Irrthum abgedruckte Angabe des Seeluftgemisches, welche der Herr Verfasser in nachstehender, auf meine Anfrage erfolgten Erklärung berichtiget. — „Wie sehr danke ich es Ihnen, dafs Sie mich auf „eine Unrichtigkeit des §. 14. meiner Schrift aufmerksam gemacht „haben, wo ich die Bestandtheile des Wassers als Bestandtheile der „Luft aufführe! Es mufs offenbar heifsen, dafs man nach den Ver„suchen von Fourcroy, Vauquelin, Seguin u. A. zu finden „glaubte, dafs das Wasser aus 85 Sauerstoff und 15 Wasserstoff „bestehe. Seitdem man aber weifs, dafs 2 Volumina Wasserstoff„gas sich genau mit 1 Volumen Sauerstoffgas zu Wasser zu ver„binden fähig sind, und die relativen Gewichte beider Gase be„stimmt worden sind, hat man gefunden, dafs das Wasser aus 88,94 „Gewichtstheilen Sauerstoff und 11,06 Gewichtstheilen Wasserstoff„gas bestehe.

„Ich ersuche Sie nun diese Berichtigung auf Ihre gütige Anfrage, „in Ihren Ansichten über Seeluft als etwanige Anmerkung mit auf„zunehmen." —

I. D. W. Sachse.

Doberan den 16. August 1839.

jene des Festlandes an Sauerstoffgehalt überträfe, fehlt es mithin bis jetzt an vollgültigen Beweisen. — Was die Kohlensäure, die dem allgemeinen Grundgemische der Atmosphäre nur in untergeordnetem, zwischen 0,001 und 0,018 schwebendem Mengeverhältnisse beigegebene Gasart betrifft *), so halten Einige dafür, dafs dieselbe, wovon ich mich nicht überzeugen konnte, der Seeluft in gleichem Mafse wie der Landluft angehöre **). Bei den von Hermbstädt und Krüger mehrere Jahre hindurch am Ostseestrande vorgenommenen Untersuchungen blieben den Einwirkungen der Luft preis gegebenes Baryt- und Kalkwasser ungetrübt, so lange Seewinde herrschten, und verloren an Durchsichtigkeit, wenn Landwinde eintraten ***). Aehnliche Versuche wiederholte ich auf hoher See im Februar 1830 zwischen Neapel und Messina, und im August 1833 zwischen Cuxhaven und Dover. Als ich, nahe dem Bugsprit, wo sämmtliche Ausdünstungen vorwärts bewegter Schiffe zurückgedrängt werden, mit den oben erwähnten Flüssigkeiten gefüllte Fläschchen bis auf $\frac{1}{4}$ ihres Inhaltes leerte, und die eindringende Seeluft dadurch mehrmals erneute, dafs ich den offenen Hals der Geräthe dem Luftstrome längere Zeit entgegen richtete, behielten beiderlei stark geschüttelte Lösungen ihre Durchsichtigkeit, und erschienen auch nach mehreren Tagen unverändert, während ähnliche Füllungen anderer, in den von Reisenden besetzten Cajüten, geöffneten Gläser, unter derselben Behandlung, ihre Klarheit verloren, und, der Ruhe überlassen, ein feines weisses, mit Säuren aufbrausendes Pulver fallen liefsen. Den oben berührten, von Hermbstädt und Krüger bei Doberan wahrgenommenen Einflufs der Winde auf die erwähnten Reagentien fand ich zu Norderney während des Sommers 1836 und 1837 bestätigt, indem auf dieser, nur zur Fluthzeit vom Festlande getrennten Insel, mochte man jene Solutionen in Schalen frei hinstellen, oder in Flaschen mit Seeluft schütteln, bei Nord- und Nordostwinden, welche über un-

*) Vergl. §. 143.

**) Ernsts l. c. p. 235.

***) Vergl. Schweigger's Journ. N. R. B. 2. Heft. 3. p. 281. und B. 5. p. 379 u. 382.

geheure Meerflächen heranwehen, keine Trübung erfolgte, die sich schon nach wenigen Stunden zeigte, wenn Südwinde das kleine Dünenland mit Continentalluft überschwemmten. — Zufolge der angereiheten Thatsachen dürfen wir es mithin fast als ausgemacht ansehen, daſs die Kohlensäure dem, vom Continente hinlänglich getrennten Seedunstkreise abgehe. Es mag dieser Mangel bei dem innigen Verkehr des ewig bewegten Meeres mit der Seeatmosphäre wahrscheinlich daher rühren, daſs die Kohlensäure der letzteren vom kühlen, mit Kohlensäure nicht geschwängerten Seewasser bald verschluckt, und in dem letzteren von mannigfachen festen Meeresbestandtheilen gebunden wird. — Nach Allem dem dürften Inhalationen auf hoher See den Respirationswerkzeugen so gut wie keine, und an Strandgebieten nur dann Kohlensäure zuführen, wenn sich dieselbe vom Continente aus zu manchen Zeiten mit der Meeresluft vermischt.

§. 256.

Feste Stoffe. — Ueber die Frage, ob die Seeatmosphäre verdunstete, feste Bestandtheile enthalte, wurde und wird viel gestritten. Noch in einer der jüngsten, den fraglichen Gegenstand abhandelnden Schriften behauptet Dr. Ernsts, auf Hippokrates, Arbutnot, Baco und Buonvicini gestützt, gegen Macquer, Moreau, Fourcroy und mehrere Andere, daſs die Luft dem Meeresspiegel blos reinen, vom verdampften destillirten Wasser nicht zu unterscheidenden Dunst entzöge*).

Wenn die betreffenden, überhaupt nicht mit hinlänglicher Bestimmtheit verfolgten Untersuchungen noch fern vom Ziele blieben, so dürfte die Ursache hiervon hauptsächlichst darin liegen, daſs man vorweg zu entschieden annahm, es könnten für feuerfest oder für feuerbeständig gehaltene Körper nur durch ungewöhnliche Gluth Verflüchtigungen eingehen, daſs ferner mehrere Beobachter von den ungemein ausgedehnten, im athembaren Luftgemische nicht anders denkbaren Dilutionsgraden jener Stoffe Einwirkungen auf chemische Prüfungsmittel erwarteten**), wie sie

*) Ernsts über Nizza und Hyeres p. 218—219.

**) Ibid. p. 224 und 226.

nur durch concentrirte, dann aber irrespirabele Anhäufungen entstehen, und dafs endlich alle diesfälligen, bisher bekannten Versuche bei weitem nicht genug im Grofsen ausgeführt wurden.

Hermbstädt war es, der schon früher, und meines Wissens am entschiedensten gegen die Meinung auftrat, nach welcher die Seeluft überhaupt keine festen Stoffe und namentlich auch keine Kochsalztheile aufgelöst enthalten soll. Er suchte vor Allem nachzuweisen, wie grundlos und ungenügend die fast allgemein gehegte Vorstellung blofser, nur mechanisch in der Luft zerstreuter Mollecülen sei*). — Als erläuternde Beispiele wollen wir einige von den vielen Thatsachen anführen, gemäfs welcher Metalle, Erden und Salze ohne Erhitzungen, ohne zerstäubende Bewegungen, ohne Zwischenkunft des Wassers, dem Atmosphärengemische einverleibt, und aus diesem, wie aus jedem Menstruo wiederum ausgeschieden werden können. — Kupfer, Zinn, Eisen verbreiten, besonders in gröfseren Massen aufgelagert, einen auffallenden, ganz eigenthümlichen, von Jedem leicht wahrzunehmenden, ihre Verdunstung bekundenden Geruch. — Angehäuftes Quecksilber vergiftet die Luft auch bei gewöhnlicher Temperatur und oft ohne alle nachweisbare, durch Bewegungen erzeugte Vertheilung. Bekanntlich erkrankte auf einem englischen Schiffe noch vor wenig Jahren die ganze Mannschaft am Merkurialfieber, als ein in den tiefsten Räumen bewahrtes Quecksilberfäfschen geborsten war. Zu Bern wurde mir im Jahre 1814 ein Gemach der aufserhalb der Stadt gelegenen Krankenanstalt gezeigt, welches, nachdem man früher in demselben viele, unter strengem Verschlufs gehaltene Leidende Merkurialunctionen unterworfen hatte, dies Verfahren überflüssig machte, indem alle Syphilitischen, wie mich die dasigen Aerzte einstimmig versicherten, ohne irgend einen besondern Quecksilbergebrauch, blos durch die Exhalation des fraglichen, absichtlich nicht gründlich gereinigten, und daher auch eben nicht einladenden Zimmers, nach 4 bis 6

*) S. Hermbstädt über die Verdunstung feuerbeständiger Körper in Abhandl. der Acad. der Wiss. Berlins von den Jahren 1814 u. 1815. Phys. Sect. p. 68 u. 69.

Tagen zu saliviren anfingen. Als zu Berlin in einem, vordem zur Spiegelfabrikation benutzten Hause, in welchem alle späteren Bewohner am Speichelflufs erkrankten, behufs der Atmosphärenuntersuchung, an Fäden aufgehangene Goldstücke binnen Tagesfrist mit Amalgam überzogen wurden, brach man die Dielen auf und fand, dafs unter denselben mehrere Pfund Quecksilber verborgen lagen. — Kalk, unerachtet zu den feuerfesten Körpern gehörig, kommt im Luftraume frisch berappter Gemächer gelöst vor, verbreitet in denselben einen spezifischen Geruch, und kann aus der Zimmerluft, mittelst frei hingestellter Auflösungen reiner Kleesäure abgeschieden werden. Sperren wir gelöschten Kalk unter Glasglocken durch Quecksilber ab, so werden in demselben aufgehangene, befeuchtete Streifen von Reagentienpapier fast ganz so verändert, wie dies durch unmittelbaren Contact mit festen Alkalien zu geschehen pflegt. — Kochsalz einiget sich durch Vermittelung des Wassers besonders leicht mit der Atmosphäre. Schon dann, wenn man eine, aus ungefähr 5 Pfund Chlornatrium und 20 Pfund Wasser bereitete Auflösung, durch Flanell, zu wiederholten Malen in ein 5 Fufs hohes Fafs giefst, darauf die in dem wasserleeren Raum des Gefäfses befindliche Luft in Flaschen sammelt, und mit destillirtem Wasser schüttelt, verrathen durch Zuträufelung von salpetersaurer Silberauflösung entstehende weifse Wolken die Gegenwart aufgenommener Kochsalztheile *). Erwägen wir nun bei dem angedeuteten Verhalten der feuerfesten Stoffe, dafs im Seewasser mehrere zum Theil weit leichter verflüchtigbare Substanzen enthalten sind, achten wir darauf, dafs die Verbindung des letzteren mit der Atmosphäre durch endlos hingedehnte Verdunstungsflächen, durch gewaltige Massengröfsen, durch fortwährend aufsteigende lösende Wassertheilchen, durch fast nie unterbrochene Wellen- und Fluthbewegungen wesentlich unterstützt wird, so wird der Zweifel an eine innige Verbindung der festen Meeresbe-

*) Das Nähere über die letzteren Versuche findet man in Hermbstädt's Abhandl. von der Verdunstung feuerfester Körper etc., in der Abhandl. der Acad. der Wiss. Berlins aus den Jahren 1814 und 1815. Phys. Abtheil. p. 63—72.

standtheile mit der Seeatmosphäre immer schwächer, und dagegen die Ansicht mehr und mehr gerechtfertiget, dafs die Meeresluft überhaupt als verflüchtigtes, luftig gewordenes, mit der Atmosphäre verschmolzenes Seewasser zu betrachten sei. Auch Walther sucht in seiner trefflichen Abhandlung über Luft und Meer, da wo er zeigt, wie beide Elemente sich gegenseitig bedingen, den Beweis zu führen, dafs das Chlornatrium nebst den übrigen, den Ocean mineralisirenden Substanzen nicht blos mechanisch, sondern auch gelöst der Seeatmosphäre angehöre, und dafs dieser nur vermöge einer solchen Einigung die frische, scharfe, der Empfindung offenbare Beschaffenheit zu eigen wird *). Insbesondere nähert sich die ausgesprochene Vermuthung dadurch der vollen Gewifsheit, dafs wenn auch nicht die meisten, wie es bezüglich der concentrirteren Sooldämpfe, noch vor kurzem gelungen ist, doch bereits einige feste Stoffe im Wege der Analyse aus der freien Seeluft abgeschieden worden sind. Als solche können wir namentlich das Chlornatrium, die Salzsäure und die glairineartige Materie anführen.

## §. 257.

Kochsalz der Seeluft. — Bei den über die Salzigkeit des Meerdunstkreises herrschenden Meinungsdifferenzen suchte ich die Erscheinungen, welche mir in Bezug auf das fragliche Verhältnifs begegneten, genau aufzufassen.

Der Salzgeschmack der Seeluft ist nicht immer in gleichem Mafse wahrzunehmen **). Am deutlichsten empfindet man ihn gewöhnlich bei dem ersten Eindrucke; schon nach kurzer Zeit ist dies, dem Gesetze der Gewohnheit gemäfs, weniger der Fall, und bald bleibt derselbe, ohne besondere Aufmerksamkeit, unbemerkt, wenn zwischenlaufende, intensivere Sättigungen der Luft nicht erneuete Sinnesspannung hervorrufen. Selbst bei anhaltender Windstille und bei noch so ebenem Wasserspiegel, mithin während völliger Abwesenheit mechanischer Einflüsse, beobachtete ich die frag-

*) Vergl. I. Walther in Gräfe's und Ph. Walther's Journal B. 27. p. 357. 377 und 382.

**) Halem p. 70.

liche, oft sogar auffallend hervortretende Eigenschaft des Dunstkreises nicht nur auf hohem Meere, sondern auch am Strande, und selbst in einiger Ferne von den Küsten. Sie fehlte, wenn man ihre geringeren Abstufungen nicht unbeachtet liefs, nur selten, nur ausnahmeweise. Irgend eine Uebereinstimmung ihrer mannigfachen Gradationen mit besonderen barometrischen oder thermometrischen Verhältnissen war bei gleich gestelltem, ruhigem Wetter nicht aufzufinden, wohl aber zeigte sich die betreffende Erscheinung, unter dem eben bemerkten Bedingnisse, bei umzogenem Himmel deutlicher und dagegen an sonnigen Tagen unbestimmter. Als im Sommer 1836 trübes Wetter vorherrschte, spürten die Badegäste Norderney's, während der Strandpromenaden, beinahe täglich, und oft während vollkommen stiller Luft, bei jedem Einathmen, vornemlich aber dann, wenn sie die Zunge über die Lippen bewegten, einen auffallenden Salzgeschmack. Um Vieles seltener war dies während des Sommers 1837 bei wolkenlosem, fast beständig klarem Himmel der Fall. Dasselbe, jedoch der Intensität nach mehr zurückgetretene Phänomen wiederholte sich in der Binnengegend des kleinen Eilandes, dessen gesammter Flächeninhalt auf $\frac{1}{4}$ □ Meile angegeben wird. Mitten auf dem länglichen, gesenkten, von Dünen überragtem Plateau vermifste ich die fragliche Erscheinung nur dann, wenn dieselbe selbst am Strande unerheblich vorkam. Zur Zeit, wo die ganze Inselatmosphäre gemäfs ihres allgemein verbreiteten Salzgeschmackes mit verdunstetem Chlornatrium imprägnirt erschien, brachte jeder Halm des für die Erhaltung der lockeren Hügel so wichtigen Seehafers, jedes Blättchen der Pimpinellenrose, jede Knospe der maiblumähnlichen Pyrola, mit der Zunge berührt, die erwähnte Empfindung verstärkt hervor.

Sichtbar zu zarten, dünnen, weifsgrauen Häutchen angeschossen fanden Halem*) und sein Nachfolger, Herr Hofmedicus Blume, das Kochsalz öfter an den Strandgewächsen und an den Blättern der kümmerlichen Gartenbäume Norderney's. Einige Mal bemerkte ich, bei der

*) Halem l. c. p. 71.

Untersuchung solcher Häutchen durch die Loupe, und zwar vornemlich dann, wenn heitere regenlose Witterung den Salztheilchen Zeit zur Annahme einer bestimmten Gestalt gelassen hatte, deutlich hingestreute Aggregate kleiner, zierlicher, vollkommen cubischer Krystalle. Aehnliche Salzabsätze kommen auch auf den Nachbarinseln, Baltrum, Wangeroog, und besonders auf dem tiefer seewärts gelegenen Eilande Juist vor. Der Grund, dafs jene Krystallchen selten angetroffen werden, ist darin zu suchen, dafs sie sich bei der in der Regel feuchten Seeluft schwierig von ihren, ohnehin leicht zerfliefsenden Beimischungen des Chlorkalkes trennen. — In südlichen Gegenden ist die Seeatmosphäre wegen der lebhafteren, durch höhere Temperaturgrade begünstigten Verdunstung des Meeres oft dermafsen von Kochsalz durchdrungen, dafs dasselbe auch bei dem ruhigsten Wetter die Erdoberfläche, wie die Mauern der Gebäude mit weifsen, liniendicken Ueberzügen deckt *). Am todten Meere, welches sich durch grofsen Salzreichthum auszeichnet **), und hauptsächlichst an dessen östlicher Küste, sind die umherliegenden Steine und nahen Felswände beständig von Chlornatrium überzogen; oft wird die Luft hier dermafsen mit salinischen Wasserdünsten geschwängert, dafs die Kleidungstücke der Reisenden — es erinnert dies an Lots, unfern dieser Gegend in eine Salzsäule verwandelte Frau — nicht nur durchfeuchtet, sondern auch mit Salzlagen incrustirt werden.

Zwar versichert Roubaudi, gemäfs seiner jüngsten, am Golfe von Nizza ausgeführten Luftanalysen, dafs die betreffende Sättigung nur während lebhafter Seewinde bemerkbar würden. Derselbe experimentirte indefs viel zu minutiös, und folgert zu rasch, wenn er lediglich nach der Zerlegung weniger Wassertropfen urtheilte, welche sich an die mit Schnee gefüllten, der Strandluft ausgesetzten Glaskugeln legten ***). Seinen Untersuchungen stellen sich die in ver-

*) S. Pristley. Olivier in Gräfe's Epid. Augenblennorrhoe Aegyptens p. 79. Frank.

**) Abhandl. der Acad. der Wiss. Berlins aus den Jahren 1821 und 1822. Phys. Abth. p. 63—64.

***) Brera p. 30 u. 44.

schiedenen Meeresgegenden von nicht minder erfahrenen Chemikern öfter wiederholten Forschungen überwichtig entgegen. Namentlich haben Buchan, Thuessink, Pfaff, Hermbstädt, Dalton und mehrere Andere, auf deren specielle Arbeiten wir bei der Beschränktheit des Raumes verweisen*), durch vielfältig angewendete Reagentien, die fast beständige Gegenwart des Chlornatriums in der Seeatmosphäre nicht nur über dem Spiegel des Meeres, sondern auch am Strande, und selbst im Gebiete grofser Seestädte nachgewiesen. — Um zu erfahren, ob sich Salztheile und andere feste Stoffe der Seeluft, auf den aus lockerem und fortwährend von Luftströmen durchwühltem Sande bestehenden pflanzenlosen und den Wellen unerreichbaren Gipfeln Norderney's absetzten, unternahm ich folgenden vorläufigen Versuch: Zwei Pfund des bei trockenem Wetter auf dem höchsten Punkte der Insel, auf der an 200 Fufs emporragenden sogenannten weifsen Düne, gesammelten Sandes wurden mit heifsem destillirtem Wasser übergossen, und die völlig durchsichtige, geruch- und geschmacklose, sich dem angewendeten Wasser gleich verhaltende Lauge stark eingekocht. Erst hiernach verrieth diese durch Zufügung von salpetersaurem Silber, vermöge weifser Trübung, Salzsäure, und vermöge rasch darauf folgender violetter Tünchung Glairinestoff**). Einen Theil derselben setzte ich der Selbstverdunstung aus. Als der Wassergehalt verschwunden war, blieb in der Glasschale nach der Peripherie hin ein dünner lichtgrauer Ueberzug, und nach der Mitte eine nicht unbeträchtliche Menge gelblichbrauner Masse zurück. Der grauweifse, stark salzig schmeckende Anflug brannte vor dem Löthrohre in orangegelber, Natron anzeigender Flamme, und liefs, mit Wasser wieder aufgelöst, und mit einigen Tropfen Höllensteinauflösung versetzt, durch saturirte weifse Wolken und käsigen Niederschlag auf Salzsäure schliefsen. Die bräunliche Materie verhielt sich da-

*) Vergl. Abhandl. der Acad. der Wiss. Berlins aus den Jahren 1814 und 1815. Phys. Abth. p. 68. Sachs über Dobberan l. c. p. 89 bis 90. — Osann Uebers. T. 1. p. 211. — Kämptz I. p. 36. — Brera p. 30—44.

**) Vergl. §. 259.

gegen als organische Substanz, indem dieselbe, mit kaustischem Kali stark gekocht, einen durchdringenden seifenhaften Geruch verbreitete. Dabei bildete die letztere Substanz, nach beträchtlicher Erhitzung, ein schön grünes, auf Mangan hindeutendes Residuum, welches jedoch durch die vorhandene Salzsäure den Quarz-Körnchen entzogen sein konnte. Allgemeinhin fanden sich hiernach in dem von der Meeresluft durchdrungenen Dünensande, neben dem Kochsalze, alle wesentlichen Bestandtheile wieder, die überhaupt, wie wir sehen werden, dem Dunstkreise angehören.

Zufolge der vorangesendeten Thatsachen erledigt sich der Zweifel über die Salzigkeit des Seedunstkreises von selbst, und wir hätten nur noch die Form der betreffenden Atmosphärenimprägnirung zu betrachten. Fast durchgehends wird eine Lösung der Salzatome in der Luft nicht zugegeben. Dr. Ernsts unterstützt diese Ansicht, indem er, selbst bei Abdampfungen salziger Solutionen, die Verdunstung von Chlornatrium in Abrede stellt, obgleich dieselbe, nach Krüger's, Erlach's und Cenedella's Erfahrungen, welche in den Destillaten des Meerwassers stets Soda und Salzsäure antrafen, so wie nach den an Thermal- und Sooldämpfen gemachten Beobachtungen unwiderleglich statt findet *). Allgemeinhin erklärt man sich mit Berzelius die Salzigkeit der Seeluft auf die Weise, dafs Kochsalztheile aus kräuselnden Wellen gerissen, durch Winde getrocknet, nur als äufserst verfeinertes Pulver, im niedrigen (feuchten?) Dunstkreise des Meeres umher getrieben werden **), und dafs mithin dessen Gegenwart in der Luft blos als eine mechanische, momentane, zufällige Beimischung zu erachten sei. Wohl überzeugen uns von diesem Vorgange der Staub jedes spritzenden Ruderschlages, jeder brechenden Woge, so wie die durch Orkane zersprengten, nicht selten das Athmen beengenden Massen von Seewasser, welche unter begünstigenden Umständen in wolkenähnlicher Gestalt mei-

*) Vergl. Ernsts p. 217. — Schweigger Journ. N. R. B. II. 3. p. 281—291. B. V. p. 387 u. 388. — Abhandl. über Ischl vom Jahre 1836 p. 69 –75. — Brera p. 43. und §. 100. 266.

**) Vergl. Berzelius Jahresbericht B. 3. p. 70. — d'Aumerie p. 2. — Brera p. 36 u. 44.

lenweit hingetragen, die Dächer und Fensterscheiben der Gebäude, wie es zu Manchester und Salem öfter geschieht, mit Salzhäutchen überziehen*) Dennoch ist es aber eben so gewiſs, daſs der Seeluft auſserdem auch eine anderweitige, beständigere, von keinen heftigen Bewegungen hervorgebrachte, bei anhaltend ruhigem Wetter vorkommende, mit jenen Uebersättigungen verglichen, weit mildere, auf die Respirationswerkzeuge behaglich einwirkende, durch innige Verschmelzung des Chlornatriums bedingte Salzigkeit eigen sei. Gegen diese können, wenn wir auf die Verdunstungen fester Stoffe, auf jene der gesammten Meeresbestandtheile**) und auf die besonderen, anfangs dieses Paragraphes berührten Erscheinungen zurückblicken, füglich keine gültigen Gründe aufgestellt werden, wohl aber lassen sich mehrere der nachgewiesenen Phänomene ohne die Annahme förmlicher Lösungen des Chlornatriums nicht erklären.

Was nun das Steigen und Fallen, so wie das zuweilen eintretende völlige Verschwinden der salzigen, von mechanisch zerstäubtem Meerwasser unabhängigen Eigenschaft der Seeluft anlangt, so trägt dieser Wechsel überhaupt nur das Gepräge des ewig wogenden Lebens der See. Mit thermometrischen und barometrischen Einflüssen haben die betreffenden Oscillationen, zu Folge der mitgetheilten Beobachtungen, keine offenbare Verbindung. Wahrscheinlich mögen sie durch tiefe tellurische Processe, vielleicht durch den allgemeinen Erdvulkanismus, theilweis bedingt werden, mit welchem auch die Salzigkeit des Meerwassers, den angegebenen Thatsachen gemäſs ***), in naher Beziehung steht.

Uebrigens scheint das Chlornatrium, in gleicher Art, wie dasselbe vorzugsweise zur Mineralisirung des Meerwassers beiträgt, unter den festen Stoffen auch in der Seeatmosphäre die Oberhand zu behaupten.

## §. 258.

Salzsäure der Seeluft. — Sie ist nicht blos in Verbindung mit Soda, als verflüchtigtes Chlornatrium, son-

*) Beck in Sachs über Dobberan p. 89 u. 90.

**) §. 247.

***) Vergl. §. 246. u. §. 248.

dern auch als freies muriatisches Gas dem Dunstkreise des Meeres zugetheilt. Ihre Gegenwart in demselben wird allerdings von Einigen in Abrede gestellt. Namentlich halten Formey und Krüger die Seeatmosphäre für frei von Salzsäure, weil ihren Versuchen gemäfs das der Strandluft Dobberans ausgesetzte Lakmuspapier nicht einmal während vorherrschenden Nordwindes geröthet wurde. Derartige einzelne, den Resultaten zahlreicher Beobachtungen schroff widersprechende Ergebnisse berechtigen uns jedoch keineswegs, und bei der grofsen Wandelbarkeit der Seeluft am wenigsten, zu einem entscheidenden Urtheile.

Schon der specifische Geruch in der Nähe des Meeres scheint, unerachtet er durch verschiedene, gleichzeitig verdunstete Stoffe des Seewassers mannigfache Modificationen erleidet, dennoch eine, wenn gleich leise, doch deutliche Zuthat von Salzsäure zu bekunden. Derselbe wird bald als chlorartig, bald als seetangartig bezeichnet, bald mit den diluirtesten Jod- und Brom-Verdunstungen verglichen. An rein sandigen, von moderndem Schlamme und faulenden organischen Bestandtheilen nicht bedeckten Ufern, und insbesondere zur Ebbezeit, während welcher die Verdunstung aus dem entblöfsten Meeresgrunde sehr lebhaft vor sich geht, tritt das Eigenthümliche des eben beregten Geruchs am bestimmtesten hervor. Er verräth, wie ich dies insbesondere bei Nachtreisen, während völlig ruhigen Wetters, mehrmals erfuhr, die Nähe des Meeres, auch wenn wir dasselbe weder sehen, noch das Rauschen der Wellen hören, und täuscht, in dieser Hinsicht einmal aufgefafst, beinahe nie.

Jeder leicht zu wiederholende Versuch lehrt, dafs die aus erhitzten Retorten entwickelten Dämpfe bei dem frischen Seewasser blaue Pflanzensäfte röthen, und dafs die hiebei in der kühl gehaltenen Vorlage wieder gesammelte Flüssigkeit, mit salpetersaurem Silber behandelt, Hornsilber in weifsen Flocken fallen läfst. Es ist daher, wenn wir die Ausdehnung der Meeresflächen und das allgemeine Verdunstungsverhalten der festen Körper in Erwägung ziehen*),

*) 256.

kein Grund vorhanden, weshalb die Seeluft, auch bei der gewöhnlichen Temperatur des Oceans, nicht freies muriatisches Gas enthalten solle. Abgesehen von jenen Verhältnissen haben überdies Driesen, Humboldt, Pfaff, A. Vogel, Nicolle und Cenedella die fragliche Säure im Seedunstkreise theils durch Reagentien nachgewiesen, theils sogar aus demselben in nicht unbeträchtlicher Menge dargestellt.

Insofern, den erörterten Umständen gemäfs, die Gegenwart muriatischen Gases in der Meeresluft anzunehmen ist und diese, bis zu den Wolken aufsteigend, nach den Continenten hingetrieben wird, darf es uns nicht wundern, dafs man auf dem Festlande in frisch gefallenem Regenwasser, in Schneeflocken, wie in Schlossen, wenn auch nicht immer, doch öfter, Spuren freier Salzsäure entdeckte *).

Anlangend die Bildung des im Seedunstkreise vorkommenden Salzsäuregases, so wird dieselbe sowohl den leichten Zersetzungen der im Meerwasser enthaltenen salzsauren Bittererde, als der Einigung des Chlors mit dem Hydrogen zugeschrieben **). Beachten wir indefs die noch immer fortdauernde, innige Verbindung des Oceans mit vulcanischen, ununterbrochen Salzsäure, Chlor und Jod aushauchenden Heerden, so läfst sich das Vorhandensein des fraglichen Gases in der Seeluft schon durch die allgemeine Verdunstungsweise des Meerwassers befriedigend erklären ***).

§. 259.

Glairine der Seeluft. — Unter den Bestandtheilen der Seeatmosphäre veranlafste das rothfärbende Gas vielfältige Controversen. Hermbstädt nahm dasselbe an, um die von ihm zuerst beobachtete Erscheinung, dafs salpetersaure Silberauflösungen durch Seeluft weinroth gefärbt

*) Vergl. §. 27. — §. 254. Karstner's Archiv B. I. p. 258 bis 292. B. 5. p. 190—191. — Schweigger's Journ. für Chem. N. R. B. 2. p. 281—291. — Brandes Archiv B. 18. p. 113. — Kämptz I. p. 35. — Grüber's Chemie B. I. p. 103. — Sachs über Dobberan p. 88—89. — Gräfe's u. Kalisch's Jahrb. Jahrg. 4. p. 100—101. — Brera p. 30—32. u. p. 43. — Prieger p. 55—56.

**) Gruber B. I. p. 103. — Cenedella in Brera p. 30—32 u. 43.

***) §. 6. und §. 256.

werden, zu erklären *). Bald darauf behauptete Pfaff, dafs jene Farbenveränderung durch verdunstete Salzsäure erzeugt würde, während Krüger den Grund der fraglichen Erscheinung in einem besondern, aus vorherrschendem Hydrogen bestehenden Stoffe des Seedunstkreises suchte **). Wiegmann und A. Vogel glaubten, die betreffende Tünchung keiner eigenthümlichen Substanz, sondern lediglich dem Einflusse zuschreiben zu müssen, welchen das Licht auf salpetersaure Silberauflösungen da ausübt, wo wässrige Menstrua von Beimischungen animalischer oder vegetabilischer Substanzen nicht frei sind, und stützen sich hiebei besonders darauf, dafs derartige Färbungen, auch im Quell-, Flufs- und selbst in frisch aufgefangenem, mit organischem Atmosphärenstaube gemischten Regenwasser entständen ***). So schlagend auch diese Einwürfe scheinen, so können wir denselben doch nicht durchgehends beipflichten.

Noch vor Hermbstädt's Prüfungen der Ostseeluft hatte sich Zimmermann, um seine Analysen wässriger Meteore genauer festzustellen, durch vielfältige, mit aller Umsicht ausgeführte Gegenversuche, davon überzeugt, dafs in Wasser gelöstes salpetersaures Silber allerdings durch den Einflufs des Lichtes gefärbt wird, dafs hiebei aber genau differirende Tünchungen, abweichende Farbenübergänge und verschiedene Niederschläge entstehen, je nachdem in dem Menstruo Atome muriatischer Salze neben geringen Beimischungen thierisch-pflanzlicher Materie vorherrschen, je nachdem sich die letztere, von Zimmermann mit dem Namen des Pyrrhins bezeichneten, überwichtig verhält, oder Bestandtheile beiderlei Art im Minimo zugegen sind †). Da nun aus jenen Untersuchungen hervorgeht, wie die diesfälligen Farbenspiele mittelst bestimmter Nüancirungen bestimmt von einander abweichende Mischungsverhältnisse anzeigen, so dürfen wir die vorerwähnten Ergebnisse älterer

*) Schweigger's Journ. für Chem. N. R. B. II. 3. p. 281.

**) S. Sachs über Dobberan p. 89. und Schweigger's Journ. der Chem. N. R. B. V. p. 394—395.

***) Vergl. Kastner's Arch. B. 15. p. 97—101. und B. 17. p. 196 bis 198.

†) Kastner's Archiv I. p. 274—291.

Prüfungen der Seeluft keineswegs für so bedeutungslos erklären, als dies gröfstentheils geschieht. Nicht minder scheint es voreilig, dieselben dadurch für völlig widerlegt zu halten, dafs vegetabilisch-animalische Materie öfter auch im Quell- und Meteor-Wasser vorkommt*), indem derartige Beifügungen jenem durch aufgelöste Thier- und Pflanzenkörper ganz zufällig einverleibt, und diesem nicht blos durch organischen in der Continental-Atmosphäre umhergetriebenen Staub, sondern auch durch die über das Festland verbreiteten Meeresdünste auf demselben Wege zugeführt sein können, auf welchem Kochsalz- und Salzsäuretheilchen vom Ocean zu den Wolken gelangen**). Selbst Berzelius, der bei einer Reise auf der Ostsee die Violettfärbung des destillirten, mit Höllenstein versetzten, in einem Glase auf das Verdeck hingestellten Wassers beobachtete, erklärt den Grund dieser Erscheinung für zwar noch unentschieden, ist aber geneigt, ihn salzigen und organischen, den specifischen Geruch der Seeatmosphäre mit erzeugenden Stoffen beizumessen. Dieselbe Ansicht theilt auch Cenedella znfolge seiner jüngsten, in südlicheren Meeresgegenden ausgeführten Untersuchungen***).

Auf hoher See habe ich im Juli 1833, zwischen Harwich und Leyden, und späterhin im August 1836 und 1837, am Strande Norderney's, eine Reihe von Versuchen über die Veränderungen wässriger Höllensteinauflösungen durch Seeluft, theils in weifsen, dem Lichte ausgesetzten, theils in schwarz bedeckten, dem Einflufs desselben möglichst entzogenen Gefäfsen angestellt. Die Resultate ergaben summarisch, dafs nur ausnahmeweise geringe, dem weifsen Weine ähnliche Färbung eintrat, dafs in mehreren Fällen wolkige lichtgraue Trübung vorherging, und dafs bei weitem in den meisten unmittelbar eintretende, leichte, sich von der Wasserfläche abwärts verbreitende, bläuliche Röthung zu Stande kam, die stufenweise in dunkeln Purpur überging. Bei freiem Lichteinflusse erreichten die ange-

*) S. Zimmermann in Kastner's Arch. B. I. p. 299.

**) §. 257. und 258.

***) Vergl. Berzelius Jahrbücher Jahrg. 3. p. 69—70. — Cenedella in Brera p. 30 und 43.

führten Tünchungen in der Regel ihre höchste Saturation binnen einer Stunde; im Finstern veränderten sie sich hingegen oft mehrere Tage hindurch und blieben stets um Vieles bleicher. Unter übrigens gleich gestellten Verhältnissen entwickelten sich jene Farbenmetamorphosen ebenmäfsig schneller, als die benutzte Meeresluft nicht durch Continental-, sondern durch Seewinde lebhafter bewegt war. Während des weit verbreiteten Orkanes, welcher am 27. August 1837 auch Norderney traf, Schiffstrümmer auswarf, tobende Wellen an die Abhänge der Dünen herandrängte und die Küsten mit schneeweifsem, zum Theil in abgerissenen Stücken umherflatterndem Schaume säumte, untersuchte ich die Luft auf einem jener Strandhügel, wo ich mich nebst meinen Begleitern nur mit Mühe aufrecht erhalten konnte *). Als hiebei eine mit vier Pfund destillirtem Wasser genau angefüllte Glaskaraffe bis auf ungefähr 12 Unzen entleert, und der fragliche Ueberrest mit der eingedrungenen Seeluft geschüttelt war, versetzten wir ihn mit ungefähr 80 Tropfen aufgelösten, salpetersauren Silbers **). Unverzüglich nahm das Wasser eine leicht wolkige, merklich opalisirende Trübung an, welche indefs, zwar in Abstufungen, doch aber ungemein schnell durch leichtes röthliches Violett in dunkeln, ganz gleichförmigen Purpur überging. Mit dem Ablauf von ungefähr 8 Minuten hatte jene Färbung einen Sättigungsgrad erreicht, bei welchem es kaum möglich war, durch den gefüllten Theil der Flasche gegenüberliegende Gegenstände zu erkennen. Nach dieser Zeit veränderte sich die fragliche Tünchung nicht weiter, obgleich wir, vermöge der Haltung der Flasche, das Ein-

*) Die grofse Zahl der nach englischen Mustern vortrefflich eingerichteten, gewöhnlich hundert Schritt vom Fufse der Dünen, auch zur Fluthzeit sicher aufgestellten Badekutschen, wäre bei jenem Sturme der Zerstörung nicht entgangen, hätte man sie an diesem für die Badegäste verlorenen, für den Naturbeschauer dagegen interessanten Tage, nicht früh genug an die Seitenwände jener Hügel herangezogen. Herr Hofmedicus Blume versicherte mich, zur Badezeit binnen 15 Jahren einen ähnlichen Orkan nur ein einziges Mal erlebt zu haben. Vergl. dessen angeführte Schrift p. 40.

**) Die Auflösung enthält in jedem Quentchen destillirten Wassers 5 Gransalpetersauren Silbers.

dringen der pfeifenden Luft möglichst begünstigten. An keinem anderen Tage wiederholte sich die beschriebene Erscheinung mit gleicher Schnelle und Intensität; es mufste daher an diesem, mittelst des Kampfes der Elemente, dem salzigen Luftgemische zugleich eine ungewöhnlich grofse Menge organischen Stoffes zugetheilt sein. In dem fraglichen, wie in allen andern Fällen, in welchen das mit Silbersalz versetzte destillirte Wasser gefärbt wurde, klärte sich dasselbe, ruhig hingestellt, nach 1 bis 2 Tagen unter Bildung eines dunkelbraunen, fast schwarzen Bodensatzes auf, welcher durch Schütteln nicht wieder aufgelöst wurde, sondern ein trübes, schmutziges, sich bald wieder trennendes Gemisch abgab. Bei geringer Färbung blieb der fragliche Niederschlag fortan pulvrig, bei intensiverer hingegen sammelten sich allmälig auf demselben unregelmäfsig zugerundete Klümpchen, welche da, wo der Versuch mit beträchtlicheren Quantitäten unternommen war, nach 10 bis 12 Tagen vollkommener Ruhe, oft den Umfang einer kleinen Bohne erreichten. Diese erschienen, wenn man sie vorsichtig trennte, gallertartig, sehr wasserreich und, ihre Farbe abgerechnet, der Glairine ähnlich. In Glasschalen der lauen Zimmerluft ausgesetzt, gingen sie nach wenig Tagen, unter Entwickelung eines merklich widrigen Geruchs, in Fäulnifs über. Auf weifses Löschpapier ausgebreitet, verloren dieselben bald den gröfsten Theil ihres Wassergehaltes, trockneten zu festen, ziemlich durchscheinenden zarten Häutchen zusammen, die sich in kaltem Wasser schwer, in kochendem leicht lösten und auf glühenden Kohlen, unter deutlichem Aufschwellen, einen, der verbrannten Wolle ähnlichen Geruch erzeugten. Von der betreffenden Masse brachte ich eine ziemliche Menge nach Berlin und übergab sie Herrn Professor Mitscherlich, um dieselbe einer vollständigen Prüfung zu unterwerfen. Mein geehrter College versprach, die an ihn gerichtete Bitte zu erfüllen, dringende Geschäfte hielten ihn indefs hiervon ab, und als ich meinen Wunsch wiederholte, konnte das betreffende Glas nicht wieder gefunden werden. Bis künftige Erfahrungen ein Anderes lehren, möchte ich die fragliche, dem thierischen Extractivstoffe nahe stehende, ihre Farbe gleich allen organischen Verbindungen, durch Silbersalze und Zutritt des Lichtes auffallend verändernde Materie um so eher für Glairine halten, als diese auch in vulkanischen Dämpfen luftig *), in Heilquellen wie im Meer theils tropfbar, theils gallertig angetroffen wird **), und gemäfs den nachgewiesenen Beobachtungen aus Thermaldünsten ebenfalls wieder zu sulzigen Massen anschiefsen kann ***). Noch ist hiebei zu berücksichtigen, dafs die Quellen-, wie die Meeresgallerte beim Verwesungs-, Austrocknungs-, und Verbrennungsprozesse in keiner Hinsicht erheblich von einander abwichen †).

§. 260.

Temperatur der Seeluft. — Ohne auf die Exposition cosmischer und tellurischer, den Wärmestand des Dunstkreises allgemeinhin bedingender Potenzen einzugehen, sind hier nur jene Umstände zu erwägen, vermöge welcher diesfällige, der Seeluft unter allen Zonen eigenthümliche Modificationen herbeigeführt werden. In dieser Hinsicht haben wir vorzugsweise den wechselnden Temperaturaustausch zu betrachten, welcher dadurch entsteht, dafs sich die feste Hülle unseres Planeten anders als die tropfbar flüssige, und die oberen Meereslagen wiederum anders als die unteren zu dem wärmenden Einflusse der Sonne verhalten.

Die undurchsichtige Erdrinde concentrirt den willig aufgenommenen Wärmestoff nur in ihren höheren Lagern, von welchen sich derselbe leicht wieder trennen kann. Es geschieht dies um so evidenter, je entblöfster, je pflanzenloser die Erdoberfläche ist, je weniger sie von dichten schattenverbreitenden Waldungen bedeckt wird. — Beträchtliche Wasseranhäufungen lassen dagegen das Sonnenlicht in die Tiefe dringen und werden von demselben langsamer, mäfsiger, aber beharrlicher und in gröfserem Umfange erwärmt, wobei wiederum das Caloric aus den oberen Schichten durch freie Verdunstung schneller, als aus den unteren abgeschlossenen entweicht. Vermöge eben dieser

*) §. 98.
**) §. 94—98. und §. 249.
***) §. 98.
†) §. 99.

einander gewissermafsen entgegengesetzten Inhaesionsformen des Wärmestoffes kommen bestimmte, für das allgemeine Verhalten des Seedunstkreises folgereiche Tages- und Jahresausgleichungen der Temperatur zu Stande.

Wird am Tage das Küstenland stärker erwärmt, theilt sich dessen angenommene Temperatur den aufruhenden Luftschichten mit, gewinnen diese hiedurch an Leichtigkeit, und steigen sie demzufolge mehr und mehr empor, so drängt sich ebenmäfsig der angrenzende, kühlere, schwerere Dunstkreis der See in ihre Stelle und erzeugt die vom Meere nach dem Continent bewegten, erfrischenden, unter dem Namen der Seebrisen bekannten Winde. Zur Nachtzeit aber, wo gewöhnlich der durch erfolgte Wärmeentladungen auf eine niedrigere Temperatur zurückgesetzte Erdboden die ihn deckenden Luftmassen abkühlt, entstehen nach demselben so eben berührten Gesetze umgekehrt gerichtete, seewärts hinziehende, mit dem Namen der Landbrisen bezeichnete Atmosphärenbewegungen. Indem nun jene, wie diese in manchen Gegenden sogar an feste Stunden gebundenen Luftströmungen schroffe Differenzen der Tages- und Nachttemperatur abdämpfen, tragen sie schon hiedurch zu der gleichförmigen, milderen Temperatur des Küstenlandes und der kleineren Inseln wesentlich bei.

Ein anderweitiger ähnlicher Austausch des Calorics steht mehr mit den Jahreszeiten in Zusammenhang. Während des Sommers verringern lebhaftere Verdunstungen des Seespiegels die Hitze der Meeresluft, wobei nur die tieferen, an jenem Prozesse wenig theilnehmenden Wasserschichten den von eingedrungenen Sonnenstrahlen empfangenen Wärmestoff zu binden vermögen. Im Winter sinken die stufenweise beträchtlicher erkaltenden, dichter und schwerer werdenden Wassertheilchen herab, um den unteren, wärmeren, specifisch leichteren und daher aufwärts strebenden Raum zu geben, welche, zur Oberfläche gelangt, dem Dunstkreise ihre bis dahin bewahrte Wärme überlassen. Vermöge dieses regelmäfsigen Wechsels erhält sich die Atmosphäre der See unter gewöhnlichen Umständen im Sommer kühler und im Winter wärmer als jene des Continents.

Bis zu welchem Mafse die erörterten Verhältnisse durch Beschränkungen der Temperaturextreme zu einem mehr gleichförmigen Wärmestande der Seeatmosphäre mitwirken, geht aus den bisherigen Thermometerbeobachtungen wenigstens ungefähr hervor. Der Abstand zwischen der Tages- und Nachttemperatur beläuft sich in den Aequatorial-Gegenden zur See nur auf 3 bis 4° R., während derselbe auf dem Festlande gleicher Parallelen 9 bis 10° ausmacht. Zwischen gemäfsigten Gürteln, in den Breiten von 25 bis 50°, weicht auf offenem Meer die Tageswärme von jener der Nacht höchstens um 4 bis 6° R. ab, während der betreffende Unterschied auf entsprechenden Continenten 15 bis 30 Grad beträgt. — Das ganze Jahr hindurch schwankt die Atmosphäre zu Madeira nur zwischen + 15 und 20, zu Messina zwischen + 16 und 26, zu Lissabon zwischen + 11 und 21, zu Nizza zwischen 8 und 22° R. und differirt mithin an den genannten Orten jährlich nur um 5 bis 14 Grad, während die Temperaturextreme analoger Breiten, tieflandeinwärts in verschiedenen Jahreszeiten oft an 30, 40 und 60 Reaumursche Grade aus einander liegen*).

Für die in Rede stehende beträchtlichere Temperaturgleichförmigkeit spricht auch die Erfahrung; dafs in jenen Entfernungen vom Strande, in welchen die Salzigkeit der Atmosphäre nicht mehr nachtheilig auf die Vegetation einfliefst, Pflanzen gedeihen, die nur in verhältnifsmäfsig milderen Klimaten fortkommen. An der Küste Italiens, zu Nizza, Genua, Nervi, Terracina erreichen Oliven, Granaten, Agaven, Opuntien, Orangen, einzelne Palmen und viele andere Gewächse unter freiem Himmel ein hohes Alter, während sie in südlicheren, aber mehr dem Binnenlande angehörigen Gegenden nicht ausdauern. Englands Gärten zieren blüthenreiche Rhododendronarten und üppige Kirschlorbeergebüsche, ohne irgend einer Winterdecke zu bedürfen, die sie in Deutschland auf die Dauer nicht entbehren können. Zu Kew, nahe bei London, sah ich ganze Aufsen-

*) Vergl. §. 251. — Kämptz I. p. 134. — Otto's Hydrogr. p. 431. — Hoffmann p. 75. — Mühry p. 98 und 105. — Ernsts p. 148.

wände grofser Wohngebäude mit Magnolien dicht berankt*), welche wir im nahen Continente dem Schutze der Glashäuser übergeben müssen. Am Littorale Schwedens und Norwegens gerathen Kornernten weit öfter als tiefer im Festlande, wo auf wenige heifse Sommertage schroffe Eiseskälte folgt. Eben so findet man in Carolina am Seegestade mehrere Baumarten, welche landeinwärts vermifst werden**).

Kaum bedarf es nach Allem dem noch der Bemerkung, dafs die betreffenden Temperaturverhältnisse einen wesentlichen Theil der anerkannten, späterhin besonders zu erörternden Salubrität der Meeresluft ausmachen.

§. 261.

Reinheit der Seeatmosphäre. — Diese, an der Meeresluft gepriesene Eigenschaft ist keinesweges unbedingt anzunehmen.

Der diesfällige Dunstkreis kann in geringerer oder gröfserer Ausdehnung durch mannigfache, schädliche Beimischungen, durch giftige telluriche Emanationen, durch Verdunstungen angesammelten Unrathes, durch faulende Thier- und Pflanzenkörper, auf Schiffen, in Hafenstädten, an den Küsten, der Gesundheit verderblich werden, es kann derselbe, selbst erkrankend, und nach dem Continente hingedrängt, über grofse Länderstrecken den Ausbruch zerstörender Seuchen, jenen der Ruhrepidemieen, der bösartigen Wechselfieber, des gelben Fiebers, der Cholera und Pest veranlassen***). Intercurrente Abweichungen der fraglichen Art liegen indefs als Anomalieen, welche die Gesammtatmosphäre in jedem Punkte ihres Bereiches einzugehen vermag, nicht im Kreise der hier zu erwägenden Normalzustände. —

*) Es war dies namentlich an dem Sommerpalais S. M. des Königs von Hannover der Fall. In Italien sah ich diese eben so schöne, als herrlich duftende, starke Baumstämme bildende Pflanze zuerst in Padua, Catajo und Monza.

**) Vergl. Ernsts p. 149. und Otto's Hydrogr. p. 431.

***) Vergleiche meine Vorrede zu Searl über Cholera l. c. p. XIII. bis XVI. — I. Walther über Luft und Wasser in Gräfe's und Ph. v. Walthers Journ. B. 27. p. 352 355. und Prout in Mühry l. c. p. 111.

Was unter der vorausgesetzten besondern Reinheit eigentlich zu verstehen sei, ist nirgends angegeben. Ingenhaus und viele Andere rühmten sie, Humboldt versichert, daſs dieselbe über dem Spiegel des pflanzenlosen Oceans durch die zersetzende Kraft des Wasserdunstes begünstiget würde*), und dennoch räumt man ein, daſs die Meeresluft mehrere vom basischen Grundgemische der Atmosphäre ausgeschlossene, in der Landluft nicht anzutreffende Bestandtheile fortwährend mit sich führe**). Am nächsten dürfte wohl die fragliche Beschaffenheit des Seedunstkreises auf das Verhalten desselben zu dem sogenannten Erdenstaube zu beziehen sein, dessen wesentliche Eigenschaften wir, um Miſsverständnissen auszuweichen, kurz andeuten wollen.

Der allgemeine Erdenstaub unterscheidet sich von den, unter gewöhnlichen Umständen sichtbaren, durch vorübergehende Windstöſse vom Boden emporgehobenen, den Horizont trübenden, grobpulverigen Massen schon dadurch, daſs er, auch während völligen Mangels von Luftbewegungen, beständig in der Continental-Atmosphäre umherschwimmt und dabei blos im gebrochenen, durch dunkle Räume einfallenden Lichte sichtbar ist. Seine unzähligen, mechanisch aus der Erdrinde entstehenden, äuſserst zarten, sich dicht neben und durch einander bewegenden Mollecülen sinken, selbst bei vollkommenster Ruhe der Atmosphäre, nur theilweis nieder und bedecken dann die Gegenstände mit einem gleichmäſsigen, grauen, feinen Ueberzuge. Blos in den Fällen, in welchen ihre Ansammlung unter jenen Bedingnissen Jahre hindurch ungestört vor sich geht, bilden sie in abgeschlossenen unbewohnten Räumen stärkere Schichtungen, welche nach langen Zeiten eine eigene, nicht unbeträchtliche Verschüttung der Art hervorbringen, wie man dieselbe in geschützten Gemächern verfallener Ruinen, und namentlich in den, auf hohen nakten Felsen gelegenen Ueberresten Salinunts, mehrere Fuſs hoch antrifft. Chemische Untersuchungen ergaben, daſs der dies-

*) Vergl. d'Aumerie l. c. p. 2. — Günther l. c. p. 60. 62. 63. — Gräfe's und Kalisch's Jahrb. Jahrg. 3. p. 101.

**) §. 256—260.

fällige Staub fast durchgehends aus vorwaltend thonhaltigen, hier und da mit etwas Kalk oder Kies verbundenen Körperchen besteht. — Nach Rafinesque darf man denselben nicht mit dem, noch um Vieles zarteren Sonnenstaube verwechseln, welcher zwar ebenfalls nur im gebrochenen Lichte sichtbar wird, aber, die Luft an Leichtigkeit übertreffend, fortan in langsam aufsteigender Bewegung begriffen bleibt, der ferner nicht blos auf dem Continente, sondern auch auf dem Oceane umherschwimmt, nur organische Materie enthält, und, physisch-chemisch erzeugt, als die erste Verkörperungsstufe des Aetherstaubes zu betrachten ist *).

Anlangend die Beziehung des in Rede stehenden Erdenstaubes zur Meeresluft, worauf es hier insbesondere ankommt, so mag der beobachtete Mangel desselben in dieser wahrscheinlich darin begründet sein, dafs die fraglichen, im Continentalbereiche gebildeten, und theilweis nach dem Saume des Oceans hingetriebenen Atome durch angeeignete Feuchtigkeit an Schwere zunehmen, hiedurch, tiefer und tiefer sinkend, bald vom Meere verschlungen werden, und dann mit den anderweitigen Niederschlägen des letzteren zu Boden fallen. Indem aber die Seeatmosphäre auf diese Art ununterbrochen vom Erdenstaube befreit wird, gewinnt sie jene Frische und Reinheit, welche wir bei ihrem Einathmen empfinden, und die an der Continentalluft blos ausnahmeweise, blos dann bemerkbar wird, wenn die zahllosen, unter gewöhnlichen Verhältnissen mit jedem Athemzuge, zu den Respirationsorganen gelangenden Thonpartikeln in Folge anhaltender Regengüsse auf kurze Zeit aus der Luft verschwinden.

## §. 262.

Allgemeine Verschiedenheit der See- und Landluft. — Mehrere Eigenschaften, durch welche sich die Seeatmosphäre von jener des Continents in ihren besonderen Wirkungen auf lebende Organismen unterschei-

*) Vergl. Viery, Rafinesque, Kastner u. Schrader in Kastner's Archiv I. p. 293. 302 u. 309.

det, lassen sich physicalisch-chemisch nachweisen, bei manchen aber ist dies nicht der Fall.

Die ersteren, hinsichts ihrer diesfälligen, speciellen Beziehungen bereits in gesonderten Abschnitten erörterten Differenzen*) wollen wir hier gedrängt aneinanderreihen. Durchschnittlich zeigt sich die Seeluft reicher an Wassergas als die des Continents. Jene erscheint, unter übrigens gleichen Meteorverhältnissen, dichter und schwerer, als die Atmosphäre des Festlandes, welche genau mit der wachsenden Bodenerhebung an Rarefaction und Leichtigkeit zunimmt. Der Temperaturstand der Meeresluft erhält sich, bezüglich der Tages- und Nachtzeit, gleichförmiger, ist im Sommer allgemeinhin niedriger und im Winter höher, als der des Continental-Dunstkreises. Die Seeatmosphäre führt weder Erdenstaub noch Kohlensäure mit sich, welche dem Luftgemische des Binnenlandes beständig beigegeben sind; dagegen enthält die Seeluft Kochsalz-, Salzsäure-, Glairine- und wahrscheinlich auch Jod- und Brom-Theilchen**) in zarten, leicht respirablen Verdünnungen, welche in der Continentalatmosphäre nur äufserst selten, nur ausnahmeweise vorkommen. Es darf die Seeluft, gemäfs dieser Umstände, keinesweges, wie manche wollen**), für ein blos durch beträchtlichere Feuchtigkeit von der Landluft abweichendes Gasgemisch angesehen werden.

Nicht minder unterscheiden sich beide Luftarten zugleich durch bestimmte, jedoch den Prüfungsmitteln der todten Chemie entschlüpfende Einwirkungen auf die Lebensthätigkeit. Vielleicht beruht diese Differenz in gewissen ungleichartigen Veränderungen, welche die Atmosphäre der See und die des Continents durch den Respirationsact der Thier- und Pflanzenwelt, fast möchte man sagen mehr in rein dynamischer Beziehung eingehen. Bekanntlich athmen Menschen in engen Gemächern, in vollgedrängten Schauspielhäusern, in überfüllten Hospitälern und Gefängnissen beschwerlich, viele erkranken in zu lange abgeschlossenen Räumen, ja verlieren hiedurch das Leben, ohne dafs man

*) §. 253–262.
**) Vergl. Greenhow p. 340.
***) S. Ernsts p. 218–219.

dabei jedesmal den eingetretenen Wirkungen entsprechende Umwandlungen des Grundgemisches der Luft zu entdecken vermag. Einem solchen Eindrucke des Athmungsprocesses unterliegen nun die niedrigen Schichten der Continental-Atmosphäre durch über das ganze Festland ausgebreitete Thiere und Pflanzen beständig, während ihn die Seeluft in weit geringerem Grade erduldet. Unausweichliche Folge hievon ist aber, dafs die Atmosphäre des Meeres, nicht wie es bezüglich jener des Festlandes statt findet, als ein schon mehr oder weniger gebrauchtes und geschwächtes, sondern als ein, in seiner organischen Integrität, in seiner vollen Kraft und Frische erhaltenes Pabulum vitae empfangen wird, wodurch die erwähnten Luftvarietäten nothwendig verschiedenartige Stimmung des Lebensprocesses hervorrufen müssen.

Auf welche augenscheinliche Weise übrigens die Seeatmosphäre, vermöge ihrer in der Gesammtheit der aufgestellten Verhältnisse wurzelnden, eigenthümlichen Beschaffenheit, zu bestimmt differirenden Modificationen der Thier- und Pflanzenexistenz Anlafs giebt, bekunden zahlreiche Erfahrungen der älteren wie der neueren Zeit *).

## Soolquellen.

### §. 263.

Schon früher haben wir die allgemeinen Beziehungen der Soolquellen zum Meere und zum Vulcanismus näher betrachtet **). Gleich den Seegewässern liegen auch jene der Soolen in den tiefsten Senkungen der Erdkruste. Als vielfältig verzweigtes Geäder brechen dieselben zerstreut am Fuſse hoher Urgebirgszüge, und mitten aus niedrigen Thalgründen hervor. Immer erscheinen die fraglichen Quellen in Gegenden, welche Spuren theils veralteter, theils noch lebhaft reger Vulcanitätsprocesse an sich tragen. Die soolreichen Thäler der Saale und der Salza werden von Basalten beherrscht. An den mit vulkanischen Ueberresten eingefafsten Ufern des Rheins kommen ergiebige Salzquel-

*) §. 267—273.
**) §. 245.

len zu Tage. Im Umkreise des Vesuvs dringt an vielen Stellen stark gesalzenes Wasser hervor. Und im vulkanischen Sicilien führt der Fiume salso so viel Chlornatrium mit sich, dafs Thiere dessen Wasser verschmähen *). Steinsalzflötze, welche an den eben genannten Feuerbergen, wie an jenen Islands angetroffen werden **), lagern so häufig unfern der Soolen, dafs man vermuthete, die fraglichen Quellen wären nur Auflösungen jener mächtigen Krystallmassen ***). — Hinsichts der Temperatur differiren die betreffenden salinischen Ausscheidungen von der des Oceans †) allgemeinhin fast gar nicht, sie schwankt bei jenen, wie bei diesen, zwischen + 6 und 20° R., nur dafs sich der einmal angenommene Wärmestand in den tief geborgenen Quellen gleichförmiger als im freien, den Atmosphären-Einflüssen preis gegebenen Meere erhält. — Auch die regelmäfsig periodischen, einem grofsen Theile der See eigenthümlichen Bewegungen sind mit mehreren der betreffenden Salzadern verbunden, und treten an einzelnen, wie z. B. an jenen Boklets und Kissingens, sogar dem grofsen Fluthen des Meeres ähnlich, in deutlicher Mitabhängigkeit von den Phasen des Mondes hervor ††). — Dabei bekundet auch die physikalische Beschaffenheit der Soolen, namentlich ihre beträchtlichere Schwere, ihr salziger Geschmack, und der seetangartige, besonders an Gradirwerken bemerkbare Geruch †††) auf nahe Verwandtschaft beider flüssigen Körper. Für dieselbe sprechen endlich noch die Resultate chemischer Analysen, welche wir demnächst in so weit berühren wollen als es die spätere Betrachtung der luftförmigen Soolemanationen erheischt.

*) Vergl. I. Walther in Gräfe's und Ph. Walther's Journal B. 27. p. 379. — Hartmann l. c. p. 122.

**) §. 6. und §. 245.

***) Vergl. Gruber l. p. 333. — Humboldt unterirdische Gase p. 95. — Hartmann p. 121.

†) Vergl. Gräfe's und Kalisch's Jahrb. Jahrg. 3. p. 373. Jahrg. 4. Abtheil. 3. p. 91. — Prieger p. 50—56.

††) I. Walther in Gräfe's und Ph. Walther's Journal B. 27. p. 120—121.

†††) §. 258. — S. Gräfe's und Kalisch's Jahrb. B. 2. p. 157. — Prieger p. 60.

§. 264.

Feste Stoffe der Soolquellen. — Unter diesen herrscht das Chlornatrium entschieden vor. Neben demselben fand man aufser Magnesia- und Kalk-Murialen hauptsächlichst Sulfate und Carbonate von Soda, Bittererde, Kalk, Kali und in untergeordnetem Mengeverhältnisse Alaun, Salmiak, Mangan, Eisen, Brom, Jod, organischen Extractivstoff, und eine geringe Zuthat von Kiesel- und Kohlensäure*). Nicht alle bezeichneten Substanzen sind in jeder Soole anzutreffen; es variirt die Zusammensetzung einzelner Quellen in dieser Hinsicht eben so vielfältig, wie die der Gewässer verschiedener Meeresgegenden. —

Die Saturation der Soolen mit Chlornatrium durchläuft bestimmte Abstufungen. So enthalten 16 Unzen der bekannteren, ärztlich angewendeten Soolquellen**)

| | | |
|---|---|---|
| zu Aschersleben, am Harz | 334 | Gran Salz |
| zu Kösen, bei Naumburg | 315 | - - |
| zu Ischl, in Oesterreich | 223 | - - |
| zu Artern, im Sangerhausischen | 213 | - - |
| zu Elmen, bei Magdeburg | 201 | - - |
| zu Hall, im Würtembergischen | 141 | - - |
| zu Thale, am Harz | 114 | - - |
| zu Salzhausen, im Hessischen | 95 | - - |
| zu Halle, an der Saale | 89 | - - |
| zu Alexisbad, im Bernburgischen***) | 87 | - - |
| zu Kissingen, im Bayerschen | 62 | - - |
| zu Pyrmont, im Waldeckschen | 61 | - - |
| zu Kreuznach, am Rhein | 59 | - - |

Blicken wir von dieser Uebersicht zurück auf jene, welche die verschiedenen Imprägnirungsgrade des Seewassers nachweist, und der zufolge unter den gröfseren Meeren das salzigste in 16 Unzen Wasser 318, und das am wenigsten

*) S. Lohmeyer's Tabelle in Gräfe's und Kalisch's Jahrbüch. Jahrg. 4. Abth. 3. p. 102. und Jahrg. 2. p. 257, so wie Jahrg. 3. p. 347. — Osann's Darstell. T. I. p. 83. p. 124 u. T. II. p. 142, 477, 479, 480, 481, 597. — Prieger p. 59—68.

**) Ibidem.

***) Die im Alexisbade zu Soolbädern benutzte Beringer Soolquelle ist von jenem ungefähr 1 Stunde entfernt.

mineralisirte 56 Gran Chlornatrium abgiebt *), so erhellt, daſs der Salzgehalt im See- wie im Soolwasser zwischen fast ganz gleichen Extremen schwankt. — Zugleich vermehrt sich die Salzigkeit der Soolquellen, ähnlich jener des Meeres **), mit den tieferen Lagerungen der Wasserschichten. So fand Dr. Lohmeyer zu Elmen die Löthigkeit mehrerer aggruppirter Sooladern, welche an 30 bis 40 Fuſs gesenkter aufstoſsen, viel beträchtlicher, als jene, anderer um so viel höher hervorbrechender ***). Nach Hermelin muſs am Wallon-Salzwerke zu Norwegen das Wasser behufs des Sudes dreiſsig Fuſs tief unter dem Spiegel herausgefördert werden, weil die Soole hier um 4 Grad stärker als an der Oberfläche ist †).

Die beträchtlichere Brom- und Jodmenge, welche neuerdings in einzelnen Soolquellen entdeckt wurde, hat die Aufmerksamkeit der Aerzte besonders auf sich gezogen. Namentlich fand man in 16 Unzen Soolwasser,

| | |
|---|---|
| zu Kreuznach, Jod-Natrium, Bromcalcium und Brommagnium | 8,01 Gran |
| zu Hall, Jodnatrium | 5,92 - |
| zu Elmen, Brommagnium | 4,52 - |
| zu Heilbronn ††), Bromnatrium und Jodnatrium | 1,21 - |
| zu Salzhausen, Jodnatrium | 0,77 - |
| zu Kissingen, in der Ragozzi-Quelle, Bromnatrium | 0,70 - |
| zu Halle, Bromnatrium | 0,41 - |
| zu Thale, Brommagnium und Jodmagnium | 0,27 - |
| zu Alexisbad, in der Beringer-Quelle, Brom. | 0,07 - [1]) |

Bemerkenswerth ist, daſs der gröſsere Gehalt jener Stoffe erst dann in der Quelle entdeckt wurde, als man ihn in der durch gewaltsames Abdampfen der Soole innerhalb eiserner Pfannen gewonnenen, von zerflieſsbaren Salzen

*) §. 248.

**) Ibidem.

***) S. Gräfe's u. Kalisch's Jahrb. Jahrg. 4. Abth. 3. p. 102—103

†) Otto's Hydrogr. p. 390.

††) In der Adelheidsquelle.

[1]) Vergl. Lohmeyer's Tabelle in Gräfe's und Kalisch's Jahrb. Jahrg. 4. Abth. 3. p. 102. — Prieger p. 56—68.

überladenen Mutterlauge angetroffen hatte*). Ob sich, bei völlig gleichem Verfahren, nicht auch aus dem Seewasser eine ansehnlichere Quantität der beregten Elemente abscheiden ließe, und ob sodann nicht selbst der in Rede stehende, auf vorherrschendem Reichthum an Jod und Brom gestützte, Unterschied der Soole vom Meerwasser wegfiele, muſs für jetzt dahin gestellt bleiben.

Was die Glairine anlangt, so geht sie den meisten Soolquellen eben so wenig als dem Meere ab. Gewöhnlich wird dieselbe allgemeinhin unter dem Namen der organischen Materie aufgeführt, von welcher 16 Unzen kräftigerer Soole durchschnittlich 1 bis 3 Gran erhalten. In der Mutterlauge einzelner Quellen trifft man diesen Stoff weit gehäufter an, indem aus einem Pfunde jener concentrirten Flüssigkeit oft 100 bis 200, und selbst 216 Gran desselben abgeschieden wurden **). Der fragliche Bestandtheil begründet hier, ganz wie im Thermal- und Meer-Wasser, bei höherer Entwickelung, das Erscheinen zahlreicher, niederer Pflanzen- und Thiergattungen, wie dies die an den Soolquellen gedeihenden Conferven, Tremellen und nicht minder die merkwürdigen, vor wenigen Jahren näher bestimmten Salzinfusorien beweisen ***). So weit übrigens das Verhalten der betreffenden Substanz überhaupt, dem abgesteckten Plane gemäſs, zur Sprache gebracht werden durfte, ist dies bereits im Vorhergegangenen geschehen †).

*) Die Mutterlauge zu Ischl enthält in 1000 Theilen 2,04 Gran Bromnatrium; die zu Kreuznach in 16 Unzen Bromcalcium, Bromkalium und Bromnatrium 585,64, und die zu Elmen in 16 Unzen, Brommagnium und Jodnatrium 1179,17 Gran. — Vergl. Götz p. 7. — Prieger p. 62. — Gräfe's und Kalisch's Jahrb. Jahrg. 4. Abtheil. 3. p. 102.

**) Prieger p. 62.

***) Payen zeigte am 7. Novbr. 1836 der Academie der Wissenschaften zu Paris mehrere lebende Exemplare jener Crustaceen, welche in den Salinen zu Marigniane bei Marseille, und da, wo an den nahen Seeküsten Salz gewonnen wird, vorkommen; die betreffenden Thierchen verlieren bei stärkerer Verdichtung der Salzlaugen ihre Durchsichtigkeit, bilden dann den auf diesen erscheinenden röthlichen Ueberzug, sind 8 bis 16 Millimeter lang und gehören nach Audoin zur Ordnung der Branchiopoden.

†) §. 94—100 und 249.

Vergleicht man nun endlich die qualitativen und quantitativen Beziehungen der festen Bestandtheile des Soolwassers mit den früher erörterten des Meerwassers *), so ergiebt sich, daſs beide Salzflüssigkeiten hinsichts ihrer chemischen Eigenschaft in hohem Grade übereinstimmen.

§. 265.

Soolluft. — Bei der tiefen Lage, bei der Kühle und dem eng begrenzten Spiegel der Soolquellen ist ihre spontane Verdunstung sehr gering. Um diese, behufs des Salzgewinnes, an schwachlöthigen Soolen zu erhöhen, und solche siedwürdig zu machen, bedient man sich des unter dem Namen der Gradirung bekannten Verfahrens. Von den diesfälligen, mannigfachen Methoden, zu welchen die Eis-, Sonnen-, Tafel-, und Pritschen-Gradirung gehören, ist die von Beust angegebene Tröpfel-Gradirung in Deutschland meistens als die vortheilhafteste anerkannt. Es werden zu dem Zwecke ungefähr 30 bis 50 Fuſs hohe, 12 bis 20 Fuſs breite, mehrere Hundert, ja mehrere Tausend Schritt lange, mit den Giebeln nach Nord und Süd gerichtete, aus über einander geschichteten Dornzweigen zusammengesetzte**), und durch Gebälk fest verbundene Wände erbaut. Auf der obersten Fläche derselben vertheilt man die aus den Quellen und Stollen durch Saugpumpen emporgehobene Soole in besondere Rinnwerke. Sie rieselt von diesen in zahllose Tropfen getrennt, an und zwischen dem Gesträuch immer tiefer und tiefer herab. Auf der langen Bahn, auf welcher dieselbe dem Luftzuge immer neue Flächen darbietet, wird ihr Gemisch durch Verdunstung von einer bedeutenden Wassermenge, und durch an den Dornenzweigen abgesetzte Incrustate von vielen erdigeren unlöslicheren Substanzen befreit, um so concentrirter und geläuterter in den untergebauten Behältern als siedwürdige Salzlauge zusammen zu flieſsen. Neben jenen technisch beabsichtigten Ausscheidungen erleidet die rohe Soole indeſs, durch die Aufzehrungskraft der Luft, zugleich einen, dem Salzgewinne nicht zu Gute kommenden Verlust an reinsalinischen und ande-

*) §. 247—250.

**) Man benutzt hiezu besonders Prunus spinosa und Crataegus Oxyacantha.

ren festen Bestandtheilen. So grofs dieser auch ist, so wenig gelang es bis jetzt, mit Ausnahme von Salzsäurespuren, welche in der Gradiratmosphäre von Halle und Salzuffeln entdeckt wurden *), die verschwundenen Stoffe chemisch nachzuweisen **). Aus dem letzteren Grunde allein dürfen wir jedoch noch ihre gänzliche Abwesenheit in der Gradiratmosphäre keineswegės, wie Manche wollen, als unzweifelhaft betrachten. Selbst der dichtere, durch starke Feuerungen abgetriebene Soolqualm wurde lange Zeit hindurch reinen Wasserdämpfen gleich geachtet, bevor es glückte, aus demselben Jod, Brom, Salzsäure und Kochsalz wieder darzustellen ***). Dafs die, obgleich nur bei gewöhnlicher Atmosphärentemperatur auf gradirte Soolmassen einwirkende Luft aufser dem Wassergase wirklich auch feste Stoffe absorbirt, ist nach mehreren, den bisherigen analytischen Untersuchungen zwar offenbar widersprechenden Umständen, doch mit aller Wahrscheinlichkeit zu vermuthen. So bemerkt man an grofsen Gradirwerken stets einen unverkennbaren chlor- und seetangartigen, von Einzelnen mit dem des höchst diluirten Jod's verglichenen Geruch, welcher sich oft auf tausend Schritte und darüber verbreitet †). Dabei hat das betreffende Luftgemisch in der Regel einen salzigen Geschmack, welcher um so intensiver hervortritt, als wir uns den Dornwänden bei entgegenkommendem, selbst gelindem Luftzuge mehr und mehr nähern. Oft werden im nahen Umkreise beträchtlicher Gradirwerke, am Erdwerke, wie an emporragenden Gegenständen Salzüberzüge ††), jenen ähnlich abgesetzt, welche in Strandgegenden vorkommen. Insbesondere spricht endlich die oben angedeutete, genau ermittelte, nach dem Gradiren fehlende, enorme Menge flüssiger und fester Soolbestandtheile für

*) S. Driesen, Meisner, Willing und Brandes in Osann Darstel. I. p. 212.

**) Vergl. Kämptz I. p. 35. — Encyclop. der medic. Wissenschaft. III. p. 544. — Prieger p. 56.

***) §. 266.

†) Prieger p. 56.

††) Abhandl. der Academie der Wissenschaften Berlins aus den Jahren 1814 u. 1815. Phys. Abth. p. 168.

die in Rede stehende Annahe. Zu Kreuznach sollen nach Geiger *) täglich 43096 Kubikfuſs Wasser nebst anderen die Soole constituirenden Stoffen verloren gehen. — Zu Elmen, wo man die im Spätherbst und Frühjahr unzulänglich gradirte Soole bewahrt, um sie im Sommer nochmals auf hohe, an ¼ Meile lange Dornwände zu bringen, verdunsten nach Schlönbachs Berechnung **) während des Sommers täglich 2 bis 2¼ Millionen Quart Wasser nebst ungefähr 186000 Pfund Salz. Den Beobachtungen der erfahrensten Salinisten gemäſs hat man, zu Folge der nach dem Gradiren übrig bleibenden Soolquantität, ihren Verlust an kochsalzigen und anderen festen Stoffen allgemeinhin 30 Procent abzuschätzen ***). Schon insofern dieser Abgang hauptsächlichst nur im Wege der Verdunstung zu Stande kommen kann, ist es durchaus nicht denkbar, daſs die nahe Atmosphäre frei von Soolmaterien bleibe. In wie weit hiebei Zerstäubungen, mechanische Vermischungen und innige Verschmelzungen zugleich statt finden, geht aus der vorangesendeten Erörterung der Seeluft hervor †). Da übrigens das Wasser an den betreffenden Verflüchtigungen stets am meisten, die löslicheren Salz-, Salzsäure-, Brom- und Jod-Partikel weniger, und der kalkhaltige Thon am wenigsten Theil nehmen, so würde die zur Luftform übergetretene und wieder zur tropfbaren Gestalt reducirte Soole, bei im Groſsen ausgeführten Versuchen, höchst wahrscheinlich weit mehr Wasser, nicht so viel leicht lösliche, und noch weit weniger erdige Bestandtheile als die rohe Flüssigkeit enthalten, aus welcher sie ursprünglich entstand ††). — Nicht übergehen dürfen wir endlich, daſs die verdunsteten, vermöge ihrer groſsen Dilution den Chemikern leicht entschlüpfenden Soolstoffe mittelst ihrer äuſsersten Zertheilung

*) Prieger p. 56 u. 86.

**) S. Gräfe's und Kalisch's Jahrb. 4. Abth. 3. p. 101.

***) Adhandl. der Academie der Wissenschaften Berlin aus den Jahren 1814 und 1815. Phys. Abth. p. 68.

†) §. 252—260.

††) Vergl. Tolberg in Hufeland's Journ. B. 46. St. 3. p. 3. — Lohmeier in Gräfe's und Kalisch's Jahrb. Jahrg. 4. Abtheilung 3. p. 100—103. — Prieger p. 56 und 180.

an Respirabilität gewinnen, und eben vermöge dieser Eigenschaft eine um so wichtigere, späterhin näher zu würdigende therapeutische Bedeutsamkeit erlangen.

§. 266.

Soolqualm. — Soolqualm entsteht da, wo der Salzgehalt siedwürdiger Soolen durch starke Erhitzung vollends vom Wasser getrennt wird. In gleichem Maſse als hiebei bedeutendere Quantitäten salzreicherer Flüssigkeiten durch heftigere Feuerungen schneller und gewaltsamer aus gröſseren Pfannen verdampft werden, verflüchtiget sich auch mit dem dichteren, weissen, fast undurchsichtigen, wolkigen Wasserdunste eine beträchtlichere Menge fester Stoffe. — Dem Qualme beschränkter Siedereien, in welchen der fragliche Scheidungsprocess an 6 bis 10 procenthaltiger Soole bei mäſsiger Erhitzung langsam ausgeführt wird, fehlt daher oft der chlorartige Geruch nebst dem salzigen Geschmacke; auch findet man hier nur selten sublimirte Salztheile an entfernten, kühlen Wänden krystallisirt. Auf der Saline Pyrmonts, wo gradirte, von Sulfaten und schwerer löslichen Substanzen gröſstentheils gereinigte Soole, 6 bis 8 Tage hindurch in geringeren Eisenpfannen gesotten wird, bevor sie Salz abgiebt, blieben alle im Jahr 1835 vom Herrn Medicinalrath Krüger sowohl, als von mir angestellten Versuche, Salz-, Jod- oder Bromtheile in den Dämpfen aufzufinden, fruchtlos, und bei noch so oft wiederholten Besuchen bemerkte ich, auch auſser der Siedezeit, nie Spuren von Salzblüthen an dem, während der Arbeit in Dämpfen eingeschlossenem Sparrwerke. — Aus der salzreicheren Soole Kösens bilden sich dagegen, nach Rosenberger's Versicherung, in den Brodemfängen unablässig Salzanflüge *), und an den Salinen Ischls, wo täglich 40 Klafter Holz verbrannt werden, um binnen 24 Stunden aus 2400 Eimer durch Auslaugung von Salzthon hervorgebrachter, 25procentiger Soole 800 Centner Kochsalz zu erhalten, setzen die muriatisch riechenden, salzig und säuerlich schmeckenden, das Lackmuspapier röthenden Dämpfe auf kalten Flächen reichliche Salzanflüge ab **). Was nament-

*) S. Gräfe's und Kalisch's Jahrb. B. 4. Abtheil. 3. p. 64.

**) S. Ischl und seine Soolbäder. Wien 1826 p. 155. — Brera p. 258.

lich die in der letzteren Siedeanstalt entwickelten Dämpfe längst vermuthen liefsen, haben neuerdings unternommene Analysen dargethan. Behufs der fraglichen Prüfungen gab Erlach den weniger Wassertheile enthaltenden, aus der Salzdörrkammer entweichenden Verdunstungen den Vorzug. Diese suchte er durch mit Eis gefüllte Glaskugeln tropfbar zu verdichten, und in untergesetzten Porzellanschalen aufzufangen, in welchen sich dieselben zu einer wässrigen, farblosen, klaren, stark nach Salz riechenden, und säuerlich schmeckenden Flüssigkeit sammelten, welche aus Wasser, aus vorherrschender Salzsäure, aus Salmiak und Hydrobrom bestand, wobei die Quantität des letztgenannten, täglich verdunstenden Stoffes auf 480 Gran berechnet ward*). Steht nun aber die Thatsache fest, dafs sich sublimirtes Kochsalz nebst den eben angeführten Bestandtheilen mit dem intensiven Soolqualme, ähnlich wie mit vulkanischen Aushauchungen verbinden**), so können wir, wenn auch nicht quantitativ, doch qualitativ übereinstimmende Zusammensetzungen, auch bezüglich des in geringeren Siedereien aufsteigenden Dunstes annehmen. Der Umstand wenigstens, dafs schwächere Dämpfe wegen gröfserer Verdünnung keine Veränderungen der bekannten chemischen Reagentien hervorbringen, hebt ihren therapeutischen Werth nicht auf, da ihnen bei Allem dem jene festen Stoffe noch immer in hinlänglicher Menge einverleibt sein können, um auf das empfindlichere Reagens des lebenden Organismus***) einzufliefsen.

Insofern übrigens die stärkeren wie die leichteren Sooldämpfe, durch die mit denselben geeinigte erhebliche Wärme, welche sich, gemäfs der bräuchlichen Einrichtungen, stufenweise bis zu + 45° R. steigern läfst†), von der kühleren See- und Gradirluft auffallend abweichen, dürfen wir diese Emanationsarten bei aller ihrer, auch noch so nahen

*) Beiträge zur Badekronik Ischls. Wien 1836. p. 69—75 u. Brera p. 256 und 258.

**) §. 18.

***) §. 297.

†) Vergl. Gräfe's und Kalisch's Jahrb. Jahrg. 4. Abth. 3. p. 65. und Brera l. c. p. 257.

chemischen Verwandtschaft dennoch keineswegs ohne Unterschied für ärztliche Zwecke benutzen.*).

## *Capitel II.*

## Einfluss muriatischer Gasemanationen auf gesunde Organismen.

### §. 267.

Natürliche, auch noch so beträchtlich verdünnte Luftgemische der fraglichen Art wirken auf das vegetabilische, wie auf das animalische Leben eigenthümlich ein. Allgemeinhin scheinen sie den höheren Pflanzengattungen weniger, als den vollendeteren Thierarten zuzusagen.

Die Flora flach auslaufender Küsten zeigt sich im Ganzen arm. Sie ist es um so mehr, je näher das Erdreich dem Meeressaume liegt, und je bedeutendere Saturationsgrade die über demselben schwebende Seeluft erreicht. Wo die Wellen nicht mehr oder nur selten hingelangen, spriefst vornemlich die Salsola Kali hervor; wir sehen sie bei Norderney, wenn gleich nicht so häufig als an den französischen und italienischen Küsten, doch auf thonhaltigem Boden ganze Strecken einnehmen. Im reinen Sande keimen dagegen, bald mehr, bald weniger zerstreut, hartfaserige Juncus-, Scirpus-, Carex-, Arundo- und Triticum-Arten. Nächst denselben trifft man auf Plantago maritima, Chenopodium und Eryngium maritimum. An merklich erhabneren und entlegneren Flächen zeigen sich zwar mehrere dem Binnenlande angehörige Pflanzen, doch bleiben diese in ihrer Entwickelung fast immer sehr zurück. Namentlich kommen an der vom Strande abgewendeten Seite der Norderneyer Dünen, und besonders in dem geschützteren, zwischenliegenden Thälchen Achillea millefolium, Trifolium fragiferum und hybridum, Galium verum, Centaurium minus, Erica vulgaris nebst einigen anderen Pflanzen vor, welche insgesammt kaum die Höhe von 2 bis 3 Zoll erreichen. Von den beiden letztgenannten bewahre ich

*) Vergl. §. 297.

völlig ausgewachsene Exemplare, an welchen die Zierlichkeit ihres Miniaturbaues überhaupt und vornemlich die der niedlichen Blumenkronen überrascht. Selbst die Rosa pimpinellifolia (spinosissima), welche entfernter vom Meeressaume gedeihet, ist meistens so zwerghaft, dafs sie ihrem Habitus nach der Rosa pumila beinahe gleich kommt. Ganz dasselbe Verhältnifs beobachtete ich an allen die Salzatmosphäre des Montiron bei Abano athmenden Pflanzen*), obgleich dieselben in dem unmittelbar anstofsenden Flachlande üppig wuchern. Unter den Holzarten ist zu Norderney nur Salix repens (fusca) als wirklich einheimisch zu betrachten, sie überragt jedoch den Boden selten um 2 Fufs, dehnt sich über grofse Strecken aus, und trägt wesentlich zur Formerhaltung der kleinen, aus Flugsand bestehenden Hügel bei. Gröfsere Weidenarten, Pappeln und Elsen, welche man auf jenem Eilande zu Anlagen verwendet, erreichen, da ihre Triebe alljährig theilweis vertrocknen, kaum die Höhe von 12 Fufs. Einzelne unter dem Schutze der Häuserreihen gesetzte Kastanien und Obstbäume von etwas kräftigerem Bau lassen sich als Seltenheiten leicht zusammenzählen. Versuche, Nadelholz zu bauen, gelangen auf diesem nördlichen, und unerachtet seiner Hügel doch niedrig gelegenen, vom Seedunstkreise völlig beherrschten Eilande an keiner Stelle. Aber auch in südlichen Breiten wirkt die saturirte Seeluft gleich nachtheilig auf vollkommenere Gewächse ein. Im Volksgarten der Dogenstadt haben möglichst geschirmte und mit vielem Kunstaufwande angepflanzte Baumarten, wenn gleich von Venetianern noch so sehr bewundert, doch für den Fremden nur ein kümmerliches Aussehen. Eben so wenig gedeihen Olivenbäume unmittelbar an der Küste Nizza's, wo alle dem Meere näher gepflanzten nach kurzer Zeit zu verkrüppeln anfangen**). Merkwürdig erscheinen in der fraglichen Hinsicht die erzwungenen, dem Meere nahe, jedoch schon um etwas erhöht liegenden Pflanzungen der Villa reale Neapels. Sie erhalten in weiten Gruben die angemessensten Erdarten, werden in aller

*) Vergl. Andrejewsky's Aufsatz im Journal für Chirurgie und Augenheilkunde von Gräfe und Walther B. 15. p. 561.

**) Brera p. 42. 97. — Ernsts p. 214.

Beziehung mit grofser Sorgfalt gepflegt, ja man sucht sogar zartere Baumarten, durch dichte, entlang des Meeres gezogene Wände von hartem Gesträuch gegen die Seeluft möglichst zu schützen, und dennoch kränkeln sie häufig, leben kurz und müssen oft ersetzt werden.

Ueberall, wo Baumwurzeln während ihrer allmäligen Ausbreitung auf tiefere, vom Seewasser getränkte Erdschichten treffen, was in den Ebenen Norderney's meistens bei 3 Fufs der Fall ist, stirbt in verhältnifsmäfsig kurzer Zeit der ganze Stamm. Bleiben die Wurzeln vom Seewasser unberührt, die Kronen aber den Einwirkungen des saturirteren Seedunstkreises preisgegeben, so beginnt der schädliche Einflufs stets in den Athmungswerkzeugen der Pflanzen, in den aus zarterem Zellstoffe bestehenden Blättern. Diese ziehen sich unter den fraglichen Umständen bald nach ihrer Entfaltung stellenweise zusammen, werden bisweilen schneckenförmig aufgerollt, bekommen rostfarbene oder schwarze, immer mehr um sich greifende Flecke, ein verbranntes Aussehen und fallen ab. Die jüngsten Triebe leiden hiedurch am meisten und verdorren nach gänzlicher Entblätterung in der Regel; sie ragen dann, wie man es an den Pappeln und Elsen Norderney's, an den vom Strande wenig entfernten Olivenbäumen Nizza's, und selbst an dem harten Hollunder der Villa reale täglich sieht, als trocknes Reis, verunstaltend aus den grünenden Kronen hervor. Gewöhnlich kommt der beschriebene Brand vorzugsweise an der dem Meere zugekehrten Kronenseite zu Stande. Erfolgt durch denselben bei intensiveren Einwirkungen Entlaubung aller Zweige, so geht die Pflanze meistens bis an den Stamm, oft aber gänzlich ein. Als ich im Jahre 1833, um die Mitte Septembers, die von der Küste entfernten Parkanlagen Windsors und Londons im kräftigsten Vegetationsschmucke verliefs, fiel mir Tages darauf das Wintergewand der Pflanzungen zu Calais auf. Hier waren auf den wallförmigen Umgebungen sowohl, als in den einzelnen Gärten, alle Bäume entblättert. Man schrieb ihren traurigen Zustand den vorangegangenen Nordwestwinden zu, welche dem Festlande scharfe Seeluft anhaltend zugeführt hatten. Es schien dies auch um so wahrscheinlicher, als ich auf der Strafse nach Amiens kaum ½ Meile vom Strande alle Bäume wiederum im frischen Grün sah, auf deren Blätter zwar die mechanische Kraft des Sturmes, da viele zerrissen am Boden lagen, noch immer beträchtlich, die hier bereits diluirten muriatischen Bestandtheile der Seeluft aber wenig oder gar nicht mehr mitgewirkt hatten. Einige in Kübeln gezogene, selteneren Varietäten angehörige Orangenbäumchen, Citrus quercifolia, Citrus buxifolia u. m. a., welche ich im Jahre 1830 von Sicilien mitnahm, litten ungeachtet des ruhigsten Wetters, und obgleich die Ueberfahrt nach Neapel, während welcher zweimal an den Küsten Calabriens angelegt wurde, nur 3 Tage dauerte, doch in dem Grade, dafs die Blätter bald herabzuhängen anfingen, an vielen Stellen, ungeachtet des festeren Gefüges, zusammenschrumpften, ihr glänzendes Ansehn verloren und nach einigen Wochen abfielen. Wegen des nachtheiligen Einflusses der Meeresluft gedeihet daher die fragliche Pflanzengattung an den italischen Küsten nur da, wo sie, hoch genug über dem Meeresspiegel angebaut, gegen saturirtere Schichten des Seedunstkreises geschützt bleibt. Belege hierzu geben die Orangengärten der malerischen Bergabhänge, welche schon bei Nervi beginnen, ferner jene der hohen Gestade Lorento's und vornemlich der Ziergarten Scaletta's bei Messina. In dieser zauberischen, an das Pelorische Vorgebirge gelehnten Villa, welche die herrlichste Aussicht über die Meerenge hin nach Reggio gewährt, sah ich, aus dunklen Orangensträuchern, nach den Regeln altfranzösischer Gartenkunst geschnittene, mit goldenen Früchten durchsäete Hecken, Wände, Berceaus, überwölbte schattige Gänge und zierliche Lauben der mannigfachsten Form.

Fassen wir die angeführten Thatsachen zusammen, so scheint die eigenthümliche Wirkung, welche salzige Schichten der Seeluft auf höhere Pflanzenarten ausüben, hauptsächlichst im Wege der Ueberreizung zu Stande zu kommen. Diesem Vorgange entsprechen wenigstens die anfängliche Zusammenziehung, das spätere Hinwelken und die anomale schwarze Färbung der Blätter, mit einem Worte, die in diesen zarten Gebilden deutlich eintretende, der erhöhten Contraction folgende, bis zum völlig ausgebildeten Brande gelangende Erlähmung. Wohl mag die Gesammtbeschaffenheit der Seeluft den fraglichen Procefs bedingen, gewifs trägt aber zu demselben die vom Meere aufsteigende, luftig gewordene Salzsäure das Meiste bei, da, wie Turners und Christisons Versuche lehren *), Pflanzen jeder Gattung, auf welche wir auch nur $\frac{1}{10}$ Kubikzoll muriatisches, mit dem 20000fachen Volumen Luft verdünntes, Gas 24 Stunden hindurch einwirken lassen, ihre Blätter nach vorgängiger Zusammenschrumpfung ohne Ausnahme verlieren.

## §. 268.

Nicht allen Thiergattungen entspricht die Seeluft in gleichem Mafse. Sie ist mehr für jene geeignet, in welchen die Respirationswerkzeuge aus der allgemeinen Bildung abgeschlossener, bestimmter hervortreten, und durchdringt andere, bei welchen der Athmungsact verbreiteter vor sich geht, zu mächtig, als dafs diese in derselben ihre Existenz bleibend fristen könnten. Wir vermissen daher überall, wo muriatische Emanationen statt finden, insbesondere mehrere Insektenarten. Namentlich begegneten mir auf hohem Meere, auf kleinen vom Continent weit entfernten Inseln, an gröfseren Gradirwerken und Salzsiedereien zu keiner Zeit Mücken oder Fliegen. Nie sah Herr Hofmedicus Blume, seiner mir gegebenen Versicherung gemäfs, die ersteren zu Norderney noch Brera die letzteren in der Meeresstadt Venedig **). Selbst von gefiederten Bewohnern der Luft, deren Respirationswerkzeuge doch blos bis in die Höhlen des Knochensystems mit hineingezogen sind, leben an den Küsten blos einzelne wenige, zu den Möven-, Rachen-, Enten-, Strandläufern- und Becassen-Familien gehörige Arten, die in der fraglichen Atmosphäre vielleicht lediglich deshalb gedeihen, weil sie vermöge ihrer fetten, thranigen, mithin hydrogenirteren †) Körperbeschaffenheit, un-

*) Christison p. 819.

**) Brera p. 43 und 45.

†) S. meine Beobachtungen über eine glücklich geheilte Fettsucht im Journal für Chirurgie und Augenheilkunde B. 9. p. 386. und in der medic. Encyclop.

erachtet der ausgedehnteren Athmungswerkzeuge, dem reizenden und oxygenirenden Einflusse der Seeluft hinreichend widerstehen. Auf Thiere mit begrenzten, aber auch selbstständigeren, der Seeluft weniger Berührungspunkte darbietenden Respirationswerkzeugen wirkt sie allgemeinhin wohlthätig ein; besonders kann man dies auf Menschen beziehen, deren Organismus durch dieselbe zu höherer Thätigkeit gestimmt und gekräftiget wird.

Blicken wir auf die Eigenschaften der einzelnen Bestandtheile muriatischer Verdunstungen zurück, so scheint die Erklärung der eben beregten Wirkungen nicht fern zu liegen. Schon daraus nämlich, daſs jene Materien, concentrirt angewendet, schädliche, ja wahrhaft giftige Folgen bedingen, geht ihre hohe Wirksamkeit hervor. Bekanntlich erzeugt das reine, in der dichteren Seeluft stärker angehäufte Oxygengas, 8 bis 10 Minuten lang eingeathmet, lebhaften Husten, und nicht selten hartnäckige Entzündungszufälle *). Der mit Salzatomen überschwängerte Dunstkreis beengt das Athmen, veranlaſst Angst und Beklommenheit **). Einfaches Chlorgas zieht auf der Stelle die Stimmritze zusammen und tödtet durch Erstickung; unzulänglich verdünntes führt bedenkliche, kaum durch frühzeitige Anwendung schwefelwasserstoffiger Dämpfe zu verhütende Lungenentzündungen herbei ***). Dichtere Jod- und Salzsäure-Dünste verursachen den Chlorwirkungen ähnliche Intoxicationen und, selbst mit einer nicht unbeträchtlichen Quantität Atmosphärenluft versetzt, lebhafte, in ihren Symptomen mit catarrhalisch entzündlichen Leiden übereinstimmende Krankheiten †). Ebenso lehren aber auch vielfältige Erfahrungen, daſs die fraglichen Stoffe, hinlänglich diluirt, zuträglich einflieſsen, daſs unter dieser Bedingung der Sauerstoff die Lebensthätigkeit erhöht, die Blutmasse stärker röthet und die Muskelkräfte spannt, daſs Kochsalzatome die Schleimhäute mäſsig reizen, dem äuſseren Hautüberzuge

*) §. 253.

**) §. 257.

***) Orfila B. 3. p. 119 und 120. — Kastner in Brandes Archiv B. 18. p. 101.

†) Reil's Archiv B. 4. p. 182. — Christison p. 819.

gröfsere Festigkeit ertheilen, und den Se- und Excretionsprocefs beschleunigen, dafs endlich Salzsäure, Chlor und Jod die Neigung zu fauliger Zersetzung beschränken, und die Action der Saugadern begünstigen. — In der See- und Soolluft sind nun alle eben angeführten, mächtigen Potenzen nicht nur in vollkommen zureichender Verdünnung enthalten, sondern zugleich mit einer so beträchtlichen Menge mildernder Wasseratome und einhüllender Glairinetheilchen verschmolzen, dafs sie hiedurch um Vieles homogenisirter, auch um desto vortheilhafter auf den Organismus einwirken *).

Am eingreifendsten treffen muriatisirte Atmosphären nothwendig die Respirationswerkzeuge. Jedoch werden sie auch durch den äufsern Hautüberzug empfangen, in welchem ein dem Respirationsacte verwandter, ja diesen bei unteren Thierklassen ersetzender Austausch der Gase vor sich geht. Dafs übrigens die betreffenden, durch beide Zugänge aufgenommenen Luftgemische nicht blos auf die zunächst, auf die ursprünglich berührten, sondern auch auf die entlegeneren, ja selbst auf die allerinnersten Gebilde wirken, beweisen einerseits die von den ältesten Aerzten gewürdigten Erfolge der in Rede stehenden Inhalationen, und anderseits die neuerdings beobachteten, vortheilhaften Kurresultate der künstlichen, in wohl abgeschlossenen Wannen angewendeten, aus chlor- oder salzsaurem Gase bereiteten Bäder **).

Schon bei einem kurzen Verweilen in der Seeluft überzeugt uns das Allgemeingefühl nicht minder als die Thätigkeitsäufserung einzelner Systeme von bestimmten körperlichen Veränderungen. Man athmet in der bezeichneten Atmosphäre tiefer, langsamer, behaglicher, die Lungen scheinen sich in derselben freier auszudehnen, die

*) §. 253 u. 265.— §. 259. — Aumerie p. 4 und 9.— Driesen in Brera p. 32. — Brera p. 59 und 95. — Blume p. 82. — Prieger p. 183 u. 186. — Gannal, Laennec, Toulmouche und Berton in Gräfe's und Walther's Journ. B. 29. p. 149. — Greenhow p. 340.

**) Vergl. Capitel IV. u. V. — Encyclop. Wörterb. B. IV. p. 575 etc. — Blume p. 28. — Prieger p. 183.

Stimmung wird heiterer, das Incarnat frischer, der Schlaf fester, erquicklicher, die Efslust reger, und bereits nach wenig Tagen geht das gesammte Ab- und Aussonderungsgeschäft geregelter vor sich. Selbst von der schwächeren Gradirluft sagt Prieger, dafs sie das Gefühl hervorbringt, welches man im heifsen Sommer nach einem Gewitter oder an schwülen Tagen bei dem Eintritt in einen dichtbelaubten Wald wahrnimmt, wobei das Athmen leichter und besser vor sich geht und der Brustkasten einen gröfseren Raum zu gewinnen scheint *). — Wie erspriesslich ein anhaltender oder beständiger Aufenthalt im Seedunstkreise sei, folgt daraus, dafs derselbe gesunde Individuen kräftigt und deren Lebensdauer augenscheinlich verlängert.

Nach Strabo sendeten die Cäsaren ihre abgemattelen Gladiatoren, behufs der Wiedererlangung verlorener Körperkräfte, nach den Lagunen Venedigs **). Schwelgerische Römer erbauten ihre, noch als Ruinen bewunderungswerthen Villen unfern des Meeres, um sich im Bade der Seeluft wieder zu erholen. Bewohner des Strandgebietes oder der kleineren vom Meeresdunste ganz überzogenen Inseln, Fischer, Schiffer, Matrosen und Seesoldaten, haben eine gesunde, merklich gebräunte Hautfarbe, einen robusten Bau, straffe Muskeln, sind zu Körperanstrengungen besonders befähigt, gewandt in ihren Bewegungen, lebhaft, und bei allen Entbehrungen fröhlichen heiteren Sinnes; sie erkranken seltener und genesen meistens ohne ärztliche Hülfe. In Hufeland's Makrobiotik sind die Beispiele ungewöhnlichen Alters von 130 bis 150 Jahren gröfstentheils aus den Listen der Strand- und Inselbevölkerung entlehnt. Bekanntlich erleben nach Lawthorp und Martin auf den Bermuden, Hebriden und Orcaden viele Individuen 100 und einzelne 140 bis 180 Jahre. Am nordeuropäischen Strande, und besonders auf den Föhrinseln kommen, den statistischen Angaben gemäfs, die meisten Hochbetagten vor. In dem prächtigen, früher von Königen bewohnten, jetzt für eme-

*) Vergl. Buchan, Vogel, Sachs, Prout in Mühry p. 57-59. — Halem p. 103 und 105. — Blume p. 28. — Prieger p. 183 und 185.

**) Brera p. 24 und 25.

ritirte Seeleute bestimmten, aus Portlandsteinen aufgeführten Palaste zu Greenwich sah ich die gröfste Sammlung bejahrter, fröhlicher Greise, denen hier, wo die nahe Themse durch regelmäfsig eintretende Ebbe und Fluth die wesentlichsten Eigenschaften des Meeres an sich trägt, die Wohlthat, in gewohnter Atmosphäre fortzuleben unbenommen ist; Sinclair rechnet auf 2410 dieser Pensionaire 96, welche über 90 Jahr alt werden. Als Beweis für die Salubrität, durch welche sich die Seeluft auch in südlicheren Gegenden auszeichnet, führt Dr. Duodo an, dafs die mittlere Proportion der Lebensdauer zu Venedig (Kinder ausgenommen, welche vor dem ersten Jahre sterben) auf 50 Jahr 10 Monate zu berechnen ist, und dafs sich in dem täglichen Verzeichnisse der Verstorbenen fast jedesmal einige Individuen vorfinden, die ein Alter von 80, 90 und mehreren Jahren erreichten *). Ganz besonders scheint reine See- und Soolluft das Resistenzvermögen der Lungen gegen schädliche Einflüsse zu erhöhen; Insulaner, Küstenbewohner und Arbeiter an den Salinen sollen deshalb in der Regel gegen Lungensucht geschützt bleiben **).

## *Capitel III.*

## Allgemeine therapeutische Benutzung muriatisirter Luft.

### §. 269.

Insofern die muriatisirte Luft auf gesunde Individuen sanft erregend einfliefst, die Oxygenirung des Thierstoffes bedeutender unterstützt, als dies vom gewöhnlichen Atmosphärengemische anzunehmen ist, sämmtliche Ausscheidungsprozesse fördert, und zugleich offenbar resolutorische Wirkungen hervorruft ***), ergiebt es sich von selbst, dafs sie

*) Halem p. 103. — Sachs p. 91—93. — Brera p. 26—27.

**) Guthrie p. 58. — Greenhow p. 340. — Rosenstein in Osann's Darstellung B. I. p. 212. — Tolberg in Hufeland's Journ. B. 16. St. 3. p. 140—144. — Prieger p. 186.

***) §. 268.

allgemeinhin nur jenen Krankheiten entsprechen kann, welche auf Torpidität, Atonie, Mangel an colorirtem Blute, auf unregelmäfsigen Se- und Excretionsvorgängen oder Stasen beruhen *). Vermöge der an verschiedenen Orten mehr oder weniger von einander abweichenden Mischungs-, Feuchtigkeits-, Wärme- und Dilutions-Verhältnisse der See- wie der Soolluft erscheinen auch ihre Wirkungen ebenmäfsig modificirt. Die Auswahl unter jenen Luftvarietäten ist daher keinesweges willkürlich zu treffen, sondern für jeden einzelnen Fall nach der Krankheitsart, nach den Ursachen, nach den vorhandenen Characteren und nach der individuellen Empfänglichkeit stets auf das Umsichtigste zu erwägen. Nicht jedem Leidenden, für welchen muriatisirte Emanationen allgemeinhin indicirt sind, bekommt die bewegtere, salzigere, unleugbar am meisten kräftigende Luft des hohen Meeres. Empfänglichere Individuen bessern sich oft eher in der milderen, am Saume des Oceans zu Stande kommenden Verschmelzung der See- und Continental-Atmosphäre. Einzelne vertragen nur die Strandluft warmer, Andere nur jene kühler Klimate. Von Brustaffectionen Befallene, welche selbst nach ganz leichten Windstöfsen Steigerung der Zufälle und besonders des Hustens verspüren, thun in der Regel wohl daran, der mehr abgeschlossenen ruhigeren Gradirluft den Vorzug zu geben. Subjecte, deren Herstellung hauptsächlichst von Vermehrung der Diaphorese und von der lösenden Kraft salinischer Dünste abhängt, genesen am frühesten im warmen und jodreicheren Soolqualme, in welchem dagegen Plethorische, oder zu activen Blutcongestionen Hingeneigte Gefahr laufen. Sind die Gesammtbeziehungen eines Kranken noch unzulänglich erforscht, so eröffnen wir die Kur vorsichtig nur mit den indifferentern muriatischen Luftarten, um diesen nöthigenfalls intensivere sicherer folgen zu lassen. Endlich mufs man die in Rede stehenden pneumatischen Kuren, wegen ihres verhältnifsmäfsig leiseren Einwirkens, nicht wie die kräftiger durchdringenden salinischen Wasserbäder, blos einige Wochen,

*) Vergl. §. 268. und Encyclop. Wörterb. der med. Wissensch. B. IV. p. 544. — Prieger p. 184—185.

sondern gewöhnlich mehrere Monate, ja in hartnäckigen Affectionen selbst Jahre lang ununterbrochen fortsetzen *).

§. 270.

Zu den namhaften Krankheitsformen, gegen welche sich die See- und Soolluft dermalen am meisten bewährte, gehören die folgenden.

Aus der Reihe der Brustübel sind vornemlich langwierige, torpide Catarrhe des Kehlkopfes, der Luftröhre und der Lungenzellen anzuführen, welche durch salinische Inhalationen fast immer und oft selbst dann glücklich beseitiget werden, wenn sie allen anderen Heilmitteln auch noch so beharrlich widerstanden. Bei rein dynamischem, aus sinkendem Lungenleben hervorgehendem Asthma, im völlig atonischen Bluthusten, ja selbst beim Verdachte anerethischer Lungengeschwüre, so wie in beginnender Schleim- und Knoten-Schwindsucht haben erfahrene Aerzte, und unter diesen noch neuerdings Greenhow, vom anhaltenden Gebrauche der fraglichen Einathmungskur nicht nur Erleichterung, sondern unter übrigens günstigen Umständen auch völlige Herstellung gesehen. Bezüglich der Tuberkelerzeugung versichert Brera, dafs sie überhaupt, ähnlich wie die Entwickelung vollkommnerer Pflanzengattungen, im Seedunstkreise stets rückgängig würde.

Verzärtelungen des Hautorgans, welche durch unausgesetztes Stubenleben, durch Mifsbrauch lauer Bäder, durch zu warme Bekleidung entstanden, von häufig eintretenden Schweifsausbrüchen begleitet, bei jedem noch so geringen Temperaturwechsel schmerzhafte Beschwerden mannigfacher Art nach sich ziehen, werden gewöhnlich durch muriatisirte Luft mit entschieden günstigem Erfolge behandelt. Franklin stellt in dieser Hinsicht Seeluftbäder besonders hoch, und Hameau verlangt, auf Erfahrungen gestützt, dafs man, nach allmäliger Gewöhnung täglich mehrere Stunden lang, völligentblöfst, am Strande auf- und abgehend, die ganze Oberfläche des Körpers dem wohlthätigen Einflusse der Meeresluft preis geben soll.

*) Vergl. Gilchrist in der Göttingschen Anzeige B. I. p. 647.

Nervenaffectionen verschiedener Categorieen, häufig wiederkehrendes Kopfweh, Neuralgieen des Gesichtes und der Extremitäten, torpide Amblyopieen, Krämpfe, Hypochondrie, Hysterie, hartnäckige Schlaflosigkeit, jene Schwäche der Bewegungsorgane, welche sich schon nach ganz geringen Anstrengungen durch unverhältnifsmäfsige Müdigkeit kund giebt, werden, falls sie aus rein deprimirter Lebenskraft entspringen, durch den längeren Aufenthalt in salzigen Atmosphären entweder gänzlich beseitiget, oder doch in hohem Grade verringert.

Krankheiten, bei welchen es dem Blute an colorirenden Bestandtheilen fehlt, bei welchen seröse Flüssigkeiten vorwalten und eiweifsstoffige Ansammlungen überhand nehmen, namentlich die Chlorose in ihren mannigfachen Varietäten, die häufig vorkommende, mit Augentriefigkeit, mit äufseren und inneren Drüsenanschwellungen, mit Geschwüren und Knochenleiden verbundene, atonische Scrophulosis, Hinneigungen zur einfachen Hautwassersucht, und vornemlich zu ödematösen von keinem organischen Fehler bedingten Fufsgeschwülsten, weichen dem Gebrauche der Seeluft in den meisten Fällen.

Gicht und Rheumatismen torpiden Characters, besonders die Disposition zu Rückfällen derartiger Beschwerden, werden oft durch den Aufenthalt in muriatisirten Atmosphären gehoben. Es trägt hiezu der Umstand besonders bei, dafs jene Gasgemische als überaus wirksame Luftbäder die Haut unmittelbar kräftigen, und dafs sie, auf diesem Wege wie durch Inhalationen den innersten Gebilden zugeführt, nicht nur den Digestionsprocefs regeln, sondern auch die Secretionsthätigkeit der Nieren und des Darmkanales begünstigen *).

*) Vergl. §. 268. u. 269. und Gilchrist, Fontana, Seybert in Halem p. 15, 54, 106, 130, und in Göttingschen Anzeigen B. I. p. 646. — Blume p. 30. — d'Aumerie p. 9. — Sachs p. 271 bis 275. — Brera p. 97, 126 und 132. — Osann's Darstell. I. p. 212. — Encyclop. Wörterb. der med. Wissensch. IV. p. 544. — Greenhow p. 340. — Tolberg in Hufeland's Journ. B. 16. St. 3. p. 140. — Rosenberger und Lohmeyer in Gräfe's und Kalisch's Jahrbücher Jahrg. 4. Abth. 3. p. 62 und 71. — Prieger p. 181—186.

§. 271.

Den therapeutischen Nutzen murialisirter Luft erwägend, können wir jenen der Salzwasser um so weniger völlig unberührt lassen, als beiderlei in ihrem Grundgemische gröfstentheils nur rücksichtlich der Dichtigkeitsgrade verschiedene Flüssigkeiten *), hinsichts der ihnen beiwohnenden, specifischen Heilkräfte fast ganz übereinstimmen, und hauptsächlichst blos durch die verschiedene Intensität der Wirkungen different erscheinen. — Von dem ohnehin viel besprochenem ärztlichen Gebrauche der natürlichen Salzwasser **) können wir indefs, dem Plane dieser Schrift gemäfs, blos die Verhältnisse hervorheben, welche sich auf die ärztliche Anwendung der analogen, pneumatischen Gemische näher beziehen. — Vermöge des mehr zu Bädern als zu Trinkkuren ***) verwendeten See- und Soolwassers werden, abgesehen von der wichtigen Mitwirkung der Temperaturverhältnisse, dem Organismus alterirende Stoffe in weit gröfserer Menge einverleibt, und hiedurch unleugbar entschiedenere Umstimmungen und Mischungsveränderungen in kürzerer Zeit bedingt. — Muriatische Luftarten wirken wegen der gröfseren Verdünnung ihrer den Salzwassern entzogenen Bestandtheile †), sowohl durch Einathmung, als durch Hautimbibition, weit leiser ein, sind aber eben deshalb in allen Anomalieen, welche blos zarte Impulse gestatten, von hohem Belang, und indem sie unmittelbar in die Lungenzellen dringen, bei vielen, gewöhnlich nach Wasserbädern überhand neh-

*) §. 254—260.

**) Die gediegenen Schriften Russel's, Reid's, Buchan's, Vogel's, Danzmann's, Stierling's und mehrere andere werthvolle, hieher gehörige Arbeiten hat Sachs l. c. p. 11—62 mit vielem Fleifse zusammengestellt. Vergl. übrigens Tolberg in Hufeland's Journ. B. 26. St. 3. p. 5 und 46. — Encyclopädisches Wörterbuch der med. Wissensch. T. IV. p. 544 und 589 und Gräfe's und Kalisch's Jahrb. Jahrg. 4. p. 86.

***) Das kurmäfsige Trinken des Seewassers empfahlen aufser mehreren anderen Aerzten besonders Caille, Boerhaave und Monro. S. Halem p. 138.

†) §. 256.

menden Brustübeln*) oft ausschliefslich von Nutzen. — Vereinte Anwendungen salinischer Wasser und analoger Luftgemische gewähren endlich, sobald keine Contraindicationen die eine oder andere Form verbieten, den Vortheil, dafs sich beide in der Erreichung des Heilzweckes gegenseitig unterstützen. Es leistet deshalb die fragliche Verbindung namentlich bei Hautverzärtelungen, bei nervösen, lymphatischen, scrophulösen und arthritischen, zu höheren Graden gelangten Anomalieen, und besonders in den Fällen wichtige Dienste, in welchen die erwähnten Dyskrasieen zu erheblichen pathologischen Ablagerungen, zu chronischen Contracturen, zu Drüsen-, Gelenk- und Knochengeschwülsten, oder zu förmlichen Knotenbildungen Anlafs geben.

§. 272.

Nachtheilig sind die fraglichen Luftgemische durch ihre erregenden und die Oxygenirung des Organismus befördernden Einwirkungen nothwendig in allen mit erhöhter Thätigkeit, mit gesteigertem Tonus oder überspanntem Blutleben geeinigten Krankheiten. — Bei anhaltendem Erethismus, bei ausgeprägter sthenisch entzündlicher Anlage, bei activen Blutflüssen und Blutcongestionen, so wie bei übermäfsigem allgemeinem Blutreichthume nehmen die Krankheitszufälle durch die fraglichen Potenzen eher überhand, und erreichen leicht bedenkliche Stufen. Selbst die im vorigen Paragraph angeführten, nervösen, chlorotischen, scrophulösen, gichtischen und rheumatischen, den Gebrauch muriatisirter Luft sonst indicirenden Leiden werden, wenn sie mit den eben bezeichneten Characteren verlaufen, fast ohne Ausnahme verschlimmert. Auffallend nehmen, unter den genannten Umständen, Brustleiden jeder Form, und am drohendsten die Phthisis florida überhand. Sogar Inhalationen der mildesten See- und Sool-Luftarten bringen hier, mit ihren kräftigenden Stoffen unmittelbar in das entzündlich aufgeregte Lungengewebe eindringend, fast immer schmerzhaften Husten, gesteigerte Beklommenheit, vermehrte Gesichtsröthung, schnellere Athmungen und heftige Fieber-

*) §. 270.

bewegungen hervor. Viele mit dem letztgenannten Uebel behaftete, aus fernen Gegenden mühselig nach den Strandkurorten Italiens hingewanderte Individuen finden daselbst, wie ich mich leider oft überzeugte, statt der ersehnten Genesung nur ein früheres Grab *).

## *Capitel IV.*

## Anwendung der Seeluft.

### §. 273.

Nicht erst neuerdings, sondern schon in den frühesten Zeiten bediente man sich der Seeluft zur Heilung verschiedener Krankheiten. Aristoteles, Strabo, Vitruv, Martial und Herodian rühmen die stärkende Eigenschaft der fraglichen Atmosphäre. Durch das Stadtleben geschwächte Athenienser besuchten den Piräeus, um ihre Kräfte wieder zu gewinnen. Celsus empfahl mit grofser Umsicht zu Rom von der Lungensucht Befallenen den Aufenthalt am Meeresufer, anhaltend festgesetzte Seereisen, oder den Umzug nach Alexandrien. Bekanntlich wurde Cicero's zerrüttete Gesundheit durch Seereisen und durch ein längeres Verweilen auf den Inseln Griechenlands wieder hergestellt. — In den letzteren Jahrhunderten benutzten vornemlich Englands Aerzte die betreffende Luft zu therapeutischen Zwecken. Russel, dem das Verdienst der methodischen Einführung der Seebäder gebührt, glaubt die wohlthätigen Erfolge der letzteren in vieler Hinsicht vom Miteinflusse der Meeresluft herleiten zu müssen. Gilchrist und Reid hielten dieselbe für balsamisch, für belebend und verordneten sie, auch mit gänzlichem Ausschlusse der Bäder, in der Art, dafs Leidende auf Schiffen oder an Küstenorten leben mufsten. Von Musgrave, Delacloture, Portal, Frank, Richelmi und mehreren Anderen besitzen wir wichtige Mittheilungen über den Nutzen jenes Heilverfahrens. Noch vor Kurzem erklärte Greenhow die Seeatmosphäre für das geeignetste prophy-

*) Vergl. Sachs p. 133, 277, 284—288. — Halem p. 117, 118, 119, 123 und 127.

laktische sowohl, als curative Mittel gegen Phthisen *). — Vielfältige Belehrung verdanke ich hinsichts der fraglichen Verhältnisse, dem Umgange mit Londons seeerfahrenen Praktikern, dem Besuche verschiedener Küstenorte, und einigen, sowohl unter mehr nördlichen als südlichen Breitegraden unternommenen Seereisen.

Zwar fallen die specifisch-alterirenden Heilkräfte sämmtlicher muriatisirten Emanationen im Allgemeinen zusammen **), doch müssen bei der ärztlichen Anwendung der Seeluft einige Momente besonders erwogen werden. — Zunächst haben wir hinsichts der fraglichen Atmosphäre ihre für Brustkranke so wichtige, überaus leichte Respirabilität zu nennen. Sie bekundet sich durch die beim Einathmen innerhalb der Brust entstehende behagliche Empfindung, durch instinktmäſsige Neigung zu immer tieferen Inhalationen, so wie durch die bald nachfolgende angenehme Stimmung des Gemeingefühls, und ist theils der gänzlichen Staublosigkeit des Seedunstkreises zuzuschreiben, auf welche Kastner mit Recht einen groſsen Werth legt ***), wird aber vornemlich dadurch veranlaſst, daſs die betreffende, aus unermeſslichen Räumen beständig erneute Luftart, ohne irgend erhebliche, mittelst vorangegangener Respirationen erlittene Zersetzung in voller Integrität noch frisch und unverändert die tiefsten Lungenzellen erfüllt. — Von nicht minder hohem Belang erscheint die mit den diesfälligen Inhalationskuren eng verbundene Wirkung auf das Gemüth. Der Anblick des endlosen, immer gleichen und immer veränderten Wasserspiegels, des weit erschlossenen Himmels mit allen seinen Wundern, die vielfältig wechselnde Färbung des bewegten, eine durchaus abweichende Lage sämmtlicher Verhältnisse herbeiführenden Seelebens, sind Geist und Herz in Anspruch nehmende Reize, welche den Binnenländer durch ihre Groſsartigkeit und Neuheit erheben,

*) Vergl. Celsus, herausgegeben von Ritter Lib. 3. Cap. 22. p. 192 bis 193. Osann Darstell. I. 211. Halem p. 15, 54 und 138. — Mühry p. 57—59. — Ernsts p. 230—231. — Brera p. 24—25. — Greenhow p. 344.

**) §. 268.

***) §. 261. und Kastner's Archiv I. 299.

froher, heiterer stimmen, und selbst durch bloſse Erinnerung, im ergrauten auf das Festland versetzten Seemanne ein nie erlöschendes Heimweh nach den schäumenden Wogen, nach dem geliebten Schiffe wecken. — Wie bedeutend die eben berührten psychischen, zu den generellen Bedingnissen muriatisirter Verdunstungen hinzutretenden Verhältnisse den günstigen Erfolg in bestimmten Krankheitsformen unterstützen, werden wir aus den späteren, speciellen Nachweisungen genügend ersehen.

Je nachdem sich Leidende dem Seedunstkreise entweder an den Küsten oder auf hohem Meere aussetzen, sind sie dem Einflusse desselben in geringerem oder gröſserem Maſse unterworfen. — Strandkuren bieten zwar nur ein Gemenge aus See- und Landluft dar, gewähren aber die Möglichkeit, daſs der Heilungsproceſs durch Mitanwendung jeder anderen denkbaren Hülfe uneingeschränkt gefördert werden kann, und daſs ins besondere Schwächlichen ein zweckmäſsiges, ruhiges Unterkommen gesichert bleibt. Seereisen versetzen uns in die reinste Meeresluft, in das freieste Treiben des Seelebens, sind aber auch an mehrere zum Theil nicht anwendbare Beschwerden und Entbehrungen gebunden. — Um zwischen beiden Anwendungsformen für jedes Individuum die heilsamste zu wählen, muſs man bemüht sein, sich mit den besonderen Verhältnissen der einen wie der anderen vertraut zu machen.

## Strandkuren.

### §. 274.

Mehrere Aerzte, namentlich Foderé und Hund, haben die Küstenluft, in Folge ihrer Beobachtungen, überhaupt für ungesund erklärt, und derselben sogar ein besonderes deleteres Prinzip zugeschrieben *). Zwar ist ihre Annahme, alltäglichen Erfahrungen gemäſs, nur auf seltene Ausnahmefälle zurückgewiesen, doch erheischen auch diese, wenn wir die Wahl eines Strandkurortes beabsichtigen, die genaueste Erwägung. — Der Grund schädlicher Einwirkun-

*) S. Revue medic. franç. et étrang. August 1826. in Froriep's Notiz 1826 No. 10. p. 157. — Brera p. 34 und 35.

gen einzelner Ufergebiete beruht übrigens keineswegs in einer und derselben ursachlichen Beziehung, sondern in verschiedenartigen diesfälligen Verhältnissen. Zu denselben gehört vornemlich jede tiefe, den Meeresspiegel kaum überragende Lage grofser Küstenlande, bei welcher diese, mit Seegewächsen bedeckt, von Mollusken bewohnt, durch Fluthen oder Windstöfse oft unter Wasser gesetzt und bald darauf dem freien Einflusse des Lichtes und der Luft wieder preis gegeben, mephitische, aus verwesenden pflanzlich-thierischen Stoffen entwickelte, die Luft verpestende Emanationen verbreitet. So entstehen in den Marschgegenden Ostfrieslands und Gröningens bösartige Fieber, so folgt jedem längeren Besuche der pontinischen Sümpfe, der reizenden Gefilde Ostia's, Baja's und Pästum's, Siechthum oder der Tod. — Ungleichförmig abgedachte Küstenstrecken, die stellenweise in beträchtlichen Senkungen vom überströmenden Meere ansehnliche Wassermassen empfangen, welche nie ganz abfliefsen, und stagnirend schädliche, besonders den unteren Luftschichten inhärirende Gase ausstofsen, verursachen hiedurch hartnäckige, immer wiederkehrende Wechselfieber, Unterleibsstockungen und Wassersuchten. — Landungsplätze, welche für die Navigation noch so vortrefflich gelegen, bei einem zur Fluthzeit sehr hohen Wasserstande, während der Ebbe dennoch dergestalt vom Meere verlassen werden, dafs gröfseren wie kleineren Schiffen nur schmutziger, schlammiger, modriger Grund zur Stütze dient, Hafen, in welche Kloaken volkreicher Städte zusammenfliefsen, in welchen viele von langen Seereisen einkehrende Schiffe sich ihres mit faulenden Dünsten imprägnirten Ballastes und ihrer stinkenden, in den untersten Räumen angesammelten Wasseranhäufungen entledigen, geben, unter begünstigenden Meteorverhältnifsen, zu wahrhaft giftigen, bald einzelnen Individuen, bald ganzen Bevölkerungen, höchst nachtheiligen Miasmen Anlafs, die, wie es schon oft geschah, den Typhus, das gelbe Fieber und andere Seuchen weit hin in das Binnenland verbreiten *). — An Küs-

*) S. Reider's Uebers. über die epidemischen Sumpffieber etc. Leipzig 1829.

ten, welche beständig herrschenden oder zu bestimmten Zeiten eintretenden, heftigen Nord- und Ostwinden einen völlig freien Zutritt gestatten, ist die Luft zu scharf, und bringt durch ihren gröfseren Reichthum an Sauerstoff, durch übermäfsige Salzigkeit, durch Mangel an mildernden Wasser- und Glairine-Atomen, so wie überhaupt durch die Schnelle ihrer Strömung sehr leicht entzündliche Affectionen mannigfacher Form hervor. — Nördliche sowohl als südliche Strandgegenden, welche einem fortwährenden, oder zu bestimmten Jahreszeiten eintretenden schroffen Temperaturwechsel, gleich viel aus welcher Ursache, unterworfen sind, wirken schon auf Gesunde unvortheilhaft und sind Kranken nothwendig um so schädlicher.

§. 275.

Nur dann, wenn alle eben angeführten nachtheiligen Ortsverhältnisse vermieden werden, wenn das aus nacktem Sande, aus gröbern Kieslagern, aus Geröll oder aus zusammenhängenderem Gestein bestehende, reine, hinlänglich und gleichförmig abgedachte Meeresufer, durch seine allgemeine Configuration gegen die Gewalt der Seestürme geschützt, dabei mehr südwestlich geöffnet, durch Gebirgszüge gegen Nordostwinde gedeckt ist, und wenn an demselben bequeme, trockene, mit Abkühlungs- und Erwärmungs-Einrichtungen versehene Gebäude aufgeführt sind, eignet sich die Gegend allgemeinhin zum bleibenden Aufenthalte für Leidende. Von derartigen Kurorten bestimmen wir die nördlicheren und von stark fluthenden Wogen bespülten, mit dichteren, salzigeren, reizenderen Luftmassen überzogenen, für weniger erregbare, so wie die südlicheren und von gering fluthenden Seegewässern berührten, mit verdünnteren, weniger salzigen, milderen Atmosphärenschichten gedeckten in der Regel für empfindlichere Kranke. — Besonders ist noch hinsichts jener Individuen, welche durchgehends nur gemäfsigte Luftwärme gut vertragen, und namentlich für Lungenkranke, die von beständigem Reizhusten beunruhigt werden, die Ortswahl auch nach dem Wechsel der Jahreszeiten zu treffen. Kranke dieser Categorie läfst man im Winter wärmere, von lauer Luft umwehte, und im Sommer kühlere, erfrischendere, feuchtere Gestade besuchen.

## §. 276.

Die Anwendungsweise der Strandluft zerfällt in zwei Hauptformen, je nachdem sich Kranke in geschlossenen Räumen, oder im Freien den Einwirkungen der fraglichen Atmosphäre auszusetzen haben.

Uumittelbar an der Küste gelegene, zweckmäfsig ausgestattete Wohnungen bilden, man darf sagen, sich von selbst mit muriatisirten Emanationen füllende Gascabinette, in welchen dem Organismus durch Inhalationen und Hautimbibition bei Tag wie bei Nacht, ununterbrochen, verdunstete Meeresstoffe zugeführt werden. Der Leidende empfängt diese hiebei, gegen jedes Ungemach der Witterung, gegen scharf bewegte Luftströme nnd gegen schroffe Temperaturextreme bewahrt, in oder aufser dem Bette, ohne zu irgend einer, auch nicht zur allergeringsten Körperanstrengung gezwungen zu sein. Bei heiterem Himmel nimmt man, um ungemischtere Seeluft zu athmen, am geöffneten Fenster Platz und erfreut sich zugleich des erhebenden Schauspieles der unabsehbaren Wogenfläche. Sehr geschwächte und sensible Kranke werden hiedurch, auch wenn sie anfänglich nur die in Wohnräumen abgedämpfte Seeatmosphäre vertragen, stufenweise zu kräftigeren Einwirkungen vorbereitet. — Laennec will im Binnenlande, behufs einer analogen Imprägnirung der Zimmerluft, frische Seepflanzen, besonders den Fucus vesicularis, an den Betten der Lungenkranken auslegen, und in mehreren Fällen hiervon Nutzen gesehen haben*); mir leuchtet die Ausführbarkeit seines Verfahrens nicht ein, da frische sowohl, als halbgetrocknete, noch zu Verdunstungen geeignete, dem Meere entnommene Tangarten, gemäfs meinen an den Küsten Italiens und Norderney's oft wiederholten Versuchen, in geschlossenen Gemächern schon binnen kurzer Zeit einen der verwesenden thierischen Materie ähnlichen, unausstehlichen Geruch verbreiten.

Weit wirksamer ist die freie, am offenen Strande ihren Kreislauf ungestört verfolgende, beständig erneuete Seeatmosphäre. Diese mufs daher, so weit Nebenverhältnisse

*) S. Revue medicale T. II. Paris 1824 Juni.

es irgend gestatten, vorzugsweise aufgesucht werden. Man begiebt sich zu dem Behufe, während ruhigen, nicht zu kühlen und nicht zu warmen Wetters, auf die eine oder andere Art, täglich mehrere Male stundenlang, unmittelbar an den Meeressaum. Hier verweilen Kranke, denen active Bewegungen nicht zusagen, auf bequemen Bänken und Sesseln, werden in Sänften umhergetragen, oder unternehmen, falls die Stille der See hiezu einladet, Gondelfahrten. Die Benutzung des Wagens ist bei langsamer Führung besonders da angenehm, wo der Sandboden, wie auf Norderney, mit eintretender Ebbe vom Wasser kaum verlassen, eine vollkommen reine, äufserst ebene und durchaus feste Tenne bildet. Patienten, welchen mäfsige Körpererschütterungen wohlthätig sind, besteigen mit Vortheil leicht tragende Esel, Maulthiere oder Pferde. Jene, die zu ihrer Genesung neben der Seeluft zugleich activer Bewegung wesentlich bedürfen, stellen entlang des Strandes ihren Kräften entsprechende Spaziergänge an, ohne sich indefs hiebei zu übermüden, zu erhitzen, oder in Schweifs zu setzen, dessen Ausbruch nahe am Meere für Ungewöhnte fast immer mit nachtheiligen Erkältungen endet. Franklin's und Hameau's bereits erwähnte Seeluftbäder *), deren man sich am Strande bei völlig entblöfstem Körper mehrere Stunden umhergehend bedient, können nur nach angemessenen Abhärtungen gebraucht werden, und sind blos in den Fällen indicirt, wo es ausschliefslich darauf ankommt, dem verzärtelten Hautsysteme die verlorene Spannkraft wieder zu geben.

Zu den verschiedenen Anwendungsarten der Strandluft gehören noch die Dünenbäder. Herodot rühmt bereits die Heilsamkeit der Arenationen **). Noch jetzt werden sie an südlichen Küsten vom Volke vielfältig gebraucht ***). Weniger ist dies in nördlicheren Gegenden der Fall. Man gräbt hiebei die völlig entkleideten Kranken, an sonnigen Tagen, so in flache Gruben des trockenen Ufers ein, dafs der ganze Körper, mit Ausnahme des Kopfes, bedeckt wird.

*) §. 270.

**) S. Encyclop. Wörterbuch der med. Wissensch. B. IV. p. 588.

***) Vergl. §. 36.

Ganz besonders eignet sich zu diesem Behufe der zarte, lockere, vielfach von der Seeluft durchwehte, die Haut auf keine Weise verletzende Sand, aus welchem die völlig pflanzenlosen, fernhin weifs erglänzenden Dünen der Eilande Norderney, Juist und Wangenrooge bestehen. Herr Dr. Tax zu Norden versicherte mir, dafs derselbe bei mit Scrophulosis behafteten Kindern, welche an Drüsenanschwellungen und selbst an Knochengeschwülsten litten, so wie in Zufällen der Paresis und Tabes, von dergleichen kurmäfsig mehrere Monate hindurch fortgesetzten Eingrabungen ausgezeichneten Nutzen auf Norderney, und vornemlich auf der mehr seewärts gelegenen Insel Juist gesehen habe. Es mag zu diesen günstigen Resultaten freilich der dauernde Aufenthalt im Seedunstkreise überhaupt das Meiste, der Gebrauch der Dünenbäder jedoch aller Wahrscheinlichkeit nach auch das Seinige beitragen, da bei denselben die bereits nachgewiesenen, aus der Seeluft reichlich aufgenommenen Bestandtheile der fraglichen Sandhügel *), so wie der auf die gesammte Oberfläche des Körpers ausgeübte gleichmäfsig vermehrte Druck in Mitwirkung treten.

§. 277.

Dauer der Strandkuren. Sie hängt von den Ursachen und der Natur des Leidens ab. Frisch entstandene Nervenaffectionen, so wie allgemeine Abspannungen, deren entfernte Anlässe völlig aufgehört haben, werden durch die Seeluft gewöhnlich binnen wenigen Monaten gehoben. Zufolge Greenhow's Beobachtungen reicht in der Regel selbst ein kurzer Aufenthalt an der See hin, um noch gesund gebliebenen Individuen, welche zu Familien gehören, in denen die Phtihsis alle Mitglieder während eines bestimmten Lebensalters ergreift, gegen Ausbrüche dieses Uebels zu schützen. Derselbe schlägt die fragliche Prophylaxis um so höher an, als man bei ihrer Unterlassung gemäfs seinen Erfahrungen fast in allen Fällen, wo die angegebenen Verhältnisse statt fanden, den befürchteten Ausgang eintreten sah **). — Fest begründete Anomalieen, habituell gewordene

*) §. 257.

**) Greenhow p. 340.

Nervenleiden, tief im Gesammtorganismus wurzelnde Dyskrasieen, bereits entwickelte Lungensuchten erfordern einen längern, 2 bis 3 Jahre hinter einander wiederholten Gebrauch der Seeluft. Ihre unausgesetzte Anwendung ist nur an wenigen südlichen, glücklich gelegenen und gegen Aequinoctialstürme hinlänglich geschützten Küstenorten möglich. Aber selbst hier müssen empfindlichere Individuen, und insbesondere zu lebhaftem Husten geneigte Lungenkranke, ihre unmittelbar an das Meer stofsenden Wohnungen verlassen und vom Gestade entlegenere beziehen, indem die während der Nachtgleichen fast immer scharf bewegte Seeluft nahe am Meer oft dermafsen mit mineralisirenden Bestandtheilen geschwängert ist*), dafs sie selbst in abgeschlossenen Gemächern auf Leidende der bezeichneten Categorie viel zu erregend einwirkt.

Nach dieser allgemeinen Betrachtung der Gebrauchsweisen der Küstenluft haben wir noch die topographischen zu den fraglichen Heilzwecken in specieller Beziehung stehenden Verhältnisse der am meisten besuchten Strandkurorte Deutschlands, Frankreichs, Italiens und Südenglands besonders hervorzuheben.

## §. 278.

*Deutschlands* nördliche und der Niederlande westlichere Küstengebiete sind bis jetzt, rücksichtlich der kurativen Benutzung der Seeluft, im Ganzen den südlicheren Strandgegenden zu einseitig nachgestellt worden. Seitdem S. A. Vogel von England aus den Gebrauch der Seebäder zu Doberan einführte, erstanden am Strande der Nord- und Ostsee mit jedem Jahre neue, ähnliche Anstalten, wie dies die zu Scheveningen, Norderney, Wangenrooge, Helgoland, Cuxhaven, Kiel, Travemünde, Puttbus, Swinemünde, Colberg, Rügenwalde, Zoppot und Kranz getroffenen Einrichtungen lehren. An allen diesen Orten wird die Anwendung der Seewasserbäder als ausschliefslicher Zweck betrachtet, jene der Seeluft aber nur als ein heilsames Beihülfsmittel angesehen und letztere daher blos auf den kurzen Zeitraum

*) §. 257.

der Badekur, auf 4 bis 5 Wochen, beschränkt. Die fraglichen, zwischen dem 52 und 55 Grade nördlicher Breite und zwischen dem 22 und 38 Grade östlicher Länge, auf der vielgewundenen Küste zerstreuten Ortschaften sind allerdings im Winter dem rauhen Wetter, öfteren Stürmen, und einem schrofferen Temperaturwechsel schon zu sehr ausgesetzt, um Kranken das ganze Jahr hindurch einen angemessenen Aufenthalt zu gewähren. Dessen ungeachtet könnten die fraglichen Strandgegenden wenigstens in sämmtlichen milderen Monaten füglich zu pneumatischen Kuren benutzt werden, wenn wir gründliche, umfassende, medicinische Topographieen der vortheilhaftesten Uferpunkte, wenn wir einen detaillirten Nachweis über ihre mannigfach gerichteten Einbuchtungen, über den Schutz, welchen einzelne durch vorspringende Höhen erhalten, über die an jeder Stelle vorherrschenden Winde, so wie über die betreffenden thermometrischen, barometrischen und hygrometrischen Verhältnisse besäſsen. Blos aus dem Grunde, weil die nördlichere, kühlere, dichtere und daher auch mit verdunsteten Stoffen des Seewassers durchschnittlich stärker imprägnirte Seeluft reizender als die wärmere und verdünntere des Südens einwirkt, ist dieselbe, behufs eines länger fortgesetzten Gebrauches, um so weniger zu verwerfen, als in manchen Fällen oft schon ein kürzerer den kranken Organismus heilsam umzustimmen vermag. Nach meinen, zwei Sommer hindurch am Nordseestrande gesammelten Beobachtungen, bringt die kühlere Seeatmosphäre an und für sich, und ohne alle Anwendung der Bäder, gerade ihrer eben berührten Eigenschaften wegen, bei durchaus atonischen Brustaffectionen, bei völlig passivem Bluthusten, in sehr torpiden Blennorrhöen der Respirationswerkzeuge, und vornemlich bei rein asthenischen, lediglich durch gesunkene Lebensthätigkeit begründeten Nervenaffectionen, fast ohne Ausnahme wesentliche Besserungen hervor, wogegen ich in Uebereinstimmung mit mehreren Aerzten sah, daſs sich Leidende der bezeichneten Categorie an südlicheren Meeresküsten während der heiſsen Monate stets auffallend verschlimmerten *). Durch die Einschaltung der

*) Vergl. §. 283.

betreffenden nördlicheren Küstenstrecke in die allgemeine Reihe der Strandkurorte wäre für die medicinische Anwendung der Meeresluft eine vollständigere Stufenleiter gewonnen, vermöge welcher der Arzt das fragliche, wichtige Heilmittel jedem einzelnen Falle um so genauer anzupassen vermöchte.

§. 279.

*Frankreichs* Küsten stehen bezüglich ihrer Salubrität in einem höheren Rufe, als denselben zu Folge genauerer Beobachtungen gebührt. — Die westlichen, am atlantischen Meere liegenden Seestädte Boulogne, Dieppe, La Rochelle, Bayonne und mehrere andere werden von streichenden, mit raschem Temperaturwechsel verbundenen Nordwinden sehr oft getroffen. Playsair versichert, dafs nur die von dem beregten Strande schon entlegenere, jedoch noch unter den wohlthätigen Einflufs des Meeres gestellte Stadt Pau jenem Nachtheile entzogen sei. — Am südöstlich gewendeten, mittelländischen Gestade wehen nicht nur häufig scharfe trockene Ostwinde, sondern es bringt hier auch der Mistral, ein lebhafter Nordwestwind, fast täglich wechselnde, schroffe Temperaturabstände hervor. Namentlich sind die gepriesenen, von fremden Kranken viel besuchten Seestädte Marseille und Toulouse jenen Einflüssen in so hohem Grade hingegeben, dafs Fouquier und Segand in denselben den Hauptgrund der an beiden Orten unter dem Volke ungemein verbreiteten Schwindsucht suchen. Eher eignen sich sowohl Antibes als Frejus zu Strandkurorten, und verhältnifsmäfsig ist dies vorzugsweise hinsichts der Ebene von Hyères der Fall, deren Localbeziehungen wir daher ausführlich betrachten.

§. 280.

Historisch ist Hyères insofern merkwürdig, als hier zur Zeit der Kreuzzüge die meisten Einschiffungen nach Palästina statt fanden, und die nahe Rhede Ludwig den Heiligen nach seiner Rückkehr aus dem gelobten Lande empfing. Dermalen zählt die zum Var-Departement gehörige unter 43° 7′ nördlicher Breite, 4 Meilen von Toulon und eine Stunde vom Strande gelegene Stadt an 10,000 Einwohner. Sie nimmt den Hintergrund einer seewärts weit geöffneten, von der Küste 1½ Stunde lang sanft aufsteigenden Ebene ein. Diese wird in ihrem Rücken durch einen Halbkreis mäſsig hoher Gebirge gegen die Winde der 3 Quadraturen Osten, Norden und Westen, mit Ausnahme des Nordwestwindes beträchtlich geschützt, dem allein ein breites Thal völlig freien Zugang gestattet. Verfallene Thürme, welche den 400 Metres emporragenden Schloſsberg krönen, sollen Ueberbleibsel des frühesten, von Römern abstammenden Anbaues sein. Steile, winklige, schmutzige, enge Straſsen durchkreuzen den oberen älteren, an den Abhang jenes Berges gelehnten Stadttheil, nur im unteren neueren, und zwar meistens auſserhalb der Ringmauern, sind mehrere wohnliche, jedoch zur Aufnahme von Fremden blos dürftig ausgestattete Gebäude aufgeführt. Neuerdings hat man zu Carqueranne, einem nahen Flecken, einige Quartiere für Familien, welche bei zurückgezogenem Leben die Vortheile des freundlichen Himmels benutzen wollen, eingerichtet. Die Bodencultur der fruchtbaren, nur nach der See hin sandig auslaufenden Campagna steht im Ganzen sehr zurück. Behufs der Zuleitung strömenden Wassers ist von Gapeau aus ein 7000 Metres langer, im Sommer jedoch seichter und sumpfige Gase ausstoſsender Canal geleitet. — Man theilt das betreffende Gebiet in drei Zonen. Die erste, die der Orangen genannte, 24 bis 30 Metres über den Meeresspiegel erhobene, durch den Schloſsberg und seine Nachbarhöhen gegen Nordwinde am meisten geschützte und wärmste, beschränkt sich auf die Stadt, ihre Gärten und nächste Umgebungen; in derselben gedeihen, wenn auch nicht zartere Citronen und Cedras, doch härtere Orangenarten, der Oel- und Erdbeerbaum, Rosmarin, Lavendel, Thymian und andere aromatische, oft noch zu Anfang Decembers blühende Pflanzen. Als die zweite Region wird die Littoralfläche angeführt, sie ist weniger warm, sandig, unfruchtbar und des Pflanzenschmuckes gänzlich beraubt. Jene der Thalgründe und der gegen Norden aufsteigenden, mit immergrünem Gesträuch bestandenen Hügel ist die dritte und kühlste. Durchschnittlich soll die Temperaturdifferenz zwischen der ersten und zweiten Zone 1½ bis 2, und zwischen der zweiten und dritten 2 bis 4 Grad R. betragen. Vollständige Nachforschungen über den Wärmestand fehlen bis jetzt. Aus der von Ernsts mitgetheilten Tabelle folgt nur, dafs das Thermometer im Winter binnen 23 Jahren nur 1 Mal — 9 Grad, 11 Mal — 1 bis 4 Grad angezeigt, und 6 Mal den Gefrierpunkt erreicht hatte. Schnee fällt selten, durchschnittlich alle 3 Jahr nur ein Mal, und bleibt dann nie länger als 12 bis 24 Stunden liegen. Allgemeinhin nähert sich das Klima von Hyères dem von Nizza *), dessen mittlere Temperatur im Sommer beinahe nie + 26° R. überschreitet und für das ganze Jahr auf + 13°, 3 R. berechnet ist, doch scheint, wenn wir das Verhalten der Vegetation berücksichtigen, der mittlere Wärmestand der letzgenannten Küstengegend, unerachtet sie über ½ Breitegrad nördlicher liegt, jenen der ersteren füglich um einige Thermometergrade zu übertreffen, da Orangen, welche bekanntlich schon bei — 4° R. bis auf den Stamm erfrieren, zu Hyères öfter durch den Frost leiden, und im Jahre 1820, während des allerdings ungewöhnlich harten Winters, durchgehends so vollständig abstarben, dafs man daselbst jetzt nur 19 bis 20jährige Bäume antrifft, wogegen zu Nizza, selbst noch an 200 Metres über dem Meere, üppig gewachsene starke Stämme vorkommen, deren Alter auf zwei- bis dreihundert Jahre geschätzt wird. Sogar Oliven, welche erst bei — 8 bis 9° R. völlig eingehen, haben in der Gegend von Hyères, indem ihre zarten Triebe häufig der Kälte unterliegen, ein mehr strauchartiges, verkrüppeltes Ansehen, während sie sich in der Umgegend von Nizza, an den vom Meere hinlänglich entfernten Stellen, zu kräftigen hohen Stämmen entwickeln, deren dicke Rinde ein Lebensalter von mehreren Jahrhunderten verräth. Wahrscheinlich wird die angedeutete Temperaturdifferenz beider, in gerader Richtung nur 15 geographische Meilen von einander entfernter Kurorte dadurch bedingt, dafs die im Rücken von Hyères emporragenden Berge nicht hoch genug sind, um Nordwinde hinlänglich abzuhalten, und dafs zugleich die weite, gegen Toulon gerichtete Thalöffnung dem heftigen, kalten, trockenen, fast immer

*) S. §. 282.

starke Staubwolken vor sich hertreibenden Mistral einen freien Zutritt gestattet, wobei die Temperatur oft plötzlich auf 8 bis 10 Grad sinkt. Dieser gefürchtete, scharfe, selbst auf Gesunde sehr reizend einwirkende Wind, überzieht nach Beauregard's Beobachtungen, vom October bis April, durchschnittlich 33 Mal die Campagna, und dauert bisweilen an 24 Stunden. — Nicht ganz unberührt dürfen wir die einige Lieues vom Strande aus den Wogen auftauchenden, schön gruppirten, oft mit der beschriebenen Ebene verwechselten Inseln lassen, da mehrere Reisebeschreiber jene Eilande vorzugsweise zum Aufenthalte für Kranke empfehlen, zu welchem sich dieselben jedoch, unerachtet ihrer allerdings reizenden Lage, schon deshalb nicht eignen, weil sie dem Einflusse aller Winde gänzlich preis gegeben sind. Die kleinste ist überdies ganz unbewohnt; die östlichste, unter dem Namen Titan bekannte, wird blos zu Steinbrüchen benutzt, die dritte Porteros, über 6 Lieues von der Stadt entfernte, auf ihren Höhen mit wohlschmeckenden Erdbeeren und duftendem Lavendel bedeckte, hat einen guten Hafen, wo Schiffe, welche 3 bis 4 Klafter Wasser bedürfen, ankern können; die westlichste, Porquerolles, um 2 Lieues dem Festlande nähere, ist wegen ihrer zum Schutze der Rhede dienenden Festungswerke die wichtigste. Ein Militair-Commandant, einige Veteranen und Zollbeamte bilden nebst wenigen Fischerfamilien die ganze Einwohnerschaft, deren dürftige Wohnungen kaum Raum darbieten würden, einen Gast aufzunehmen.

Der Gesundheitsstand der Hyeresen ist im Ganzen günstig. Früherhin litten sie häufig an hartnäckigen bösartigen Wechselfiebern, welche indefs durch die mit Erfolg ausgeführten Entwässerungen aufgehört haben, und wenn sie auch hier und da eintreten, sehr leicht durch wenige Gaben von Chinin gehoben werden. Clark, Allegres und mehrere andere Aerzte versichern, dafs in der fraglichen Gegend besondere endemische Krankheiten unbekannt sind, und Epidemieen irgend einer Art seit mehreren Jahrhunderten entfernt geblieben seien. Schwindsucht kommt verhältnifsmäfsig ungemein selten vor. Am meisten zeigen sich Hauteruptionen, Diarrhoeen und Dysenterieen. Gewöhnlich nehmen die Krankheiten den entzündlichen oder gastrischen Character, jenen mehr im Winter, diesen mehr im Sommer an.

Ungeachtet des von Zeit zu Zeit wehenden Mistrals und der nicht unerheblichen Entfernung des bewohnten Gebietes vom Meere, zeichnet sich die hyeresische Ebene nicht nur unbedingt vor allen Küstenstrecken der Provençe, sondern auch vor vielen, selbst in weit geringeren Breitegraden gelegenen insofern aus, als sie uns mit seltenen Unterbrechungen den schönsten Himmel, beständiges Frühlingswetter und eine gesunde, laue, gemildetere Seeluft darbietet. Wie bedeutend übrigens ein längerer Aufenthalt daselbst zur Genesung, oder wenigstens zur Besserung solcher Leidenden beiträgt, denen südlichere Seeatmosphären überhaupt zusagen, hat die Erfahrung bereits vielfältig erwiesen *). Um so mehr ist es zu bedauern, dafs im Allgemeinen für ein zweckmäfsiges Unterkommen noch so wenig gesorgt ist, und dafs Kranken, welche der Bewegung bedürfen, keine einzige öffentliche Promenade, ja nicht einmal sichere Saum- oder Fuhrwege zu Gebote stehen.

§. 281.

*Italien*, vornemlich aber dessen südwestlicheres Littorale, bietet uns mehrere, in ärztlicher Beziehung günstig gelegene Küstenstrecken dar. Zunächst wollen wir einige, den Bedingnissen der Strandkuren allgemeinhin entsprechende Ortschaften berühren, und dann jene, welche sich zu dem fraglichen Zwecke vorzugsweise eignen, besonders abhandeln. — Genua wird durch einen Halbkreis naher Apenninenhöhen gegen Norden geschützt. Die theilweis prachtvolle, meistens aber nur durch sehr enge Strafsen, in welchen sich die gegenüber wohnenden Nachbaren aus den Fenstern die Hände reichen können, getrennten, und dabei oft an 5 bis 6 Etagen hohen Häuser gewähren den Kranken kein angemessenes Asyl. Dagegen kann man unter den anmuthigen, über dem Meeresspiegel in verschiedener Erhebung angelegten Villen leicht eine zweckmäfsige Aus-

*) Vergl. §. 270. — Ernsts p. 309—407. — Clark p. 59—61 u. dessen Nachtrag p. 30. — Copland übers. v. Kalisch B. 2. p. 220. sq.

wahl treffen. Durch die Bergabhänge ganz an das Meer gedrängt, und nach demselben hin in völlig offener Lage, ist die Stadt und ihre nächste Umgegend den Winden so ausgesetzt, dafs die Atmosphäre einem häufigen, den Respirationswerkzeugen nachtheiligen Temperaturwechsel unterliegt, weshalb auch Schwindsuchten fast den gröfsten Theil vorkommender Sterbefälle veranlassen. Zugleich herrschen bösartige Ruhren während des Hochsommers in nicht unbeträchtlichem Grade. Brustkranke und zu Diarrhoeen geneigte Individuen müssen daher Genua eher meiden als aufsuchen. Gegen rein atonische Zustände wirkt das fragliche Clima im Allgemeinen durch den heiteren Himmel, und durch erfrischende Strömungen der Seeluft vortheilhaft. Für die gesundesten Monate hält Clark den April, Mai, Juni, September und October, so wie für die ungesundesten den December, Januar, Februar und August *). — Massa und La Spezia, zwei kleinere am südwestlichen Abhange der Apenninenkette überaus freundlich gelegene, dem Tyrrhenischen Meere zugewendete Seestädte, erfreuen sich einer weit gleichförmigeren und offenbar milderen Temperatur. — In gleichem Mafse empfehlenswerth ist der Aufenthalt zu Molo di Gaeta in und um die Villa Cicerone, von wo aus der nordische Wanderer zuerst den Vesuv in bläulicher Ferne erblickt. — Näher jenem Feuerberge können erregbarere Leidende, welchen eine reine und feuchte Seeluft zusagt, das orangenreiche Sorrento, die heiteren Villen von Amalfi, so wie die zu Castellamare gehörigen, am Abhange des Monte S. Angelo zerstreuten, wohleingerichteten Landhäuser beziehen. — Neapel wird von Kranken aller Art, welche durch Strandkuren ihre Gesundheit herstellen wollen, besucht. Es eignet sich dessen Luftmischung jedoch nur für Individuen, welche an einfacher, allgemeiner, von keinem hervorstechenden Localübel begleiteter Schwäche leiden, und schadet dagegen allen reizbareren, und vornemlich den zur Phthisis florida geneigten Subjecten. Die Hitze wird hier während der Sommermonate, indem die terrassenförmig über einander liegenden,

*) Clark p. 72.

an den Bergwänden amphitheatralisch aufsteigenden, steinernen Häuser dem Einflusse der Mittagssonne völlig preis gegeben sind, oft ungemein drückend, und pflegt dann Congestionszustände des Blutsystems beträchtlich zu steigern. Im Winter, welcher, wenn gleich selten, doch von Zeit zu Zeit die ganze Landschaft mit Schnee überzieht*), geben kalte, schneidende Tramontan- und laue abspannende, von Afrika's Gluthwüsten herüber getriebene Siroccalwinde, durch rasche Aufeinanderfolge zu einem häufig wiederkehrenden, schroffen Temperaturwechsel Anlafs.

Dabei mögen zugleich ununterbrochen vor sich gehende, beträchtliche vulkanische Emanationen, nicht nur des Vesuvs, sondern auch der gesammten Umgegend die Schärfe der Luft mehr oder weniger begünstigen. Wie unvortheilhaft die dasigen Atmosphärenbeziehungen auf Brustkranke wirken, und wie übereilt jene Aerzte handeln, welche, vom äufseren Reize des schönen Himmelsstriches verleitet, zur Phthisis geneigte, oder mit derselben schon behaftete Subjecte nach dem verführerischen Gestade senden, ergiebt sich schon daraus, dafs die Lungensucht unter den Einwohnern häufig vorkommt, und dafs blos im Spedale degli Incurabili Tag für Tag einige Schwindsüchtige den Geist aufgeben. Binnen vier Monaten fand ich fast in jedem der dasigen zahlreichen Krankenhäuser beständig viele, von weit vorgeschrittenen Lungenübeln Ergriffene, und sah, selbst während jener kurzen Frist, so manche von England, Rufsland und Deutschland eingetroffene Brustkranke nur deshalb ankommen, um den bekannten, die Vorliebe der Eingeborenen für ihre Vaterstadt bezeichnenden, Ausspruch „veder Napoli e poi morire" in Erfüllung zu bringen. Patienten, denen eine warme, etwas schwüle Seeluft zusagt, haben ihre Wohnungen an den nach Süden geöffneten, gegen Norden aber geschützten Plätzen Vittoria, Chiatamone und vorzugsweise an der Chiaja, einer langen Häuserreihe, welche parallel mit dem Garten der Villa reale entlang des Strandes fortläuft, zu wählen. Nervenschwache und tor-

*) Eine schöne, dies seltene Ereignifs bezeichnende Abbildung liefert Hamilton p. 9. Tab. V.

pide Subjecte müssen den höher gelegenen, mehr von erfrischender Luft umwehten Gebäuden der Santa Lucia, des Largo del Castello, del Vasto und Pizzo Falcone den Vorzug geben. Entschieden zuträglich ist der Aufenthalt am parthenopeischen Gestade, durch die überraschende Schönheit der Lage, durch die Klarheit des Himmels und durch höchst interessante Umgebungen, eigentlich nur jenen Individuen, die blos der geistigen Erholung, der Zerstreuung und Aufheiterung, nicht aber der ärztlichen, gegen irgend eine besondere Krankheit zu richtenden Behandlung bedürfen *).

Als Strandkurorte Italiens, welche theils hinsichts der Luftbeschaffenheit, theils wegen anderweitiger Verhältnisse, eine abgeschlossene Betrachtung verdienen, sind vornemlich Nizza, Venedig und Messina zu nennen.

§. 282.

Nizza, das alte von einer Colonie der Phocäer gestiftete Nicaea, liegt unter 43° 4' nördlicher Breite, im 24° der Länge vom Meridian der Insel Ferro, zwischen dem Fufse der Seealpen und dem mittelländischen Meere. Zwei Hauptstrafsen führen am Strande des Mittelmeeres von Marseille über Antibes, und von Genua über Oneglia, so wie eine dritte von Turin über den hohen Col di Tenda nach der in Rede stehenden, zum Königreich Sardinien gehörigen, an 25000 Einwohner zählenden, von Fremden aus allen Theilen Europa's vielbesuchten Stadt. Sie erhebt sich auf einer stark geneigten, ungefähr 1½ bis 2 Stunden breiten und langen Ebene, welche, durch vielfache immer mehr emporsteigende, im Hintergrunde mit den höchsten Alpen zusammenstofsende Bergreihen gegen Nordwinde geschirmt, nur von südlichen Luftströmen bestrichen wird. Der nordöstliche, gröfstentheils von der niedern Volksklasse bewohnte Stadttheil besteht aus alten Häusern von 5 bis 6 Stockwerken, welche durch enge, schmutzige, steile, den Zugang des Lichtes und der Luft beschränkende Strafsen getrennt werden; der neuere nimmt mit seinen, im italienischen Stiele aufgeführten, bequemen Privatwohnungen, denen nur

*) Vergl. übrigens Clark p. 78.

selten Balkone, Gallerien oder Belvederes fehlen, mit seinen ausgezeichneten Hotels, geräumigen Plätzen, lichten, graden Strafsen, die südöstliche Gegend ein, und endet an der Meeresküste in einer langen Reihe palastartiger Häuser, an welchen sich die von Lustwandelnden nie leere, mit Ruhebänken versehene, und die schönsten Aussichten auf den Meerbusen darbietende Terrasse ausdehnt. — In den beiden Vorstädten Croix de marbre und Lympia findet man ebenfalls mehrere, allen Anforderungen entsprechende und zugleich gut möblirte, ja luxuriöse Räumlichkeiten. Einzelne derselben sind, um den Fremden möglichst entgegen zu kommen, nicht mit kältenden, im Süden gewöhnlichen, aus Fliesen oder Gipsgufs bestehenden, sondern mit nordischen, holzgetäfelten Fufsböden, und sogar, unerachtet die Nizzarden sich den ganzen Winter hindurch nur der Kohlenbecken zur Erwärmung bedienen, selbst mit Kaminen und Oefen ausgestattet. Croix de marbre umfafst alle Wohnungen von Beaulieu, Champlong, Butta, Baumettes und ist meistens von Engländern überfluthet; Lympia verbindet den schönen Victorplatz mit dem Hafen, dient vornemlich den Beamten des letzteren und des Bagno zum Aufenthalte, wird aber im Ganzen weniger von Fremden bewohnt. — Aufserdem hat der Besuchende noch die Wahl unter der grofsen Menge zerstreuter, in Mitte duftender Orangen- und Citronengärten angelegter, freundlicher Bastiden *), deren al Fresco gemalte Aufsenwände munter aus dem Dunkelgrün der Pflanzungen hervorleuchten. — Für sichere und bequeme Fahr-, Saum- und Fufswege ist auf das umsichtigste gesorgt. Sie begleiten die Küste, sowohl ganz unmittelbar, als in gröfserer Ferne, sind dem Einflusse des Lichtes und der Seeluft theils völlig frei gegeben, theils gegen denselben, im Schatten dicht belaubter Bäume oder sanfter Thalsenkungen, hinlänglich geschützt, und eröffnen auf nahen sowohl, als entlegenen Höhepunkten die entzückendsten Aussichten nach den mit Wein, Oliven und Fruchtbäumen besetzten Hügeln, nach beträchtlichen waldbedeckten Bergen, nach bläulich schim-

*) Schöne, meistens für den Sommeraufenthalt bestimmte Landhäuser.

mernden oder von blendendem Schnee erglänzenden Alpenkuppen, so wie nach dem endlosen, in mannigfachen Farbennuancirungen spiegelnden, von Boten und Seegelschiffen belebtem Meere. — Wie durchsichtig die umgebende Luft ist, zeigt der Umstand, dafs man bei heiterem Himmel gegen Südost noch die einer zackigen Wolke ähnelnden Umrisse Corsica's in der Ferne von 100 Seemeilen deutlich zu unterscheiden vermag. — Nordwinden ist Nizza's Gebiet, von himmelanstrebenden Gebirgsmassen gröfstentheils umgürtet, in hohem Grade entzogen; sie streichen über dieselben hinweg, treffen blos die höheren Regionen, und berühren das Meer erst in weiter Ferne. Nur während des Winters und fast noch mehr im Frühjahr äufsern die kalten nordwestlichen und nordöstlichen Winde für kurze Zeit einige Wirkung. Selbst der Mistral, diese Geissel der nahen Provence, scheint seine Kraft an den Estrellen, einer Bergkette zwischen Frejus und Cannes, zu brechen, und wird, auch wenn er herrscht, nur wenig empfunden. Der Sirocco, von den Nizzarden Lebec genannt, ist gröfstentheils milde und den meisten Individuen nicht unangenehm. Heftige Stürme kommen nur als äufserst seltene Meteore vor. — In der Gesammtheit jener Verhältnisse liegt der Grund, dafs die Temperatur Nizza's das ganze Jahr hindurch einen sehr geringen Umfang hat. Nach genauen, 20 Jahre hindurch von Risso fortgesetzten Beobachtungen fiel das Thermometer ein einziges Mal während ½ Stunde auf — 7 Grad R., selten sank dasselbe im Winter bis auf 0, so dafs die Bildung einer Eisdecke von 2 Linien zu den ungewöhnlichsten Ereignissen gehört. Ein Temperaturstand von + 6 bis 8 Grad wird von den Einwohnern schon als scharfe, lästige Kälte, und die Wärme von + 18 Grad für drückend gehalten. Im Sommer erreicht das Thermometer höchstens + 26° R. Für das ganze Jahr berechnen Risso und Richelmi, in beinahe völliger Uebereinstimmung, die mittlere Temperatur auf + 13°, 3. Durschschnittlich herrscht die meiste Kühle am Morgen. Der häufigste Wechsel des Wärmestandes findet im Frühling statt. — Bezüglich des Atmosphärendruckes scheint Nizza und dessen nächste Umgegend, obgleich nur wenig über den Meeresspiegel erhoben, alle Vortheile der tieferen und höheren Orte zu vereinen, ohne den Nachtheil der ersteren oder letzteren an sich zu tragen. Zufolge Risso's Angaben ist der Barometerstand von 28″ 9‴ als der höchste, von 26″ 11‴ als der niedrigste, und 27″ 11‴ als der mittlere zu betrachten, wobei der höhere in der Regel auf die Morgen- und der niedrige auf die Abendzeit fällt. — Richelmi's hygrometrische, mit Saussure's Instrumente angestellte Beobachtungen ergeben 79—0 als den höchsten, 57—11 als den mittleren und 47—0 als den niedrigsten Stand der atmosphärischen Feuchtigkeit. Regentage sind selten, und erreichen der Zahl nach kaum die Hälfte der in anderen Gegenden vorkommenden.

Lebendiger als alle Resultate meteorologischer Prüfungen spricht die Vegetation für die Milde des Klimas. Wo der Johannisbrotbaum gedeiht, wo in den Thälern Erdbeerbäume prangen, die Myrthe ihre zierlichen Blüthen entfaltet, wo bis zur Höhe von 200 Toisen mannigfache Varietäten*) der zur herrlichen Gattung Citrus gehörigen Limonien, Orangen, Bigarradien, Lumien, Limetten, Pompelino's, Cedras und Bergamottenarten den lieblichsten aller Wohlgerüche verbreiten, wo sie in kräftigen, 25 bis 30 Fuſs hohen Stämmen das Alter mehrerer Jahrhunderte erreichen, ganze Hügel decken, groſse Alleen bilden, wo die Rebe wie der Oelbaum den Wohlstand ihres Pflanzers gründen, wo selbst der Winter blumenreich erscheint, und Palmenpflanzungen nachbarlicher Ortschaften einen Handelszweig abgeben**), da kann gegen die Milde des Himmels kein Zweifel erhoben werden. Mit vollem Rechte gebührt daher Nizza's reizender Oase der herkömmliche Beiname des Treibhauses von Europa.

Ueber den Gesundheitszustand der Stadt und ihrer Campagna, abgesehen von jenem der höheren Gebirgsgegenden, vereinigen sich die Meinungen der erfahrensten

*) Risso (Histoire naturelle des orangiers Paris 1819) zählt deren 180.

**) Es ist dies an mehreren Orten der Küstenstraſse zwischen Nizza nach Genua, und besonders zu Bordighero und S. Remo der Fall. In nicht unbeträchtlicher Menge werden hier Palmenzweige, deren man sich zu kirchlichen Ceremonieen bedient, von den Pflanzern verkauft.

Aerzte, namentlich Sulzer's, Richelmi's, Skirving's, Clark's und mehrerer anderer zu einem sehr günstigen Urtheile. Bestimmt endemische Krankheiten fehlen, epidemische, zu welchen wir vorzugsweise die Menschenpocken zu zählen haben, entwickeln sich ungemein selten. An der Lungensucht sterben jährlich blos $\frac{1}{2491}$ der Bevölkerung und $\frac{1}{65}$ an anderen Krankheiten. Von Wechselfiebern, die übrigens dem Chinin leicht weichen, werden nur Landleute befallen, welche an feuchten ungesunden Stellen, namentlich in den Niederungen des Grenzflusses Var, leben oder arbeiten. Zu den am meisten vorkommenden Krankheiten gehören gastrische Fieber, chronische Magenentzündungen, inflammatorische Catarrhe und Hautausschläge, unter welchen man hier, wie überhaupt an den Küsten Italiens, einzelne Fälle der griechischen Lepra wahrnimmt.

Die Salubrität der dasigen Seeatmosphäre wird von Millin, Joffredi, Dupaty, de la Lande, Sulzer, Richelmi und Skirving anerkannt. Man hält dafür, dafs Nizza's Luft erwärmend, erheiternd und reizend wirke, empfiehlt ihren Genufs besonders in Nervenschwäche, in atonischen Lungenaffectionen, langwierigen Rheumatismen, so wie in der Gicht, verwirft dieselbe aber eben wegen ihrer reizenden Wirkungen bei hochgespannter Sensibilität überhaupt und besonders bei Lungenleiden, welchen rein entzündliche Disposition zum Grunde liegt. — Bezüglich der Wahl der Wohnungen ist allgemeinhin angenommen, dafs sich für Kranke, deren Zustand ganz entschieden den Character von Schwäche und Schlaffheit an sich trägt, die zur Vorstadt Lympia gehörigen, am Abhange des Montboron, und Montalban aufgeführten Gebäude vorzugsweise eigenen, indem man hier eine reine und wegen des festen felsigen Bodens mehr trockene als feuchte Seeluft athmet. Die übrigen, in demselben anmuthigem Thale befindlichen, schon von feuchteren Atmosphärenschichten umgebenen, sind reizbaren und zu entzündlichen Affectionen hingeneigten Subjecten erspriefslicher. Zufolge der Resultate einer 50jährigen Praxis empfiehlt Richelmi Lungenkranken insbesondere jene Häuser der Vorstadt Croix de marbre, der Rue de Ponchettes, der Terrasse und des Corso, welche dem Meeressaume am nächsten liegen. Als der günstigste Jahresabschnitt zur Eröffnung der Kur wird der Herbst betrachtet. Individuen, für welche Strandkuren angezeigt sind, thun daher wohl, sich so einzurichten, daſs sie Ende Septembers ihren Bestimmungsort erreichen und wenigstens bis zum Monat Mai an Nizza's Ufern verweilen. Erheischt ihr Zustand einen längeren Aufenthalt, so können sie sich, zurückgezogen lebend, gegen die allerdings der Gesundheit nicht vortheilhaften nordöstlichen Frühlingswinde, bei der mannigfachen Exposition der Räumlichkeiten hinlänglich schützen, um nicht durch weite Reisen die günstige Einwirkung der Luft auf längere Zeit zu unterbrechen *).

§. 283.

Venedig liegt unter 45° 27' nördl. Br. und 29° 50' östl. L. in einer seichten Ausbuchtung des adriatischen Meeres. Diese vielfältig merkwürdige Stadt wurde im Jahre 452, bei dem Einfalle der Hunnen, durch Flüchtlinge aus Aquileja gestiftet, gebot einst als mächtige Beherrscherin der Meere über drei Königreiche, und strahlt, wenn gleich der vormaligen Gröſse verlustig, mit prächtigen Kirchen und Palladio's zierlichen Palästereihen, auch jetzt noch in unvergleichlicher Schöne. Von fern her erblickt man zuerst nur einzelne, den Meeresspiegel überragende Thürme, dann mehrere der höhern Dächer, bis sich endlich der ganze Wunderbau, wie durch einen Zauber aus neptunischen Tiefen gehoben, vor dem staunenden Auge entfaltet. Das gesammte, auf Pfahlwerk ruhende Grundgemäuer bedeckt 72 kleine, durch einen weiten Meeresarm vom Festlande abgelöste Inseln, die mittelst 306 Brücken unter einander verbunden sind. Zur Zeit soll sich die, vordem weit gröſsere Volksmenge auf 100,000 Individuen belaufen.

Neuerdings ist Venedig, dessen Salubrität schon den Römern bekannt war**), wegen seiner milden Seeatmosphäre wiederum als Aufenthaltsort für Kranke dringend empfohlen. Betrachten wir die Lage der Stadt in

*) Vergl. Risso Historie naturelle etc. Nice 1826. — Ernsts l. c. p. 3—236. — Clark l. c. p. 61—69. — Copland übersetzt von Kalisch B. 2. p. 225.

**) §. 268.

Mitten der zwar flachen, aber grofsen Meeresbucht, das freie Strömen des Seewassers durch 147 sich in allen Richtungen kreuzende, die Strafsen vertretende Kanäle, so kann es keinem Zweifel unterliegen, dafs der diesfällige Dunstkreis mit Meerwasseratomen beträchtlich imprägnirt sei. — Am freiesten und angenehmsten athmet man während der Fluth (Acqua alta), welche in sechsstündigem, relgelmäfsigem Wechsel mit der Ebbe den Wasserspiegel jedesmal um 1 bis 3 Fufs steigen läfst *). Weniger erquickend sind Inhalationen zur Zeit der Ebbe, und zwar besonders an engen, flachen, vom Unrathe nicht immer hinlänglich befreiten Kanälen, so wie in der Nähe völlig entblöfster Lagunen-Inseln, wo sumpfige und schwefelwasserstoffige Gase oft einen süfslich widerlichen, ekelerregenden Geruch verbreiten.

In Betreff der Temperatur zeichnet sich das fragliche Clima, obgleich Venedig an der nordöstlichen Küste Italiens und unter einem für dieses Land schon hohen Breitegrade den Wogen entsteigt, dennoch vermöge seiner, durch die Verdunstung des grofsen Meeresspiegels bedingten Milde sehr vortheilhaft aus **). Genaue, den strengen Physiker befriedigende Feststellungen der Wärmeverhältnisse sind bei den bisher bekannten, sich zum Theil widersprechenden, meteorologischen Wahrnehmungen schwer zu ermitteln. Nach Traversi's 4 und 10 Decimeter über der Lagunen-Oberfläche unternommenen Prüfungen beträgt die mittlere Wärme für das Winterhalbejahr + 7,26° R. ***). Brera fand die Atmosphäre in den kühlsten Monaten, zur Mittagszeit auf + 15 bis 16° erwärmt, und noch am Abend, ja selbst bis Mitternacht behaglich. Zufolge Weiglein's Beobachtungen soll die Temperatur-Differenz binnen 24 Stunden durchschnittlich 1 bis 3° nicht übersteigen. Für das ganze Jahr berechnete Federigo die mittlere Wärme auf + 11 bis 19° R. — Den Einwirkuugen der Winde ist Venedig nach allen Seiten hin ausgesetzt, doch wehen sie hier, an den Hochgebirgen gebrochen, welche fast das ganze adriatische Meer

*) Vergl. §. 246.

**) Vergl. §. 251. und Brera p. 48, 59 und 60.

***) §. Ibidem.

umschliefsen, verhältnifsmäfsig selten mit grofser Heftigkeit. Westwinde bringen nach Brera's Erfahrungen im Winter am meisten ein rasches Sinken des Thermometers hervor. Der Sirocco soll durch seine, anderwärts sehr abspannende Wirkung, die ich jedoch auch zu Venedig mehrmals unangenehm empfand, allgemeinhin weniger belästigen und nur während des Hochsommers bei Nacht eine drückende Wärme mit sich führen. In heifsen Tagen wird die Atmosphäre um die Mittagstunden fast ohne Ausnahme durch leichte kühlende Seebrisen erfrischt. — Was den mittleren Feuchtigkeitsgrad anlangt, so ist derselbe von Saussure auf 87° berechnet. Thouvenel versichert, dafs zu Folge seiner oft wiederholten hygrometrischen Versuche die fragliche Atmosphäre, wenn nicht ungewöhnlich viele Regengüsse fallen, im Allgemeinen weniger feucht als jene der Sumpfgegenden von Mantua, Mailand und Padua sei *).

Bei einem Rückblicke auf die angedeuteten Ortsverhältnisse können wir dem fraglichen Dunstkreise, mag auch Venedig mitten im Meere und in einem Netze Strafsen ersetzender Seekanäle liegen, doch auf keinen Fall, wie Brera es will **), die Eigenschaften einer völlig reinen Seeatmosphäre zuschreiben. Das enge Zusammenleben von 100,000 Menschen, die zahllosen durch Fabriken vermehrten Feuerungen, die Ansammlungen von verwesenden Thiertheilen in den engen Wasserleitungen, so wie die an heissen Tagen rasch vor sich gehende Zersetzung absterbender Pflanzen und Mollusken auf den periodisch entblöfsten, schlammigen und schlikigen Lagunenstellen bringen nothwendig bestimmte, mephitische Beimischungen hervor. Hiezu kommt noch, dafs Landwinde die Sumpfluft der, wenige Miglien entfernten, paduanischen Ebene heranwehen, dafs der azotisirtere Sirocco nicht selten in Mitwirkung tritt, und dafs die aus der seichten Meeresbucht verdunstenden, organischen Bestandtheile öfter jene Ueberschwängerungen der Seeluft mit thierischen, glairinösen Stoffen veranlassen ***), aus welchen, in Verbindung mit verflüchtigten Salz-

*) Brera p. 28.
**) Brera p. 43.
***) Vergl. §. 249.

säurealomen, purpurne, an heiteren Morgen über dem Wasserspiegel schwebende Nebel entstehen *). Sämmtliche, eben angereihte Bedingnisse sind zwar allerdings noch unzureichend, um die pharmakodynamische Eigenschaft des aus fernen Seegegenden immer wieder erneueten Dunstkreises völlig aufzuheben, doch mufs die specifisch belebende Kraft desselben durch jene Verhältnisse nothwendig mehr oder weniger beschränkt werden. Dafs dies nun aber wirklich statt findet, beweisen die von dem Einflusse völlig reiner Seeluft unterschiedenen Wirkungen, welche Venedigs Luftgemisch besonders in kranken Organismen hervorruft.

Von den allgemein günstigen Beziehungen der fraglichen Atmosphäre zum Gesundheitsstande haben wir schon früher gehandelt **). Endemieen irgend einer Art verursacht sie nicht. Die langwierige, heimtückische, oft mit Irrsein endende Lepra der Lombardei sah ich zwar in dem mit 1000 Lagerstellen ausgestatteten, von Dr. Trois dirigirten Spedale S. Paolo, doch stammten die betreffenden Kranken meistens aus den Thalschluchten der nahen Alpen. Heilungen dieses Uebels sollen auf die Dauer nur selten gelingen und laue Bäder nebst dem reichlichen Gebrauch des frisch ausgeprefsten Zitronensaftes gegen dasselbe noch das Meiste leisten ***). Mit offenbarem Unrecht nimmt man an, dafs die niedrige Lage Scorbut und Wechselfieber herbeiführe. Erfahrene Aerzte versicherten mir, dafs oft Jahre vorübergingen, bevor ihnen ein einziger Scorbutischer zu Gesicht käme, und dafs, ihrer Meinung nach, der Salzsäuregehalt der Seeluft diese Krankheit verhüte. Von Wechselfiebern, welche zur Zeit meiner Anwesenheit auf dem nahen Festlande und vorzugsweise in der Paduanischen Campagna herrschten, traf ich in Venedigs Hospitälern keine Spur. Dagegen fiel es mir auf, dafs Geschwüre und Eiterwunden fast durchgehends einen torpiden, oft colliquativen Character an sich trugen. Dieser entwickelt sich hier, namentlich bei syphilitischen, durch Quecksilber behandelten

*) Brera p. 44.

**) §. 268.

***) Die mittlere täglich zu verabreichende Dosis ist der Saft von 6 Zitronen.

Individuen ungemein leicht auf eine bedenkliche Weise, weshalb auch durchgreifende Mercurialkuren bei den beregten Kranken, in der vom Herrn Regimentsarzte Schindelmeier mit grofser Umsicht geleiteten, auf 200 Betten eingerichteten Militairheilanstalt der Insel S. Chiara, möglichst vermieden wurden.

Insofern der Dunstkreis Venedigs, den erörterten Verhältnissen gemäfs, mehr zu den herabgesetzten Seeatmosphären gehört, haben wir ihn, wenn der Gebrauch der Meeresluft überhaupt indicirt ist, vornemlich bei Kranken anzuwenden, die für intensive Einflüsse muriatischer Verdunstungen noch zu erregbar sind, keinesweges aber jenen zu verordnen, welche bei vorhandener hoher Torpidität einer mehr kräftigenden Atmosphäre bedürfen. Brustschwachen nützt das in Rede stehende Luftgemisch besonders dadurch, dafs dasselbe keinen Erdenstaub enthält. Auch wirkt auf Kranke der fraglichen Categorie die an den breitesten Kanälen herrschende, weder durch Wagengerassel, noch durch Karren- oder Pferdegeräusch unterbrochene, vom eintönigen Geplätscher der Wellen in ihrem besänftigenden Einflusse eher unterstützte Ruhe wohlthätig ein. — Dr Weiglein wurde durch den Winteraufenthalt zu Venedig von einem chronischen, oft in förmliche Entzündung überartendem Irritativzustande des Schlundes und des Kehlkopfes, gegen welchen die bewährtesten Mittel vergeblich angewendet waren, vollkommen geheilt. Den Mittheilungen dieses unpartheiischen Beobachters zufolge, genasen mehrere seiner deutschen Landsleute, welche wärmere, und als Kurorte berühmtere Seestädte Italiens ohne Erfolg besucht hatten, hier von chronischen Bluthusten und von anderen Lungenleiden *). Brera empfiehlt die betreffende Atmosphäre bei langwierigen, schleichenden Entzündungen der Respirationswerkzeuge, bei tuberculösen Cachexieen, und selbst bei schon entwickelter Lungensucht auf das dringendste **). Oefter heilte Federigo durch dieselbe äufserst hartnäckige, rheumatisch-catarrhalische Affectionen ***). In-

*) Brera p. 61, 121 und 122.

**) ibid. p. 135.

***) ibid. p. 123

different, ja schädlich zeigte sich hingegen das beregte Klima bei Blennorrhöen des Kehlkopfes und der Bronchen, bei der Schleimschwindsucht, Heiserkeit und Engbrüstigkeit, sobald diesen Anomalieen reine, entschiedene Atonie zum Grunde lag. Nervenschwache, Paresische und Paralytische, bei welchen die Lebensthätigkeit bereits tief gesunken ist, werden meistens schon binnen kurzer Frist um Vieles kränker. Selbst gesunde, aber an reizendere Luftgemische gewöhnte Individuen, die während des Sommers Venedig besuchen, fühlen sich in der Regel sehr abgespannt.

Hinsichts der zu wählenden Jahreszeit kommen alle Aerzte dahin überein, dafs Leidenden der Aufenthalt zu Venedig nur während der kühlen Monate zusage. Den Hochsommer müssen Kranke wo möglich anderwärts zubringen, indem während desselben, wenigstens aus den engeren inneren Kanälen, oft intensive mephitische Dünste aufsteigen, Siroccalhitze das Sinken der Kräfte vermehrt und zahllose, scharf stechende Mücken, in manchen eng zusammengeschobenen Stadttheilen, besonders bei Nacht zur wirklichen Plage werden.

An gut eingerichteten Wohnungen fehlt es nicht. Jene des berühmten, die Mitte der Stadt in starken Krümmungen durchlaufenden Canale Grande, über welchen die Rialtobrücke führt, sind theils wegen des beständig fortdauernden Volksgewühles, theils insofern als sie keine Aussicht auf die See gestatten, weniger empfehlenswerth. Die weit freieren Gebäude des Canale della Giudecca und der Riva dei Schiavoni, welche, nach dem offenen Meere hingerichtet, vom reinsten Seewasser bespühlt werden, verdienen in jeder Hinsicht den Vorzug. Eine grofse Annehmlichkeit gewähren insbesondere die an dem eben genannten Quai gelegenen Häuser dadurch, dafs man von denselben auf vortrefflich gepflasterten Wegen auch zu Fufs einerseits den Volksgarten erreichen, und andererseits neben der einst verhängnifsvollen Seufzerbrücke, ponte dei sospiri, welche den Dogenpalast mit den Staatsgefängnissen direct verbindet, über die freundliche Piazetta bis zur Piazza di S. Marco gelangen kann, von welcher Petrarca ohne alle Uebertreibung sagt: „Platea cui nescio an terrarum orbis parem habeat." Dieser überaus schöne Platz bildet das Herz des städtischen Lebens, ist mit den regelmäfsigsten Quadern aus Monselice belegt, auf drei Seiten von schützenden, zum Lustwandeln bestimmten, herrliche Gebäude tragenden Arcaden umgeben, und auf der vierten durch die mosaikreiche, im byzantinisch-gothischen Geschmacke construirte Cathedrale geziert, in deren Hauptnische man die durch viele Wanderungen berühmte, aus corinthischem Erz gegossene, übergoldete Quadriga des Lysippus *) erblickt, welche der Doge Dandolo bei der Einnahme Constantinopels erbeutete. Sind dem Kranken active Bewegungen überhaupt untersagt, und selbst kurze Spaziergänge zu ermüdend, so kann derselbe auf vorzüglich eingerichteten, sicher geführten, mit weichen Polstern versehenen Gondeln fast alle Theile der Meeresstadt ohne alle Anstrengung besichtigen, und an heiteren Tagen abwechselnd die Inseln S. Giorgio, S. Elena, S. Pietro, S. Michaele, Torcello, Murano besuchen, oder Fahrten nach den Lido, so wie nach den Murazzis, jenen riesigen, im Meer erbauten, die Bucht gegen Ueberfluthungen schützenden Steinwällen unternehmen, um sich, auch aufser seinem mit milder Seeluft gespeisten Zimmer, dem völlig freien Einflusse der heilsamen Atmosphäre hinzugeben.

§. 284.

Messina liegt an der gleichnamigen Meerenge, ist dem Range nach die zweite Stadt Siciliens, zählt 80,000 Einwohner und gehört zu der ehemaligen Provinz Val Demona. Sie rühmt sich des höchsten Alterthums. Schon Thucydides erwähnt, dafs dieselbe wegen der merkwürdigen sichelförmigen, ihren Hafen umschliefsenden Landzunge, den Namen Zankle erhielt. Von Carthagern gedrängt, veranlafsten die Messineser, indem sie sich den Beistand Roms erbaten, den Ausbruch des ersten punischen Krieges. Mehrmals durch Erderschütterungen zerstört, entstieg die Stadt ihren Trümmern, in immer schönerer jugendlicher Frische. Sie besitzt viele breite, lichte, regelmäfsige, jetzt nur mit zweistöckigen Gebäuden eingefafste Strafsen, unter welchen sich die Strada Ferdinanda und del Corso besonders auszeich-

*) Eines Zeitgenossen Alexanders des Grofsen.

nen. Die im edelsten italischen, und zugleich in völlig übereinstimmendem Stile erbaute, ununterbrochene, über eine Miglie lange Häuserreihe, welche durch 12 hochgewölbte Thore mit schönen von Statuen und Springbrunnen gezierten Stadtplätzen zusammenhängt, die prachtvolle Pallazata, wird vom Meeressaume nur durch einen breiten Quai getrennt. Auf demselben lustwandelnd, übersieht man den spiegelhellen, an Gröfse und Sicherheit durch keinen der Welt übertroffenen, von mehreren Kastellen geschützten Hafen. Nach Osten hin erspäht das Auge in scheinbar geringer Ferne die jenseit der Meerenge grünenden, mit Landhäusern besäten Fluren Calabriens, und nach der Stadt gewendet, die im Rücken derselben aufsteigenden, zerrissenen Felsspitzen der anstofsenden Gebirge.

Anlangend den Wärmestand, so darf die betreffende, unter dem 38 Grade nördlicher Breite liegende Gegend keinesweges nach jenem des übrigen, südwestlicher ausgebreiteten Siciliens beurtheilt werden, woselbst, wenn auch nicht auf den Höhen, doch in den Niederungen während des Sommers brennende, selbst zum Anbau des Zuckerrohrs hinreichende Hitze vorherrscht. Indem Messina an einem stark eingeschnittenen Küstenrande landeinwärts allseitig von mächtigen Bergwänden geborgen, und nur gegen Osten geöffnet ist, von wo aus rege Meeresströmungen kühlend auf das angrenzende Festland wirken, erhalten sich die nachbarlichen Luftschichten fortwährend in überraschend mäfsiger Temperatur. An dem fraglichen Gestade soll, ungeachtet dasselbe vom Aequator um 3 Grad weniger als Neapel entfernt ist, dennoch die Wärme nie so hoch als am parthenopeischen Strande steigen, und dabei nie so tief sinken, als dies an diesem der Fall ist. Schnee erreicht Messinas Strandgebiet nie und kommt nur auf den Hochgebirgen des Insellandes vor. Herr Dr. Carmelo Pugliati versicherte mir, dafs zu Messina, abgesehen von einzelnen den Sonnenstrahlen völlig ausgesetzten Punkten, das Thermometer allgemeinhin im Sommer + 26° R. nicht überschreitet, und im Winter beinahe nie unter 16° R. fällt. Die Oase Nizza's wird Kranken zum Aufenthalte schon deshalb angerathen, weil die Atmosphärenwärme daselbst jährlich nur um 13° R. variirt *); das Clima, dessen Temperaturdifferenz das ganze Jahr hindurch nur 10° R. beträgt, wäre mithin bezüglich des fraglichen Verhältnisses offenbar noch um Vieles empfehlenswerther. Vergleichen wir hiermit die Temperaturschwankungen des nördlicheren, zwischen dem 52 und 60 Breitegrade hinlaufenden Ostseestrandes, an welchem das Thermometer im Sommer zur Mittagszeit öfter + 30° R., im Winter aber — 30° erreicht, und demgemäfs jährlich eine Wärmeverschiedenheit von 60 Grad anzeigt, so würden kränkelnde Individuen zu Messina den nachtheiligen Einwirkungen schroffer Temperaturextreme um das Fünffache weniger ausgesetzt sein.

Gegen Stürme ist Messina möglichst geschirmt. Heftige Nordwinde werden durch eine, nach dem nordöstlichen Ende der Insel hin, vorgestreckte Abzweigung der pelorischen Höhen gebrochen, Siroccal- sowohl, als Westwinde durch stufenweis emporsteigende, sich dem Aetna nähernde, gigantische Gebirgsmassen zurückgewiesen, und Ostwinde von dem am Calabrischen, Sicilien gerade gegenüber liegenden Gestade durchbrochenen Apenninenzuge abgehalten.

Hinsichts der Beschaffenheit der fraglichen Strandluft haben wir auf ihre beträchtlichere Imprägnirung mit Meeresbestandtheilen, auf ihre grofse Klarheit und überaus leichte Respirabilität besonders zu achten. — Jene Sättigung kann dem betreffenden Dunstkreise um so weniger abgehen, als das die Küsten bespühlende Seewasser, indem 16 Unzen desselben 310 Gran Salz enthalten, zu den mineralisirtesten gehört **), als ferner lebhafte, ununterbrochen im Canale des

*) §. 282.

**) Die oben angegebene Salzmenge fand ich in dem aus der Meerenge, am Strande von Ali geschöpften Wasser (S. §. 248.). Herr Dr. Carmelo Pugliati hatte die Güte, mir später eine genaue Analyse mitzutheilen, welche der Professor der Chemie Herr Arrosto am 26. August 1831 mit dem Seewasser des Hafens unternahm. Gemäfs derselben gab 1 Pfund von 7200 italienischen Granen durch Abdampfung 305 Gran fester Bestandtheile, die sich in 247,637 Gran Chlornatrium, 28,754 Gr. salzsaure Magnesia, 9,771 Gr. salzsauren Kalk, 18,126 Gr. Glaubersalz, und in mehrere Tausendtheilchen eines Granes Jod und Brom trennen liefsen. Verhältnifsmäfsig weit reicher an beiden letztgenannten Substanzen erschien die Mutter-

Faro fortdauernde Strömungen die Verflüchtigung der Meeresstoffe unterstützen, und als die Verbindung derselben mit den überschwebenden Luftschichten zugleich durch das wärmere Clima wesentlich begünstiget wird**). — Von der grofsen Durchsichtigkeit, bei welcher die abgegebenen Seeatome nothwendig, in gegenseitiger Durchdringung mit der Atmosphäre, fast zu einer vollendeten Auflösung gelangt sein müssen, überzeugt uns der Umstand, dafs unter dem beregten Himmelsstriche auch noch so sehr entfernte Gegenstände dem Auge in ganz ungewöhnlicher Schärfe erscheinen, und dafs Fata Morgana hier weit öfter als in vielen anderen Meeresgegenden zu Stande kommen. — Endlich mag aller Wahrscheinlichkeit nach die eben beregte innige Verschmelzung auch die Leichtigkeit bedingen, mit welcher der Respirationsact vor sich geht. An Messina's Strande erzeugt jede Inhalation eine wohlthuende Empfindung in den Lungen, und selbst bei + 22° R., mithin in einer anderwärts oft schon lästig und drückend werdenden Luftwärme, fühlt man sich hier behaglich, falls nur der intensivere Lichteindruck unmittelbar auftreffender Sonnenstrahlen angemessen abgehalten wird.

So weit der Gesundheitszustand der Einwohner von den Einflüssen der Ortsatmosphäre abhängt, ist derselbe allgemeinhin günstig zu nennen. Unstreitig würde er dies noch in weit höherem Mafse sein, wenn die Lebensweise der untersten Volksklasse demselben nicht feindlich ent-

lauge, welche man in der, unfern der Quarantaine-Anstalt errichteten Saline aus dem sonnengradirten Seewasser gewinnt. Den interessanten Correspondenznachrichten des Herrn Dr. Pugliati glaube ich, insofern wir nur unzulängliche Notizen über die Meerestemperatur jener Gegend besitzen, noch entlehnen zu dürfen, dafs die See im August 1831 an der dem Hafen nahen Badestelle, bei einem Barometerstande von 27'' 6''' Mittags während einer Lufttemperatur von + 24° R., auf + 20°, um 3 Uhr während einer Lufttemperatur von 22°,50 auf 20°,50 und Abends während einer Lufttemperatur von 22° auf 20°,50 erwärmt war. Zur Zeit der Fluth, welche im Hafen selten höher als 1 Fufs steigt, sinkt die Temperatur des Meeres, den Pugliatischen Beobachtungen gemäfs, jedesmal ungefähr um 1 bis 2 Grade. (Vergl. 251.)

**) Vergl. §. 256.

gegenträte. Die Messineser sind heiter, froh, vergnügungssüchtig, überaus plauderhaft, gewandt, eher von kleinerem Wuchse, und mehr fein als kräftig gebaut. Wohlhabende, ihre Gesundheit bei geordneten Einrichtungen nicht freventlich zerstörende Eingeborne neigen zu keiner besondern Krankheit, und erreichen oft ein höheres Alter, als dies im Süden, wo die Menschen überhaupt rascher und kürzer leben, anderwärts der Fall ist. Dürftige, nur für das dringendste Bedürfnifs des Augenblickes sorgende, bald dem dolce far niente unbedingt huldigende, bald zu harten Anstrengungen gezwungene werden bei schlechter Nahrung, unzulänglicher Bekleidung, schmutzigen dumpfigen Wohnungen um so früher gebrechlich, als sie nur in Ausschweifungen jeglicher Art den höchsten Genufs suchen. — Nicht zu übergehen ist hiebei die ungewöhnliche Verbreitung der Lustseuche, welche zwar selten acut zerstörende Formen annimmt, aber in ihren geringeren, kaum berücksichtigten Ausbrüchen um desto schleichender das Leben untergräbt. Für die Bekämpfung des fraglichen Uebels durch medicinisch-polizeiliche Mafsregeln geschieht wenig oder gar nichts. Nur syphilitische Mädchen, und blos ausnahmeweise angesteckte Männer, werden in den Hospitälern aufgenommen. — Bemerken mufs ich noch, nirgend so vielen mit Augenentzündungen und Augenschleimflüssen behafteten Individuen, nirgend so vielen Blinden und Einäugigen begegnet zu sein. Als Ursache hiervon nimmt man den blendenden Himmel, die Klarheit der Luft, und Blennorhöen erzeugende, aus Aegypten verschleppte Contagieen an. Nach meinem Dafürhalten mögen jedoch die meisten jener Affectionen theils durch die vorerwähnte Lebensweise, theils durch secundaire, aus den begleitenden Symptomen deutlich erkennbare, den Verlust des Augapfels oft nach sich ziehende Syphilis entstehen. — Temporair verheerende Seuchen brechen nicht mehr aus, seitdem die Pest, welche in der Volksmasse auf einen fruchtbaren Boden traf, und im Jahre 1743 an 50,000 Menschen hinraffte, mittelst zweckmäfsig am Meere errichteter, völlig isolirter und streng beaufsichtigter Quarantaine-Anstalten abgehalten wird. — In dem mit 800 Lagerstellen ausgestatteten, von Dr. Pugliati und Dr. Porano geleiteten,

Spedale della Madonna della pieta, dessen eine Hälfte für Militair- und die andere für Civilkranke bestimmt ist, befanden sich viele von gastrisch-nervösen Fiebern, Hautausschlägen, chronischer Hepatitis, und nur wenige von Lungenentzündung Behaftete. Durch verdünnende Getränke, frisch ausgepreſsten Limonensaft, Ruhe und strenge Diät wurden die erwähnten Fieber, durch Calomel und Abführmittel die Unterleibs-Physconieen, durch laue Bäder und beförderte Leibesöffnung die Exantheme, und durch kleine, nicht aber durch copiöse, fast in ganz Italien übliche Aderlässe, so wie durch den anhaltenden Gebrauch der Digitalis purpurea, die Pneumonieen im Ganzen eben so einfach als glücklich behandelt. Schwindsüchtige bemerkte ich in keinem Saale. Der Bodenraum war mit syphilitischen Dirnen angefüllt; sie lagen hier unmittelbar unter dem heiſsen Ziegeldache, in einem sehr erwärmten Raume, wodurch ihre Genesung wesentlich beschleunigt werden soll, bekamen gegen hartnäckige Zufälle salpetersaures Quecksilber oder Mercurialunctionen, in der Regel aber blos Coloquinthen-Pillen. Diese werden seit Jahrhunderten auch vom Volke als allgemeines Antisyphiliticum benutzt, und tragen, indem sie stark abführend die Krankheitssymptome auf einige Zeit verschwinden lassen, ohne die Dyskrasie radical zu vernichten, gewiſs viel zu der obwaltenden Ausbreitung der fraglichen Krankheit bei. Das betreffende imposante Gebäude, dessen geräumigen Hof hochstämmige, mit dunkelrothen Früchten (Sanguinee) überladene Orangenbäume beschatteten, war das erste Krankenhaus, welches ich ohne Glaſsfenster fand, indem die weiten Fensteröffnungen nur mit locker schlieſsenden und dennoch im Winter wie im Sommer gegen Kälte und Hitze hinlänglich schützenden Läden versehen waren.

Zu Strandkuren haben wir Messina's Gebiet insbesondere nervösen, zarten, schwächlichen, lebenserschöpften Individuen, und jenen Lungenkranken, die bei nur gering erhöhter Reizbarkeit ein laues Clima besser als ein kühles vertragen, anzuempfehlen. Kranke dieser Art können sich hier zu jeder Jahreszeit den Einwirkungen der reinen, milden, durch innige Lösung der constituirenden Bestandtheile, durch leichte Respirabilität und geringe Temperaturschwankungen ausgezeichneten Meeresluft dauernd unterziehen.

Die Hauptschwierigkeit, welche sonst dem Fremden entgegentrat, ist gehoben, seitdem von Neapel, Livorno, Genua und Marseille regelmäfsig abgehende Dampfschiffe den Seeweg in 1 bis 3 Tagen zurücklegen. — Oeffentliche und Privatwohnungen stehen vielfältig zu Gebote. Unter denselben eignen sich für Leidende vornemlich die entlang der Küste fortlaufenden Häuser und mehrere eben so reizend als gesund gelegene Villen, deren üppige Orangenpflanzungen erst unter diesem Himmelsstriche zur vollsten Reife gelangende, überaus süfse, saftige, labende Früchte tragen, welche, behufs der Versendungen selbst vorzeitig gepflückt, im nördlichen Europa, wie in ganz Italien, allen übrigen vorgezogen werden. Kranken, die an der Pallazata wohnen, gewährt der vorliegende breite belebte Quai und der langhin gestreckte Hafendamm eine zweckdienliche und unterhaltende Promenade. Auf bequemen Maulthieren oder in schützenden, von Eseln sicher getragenen Portantinen kann man nach mannigfachen Richtungen hin und namentlich gegen Gizzi und Mili, ohne den Strand beträchtlich zu verlassen, die reinste Seeluft athmen, sich der entzückendsten Aussichten erfreuen, und an dem überraschenden Anblicke weiden, welchen einzelne Dattelpalmen, dichtbelaubte Brotfruchtbäume und die stellenweise hundert Schritt langen Alleen von mauerhohen, mit gelben Blüthen und efsbaren Früchten bedeckten Opuntien gewähren *). Gondelfahrten über die ½ Meile breite Meerenge, nach der Villa S. Giovanni und nach dem schon entlegeneren Städtchen Reggio, sind eben so angenehm als der Gesundheit erspriefslich. An der nördlichen Mündung des Kanals, unfern des Hafeneingangs besichtiget man den Caloforo, die, zur Zeit beschwichtigte, jedoch noch jetzt, und besonders bei Südwinden wirbelnde, schäumende und wellenschlagende Charybdis der Alten **); sie erschien mir Morgens am 25. Februar

*) Die Einwohner geniefsen die weichlich süfse Frucht gern, und nennen sie wegen ihrer Aehnlichkeit mit Feigen, Fico indica.

**) Dextrum Scylla latus, laevum implacata Charybdis

1830, als der Capitain des Dampfschiffes Royal Ferdinando sein Fahrzeug durch dieselben lenkte, in ihrer, mehrere Hundert Schritte im Durchmesser haltenden Mitte, einem platten, über die angrenzende Meeresfläche vielleicht um einige Fufs erhabenen Wasserhügel ähnlich, von welchem der Strom deutlich nach allen Punkten der Peripherie abflofs. Der zweite, ganz analoge, weniger berühmte, nur geringe, aber fast intensiver bewegte, von kleinen Kähnen ebenfalls gemiedene Strudel liegt unfern desselben Ufers, südlicher im Kanale. Schief der Charybdis gegenüber, am calabrischen Gestade, krönt ein halb verfallenes Schlofs malerisch den Scylla-Felsen, vor dessen, in das Meer gesenkten Granitwänden die gleichnamigen, finstern, wundersam geformten, vielfältig durchlöcherten, schroff aus den Wogen vorspringenden Felsspitzen unheimliche Töne, und während lebhaften Luftzuges, das schon von Virgil geschilderte Geheul noch immer ausstofsen *). Bei heiterem Wetter geben 6 bis 8stündige Ueberschiffungen nach dem Eilande Vulcano, aus dessen überaus regelmäfsig trichterförmiger Kraterhöhle ununterbrochene Rauchwolken aufsteigen, und nach der gröfseren, in jeder Beziehung interessanten Insel Lipari **), auf welcher merkwürdige antike Gasbäder bis auf unsere Tage benutzt werden, Gelegenheit zu einem längeren Verweilen in offener See. — So vereint Messina durch die Salubrität des Luftgemisches, durch grofse Gleichförmigkeit der Temperatur, durch angemessene Wohngebäude, und durch den Reiz paradisischer Umgebungen Alles, was dazu mitwirken kann, um jenen Leidenden, für welche eine laue Strandatmosphäre indicirt ist, die verlorene Gesundheit wiederzugeben.

Obsidet, atque imo barathri ter gurgite vastos
Sorbet in abruptum fluctus, rursusque sub auras
Erigit alternos et sidera verberat unda.
Virg. Aen. Lib. 3. v. 420.

*) Quam semel informem vasto vidisse sub antro
Scyllam, et caeruleis canibus resonantia saxa.
Virg. Aen. Lib. 3. v. 431.

**) §. 37.

§. 285.

*Süd-Englands* zwischen dem 50 und 52 Grade nördlicher Breite, und dem 12 und 19 Grade östlicher Länge ausgedehnte Küsten werden fast nur von Britten, von Ausländern hingegen weit weniger, als es geschehen sollte, besucht. — Wir finden hier mehrere wegen der Salubrität der Seeluft berühmte, in ihren topographischen Verhältnissen genau bestimmte Strandorte, welche dem Arzte die Möglichkeit gewähren, auf das genaueste eine jedem individuellen Erfordernisse entsprechende Auswahl zu treffen. Sie wird in den betreffenden Gegenden um so leichter, als den Besuchenden zugleich allenthalben überaus saubere und mit dem durchdachtesten Comfort ausgestattete Wohnungen zu Gebote stehen. — Ramsgate, Dower, Hythe sind in östlicher Exposition, den Ufern Frankreichs gegenüber liegend, während der Sommermonate, kühlen Ostwinden unterworfen. Auch werden diese Ortschaften um jene Zeit von einer verhältnifsmäfsig trockenen Atmosphäre umgeben. Es eignen sich dieselben daher besonders für Kranke, welche an rein torpiden, nervösen Abspannungen, oder an völlig passiven Schleimflüssen der Respirationswerkzeuge leiden. — Brighton, Portland, Sidmouth, Dawlish und Teymouth liegen an dem südlich gewendeten Strande, gestatten aber dabei den Ostwinden freien Zutritt, und halten demzufolge, bezüglich der Atmosphärentemperatur, zwischen den zuerst genannten und den noch anzuführenden Küstenorten die Mitte. Unter denselben empfiehlt sich Sidmouth deshalb am wenigsten, weil es zu oft von dichten Seenebeln umflossen wird. — Bei gleicher Richtung werden Hastings, Penzance, Turquai und das Dörfchen Upton von vorspringenden Felsen gegen Norden und Osten in dem Grade geschützt, dafs die nächsten Uferstrecken selbst im Winter von immergrünen Sträuchern prangen, die Myrthe im Freien gedeiht, vortreffliche Gartengemüse fast das ganze Jahr hindurch gezogen werden, und, was in England als seltene Ausnahme gilt, sehr billig zu haben sind. An beiden letzten Orten, und namentlich in Upton, dessen Clima mit jenem Madeira's verglichen zu werden pflegt, nimmt die Atmosphäre einen dermafsen südlichen Character an, dafs Agaven und

Orangen nicht mehr des Glashauses bedürfen, und der Oelbaum sein Vaterland vergifst. Wegen der behaglichen Temperatur und gröfseren Feuchtigkeit der diese Gegend umgebenden Atmosphäre, ist dieselbe vorzugsweise für sensiblere, reizbarere, der milderen und feuchteren Seeluft bedürftige Kranke angezeigt*).

§. 286.

Die Insel Wight wird neuerdings vorzugsweise von Kranken besucht. Sie liegt zwischen dem 50 und 51 Grade nödlicher Breite und dem 16 und 17 Grade östlicher Länge, der Südküste Englands ganz nahe, ist von derselben nur durch einen engen Kanal getrennt, und hat einen Flächeninhalt von 9 englischen Quadratmeilen. Auf diesem Eilande wurde der geflüchtete, unglückliche König Carl I. an 13 Monate im Gefängnifs gehalten, bevor ihn Oberst Hammon dem Blutgerichte Cromwell's überantwortete. Schon in den früheren Zeiten empfahlen britische Aerzte den Aufenthalt an bestimmten Küstenpunkten dieser schönen romantischen Insel, auf der man jedoch vordem schwieriger ein zweckmäfsiges und angenehmes Unterkommen fand. Nach Lempriére zeichnen sich die betreffenden Strandgebiete durch Reinheit und Salubrität der Seeluft ungemein aus. — Indem verwitterter Sandstein und Kreide die Hauptgrundlagen des Bodens ausmachen, bedingen sie eine verhältnifsmäfsig weniger feuchte Atmosphäre. Die vielen, theils geringeren, theils bis auf 900 Fufs erhobenen, sich bald in jähen, bald in sanften Abhängen nach üppig grünen Thälern hinabsenkenden Berge gestatten eine freie Wahl verschiedener Höhepunkte. Vermöge des mannigfach eingeschnittenen, durch Felsvorsprünge hier nach der einen, dort nach der andern Weltgegend gedeckten Küstenlandes, bietet die Insel für Kranke, welchen die Seeluft heilsam ist, zu jeder Zeit des Jahres angemessene und dabei nahe zusammen liegende Aufenthaltsorte dar. Vom September ab bis zum Frühjahr verweilt man vornemlich in der wärmeren Gegend des Undercliffs, dessen meilenweit hingedehnte,

*) Vergl. Harwood, on the curat. Infl. of the Southern Coast of England etc. Lond. 1828. — Clark p. 16—27, dessen Nachtrag p. 11—20. — Copland B. 2. p. 220—221.

an 60 Fuſs hohe, breite, senkrecht in das Meer abfallende Terrasse weder von schneidenden Nordostwinden des Frühlings, noch von stürmischen Südwinden des Herbstes bestrichen wird. Zwar milde, jedoch schon merklich kühlere und manchen Kranken besonders im Sommer zusagende Küstenluft umweht Niton, Cowes, Schanklin und Sandown. Am kühlsten und erfrischendsten bleibt dieselbe, selbst während der heiſsen Monate, in der Umgegend von Ryde. Das letztgenannte Städtchen liegt an der Nordseite eines trokkenen Kiesberges, Englands Continent gerade gegenüber, und von demselben nur durch die, mit zahllosen Schiffen bedeckte Southampton-Bay getrennt. Hieher ziehen besonders jene Leidende, welche entweder blos die beträchtlichere, auf ihren Zustand nachtheilig wirkende Luftwärme des Hochsommers vermeiden müssen, oder denen überhaupt nur kühlere Meeresluft zusagt.

Wie sehr die Insel Wight, unerachtet sie vom Aequator an 10 Breitegrade entfernter als Mittelitalien ist, dennoch durch ihre westlichere Lage, durch den Schutz einzelner Uferhöhen und durch die warmen, ihr von Süd-Amerika zuflieſsenden Meeresströme*), der Beschaffenheit südlicher Climate nahe tritt, bestätiget auch der Umstand, daſs ihre mittlere Jahrestemperatur von der Italiens überhaupt nicht erheblich differirt, indem nach Kirkpatrik's und Calandrelli's Tabellen diese an + 12° R., jene an + 8° beträgt, und beide mithin höchstens um 4 Grad von einander abweichen **).

## Seereisen.

### §. 287.

Auf hohem Meere wird die Seeluft dem Organismus um so intensiver, reiner und staubloser zugeführt, als das Schiff sich vom Continente mehr und mehr entfernt. Daſs dieselbe durch ihre Frische erstärkend auf Gesunde und heilsam auf bestimmte Kranke einwirke, haben vielfache,

*) §. 251.

**) Vergl. Forbes. On the Climate of Penzance and of the Lands-End. Lond. 1821. — Clark p. 21. Dessen Nachtrag p. 1 bis 11 und Copland l. c. B. 2, p. 223.

zum Theil schon berührte Erfahrungen dargethan *). Bekanntlich verlor Capitain Cook von seiner nicht unbeträchtlichen Mannschaft auf seiner dreijährigen Reise nur ein Individuum. Nach Caldera de Heredia's Bericht wurden viele auf den Flotten von Sevilla krank Eingeschiffte auf offener See binnen kurzer Zeit hergestellt. Savary und Morinière versichern, dafs auf den Antillen vom gelben Fieber Behaftete, sobald sie auf Schiffen etwas beträchtlichere Breitegrade erreicht hatten, in wenigen Tagen vollkommen genasen, und dafs sich dies mörderische Uebel nie unter der gesunden Equipage verbreitet habe. Lind und Monro, deren Erfahrungen mit den eben angeführten übereinstimmen, brachten wegen der beregten Verhältnisse das Ausrüsten von Kriegsschiffen zu Hospitälern in Vorschlag **). Boerhaave, Mead, Whytt und vor allen Gilchrist, empfahlen längere Seereisen, als ein wirksames Mittel gegen Phthisen, Nervenverstimmungen, Scropheln, Gicht und andere Anomalieen ***).

Bei den wesentlichen Vortheilen, welche wir in Krankheiten, zu deren Beseitigung eingreifendere, murialisirte Luftbäder indicirt sind, durch Seefahrten gewinnen, ist jedoch auch zu berücksichtigen, dafs diese von besonderen Nebenumständen begleitet werden. Unter denselben mufs man die einflufsreiche, mit dem Namen der Seekrankheit bezeichnete, fast jeden Reisenden befallende Nervenaffection, in ihren verschiedenen Brechungen vorweg näher kennen lernen.

## §. 288.

Trennen wir die Erscheinungen der bis jetzt noch wenig beleuchteten Seekrankheit von den Phänomenen anderer, ihr ähnlichen, am Bord, wie auf dem Festlande vor-

*) §. 268—274.

**) Die Umwandlung des Kriegs-Typhus in gutartige Wechselfieber beobachtete ich auf einem Wassertransporte von mehreren Hundert Kranken. Siehe meine Schrift über die Augenblennorrhöe Aegyptens etc. p. 41—42.

***) Gilchrist. The use of Sea-voyages in Medicine etc. London 1771. — Sammlung auserlesener Abhandlungen zum Gebrauch für praktische Aerzte von Koch T. 4. p. 240—242. — Göttinger Anzeigen von gelehrten Sachen B. I. für das Jahr 1772 p. 646. — Sachs p. 29, 36, 93 und 94.

kommenden Leiden, so offenbart sie sich im Wesentlichen durch folgende Symptomenreihe. — Personen, welche zu derselben disponirt bei vollkommenem Wohlbefinden das erste Mal ein Seeschiff betreten und nach dem Lichten der Anker noch froh und heiter an der Unterhaltung Theil nehmen, werden allmälig gleichgültiger, einsilbig, in sich gekehrt, setzen sich still hin, schliefsen öfter die Augen, lehnen den Kopf an, klagen über Müdigkeit, Unlust sich zu bewegen, über Wüstigkeit im Kopfe und mehr oder weniger Schwindel, sie werden bleich, die Augen verlieren Ausdruck, Lebhaftigkeit und Glanz, das Sehvermögen fängt an sich zu trüben, Kühle der Extremitäten und der Stirn tritt ein, der Puls sinkt, und es folgt, neben einem unbehaglichen Gefühle in der Herzgrube, Uebelkeit, die langsam oder plötzlich in Erbrechen übergeht. Zunächst werden blos genossene Speisen ausgeleert, wenn aber das Erbrechen öfter und immer öfter wiederkehrt, folgen Galle, Schleim, Speichel, Magensaft, welchen in einzelnen Fällen Blutstreifchen beigemischt sind, bis erfolgloses, mit tiefen Schmerzen in der Magengegend, kalten Schweifsen und öfterem Frösteln verbundenes Würgen eintritt, das bei langer Dauer den Leidenden fast zur Verzweiflung bringt, und denselben in jenen Zustand entmuthigender Abspannung versetzt, welcher ihn glauben läfst, er müsse mit jedem Augenblicke den Geist aufgeben. Ohne Ausnahme steigert hiebei die geringste Bewegung, selbst das Aussprechen einzelner Worte, das Wenden oder Aufrichten des Kopfes, die Niederlage des Nervensystems. Während des höheren Krankheitsgrades, zu welchem sich bisweilen noch Diarrhoeen und unwillkürliche Stuhlausleerungen gesellen, beschwichtiget selbst vollkommene Ruhe nur wenig oder gar nicht. Bei manchen Individuen wird das Leiden schon auf niederer Stufe unterbrochen. Bei anderen durchläuft es alle Stadien. Hier währt dasselbe wenige Tage, dort Wochen, ja Monate lang fort. Wenn schwerer Befallene das Meer nicht verlassen, und während heifser Jahreszeit, besonders in Aequatorial-Gegenden, enge Schiffsräume bewohnen, geht die Seekrankheit zuweilen in förmlichen, unter dem Namen der Calentura bekannten, Cerebral-Typhus über, welcher mit einem unüberwindlichen, manchem Unbewachten das Leben kostenden Hange, sich in die See zu stürzen verbunden ist, deren wogende Fläche fast allen diesen Delirirenden als die schönste, weithin gedehnte, grüne, mit bunten Blumen und frisch belaubtem Gesträuch geschmückte Wiesenfläche erscheint. Nach überstandenen geringen Affectionen bleibt ein Gefühl von Mattigkeit zurück, welches bei ruhigem Meere bald, und auf dem Festlande unmittelbar nach der Ausschiffung ganz verschwindet. Blos die Individuen, welche schwer und lange darniederliegen, erholen sich selbst unter den letzteren Umständen langsam. Auch Thiere aller Art leiden an der Seekrankheit*). Von Rindern, Schweinen, Schafen, Hunden, ja selbst von Hühnern weifs man es, dafs sie bei stürmischem Meere schwindlich werden, sich bald darauf zu würgen anfangen, die Efslust ganz verlieren, ohnmachtähnlich hingestreckt, keine aufrechte Stellung annehmen können, und umkommen, wenn lebhaftere Schiffsbewegungen nicht früh genug aufhören.

§. 289.

Hinsichts der entfernt ursachlichen Verhältnisse sind die Meinungen noch wenig berichtiget. Dafs die Seekrankheit, wie vielfältig behauptet wird, blos durch Anschauung fortwährend bewegter, dem auffassenden Auge zu schnell entweichender Gegenstände, oder durch die Schwierigkeit auf dem unablässig schwankenden Boden umherzugehen, durch Erkältungen, welche man sich bei unangemessener Bekleidung auf dem freien Decke leicht zuzieht, so wie durch den vom Tauwerke bedingten Theergeruch oder durch widerliche, in der Nähe der Schiffsküche aufsteigende Fettverdunstung, dafs ferner die fragliche Affection, lediglich durch die stinkende und süfsliche Cajüttenluft, so wie durch rein psysische Affectionen, welche besonders furchtsame, überall Gefahr ahnende Individuen treffen, oder auch durch den Genufs ungewohnter Nahrungsmittel, Getränke u. s. w. allein begründet werde, ist nach meinem Dafürhalten nicht anzunehmen. Immerhin mögen jene Umstände

*) S. Schlegel in Hufeland's Journ. B. 82. St. 4. p. 116.

den Ausbruch hier und da begünstigen, keineswegs aber können sie als Hauptursachen desselben gelten, indem zu viele, den fraglichen Anlässen minder Unterworfene dennoch dem Uebel erliegen, während Andere, welche sich ihnen rücksichtslos aussetzen, von jeder Belästigung frei bleiben. — Fast nie sah ich, so lange die begonnene Reise bei günstigem Course, gelinde angenehmem Winde *), niedrigem Wellenschlage und unerheblichen Schwankungen des Schiffes vor sich ging, Erkrankungen eintreten. Ihre niedrigen Grade entstehen dagegen nicht selten schon beim Auslaufen und selbst noch auf geringeren Tiefen, wenn die durch mäfsige Kühle **) erhobenen Wogen die Höhe von 3 bis 5 Fufs erreichen. Heftige Ausbrüche kommen rasch zu Stande, sobald der Kiel über beträchtliche Tiefen hinschiefst, deren Wassermassen durch stark bewegte Luftströme, man könnte sagen, aus einer vollkommenen Ebene in ein zerrissenes Bergland umgewandelt werden. Die Wogen erscheinen in den letzteren Meeresgegenden, selbst bei frischem und besonders bei sogenanntem heftigem, vom Orkane jedoch noch weit entferntem Winde ***), innerhalb des engeren Gesichtskreises 8, 10, 12 Fufs hoch, überspritzen stofsweise das Deck, und machen demnach, wie der fernhin gerichtete Blick lehrt, nur geringe Theile jener neptunischen Kolosse aus, welche sich gleich Gebirgszügen erheben, und nahend das Schiff hoch emportragen, um es alsbald wieder in die Tiefe der Wasserthäler hinabgleiten zu lassen. Wählt man um diese Zeit unfern des Steuers seinen Platz, so zeigt sich das Vorderkastell auch des gröfsten, selbst an 160 Fufs langen Schiffes, in stetem

*) Der gentle pleasant Wind legt in der Secunde 5 bis 10 engl. Fufs zurück.

**) Die Schnelligkeit dieses Windes, good breeze, beträgt 10—15 Fufs in einer Secunde.

***) Der frische Wind, very brisk, durchstreicht in einer Secunde den Raum von 25 bis 30 engl. Fufs. Der heftige Wind, very high Wind hat in einer Secunde die Geschwindigkeit von 35 bis 40 Fufs, während wirklichen Orkanen, tempest and hurricane in gleicher Zeit die von 50 bis 80 und noch andern von 120 bis 150 beigelegt wird.

Wechsel, bald hoch über dem Augenpunkte, bald tief unter demselben. Mit der bezeichneten, von den Seeleuten das Stampfen genannten Hauptschwankung *) kreuzt sich besonders dann, wenn wir nicht ganz vor dem Winde segeln, das Schlingern **), welches die Seitenwände des riesigen Baues in schaukelndem Steigen und Fallen, bald luff-, bald leewärts wirft. Zu beiden tritt, jedoch nur auf grofsen Dampfschiffen, das vom Luftstrome nicht abhängige Rücken, bei welchem der ganze Rumpf, mit jedem Umschwunge der in die Wogen schlagenden Schaufelräder, durch das Gegenlehnen der Axe stofsweise erdröhnt. Jene heftigen, mehr oder weniger gesteigerten Bewegungen wirken so bedeutend, dafs in allen Schiffsräumen ein dumpf stöhnendes Dehnen und lautes Knacken der Planken und Gebälke zu hören, und dafs es kaum zu begreifen ist, wie einer solchen Gewalt auch die festeste Fuge nur kurze Zeit zu widerstehen vermag. Nothwendig theilen sich solche, in mannigfachen Richtungen die stärksten und festesten Massen durchbebenden Erschütterungen dem Gesammt-Inhalte des Schiffes, also auch seinen Bewohnern mit, und durchdringen, bald in geringerem, bald in höherem Grade, deren innerste Gebilde. Eben diese unaufhaltsam zu den Tiefen des Organismus gelangenden Oscillationen sind es aber, in welchen ich ausschliefslich den wesentlichen Grund der in Rede stehenden Krankheit suche. Wer auf wiederholten Seefahrten umsichtig darauf achtet, wie sich bei der gröfsten Mehrzahl der Reisenden die Abstufungen des Uebelbefindens genau zur Mächtigkeit jener Bewegungen verhalten, der wird dem aufgestellten Urtheile beitreten. Schon Gilchrist und Larrey glaubten die fraglichen Zufälle einer leichteren Cerebral-Erschütterung zuschreiben zu müssen. Nicht minder als das Hirn wird aber auch das Rückenmark auf gleiche Weise ergriffen; beide überaus zarten analogen Gebilde unterliegen dem Einflusse der Commotion in gleichem Mafse leicht, und die, nach heftigeren Anfällen des betreffenden Uebels, in den Unterextremitäten

*) Tangage.

**) Roulage.

wahrnehmbare, selbst nach erfolgter Landung einige Zeit anhaltende, das Gehen erschwerende Schwäche bekundet unverkennbar den auf das Rückenmark geschehenen Eindruck. Vergleicht man überdies die vorspringenden Erscheinungen der Seekrankheit mit jenen, welche einem jeden zu Hirn- und Rückenmark-Erschütterungen geringeren Grades Anlafs gebendem Sturze oder Schlage folgen, erinnert man sich, dafs auch hier allgemeine Mattigkeit, Eingenommenheit des Kopfes, Trübungen der Sinne, Wehgefühl in der Herzgrube, Uebelkeit, Erbrechen, Kälte der Extremitäten, herabgestimmte Pulsation u. s. w. eintreten, so weist die Aehnlichkeit der Aetiologie sowohl, als die der Symptomengruppe deutlich auf Uebereinstimmung beider Affectionen hin, deren Zustandekommen sich höchstens dadurch unterscheidet, dafs in dem einen Falle die Ursache zwar geringer erscheint, dafür aber zahllose Mal wiederholt wird, und dafs sie in dem anderen zwar heftiger eintritt, dagegen aber an und für sich rasch vorübergeht.

Neben dem erörterten, entfernt ursachlichen Verhältnisse hängt die Entstehung der beregten Krankheit zugleich von der individuellen Disposition ab. Personen, welche, ohne früher je das Meer gesehen zu haben, auf dem Schiffe nie, selbst dann nicht Beschwerden fühlen, wenn bei heftigem Sturme sogar aus den Reihen erprobter Mannschaft einzelne ihren Dienst verlassen, gehören zu den seltensten Ausnahmen. Fast alle Reisende werden auf hohem Meere, selbst bei mäfsigem Luftzuge, tagelang unwohl. Wenige bleiben bis zum Eintritte stürmischer Witterung verschont. Einzelne erkranken nur während der ersten, andere, was selbst dem Seehelden Nelson widerfuhr, bei jeder wiederholten Fahrt von Neuem auf einige Zeit. Manche endlich leiden auf allen Reisen, vom Augenblicke der Einschiffung an bis zur Landung. Worin jene Abstufungen der Disposition gegründet sind, ob sie durch Differenzen der allgemeinen Empfänglichkeit rein dynamisch bedingt werden, oder vorzugsweise in mehr mechanischen und räumlichen Strukturverhältnissen, in dem bald festeren, bald zarteren, der commovirenden Kraft mehr oder weniger widerstrebenden Knochenbaue, oder hauptsächlichst darin beruhen, dafs das Hirn und Rückenmark bei manchen Menschen die respectiven Höhlen genauer, als bei anderen ausfüllen, und mithin bei jenen schwerer, bei diesen leichter in erschütternde Bewegung gesetzt werden können, mufs ich dahin gestellt sein lassen. Von der Verschiedenheit der fraglichen Ausfüllung überzeugten mich indefs sowohl genau beobachtete Trepanations-, als auch andere penetrirende Schädelwunden, bei welchen, unerachtet gleichen Vital-Zustandes, das sichtbar pulsirende Hirn in einigen Fällen wenig oder gar nicht, und in manchen dagegen sehr merklich von der schützenden Knochenhülle abstand. Auch die Thatsache scheint jene Vermuthung zu unterstützen, dafs Seekranke während sitzender oder aufrechter Stellung, in welcher das Hirn blutleerer wird und ebenmäfsig weniger turgescirend einen geringeren Raum einnimmt, von Uebelkeiten ergriffen werden, während sie in horizontaler Lage, bei welcher der erschwertere Abflufs des venösen Blutes dem Hirn merklich gröfsere Ausdehnungen giebt, jedesmal Erleichterung fühlen.

§. 290.

Vorbeugen kann man der Seekrankheit nur bei geringer Prädisposition und nicht allzu heftig bewegtem Meere. — Ich übergehe hier das endlose Verzeichnifs unnützer, oft schädlicher Vorschläge, welche der Neuling am Borde aus jedem Munde empfängt. Als erspriefslich bewährten sich, gemäfs wiederholter, an vielen anderen und an mir gemachten Erfahrungen, nur folgende Mafsregeln. Man erschöpfe sich unmittelbar vor der Reise auf k e i n e Art und trete dieselbe nie nüchtern, sondern nach einem mäfsigen, wenig voluminösen, aber kräftigenden Imbifs an. Das Schiff betretend, wähle der Ankömmling sogleich, nach der Mitte des Deckes hin, einen bequemen Sitz, und vermeide die erste Zeit durchaus alles Stehen oder Umhergehen. Entsteht das leiseste Mifsbehagen, so mufs man ohne Weiteres unfern des Mittelmastes, wo die geringste Schiffsbewegung stattfindet, eine ausgestreckte, horizontale Lage auf elastischen Matratzen annehmen, hiebei den Kopf nicht in der Richtung nach dem Schiffsrande, sondern von diesem ab, auf ein recht weiches, jede Erschütterung möglichst abhaltendes Polster lehnen, die Augen schliefsen, von unnöthigem Sprechen abstehen, die gröfste Ruhe beobachten, den Genufs von Speisen und Getränken ohne Ausnahme meiden, und bei kühler Atmosphäre für eine hinlänglich warme, jedes Frösteln verhindernde Bedeckung sorgen. Selbst während etwas ungünstiger, leicht regniger, aber milder Witterung darf jenes Lager, falls ein Schirm und wasserdichter Mantel noch zureichenden Schutz gewähren, nicht verlassen werden. Hier erquickt und belebt die reine Seeatmosphäre, wogegen der Aufenthalt in der Cajüte, durch eingeschlossene, unzureichend gewechselte, oft von erkrankenden Gefährten mit widrigen Dünsten geschwängerte Luft die Neigung zum Erbrechen vermehrt. Nur wenn arges Wetter, empfindliche Kälte, die einbrechende Nacht, oder andere Umstände den Aufenthalt im Freien durchaus verbieten, sind die Schiffsräume aufzusuchen, und in denselben die bereits erwähnte Lage genau fortzusetzen. Nicht eher als bis mehrere Stunden lang jedes Mifsbehagen gewichen ist, versuche man sich aufzurichten, wobei jedoch, falls die geringsten Krankheitsvorboten wiederkehren, die empfohlene Stellung von neuem angenommen werden mufs. So lange die Efslust fehlt, und Uebelkeiten selbst in ganz geringem Grade fortdauern, reizt alles, was in den Magen gelangt, schon durch sein auch noch so unbedeutendes Volumen zum Erbrechen; es gilt dies von erregenden, wie von beruhigenden Arzeneien, von, selbst nur schluckweise genommenen, gewöhnlich oft angebotenen Thee, Wein, Rum, Limonade, Selter- oder Sodawasser, so wie von allen warmen und kalten Speisen jeder Art. Erst dann erlaube man sich den Genufs, wenn ganz entschiedenes Verlangen nach denselben bei übrigens günstigem Befinden eintritt, und stets werde der Versuch nur mit kleinen Gaben flüssiger Kost begonnen. Bereits zu Stande gekommenes Erbrechen beschwichtigte ich, wenn auch nicht immer, doch unter genauer Fortsetzung der erörterten allgemeinen Mafsregeln noch am besten durch kleine 1 bis 2 Stück täglich genommene Pillen von $\frac{1}{6}$ höchstens $\frac{1}{4}$ Gran Mohnsaft und durch warme, fast heifse, auf die Magengegend gelegte Cataplasmen oder Senfteige, welche vorzugsweise dazu beitrugen, den tiefen, in der Herzgrube fixirten Schmerz zu verringern. Es müssen sich hiebei jedoch die Kranken ganz passiv verhalten, indem, wie schon erwähnt ward, jede, auch die geringste Bewegung hinreicht, um Exacerbationen herbeizuführen. Hat man auf die beschriebene Weise gleich zu Anfang die Entwickelung des Uebels gezügelt, so wird die Schiffsbewegung nach dem Gesetze der Gewohnheit in der Regel allmälig immer leichter und leichter ertragen, bis ihr Eindruck nach einiger Zeit ohne Wirkung bleibt.

§. 291.

Von mehreren enthusiastischen Vertretern der Seereisen wird der Seekrankheit ein Hauptantheil an den günstigen Wirkungen zugeschrieben, welchen der Aufenthalt auf Schiffen hervorbringt. Namentlich glauben Gilchrist und Gregory, daſs die vermöge der beständigen Schiffsbewegung erzëugte Durchbebung des Gesammtorganismus gegen Stockungen überhaupt, und insbesondere gegen beginnende Lungentuberkeln einen günstigen Einfluſs übe *). Zugegeben, daſs dies der Fall sei, und daſs selbst das häufige Erbrechen, welches auch mittelst Arzeneien bewirkt, wie die Brechkuren lehren, im Wege der Ausleerung, Ableitung, Lösung und allgemeinen Umstimmung gegen manche Brust- und Nervenkrankheiten vortrefflich wirkt, allerdings wichtige Vortheile bringen kann, so ist dies doch nur innerhalb gewisser Grenzen möglich. Wo diese überschritten werden, schadet der zu heftige Eingriff nothwendig, anstatt zu nützen. — Leidende, die während der ganzen Reise Wochen, ja Monate lang in einem ohnmachtähnlichen Zustande verbleiben, bei Tag und Nacht von Uebelkeiten und Erbrechen gequält, nicht die mindeste Nahrung zu sich nehmen, das Bett keinen Augenblick verlassen, und auf das höchste erschöpft, nur dumpfe unreine Cajütenluft athmen, verfehlen ihren Zweck, und erreichen das Festland oft siecher, als sie es verlieſsen. Individuen hingegen, welche nur geringen Anfällen des Seeübels ausgesetzt sind, steht, sobald dasselbe verschwunden ist, kein Hinderniſs entgegen, um

*) Göttinger Anzeiger von gelehrten Sachen B. I. p. 646. — Sammlung auserlesener Abhandl. für praktische Aerzte T. 4. p. 242. — Copland übers. von Kalisch B. II. p. 228.

die heilsamen Einwirkungen der reinsten Seeluft in vollem Maſse zu benutzen. — Feste Vorausbestimmungen über den Grad, in welchem Subjecte, welche noch nie in See gingen, leiden dürften, liegen auſser dem Gebiete der Möglichkeit. Wer beim Drehen im Kreise, bei schnellem Fahren, beim Schaukeln und ähnlichen Bewegungen leicht schwindlich und übel wird, ist unfehlbar vorzugsweise zur Seekrankheit geneigt. Ein entgegengesetztes Verhalten berechtiget jedoch, wie zahlreiche Beobachtungen erweisen, noch keineswegs das Gegentheil anzunehmen. Immer bleibt es rathsam, da, wo keine eigenen Erfahrungen vorhergingen, welche ein entscheidendes Urtheil gestatten, kurze Fahrten versuchsweise anzustellen, bevor man zur Ausführung eines gröſseren Planes schreitet, der, einmal begonnen, nicht immer rückgängig gemacht werden kann.

§. 292.

Von Belang ist die richtige Wahl des Schiffes. Kleine dem Wellenschlage wenig Widerstand leistende, jeder Art von Schwankung in hohem Grade unterworfene, und nur beschränkte Räumlichkeiten umfassende Fahrzeuge sind zu Gesundheitsreisen nicht geeignet. Paketbote, Kauffahrteischiffe, zum Transport von Passagieren eingerichtete Societäts-Dampfschiffe entsprechen dem fraglichen Zweck beinahe nie, indem sie, mercantilischen Interessen bestimmt, oft von zu vielen, ein belästigendes Gewühl veranlassenden Personen besucht, mit ausdünstenden Waaren überfüllt, unzulänglich gelüftet, verhältniſsmäſsig weniger sauber gehalten, und am seltensten mit besseren Nahrungsmitteln ausgestattet werden. Für Kränkelnde, der Ruhe und Bequemlichkeit Bedürftige passen nur gröſsere, sichere, mit allem Erforderlichen versehene Schiffe, auf welchen der Patient ein abgesondertes, angemessenes Gemach zur ausschlieſslichen Disposition erhalten kann. — Vortheilhaft zeichnen sich die überdies von den unterrichtetsten und erfahrensten Capitainen befehligten Schiffe der königlich englischen Marine aus. Sie sind es daher auch, auf welche Kranke meistens an Bord gehen. Zwar ist hiezu in manchen Fällen eine besondere, höhere Bewilligung erforderlich, die indeſs von den liberalen Behörden gewöhnlich leicht erlangt wird. Die Ausrüstung und Bemannung eigener, zu dem betreffenden Behufe eingerichteter Fahrzeuge ist nur dem Reichen möglich. In den letztberührten Verhältnissen, in dem grofsen Schiffsverkehr, in den vielen Stationen, welche Britannien fast auf allen Meeren unterhält, so wie in dem Insularcharakter des Engländers liegt der Grund, dafs von keinem Volke Seereisen so häufig als von den Phöniziern unserer Zeit zur Herstellung der Gesundheit unternommen werden.

§. 293.

Die Zeit und Richtung der Reisen mufs ebenfalls erwogen werden. — Hinsichts der ersteren hat man die Frühlings- und Herbst-Nachtgleiche unbedingt zu meiden, um welche die meisten Orkane vorkommen, und das häufig bewegte Meer zu sehr beunruhigt wird, als dafs schwächliche, besorgte Kranke dasselbe mit Vortheil befahren könnten. Während dieser Jahresperioden verweile der Leidende an gut gelegenen, hinlänglich geschützten Küstenorten, damit die wohlthätigen Einwirkungen der Seeluft nicht gänzlich unterbrochen werden. — Bezüglich der Richtung der Reise gilt im Allgemeinen der Grundsatz, dafs man im Winter, wenn die Sonne südlich vom Aequator steht, mehr südliche, im Sommer, wenn sie nördlich von demselben abweicht, nördlichere Meeresgegeden aufzusuchen, und zwar im ersten Falle Fahrten zwischen dem 28, und 41, und in dem letzteren zwischen dem 41 und 54 Grade nördlicher Breite zu unternehmen habe. Der lebhafte Fahrtenwechsel zwischen den Seestädten des Nordseestrandes und jenen der östlichen Küste Englands und des westlichen Frankreichs, die vielen Schiffsverbindungen zwischen London, Dower, Portsmouth und Plymouth mit den Azoren, mit Madeira, den canarischen Inseln und Lissabon, so wie jene zwischen Marseille und Toulon, mit Genua, Livorno, Neapel, Messina, Malta, Alexandria geben zur Ausführung der fraglichen Reisepläne die vielfältigste und neuerdings dadurch besonders erleichterte Gelegenheit, dafs in allen eben erwähnten Hafenorten regelmäfsige Dampfschifffahrten eingeführt sind. Weniger besucht werden daher auch schon seit mehreren Jahren die Ost- und Westindienfahrer, welche den Kranken unter lästigen, seinem Befinden schädlichen, den Heilzweck oft beeinträchtigenden Beschwerden nach den entferntesten Himmelsstrichen tragen.

§. 294.

Ueberspannte Erwartungen vom Nutzen der Seereisen haben schon oft zu traurigen Mifsgriffen Anlafs gegeben. — Bewährte sich auch der von den Wirkungen der Schiffsbewegung begleitete Einflufs reinster Seeluft gegen verschiedene Krankheiten, und namentlich gegen Hysterie, Hypochondrie, Neuralgieen, Unterleibsphysconieen, Gicht, Scropheln, Blennorrhoeen der Athmungsorgane, asthmatische Zufälle, Bluthusten, anfangende tuberculöse Lungensuchten allerdings in mehreren Fällen, so brachte derselbe doch oftmals in jenen Affectionen offenbar mehr Schaden als Vortheil. Wo die äufseren, als nothwendig nachgewiesenen Einrichtungen der Reise *) nicht getroffen werden können, darf man von derselben durchaus keinen günstigen Erfolg erwarten. Leidende der eben angeführten Categorieen, selbst wenn bei denselben der Gebrauch der Seeluft auf das entschiedenste angezeigt ist, müssen, sobald sie zu den höheren Graden der Seekrankheit geneigt sind, aus bereits erörterten Gründen **), von förmlichen Seereisen durchaus abstehen. Eben so wenig dürfen ausgedehnte Seefahrten schwächlichen, überaus sensiblen, und am wenigsten jenen Individuen verordnet werden, bei welchen die Lungensucht bereits vollkommen ausgeprägt, mit lebhaftem Zehrfieber und deutlichen Colliquationen verbunden ist. Phthisische Engländer sind mit grofser Vorliebe dafür eingenommen, an den Azoren und Canaren zu kreuzen, und das schöne, zwischen beiden Inselgruppen gelegene Eiland Madeira, wegen der milden gleichmäfsig temperirten Luft, und des angenehmen Unterkommens zum Rastpunkte zu wählen. Viele unter ihnen, deren Leiden schon zu weit gediehen ist, und die sich in angemessener heimathlicher Pflege noch einige Zeit erhalten hätten, finden hier den frühen Tod und geben zu den häufigen, von den Einwohnern bespöttelten Begräbnissen Anlafs ***). Umgekehrt wirken die fraglichen Reisen auf

*) §. 292 u. 293.

**) §. 291.

***) Clark p. 115.

Brustkranke, bei welchen sich das Uebel erst zu entwickeln anfängt, in der Regel sehr vortheilhaft. Zufolge Rentons Bericht starben von 47 mit vollkommener Phthisis Angelangten vor Ablauf eines halben Jahres 32, etwas später 12, und von 3 unverändert Zurückgereisten blieben die Nachrichten aus. Dagegen wurden von 35 mit anfangender Lungensucht Behafteten 26 um Vieles, und zwar erwiesenermafsen nachhaltig gebessert, 4 starben und 6 verliefsen sehr erleichtert den Kurort, entzogen sich aber der weiteren Beobachtung *). — Was nach allem dem den Werth der Seereisen als Heilmittel überhaupt anlangt, so dürfte zur Zeit das Urtheil dahin ausfallen, dafs sie im Allgemeinen durch die bereits erörterten, nicht immer leicht zu erfüllenden Bedingnisse, allerdings wichtige Beschränkungen erleiden, dennoch aber ihrer ausgemachten Wirksamkeit wegen weit mehr berücksichtiget zu werden verdienen, als es besonders seitens der Mehrzahl nichtbrittischer Aerzte geschieht.

## *Capitel V.*

## Anwendung der Soolluft.

### §. 295.

Den bereits erprobten Nutzen der Soolluft vollkommen anerkennend, dürfen wir dieselbe doch nicht, wie manche Aerzte wollen **), mit der Meeresluft in therapeutischer Hinsicht für völlig gleich bedeutend halten. Wenn auch die fraglichen, analog mineralisirten Luftarten ***) bezüglich ihrer mischungsverändernden Kräfte allerdings qualitativ einander

*) Vergl. §. 287. — Gilchrist The use of Sea-voyages 1771. — Heineken, Renton, Gourlay in Clark l. c. p. 111—122. — Copland übers. von Kalisch B. II. p. 226—230. — Sinclair in Ernsts p. 281 etc. — Sachs p. 93.

**) S. Tolberg in Hufeland's Journ. B. 16. St. 3. p. 140—141. Ischl und seine Soolbäder (A. 1826) p. 254. — Lohmeier in Gräfe's und Kalisch's Jahrb. Jahrg. 4. p. 100—103. — Prieger p. 180.

***) §. 263—266.

nahe kommen *), so zeichnet sich doch jedenfalls die freie, reinere, in ungetrübter Integrität bestehende Seeatmosphäre durch ihre leichtere Respirabilität, wie durch ihre erfrischenderen, kräftigenderen Eigenschaften, vor der nur auf enge Kreise beschränkten Soolverdunstung aus, welche, in Mitte des Festlandes aufsteigend, mit überwichtigen, schon oft geathmeten Continentalluftmassen, mit mannigfachen, thierisch-pflanzlichen Aushauchungen, und mit zahllosen Erdenstäubchen verschmolzen ist **). — Auch bedingt die Anwendung der in Parallele stehenden Atmosphärengemenge dadurch verschiedene Resultate, dafs der Gebrauch der See- und jener der Soolluft nur unter dem Miteinflufs sehr verschiedener, äufserer Nebenumstände ausführbar ist ***). Keineswegs bleibt es daher für den Kurerfolg gleichgültig, ob wir in gegebenen Krankheitszuständen †) die eine oder die andere Luftart verordnen. Endlich differiren die Wirkungen der Sooldünste auch noch unter sich, je nachdem sie, entweder bei gewöhnlicher Atmosphärentemperatur entstehend, als Gradirluft ††), oder durch Siedhitze erzwungen, als Soolqualm †††) angewendet werden.

## §. 295.

### Gebrauchsweise der Gradirluft.

Die betreffende Luftart erscheint, indem sie nur bei gewöhnlicher Atmosphärentemperatur entwickelt, und in so fern dieselbe allseitig vom Continentaldunstkreise überschwemmt wird, verglichen mit den übrigen muriatisirten Luftgemischen, durchschnittlich als die am meisten verdünnte und eignet sich eben deshalb allgemeinhin besonders für die Fälle, in welchen nur kühle und milde Salzverdunstungen Hülfe geben.

Wegen jener Dilutionsverhältnisse ist die Gradirluft zu Inhalationskuren lediglich da zu benutzen, wo grofse Gra-

*) §. 269.

**) §. 262.

***) §. 276. 291 u. 294.

†) §. 270 u. 272.

††) §. 265.

†††) §. 266.

dirwerke einen ausgedehnten Verdunstungsheerd bilden, und wo dieser durch seine Lage gegen scharfe Winde vollkommen geschützt wird. Zugleich müssen die betreffenden Dornenwände bequèm zugänglich, auf den oberen Etagen mit sichernden Gallerieen eingefafst, mit zellenartigen, jedoch luftigen Ruheplätzen versehen und von nahen Promenaden umgeben sein. Nicht minder gehört es zu den wesentlichen Bedingnissen eines diesfälligen Kurorts, dafs angemessene, innerhalb der Grenzen des muriatisirten Dunstkreises aufgeführte Gebäude dem Leidenden bequeme und zweckmäfsige Wohnungen darbieten.

Individuen, welchen körperliche Bewegungen nicht zusagen, bleiben in ihren, sich von selbst mit verdünnter Gradirluft füllenden Gemächern, oder werden auf Sesseln, so wie auf Ruhebetten dem Verdunstungsheerde näher gebracht. Kranke, bei welchen active Bewegungen angezeigt sind, unternehmen Spaziergänge an oder auf den Gradirwänden, verweilen hier nach Erfordernifs kürzere oder längere Zeit, und brauchen nur wenige Schritte zurückzulegen, um bei unerwartetem Eintritte nachtheiliger Witterungsverhältnisse ihre nahen Wohnzimmer sogleich zu erreichen. Auf diese Weise können sich Leidende mit Ausschlufs des Winters, wo Gradirungen und Versiedungen nicht statt finden, fast das ganze Jahr hindurch dem wohlthätigen Einflusse der Sooldünste hingeben.

Insofern die Saturation der Atmosphäre mit der zunehmenden Entfernung von den Gradirwerken abnimmt, insofern sie während wärmerer Tagesstunden steigt, an der vom Winde abgewendeten Seite des Dornenbaues, was schon der bemerkbare Salzgeschmack und Seetanggeruch verräth, beträchtlicher erscheint, und insofern endlich aus starklöthigem Soolwasser verschiedener Quellen verhältnifsmäfsig mineralisirtere Dünste, als aus schwächern hervortreten, bieten sich mannigfache Gelegenheiten dar, das heilsame Luftgemisch dem Empfänglichkeitsgrade jedes einzelnen Kranken genau anzupassen.

Erst vor wenigen Decennien wurden erfahrene Praktiker dadurch auf die Heilkräftigkeit des fraglichen Luftgemisches aufmerksam, dafs unter den Salinenarbeitern ungewöhnlich selten Schwindsüchtige vorkommen, und dafs Individuen im ersten Stadium dieser Krankheit in den Gradirwerken beschäftigt, ihre Brustleiden verloren. Nach Tolberg's Beobachtungen blieben namentlich zu Schönebeck Gradirarbeiter ungeachtet ihrer vielfältigen Anstrengungen durchaus frei von Phthisen, und erlitten sie Brustaffectionen, so war dies stets im Winter, wo die Gradirung aufhört, nie aber im Sommer der Fall. Schmidt und Rüsch berichten, dafs zu Rosenheim und Bex, woselbst Lungensuchten häufig im Volke herrschten, keine mehr entstanden, seitdem an diesen Orten Gradirwerke eingerichtet sind. Prieger versichert, dieselben Vortheile an den Salinen Kreuznach's wahrgenommen zu haben. Späterhin wurde die Soolatmosphäre methodisch in Anwendung gebracht. Den zahlreichen, in dieser Beziehung besonders von Tolberg*) gesammelten Erfahrungen gemäfs, wobei wir indefs, hinsichts mehrerer aufgezählten Krankheitsfälle, auch die gleichzeitige Benutzung von Soolwasserbädern mit in Anschlag bringen müssen, bewährte sich das fragliche Heilverfahren vornemlich gegen Lungenaffectionen, denen reine Schwäche zum Grunde lag. Mit Erfolg verordnete er dasselbe gegen Engbrüstigkeit, gegen übermäfsige Absonderungen aus der Lungenschleimhaut, gegen atonischen Bluthusten, gegen jenen periodisch eintretenden schleimigen Auswurf, welcher kleine härtliche eiterartige Knötchen enthält, und gegen Lungenabscesse, die sich durch die Luftwege entleert hatten, bei welchen jedoch die Eitererzeu-

*) Wenn Dr. Tolberg die günstigen Wirkungen der Soolluft nicht nur den ihr eigenthümlichen Bestandtheilen, sondern auch dem Umstande zuschreibt, dafs dieselbe zugleich Kohlensäure und besonders, wie der Geruch es verräth, Schwefelwasserstoffgas enthalte, so können wir dieser Meinung nicht beitreten. Gemäfs seiner eigenen Relation findet nemlich die fragliche Beimischung nur zuweilen, nur während sehr heifsen Wetters und bei bevorstehenden Gewittern, mithin nur ausnahmeweise und zwar unter denselben Verhältnissen statt, unter welchen sie auch bei anderen mineralisirten z. B. bei den Pyrmonter Quellen (S. §. 209.) periodisch vorzukommen pflegt. Ist dies aber der Fall, so wird die von Zeit zu Zeit hinzutretende Hydrothionsäure viel zu vorübergehend eingeathmet, als dafs wir auf ihren Einflufs einen besonderen Werth legen könnten.

gung nicht von selbst hinlänglich abnahm. Am augenscheinlichsten nützen die betreffenden Inhalationen da, wo Scrophulosis die Brustbeschwerden mitbedingte. Selbst schon entwickelte, von öfterer Haemoptoë begleitete Phthisen wurden nach Tolberg durch den längeren, mehrere Sommer hindurch fortgesetzten Gebrauch der Gradirluft bekämpft. Nur bei beträchtlichen Zerstörungen der Lungensubstanz fand er sich von dem fraglichen pneumatischen Verfahren verlassen. In der Phthisis tuberculosa verordnete derselbe die betreffende Kur mit grofsem Vortheil, was auch Brera und Prieger bestätigt fanden, welche den diesfälligen günstigen Erfolg hauptsächlichst dem in jenen Verdunstungen vorhandenen Chlor- Jod- und Brom-Atomen zuschrieben. Vielfältig wird endlich der Aufenthalt an Salinen als Vorbeugung, namentlich jüngeren, zur Lungensucht disponirten Individuen angerathen, um den Ausbruch der Krankheit so lange abzuhalten, bis das Alter zurückgelegt ist, in welchem die gröfsere Gefahr bevorsteht *).

Hinsichts der wirklichen Vorzüge, welche der Gradirluft wohl in einzelnen Fällen einzuräumen sind, haben wir hauptsächlichst folgende Momente hervorzuheben. Es ist bereits bemerkt, dafs man zu den diesfälligen Kuren nur solche Salinen, welche durch ihre Lage einen sichern Schutz gegen scharfe Winde darbieten, wählen darf; schon hiedurch wirkt die fragliche, muriatisirte Ortsatmosphäre auf jene Individuen vortheilhaft ein, welche bei ungewöhnlich reizbaren Brustorganen, nach jedem auch dem geringsten Windstofse, in anhaltende Hustenparoxysmen verfallen, und eben deshalb den bewegteren Dunstkreis des Meeres nicht vertragen können. Leidende, die von häufig wiederkehrendem atonischem Bluthusten ergriffen werden, bessern sich bei consequent fortgesetzter Anwendung milder, ruhiger, kühler Gradirluft oft noch in hohem Grade, welchen die

*) Vergl. Tolberg in Hufeland's Journal B. 16. St. 3. p. 141. B. 26. St. 3. p. 5. B. 46. St. 3. p. 3—42. — Schmidt u. Rüsch in Osann's Darstell. B. 1. p. 212. — Brera p. 256—257. — Prieger p. 56, p. 182—186. — Lohmeier in Gräfe's u. Kalisch's Jahrb. Jahrg. 3. p. 83. Jahrg. 4. p. 63 und 101—103. Jahrg. 5. p. 362, 363—366.

Strandatmosphäre südlicher Klimate nicht minder als der Soolqualm schon dadurch schadet, daſs die letzteren Luftgemische, vermöge ihrer Wärme, die ohnehin ausgedehnten Blutgefäſse der erkrankten Lungen noch mehr erweitern. Auch können wir, da die in Rede stehenden Inhalationskuren bei der Häufigkeit der Salinen meistens ohne groſse Schwierigkeit in Ausführung zu bringen sind, ihren versuchsweisen Gebrauch zugleich dazu benutzen, um die noch ungeprüfte Reizempfänglickeit eines Individui gegen muriatisirte Luftarten genauer kennen zu lernen. Endlich gewährt die fragliche Heilmethode noch den Vortheil, daſs leicht erregbare Kranke, welche aber dennoch nur vermöge eingreifender Salzatmosphären gründlich herzustellen sind, durch die Soolluft sowohl zu Strandkuren, als zu Reisen auf offenem Meere am angemessensten vorbereitet werden.

## §. 297.

### Gebrauchsweise des Soolqualms.

Bei der Anwendung des Soolqualms haben wir vor Allem dessen im Verhältniſs zu den übrigen muriatisirten Luftgemischen intensivere Saturation und Erwärmung zu würdigen. Verdunstungen, welche aus spontan hervorquellender oder aus gradirter Soole nur mittelst erhitzter, in dieselbe geleiteter Wasserdämpfe entwickelt werden, erhalten die am meisten verdünnten Soolstoffe noch in der mildesten Form. Gröſser ist die Differenz da, wo starklöthiges Soolwasser in groſsen eisernen Pfannen, durch heftige Feuerungen, auf bereits schon entstandenen starken Niederschlägen auf dem sogenannten Pfannenstein eingesotten wird. Am schroffsten aber erscheint sie, wenn man auf gleiche Weise stark gesättigte, durch künstliche Auslaugung von Salzthonlagen gewonnene, an 25 Procent Salz enthaltende Soole in Siedhäusern mittelst starker Feuerungen verarbeitet. In dem letzteren Falle enthält der emporgetriebene Qualm nicht nur so viel feste Soolstoffe, daſs man sie aus demselben wieder darstellen kann, sondern auch mehrere, wahrscheinlich durch gewaltsame Umstellung der chemischen

Affinitätsverhältnisse vortretende Substanzen, namentlich Chlor, Jod und Brom, die in der frischen Soole zum Theil gar nicht, oder doch in weit geringerer Menge angetroffen werden *). Je abgesperrter die Dämpfe hiebei bleiben, desto eingreifender zeigen sich ihre betreffenden Wirkungen. Vollkommen frei geworden, dem uneingeschränkten Einflusse der offenen Atmosphäre preis gegeben, und zur gewöhnlichen Temperatur derselben herabgesunken, begünstigen sie mehr oder weniger die Salzigkeit des Ortsdunstkreises und fallen bezüglich ihrer Wirkungen ganz mit den bereits nachgewiesenen der Gradirluft zusammen **). Nur in so weit die fraglichen Verdunstungen hinlänglich abgeschlossen, sowohl zu Lungen-, als zu Hautbädern in Gebrauch gezogen werden, kann hier von ihrer Anwendungsweise die Rede sein.

Die betreffenden Inhalationen theilt man in temporaire und permanente. Jene werden zu viertel, halben, selten zu ganzen Stunden täglich ein oder mehrere Male angewendet. Behufs derselben verweilt der Kranke auf den innerhalb der Siedhäuser angelegten Gallerieen, welche in verschiedenen Höhen, theils unmittelbar über den Siedpfannen, theils neben denselben angebracht sind, um, nach Maſsgabe der Umstände, mehr oder weniger intensive und erwärmte Soolwasserdämpfe den Lungen zuzuführen. Für Leidende, die besonders concentrirten Qualm gebrauchen sollen, sind zellenartige, theilweis zu lüftende, aus leinenen Wänden bestehende, auf Lattenböden tiefer und höher über dem Verdunstungsheerde abgeschlossene Räume bestimmt. Denselben Zweck sucht man auch durch von den Siedpfannen isolirte Dampfkabinette zu erreichen, nach welchen zuvor abgesperrter Qualm in willkürlich verschlieſsbaren Röhrenzügen hingeleitet wird. Die Temperatur läſst sich nach Verhältniſs der Condensation verschieden stellen, und dem Bedürfnisse gemäſs stufenweise zu + 20, 30, 40° R. und darüber erhöhen. Bei den angeführten und mehreren ähnlichen Anwendungsformen durchdringt der Dampf sehr bald die Kleidungsstücke, weshalb ein Wechsel derselben,

*) §. 266. und Gräfe's u. Kalisch's Jahrb. Jahrg. 5. p. 364 u. 365.
**) §. 296.

selbst nach der Anwendung nur lauer Dämpfe, um Erkältungen auszuweichen, in der Regel nothwendig wird. — Permanente diesfällige Inhalationen werden blos bei Tage, oder auch die Nacht hindurch in eigenen, von den Siedgebäuden ganz getrennten Wohn- und Schlafzimmern genommen, nach welchen der Soolqualm durch Röhrenleitungen in angemessener, leicht respirabler Menge und hinlänglich verringerter Temperatur gelangt. Ausführlicher kommen wir auf die hier blos angedeuteten pneumatischen Einrichtungen in dem Nachweise der einzelnen Sooldampf-anstalten zurück *).

In Dampfkästen, deren Construction wir bereits umständlich mitgetheilt haben **), läfst man den Soolqualm nur auf die Haut einwirken, um ihn von den Lungen möglichst abzuhalten. Die Temperatur kann hiebei, je nachdem wir die zuvor in Condensations-Geräthen gesammelten Dämpfe in geringerer oder gröfserer Menge hinzugelassen, sehr verschieden, und noch höher als in den Qualmkabinetten gestellt werden. Dergleichen Bäder bringen, zu viertel oder halben Stunden gebraucht, ungemein starke Schweifsausbrüche hervor. Den aus gemeinem Wasser bereiteten Dampf- oder Schwitzbädern sind sie keineswegs gleich zu achten, indem dieselben nicht blos durch Feuchtigkeit und Hitze, sondern zugleich durch verflüchtigte, feste, von der Haut aufgenommene Soolstoffe specifische, örtliche sowohl als den Gesammtorganismus betreffende Veränderungen hervorbringen ***), bezüglich welcher sie die Soolwasserbäder nicht blos erreichen, sondern nach dem Urtheile mehrerer Aerzte sogar übertreffen sollen.

Von anderen muriatisirten Verdunstungen unterscheidet sich der Soolqualm hinsichts seiner heilsamen Eigenschaften hauptsächlichst durch stärker resolutorisches Einwirken und, nach Mafsgabe der angewendeten Wärme, durch gleichzeitig herbeigeführten beträchtlicheren Blutumtrieb, so wie durch lebhafte Erhöhungen der Diaphorese. Zufolge dieser Divergenzen ist dessen Anwendung in Krankheiten

*) §. 299 etc.

**) §. 178.

***) §. 268. und Prieger p. 185.

gegen welche überhaupt muriatisirte Luftgemische angezeigt sind *), besonders da in Ausführung zu bringen, wo die Gesundheit vornemlich durch Auflösung vorhandener Stockungen, durch Steigerungen der Blutthätigkeit, und durch Aufrichtung des gesunkenen Transpirationsprocesses wieder gewonnen werden kann.

Obgleich bei den erst seit wenigen Decennien methodisch in Gebrauch gezogenen Sooldämpfen, und bei ihren mannigfachen Anwendungsformen, die betreffenden therapeutischen Principe wissenschaftlich noch nicht genügend bestimmt werden können, so unterliegt es doch, gemäfs der von Götz, Klimstein, Wolf, Malfatti, Staudenheimer, Lohmeier und Rosenberger gesammelten Erfahrungen, so wie nach einigen von mir beobachteten Fällen, keinem Zweifel, dafs sich die fraglichen Salzverdunstungen in mehreren hartnäckigen, durch andere Mittel oft vergeblich behandelten Krankheiten überraschend bewährten. Zu diesen zählt man hauptsächlichst torpide Brustleiden und namentlich asthmatische Zufälle, chronische Heiserkeitbeschwerden, Blennorrhoeen des Kehlkopfes, der Bronchen, der Nasen- und Stirnhöhlen, eingewurzelte Rheumatismen, das Hüftweh, die Gicht, die Scrophulosis, nicht minder beträchtliche Drüsenanschwellungen, Unterleibs-Physconieen, mit Atonie verbundene Hautaffectionen mannigfacher Art, bestimmte Formen von Schwerhörigkeit, Paresen und Lähmungen **). Gegen beginnende Lungen-Tuberkeln, sobald diese Verbildungen noch nicht entzündet, oder in Eiterung übergegangen sind, werden Sooldämpfe, wegen ihres schmelzend einwirkenden Jod- und Brom-Gehaltes, von Prieger und anderen Aerzten gerühmt, und gegen diese Krankheiten, wie gegen Schleimschwindsucht als eins der tüchtigsten Vorbeugungsmittel empfohlen ***). Bei Brustkranken, bei blennorrhoischen Affectionen der Stirn- und Nasenhöhlen, wen-

*) §. 270.

**) S. Ischl und seine Soolbäder l. c. (1826) p. 147, 164, 168. — Lohmeier in Gräfe's und Kalisch's Jahrb. Jahrg. 4. Abtheil. 3. p. 71—111, Jahrg. 5. p. 361—366. — Rosenberger ibid. Jahrg. 4. Abtheil. 3. p 63—70. — Prieger p. 180.

***) Prieger l. c. p. 180. —

det man vorzugsweise Inhalationskuren an, weil vermöge derselben verdunstete Soolstoffe unmittelbar bis zu dem verborgenen Krankheitssitze hingelangen. In allen, vornemlich auf materiellen Abweichungen beruhenden Anomalieen des Nerven-, Haut-, Drüsen- und Digestions-Systems zeigten sich in Kästen abgeschlossene Sooldampfbäder am wirksamsten. Die Dauer der Dämpfe sowohl, als die betreffende Stellung der Intensität und Temperatur mufs der behandelnde Arzt den individuellen Verhältnissen auf das Genaueste anzumessen bemüht sein.

Contraindicirt sind die fraglichen Luftgemische, wenn sie, möge die Auswahl des Falls allem Anscheine nach auch noch so richtig getroffen sein, nicht auf der Stelle merkliche Euphorie hervorbringen, und wenn Veränderungen in dem Mischungsverhältnisse des Organismus nicht als Haupterfordernifs erscheinen. Eben so mufs man diese wichtigen Agentien da unversucht lassen, wo offenbare Plethora, wo Hinneigungen zu activen Congestionen, zu Phlogosen, vornemlich zu phlegmonösen Entzündungen obwalten, wo Anfälle von Hämoptoë häufig wiederkehren, Phthisen bereits ulcerative Ausgänge angenommen haben, und Nervenaffectionen nur als rein dynamische, durch keine Dyskrasieen bedingte Leiden auftreten. Unter allen jenen Umständen haben wir von den intensiven warmen, fast heifsen Sooldampfbädern, und selbst von den lauen und milderen stets schädliche Wirkungen zu gewärtigen, und diese ganz besonders bei offenbar erethischen Lungenübeln zu befürchten, bei welchen durch die fraglichen Inhalationen jedesmal lebhaftere Hustenparoxysmen und gesteigerte Blutanhäufungen im Parenchym des kranken Gebildes hervorgebracht werden *).

Nach der vorhergegangenen allgemeinen, über den medicinischen Gebrauch der Gradirluft und des Soolqualms mitgetheilten, Erörterung bleiben uns noch die Expositionen der einzelnen Soolquellen übrig, an welchen zur Zeit für die Anwendung der in Rede stehenden muriatisirten Verdunstungen angemessene Einrichtungen getroffen sind.

*) Vergl. Ischl und seine Soolbäder (1826) p. 260. und Prieger l. c. p. 182—183.

## *Capitel VI.*

## Gasbäder zu Ischl.

§. 298.

Der Marktflecken Ischl liegt mitten in dem Kaiserl. Oesterreichischen, von den Herzogthümern Salzburg und Steyermark begrenzten Salzkammergute, an den Ufern der Traun. Mächtige, dem Zuge norischer Alpen angehörige, stufenweise bis an 5000 Fuſs erhobene, theils felsige, theils waldbedeckte Gebirge umgeben das heitere Städtchen, ihm Schutz gegen rauhe Winde verleihend. Unerachtet der südlicheren, den 47 Grad nördlicher Breite kaum übersteigenden Lage, zögert hier dennoch das Erwachen des Frühlings, wozu sowohl die hohe Lage des an 1588 Fuſs über dem Meeresspiegel emporragenden Thalgrundes, als der Umstand beitragen mag, daſs sich weitgedehnte Schneefelder auf dem Rücken der anstoſsenden Bergketten ungewöhnlich lange erhalten. Zum Besuche ladet daher weniger das Frühjahr, welches ich, so oft mein Weg mich in jene Gegend führte, fast beständig von Regen begleitet fand, freundlicher dagegen der Sommer ein, während dessen Dauer man in der lieblichen Aue der ungestüm fortbewegten Traun die erfrischendste Bergluft athmet.

Den unterirdischen Schätzen des Ischler und Hallstädter Salzberges verdankt das Städtchen sein Bestehen. Aus den unerschöpflichen Salzthonlagern jener Berge wird das Kochsalz durch Auslaugung gewonnen. Man läſst Süſswasser vom Tage aus in eigens dazu eingerichtete Aushöhlungen, in sogenannte Wöhre oder Kammern strömen. In diesem nimmt dasselbe binnen 4, höchstens 6 Wochen die Beschaffenheit einer 25 Procent starken Soole an, welche durch Holzröhren in das Siedgebäude geleitet und hier dem Abdampfungsprocesse übergeben wird.

Jener so einträgliche Betrieb verliert sich bis in die frühesten Zeiten. Antiquare leiten ihn nach aufgefundenen Denksteinen noch von der Römerherrschaft ab. Zu Bädern hat man indeſs Iscala's Salzlager sehr spät, erst seit 30 Jahren angewendet. Es fällt dies auf, da die letztere Benutzungsweise in der nicht fern gelegenen Stadt Salzburg, wo Theophrastus Paracelsus den heilsamen Gebrauch der Soolbäder zuerst einführte *), nun schon seit drei Jahrhunderten den Einwohnern wichtige Vortheile gewährt. Verspätete sich auch Ischl in dieser Hinsicht, so mufs ihm dafür die Priorität der vor ungefähr 10 Jahren dem Krankenwohl gewidmeten, weit ausgedehnten Sooldampfbäder eingeräumt werden.

§. 299.

Die diesfälligen Baueinrichtungen sind in dem erwähnten Salzpfannengebäude sehr einfach bewerkstelligt. Ein für die Badenden abgesonderter Eingang führt zunächst nach einzelnen zum Aus- und Ankleiden bestimmten Kämmerchen. Wenige Schritte von diesen liegen auf einem festen, hölzernen, unmittelbar über der Siedpfanne erbautem Lattenroste zehn kleine zeltartige Kabinette, von denen ein jedes mit Segeltuch überspannt, mit einem Thürchen versehen, und so construirt ist, dafs man den die Bedachung bildenden beweglichen Deckel durch Emporheben nach Erfordernifs mehr oder weniger lüften kann. Aufser diesen dem Spiegel der siedenden Soole nahe gelegenen kleinen Gemächern, findet man zwei Klafter höher eine durch Geländer geschützte, mit einzelnen Ruhebänken besetzte Gallerie, auf welcher Kranke umhergehen, und sich Stellen wählen können, wo der Dampf ihren Bedürfnissen angemessen mehr oder weniger concentrirt, wärmer oder kühler aufsteigt. Zugleich ist für Vorrichtungen, um Sooldünste local anzuwenden, gesorgt. Eine umständliche, mit der zur Verdeutlichung des Ganzen erforderlichen Abbildung begleitete Schilderung dieser Anstalt ist in der jüngsten über Ischl, ohne Nennung des Verfassers erschienenen, gehaltreichen Monographie niedergelegt **). Abgesondert vom grofsen Dampfbade enthält das an das Siedgebäude anstofsende Privat-Badehaus noch 5 kleine Gemächer, nach welchen

*) Von den Bewohnern Salzburgs wird das Andenken jenes nicht immer richtig beurtheilten Arztes, dessen wohlerhaltenes Grabmahl den dasigen Kirchhof ziert, bis auf unsere Tage dankbar geehrt.

**) S. Ischl und seine Soolbäder. Wien 1826 p. 147 u. 164—168.

die heissen Dämpfe durch Röhrenzüge sowohl zu allgemeiner als zu örtlicher Benutzung hingeleitet werden.

Den Erfahrungen achtbarer Aerzte gemäfs, von welchen wir nur Malfatti, Staudenheimer, Lobes und die Salinen-Physici Götz, Klimstein und Wolf nennen, kamen die Wirkungen der Dampfbäder im Ganzen mit jenen der Soolenbäder überein, nur dafs sie sich noch durchdringender und kräftiger als diese erwiesen*). Allgemeinhin nimmt man an, dafs die Sooldünste vorzugsweise die anomale Hautthätigkeit ordnen, hiedurch indirect und zwar im Wege antithesischen Einflusses Krankheiten des Reproductiv-Systems heben, dafs sie ferner durch Umstimmung der peripherischen Nervenenden mannigfache Leiden beseitigen, welche aus überspannter Sensibilität hervorgehen, und dafs dieselben nicht minder, vermöge des Einsaugungs-Processes substanziell aufgenommen, als ein mischungsveränderndes Mittel zu betrachten sind. Unleugbar bewährte sich ihr Gebrauch bei rheumatischen und arthritischen Zufällen, bei Physconieen der Leber, Milz und Nieren, bei Drüsengeschwülsten, mannigfachen scrophulösen Affectionen, so wie bei der Hypochondrie, Hysterie und anderweitigen, vorzugsweise aber solchen Nervenleiden, welche zugleich mehr oder weniger von Dyskrasieen abhängen. Am evidentesten traten erwünschte Veränderungen in jenen Organen ein, die nur durch Dunst und gasförmige Stoffe unmittelbar berührt werden können. Daher erweisen sich die in Rede stehenden Verdunstungen ausgezeichnet wohlthätig beim Asthma, bei Heiserkeiten, bei krankhafter Beschaffenheit der Schleimhaut der Lungen, des Kehlkopfes, des Mundes, der Nasen- und Stirnhöhle. Sie bringen hier durch sanft vermehrte Ausscheidungen von kritischem Werthe unmittelbare Erleichterung, und in vielen Fällen gründliche Heilung hervor, in welchen dieselbe nicht durch organische Fehler behindert wird. — Ihr Gebrauch mufs den individuellen Verhältnissen stets auf das Genaueste angepafst werden; man wendet sie daher den Umständen nach täglich 1, 2 oder 3 Mal zu ½ bis 1 Stunde an. Ungewöhnlich

*) l. c. p. 254—260.

reizbare Subjecte sollen anfänglich nur die Gallerien und erst später die Kabinette besuchen. Kindern darf man in der Regel blos die erstere sanftere Form verordnen. — Als Gegenanzeige der Anwendung werden den bisherigen Wahrnehmungen zufolge hauptsächlich phlegmonöse Entzündungen, offenbare Plethora, Phthisis ulcerosa, Anfälle von Bluthusten und rein dynamische, von keiner Dyscrasie abhängige Nervenübel angesehen.

Die ausgedehnte Wirkungsart der Ischl'schen Sooldünste dürfte der Vermuthung Raum geben, dafs dieselben aufser den bis jetzt angenommenen Stoffen vielleicht noch anderweitige Bestandtheile enthalten. Leicht könnte dies hinsichts des Jods der Fall sein. Dasselbe ist im Meerwasser in fast allen kräftigen Kochsalzquellen enthalten, in der Ischl'schen Muttersoole chemisch nachgewiesen, und kann aus der letzteren eben so gut, wie die anderen schon erwähnten Stoffe, durch den mächtigen Verdampfungsprocefs emporgerissen werden. Eine genaue, erschöpfende, bis jetzt noch nicht vorhandene oder wenigstens nicht zur öffentlichen Kenntnifs gekommene Analyse der fraglichen Dämpfe erscheint daher sowohl in rein wissenschaftlicher als in praktischer Hinsicht gleich wünschenswerth.

§. 300.

Noch ist zu bemerken, dafs die bisherigen gewifs sehr schätzenswerthen Einrichtungen dennoch mancher Vervollkommnungen bedürfen. — Die Gallerieen nützen nur Wenigen, nur den Kranken, welche kurze Zeit auf denselben zu verweilen brauchen. Bei jedem stundenlangen Aufenthalte werden die Kleidungsstücke so durchfeuchtet, dafs sie, im Freien anbehalten, unausweichlich zu Erkältungen Anlafs geben. Es wäre daher nothwendig, dafs entweder die Dämpfe durch zweckmässige Vorrichtungen blos den Lungen überwiesen, oder dafs in den Fällen, wo die innere wie die äufsere dermatische Fläche mit den Sooldünsten in sanfte, aber dauernde Berührung kommen soll, besondere, leicht wieder abzuwerfende Badekleidungen angeordnet würden. — Aufserdem dürfte auch folgender Umstand noch zu erwägen sein. Sämmtliche für diejenigen Patienten, welche in die intensiv mit Dämpfen erfüllten Badekabinette entblöfst treten, bestimmten Aus- und Ankleidekammern schützen, dem Dampfgewölbe zu nahe liegend und aus blofsem Segeltuche bestehend, die abgelegten Kleidungsstücke gegen das Eindringen der Feuchtigkeit viel zu wenig, als dafs auch hiedurch nicht der bereits gerügte Nachtheil öfter eintreten müfste. In der fraglichen Beziehung wären daher entweder die Kleider durch besondere Wärter während des Bades aus dem Bereiche der Siedpfanne zu entfernen, oder man müfste die Aufbewahrungskammern nicht so nahe an der Siedpfanne anlegen und dieselben zugleich aus festeren, undurchdringlicheren Wänden zusammensetzen. Endlich fehlen noch besonders auszustattende Wohn- und Schlafzimmer, in welchen man gradweis hingeleitete Sooldämpfe Tag und Nacht hindurch bei dazu geeigneten Lungenkranken anwenden könnte. Auch dieser Anforderung wäre leicht zu genügen, insofern sich die in der Tänzelschen, an das Siedgebäude anstofsenden Badeanstalt befindlichen, zu temporairen Dampfbädern bestimmten Kabinette, ohne kostspielige Veränderungen, sehr leicht auf eine dem fraglichen Zwecke vollkommen entsprechende Weise einrichten lassen.

## §. 301.

### Hall's Gasbäder.

Im malerischen Kocherthale des Königreichs Würtemberg liegt die durch ihre Salinen bekannte Stadt Hall. Sie erhebt sich an 965 Fufs über den Meeresspiegel, und hat durch das Verschwinden der nutzlos gewordenen reichsstädtischen hohen Mauern, finstern Thore und baufälligen Kirchen, an Licht und Freundlichkeit vielfach gewonnen. Aus ihren zwei- bis vierlöthigen Soolquellen*) wird im Wege der Abdampfung, zu welchem 24 Pfannen dienen, jährlich für mehr als 100,000 Gulden Salz gewonnen. Schon seit längerer Zeit hat man daselbst die Soole, neben der Salzbereitung, auch zu Wannenbädern benutzt. Späterhin ist der aus einer Siedpfanne von 400 pariser Kubikfufs aufsteigende Qualm zu Dampfdouchen, und vermöge vorläufiger Einrichtungen auch zu allgemeinen Sool-, Dampf- und

*) Vergl. Hufeland's Journ. Supplementheft 1829. p. 160.

und Einathmungs-Bädern verwendet werden. Die letzteren hat man in der jüngsten Zeit durch den Aufbau von Dampf-Kabinetten, in welchen der Temperaturgrad den Umständen angemessen werden kann, zu vervollkommenen gesucht. Genauere chemische Prüfungen der Bestandtheile des fraglichen Soolqualms sind bis jetzt noch nicht bekannt*). Sie wären um so wünschenswerther als auch nach meinen bisherigen Beobachtungen nur bei weit mächtigerem Versieden, als das hier stattfindende, aufser den Wasserdünsten auch anderweitige Bestandtheile der Soole mit verflüchtiget werden.

Hinsichts der Anwendungsweise, so wie rücksichtlich des Nutzens des Soolqualms in bestimmten Krankheitsarten verweise ich, um Wiederholungen zu meiden, durchgehends auf das hierüber bei der Beschreibung der Soolqualmbäder Ischl's bereits näher Mitgetheilte.

*) Vergl. Hufeland's Journ. Supplementhaft des Jahrganges 1829. p. 169. und Hufeland Bibl. 1835. St. IV. April p. 195.

---

Nach dem angedeuteten Plane des vorliegenden Werkes sollten hier die noch nicht erwähnten Gasbäder an den Soolquellen zu Elm u.s.w. beschrieben werden. An der Ausführung dieser Absicht wurde der Verfasser leider durch den Tod verhindert.

Der Herausgeber.

www.ingramcontent.com/pod-product-compliance
Lightning Source LLC
LaVergne TN
LVHW092123300926
849161LV00002B/211